矩阵论基础教程

JUZHENLUN JICHU JIAOCHENG

主　编　常永奎　刘三阳
副主编　高卫峰　朱明敏

西安电子科技大学出版社

内容简介

本书为矩阵论的入门教材，主要介绍矩阵论的基础知识，内容包括线性空间及线性算子、λ-矩阵与Jordan标准形、内积空间及其上变换、矩阵分解、赋范线性空间及其上收敛性、广义逆矩阵、矩阵的特殊积、矩阵函数与矩阵微积分。

本书可供高等院校数学、统计学等专业本科生，理工科专业高年级本科生及研究生(少学时)使用。

图书在版编目（CIP）数据

矩阵论基础教程 / 常永奎，刘三阳主编. -- 西安 ：西安电子科技大学出版社，2025. 9. -- ISBN 978-7-5606-7770-5

Ⅰ. O151.21

中国国家版本馆 CIP 数据核字第 2025VE2786 号

策　　划　刘小莉

责任编辑　刘小莉

出版发行　西安电子科技大学出版社（西安市太白南路 2 号）

电　　话　(029) 88202421　88201467　　邮　　编　710071

网　　址　www.xduph.com　　电子邮箱　xdupfxb001@163.com

经　　销　新华书店

印刷单位　咸阳华盛印务有限责任公司

版　　次　2025 年 9 月第 1 版　　2025 年 9 月第 1 次印刷

开　　本　787 毫米×1092 毫米　1/16　　印　　张　15

字　　数　351 千字

定　　价　39.00 元

ISBN 978-7-5606-7770-5

XDUP 8071001-1

＊＊＊如有印装问题可调换＊＊＊

前　言

矩阵不仅是线性代数的一个基本数学元素，还是现代科学和工程技术领域一种不可或缺的工具。从图像处理到机器学习，从量子力学到金融分析等，矩阵以其独有的简洁结构发挥了重要作用。本书旨在提供一本较为系统且易读的矩阵论入门教材，帮助读者掌握矩阵论的基础知识，进而为其后续学习和利用矩阵这一强大的数学工具去解决实际问题打下基础。

全书共分为 8 章。第 1 章主要介绍了线性空间及线性算子的概念和基本性质，帮助读者从线性算子的角度来认识和理解矩阵；第 2 章主要介绍了 λ-矩阵与 Jordan 标准形的概念及性质，其中包括方阵最小多项式的基本性质、Jordan 标准形的一些简单应用；第 3 章介绍了内积空间及其上变换，内容主要包括酉空间与酉变换、幂等矩阵与投影变换、正规矩阵与正规变换、Hermite(半)正定矩阵等，同时也简单介绍了 Rayleigh 商及 Hermite 矩阵特征值、一般的复正定矩阵；第 4 章以线性方程组的求解为主线介绍了矩阵的一些常见分解，内容主要包括满秩分解、三角分解、正交三角分解、奇异值分解与极分解、谱分解等；第 5 章介绍了赋范线性空间及其上收敛性，内容主要包括赋范线性空间、矩阵序列与极限、矩阵级数等；第 6 章介绍了广义逆矩阵的概念及性质、矩阵分解与广义逆，以及线性方程组的解的广义逆表示等；第 7 章介绍了矩阵的 Hadamard 积与 Kronecker 积；第 8 章介绍了矩阵函数及矩阵函数值的常见求解方法，同时简单介绍了函数矩阵的微积分知识。

本书可供理工类院校 48 学时教学使用，先修课程只需高等数学和线性代数，具体讲授内容可根据不同专业取舍，如学生已具备高等代数的基础知识，则可从第 3 章后半部分或第 4 章开始讲授。

本书的编写和出版得到了西安电子科技大学教材建设基金项目的资助和西安电子科技大学数学与统计学院、本科生院的支持。在编写过程中，编者参考和借鉴了大量国内外的优秀教材和著作，在此一并表示感谢。

由于编者水平有限，书中不当之处在所难免，敬请读者批评指正。

编　者

2025 年 5 月

目　录

第 1 章　线性空间及线性算子

1.1　线性空间的定义及简单性质

一、线性空间的概念

线性空间是 n 元有序实数组构成的向量空间 $\mathbf{R}^n$ 的推广，它是线性代数的一个基本概念。以下假定所考虑的数域为 F，通常代表实数域 $\mathbf{R}$ 或复数域 $\mathbf{C}$。

定义 1.1.1　设 V 为非空集合，F 为一数域，在 V 的元素之间定义了加法运算(记作＋)，即对 V 中任意两元素 $\boldsymbol{\alpha}$，$\boldsymbol{\beta}$，在 V 中都存在唯一元 $\boldsymbol{v}$ 与它们对应，称为 $\boldsymbol{\alpha}$，$\boldsymbol{\beta}$ 的和，记作 $\boldsymbol{v}=\boldsymbol{\alpha}+\boldsymbol{\beta}$，且加法运算满足以下法则：

(1) 交换律：$\boldsymbol{\alpha}+\boldsymbol{\beta}=\boldsymbol{\beta}+\boldsymbol{\alpha}$，$\forall\,\boldsymbol{\alpha}, \boldsymbol{\beta}\in V$。

(2) 结合律：$(\boldsymbol{\alpha}+\boldsymbol{\beta})+\boldsymbol{\gamma}=\boldsymbol{\alpha}+(\boldsymbol{\beta}+\boldsymbol{\gamma})$，$\forall\,\boldsymbol{\alpha}, \boldsymbol{\beta}, \boldsymbol{\gamma}\in V$。

(3) 零元：在 V 中有一元 $\mathbf{0}$(称为零元素)，对 V 中任一元 $\boldsymbol{\alpha}$ 都满足 $\boldsymbol{\alpha}+\mathbf{0}=\boldsymbol{\alpha}$。

(4) 负元：对 V 中任一元 $\boldsymbol{\alpha}$，都存在 V 中的元 $-\boldsymbol{\alpha}$，使得 $\boldsymbol{\alpha}+(-\boldsymbol{\alpha})=\mathbf{0}$。

在集合 V 的元与数域 F 的数之间定义了数乘运算(记作 $\cdot$)，即对 V 中任一元 $\boldsymbol{\alpha}$ 和数域 F 中任一数 k，在 V 中存在唯一元 $\boldsymbol{\eta}$ 与它们对应，称为 k 与 $\boldsymbol{\alpha}$ 的数乘，记作 $\boldsymbol{\eta}=k\cdot\boldsymbol{\alpha}$(或简记为 $k\boldsymbol{\alpha}$)，且数乘运算满足如下法则(其中 $\forall\,k, l\in F$，$\forall\,\boldsymbol{\alpha}, \boldsymbol{\beta}\in V$)：

(5) $1\cdot\boldsymbol{\alpha}=\boldsymbol{\alpha}$。

(6) $k\cdot(l\cdot\boldsymbol{\alpha})=(kl)\cdot\boldsymbol{\alpha}$。

(7) $(k+l)\cdot\boldsymbol{\alpha}=k\cdot\boldsymbol{\alpha}+l\cdot\boldsymbol{\alpha}$。

(8) $k\cdot(\boldsymbol{\alpha}+\boldsymbol{\beta})=k\cdot\boldsymbol{\alpha}+k\cdot\boldsymbol{\beta}$。

则称 V 为数域 F 上的一个**线性空间**。不失一般性，线性空间 V 中的元 $\boldsymbol{\alpha}$ 通常也称为**向量**，线性空间 V 也称作**向量空间** V。

由定义 1.1.1 可知，线性空间 V 具有如下简单性质：设 $k\in F$，$\boldsymbol{\alpha}$，$-\boldsymbol{\alpha}$，$\mathbf{0}\in V$，则

注 1.1.1　(1) $0\cdot\boldsymbol{\alpha}=\mathbf{0}$。事实上，因 $\boldsymbol{\alpha}=1\cdot\boldsymbol{\alpha}=(1+0)\cdot\boldsymbol{\alpha}=1\cdot\boldsymbol{\alpha}+0\cdot\boldsymbol{\alpha}=\boldsymbol{\alpha}+0\cdot\boldsymbol{\alpha}$，从而 $0\cdot\boldsymbol{\alpha}=\mathbf{0}$。

(2) $(-1)\cdot\boldsymbol{\alpha}=-\boldsymbol{\alpha}$。因为 $(-1)\cdot\boldsymbol{\alpha}+\boldsymbol{\alpha}=(-1+1)\cdot\boldsymbol{\alpha}=0\cdot\boldsymbol{\alpha}=\mathbf{0}$，从而 $(-1)\cdot\boldsymbol{\alpha}=-\boldsymbol{\alpha}$。

(3) $k\cdot\mathbf{0}=\mathbf{0}$。注意到 $k\cdot\mathbf{0}=k(\boldsymbol{\alpha}+(-\boldsymbol{\alpha}))=(k-k)\cdot\boldsymbol{\alpha}=0\cdot\boldsymbol{\alpha}=\mathbf{0}$，从而 $k\cdot\mathbf{0}=\mathbf{0}$。

(4) $k\cdot\boldsymbol{\alpha}=\mathbf{0}$，当且仅当 $k=0$ 或者 $\boldsymbol{\alpha}=\mathbf{0}$。其充分性由(1)和(3)可得。若 $k\cdot\boldsymbol{\alpha}=\mathbf{0}$ 且 $k\neq 0$，则

$$\boldsymbol{\alpha}=\left(k\ \frac{1}{k}\right)\cdot\boldsymbol{\alpha}=\frac{1}{k}\cdot(k\cdot\boldsymbol{\alpha})=\frac{1}{k}\cdot\mathbf{0}=\mathbf{0}。$$

(5) 线性空间 V 的零元 $\mathbf{0}$ 是唯一的。事实上，若 $\mathbf{0}_1$，$\mathbf{0}_2$ 为线性空间 V 的两个零元，则由零元的性质可知

$$\mathbf{0}_1=\mathbf{0}_1+\mathbf{0}_2=\mathbf{0}_2+\mathbf{0}_1=\mathbf{0}_2。$$

(6) 任一元 $\boldsymbol{\alpha}$ 的负元 $-\boldsymbol{\alpha}$ 是唯一的。事实上，若 $\boldsymbol{\alpha}_1$，$\boldsymbol{\alpha}_2$ 均为 $\boldsymbol{\alpha}$ 的负元，则由负元的性质可知

$$\boldsymbol{\alpha}_1=\boldsymbol{\alpha}_1+(\boldsymbol{\alpha}+\boldsymbol{\alpha}_2)=(\boldsymbol{\alpha}_1+\boldsymbol{\alpha})+\boldsymbol{\alpha}_2=\boldsymbol{\alpha}_2。$$

利用定义 1.1.1，可以验证下面的例子都定义了一线性空间。

【例 1.1.1】 数域 F 上全体 $m\times n$ 阶矩阵构成的集合 $F^{m\times n}$ 按照矩阵的加法与数乘运算构成数域 F 上的一线性空间，通常称为矩阵向量空间。特别地，$n=1$ 时称为 m 维列向量空间，记作 F^m。

【例 1.1.2】 数域 F 上次数小于 n 的多项式，再加上零多项式，按照多项式加法和数与多项式的数乘运算构成数域 F 上的一线性空间，通常记为 $F[x]_n$，即

$$F[x]_n=\{a_0+a_1x+a_2x^2+\cdots+a_{n-1}x^{n-1}\,|\,a_0,\ a_1,\ \cdots,\ a_{n-1}\in F\}。$$

【例 1.1.3】 设 $\mathbf{A}\in F^{m\times n}$，方程组 $\mathbf{A}\boldsymbol{x}=\mathbf{0}$ 的所有解集合构成数域 F 上的一线性空间，此空间称为矩阵 $\mathbf{A}$ 的核(或零)空间，通常记为 $N(\mathbf{A})$或 $\ker(\mathbf{A})$。

【例 1.1.4】 如下定义的集合

$$V=\{\boldsymbol{y}\in F^m\,|\,\boldsymbol{y}=\mathbf{A}\boldsymbol{x},\ \mathbf{A}\in F^{m\times n},\ \boldsymbol{x}\in F^n\}$$

构成数域 F 上的一线性空间，称为 $\mathbf{A}$ 的列空间或值域空间，通常记为 $R(\mathbf{A})$。

【例 1.1.5】 设 V 为数域 F 上的一线性空间，映射 f：$V\to F$ 将 V 中的元映射为 F 上的一个数(即 f 为从 V 到 F 的一 F 值函数)，记所有从 V 到 F 的全体 F 值函数构成的集合为 V^*，对任意 f，$g\in V^*$，$k\in F$，定义如下运算：

$$(f+g)(\boldsymbol{\alpha})=f(\boldsymbol{\alpha})+g(\boldsymbol{\alpha}),\ \forall\,\boldsymbol{\alpha}\in V,$$
$$(kf)(\boldsymbol{\alpha})=k(f(\boldsymbol{\alpha})),\ \forall\,\boldsymbol{\alpha}\in V,$$

则 V^* 构成数域 F 上的一线性空间。

【例 1.1.6】 记 $\mathbf{R}^+$ 为全体正实数集合，在 $\mathbf{R}^+$ 上定义如下加法 $\oplus$ 与数乘 $\otimes$ 运算：

$$a\oplus b=ab,\ \forall\,a,\,b\in\mathbf{R}^+,$$
$$k\otimes a=a^k,\ \forall\,a\in\mathbf{R}^+,\ k\in\mathbf{R},$$

则 $\mathbf{R}^+$ 构成实数域 $\mathbf{R}$ 上的一线性空间。

【例 1.1.7】 二阶齐次线性微分方程

$$\frac{\mathrm{d}^2y}{\mathrm{d}x^2}-5\frac{\mathrm{d}y}{\mathrm{d}x}+6y=0$$

的解集合

$$Y=\{\lambda_1\mathrm{e}^{2x}+\lambda_2\mathrm{e}^{3x}\,|\,\lambda_1,\ \lambda_2\in\mathbf{R}\}$$

按照函数的加法及实数与函数的乘法，两种运算构成实数域 $\mathbf{R}$ 上的一线性空间。

下例说明在集合 V 上定义加法与数乘运算并不总能构成线性空间。

【例 1.1.8】 记系数在实数域 $\mathbf{R}$ 上且次数等于 n 的 n 次多项式 $p_n(x)$构成的集合为 V，其加法与数乘运算按照多项式加法和数与多项式的数乘来定义，则 V 构不成 $\mathbf{R}$ 上的线性空间。

二、线性相关性与线性无关性

将 n 元有序数组构成的向量的线性相关性与线性无关性作形式上的推广，即可得到一般线性空间 V 上向量的线性相关性与线性无关性。

定义 1.1.2　设 V 为数域 F 上的线性空间，$\boldsymbol{\alpha}_1$，$\boldsymbol{\alpha}_2$，…，$\boldsymbol{\alpha}_r$ $(r\geqslant 1)$ 为 V 中的一组向量，k_1，k_2，…，k_r 为 F 上的一组数，若向量 $\boldsymbol{\beta}$ 可以表示为

$$\boldsymbol{\beta}=k_1\boldsymbol{\alpha}_1+k_2\boldsymbol{\alpha}_2+\cdots+k_r\boldsymbol{\alpha}_r:=\sum_{i=1}^{r}k_i\boldsymbol{\alpha}_i,$$

则称向量 $\boldsymbol{\beta}$ 为向量组 $\boldsymbol{\alpha}_1$，$\boldsymbol{\alpha}_2$，…，$\boldsymbol{\alpha}_r$ 的一个线性组合或线性表出(示)。

【例 1.1.9】　在例 1.1.1 中取 $V=\mathbf{R}^{2\times 2}$，因为

$$\begin{bmatrix}1 & 3\\2 & 4\end{bmatrix}=1\cdot\begin{bmatrix}1 & 0\\0 & 0\end{bmatrix}+2\cdot\begin{bmatrix}0 & 0\\1 & 0\end{bmatrix}+3\cdot\begin{bmatrix}0 & 1\\0 & 0\end{bmatrix}+4\cdot\begin{bmatrix}0 & 0\\0 & 1\end{bmatrix},$$

所以矩阵 $\begin{bmatrix}1 & 3\\2 & 4\end{bmatrix}$ 为矩阵 $\begin{bmatrix}1 & 0\\0 & 0\end{bmatrix}$，$\begin{bmatrix}0 & 0\\1 & 0\end{bmatrix}$，$\begin{bmatrix}0 & 1\\0 & 0\end{bmatrix}$，$\begin{bmatrix}0 & 0\\0 & 1\end{bmatrix}$ 的一个线性组合。

在例 1.1.2 中取 $V=\mathbf{R}[x]_4$，由于

$$p(x)=2+3x+4x^3=2\cdot 1+3\cdot x+0\cdot x^2+4\cdot x^3,$$

所以多项式 $p(x)$ 为 1，x，x^2，x^3 的一个线性组合。

定义 1.1.3　设 V 为数域 F 上的线性空间，$\boldsymbol{\alpha}_1$，$\boldsymbol{\alpha}_2$，…，$\boldsymbol{\alpha}_r$ $(r\geqslant 1)$ 为 V 中的一组向量。若存在数域 F 上一组不全为零的数 k_1，k_2，…，k_r 满足

$$\mathbf{0}=k_1\boldsymbol{\alpha}_1+k_2\boldsymbol{\alpha}_2+\cdots+k_r\boldsymbol{\alpha}_r,$$

即 V 中零向量关于 $\boldsymbol{\alpha}_1$，$\boldsymbol{\alpha}_2$，…，$\boldsymbol{\alpha}_r$ 的线性表出不唯一，则称 $\boldsymbol{\alpha}_1$，$\boldsymbol{\alpha}_2$，…，$\boldsymbol{\alpha}_r$ 线性相关；否则，若

$$\mathbf{0}=k_1\boldsymbol{\alpha}_1+k_2\boldsymbol{\alpha}_2+\cdots+k_r\boldsymbol{\alpha}_r,$$

只有 $k_1=k_2=\cdots=k_r=0$，即 V 中零向量关于 $\boldsymbol{\alpha}_1$，$\boldsymbol{\alpha}_2$，…，$\boldsymbol{\alpha}_r$ 的线性表出唯一，则称 $\boldsymbol{\alpha}_1$，$\boldsymbol{\alpha}_2$，…，$\boldsymbol{\alpha}_r$ 线性无关。

【例 1.1.10】　容易验证，例 1.1.9 中给出的向量组 $\begin{bmatrix}1 & 0\\0 & 0\end{bmatrix}$，$\begin{bmatrix}0 & 0\\1 & 0\end{bmatrix}$，$\begin{bmatrix}0 & 1\\0 & 0\end{bmatrix}$，$\begin{bmatrix}0 & 0\\0 & 1\end{bmatrix}$ 在 $\mathbf{R}^{2\times 2}$ 中线性无关；例 1.1.2 中，向量组 1，x，x^2，…，x^{n-1} 在 $F[x]_n$ 中线性无关；例 1.1.7 中，e^{2x}，e^{3x} 在 Y 中也线性无关。

类似地，在线性空间 V 中，我们有下列定义及性质。

定义 1.1.4　设 V 为数域 F 上的线性空间，若 V 中向量组 $\boldsymbol{\alpha}_1$，$\boldsymbol{\alpha}_2$，…，$\boldsymbol{\alpha}_r$ 的每一个向量 $\boldsymbol{\alpha}_i$ $(i=1, 2, \cdots, r)$ 都可由 V 中向量组 $\boldsymbol{\beta}_1$，$\boldsymbol{\beta}_2$，…，$\boldsymbol{\beta}_s$ 线性表出，则称向量组 $\boldsymbol{\alpha}_1$，$\boldsymbol{\alpha}_2$，…，$\boldsymbol{\alpha}_r$ 可由向量组 $\boldsymbol{\beta}_1$，$\boldsymbol{\beta}_2$，…，$\boldsymbol{\beta}_s$ 线性表出。若两个向量组可以相互线性表出，则称两个向量组等价。

注 1.1.2　(1) 单个向量 $\boldsymbol{\alpha}$ 线性相关当且仅当 $\boldsymbol{\alpha}=\mathbf{0}$；两个以上向量 $\boldsymbol{\alpha}_1$，$\boldsymbol{\alpha}_2$，…，$\boldsymbol{\alpha}_r$ 线性相关，当且仅当其中一个向量可被其余向量线性表出。

(2) 若向量组 $\boldsymbol{\alpha}_1$，$\boldsymbol{\alpha}_2$，…，$\boldsymbol{\alpha}_r$ 线性无关，且可由 $\boldsymbol{\beta}_1$，$\boldsymbol{\beta}_2$，…，$\boldsymbol{\beta}_s$ 线性表出，则 $r\leqslant s$。

(3) 两个等价的线性无关向量组必定含有相同个数的向量。

(4) 若向量组 $\boldsymbol{\alpha}_1$，$\boldsymbol{\alpha}_2$，…，$\boldsymbol{\alpha}_r$ 的某一子向量组 $\boldsymbol{\alpha}_{r1}$，$\boldsymbol{\alpha}_{r2}$，…，$\boldsymbol{\alpha}_{rk}$ $(k\leqslant r)$ 线性相关，则 $\boldsymbol{\alpha}_1$，$\boldsymbol{\alpha}_2$，…，$\boldsymbol{\alpha}_r$ 线性相关。

(5) 若向量组 $\boldsymbol{\alpha}_1$，$\boldsymbol{\alpha}_2$，…，$\boldsymbol{\alpha}_r$ 线性无关，则其任意 k 个 $(k\leqslant r)$ 向量线性无关。

(6) 若向量组 $\boldsymbol{\alpha}_1$，$\boldsymbol{\alpha}_2$，…，$\boldsymbol{\alpha}_r$ 线性无关，且向量组 $\boldsymbol{\alpha}_1$，$\boldsymbol{\alpha}_2$，…，$\boldsymbol{\alpha}_r$，$\boldsymbol{\beta}$ 线性相关，则 $\boldsymbol{\beta}$ 可由 $\boldsymbol{\alpha}_1$，$\boldsymbol{\alpha}_2$，…，$\boldsymbol{\alpha}_r$ 唯一地线性表出。

定义 1.1.5 一向量组的一个部分向量组称为其一个极大线性无关组，若这个部分向量组本身线性无关，且任意添加一向量到此部分向量组中，则所得新的部分向量组都线性相关。

定义 1.1.6 向量组的极大线性无关组所含向量的个数称为此向量组的秩。

容易看出，一向量组的任一极大线性无关组都与向量组本身等价，因此一向量组的任意两个极大线性无关组都等价，进而一向量组的极大线性无关组所含向量的个数相同，等价的向量组具有相同的秩。

1.2 线性空间的基、维数与坐标

一、基、维数与坐标

定义 1.2.1 设 V 为数域 F 上的线性空间，$\boldsymbol{\alpha}_1$，$\boldsymbol{\alpha}_2$，…，$\boldsymbol{\alpha}_n$ $(n\geqslant 1)$ 为 V 中任意 n 个向量，若它们满足：

(1) $\boldsymbol{\alpha}_1$，$\boldsymbol{\alpha}_2$，…，$\boldsymbol{\alpha}_n$ 线性无关，

(2) V 中任一向量 $\boldsymbol{\alpha}$ 均可由 $\boldsymbol{\alpha}_1$，$\boldsymbol{\alpha}_2$，…，$\boldsymbol{\alpha}_n$ 线性表出，

则称 $\boldsymbol{\alpha}_1$，$\boldsymbol{\alpha}_2$，…，$\boldsymbol{\alpha}_n$ 为 V 的一组基，并称 $\boldsymbol{\alpha}_1$，$\boldsymbol{\alpha}_2$，…，$\boldsymbol{\alpha}_n$ 为一组基向量。线性空间 V 中基向量所含向量的个数 n，称为线性空间 V 的维数，记作 $\dim V=n$，并称 V 为 n 维线性空间。若在 V 中可以找到任意多个线性无关的向量，则称 V 为无穷维线性空间。

由上述定义可知，V 的维数为 V 中极大线性无关组所含向量的个数，而基只是 V 中的极大线性无关组，从而线性空间 V 中不同基所含向量的个数相等，因此线性空间 V 的维数是确定的，不会因基的不同而改变。特别地，零空间的维数为 0。

由例 1.1.10 可知，例 1.1.9 中，$\begin{bmatrix}1 & 0\\0 & 0\end{bmatrix}$，$\begin{bmatrix}0 & 0\\1 & 0\end{bmatrix}$，$\begin{bmatrix}0 & 1\\0 & 0\end{bmatrix}$，$\begin{bmatrix}0 & 0\\0 & 1\end{bmatrix}$为 $\mathbf{R}^{2\times 2}$ 的一组基，所以 $\dim\mathbf{R}^{2\times 2}=4$；例 1.1.2 中，向量组 1，$x$，$x^2$，…，$x^{n-1}$ 为 $F[x]_n$ 的一组基，所以 $\dim F[x]_n=n$。无穷维线性空间是存在的，如闭区间 $[a,b]$ 上所有实连续函数的全体构成的集合，按照通常实函数的加法和数乘运算构成一线性空间 $C[a,b]$，但它为无穷维线性空间，因为找不到有限个连续函数作为它的基。本书主要讨论有限维线性空间，除非有特别声明之处。

定理 1.2.1 若线性空间 V 中存在 n 个线性无关的向量 $\boldsymbol{\alpha}_1$，$\boldsymbol{\alpha}_2$，…，$\boldsymbol{\alpha}_n$，且 V 中任一向量都可由 $\boldsymbol{\alpha}_1$，$\boldsymbol{\alpha}_2$，…，$\boldsymbol{\alpha}_n$ 线性表出，则 $\dim V=n$，而 $\boldsymbol{\alpha}_1$，$\boldsymbol{\alpha}_2$，…，$\boldsymbol{\alpha}_n$ 为 V 的一组基。

证明 由于 $\boldsymbol{\alpha}_1$，$\boldsymbol{\alpha}_2$，…，$\boldsymbol{\alpha}_n$ 线性无关，因此 V 的维数至少是 n。为了说明 $\dim V=n$，只需说明 V 中任意 $n+1$ 个向量一定线性相关。不妨设

$$\boldsymbol{\beta}_1,\ \boldsymbol{\beta}_2,\ \cdots,\ \boldsymbol{\beta}_{n+1}$$

为V中任意$n+1$个向量，它们可由$\boldsymbol{\alpha}_1$，$\boldsymbol{\alpha}_2$，…，$\boldsymbol{\alpha}_n$线性表出，若$\boldsymbol{\beta}_1$，$\boldsymbol{\beta}_2$，…，$\boldsymbol{\beta}_{n+1}$线性无关，则由注1.1.2中(2)可知，$n+1\leqslant n$，于是得出矛盾。

定理1.2.2　设$\boldsymbol{\alpha}_1$，$\boldsymbol{\alpha}_2$，…，$\boldsymbol{\alpha}_n$为线性空间V的一组基，则任给向量$\boldsymbol{\alpha}\in V$，$\boldsymbol{\alpha}$可唯一地由基$\boldsymbol{\alpha}_1$，$\boldsymbol{\alpha}_2$，…，$\boldsymbol{\alpha}_n$线性表出。

证明　设$\boldsymbol{\alpha}$在基$\boldsymbol{\alpha}_1$，$\boldsymbol{\alpha}_2$，…，$\boldsymbol{\alpha}_n$下存在两个线性表出式，即

$$\boldsymbol{\alpha}=k_1\boldsymbol{\alpha}_1+k_2\boldsymbol{\alpha}_2+\cdots+k_n\boldsymbol{\alpha}_n,$$

$$\boldsymbol{\alpha}=c_1\boldsymbol{\alpha}_1+c_2\boldsymbol{\alpha}_2+\cdots+c_n\boldsymbol{\alpha}_n,$$

由上两式可得

$$(k_1-c_1)\boldsymbol{\alpha}_1+(k_2-c_2)\boldsymbol{\alpha}_2+\cdots+(k_n-c_n)\boldsymbol{\alpha}_n=\mathbf{0}。$$

考虑到基$\boldsymbol{\alpha}_1$，$\boldsymbol{\alpha}_2$，…，$\boldsymbol{\alpha}_n$线性无关，从而$k_i=c_i$，$i=1,\ 2,\ \cdots,\ n$。

定义1.2.2　设$\boldsymbol{\alpha}_1$，$\boldsymbol{\alpha}_2$，…，$\boldsymbol{\alpha}_n$为线性空间V的一组基，对任一向量$\boldsymbol{\alpha}\in V$，总存在且仅存在一组有序数组c_1，c_2，…，c_n使得

$$\boldsymbol{\alpha}=c_1\boldsymbol{\alpha}_1+c_2\boldsymbol{\alpha}_n+\cdots+c_n\boldsymbol{\alpha}_n,$$

则这组有序数组c_1，c_2，…，c_n称为向量$\boldsymbol{\alpha}$在基$\boldsymbol{\alpha}_1$，$\boldsymbol{\alpha}_2$，…，$\boldsymbol{\alpha}_n$下的坐标，通常记作$c:=[c_1,\ c_2,\ \cdots,\ c_n]^{\mathrm{T}}$。$\boldsymbol{\alpha}$的上述线性表出在形式上通常写为

$$\boldsymbol{\alpha}=[\boldsymbol{\alpha}_1,\ \boldsymbol{\alpha}_2,\ \cdots,\ \boldsymbol{\alpha}_n]\begin{bmatrix}c_1\\c_2\\\vdots\\c_n\end{bmatrix}。$$

显然，对基向量$\boldsymbol{\alpha}_1$，$\boldsymbol{\alpha}_2$，…，$\boldsymbol{\alpha}_n$，有

$$\boldsymbol{\alpha}_i=[\boldsymbol{\alpha}_1,\ \boldsymbol{\alpha}_2,\ \cdots,\ \boldsymbol{\alpha}_n]\begin{bmatrix}0\\\vdots\\0\\1\\0\\\vdots\\0\end{bmatrix}(\text{第}\ i\ \text{行为}\ 1,\ i=1,\ 2,\ \cdots,\ n),$$

这表明$\boldsymbol{\alpha}_1$，$\boldsymbol{\alpha}_2$，…，$\boldsymbol{\alpha}_n$在基$\boldsymbol{\alpha}_1$，$\boldsymbol{\alpha}_2$，…，$\boldsymbol{\alpha}_n$下的坐标分别为$[1,\ 0,\ 0,\ \cdots,\ 0]^{\mathrm{T}}$，$[0,\ 1,\ 0,\ \cdots,\ 0]^{\mathrm{T}}$，…，$[0,\ 0,\ \cdots,\ 0,\ 1]^{\mathrm{T}}$，这也说明，若线性空间的定义1.1.1中缺乏运算性质$1\cdot\boldsymbol{\alpha}=\boldsymbol{\alpha}$，则我们就无法将$\boldsymbol{\alpha}_i$表出为$\boldsymbol{\alpha}_1$，$\boldsymbol{\alpha}_2$，…，$\boldsymbol{\alpha}_n$的线性组合，也就无法合理定义基、维数、坐标等概念。

【例1.2.1】　若把复数域看作自身上的线性空间，即设$V=\mathbf{C}$，$F=\mathbf{C}$，则$\dim V=1$，任给$c\neq 0\in V$，c为V的一个基，此时对任意$b\in V$，$b=\left(\dfrac{b}{c}\right)\cdot c$，坐标为$\dfrac{b}{c}$；若设$V=\mathbf{C}$，$F=\mathbf{R}$，则$\dim V=2$，任给$b\in V$，$b=\mathrm{Re}(b)\cdot 1+\mathrm{Im}(b)\cdot \mathrm{i}$，其中$\mathrm{i}^2=-1$，此时基为$[1,\ \mathrm{i}]$，坐标为$[\mathrm{Re}(b),\ \mathrm{Im}(b)]^{\mathrm{T}}$。这也表明线性空间的基、维数与所考虑的数域密切相关。

【例 1.2.2】 在 $\mathbf{R}^{2\times 2}$ 中，如下矩阵

$$\boldsymbol{\alpha}_1=\begin{bmatrix}1&1\\1&1\end{bmatrix},\ \boldsymbol{\alpha}_2=\begin{bmatrix}1&1\\0&1\end{bmatrix},\ \boldsymbol{\alpha}_3=\begin{bmatrix}1&1\\1&0\end{bmatrix},\ \boldsymbol{\alpha}_4=\begin{bmatrix}1&0\\1&1\end{bmatrix}$$

线性无关，求 $\boldsymbol{\alpha}=\begin{bmatrix}a_{11}&a_{12}\\a_{21}&a_{22}\end{bmatrix}$在基 $\boldsymbol{\alpha}_1$，$\boldsymbol{\alpha}_2$，$\boldsymbol{\alpha}_3$，$\boldsymbol{\alpha}_4$ 下的坐标。

解 设 $k_1\boldsymbol{\alpha}_1+k_2\boldsymbol{\alpha}_2+k_3\boldsymbol{\alpha}_3+k_4\boldsymbol{\alpha}_4=\mathbf{0}$，$k_1$，$k_2$，$k_3$，$k_4\in\mathbf{R}$，有

$$k_1\begin{bmatrix}1&1\\1&1\end{bmatrix}+k_2\begin{bmatrix}1&1\\0&1\end{bmatrix}+k_3\begin{bmatrix}1&1\\1&0\end{bmatrix}+k_4\begin{bmatrix}1&0\\1&1\end{bmatrix}=\begin{bmatrix}0&0\\0&0\end{bmatrix}。$$

于是有

$$k_1+k_2+k_3+k_4=0,\ k_1+k_2+k_3=0,\ k_1+k_3+k_4=0,\ k_1+k_2+k_4=0,$$

求解上述方程组可得 $k_1=k_2=k_3=k_4=0$，从而 $\boldsymbol{\alpha}_1$，$\boldsymbol{\alpha}_2$，$\boldsymbol{\alpha}_3$，$\boldsymbol{\alpha}_4$ 线性无关。再设

$$\boldsymbol{\alpha}=c_1\boldsymbol{\alpha}_1+c_2\boldsymbol{\alpha}_2+c_3\boldsymbol{\alpha}_3+c_4\boldsymbol{\alpha}_4,$$

即

$$\begin{aligned}\begin{bmatrix}a_{11}&a_{12}\\a_{21}&a_{22}\end{bmatrix}&=c_1\begin{bmatrix}1&1\\1&1\end{bmatrix}+c_2\begin{bmatrix}1&1\\0&1\end{bmatrix}+c_3\begin{bmatrix}1&1\\1&0\end{bmatrix}+c_4\begin{bmatrix}1&0\\1&1\end{bmatrix}\\&=\begin{bmatrix}c_1+c_2+c_3+c_4&c_1+c_2+c_3\\c_1+c_3+c_4&c_1+c_2+c_4\end{bmatrix},\end{aligned}$$

从而有

$$c_1=a_{12}+a_{21}+a_{22}-2a_{11},\ c_2=a_{11}-a_{21},\ c_3=a_{11}-a_{22},\ c_4=a_{11}-a_{12},$$

即所求坐标为

$$[c_1,\ c_2,\ c_3,\ c_4]^{\mathrm{T}}=[a_{12}+a_{21}+a_{22}-2a_{11},\ a_{11}-a_{21},\ a_{11}-a_{22},\ a_{11}-a_{12}]^{\mathrm{T}}。$$

【例 1.2.3】 在线性空间 $F[x]_n$ 中

$$1,\ x,\ x^2,\ \cdots,\ x^{n-1}$$

为其一组基，每一个次数小于 n 的多项式

$$f(x)=a_0+a_1x+\cdots+a_{n-1}x^{n-1}$$

的坐标为其系数$[a_0,\ a_1,\ \cdots,\ a_{n-1}]^{\mathrm{T}}$。如果在 $F[x]_n$ 中另取一组基

$$1,\ x-a,\ (x-a)^2,\ \cdots,\ (x-a)^{n-1},$$

则按照泰勒(Taylor)公式展开有

$$f(x)=f(a)+f'(a)(x-a)+\frac{f''(a)}{2!}(x-a)^2+\cdots+\frac{f^{(n-1)}(a)}{(n-1)!}(x-a)^{n-1},$$

因此 $f(x)$在这组基下的坐标是：

$$\left[f(a),\ f'(a),\ \frac{f''(a)}{2!},\ \cdots,\ \frac{f^{(n-1)}(a)}{(n-1)!}\right]^{\mathrm{T}}。$$

例 1.2.3 表明同一向量在不同基下的坐标往往是不同的，一个自然的问题是不同的基与不同的坐标之间有何种关系？这就是下面需要考虑的问题。

二、基变换与过渡矩阵

设 $\boldsymbol{\alpha}_1$，$\boldsymbol{\alpha}_2$，$\cdots$，$\boldsymbol{\alpha}_n$ 与 $\boldsymbol{\beta}_1$，$\boldsymbol{\beta}_2$，$\cdots$，$\boldsymbol{\beta}_n$ 是线性空间 V 中两组不同的基，且它们之间存在

如下的线性表出关系：

$$\boldsymbol{\beta}_i = p_{1i}\boldsymbol{\alpha}_1 + p_{2i}\boldsymbol{\alpha}_2 + \cdots + p_{ni}\boldsymbol{\alpha}_n = [\boldsymbol{\alpha}_1, \boldsymbol{\alpha}_2, \cdots, \boldsymbol{\alpha}_n]\begin{bmatrix} p_{1i} \\ p_{2i} \\ \vdots \\ p_{ni} \end{bmatrix} \quad (i=1, 2, \cdots, n),$$

将上面 n 个关系式用矩阵符号表示为

$$[\boldsymbol{\beta}_1, \boldsymbol{\beta}_2, \cdots, \boldsymbol{\beta}_n] = [\boldsymbol{\alpha}_1, \boldsymbol{\alpha}_2, \cdots, \boldsymbol{\alpha}_n]\begin{bmatrix} p_{11} & p_{12} & \cdots & p_{1n} \\ p_{21} & p_{22} & \cdots & p_{2n} \\ \vdots & \vdots & & \vdots \\ p_{n1} & p_{n2} & \cdots & p_{nn} \end{bmatrix},$$

此时得到 n 阶方阵

$$\boldsymbol{P} = \begin{bmatrix} p_{11} & p_{12} & \cdots & p_{1n} \\ p_{21} & p_{22} & \cdots & p_{2n} \\ \vdots & \vdots & & \vdots \\ p_{n1} & p_{n2} & \cdots & p_{nn} \end{bmatrix},$$

称此 n 阶方阵 $\boldsymbol{P}$ 为由基 $\boldsymbol{\alpha}_1, \boldsymbol{\alpha}_2, \cdots, \boldsymbol{\alpha}_n$ 到基 $\boldsymbol{\beta}_1, \boldsymbol{\beta}_2, \cdots, \boldsymbol{\beta}_n$ 的过渡矩阵，并可简记为

$$[\boldsymbol{\beta}_1, \boldsymbol{\beta}_2, \cdots, \boldsymbol{\beta}_n] = [\boldsymbol{\alpha}_1, \boldsymbol{\alpha}_2, \cdots, \boldsymbol{\alpha}_n]\boldsymbol{P}。\tag{1.2.1}$$

两组不同基之间的过渡矩阵 $\boldsymbol{P}$ 一定满足下列性质。

定理 1.2.3　过渡矩阵 $\boldsymbol{P}$ 一定可逆。

证明　由于 $\boldsymbol{\beta}_1, \boldsymbol{\beta}_2, \cdots, \boldsymbol{\beta}_n$ 为一组基，因此它们一定线性无关，即关系式

$$[\boldsymbol{\beta}_1, \boldsymbol{\beta}_2, \cdots, \boldsymbol{\beta}_n]\begin{bmatrix} k_1 \\ k_2 \\ \vdots \\ k_n \end{bmatrix} = \boldsymbol{0}，当且仅当\ k_1 = k_2 = \cdots = k_n = \boldsymbol{0},$$

即

$$[\boldsymbol{\alpha}_1, \boldsymbol{\alpha}_2, \cdots, \boldsymbol{\alpha}_n]\boldsymbol{P}\begin{bmatrix} k_1 \\ k_2 \\ \vdots \\ k_n \end{bmatrix} = \boldsymbol{0}\ 只有解\ k_1 = k_2 = \cdots = k_n = 0。$$

由于基 $\boldsymbol{\alpha}_1, \boldsymbol{\alpha}_2, \cdots, \boldsymbol{\alpha}_n$ 也线性无关，因此零向量的表出唯一，从而得到线性方程组

$$\boldsymbol{P}\begin{bmatrix} k_1 \\ k_2 \\ \vdots \\ k_n \end{bmatrix} = \boldsymbol{0}。$$

考虑到 $k_1 = k_2 = \cdots = k_n = 0$，即上面齐次线性方程组只有零解，进而表明过渡矩阵 $\boldsymbol{P}$ 是可逆的。

过渡矩阵给出了线性空间 V 中两组不同基之间的变换关系。下面接着讨论 V 中任一个向量在不同基下坐标之间的变换关系。

设向量 $\boldsymbol{\alpha}\in V$，且在两组基 $\boldsymbol{\alpha}_1, \boldsymbol{\alpha}_2, \cdots, \boldsymbol{\alpha}_n$ 与 $\boldsymbol{\beta}_1, \boldsymbol{\beta}_2, \cdots, \boldsymbol{\beta}_n$ 下的坐标分别为 $\boldsymbol{x}:=[x_1, x_2, \cdots, x_n]^{\mathrm{T}}$ 与 $\boldsymbol{y}:=[y_1, y_2, \cdots, y_n]^{\mathrm{T}}$，即

$$\boldsymbol{\alpha}=[\boldsymbol{\alpha}_1, \boldsymbol{\alpha}_2, \cdots, \boldsymbol{\alpha}_n]\begin{bmatrix}x_1\\x_2\\\vdots\\x_n\end{bmatrix}=[\boldsymbol{\beta}_1, \boldsymbol{\beta}_2, \cdots, \boldsymbol{\beta}_n]\begin{bmatrix}y_1\\y_2\\\vdots\\y_n\end{bmatrix}, \tag{1.2.2}$$

若 $\boldsymbol{\alpha}_1, \boldsymbol{\alpha}_2, \cdots, \boldsymbol{\alpha}_n$ 与 $\boldsymbol{\beta}_1, \boldsymbol{\beta}_2, \cdots, \boldsymbol{\beta}_n$ 存在过渡矩阵 $\boldsymbol{P}$，将式(1.2.1)代入式(1.2.2)，有

$$[\boldsymbol{\alpha}_1, \boldsymbol{\alpha}_2, \cdots, \boldsymbol{\alpha}_n]\begin{bmatrix}x_1\\x_2\\\vdots\\x_n\end{bmatrix}=[\boldsymbol{\alpha}_1, \boldsymbol{\alpha}_2, \cdots, \boldsymbol{\alpha}_n]\boldsymbol{P}\begin{bmatrix}y_1\\y_2\\\vdots\\y_n\end{bmatrix},$$

由于 $\boldsymbol{\alpha}_1, \boldsymbol{\alpha}_2, \cdots, \boldsymbol{\alpha}_n$ 为基，因此它们线性无关，进而有

$$\begin{bmatrix}x_1\\x_2\\\vdots\\x_n\end{bmatrix}=\boldsymbol{P}\begin{bmatrix}y_1\\y_2\\\vdots\\y_n\end{bmatrix} \text{ 或 } \boldsymbol{x}=\boldsymbol{P}\boldsymbol{y}, \tag{1.2.3}$$

因过渡矩阵 $\boldsymbol{P}$ 可逆，从而也有

$$\begin{bmatrix}y_1\\y_2\\\vdots\\y_n\end{bmatrix}=\boldsymbol{P}^{-1}\begin{bmatrix}x_1\\x_2\\\vdots\\x_n\end{bmatrix} \text{ 或 } \boldsymbol{y}=\boldsymbol{P}^{-1}\boldsymbol{x}。 \tag{1.2.4}$$

式(1.2.3)或式(1.2.4)通常称为式(1.2.1)下向量的坐标变换公式。

【例 1.2.4】 给定线性空间 $\mathbf{R}[x]_4$ 中的一组基

$$1, x-1, (x-1)^2, (x-1)^3,$$

求多项式 $p(x)=1+4x^3$ 在此基下的坐标。

解 按照例 1.2.3 中讨论的泰勒公式展开可以求得 $p(x)$在给定基下的坐标。下面介绍利用坐标变换公式来得到所求坐标。首先注意到 $\mathbf{R}[x]_4$ 存在一组(自然)基 $1, x, x^2, x^3$，此时有

$$p(x)=1+4x^3=[1, x, x^2, x^3]\begin{bmatrix}1\\0\\0\\4\end{bmatrix}。$$

由于基 $1, x, x^2, x^3$ 到基 $1, x-1, (x-1)^2, (x-1)^3$ 的基变换为

$$[1, x-1, (x-1)^2, (x-1)^3]=[1, x, x^2, x^3]\begin{bmatrix}1&-1&1&-1\\0&1&-2&3\\0&0&1&-3\\0&0&0&1\end{bmatrix},$$

从而过渡矩阵为

$$P=\begin{bmatrix}1 & -1 & 1 & -1\\0 & 1 & -2 & 3\\0 & 0 & 1 & -3\\0 & 0 & 0 & 1\end{bmatrix},$$

于是 $p(x)$ 在基 $1, x-1, (x-1)^2, (x-1)^3$ 的坐标为

$$\begin{bmatrix}y_1\\y_2\\y_3\\y_4\end{bmatrix}=P^{-1}\begin{bmatrix}1\\0\\0\\4\end{bmatrix}=\begin{bmatrix}1 & -1 & 1 & -1\\0 & 1 & -2 & 3\\0 & 0 & 1 & -3\\0 & 0 & 0 & 1\end{bmatrix}^{-1}\begin{bmatrix}1\\0\\0\\4\end{bmatrix}=\begin{bmatrix}5\\12\\12\\4\end{bmatrix}。$$

【例 1.2.5】 设在 $\mathbf{R}^4$ 中，已知向量 $\boldsymbol{\alpha}$ 在一组基 $\boldsymbol{\alpha}_1=[1, 2, -1, 0]^{\mathrm{T}}$，$\boldsymbol{\alpha}_2=[1, -1, 1, 1]^{\mathrm{T}}$，$\boldsymbol{\alpha}_3=[-1, 2, 1, 1]^{\mathrm{T}}$，$\boldsymbol{\alpha}_4=[-1, -1, 0, 1]^{\mathrm{T}}$ 下的坐标为 $[x_1, x_2, x_3, x_4]^{\mathrm{T}}$，求向量 $\boldsymbol{\alpha}$ 在另一组基 $\boldsymbol{\beta}_1=[2, 1, 0, 1]^{\mathrm{T}}$，$\boldsymbol{\beta}_2=[0, 1, 2, 2]^{\mathrm{T}}$，$\boldsymbol{\beta}_3=[-2, 1, 1, 2]^{\mathrm{T}}$，$\boldsymbol{\beta}_4=[1, 3, 1, 2]^{\mathrm{T}}$ 下的坐标。

解 由于两组基 $[\boldsymbol{\alpha}_1, \boldsymbol{\alpha}_2, \boldsymbol{\alpha}_3, \boldsymbol{\alpha}_4]$ 与 $[\boldsymbol{\beta}_1, \boldsymbol{\beta}_2, \boldsymbol{\beta}_3, \boldsymbol{\beta}_4]$ 形成 $\mathbf{R}^{4\times 4}$ 中的可逆矩阵，因此由基变换公式(1.2.1)可以看出，过渡矩阵 $\boldsymbol{P}$ 满足

$$[\boldsymbol{\alpha}_1, \boldsymbol{\alpha}_2, \boldsymbol{\alpha}_3, \boldsymbol{\alpha}_4]^{-1}[\boldsymbol{\beta}_1, \boldsymbol{\beta}_2, \boldsymbol{\beta}_3, \boldsymbol{\beta}_4]=\boldsymbol{P}。$$

由初等变换求方阵逆的过程知，将矩阵 $[\boldsymbol{\alpha}_1, \boldsymbol{\alpha}_2, \boldsymbol{\alpha}_3, \boldsymbol{\alpha}_4 | \boldsymbol{\beta}_1, \boldsymbol{\beta}_2, \boldsymbol{\beta}_3, \boldsymbol{\beta}_4]$ 作如下初等行变换可得

$$\left[\begin{array}{cccc:cccc}1 & 1 & -1 & -1 & 2 & 0 & -2 & 1\\2 & -1 & 2 & -1 & 1 & 1 & 1 & 3\\-1 & 1 & 1 & 0 & 0 & 2 & 1 & 1\\0 & 1 & 1 & 1 & 1 & 2 & 2 & 2\end{array}\right]\to\left[\begin{array}{cccc:cccc}1 & 0 & 0 & 0 & 1 & 0 & 0 & 1\\0 & 1 & 0 & 0 & 1 & 1 & 0 & 1\\0 & 0 & 1 & 0 & 0 & 1 & 1 & 1\\0 & 0 & 0 & 1 & 0 & 0 & 1 & 0\end{array}\right],$$

上式表明由基 $\boldsymbol{\alpha}_1, \boldsymbol{\alpha}_2, \boldsymbol{\alpha}_3, \boldsymbol{\alpha}_4$ 到基 $\boldsymbol{\beta}_1, \boldsymbol{\beta}_2, \boldsymbol{\beta}_3, \boldsymbol{\beta}_4$ 的过渡矩阵为

$$\boldsymbol{P}=\begin{bmatrix}1 & 0 & 0 & 1\\1 & 1 & 0 & 1\\0 & 1 & 1 & 1\\0 & 0 & 1 & 0\end{bmatrix}。$$

因此向量 $\boldsymbol{\alpha}$ 在基 $\boldsymbol{\beta}_1, \boldsymbol{\beta}_2, \boldsymbol{\beta}_3, \boldsymbol{\beta}_4$ 下的坐标为

$$\begin{bmatrix}y_1\\y_2\\y_3\\y_4\end{bmatrix}=\boldsymbol{P}^{-1}\begin{bmatrix}x_1\\x_2\\x_3\\x_4\end{bmatrix}=\begin{bmatrix}0 & 1 & -1 & 1\\-1 & 1 & 0 & 0\\0 & 0 & 0 & 1\\1 & -1 & 1 & -1\end{bmatrix}\begin{bmatrix}x_1\\x_2\\x_3\\x_4\end{bmatrix}。$$

上述方法利用了给定的两组特殊基向量可形成可逆矩阵这一事实。下面介绍另外一种方法，此方法从所考虑线性空间的一组简单(自然)基出发，利用基变换公式来实现过渡矩阵的表示。显然，$\boldsymbol{e}_1=[1, 0, 0, 0]^{\mathrm{T}}$，$\boldsymbol{e}_2=[0, 1, 0, 0]^{\mathrm{T}}$，$\boldsymbol{e}_3=[0, 0, 1, 0]^{\mathrm{T}}$，$\boldsymbol{e}_4=[0, 0, 0, 1]^{\mathrm{T}}$ 为 $\mathbf{R}^4$ 的一组自然基，将给定的两组基分别用此自然基进行表出，有

$$[\boldsymbol{\alpha}_1, \boldsymbol{\alpha}_2, \boldsymbol{\alpha}_3, \boldsymbol{\alpha}_4]=[\boldsymbol{e}_1, \boldsymbol{e}_2, \boldsymbol{e}_3, \boldsymbol{e}_4]\begin{bmatrix}1 & 1 & -1 & -1\\2 & -1 & 2 & -1\\-1 & 1 & 1 & 0\\0 & 1 & 1 & 1\end{bmatrix}=[\boldsymbol{e}_1, \boldsymbol{e}_2, \boldsymbol{e}_3, \boldsymbol{e}_4]\boldsymbol{A},$$

$$[\boldsymbol{\beta}_1, \boldsymbol{\beta}_2, \boldsymbol{\beta}_3, \boldsymbol{\beta}_4]=[\boldsymbol{e}_1, \boldsymbol{e}_2, \boldsymbol{e}_3, \boldsymbol{e}_4]\begin{bmatrix}2 & 0 & -2 & 1\\1 & 1 & 1 & 3\\0 & 2 & 1 & 1\\1 & 2 & 2 & 2\end{bmatrix}=[\boldsymbol{e}_1, \boldsymbol{e}_2, \boldsymbol{e}_3, \boldsymbol{e}_4]\boldsymbol{B},$$

从而

$$[\boldsymbol{e}_1, \boldsymbol{e}_2, \boldsymbol{e}_3, \boldsymbol{e}_4]=[\boldsymbol{\alpha}_1, \boldsymbol{\alpha}_2, \boldsymbol{\alpha}_3, \boldsymbol{\alpha}_4]\boldsymbol{A}^{-1},$$

$$[\boldsymbol{\beta}_1, \boldsymbol{\beta}_2, \boldsymbol{\beta}_3, \boldsymbol{\beta}_4]=[\boldsymbol{\alpha}_1, \boldsymbol{\alpha}_2, \boldsymbol{\alpha}_3, \boldsymbol{\alpha}_4]\boldsymbol{A}^{-1}\boldsymbol{B},$$

于是可得由基 $\boldsymbol{\alpha}_1, \boldsymbol{\alpha}_2, \boldsymbol{\alpha}_3, \boldsymbol{\alpha}_4$ 到基 $\boldsymbol{\beta}_1, \boldsymbol{\beta}_2, \boldsymbol{\beta}_3, \boldsymbol{\beta}_4$ 的过渡矩阵为

$$\boldsymbol{P}=\boldsymbol{A}^{-1}\boldsymbol{B}。$$

再由坐标变换公式(式(1.2.4))可得

$$\begin{bmatrix}y_1\\y_2\\y_3\\y_4\end{bmatrix}=(\boldsymbol{A}^{-1}\boldsymbol{B})^{-1}\begin{bmatrix}x_1\\x_2\\x_3\\x_4\end{bmatrix}=\begin{bmatrix}0 & 1 & -1 & 1\\-1 & 1 & 0 & 0\\0 & 0 & 0 & 1\\1 & -1 & 1 & -1\end{bmatrix}\begin{bmatrix}x_1\\x_2\\x_3\\x_4\end{bmatrix}。$$

1.3 线性子空间

一、子空间的概念

由解析几何知识可知，过原点的一条直线或一个平面都是三维几何空间的子集，且它们关于向量加法及数乘运算构成一个一维和二维线性空间。这一特性也可以推广到一般线性空间中，我们引入下面的定义。

定义 1.3.1 设 W 是数域 F 上线性空间 V 的一个非空子集，且此子集对 V 中定义的加法与数乘运算也构成数域 F 上的线性空间，则称 W 为 V 的线性子空间，简称子空间。

下面来分析一非空子集满足何种条件可以成为一个子空间。

设 W 为 V 的一非空子集，由于 V 为线性空间，因而对 V 中所定义的加法与数乘运算，W 中的向量显然能满足线性空间定义 1.1.1 中规则(1)、(2)、(5)、(6)、(7)、(8)。要使 W 能成为一子空间，W 还需要满足如下条件：

(1) 若 $\boldsymbol{\alpha}, \boldsymbol{\beta}\in W$，则需 $\boldsymbol{\alpha}+\boldsymbol{\beta}\in W$。

(2) 若 $\boldsymbol{\alpha}\in V$，$k\in F$，则需 $k\cdot\boldsymbol{\alpha}\in F$。

(3) $\boldsymbol{0}\in W$。

(4) 若 $\boldsymbol{\alpha}\in W$，则 $-\boldsymbol{\alpha}\in W$。

显然，若条件(2)满足，则条件(3)、(4)自然满足，分别对应 $k=0$ 与 -1。因此我们有如下定理：

定理 1.3.1 设 W 为线性空间 V 的一非空子集，则 W 为 V 的一子空间，当且仅当 W 对 V 中所定义的加法与数乘运算保持封闭，即

(1) 若 $\boldsymbol{\alpha}, \boldsymbol{\beta}\in W$，则 $\boldsymbol{\alpha}+\boldsymbol{\beta}\in W$。

(2) 若 $\boldsymbol{\alpha}\in W$，$k\in F$，则 $k\cdot\boldsymbol{\alpha}\in W$。

容易看出，每个线性空间 V 至少存在两个子空间：一个为仅由零向量所构成的集合 $\{\mathbf{0}\}$，称为零子空间，其维数定义为0；另一个是 V 自身。这两个子空间通常称为平凡子空间；不同于 V 的子空间称为 V 的真子空间；既不同于 V 也不同于 $\{\mathbf{0}\}$ 的子空间称为 V 的非平凡子空间。

由于子空间 W 本身为一线性空间，因而基、维数、坐标等概念可以自然应用到子空间上。一个子空间 W 不可能比整个空间 V 有更多数目的线性无关的向量，因此任何一个子空间 W 的维数不能超过整个空间 V 的维数，即有

$$\dim W\leqslant\dim V。$$

【例 1.3.1】 选取线性空间 $V=C[a, b]$，W 为定义在同一区间 $[a, b]$ 上次数小于 n 次的实系数多项式的全体，可以验证 W 为 V 的一个子空间。

【例 1.3.2】 可以验证例 1.1.3 中所定义的空间 $N(\mathbf{A})$ 为线性空间 F^n 的子空间，该子空间的基为所对应齐次线性方程组的基础解系，维数等于 $n-r$，其中 r 为系数矩阵 $\mathbf{A}$ 的秩。

【例 1.3.3】 设平面上不经过坐标原点的直线为

$$W=\{(k, k+1)\mid k\in\mathbf{R}\},$$

验证 W 构不成二维几何空间的子空间。

解　不妨设 $\boldsymbol{\alpha}=(k, k+1)\in W$，$\boldsymbol{\beta}=(l, l+1)\in W$，其中 $k, l\in\mathbf{R}$，而

$$\boldsymbol{\alpha}+\boldsymbol{\beta}=(k+l, k+l+2)\notin W,$$

从而 W 不是二维几何空间的子空间。

下面讨论线性子空间的生成问题。

设 $\boldsymbol{\alpha}_1, \boldsymbol{\alpha}_2, \cdots, \boldsymbol{\alpha}_r$ 是线性空间 V 中的一组向量，容易看出，这组向量所有可能的线性组合

$$k_1\boldsymbol{\alpha}_1+k_2\boldsymbol{\alpha}_2+\cdots+k_r\boldsymbol{\alpha}_r\quad(k_i\in F;\ i=1, 2, \cdots, r)$$

所构成的集合是非空的，而且对 V 中定义的两种线性运算保持封闭，因此它是 V 的一子空间，此子空间称为由 $\boldsymbol{\alpha}_1, \boldsymbol{\alpha}_2, \cdots, \boldsymbol{\alpha}_r$ 生成的子空间(简称生成子空间)，记为

$$\operatorname{span}(\boldsymbol{\alpha}_1, \boldsymbol{\alpha}_2, \cdots, \boldsymbol{\alpha}_r)=\{k_1\boldsymbol{\alpha}_1+k_2\boldsymbol{\alpha}_2+\cdots+k_r\boldsymbol{\alpha}_r\}。\tag{1.2.5}$$

由子空间的定义知，若 V 的一子空间包括向量 $\boldsymbol{\alpha}_1, \boldsymbol{\alpha}_2, \cdots, \boldsymbol{\alpha}_r$，则它也一定包括 $\boldsymbol{\alpha}_1, \boldsymbol{\alpha}_2, \cdots, \boldsymbol{\alpha}_r$ 所有可能的线性组合，也就是说一定包括 $\operatorname{span}(\boldsymbol{\alpha}_1, \boldsymbol{\alpha}_2, \cdots, \boldsymbol{\alpha}_r)$ 作为子空间。

在有限维线性空间 V 中，任何一个子空间都可以通过式(1.2.5)而得到。假定 W 为 V 的一个子空间，显然 W 也为有限维的，不妨设 $\boldsymbol{\alpha}_1, \boldsymbol{\alpha}_2, \cdots, \boldsymbol{\alpha}_m$ 为 W 的一组基，于是

$$W=\operatorname{span}(\boldsymbol{\alpha}_1, \boldsymbol{\alpha}_2, \cdots, \boldsymbol{\alpha}_m)$$

就是 m 维子空间。特别地，零子空间就是由零向量生成的子空间 $\operatorname{span}(\mathbf{0})$。

关于生成子空间，我们有如下的基本性质。

定理 1.3.2　(1) 两个向量组可以生成相同子空间，当且仅当这两个向量组等价。

(2) $\operatorname{span}(\boldsymbol{\alpha}_1, \boldsymbol{\alpha}_2, \cdots, \boldsymbol{\alpha}_r)$ 的维数等于向量组 $\boldsymbol{\alpha}_1, \boldsymbol{\alpha}_2, \cdots, \boldsymbol{\alpha}_r$ 的秩。

证明　(1) 设 $\boldsymbol{\alpha}_1, \boldsymbol{\alpha}_2, \cdots, \boldsymbol{\alpha}_r$ 与 $\boldsymbol{\beta}_1, \boldsymbol{\beta}_2, \cdots, \boldsymbol{\beta}_s$ 为两个向量组。先证必要性，若

$$\operatorname{span}(\boldsymbol{\alpha}_1, \boldsymbol{\alpha}_2, \cdots, \boldsymbol{\alpha}_r)=\operatorname{span}(\boldsymbol{\beta}_1, \boldsymbol{\beta}_2, \cdots, \boldsymbol{\beta}_s),$$

则每个向量 $\boldsymbol{\alpha}_i(i=1, 2, \cdots, r)$ 作为生成子空间 $\mathrm{span}(\boldsymbol{\beta}_1, \boldsymbol{\beta}_2, \cdots, \boldsymbol{\beta}_s)$ 中的向量都可以由 $\boldsymbol{\beta}_1, \boldsymbol{\beta}_2, \cdots, \boldsymbol{\beta}_s$ 线性表出，同理，每个向量 $\boldsymbol{\beta}_j(j=1, 2, \cdots, s)$ 作为生成子空间 $\mathrm{span}(\boldsymbol{\alpha}_1, \boldsymbol{\alpha}_2, \cdots, \boldsymbol{\alpha}_r)$ 中的向量也都可以由 $\boldsymbol{\alpha}_1, \boldsymbol{\alpha}_2, \cdots, \boldsymbol{\alpha}_r$ 线性表出，因此这两个向量组等价。再证充分性，若 $\boldsymbol{\alpha}_1, \boldsymbol{\alpha}_2, \cdots, \boldsymbol{\alpha}_r$ 与 $\boldsymbol{\beta}_1, \boldsymbol{\beta}_2, \cdots, \boldsymbol{\beta}_s$ 为两个等价向量组，则任何可以由 $\boldsymbol{\alpha}_1, \boldsymbol{\alpha}_2, \cdots, \boldsymbol{\alpha}_r$ 线性表出的向量都可以由 $\boldsymbol{\beta}_1, \boldsymbol{\beta}_2, \cdots, \boldsymbol{\beta}_s$ 线性表出，反过来也一样，因此 $\mathrm{span}(\boldsymbol{\alpha}_1, \boldsymbol{\alpha}_2, \cdots, \boldsymbol{\alpha}_r)=\mathrm{span}(\boldsymbol{\beta}_1, \boldsymbol{\beta}_2, \cdots, \boldsymbol{\beta}_s)$。

(2) 设向量组 $\boldsymbol{\alpha}_1, \boldsymbol{\alpha}_2, \cdots, \boldsymbol{\alpha}_r$ 的秩为 m，而 $\boldsymbol{\alpha}_1, \boldsymbol{\alpha}_2, \cdots, \boldsymbol{\alpha}_m(m\leqslant r)$ 是它的一个极大线性无关组。因为 $\boldsymbol{\alpha}_1, \boldsymbol{\alpha}_2, \cdots, \boldsymbol{\alpha}_r$ 与 $\boldsymbol{\alpha}_1, \boldsymbol{\alpha}_2, \cdots, \boldsymbol{\alpha}_m$ 等价，由定理 1.3.2(1)知

$$\mathrm{span}(\boldsymbol{\alpha}_1, \boldsymbol{\alpha}_2, \cdots, \boldsymbol{\alpha}_r)=\mathrm{span}(\boldsymbol{\alpha}_1, \boldsymbol{\alpha}_2, \cdots, \boldsymbol{\alpha}_m)。$$

再由定理 1.2.1 有，$\boldsymbol{\alpha}_1, \boldsymbol{\alpha}_2, \cdots, \boldsymbol{\alpha}_m$ 为 $\mathrm{span}(\boldsymbol{\alpha}_1, \boldsymbol{\alpha}_2, \cdots, \boldsymbol{\alpha}_r)$ 的一组基，因而

$$\mathrm{dimspan}(\boldsymbol{\alpha}_1, \boldsymbol{\alpha}_2, \cdots, \boldsymbol{\alpha}_r)=m。$$

定理 1.3.3 设 W 是数域 F 上 n 维线性空间 V 的一个 r 维子空间，$\boldsymbol{\alpha}_1, \boldsymbol{\alpha}_2, \cdots, \boldsymbol{\alpha}_r$ 为 W 的一组基，则这组向量一定可以扩充为整个空间 V 的基，即在 V 中一定可以找到 $n-r$ 个向量 $\boldsymbol{\alpha}_{r+1}, \boldsymbol{\alpha}_{r+2}, \cdots, \boldsymbol{\alpha}_n$，使得 $\boldsymbol{\alpha}_1, \boldsymbol{\alpha}_2, \cdots, \boldsymbol{\alpha}_n$ 为 V 的一组基。

证明 对维数 $n-r$ 作归纳，当 $n-r=0$ 时，定理显然成立，此时 $\boldsymbol{\alpha}_1, \boldsymbol{\alpha}_2, \cdots, \boldsymbol{\alpha}_r$ 为 V 的基。现在假定 $n-r=k$ 时结论成立，下面验证 $n-r=k+1$ 的情形。

由于 $\boldsymbol{\alpha}_1, \boldsymbol{\alpha}_2, \cdots, \boldsymbol{\alpha}_r$ 不是 V 的一组基且又线性无关，所以在 V 中一定有一个向量 $\boldsymbol{\alpha}_{r+1}$ 不能由 $\boldsymbol{\alpha}_1, \boldsymbol{\alpha}_2, \cdots, \boldsymbol{\alpha}_r$ 线性表出。如果把 $\boldsymbol{\alpha}_{r+1}$ 添加进去，则 $\boldsymbol{\alpha}_1, \boldsymbol{\alpha}_2, \cdots, \boldsymbol{\alpha}_r, \boldsymbol{\alpha}_{r+1}$ 一定线性无关(注 1.1.2 中结论(6))。由定理 1.3.2 可知，子空间 $\mathrm{span}(\boldsymbol{\alpha}_1, \boldsymbol{\alpha}_2, \cdots, \boldsymbol{\alpha}_{r+1})$ 是 $r+1$ 维的。因为 $n-(r+1)=(n-r)-1=k+1-1=k$，由归纳法假设，$\mathrm{span}(\boldsymbol{\alpha}_1, \boldsymbol{\alpha}_2, \cdots, \boldsymbol{\alpha}_{r+1})$ 的基 $\boldsymbol{\alpha}_1, \boldsymbol{\alpha}_2, \cdots, \boldsymbol{\alpha}_r, \boldsymbol{\alpha}_{r+1}$ 可以扩充为整个空间 V 的基。由数学归纳法，定理得证。

【例 1.3.4】 设向量 $\boldsymbol{\alpha}_1=[1, 3, 2, 1]^{\mathrm{T}}$，$\boldsymbol{\alpha}_2=[4, 9, 5, 4]^{\mathrm{T}}$，$\boldsymbol{\alpha}_3=[3, 7, 4, 3]^{\mathrm{T}}$，求生成子空间 $\mathrm{span}(\boldsymbol{\alpha}_1, \boldsymbol{\alpha}_2, \boldsymbol{\alpha}_3)$ 的维数与基。

解 假设

$$k_1\boldsymbol{\alpha}_1+k_2\boldsymbol{\alpha}_2+k_3\boldsymbol{\alpha}_3=\boldsymbol{0},$$

则

$$\begin{cases}k_1+4k_2+3k_3=0\\3k_1+9k_2+7k_3=0\\2k_1+5k_2+4k_3=0\\k_1+4k_2+3k_3=0\end{cases},$$

解此线性方程组可得

$$k_2=2k_1,\ k_3=-3k_1,$$

从而有

$$\boldsymbol{\alpha}_1+2\boldsymbol{\alpha}_2-3\boldsymbol{\alpha}_3=\boldsymbol{0},$$

因此 $\boldsymbol{\alpha}_1, \boldsymbol{\alpha}_2, \boldsymbol{\alpha}_3$ 线性相关，又显然 $\boldsymbol{\alpha}_1, \boldsymbol{\alpha}_2(\boldsymbol{\alpha}_2, \boldsymbol{\alpha}_3$ 或 $\boldsymbol{\alpha}_1, \boldsymbol{\alpha}_3)$ 线性无关，进而 $\mathrm{span}(\boldsymbol{\alpha}_1, \boldsymbol{\alpha}_2, \boldsymbol{\alpha}_3)=2$，基由 $\boldsymbol{\alpha}_1, \boldsymbol{\alpha}_2(\boldsymbol{\alpha}_2, \boldsymbol{\alpha}_3$ 或 $\boldsymbol{\alpha}_1, \boldsymbol{\alpha}_3)$ 构成。

二、子空间的交与和

下面介绍子空间的两种重要运算——交与和，它们可以视为由子空间生成的子空间。

定理 1.3.4　设 W_1 与 W_2 是线性空间 V 的两个子空间，则它们的交 $W_1 \cap W_2$ 也为 V 的子空间。

证明　首先，因为 $\mathbf{0} \in W_1$，$\mathbf{0} \in W_2$，所以 $\mathbf{0} \in W_1 \cap W_2$，从而 $W_1 \cap W_2$ 非空。其次，若 $\boldsymbol{\alpha}, \boldsymbol{\beta} \in W_1 \cap W_2$，则 $\boldsymbol{\alpha}, \boldsymbol{\beta} \in W_1$，$\boldsymbol{\alpha}, \boldsymbol{\beta} \in W_2$，因 W_1 与 W_2 是子空间，从而有 $\boldsymbol{\alpha}+\boldsymbol{\beta} \in W_1$，$\boldsymbol{\alpha}+\boldsymbol{\beta} \in W_2$，即 $\boldsymbol{\alpha}+\boldsymbol{\beta} \in W_1 \cap W_2$；又因 $k\boldsymbol{\alpha} \in W_1$，$k\boldsymbol{\alpha} \in W_2$，故 $\forall k \in F$，$k\boldsymbol{\alpha} \in W_1 \cap W_2$，从而由定理 1.3.1 知 $W_1 \cap W_2$ 是 V 的子空间。

定义 1.3.2　设 W_1 与 W_2 是线性空间 V 的两个子空间，所谓 W_1 与 W_2 的和，是指由所有能表示为 $\boldsymbol{\alpha}+\boldsymbol{\beta}$，且 $\boldsymbol{\alpha} \in W_1$，$\boldsymbol{\beta} \in W_2$ 的向量组成的集合，记作 W_1+W_2。

定理 1.3.5　若 W_1 与 W_2 为线性空间 V 的子空间，则它们的和 W_1+W_2 也为 V 的子空间。

证明　首先 W_1+W_2 是非空的。其次，若 $\boldsymbol{\alpha}, \boldsymbol{\beta} \in W_1+W_2$，即

$$\boldsymbol{\alpha}=\boldsymbol{\alpha}_1+\boldsymbol{\alpha}_2,\ \boldsymbol{\alpha}_1 \in W_1,\ \boldsymbol{\alpha}_2 \in W_2,$$
$$\boldsymbol{\beta}=\boldsymbol{\beta}_1+\boldsymbol{\beta}_2,\ \boldsymbol{\beta}_1 \in W_1,\ \boldsymbol{\beta}_2 \in W_2,$$

则

$$\boldsymbol{\alpha}+\boldsymbol{\beta}=(\boldsymbol{\alpha}_1+\boldsymbol{\beta}_1)+(\boldsymbol{\alpha}_2+\boldsymbol{\beta}_2)。$$

因为 W_1 与 W_2 为子空间，所以 $\boldsymbol{\alpha}_1+\boldsymbol{\beta}_1 \in W_1$，$\boldsymbol{\alpha}_2+\boldsymbol{\beta}_2 \in W_2$，从而 $\boldsymbol{\alpha}+\boldsymbol{\beta} \in W_1+W_2$。同理，$k\boldsymbol{\alpha}=k\boldsymbol{\alpha}_1+k\boldsymbol{\alpha}_2 \in W_1+W_2$，由定理 1.3.1 可证明 W_1+W_2 为 V 的子空间。

由子空间交与和的定义不难看出，子空间的交与和满足下列运算规律：

(1) 交换律：$W_1 \cap W_2=W_2 \cap W_1$，$W_1+W_2=W_2+W_1$。

(2) 结合律：$(W_1 \cap W_2) \cap W_3=W_1 \cap (W_2 \cap W_3)$，$(W_1+W_2)+W_3=W_1+(W_2+W_3)$。

由结合律，我们可以定义多个子空间的交与和

$$W_1 \cap W_2 \cap \cdots \cap W_s=\bigcap_{i=1}^{s} W_i$$

也为子空间；而

$$W_1+W_2+\cdots+W_s=\sum_{i=1}^{s} W_i$$

为所有表出

$$\boldsymbol{\alpha}_1+\boldsymbol{\alpha}_2+\cdots+\boldsymbol{\alpha}_s \quad (\boldsymbol{\alpha}_i \in W_i;\ i=1, 2, \cdots, s)$$

的向量组成的子空间。

同时，不难验证，关于子空间的交与和有如下结论。

(1) 设 W_1，W_2，U 都为子空间，则由 $U \subset W_1$，$U \subset W_2$ 可知 $U \subset W_1 \cap W_2$；而由 $U \supset W_1$，$U \supset W_2$ 可知 $U \supset W_1+W_2$。

(2) 对于子空间 W_1，W_2，以下论述等价：

① $W_1 \subset W_2$；

② $W_1 \cap W_2=W_1$；

③ $W_1+W_2=W_2$。

【例 1.3.5】　在三维几何空间 $\mathbf{R}^3$ 中，用 W_1 表示一条过原点的直线，用 W_2 表示一个通过原点且与 W_1 垂直的平面，则 $W_1 \cap W_2=\{\mathbf{0}\}$，$W_1+W_2=\mathbf{R}^3$。

由这个例子可以看出，子空间的交与集合的交的概念是一致的，但子空间的和与集合的并的概念并不一致，$W_1 \cup W_2 = \{$过原点的直线与垂直平面上点$\}$。

【例 1.3.6】 设在 $\mathbf{R}^2$ 中，$\boldsymbol{\alpha}_1$，$\boldsymbol{\alpha}_2$ 是两个线性无关的向量，令

$$W_1 = \text{span}(\boldsymbol{\alpha}_1),\ W_2 = \text{span}(\boldsymbol{\alpha}_2),\ U = \text{span}(\boldsymbol{\alpha}_1 + \boldsymbol{\alpha}_2),$$

则

$$W_1 \cap (W_2 + U) = W_1 \cap \mathbf{R}^2 = W_1,$$
$$(W_1 \cap W_2) + (W_1 \cap U) = \{\mathbf{0}\} + \{\mathbf{0}\} = \{\mathbf{0}\},$$

从而

$$W_1 \cap (W_2 + U) \neq (W_1 \cap W_2) + (W_1 \cap U)。$$

由此可见，子空间的交与和运算构成的分配律一般不成立。

【例 1.3.7】 在一个线性空间 V 中，我们有

$$\text{span}(\boldsymbol{\alpha}_1, \boldsymbol{\alpha}_2, \cdots, \boldsymbol{\alpha}_s) + \text{span}(\boldsymbol{\beta}_1, \boldsymbol{\beta}_2, \cdots, \boldsymbol{\beta}_t) = \text{span}(\boldsymbol{\alpha}_1, \boldsymbol{\alpha}_2, \cdots, \boldsymbol{\alpha}_s, \boldsymbol{\beta}_1, \boldsymbol{\beta}_2, \cdots, \boldsymbol{\beta}_t)。$$

下面来讨论子空间交与和的维数，我们有如下定理。

定理 1.3.6 若 W_1 与 W_2 是线性空间 V 的两个子空间，则如下维数公式成立：

$$\dim W_1 + \dim W_2 = \dim(W_1 + W_2) + \dim(W_1 \cap W_2)。$$

证明 设 $\dim W_1 = n_1$，$\dim W_2 = n_2$，$\dim(W_1 \cap W_2) = m$，我们需要验证 $\dim(W_1 + W_2) = n_1 + n_2 - m$。

取 $W_1 \cap W_2$ 的一组基为 $\boldsymbol{\alpha}_1, \boldsymbol{\alpha}_2, \cdots, \boldsymbol{\alpha}_m$，由定理 1.3.3 可知，它可以分别扩充为 W_1 与 W_2 的一组基：

$$\boldsymbol{\alpha}_1, \boldsymbol{\alpha}_2, \cdots, \boldsymbol{\alpha}_m, \boldsymbol{\beta}_1, \cdots, \boldsymbol{\beta}_{n_1-m},$$
$$\boldsymbol{\alpha}_1, \boldsymbol{\alpha}_2, \cdots, \boldsymbol{\alpha}_m, \boldsymbol{\gamma}_1, \cdots, \boldsymbol{\gamma}_{n_2-m},$$

即

$$W_1 = \text{span}(\boldsymbol{\alpha}_1, \boldsymbol{\alpha}_2, \cdots, \boldsymbol{\alpha}_m, \boldsymbol{\beta}_1, \cdots, \boldsymbol{\beta}_{n_1-m})$$
$$W_2 = \text{span}(\boldsymbol{\alpha}_1, \boldsymbol{\alpha}_2, \cdots, \boldsymbol{\alpha}_m, \boldsymbol{\gamma}_1, \cdots, \boldsymbol{\gamma}_{n_2-m}),$$

从而

$$W_1 + W_2 = \text{span}(\boldsymbol{\alpha}_1, \cdots, \boldsymbol{\alpha}_m, \boldsymbol{\beta}_1, \cdots, \boldsymbol{\beta}_{n_1-m}, \boldsymbol{\gamma}_1, \cdots, \boldsymbol{\gamma}_{n_2-m})。$$

下面来证明向量组 $\boldsymbol{\alpha}_1, \cdots, \boldsymbol{\alpha}_m, \boldsymbol{\beta}_1, \cdots, \boldsymbol{\beta}_{n_1-m}, \boldsymbol{\gamma}_1, \cdots, \boldsymbol{\gamma}_{n_2-m}$ 线性无关。设

$$k_1\boldsymbol{\alpha}_1 + \cdots + k_m\boldsymbol{\alpha}_m + p_1\boldsymbol{\beta}_1 + \cdots + p_{n_1-m}\boldsymbol{\beta}_{n_1-m} + q_1\boldsymbol{\gamma}_1 + \cdots + q_{n_2-m}\boldsymbol{\gamma}_{n_2-m} = \mathbf{0},$$

令

$$\begin{aligned}\boldsymbol{\alpha} &= k_1\boldsymbol{\alpha}_1 + \cdots + k_m\boldsymbol{\alpha}_m + p_1\boldsymbol{\beta}_1 + \cdots + p_{n_1-m}\boldsymbol{\beta}_{n_1-m} \\ &= -q_1\boldsymbol{\gamma}_1 - \cdots - q_{n_2-m}\boldsymbol{\gamma}_{n_2-m},\end{aligned}$$

则由上式的第一个等式知 $\boldsymbol{\alpha} \in W_1$，由上式的第二个等式知 $\boldsymbol{\alpha} \in W_2$，于是 $\boldsymbol{\alpha} \in W_1 \cap W_2$，从而令

$$\boldsymbol{\alpha} = l_1\boldsymbol{\alpha}_1 + \cdots l_m\boldsymbol{\alpha}_m,$$

则

$$l_1\boldsymbol{\alpha}_1 + \cdots l_m\boldsymbol{\alpha}_m = -q_1\boldsymbol{\gamma}_1 - \cdots - q_1\boldsymbol{\gamma}_{n_2-m},$$

即

$$l_1\boldsymbol{\alpha}_1 + \cdots l_m\boldsymbol{\alpha}_m + q_1\boldsymbol{\gamma}_1 + \cdots + q_1\boldsymbol{\gamma}_{n_2-m} = \mathbf{0}。$$

由于 $\boldsymbol{\alpha}_1, \cdots, \boldsymbol{\alpha}_m, \boldsymbol{\gamma}_1, \cdots, \boldsymbol{\gamma}_{n_2-m}$ 线性无关，所以

$$l_1 = \cdots l_m = q_1 = \cdots = q_{n_2-m} = 0,$$

因此 $\boldsymbol{\alpha} = \mathbf{0}$，进而有

$$k_1\boldsymbol{\alpha}_1 + \cdots + k_m\boldsymbol{\alpha}_m + p_1\boldsymbol{\beta}_1 + \cdots + p_{n_1-m}\boldsymbol{\beta}_{n_1-m} = \mathbf{0}。$$

由于 $\boldsymbol{\alpha}_1, \boldsymbol{\alpha}_2, \cdots, \boldsymbol{\alpha}_m, \boldsymbol{\beta}_1, \cdots, \boldsymbol{\beta}_{n_1-m}$ 线性无关，因此可得

$$k_1 = \cdots = k_m = p_1 = \cdots = p_{n_1-m} = 0。$$

这就证明了向量组 $\boldsymbol{\alpha}_1, \cdots, \boldsymbol{\alpha}_m, \boldsymbol{\beta}_1, \cdots, \boldsymbol{\beta}_{n_1-m}, \boldsymbol{\gamma}_1, \cdots, \boldsymbol{\gamma}_{n_2-m}$ 线性无关，因而它为 $W_1 + W_2$ 的一组基，$\dim(W_1 + W_2) = n_1 + n_2 - m$。

由维数公式可以看出，两个子空间和的维数一般要比维数的和小。比如，在三维几何空间中，通过原点的两个不同平面的和为整个几何空间，维数为 3，而这两个平面维数之和为 4，由此可推断这两个平面的交是一维直线。

一般地，我们有如下推论。

推论 1.3.1　若 n 维线性空间 V 的两个子空间 W_1，W_2 的维数之和大于 n，则 W_1，W_2 一定含有非零的公共向量。

证明　假设

$$\dim(W_1 + W_2) + \dim(W_1 \cap W_2) = \dim(W_1) + \dim(W_2) > n,$$

但由于 $W_1 + W_2$ 是 V 的子空间，从而

$$\dim(W_1 + W_2) \leqslant n。$$

所以 $\dim(W_1 \cap W_2) > 0$，即 $W_1 \cap W_2$ 中含有非零向量。

【例 1.3.8】　设已知 W_1 与 W_2 分别为线性方程组

$$(\text{Ⅰ})\begin{cases}3x_1 + 4x_2 - 5x_3 + 7x_4 = 0 \\ 4x_1 + 11x_2 - 13x_3 + 16x_4 = 0\end{cases};\ (\text{Ⅱ})\begin{cases}2x_1 - 3x_2 + 3x_3 - 2x_4 = 0 \\ 7x_1 - 2x_2 + x_3 + 3x_4 = 0\end{cases}$$

的解空间，求：

(1) $W_1 \cap W_2$ 的基与维数；

(2) $W_1 + W_2$ 的基与维数。

解　(1) $W_1 \cap W_2$ 即线性方程组（Ⅰ）与（Ⅱ）的所有公共解构成的空间，联立方程组

$$\begin{cases}3x_1 + 4x_2 - 5x_3 + 7x_4 = 0 \\ 4x_1 + 11x_2 - 13x_3 + 16x_4 = 0 \\ 2x_1 - 3x_2 + 3x_3 - 2x_4 = 0 \\ 7x_1 - 2x_2 + x_3 + 3x_4 = 0\end{cases},$$

求得一组基础解系 $\boldsymbol{\xi}_1 = [3, 19, 17, 0]^{\mathrm{T}}$，$\boldsymbol{\xi}_2 = [-13, -20, 0, 17]^{\mathrm{T}}$，其为 $W_1 \cap W_2$ 的基，$\dim(W_1 \cap W_2) = 2$。

(2) 求得方程组（Ⅰ）的基础解系 $\boldsymbol{\alpha}_1 = [3, 19, 17, 0]^{\mathrm{T}}$，$\boldsymbol{\alpha}_2 = [-13, -20, 0, 17]^{\mathrm{T}}$，方程组（Ⅱ）的基础解系 $\boldsymbol{\beta}_1 = [3, 19, 17, 0]^{\mathrm{T}} = \boldsymbol{\alpha}_1$，$\boldsymbol{\beta}_2 = [-13, -20, 0, 17]^{\mathrm{T}} = \boldsymbol{\alpha}_2$，于是 $W_1 = W_2$，即 $W_1 + W_2$ 的基为 $\boldsymbol{\alpha}_1$，$\boldsymbol{\alpha}_2$，所以 $\dim(W_1 + W_2) = 2$。

【例 1.3.9】　设 $\boldsymbol{\alpha}_1 = [1, 2, 1, 0]^{\mathrm{T}}$，$\boldsymbol{\alpha}_2 = [-1, 1, 1, 1]^{\mathrm{T}}$，$\boldsymbol{\beta}_1 = [2, -1, 0, 1]^{\mathrm{T}}$，$\boldsymbol{\beta}_2 = [1, -1, 3, 7]^{\mathrm{T}}$，求生成子空间 $\mathrm{span}(\boldsymbol{\alpha}_1, \boldsymbol{\alpha}_2)$ 与 $\mathrm{span}(\boldsymbol{\beta}_1, \boldsymbol{\beta}_2)$ 的和子空间与交子空间的基和维数。

解 因为 $\mathrm{span}(\boldsymbol{\alpha}_1, \boldsymbol{\alpha}_2)+\mathrm{span}(\boldsymbol{\beta}_1, \boldsymbol{\beta}_2)=\mathrm{span}(\boldsymbol{\alpha}_1, \boldsymbol{\alpha}_2, \boldsymbol{\beta}_1, \boldsymbol{\beta}_2)$，所以由定理 1.3.2 中结论(2)知，$\dim\mathrm{span}(\boldsymbol{\alpha}_1, \boldsymbol{\alpha}_2, \boldsymbol{\beta}_1, \boldsymbol{\beta}_2)$等于向量组 $\boldsymbol{\alpha}_1, \boldsymbol{\alpha}_2, \boldsymbol{\beta}_1, \boldsymbol{\beta}_2$ 的秩。不难验证，向量组 $\boldsymbol{\alpha}_1, \boldsymbol{\alpha}_2, \boldsymbol{\beta}_1, \boldsymbol{\beta}_2$ 的秩为 3 且 $\boldsymbol{\alpha}_1, \boldsymbol{\alpha}_2, \boldsymbol{\beta}_1$ 为一极大线性无关向量组，因此和子空间的维数为 3 且有一组基 $\boldsymbol{\alpha}_1, \boldsymbol{\alpha}_2, \boldsymbol{\beta}_1$。

另设 $\boldsymbol{\eta}\in\mathrm{span}(\boldsymbol{\alpha}_1, \boldsymbol{\alpha}_2)\cap\mathrm{span}(\boldsymbol{\beta}_1, \boldsymbol{\beta}_2)$，由交子空间的定义有

$$\boldsymbol{\eta}=k_1\boldsymbol{\alpha}_1+k_2\boldsymbol{\alpha}_2=l_1\boldsymbol{\beta}_1+l_2\boldsymbol{\beta}_2,$$

即

$$k_1\begin{bmatrix}1\\2\\1\\0\end{bmatrix}+k_2\begin{bmatrix}-1\\1\\1\\1\end{bmatrix}-l_1\begin{bmatrix}2\\-1\\0\\1\end{bmatrix}-l_2\begin{bmatrix}1\\-1\\3\\7\end{bmatrix}=\boldsymbol{0},$$

由此可求解得 $k_1=-l_2$，$k_2=4l_2$，$l_1=-3l_2$（l_2 为任一数），于是 $\boldsymbol{\eta}=k_1\boldsymbol{\alpha}_1+k_2\boldsymbol{\alpha}_2=l_2[-5, 2, 3, 4]^{\mathrm{T}}$，所以交子空间的维数为 1，一组基为$[-5, 2, 3, 4]^{\mathrm{T}}$。

由和子空间 W_1+W_2 的定义，若 $\boldsymbol{\alpha}\in W_1$，$\boldsymbol{\beta}\in W_2$，则 W_1+W_2 中任一向量 $\boldsymbol{\gamma}$ 都可以表出为$\boldsymbol{\gamma}=\boldsymbol{\alpha}+\boldsymbol{\beta}$。不难发现，这种和的表出并不唯一。例如，在几何空间 $\mathbf{R}^3$ 中，取 W_1 为 $\boldsymbol{\alpha}_1=[1, 0, 0]^{\mathrm{T}}$ 与 $\boldsymbol{\alpha}_2=[0, 1, 0]^{\mathrm{T}}$ 的生成子空间，W_2 为 $\boldsymbol{\beta}_1=[1, 1, 0]^{\mathrm{T}}$ 的生成子空间，则显然有 $\boldsymbol{\xi}=[1, 2, 0]^{\mathrm{T}}\in W_1+W_2$。但一方面有 $\boldsymbol{\xi}=[1, 2, 0]^{\mathrm{T}}+[0, 0, 0]^{\mathrm{T}}$，其中 $[1, 2, 0]^{\mathrm{T}}=\boldsymbol{\alpha}_1+2\boldsymbol{\alpha}_2\in W_1$，$[0, 0, 0]^{\mathrm{T}}\in W_2$，另一方面有 $\boldsymbol{\xi}=\boldsymbol{\alpha}_2+\boldsymbol{\beta}_1\in W_1+W_2$，这表明和空间中向量 $\boldsymbol{\xi}=[1, 2, 0]^{\mathrm{T}}$ 的表出形式不唯一。下面给出一种特殊的子空间和，它具有和分解式的唯一性。

三、子空间的直和

定义 1.3.3 设 W_1 与 W_2 为线性空间 V 的子空间，若 W_1+W_2 中每一向量 $\boldsymbol{\alpha}$ 的和分解式

$$\boldsymbol{\alpha}=\boldsymbol{\beta}+\boldsymbol{\gamma},\ \boldsymbol{\beta}\in W_1,\ \boldsymbol{\gamma}\in W_2$$

是唯一的，这个和就称为直和，记作 $W_1\oplus W_2$。

定理 1.3.7 和 W_1+W_2 为直和当且仅当等式

$$\boldsymbol{\beta}+\boldsymbol{\gamma}=\boldsymbol{0},\ \boldsymbol{\beta}\in W_1,\ \boldsymbol{\gamma}\in W_2,$$

只有在 $\boldsymbol{\beta}=\boldsymbol{\gamma}=\boldsymbol{0}$ 时成立。

证明 必要性显然成立，因为直和分解式是唯一的，所以零向量的分解式自然是唯一的。下面验证充分性。

假定 $\boldsymbol{\alpha}\in W_1+W_2$，且具有如下两种分解式：

$$\boldsymbol{\alpha}=\boldsymbol{\alpha}_1+\boldsymbol{\alpha}_2=\boldsymbol{\beta}_1+\boldsymbol{\beta}_2,\ \boldsymbol{\alpha}_i,\ \boldsymbol{\beta}_i\in W_i,\ i=1, 2,$$

从而

$$(\boldsymbol{\alpha}_1-\boldsymbol{\beta}_1)+(\boldsymbol{\alpha}_2-\boldsymbol{\beta}_2)=\boldsymbol{0},\ \boldsymbol{\alpha}_i-\boldsymbol{\beta}_i\in W_i,\ i=1, 2。$$

由定理的条件，我们有

$$\boldsymbol{\alpha}_i-\boldsymbol{\beta}_i=\boldsymbol{0},\ \boldsymbol{\alpha}_i=\boldsymbol{\beta}_i,\ i=1, 2,$$

即向量 $\boldsymbol{\alpha}$ 的分解式是唯一的。

由定理 1.3.7，我们有如下推论。

推论 1.3.2　和 W_1+W_2 为直和当且仅当

$$W_1 \cap W_2=\{\mathbf{0}\}。$$

证明　先验证必要性，假定 W_1+W_2 为直和，任取 $\boldsymbol{\alpha}\in W_1\cap W_2$，于是零向量可表出为

$$\mathbf{0}=\boldsymbol{\alpha}+(-\boldsymbol{\alpha}),\ \boldsymbol{\alpha}\in W_1,\ -\boldsymbol{\alpha}\in W_2,$$

由于是直和，因而 $\mathbf{0}=\boldsymbol{\alpha}=-\boldsymbol{\alpha}$，即 $W_1\cap W_2=\{\mathbf{0}\}$。

再验证充分性，假定 $W_1\cap W_2=\{\mathbf{0}\}$成立，设有等式

$$\boldsymbol{\alpha}_1+\boldsymbol{\alpha}_2=\mathbf{0},\ \boldsymbol{\alpha}_i\in W_i,\ i=1,\ 2,$$

则我们有

$$\boldsymbol{\alpha}_1=-\boldsymbol{\alpha}_2\in W_1\cap W_2。$$

由定理假设 $\boldsymbol{\alpha}_1=\boldsymbol{\alpha}_2=\mathbf{0}$，即表明 W_1+W_2 为直和。

下面给出直和的维数刻画。

定理 1.3.8　设 W_1 与 W_2 为线性空间 V 的子空间，令 $W=W_1+W_2$，则

$$W=W_1\oplus W_2$$

当且仅当

$$\dim W=\dim W_1+\dim W_2。$$

证明　由定理 1.3.6 中的维数公式有

$$\dim W+\dim(W_1\cap W_2)=\dim(W_1)+\dim(W_2),$$

而由推论 1.3.2 知 $W=W_1\oplus W_2$，当且仅当 $W_1\cap W_2=\{\mathbf{0}\}$，这与 $\dim(W_1\cap W_2)=0$ 等价，从而 $\dim W=\dim W_1+\dim W_2$。

推论 1.3.3　设 W_1+W_2 为直和，若 $\boldsymbol{\alpha}_1,\boldsymbol{\alpha}_2,\cdots,\boldsymbol{\alpha}_s$ 为 W_1 的基，$\boldsymbol{\beta}_1,\boldsymbol{\beta}_2,\cdots,\boldsymbol{\beta}_t$ 为 W_2 的基，则 $\boldsymbol{\alpha}_1,\boldsymbol{\alpha}_2,\cdots,\boldsymbol{\alpha}_s,\boldsymbol{\beta}_1,\boldsymbol{\beta}_2,\cdots,\boldsymbol{\beta}_t$ 为 $W_1\oplus W_2$ 的基。

证明　由推论 1.3.2 知，$\dim(W_1\oplus W_2)=s+t$，而向量组

$$\boldsymbol{\alpha}_1,\boldsymbol{\alpha}_2,\cdots,\boldsymbol{\alpha}_s,\boldsymbol{\beta}_1,\boldsymbol{\beta}_2,\cdots,\boldsymbol{\beta}_t$$

线性无关。否则，存在不全为 0 的数 $k_i(i=1,\cdots,s)$、$l_j(j=1,\cdots,t)$满足

$$k_1\boldsymbol{\alpha}_1+k_2\boldsymbol{\alpha}_2+\cdots+k_s\boldsymbol{\alpha}_s+l_1\boldsymbol{\beta}_1+l_2\boldsymbol{\beta}_2+\cdots+l_t\boldsymbol{\beta}_t=\mathbf{0},$$

则有

$$\boldsymbol{\alpha}=k_1\boldsymbol{\alpha}_1+k_2\boldsymbol{\alpha}_2+\cdots+k_s\boldsymbol{\alpha}_s=-l_1\boldsymbol{\beta}_1-l_2\boldsymbol{\beta}_2-\cdots-l_t\boldsymbol{\beta}_t\neq\mathbf{0},$$

因而 $\boldsymbol{\alpha}\in W_1$，$\boldsymbol{\alpha}\in W_2$，即 $\boldsymbol{\alpha}\in W_1\cap W_2\neq\{\mathbf{0}\}$，这与推论 1.3.2 矛盾。这表明线性无关向量组所含向量的个数恰好等于 $W_1\oplus W_2$ 的维数，从而 $\boldsymbol{\alpha}_1,\cdots,\boldsymbol{\alpha}_s,\boldsymbol{\beta}_1,\cdots,\boldsymbol{\beta}_t$ 为 $W_1\oplus W_2$ 的基。

定理 1.3.9　设 W_1 为 n 维线性空间 V 的一个子空间，则一定存在 V 的一个子空间 W_2，使得

$$V=W_1\oplus W_2。$$

证明　设 $\boldsymbol{\alpha}_1,\boldsymbol{\alpha}_2,\cdots,\boldsymbol{\alpha}_s$ 为 W_1 的基，由定理 1.3.3 知，它可以扩充为 V 的一组基 $\boldsymbol{\alpha}_1,\cdots,\boldsymbol{\alpha}_s,\boldsymbol{\alpha}_{s+1},\boldsymbol{\alpha}_{s+2},\cdots,\boldsymbol{\alpha}_n$。令

$$W_2=\mathrm{span}(\boldsymbol{\alpha}_{s+1},\boldsymbol{\alpha}_{s+2},\cdots,\boldsymbol{\alpha}_n),$$

显然它满足定理 1.3.8，从而有 $V=W_1\oplus W_2$，W_2 即为所求。

子空间直和的概念及有关性质可以推广到多个子空间的情形。

定义 1.3.4　设 $W_1,W_2,\cdots,W_r$ 都为线性空间 V 的子空间，若 $W_1+W_2+\cdots+W_r$ 中

每个向量 $\boldsymbol{\alpha}$ 的分解式

$$\boldsymbol{\alpha}=\boldsymbol{\alpha}_1+\boldsymbol{\alpha}_2+\cdots+\boldsymbol{\alpha}_r,\ \boldsymbol{\alpha}_i\in W_i,\ i=1,2,\cdots,r$$

是唯一的，这个和就称为直和，记作 $W_1\oplus W_2\oplus\cdots\oplus W_r$。

定理 1.3.10 W_1，W_2，…，W_r 都为线性空间 V 的子空间，则下列命题等价：

(1) $W=W_1\oplus W_2\oplus\cdots\oplus W_r$。

(2) 零向量的分解式唯一。

(3) $W_i\cap\sum\limits_{j\neq i}W_j=\{\mathbf{0}\}$，$i=1,2,\cdots,r$。

(4) $\dim W=\sum\limits_{i=1}^{r}\dim W_i$。

1.4 线性算子及其矩阵表示

为研究两个线性空间之间的关系，本节引入线性算子的概念，特别是在有限维线性空间中，抽象线性算子可用具体的数量矩阵来表示。本节还将讨论一类特殊的线性算子——线性变换。

一、线性算子的定义

定义 1.4.1 设 W_1，W_2 为两个非空集合，对于每一 $x\in W_1$，若存在某种法则 T，在 W_2 中有唯一确定的 y 与之对应，则称这种法则 T 为由 W_1 到 W_2 的一个算子(或映射)，记作 $T: W_1\to W_2$，或 $T(x)=y$。此时，y 称作 x 在 T 下的像，x 称作 $T(x)$的原像，W_1 称作定义域，$T(W_1)$称作值域，显见 $T(W_1)\subseteq W_2$。

定义 1.4.2 设 V_1，V_2 为数域 F 上的两个线性空间，T 是由 V_1 到 V_2 的一个算子，且对任意向量 $\boldsymbol{\alpha}$，$\boldsymbol{\beta}\in V_1$ 及任一数 $\lambda\in F$，都有

$$T(\boldsymbol{\alpha}+\boldsymbol{\beta})=T(\boldsymbol{\alpha})+T(\boldsymbol{\beta}),\ T(\lambda\boldsymbol{\alpha})=\lambda T(\boldsymbol{\alpha}),$$

则称 T 是由 V_1 到 V_2 的线性算子。

【例 1.4.1】 设 $V_1=\mathbf{R}^n$，$V_2=\mathbf{R}^m$，$\mathbf{A}\in\mathbf{R}^{m\times n}$，定义算子 $T: V_1\to V_2$ 如下：

$$T(\boldsymbol{\alpha})=\mathbf{A}\boldsymbol{\alpha},\ \forall\,\boldsymbol{\alpha}\in\mathbf{R}^n,$$

则不难验证 T 为线性算子。

【例 1.4.2】 设算子 $T: \mathbf{R}[x]_{n+1}\to\mathbf{R}[x]_n$ 定义如下：

$$T(p(x))=\frac{\mathrm{d}}{\mathrm{d}x}p(x),\ \forall\,p(x)\in\mathbf{R}[x]_{n+1},$$

则可以验证 T 为线性算子。

【例 1.4.3】 如下定义的算子 $T: C[a,b]\to C[a,b]$，

$$T(f(t))=\int_a^x f(t)\mathrm{d}t,\ \forall\,f(t)\in C[a,b]$$

为一线性算子。

【例 1.4.4】 设 V_1，V_2 为数域 F 上的两个线性空间，算子 $O: V_1\to V_2$ 定义如下：

$$O(\boldsymbol{\alpha})=\mathbf{0},\ \forall\,\boldsymbol{\alpha}\in V_1,$$

容易验证 O 为线性算子，通常称为零算子。

任给数 $k\in F$，数域 F 上线性空间 V 到自身的一个算子 $K: V\to V$ 定义如下：

$$K(\boldsymbol{\alpha})=k\boldsymbol{\alpha},\ \forall\boldsymbol{\alpha}\in V,$$

可以验证 K 为一线性算子，通常称为由数 k 决定的数乘算子。特别地，若

$$K(\boldsymbol{\alpha})=\boldsymbol{\alpha},\ \forall\boldsymbol{\alpha}\in V,$$

则称 K 为恒等算子，通常记作 I。

注 1.4.1　不难发现线性算子 $T: V_1\to V_2$ 具有如下基本性质：

(1) $T(\mathbf{0})=\mathbf{0}$，即 T 把 V_1 中的零向量映射为 V_2 中的零向量。

(2) $T\left(\sum\limits_{i=1}^{r}k_i\boldsymbol{\alpha}_i\right)=\sum\limits_{i=1}^{r}k_iT(\boldsymbol{\alpha}_i)$，$\forall\boldsymbol{\alpha}_i\in V_1$，$k_i\in F$。

(3) 线性算子 T 将线性相关的向量组映射为线性相关的向量组，即若 $\boldsymbol{\alpha}_1$，…，$\boldsymbol{\alpha}_r\in V_1$ 且线性相关，则它们的像 $T(\boldsymbol{\alpha}_1)$，…，$T(\boldsymbol{\alpha}_r)\in V_2$ 也线性相关。

值得注意的是，线性算子可以将线性无关的向量组映射为线性相关的向量组，一个特例为例 1.4.4 中定义的零算子 O。为使线性算子将线性无关的向量组映射为线性无关的向量组，需要引入额外的定义。

二、同构算子及线性空间同构

定义 1.4.3　设 V_1，V_2 为数域 F 上的两个线性空间，σ 为由 V_1 到 V_2 的一线性算子，且满足：

(1) $\sigma(V_1)=V_2$，即 σ 为一满射，

(2) 若 $\boldsymbol{\alpha}$，$\boldsymbol{\beta}\in V_1$，且当 $\boldsymbol{\alpha}\neq\boldsymbol{\beta}$ 时有 $\sigma(\boldsymbol{\alpha})\neq\sigma(\boldsymbol{\beta})$，即 σ 为一单射，

则称 σ 为由 V_1 到 V_2 的一同构算子。若 V_1 到 V_2 之间存在一个同构算子 σ，则称 V_1 与 V_2 为同构的线性空间，简称 V_1 与 V_2 同构。

满足(1)、(2)两条性质的算子通常称作双射。换言之，若一个线性算子 σ 为双射，则 σ 就为一个同构算子。

【例 1.4.5】　$\mathbf{R}[x]_4$ 与以实数为分量的 4 维向量空间 $\mathbf{R}^4$ 之间存在如下对应关系：

$$a_0+a_1x+a_2x^2+a_3x^3\leftrightarrow[a_0,\ a_1,\ a_2,\ a_3]^{\mathrm{T}}。$$

不难验证这种对应关系是一线性算子且为双射，因而 $\mathbf{R}[x]_4$ 与 $\mathbf{R}^4$ 同构。

注 1.4.2　同构算子 σ 具有下列基本性质：

(1) 同构线性空间中零向量一定相互对应。

事实上，若 $\boldsymbol{\alpha}\in V_1\leftrightarrow\boldsymbol{\beta}\in V_2$，则 $0\cdot\boldsymbol{\alpha}\leftrightarrow 0\cdot\boldsymbol{\beta}$，即 $\mathbf{0}_{V_1}\leftrightarrow\mathbf{0}_{V_2}$。

(2) 若 V_1 与 V_2 同构，则 V_1 中向量组 $\boldsymbol{\alpha}_1$，$\boldsymbol{\alpha}_2$，…，$\boldsymbol{\alpha}_r$ 线性相关，当且仅当它们的像 $\sigma(\boldsymbol{\alpha}_1)$，$\sigma(\boldsymbol{\alpha}_2)$，…，$\sigma(\boldsymbol{\alpha}_r)$线性相关。

因为 σ 为线性算子，由注 1.4.1(3)可知，必要性显然成立。下面验证充分性。若存在一组不全为零的数 k_1，k_2，…，k_r，使得

$$k_1\sigma(\boldsymbol{\alpha}_1)+k_2\sigma(\boldsymbol{\alpha}_2)+\cdots+k_r\sigma(\boldsymbol{\alpha}_r)=\mathbf{0},$$

由注 1.4.1(2)得

$$\sigma(k_1\boldsymbol{\alpha}_1+k_2\boldsymbol{\alpha}_2+\cdots+k_r\boldsymbol{\alpha}_r)=\mathbf{0}。$$

又因为 σ 为双射，仅有 $\sigma(\mathbf{0})=\mathbf{0}$，从而

$$k_1\boldsymbol{\alpha}_1+k_2\boldsymbol{\alpha}_2+\cdots+k_r\boldsymbol{\alpha}_r=\mathbf{0},$$

即向量组 $\boldsymbol{\alpha}_1$，$\boldsymbol{\alpha}_2$，…，$\boldsymbol{\alpha}_r$ 线性相关。

这一性质表明同构算子可以将线性无关向量组映射为线性无关向量组。由于线性空间的维数是线性空间中线性无关向量的最大个数，所以有下面的结论。

(3) 若 V_1 是 V 的一个线性子空间，则 V_1 在同构算子 T 下的像集合

$$T(V_1)=\{T(\boldsymbol{\alpha})\mid \boldsymbol{\alpha}\in V_1\}$$

是 $T(V)$的子空间，且 V_1 与 $T(V_1)$维数相同。

(4) 同构的线性空间具有相同的维数。

(5) 同构具有传递性，即设 V_1，V_2，V_3 为数域 F 上的线性空间，若 V_1 与 V_2 同构，V_2 与 V_3 同构，则 V_1 与 V_3 同构。

事实上，设 $\boldsymbol{\alpha}_1\in V_1$，$\boldsymbol{\alpha}_2\in V_2$，$\boldsymbol{\alpha}_3\in V_3$，若 $\boldsymbol{\alpha}_1\leftrightarrow\boldsymbol{\alpha}_2=T_1(\boldsymbol{\alpha}_1)$，$\boldsymbol{\alpha}_2\leftrightarrow\boldsymbol{\alpha}_3=T_2(\boldsymbol{\alpha}_2)$，则令 $\boldsymbol{\alpha}_1\leftrightarrow\boldsymbol{\alpha}_3=T_3(\boldsymbol{\alpha}_1)$，于是当 $\boldsymbol{\beta}_1\leftrightarrow\boldsymbol{\beta}_2=T_1(\boldsymbol{\beta}_1)$，$\boldsymbol{\beta}_2\leftrightarrow\boldsymbol{\beta}_3=T_2(\boldsymbol{\beta}_2)$，$\boldsymbol{\beta}_3=T_3(\boldsymbol{\beta}_1)$，$k_1$，$k_2\in F$ 时，我们有

$$k_1\boldsymbol{\alpha}_1+k_2\boldsymbol{\beta}_1\leftrightarrow T_1(k_1\boldsymbol{\alpha}_1+k_2\boldsymbol{\beta}_1)\leftrightarrow k_1\boldsymbol{\alpha}_2+k_2\boldsymbol{\beta}_2\leftrightarrow T_2(k_1\boldsymbol{\alpha}_2+k_2\boldsymbol{\beta}_2)\leftrightarrow k_1\boldsymbol{\alpha}_3+k_2\boldsymbol{\beta}_3,$$

因此必有

$$k_1\boldsymbol{\alpha}_1+k_2\boldsymbol{\beta}_1\leftrightarrow k_1\boldsymbol{\alpha}_3+k_2\boldsymbol{\beta}_3=T_3(k_1\boldsymbol{\alpha}_1+k_2\boldsymbol{\beta}_1)=k_1T_3(\boldsymbol{\alpha}_1)+k_1T_3(\boldsymbol{\beta}_1),$$

这表明 T_3 为一同构算子，因此 V_1 与 V_3 同构。

我们有如下基本定理。

定理 1.4.1 数域 F 上两个有限维线性空间同构，当且仅当它们有相同的维数。

证明 必要性可由注 1.4.2(4)得证，下面验证充分性。设 V_1，V_2 为数域 F 上两个线性空间且 $\dim V_1=\dim V_2=n$，不妨设 $\boldsymbol{\alpha}_1$，…，$\boldsymbol{\alpha}_n$ 为 V_1 的一组基，$\boldsymbol{\beta}_1$，…，$\boldsymbol{\beta}_n$ 为 V_2 的一组基，定义由 V_1 到 V_2 的一算子如下：

$$T(k_1\boldsymbol{\alpha}_1+k_2\boldsymbol{\alpha}_2+\cdots+k_n\boldsymbol{\alpha}_n)=k_1\boldsymbol{\beta}_1+k_2\boldsymbol{\beta}_2+\cdots+k_n\boldsymbol{\beta}_n,\ k_1,\ k_2,\ \cdots,\ k_n\in F,$$

不难发现，T 为满射，且对任意 $\boldsymbol{\varepsilon}_1=k_1\boldsymbol{\alpha}_1+\cdots+k_n\boldsymbol{\alpha}_n$，$\boldsymbol{\varepsilon}_2=l_1\boldsymbol{\alpha}_1+\cdots+l_n\boldsymbol{\alpha}_n$，$\lambda\in F$，都满足

$$\begin{aligned}T(\boldsymbol{\varepsilon}_1+\boldsymbol{\varepsilon}_2)&=T((k_1+l_1)\boldsymbol{\alpha}_1+\cdots+(k_n+l_n)\boldsymbol{\alpha}_n)\\&=(k_1+l_1)\boldsymbol{\beta}_1+\cdots+(k_n+l_n)\boldsymbol{\beta}_n\\&=k_1\boldsymbol{\beta}_1+\cdots+k_n\boldsymbol{\beta}_n+l_1\boldsymbol{\beta}_1+\cdots+l_n\boldsymbol{\beta}_n\\&=T(\boldsymbol{\varepsilon}_1)+T(\boldsymbol{\varepsilon}_2),\\T(\lambda\boldsymbol{\varepsilon}_1)&=T(\lambda(k_1\boldsymbol{\alpha}_1+\cdots+k_n\boldsymbol{\alpha}_n))=\lambda k_1\boldsymbol{\beta}_1+\cdots+\lambda k_n\boldsymbol{\beta}_n\\&=\lambda T(\boldsymbol{\varepsilon}_1),\end{aligned}$$

从而 T 为一同构算子，即 V_1 与 V_2 同构。

由上述定理，我们易得如下推论。

推论 1.4.1 数域 F 上任一 n 维线性空间 V 都与 n 元数组形成的向量空间 F^n 同构，其中 $F^n=\{[a_1,\ a_2,\ \cdots,\ a_n]^{\mathrm{T}}\mid a_1,\ a_2,\ \cdots,\ a_n\in F\}$。

由此可见，同构的概念给有限维抽象线性空间的研究带来了极大方便。尽管数域 F 上 n 维线性空间 V 中的向量千差万别，形式各异，但在同构的意义下，维数相同的线性空间在代数性质下是可以不加区别的，维数才是有限维线性空间唯一的本质，特别是 n 维线性空间 V 中的问题可以通过一组基转化到 F^n 中加以讨论，因此在 F^n 中的一些性质，在一般的 n 维线性空间 V 中也成立。

三、线性算子的矩阵表示

由 1.2 节的知识可知，有限维线性空间中的向量在一组基下可以通过 n 元数组定义的坐标来表示。下面讨论定义在有限维线性空间上的线性算子在一组基下的表示形式。

定义 1.4.4　设 $\boldsymbol{\alpha}_1, \cdots, \boldsymbol{\alpha}_n$ 为 n 维线性空间 V 中的一组基，T 是由 V 到 m 维线性空间 W 的一线性算子，则 $T(\boldsymbol{\alpha}_1), \cdots, T(\boldsymbol{\alpha}_n) \in W$ 称作 V 在算子 T 下的基像。

定义 1.4.5　设 T_1 与 T_2 是由 n 维线性空间 V 到 m 维线性空间 W 的两个线性算子，若对于任意 $\boldsymbol{\alpha} \in V$ 都有

$$T_1(\boldsymbol{\alpha}) = T_2(\boldsymbol{\alpha}) \in W,$$

即 T_1 与 T_2 的作用效果完全相同，则称 T_1 与 T_2 相等。

定理 1.4.2　设 T 是由 n 维线性空间 V 到 m 维线性空间 W 的一线性算子，$\boldsymbol{\alpha}_1, \boldsymbol{\alpha}_2, \cdots, \boldsymbol{\alpha}_n$ 为 V 的一组基，则 T 可由基像 $T(\boldsymbol{\alpha}_1), T(\boldsymbol{\alpha}_2), \cdots, T(\boldsymbol{\alpha}_n)$唯一确定。

证明　设 $\boldsymbol{\alpha} \in V$ 且 $\boldsymbol{\alpha} = k_1\boldsymbol{\alpha}_1 + k_2\boldsymbol{\alpha}_1 + \cdots + k_n\boldsymbol{\alpha}_n$，则

$$\begin{aligned} T(\boldsymbol{\alpha}) &= T(k_1\boldsymbol{\alpha}_1 + k_2\boldsymbol{\alpha}_2 + \cdots + k_n\boldsymbol{\alpha}_n) \\ &= k_1T(\boldsymbol{\alpha}_1) + k_2T(\boldsymbol{\alpha}_2) + \cdots + k_nT(\boldsymbol{\alpha}_n), \end{aligned} \tag{1.4.1}$$

式中，$k_1, k_2, \cdots, k_n$ 为 $\boldsymbol{\alpha}$ 在基 $\boldsymbol{\alpha}_1, \boldsymbol{\alpha}_2, \cdots, \boldsymbol{\alpha}_n$ 的坐标，是已知的，从而只要确定 $T(\boldsymbol{\alpha}_1)$，$T(\boldsymbol{\alpha}_2), \cdots, T(\boldsymbol{\alpha}_n)$即可确定 $T(\boldsymbol{\alpha})$。若还存在另一由 V 到 W 的线性算子 τ，且满足 $\tau(\boldsymbol{\alpha}_i) = T(\boldsymbol{\alpha}_i)(i=1, 2, \cdots, n)$，则由式(1.4.1)可知，对于任意 $\boldsymbol{\alpha} \in V$，都有 $\tau(\boldsymbol{\alpha}) = T(\boldsymbol{\alpha})$ 成立，即 $\tau = T$。

由此可见，基像的一个主要作用在于：在有限维线性空间中，确定一个线性算子 T 的作用效果，无须将线性空间 V 中的每个向量在算子 T 下的像全部找出，只需确定 V 的基像，则定义在 V 上的线性算子 T 就可以确定下来。

设 T 是由 n 维线性空间 V 到 m 维线性空间 W 的一线性算子，$\boldsymbol{\alpha}_1, \boldsymbol{\alpha}_2, \cdots, \boldsymbol{\alpha}_n$ 为 V 的一组基，$\boldsymbol{\alpha}'_1, \boldsymbol{\alpha}'_2, \cdots, \boldsymbol{\alpha}'_m$ 为 W 的一组基，以下称这样选取的两组基为基偶。由于线性算子 T 由基像 $T(\boldsymbol{\alpha}_1), T(\boldsymbol{\alpha}_2), \cdots, T(\boldsymbol{\alpha}_n)$唯一确定且属于 W，从而令

$$T(\boldsymbol{\alpha}_i) = \sum_{j=1}^{m} a_{ji}\boldsymbol{\alpha}'_j,\ i = 1, 2, \cdots, n,$$

即

$$\begin{cases} T(\boldsymbol{\alpha}_1) = a_{11}\boldsymbol{\alpha}'_1 + a_{21}\boldsymbol{\alpha}'_2 + \cdots + a_{m1}\boldsymbol{\alpha}'_m \\ T(\boldsymbol{\alpha}_2) = a_{12}\boldsymbol{\alpha}'_1 + a_{22}\boldsymbol{\alpha}'_2 + \cdots + a_{m2}\boldsymbol{\alpha}'_m \\ \quad\vdots \\ T(\boldsymbol{\alpha}_n) = a_{1n}\boldsymbol{\alpha}'_1 + a_{2n}\boldsymbol{\alpha}'_2 + \cdots + a_{mn}\boldsymbol{\alpha}'_m \end{cases}, \tag{1.4.2}$$

或写为

$$\begin{aligned} T[\boldsymbol{\alpha}_1, \boldsymbol{\alpha}_2, \cdots, \boldsymbol{\alpha}_n] &= [T(\boldsymbol{\alpha}_1), T(\boldsymbol{\alpha}_2), \cdots, T(\boldsymbol{\alpha}_n)] \\ &= \left[\sum_{j=1}^{m} a_{j1}\boldsymbol{\alpha}'_j, \sum_{j=1}^{m} a_{j2}\boldsymbol{\alpha}'_j, \cdots, \sum_{j=1}^{m} a_{jn}\boldsymbol{\alpha}'_j\right] \\ &= [\boldsymbol{\alpha}'_1, \boldsymbol{\alpha}'_2, \cdots, \boldsymbol{\alpha}'_m]\begin{bmatrix} a_{11} & a_{12} & \cdots & a_{1n} \\ a_{21} & a_{22} & \cdots & a_{2n} \\ \vdots & \vdots & & \vdots \\ a_{m1} & a_{m2} & \cdots & a_{mn} \end{bmatrix}, \end{aligned} \tag{1.4.3}$$

令

$$A=\begin{bmatrix} a_{11} & a_{12} & \cdots & a_{1n} \\ a_{21} & a_{22} & \cdots & a_{2n} \\ \vdots & \vdots & & \vdots \\ a_{m1} & a_{m2} & \cdots & a_{mn} \end{bmatrix}, \tag{1.4.4}$$

由式(1.4.3)和式(1.4.4)不难发现，基像 $T(\boldsymbol{\alpha}_i)$ 在基 $\boldsymbol{\alpha}_1'$，$\boldsymbol{\alpha}_2'$，…，$\boldsymbol{\alpha}_m'$ 下的坐标恰好为矩阵 $\boldsymbol{A}$ 的第 i 列($i=1, 2, \cdots, n$)。由于式(1.4.2)是唯一的，因而由式(1.4.4)定义的矩阵也是唯一的。

定义 1.4.6 式(1.4.4)定义的矩阵 $\boldsymbol{A}$ 称为线性算子 T 在基偶 $\boldsymbol{\alpha}_1$，…，$\boldsymbol{\alpha}_n$ 与 $\boldsymbol{\alpha}_1'$，…，$\boldsymbol{\alpha}_m'$ 下的矩阵表示。

我们可以利用线性算子在基偶下的矩阵表示来得到 V 中向量 $\boldsymbol{\alpha}$ 与其在 W 中的像 $T(\boldsymbol{\alpha})$ 之间的坐标关系。

假定 $\boldsymbol{\alpha}\in V$，则有

$$\boldsymbol{\alpha}=[\boldsymbol{\alpha}_1, \boldsymbol{\alpha}_2, \cdots, \boldsymbol{\alpha}_n]\begin{bmatrix} x_1 \\ x_2 \\ \vdots \\ x_n \end{bmatrix},$$

它的像 $T(\boldsymbol{\alpha})\in W$，可表示为

$$T(\boldsymbol{\alpha})=\sum_{j=1}^{m} y_j\boldsymbol{\alpha}_j'=[\boldsymbol{\alpha}_1', \boldsymbol{\alpha}_2', \cdots, \boldsymbol{\alpha}_m']\begin{bmatrix} y_1 \\ y_2 \\ \vdots \\ y_m \end{bmatrix},$$

根据线性算子的性质，又有

$$T(\boldsymbol{\alpha})=T[\boldsymbol{\alpha}_1, \boldsymbol{\alpha}_2, \cdots, \boldsymbol{\alpha}_n]\begin{bmatrix} x_1 \\ x_2 \\ \vdots \\ x_n \end{bmatrix}=[\boldsymbol{\alpha}_1', \boldsymbol{\alpha}_2', \cdots, \boldsymbol{\alpha}_m']\boldsymbol{A}\begin{bmatrix} x_1 \\ x_2 \\ \vdots \\ x_n \end{bmatrix},$$

根据 $T(\boldsymbol{\alpha})$ 坐标的唯一性，记 $\boldsymbol{y}=[y_1, \cdots, y_m]^{\mathrm{T}}$，$\boldsymbol{x}=[x_1, \cdots, x_n]^{\mathrm{T}}$，我们有

$$\boldsymbol{y}=\boldsymbol{A}\boldsymbol{x}, \tag{1.4.5}$$

其分量形式为

$$y_j=\sum_{i=1}^{n} a_{ji}x_i, \ j=1, 2, \cdots, m, \tag{1.4.6}$$

式(1.4.5)或式(1.4.6)称为线性算子 T 在给定基偶 $\boldsymbol{\alpha}_1$，…，$\boldsymbol{\alpha}_n$ 与 $\boldsymbol{\alpha}_1'$，…，$\boldsymbol{\alpha}_m'$ 下向量的坐标变换公式(即原像与像的坐标关系)。

线性算子在给定基偶下的矩阵表示 $\boldsymbol{A}$ 是唯一的，反过来有如下结论。

定理 1.4.3 设数域 F 上线性空间 V 与 W 的基分别为 $\boldsymbol{\alpha}_1$，$\boldsymbol{\alpha}_2$，…，$\boldsymbol{\alpha}_n$ 和 $\boldsymbol{\alpha}_1'$，$\boldsymbol{\alpha}_2'$，…，$\boldsymbol{\alpha}_m'$，给定矩阵 $\boldsymbol{A}=[a_{ij}]_{m\times n}$，则存在唯一的线性算子 T，使得其在这组基偶下的矩阵表示恰为 $\boldsymbol{A}$。

证明 先证存在性。任给向量 $\boldsymbol{\alpha}\in V$，它在选定基下的表出为

$$\boldsymbol{\alpha}=[\boldsymbol{\alpha}_1,\boldsymbol{\alpha}_2,\cdots,\boldsymbol{\alpha}_n]\begin{bmatrix}x_1\\x_2\\\vdots\\x_n\end{bmatrix},$$

选取 $\boldsymbol{\alpha}'=[\boldsymbol{\alpha}_1',\boldsymbol{\alpha}_2',\cdots,\boldsymbol{\alpha}_m']\boldsymbol{A}\begin{bmatrix}x_1\\x_2\\\vdots\\x_n\end{bmatrix}\in W$，定义算子 $T: V\to W$ 如下：

$$\boldsymbol{\alpha}'=T(\boldsymbol{\alpha})。$$

下面验证 T 为线性算子。任取 $\boldsymbol{\alpha}, \boldsymbol{\beta}\in V$，$\lambda\in F$，设

$$\boldsymbol{\alpha}=[\boldsymbol{\alpha}_1,\boldsymbol{\alpha}_2,\cdots,\boldsymbol{\alpha}_n]\begin{bmatrix}x_1\\x_2\\\vdots\\x_n\end{bmatrix},\ \boldsymbol{\beta}=[\boldsymbol{\alpha}_1,\boldsymbol{\alpha}_2,\cdots,\boldsymbol{\alpha}_n]\begin{bmatrix}k_1\\k_2\\\vdots\\k_n\end{bmatrix},$$

则根据 T 的定义有

$$\begin{aligned}T(\boldsymbol{\alpha}+\boldsymbol{\beta})&=[\boldsymbol{\alpha}_1',\boldsymbol{\alpha}_2',\cdots,\boldsymbol{\alpha}_m']\boldsymbol{A}\begin{bmatrix}x_1+k_1\\x_2+k_2\\\vdots\\x_n+k_n\end{bmatrix}\\&=[\boldsymbol{\alpha}_1',\boldsymbol{\alpha}_2',\cdots,\boldsymbol{\alpha}_m']\boldsymbol{A}\begin{bmatrix}x_1\\x_2\\\vdots\\x_n\end{bmatrix}+[\boldsymbol{\alpha}_1',\boldsymbol{\alpha}_2',\cdots,\boldsymbol{\alpha}_m']\boldsymbol{A}\begin{bmatrix}k_1\\k_2\\\vdots\\k_n\end{bmatrix}\\&=T(\boldsymbol{\alpha})+T(\boldsymbol{\beta}),\end{aligned}$$

$$\begin{aligned}T(\lambda\boldsymbol{\alpha})&=[\boldsymbol{\alpha}_1',\boldsymbol{\alpha}_2',\cdots,\boldsymbol{\alpha}_m']\boldsymbol{A}\begin{bmatrix}\lambda x_1\\\lambda x_2\\\vdots\\\lambda x_n\end{bmatrix}=\lambda[\boldsymbol{\alpha}_1',\boldsymbol{\alpha}_2',\cdots,\boldsymbol{\alpha}_m']\boldsymbol{A}\begin{bmatrix}x_1\\x_2\\\vdots\\x_n\end{bmatrix}\\&=\lambda T(\boldsymbol{\alpha}),\end{aligned}$$

又因为

$$\boldsymbol{\alpha}_1=[\boldsymbol{\alpha}_1,\boldsymbol{\alpha}_2,\cdots,\boldsymbol{\alpha}_n]\begin{bmatrix}1\\0\\\vdots\\0\end{bmatrix},\ T(\boldsymbol{\alpha}_1)=[\boldsymbol{\alpha}_1',\boldsymbol{\alpha}_2',\cdots,\boldsymbol{\alpha}_m']\boldsymbol{A}\begin{bmatrix}1\\0\\\vdots\\0\end{bmatrix},$$

$$\boldsymbol{\alpha}_2=[\boldsymbol{\alpha}_1,\boldsymbol{\alpha}_2,\cdots,\boldsymbol{\alpha}_n]\begin{bmatrix}0\\1\\\vdots\\0\end{bmatrix},\ T(\boldsymbol{\alpha}_2)=[\boldsymbol{\alpha}_1',\boldsymbol{\alpha}_2',\cdots,\boldsymbol{\alpha}_m']\boldsymbol{A}\begin{bmatrix}0\\1\\\vdots\\0\end{bmatrix},$$

$$\vdots$$

$$\boldsymbol{\alpha}_n = [\boldsymbol{\alpha}_1, \boldsymbol{\alpha}_2, \cdots, \boldsymbol{\alpha}_n]\begin{bmatrix}0\\0\\\vdots\\1\end{bmatrix}, \ T(\boldsymbol{\alpha}_n) = [\boldsymbol{\alpha}_1', \boldsymbol{\alpha}_2', \cdots, \boldsymbol{\alpha}_m']\boldsymbol{A}\begin{bmatrix}0\\0\\\vdots\\1\end{bmatrix},$$

所以有

$$\begin{aligned}T[\boldsymbol{\alpha}_1, \boldsymbol{\alpha}_2, \cdots, \boldsymbol{\alpha}_n] &= [T(\boldsymbol{\alpha}_1), T(\boldsymbol{\alpha}_2), \cdots, T(\boldsymbol{\alpha}_n)]\\ &= [\boldsymbol{\alpha}_1', \boldsymbol{\alpha}_2', \cdots, \boldsymbol{\alpha}_m']\boldsymbol{A}\begin{bmatrix}1&0&\cdots&0\\0&1&\cdots&0\\\vdots&\vdots&&\vdots\\0&0&\cdots&1\end{bmatrix}\\ &= [\boldsymbol{\alpha}_1', \boldsymbol{\alpha}_2', \cdots, \boldsymbol{\alpha}_m']\boldsymbol{A},\end{aligned}$$

即存在线性算子 T，使得它在给定基偶下的矩阵表示为 $\boldsymbol{A}$。

接着证明唯一性。若存在另一线性算子 T'：$V\to W$，且

$$T'[\boldsymbol{\alpha}_1, \boldsymbol{\alpha}_2, \cdots, \boldsymbol{\alpha}_n] = [\boldsymbol{\alpha}_1', \boldsymbol{\alpha}_2', \cdots, \boldsymbol{\alpha}_m']\boldsymbol{A},$$

于是

$$T[\boldsymbol{\alpha}_1, \boldsymbol{\alpha}_2, \cdots, \boldsymbol{\alpha}_n] = T'[\boldsymbol{\alpha}_1, \boldsymbol{\alpha}_2, \cdots, \boldsymbol{\alpha}_n],$$

从而由定理 1.4.2 可知，$T=T'$。

【例 1.4.6】 容易验证，例 1.4.4 中定义的恒等算子的矩阵表示为单位矩阵，其矩阵阶数为线性空间的维数，零算子的矩阵表示为零矩阵。

【例 1.4.7】 设线性算子 T：$\mathbf{R}^2\to\mathbf{R}^3$ 定义如下：

$$T(\boldsymbol{\alpha}) = \boldsymbol{B}\boldsymbol{\alpha}, \ \boldsymbol{\alpha}\in\mathbf{R}^2,$$

其中 $\boldsymbol{B}=\begin{bmatrix}1&3\\1&1\\0&1\end{bmatrix}$。求线性算子 T 在一组基偶 $\boldsymbol{\alpha}_1=[1, 0]^{\mathrm{T}}$，$\boldsymbol{\alpha}_2=[0, 1]^{\mathrm{T}}$ 与 $\boldsymbol{\beta}_1=[1, 0, 0]^{\mathrm{T}}$，$\boldsymbol{\beta}_2=[0, 1, 0]^{\mathrm{T}}$，$\boldsymbol{\beta}_3=[0, 0, 1]^{\mathrm{T}}$ 下的矩阵表示 $\boldsymbol{A}$。

解 由线性算子 T 的定义有

$$T(\boldsymbol{\alpha}_1) = \begin{bmatrix}1&3\\1&1\\0&1\end{bmatrix}\begin{bmatrix}1\\0\end{bmatrix} = \begin{bmatrix}1\\1\\0\end{bmatrix} = \boldsymbol{\beta}_1+\boldsymbol{\beta}_2, \ T(\boldsymbol{\alpha}_2) = \begin{bmatrix}1&3\\1&1\\0&1\end{bmatrix}\begin{bmatrix}0\\1\end{bmatrix} = \begin{bmatrix}3\\1\\1\end{bmatrix} = 3\boldsymbol{\beta}_1+\boldsymbol{\beta}_2+\boldsymbol{\beta}_3,$$

从而

$$T[\boldsymbol{\alpha}_1, \boldsymbol{\alpha}_2] = [\boldsymbol{\beta}_1+\boldsymbol{\beta}_2, 3\boldsymbol{\beta}_1+\boldsymbol{\beta}_2+\boldsymbol{\beta}_3] = [\boldsymbol{\beta}_1, \boldsymbol{\beta}_2, \boldsymbol{\beta}_3]\begin{bmatrix}1&3\\1&1\\0&1\end{bmatrix},$$

于是所求的矩阵为

$$\boldsymbol{A} = \begin{bmatrix}1&3\\1&1\\0&1\end{bmatrix}。$$

【例 1.4.8】 求例 1.4.2 定义的线性算子 T 在基偶 $1, x, x^2, \cdots, x^n$ 与 $1, x, x^2, \cdots,$

x^{n-1} 下的矩阵表示 $\boldsymbol{A}$。

解 因为

$$T[1, x, x^2, \cdots, x^n] = [0, 1, 2x, \cdots, nx^{n-1}]$$
$$= [1, x, x^2, \cdots, x^{n-1}]\begin{bmatrix} 0 & 1 & 0 & \cdots & 0 \\ 0 & 0 & 2 & \cdots & 0 \\ \vdots & \vdots & \vdots & & \vdots \\ 0 & 0 & 0 & \cdots & n \end{bmatrix}_{n\times(n+1)},$$

所以所求矩阵为

$$\boldsymbol{A} = \begin{bmatrix} 0 & 1 & 0 & \cdots & 0 \\ 0 & 0 & 2 & \cdots & 0 \\ \vdots & \vdots & \vdots & & \vdots \\ 0 & 0 & 0 & \cdots & n \end{bmatrix}_{n\times(n+1)}。$$

线性算子在给定基偶下的矩阵表示是唯一的，但线性空间的基通常不唯一，下面的定理给出了线性算子在不同基偶下矩阵表示之间的关系。

定理 1.4.4 设 $T: V \to W$ 的一线性算子，$\boldsymbol{\alpha}_1, \boldsymbol{\alpha}_2, \cdots, \boldsymbol{\alpha}_n$ 与 $\boldsymbol{\alpha}'_1, \boldsymbol{\alpha}'_2, \cdots, \boldsymbol{\alpha}'_n$ 为 V 的两组基，且 $\boldsymbol{\alpha}_1, \boldsymbol{\alpha}_2, \cdots, \boldsymbol{\alpha}_n$ 到 $\boldsymbol{\alpha}'_1, \boldsymbol{\alpha}'_2, \cdots, \boldsymbol{\alpha}'_n$ 的过渡矩阵为 $\boldsymbol{P}$；另设 $\boldsymbol{\beta}_1, \boldsymbol{\beta}_2, \cdots, \boldsymbol{\beta}_m$ 与 $\boldsymbol{\beta}'_1, \boldsymbol{\beta}'_2, \cdots, \boldsymbol{\beta}'_m$ 为 W 的两组基，且 $\boldsymbol{\beta}_1, \boldsymbol{\beta}_2, \cdots, \boldsymbol{\beta}_m$ 到 $\boldsymbol{\beta}'_1, \boldsymbol{\beta}'_2, \cdots, \boldsymbol{\beta}'_m$ 的过渡矩阵为 $\boldsymbol{Q}$。假定线性算子 T 在基偶 $\boldsymbol{\alpha}_1, \boldsymbol{\alpha}_2, \cdots, \boldsymbol{\alpha}_n$ 与 $\boldsymbol{\beta}_1, \boldsymbol{\beta}_2, \cdots, \boldsymbol{\beta}_m$ 下的矩阵表示为 $\boldsymbol{A}$，在基偶 $\boldsymbol{\alpha}'_1, \boldsymbol{\alpha}'_2, \cdots, \boldsymbol{\alpha}'_n$ 与 $\boldsymbol{\beta}'_1, \boldsymbol{\beta}'_2, \cdots, \boldsymbol{\beta}'_m$ 下的矩阵表示为 $\boldsymbol{B}$，则 $\boldsymbol{B}=\boldsymbol{Q}^{-1}\boldsymbol{A}\boldsymbol{P}$。

证明 由定理的假设条件有，$T: V \to W$ 且

$$T[\boldsymbol{\alpha}_1, \boldsymbol{\alpha}_2, \cdots, \boldsymbol{\alpha}_n]=[\boldsymbol{\beta}_1, \boldsymbol{\beta}_2, \cdots, \boldsymbol{\beta}_m]\boldsymbol{A}, \tag{1.4.7}$$

$$T[\boldsymbol{\alpha}'_1, \boldsymbol{\alpha}'_2, \cdots, \boldsymbol{\alpha}'_n]=[\boldsymbol{\beta}'_1, \boldsymbol{\beta}'_2, \cdots, \boldsymbol{\beta}'_m]\boldsymbol{B}, \tag{1.4.8}$$

$$[\boldsymbol{\alpha}'_1, \boldsymbol{\alpha}'_2, \cdots, \boldsymbol{\alpha}'_n]=[\boldsymbol{\alpha}_1, \boldsymbol{\alpha}_2, \cdots, \boldsymbol{\alpha}_n]\boldsymbol{P}, \tag{1.4.9}$$

$$[\boldsymbol{\beta}'_1, \boldsymbol{\beta}'_2, \cdots, \boldsymbol{\beta}'_m]=[\boldsymbol{\beta}_1, \boldsymbol{\beta}_2, \cdots, \boldsymbol{\beta}_m]\boldsymbol{Q}, \tag{1.4.10}$$

利用线性算子的性质，将式(1.4.9)与式(1.4.10)代入式(1.4.8)可得

$$T[\boldsymbol{\alpha}_1, \boldsymbol{\alpha}_2, \cdots, \boldsymbol{\alpha}_n]\boldsymbol{P}=[\boldsymbol{\beta}_1, \boldsymbol{\beta}_2, \cdots, \boldsymbol{\beta}_m]\boldsymbol{Q}\boldsymbol{B}, \tag{1.4.11}$$

同理，再将式(1.4.7)代入式(1.4.11)，有

$$[\boldsymbol{\beta}_1, \boldsymbol{\beta}_2, \cdots, \boldsymbol{\beta}_m]\boldsymbol{A}\boldsymbol{P}=[\boldsymbol{\beta}_1, \boldsymbol{\beta}_2, \cdots, \boldsymbol{\beta}_m]\boldsymbol{Q}\boldsymbol{B},$$

注意到向量的线性表出式及 $\boldsymbol{\beta}_1, \boldsymbol{\beta}_2, \cdots, \boldsymbol{\beta}_m$ 作为基的线性无关性，接着有

$$\boldsymbol{A}\boldsymbol{P}=\boldsymbol{Q}\boldsymbol{B},$$

再由定理 1.2.3 知，$\boldsymbol{Q}$ 是满秩矩阵，从而 $\boldsymbol{B}=\boldsymbol{Q}^{-1}\boldsymbol{A}\boldsymbol{P}$。

我们将定理 1.4.4 中两矩阵表示之间的关系定义如下：

定义 1.4.7 设定义在数域 F 上矩阵 $\boldsymbol{A}, \boldsymbol{B} \in F^{m\times n}$，若存在矩阵 $\boldsymbol{Q} \in F_m^{m\times m}$，$\boldsymbol{P} \in F_n^{n\times n}$ 使得

$$\boldsymbol{B}=\boldsymbol{Q}\boldsymbol{A}\boldsymbol{P},$$

则称矩阵 $\boldsymbol{B}$ 与 $\boldsymbol{A}$ 等价，其中 $F_r^{p\times q}$ 表示数域 F 上秩为 r 的 $p\times q$ 矩阵的全体构成的集合。

若一算子 T 为从 n 维线性空间 V 到 m 维线性空间 W 的线性算子，且有一系列 $m\times n$ 阶矩阵表示 $\boldsymbol{A}, \boldsymbol{B}, \cdots$，则由定理 1.4.4 与定义 1.4.7 可知，这些 $m\times n$ 阶矩阵相互等价。反过来，互相等价的 $m\times n$ 阶矩阵代表同一线性算子，原像 $\boldsymbol{\alpha}$ 的坐标 $\boldsymbol{x}=[x_1, x_2, \cdots, x_n]^{\mathrm{T}}$

与像 $T(\boldsymbol{x})$的坐标 $\boldsymbol{y}=T(\boldsymbol{x})=[y_1, y_2, \cdots, y_m]^{\mathrm{T}}$ 之间满足式(1.4.5)或式(1.4.6)。一个自然的问题是：定义在同一组基偶上的线性算子，它们与各自的矩阵表示之间的基本代数运算如何对应。

四、线性算子之间的运算

设 V_1, V_2, V_3 为定义在数域 F 上的线性空间，记 $L(V_i, V_j)$为 V_i 到 V_j 的所有线性算子组成的集合，其中 $i\neq j$，$i, j=1, 2, 3$。我们有如下的定义及性质。

定义 1.4.8 设 $T_1, T_2\in L(V_1, V_2)$，若有

$$(T_1+T_2)(\boldsymbol{\alpha})=T_1(\boldsymbol{\alpha})+T_2(\boldsymbol{\alpha}),\ \forall\,\boldsymbol{\alpha}\in V_1$$

成立，则称 T_1+T_2 为 T_1 与 T_2 的和；又设 $T\in L(V_1, V_2)$，$S\in L(V_2, V_3)$，若有

$$(ST)(\boldsymbol{\alpha})=S(T(\boldsymbol{\alpha})),\ \forall\,\boldsymbol{\alpha}\in V_1$$

成立，则称 ST 为 T 与 S 的乘积。

以下定理表明，定义 1.4.8 中的算子 T_1+T_2 与 ST 均为线性算子。

定理 1.4.5 (1) 若 $T_1, T_2\in L(V_1, V_2)$，则 $T_1+T_2\in L(V_1, V_2)$。

(2) 若 $T\in L(V_1, V_2)$，$S\in L(V_2, V_3)$，则 $ST\in L(V_1, V_3)$。

证明 (1) 任给 $\boldsymbol{\alpha}, \boldsymbol{\beta}\in V_1$ 及任一数 $k\in F$，我们有

$$\begin{aligned}(T_1+T_2)(\boldsymbol{\alpha}+\boldsymbol{\beta})&=T_1(\boldsymbol{\alpha}+\boldsymbol{\beta})+T_2(\boldsymbol{\alpha}+\boldsymbol{\beta})=T_1(\boldsymbol{\alpha})+T_1(\boldsymbol{\beta})+T_2(\boldsymbol{\alpha})+T_2(\boldsymbol{\beta})\\&=(T_1(\boldsymbol{\alpha})+T_2(\boldsymbol{\alpha}))+(T_1(\boldsymbol{\beta})+T_2(\boldsymbol{\beta}))\\&=(T_1+T_2)(\boldsymbol{\alpha})+(T_1+T_2)(\boldsymbol{\beta}),\\(T_1+T_2)(k\boldsymbol{\alpha})&=T_1(k\boldsymbol{\alpha})+T_2(k\boldsymbol{\alpha})=kT_1(\boldsymbol{\alpha})+kT_2(\boldsymbol{\alpha})\\&=k(T_1(\boldsymbol{\alpha})+T_2(\boldsymbol{\alpha}))\\&=k(T_1+T_2)(\boldsymbol{\alpha}),\end{aligned}$$

从而，T_1+T_2 为 V_1 到 V_2 的线性算子，即 $T_1+T_2\in L(V_1, V_2)$。

(2) 任给 $\boldsymbol{\alpha}, \boldsymbol{\beta}\in V_1$ 及任一数 $k\in F$，我们有

$$\begin{aligned}(ST)(\boldsymbol{\alpha}+\boldsymbol{\beta})&=S(T(\boldsymbol{\alpha}+\boldsymbol{\beta}))=S(T(\boldsymbol{\alpha})+T(\boldsymbol{\beta}))\\&=S(T(\boldsymbol{\alpha}))+S(T(\boldsymbol{\beta}))=ST(\boldsymbol{\alpha})+ST(\boldsymbol{\beta}),\\(ST)(k\boldsymbol{\alpha})&=S(T(k\boldsymbol{\alpha}))=S(kT(\boldsymbol{\alpha}))=k(S(T(\boldsymbol{\alpha})))=k(ST)(\boldsymbol{\alpha}),\end{aligned}$$

因此，ST 为 V_1 到 V_3 的线性算子，即 $ST\in L(V_1, V_3)$。

可以验证 T_1+T_2 满足交换律和结合律，但 ST 通常不满足交换律，因为 TS 未必有意义。即使 $V_1=V_2=V_3$，ST 与 TS 都有意义，但 ST 与 TS 也未必相等。

零算子 O(例 1.4.4)具有性质

$$T+O=T,\ \forall\,T\in L(V_1, V_2),$$

且对每一个 $T\in L(V_1, V_2)$，它的负算子$-T\in L(V_1, V_2)$满足

$$T+(-T)=O。$$

设 $T_1, T_2\in L(V_1, V_2)$，则线性算子的减法定义为

$$T_1-T_2=T_1+(-T_2)。$$

利用线性算子的乘法及数乘算子 K(例 1.4.4)可以定义线性算子的数量乘法，设 $T\in L(V_1, V_2)$，$k\in F$，则定义 k 与 T 的数量乘积 kT 为

$$kT=KT,$$

即

$$(kT)(\boldsymbol{\alpha})=K(T(\boldsymbol{\alpha}))=kT(\boldsymbol{\alpha}),\ \forall\,\boldsymbol{\alpha}\in V_1,$$

由定理 1.4.5(2)可知，$kT\in L(V_1, V_2)$。

上面定义了线性算子的加法、乘法及数量乘法三种运算。若由 V_1 到 V_2 的线性算子及由 V_2 到 V_3 的线性算子在基偶给定以后，则它们便和表示矩阵建立一一对应的关系。此时，线性算子的三种运算与矩阵相应的三种运算也一一对应，即

(1) 当 $T\leftrightarrow \boldsymbol{A}$，$S\leftrightarrow \boldsymbol{B}$ 时，有 $T+S\leftrightarrow \boldsymbol{A}+\boldsymbol{B}$。

(2) 当 $T\leftrightarrow \boldsymbol{A}$，$S\leftrightarrow \boldsymbol{B}$ 时，有 $ST\leftrightarrow \boldsymbol{BA}$。

(3) 当 $T\leftrightarrow \boldsymbol{A}$，$\forall\, k\in F$，有 $kT\leftrightarrow k\boldsymbol{A}$。

进一步有，从 n 维线性空间 V 到 m 维线性空间 W 的所有线性算子，按线性算子的加法与数乘运算规则，形成数域 F 上的一个线性空间，而 $m\times n$ 矩阵的全体也构成数域 F 上的一个线性空间，因此这两个线性空间关于加法与数乘运算是同构的，其中零矩阵对应于零算子，从而在有限维空间中，对线性算子的研究通常可通过选定的基偶转化为对矩阵的研究。接下来我们据此考虑线性算子的值域与核空间。

五、线性算子的值域与核

定义 1.4.9　设 T 为线性空间 V 到线性空间 W 的线性算子，令

$$T(V)=\{\boldsymbol{\beta}=T(\boldsymbol{\alpha})\in W \mid \forall\,\boldsymbol{\alpha}\in V\},$$

称 $T(V)$ 为线性算子 T 的值域，记作 $R(T)$，称 $\dim R(T)$ 为 T 的秩，记作 $r(T)$。

不难验证，$R(T)$ 为 W 的线性子空间，且具有下列性质。

定理 1.4.6　设 T 为 n 维线性空间 V 到 m 维线性空间 W 的线性算子。设 $\boldsymbol{\alpha}_1, \boldsymbol{\alpha}_2, \cdots, \boldsymbol{\alpha}_n$ 为 V 的一组基，$\boldsymbol{\alpha}'_1, \boldsymbol{\alpha}'_2, \cdots, \boldsymbol{\alpha}'_m$ 为 W 的基，T 在该组基偶下的矩阵表示为 $\boldsymbol{A}=[a_{ij}]_{m\times n}$，则

(1) $R(T)=\mathrm{span}(T(\boldsymbol{\alpha}_1), T(\boldsymbol{\alpha}_2), \cdots, T(\boldsymbol{\alpha}_n))$；

(2) $r(T)=r(\boldsymbol{A})$。

证明　(1) 对任一 $\boldsymbol{\alpha}\in V$，有

$$\begin{aligned}\boldsymbol{\beta}=T(\boldsymbol{\alpha})&=T(k_1\boldsymbol{\alpha}_1+k_2\boldsymbol{\alpha}_2+\cdots+k_n\boldsymbol{\alpha}_n)\\&=k_1T(\boldsymbol{\alpha}_1)+k_2T(\boldsymbol{\alpha}_2)+\cdots+k_nT(\boldsymbol{\alpha}_n),\end{aligned}$$

从而 $R(T)=\mathrm{span}(T(\boldsymbol{\alpha}_1), T(\boldsymbol{\alpha}_2), \cdots, T(\boldsymbol{\alpha}_n))$。

(2) 由矩阵表示 $\boldsymbol{A}$ 的式(1.4.3)有

$$\begin{aligned}[T(\boldsymbol{\alpha}_1), T(\boldsymbol{\alpha}_2), \cdots, T(\boldsymbol{\alpha}_n)]&=T[\boldsymbol{\alpha}_1, \boldsymbol{\alpha}_2, \cdots, \boldsymbol{\alpha}_n]=[\boldsymbol{\alpha}'_1, \boldsymbol{\alpha}'_2, \cdots, \boldsymbol{\alpha}'_m]\boldsymbol{A}\\&=\left[\sum_{j=1}^{m}a_{j1}\boldsymbol{\alpha}'_j, \sum_{j=1}^{m}a_{j2}\boldsymbol{\alpha}'_j, \cdots, \sum_{j=1}^{m}a_{jn}\boldsymbol{\alpha}'_j\right],\end{aligned}$$

而

$$\begin{aligned}R(T)&=\mathrm{span}(T(\boldsymbol{\alpha}_1), T(\boldsymbol{\alpha}_2), \cdots, T(\boldsymbol{\alpha}_n))\\&=\mathrm{span}\left(\sum_{j=1}^{m}a_{j1}\boldsymbol{\alpha}'_j, \sum_{j=1}^{m}a_{j2}\boldsymbol{\alpha}'_j, \cdots, \sum_{j=1}^{m}a_{jn}\boldsymbol{\alpha}'_j\right),\end{aligned}$$

且向量组 $\sum_{j=1}^{m}a_{j1}\boldsymbol{\alpha}'_j, \sum_{j=1}^{m}a_{j2}\boldsymbol{\alpha}'_j, \cdots, \sum_{j=1}^{m}a_{jn}\boldsymbol{\alpha}'_j$ 的秩为矩阵 $\boldsymbol{A}$ 的列秩，因此

$$r(T)=\dim R(T)=r(\boldsymbol{A})。$$

定义 1.4.10 设 T 为线性空间 V 到线性空间 W 的线性算子，令

$$N(T)=T^{-1}(\boldsymbol{0})=\{\boldsymbol{\alpha}\in V \mid T(\boldsymbol{\alpha})=\boldsymbol{0}\},$$

容易验证 $N(T)$ 为 V 的一子空间，称 $N(T)$ 为线性算子 T 的**核子空间**，$\dim N(T)$ 为 T 的**零度**。

不难证明：若 $\dim N(T)=0$，则线性无关向量组 $\boldsymbol{\alpha}_1$，$\boldsymbol{\alpha}_2$，…，$\boldsymbol{\alpha}_r\in V$ 的像 $T(\boldsymbol{\alpha}_1)$，…，$T(\boldsymbol{\alpha}_r)\in W$ 也线性无关。

定理 1.4.7 设 T 为 n 维线性空间 V 到 m 维线性空间 W 的线性算子，则

$$\dim N(T)+\dim R(T)=n。$$

证明 设 $\dim N(T)=r$，$\boldsymbol{\alpha}_1$，$\boldsymbol{\alpha}_2$，…，$\boldsymbol{\alpha}_r$ 为 $N(T)$的一组基，现将其扩充为 V 的一组基 $\boldsymbol{\alpha}_1$，$\boldsymbol{\alpha}_2$，…，$\boldsymbol{\alpha}_r$，$\boldsymbol{\alpha}_{r+1}$，…，$\boldsymbol{\alpha}_n$，则有

$$\begin{aligned}R(T)&=\operatorname{span}\{T(\boldsymbol{\alpha}_1),\ T(\boldsymbol{\alpha}_2),\ \cdots,\ T(\boldsymbol{\alpha}_r),\ T(\boldsymbol{\alpha}_{r+1}),\ \cdots,\ T(\boldsymbol{\alpha}_n)\}\\&=\operatorname{span}\{\boldsymbol{0},\ \boldsymbol{0},\ \cdots,\ \boldsymbol{0},\ T(\boldsymbol{\alpha}_{r+1}),\ \cdots,\ T(\boldsymbol{\alpha}_n)\}\\&=\operatorname{span}\{T(\boldsymbol{\alpha}_{r+1}),\ \cdots,\ T(\boldsymbol{\alpha}_n)\}。\end{aligned}$$

以下验证 $T(\boldsymbol{\alpha}_{r+1})$，…，$T(\boldsymbol{\alpha}_n)$线性无关。不妨设 $\sum\limits_{i=r+1}^{n}k_iT(\boldsymbol{\alpha}_i)=0$，即 $T\left(\sum\limits_{i=r+1}^{n}k_i\boldsymbol{\alpha}_i\right)=\boldsymbol{0}$，因而 $\sum\limits_{i=r+1}^{n}k_i\boldsymbol{\alpha}_i\in N(T)$，进而 $\sum\limits_{i=r+1}^{n}k_i\boldsymbol{\alpha}_i$ 可由 $N(T)$ 的基 $\boldsymbol{\alpha}_1$，$\boldsymbol{\alpha}_2$，…，$\boldsymbol{\alpha}_r$ 线性表出，即

$$\sum_{i=r+1}^{n}k_i\boldsymbol{\alpha}_i=\sum_{j=1}^{r}l_j\boldsymbol{\alpha}_j,$$

由于基 $\boldsymbol{\alpha}_1$，$\boldsymbol{\alpha}_2$，…，$\boldsymbol{\alpha}_r$，$\boldsymbol{\alpha}_{r+1}$，…，$\boldsymbol{\alpha}_n$ 线性无关，所以有

$$l_j=0,\ k_i=0\quad(j=1,\ 2,\ \cdots,\ r;\ i=r+1,\ \cdots,\ n),$$

这表明 $T(\boldsymbol{\alpha}_{r+1})$，…，$T(\boldsymbol{\alpha}_n)$线性无关。因而 $\dim R(T)=n-r$，从而

$$\dim N(T)+\dim R(T)=n。$$

【例 1.4.9】 设 T 为 n 维线性空间 V 到 m 维线性空间 W 的线性算子，$\boldsymbol{\alpha}_1$，$\boldsymbol{\alpha}_2$，…，$\boldsymbol{\alpha}_n$ 为 V 的一组基，$\boldsymbol{\beta}_1$，$\boldsymbol{\beta}_2$，…，$\boldsymbol{\beta}_m$ 为 W 的一组基。线性算子 T 在这组基偶下的矩阵表示为 $m\times n$ 矩阵 $\boldsymbol{A}=[\boldsymbol{A}_1,\ \boldsymbol{A}_2,\ \cdots,\ \boldsymbol{A}_n]$，其中 $\boldsymbol{A}_i=[a_{1i},\ a_{2i},\ \cdots,\ a_{mi}]^{\mathrm{T}}$ 为 m 维列向量，$i=1$，…，m。因而

$$T[\boldsymbol{\alpha}_1,\ \boldsymbol{\alpha}_2,\ \cdots,\ \boldsymbol{\alpha}_n]=[\boldsymbol{\beta}_1,\ \boldsymbol{\beta}_2,\ \cdots,\ \boldsymbol{\beta}_m]\boldsymbol{A},$$

且

$$T(\boldsymbol{\alpha}_i)=[\boldsymbol{\beta}_1,\ \boldsymbol{\beta}_2,\ \cdots,\ \boldsymbol{\beta}_m]\boldsymbol{A}_i,\ i=1,\ 2,\ \cdots,\ n,$$

进而 T 的值域

$$\begin{aligned}R(T)&=\operatorname{span}\{T(\boldsymbol{\alpha}_1),\ T(\boldsymbol{\alpha}_2),\ \cdots,\ T(\boldsymbol{\alpha}_n)\}\\&=\operatorname{span}\{[\boldsymbol{\beta}_1,\ \boldsymbol{\beta}_2,\ \cdots,\ \boldsymbol{\beta}_m]\boldsymbol{A}_1,\ [\boldsymbol{\beta}_1,\ \boldsymbol{\beta}_2,\ \cdots,\ \boldsymbol{\beta}_m]\boldsymbol{A}_2,\ [\boldsymbol{\beta}_1,\ \boldsymbol{\beta}_2,\ \cdots,\ \boldsymbol{\beta}_m]\boldsymbol{A}_n\}。\end{aligned}$$

由例 1.1.4 知，矩阵 $\boldsymbol{A}$ 的值域为

$$R(\boldsymbol{A})=\{\boldsymbol{y}\mid \boldsymbol{Ax}=\boldsymbol{y},\ \boldsymbol{x}\in F^n\},$$

若取 $\boldsymbol{x}_i=[0,\ \cdots,\ 1,\ 0,\ \cdots,\ 0]^{\mathrm{T}}$(第 i 个分量为 1，其余分量为 0)，则

$$\boldsymbol{Ax}_i=\boldsymbol{A}_i,\ i=1,\ 2,\ \cdots,\ n,$$

从而

$$R(\boldsymbol{A})=\mathrm{span}\{\boldsymbol{A}_1, \boldsymbol{A}_2, \cdots, \boldsymbol{A}_n\}。$$

对比上述 $R(T)$ 与 $R(\boldsymbol{A})$ 的表达式可见，T 的值域与 $\boldsymbol{A}$ 的值域完全相同，只差别一组基下的线性表出。

下面考查 T 的核 $N(T)$ 与矩阵表示 $\boldsymbol{A}$ 的核 $N(\boldsymbol{A})$ 之间的关系。

设 $\boldsymbol{x}\in V$，且

$$\boldsymbol{x}=[\boldsymbol{\alpha}_1, \boldsymbol{\alpha}_2, \cdots, \boldsymbol{\alpha}_n]\begin{bmatrix} x_1 \\ x_2 \\ \vdots \\ x_n \end{bmatrix},$$

其中列向量 $[x_1, x_2, \cdots, x_n]^{\mathrm{T}}$ 为向量 $\boldsymbol{x}$ 在基 $\boldsymbol{\alpha}_1, \boldsymbol{\alpha}_2, \cdots, \boldsymbol{\alpha}_n$ 下的坐标所成向量。若 $\boldsymbol{x}\in N(T)$，则 $\boldsymbol{x}$ 必满足

$$T[\boldsymbol{\alpha}_1, \boldsymbol{\alpha}_2, \cdots, \boldsymbol{\alpha}_n]\begin{bmatrix} x_1 \\ x_2 \\ \vdots \\ x_n \end{bmatrix}=0,$$

即

$$[\boldsymbol{\beta}_1, \boldsymbol{\beta}_2, \cdots, \boldsymbol{\beta}_m]\boldsymbol{A}\begin{bmatrix} x_1 \\ x_2 \\ \vdots \\ x_n \end{bmatrix}=0,$$

由 $\boldsymbol{\beta}_1, \boldsymbol{\beta}_2, \cdots, \boldsymbol{\beta}_m$ 线性无关可得，

$$\boldsymbol{A}\begin{bmatrix} x_1 \\ x_2 \\ \vdots \\ x_n \end{bmatrix}=0,$$

由例 1.1.3 知，此为矩阵 $\boldsymbol{A}$ 的核 $[x_1, x_2, \cdots, x_n]^{\mathrm{T}}$ 所满足的方程组。因而，只需将矩阵 $\boldsymbol{A}$ 的核作用于相应的基 $[\boldsymbol{\alpha}_1, \boldsymbol{\alpha}_2, \cdots, \boldsymbol{\alpha}_n]$ 就可得到线性算子 T 的核 $N(T)$。

1.5　线性变换

一、线性变换与方阵

在线性算子的定义 1.4.2 中，线性空间 V_1，V_2 可以相同也可以相异。在 $V_1=V_2=V$ 的情形下，我们有如下定义。

定义 1.5.1　由 V 到 V 的线性算子 T 称作 V 上的**线性变换**。

由于线性变换为特殊的线性算子，因此按照定义 1.5.1，只需选取 V 中的一组基即可

确定它的矩阵表示。设 T 为 n 维线性空间 V 上的线性变换，$\boldsymbol{\alpha}_1$，$\boldsymbol{\alpha}_2$，…，$\boldsymbol{\alpha}_n$ 为 V 的一组基，若

$$T(\boldsymbol{\alpha}_j)=a_{1j}\boldsymbol{\alpha}_1+a_{2j}\boldsymbol{\alpha}_2+\cdots+a_{nj}\boldsymbol{\alpha}_n,\ j=1,\ 2,\ \cdots,\ n,$$

则

$$T[\boldsymbol{\alpha}_1,\ \boldsymbol{\alpha}_2,\ \cdots,\ \boldsymbol{\alpha}_n]=[\boldsymbol{\alpha}_1,\ \boldsymbol{\alpha}_2,\ \cdots,\ \boldsymbol{\alpha}_n]\begin{bmatrix} a_{11} & a_{12} & \cdots & a_{1n} \\ a_{21} & a_{22} & \cdots & a_{2n} \\ \vdots & \vdots & \cdots & \vdots \\ a_{n1} & a_{n2} & \cdots & a_{nn} \end{bmatrix} \tag{1.5.1}$$

$$=[\boldsymbol{\alpha}_1,\ \boldsymbol{\alpha}_2,\ \cdots,\ \boldsymbol{\alpha}_n]\boldsymbol{A},$$

因而 T 在基 $\boldsymbol{\alpha}_1$，$\boldsymbol{\alpha}_2$，…，$\boldsymbol{\alpha}_n$ 下的矩阵表示为 n 阶方阵 $\boldsymbol{A}$。

同样，设 $\boldsymbol{\alpha}=[\boldsymbol{\alpha}_1,\ \boldsymbol{\alpha}_2,\ \cdots,\ \boldsymbol{\alpha}_n]\begin{bmatrix} x_1 \\ x_2 \\ \vdots \\ x_n \end{bmatrix}\in V$，若

$$T(\boldsymbol{\alpha})=[\boldsymbol{\alpha}_1,\ \boldsymbol{\alpha}_2,\ \cdots,\ \boldsymbol{\alpha}_n]\begin{bmatrix} y_1 \\ y_2 \\ \vdots \\ y_n \end{bmatrix},$$

则原像 $\boldsymbol{\alpha}$ 与像 $T(\boldsymbol{\alpha})$的坐标变换公式为

$$\begin{bmatrix} y_1 \\ y_2 \\ \vdots \\ y_n \end{bmatrix}=\boldsymbol{A}\begin{bmatrix} x_1 \\ x_2 \\ \vdots \\ x_n \end{bmatrix}。$$

显然，对线性变换，我们也可以类似定义其值域与核，而且具有与线性算子值域与核类似的性质。

【例 1.5.1】 设 $\mathbf{R}^3$ 中的线性变换 T 定义如下：

$$T[\boldsymbol{\alpha}_1,\ \boldsymbol{\alpha}_2,\ \boldsymbol{\alpha}_3]^{\mathrm{T}}=[\boldsymbol{\alpha}_1+\boldsymbol{\alpha}_2-\boldsymbol{\alpha}_3,\ \boldsymbol{\alpha}_2+\boldsymbol{\alpha}_3,\ \boldsymbol{\alpha}_1+2\boldsymbol{\alpha}_2]^{\mathrm{T}},$$

求：

(1) T 的值域 $R(T)$的维数与一组基；

(2) T 的核 $N(T)$的维数与一组基。

解 由例 1.4.9 知，我们需先确定线性空间 $\mathbf{R}^3$ 的一组基，接着求出线性变换 T 在此基下的矩阵表示，然后求出矩阵的值域(列)空间与核空间，最后再转化到指定的线性空间 $\mathbf{R}^3$ 中。我们不妨取 $\mathbf{R}^3$ 中的一组自然基

$$\boldsymbol{e}_1=[1,\ 0,\ 1]^{\mathrm{T}},\ \boldsymbol{e}_2=[0,\ 1,\ 0]^{\mathrm{T}},\ \boldsymbol{e}_3=[0,\ 0,\ 1]^{\mathrm{T}}。$$

(1) 由题设有

$$T[\boldsymbol{e}_1,\ \boldsymbol{e}_2,\ \boldsymbol{e}_3]=[\boldsymbol{e}_1,\ \boldsymbol{e}_2,\ \boldsymbol{e}_3]\begin{bmatrix} 1 & 1 & -1 \\ 0 & 1 & 1 \\ 1 & 2 & 0 \end{bmatrix},$$

因而 T 在基 $\boldsymbol{e}_1$，$\boldsymbol{e}_2$，$\boldsymbol{e}_3$ 下的矩阵表示为

$$\boldsymbol{A}=\begin{bmatrix}1 & 1 & -1\\0 & 1 & 1\\1 & 2 & 0\end{bmatrix},$$

矩阵 $\boldsymbol{A}$ 的值域为

$$\begin{aligned}R(\boldsymbol{A})&=\text{span}\{[1,0,1]^{\mathrm{T}},[1,1,2]^{\mathrm{T}},[-1,1,0]^{\mathrm{T}}\}\\&=\text{span}\{[1,0,1]^{\mathrm{T}},[1,1,2]^{\mathrm{T}}\},\end{aligned}$$

从而线性变换 T 的值域为

$$\begin{aligned}R(T)&=\text{span}\{\boldsymbol{e}_1+\boldsymbol{e}_3,\boldsymbol{e}_1+\boldsymbol{e}_2+2\boldsymbol{e}_3\}\\&=\text{span}\{[1,0,1]^{\mathrm{T}},[1,1,2]^{\mathrm{T}}\},\end{aligned}$$

即 $R(T)$的维数为 2，基为$[1,0,1]^{\mathrm{T}}$，$[1,1,2]^{\mathrm{T}}$。

(2) 矩阵 $\boldsymbol{A}$ 的核为 $\boldsymbol{Ax}=\boldsymbol{0}$ 的解空间，不难求得 $\boldsymbol{Ax}=\boldsymbol{0}$ 的一个基础解系为$[2,-1,1]^{\mathrm{T}}$，因此，T 的核 $N(T)$的维数为 1，基为

$$2\boldsymbol{e}_1-\boldsymbol{e}_2+\boldsymbol{e}_3=[2,-1,1]^{\mathrm{T}}。$$

下面来讨论同一线性变换在两组不同基下矩阵表示之间的关系，类似于定理 1.4.1，我们有如下结果。

定理 1.5.1　设 T 为 n 维线性空间 V 上的线性变换，$\boldsymbol{\alpha}_1$，$\boldsymbol{\alpha}_2$，…，$\boldsymbol{\alpha}_n$ 与 $\boldsymbol{\alpha}_1'$，$\boldsymbol{\alpha}_2'$，…，$\boldsymbol{\alpha}_n'$ 为 V 的两组基，T 在基 $\boldsymbol{\alpha}_1$，$\boldsymbol{\alpha}_2$，…，$\boldsymbol{\alpha}_n$ 下的矩阵表示为 $\boldsymbol{A}$，在基 $\boldsymbol{\alpha}_1'$，$\boldsymbol{\alpha}_2'$，…，$\boldsymbol{\alpha}_n'$ 下的矩阵表示为 $\boldsymbol{B}$，且由基 $\boldsymbol{\alpha}_1$，$\boldsymbol{\alpha}_2$，…，$\boldsymbol{\alpha}_n$ 到基 $\boldsymbol{\alpha}_1'$，$\boldsymbol{\alpha}_2'$，…，$\boldsymbol{\alpha}_n'$ 的过渡矩阵为 $\boldsymbol{P}$，则有 $\boldsymbol{B}=\boldsymbol{P}^{-1}\boldsymbol{AP}$。

证明　根据定理条件有

$$\begin{aligned}T[\boldsymbol{\alpha}_1,\boldsymbol{\alpha}_2,\cdots,\boldsymbol{\alpha}_n]&=[\boldsymbol{\alpha}_1,\boldsymbol{\alpha}_2,\cdots,\boldsymbol{\alpha}_n]\boldsymbol{A},\\T[\boldsymbol{\alpha}_1',\boldsymbol{\alpha}_2',\cdots,\boldsymbol{\alpha}_n']&=[\boldsymbol{\alpha}_1',\boldsymbol{\alpha}_2',\cdots,\boldsymbol{\alpha}_n']\boldsymbol{B},\\ [\boldsymbol{\alpha}_1',\boldsymbol{\alpha}_2',\cdots,\boldsymbol{\alpha}_n']&=[\boldsymbol{\alpha}_1,\boldsymbol{\alpha}_2,\cdots,\boldsymbol{\alpha}_n]\boldsymbol{P},\end{aligned}$$

从而

$$\begin{aligned}T[\boldsymbol{\alpha}_1',\boldsymbol{\alpha}_2',\cdots,\boldsymbol{\alpha}_n']&=T[\boldsymbol{\alpha}_1,\boldsymbol{\alpha}_2,\cdots,\boldsymbol{\alpha}_n]\boldsymbol{P}=[\boldsymbol{\alpha}_1,\boldsymbol{\alpha}_2,\cdots,\boldsymbol{\alpha}_n]\boldsymbol{AP},\\T[\boldsymbol{\alpha}_1',\boldsymbol{\alpha}_2',\cdots,\boldsymbol{\alpha}_n']&=[\boldsymbol{\alpha}_1',\boldsymbol{\alpha}_2',\cdots,\boldsymbol{\alpha}_n']\boldsymbol{B}=[\boldsymbol{\alpha}_1,\boldsymbol{\alpha}_2,\cdots,\boldsymbol{\alpha}_n]\boldsymbol{PB}。\end{aligned}$$

因此

$$[\boldsymbol{\alpha}_1,\boldsymbol{\alpha}_2,\cdots,\boldsymbol{\alpha}_n]\boldsymbol{AP}=[\boldsymbol{\alpha}_1,\boldsymbol{\alpha}_2,\cdots,\boldsymbol{\alpha}_n]\boldsymbol{PB},$$

即

$$[\boldsymbol{\alpha}_1,\boldsymbol{\alpha}_2,\cdots,\boldsymbol{\alpha}_n](\boldsymbol{AP}-\boldsymbol{PB})=\boldsymbol{0},$$

由于 $\boldsymbol{\alpha}_1$，$\boldsymbol{\alpha}_2$，…，$\boldsymbol{\alpha}_n$ 线性无关，所以矩阵 $\boldsymbol{AP}-\boldsymbol{PB}$ 的每一列的元素都为零，故有

$$\boldsymbol{AP}-\boldsymbol{PB}=\boldsymbol{0},$$

考虑到过渡矩阵 $\boldsymbol{P}$ 可逆，因而有 $\boldsymbol{B}=\boldsymbol{P}^{-1}\boldsymbol{AP}$。

定义 1.5.2　设 $\boldsymbol{A}$，$\boldsymbol{B}$ 为数域 F 上的两个 n 阶方阵，若存在数域 F 上的 n 阶可逆矩阵 $\boldsymbol{P}$，使得 $\boldsymbol{B}=\boldsymbol{P}^{-1}\boldsymbol{AP}$，则称 $\boldsymbol{A}$ 与 $\boldsymbol{B}$ 相似，记作 $\boldsymbol{A}\sim\boldsymbol{B}$。

由此可知，线性变换在不同基下的矩阵是相似的；反之，若两个矩阵相似，则它们可视为同一线性变换在两组不同基下的矩阵表示。

容易验证，相似有下列基本性质：

(1) 自反性：$\boldsymbol{A}\sim\boldsymbol{A}$。

(2) 对称性：若 $\boldsymbol{A}\sim\boldsymbol{B}$，则 $\boldsymbol{B}\sim\boldsymbol{A}$。

(3) 传递性：若 $\boldsymbol{A}\sim\boldsymbol{B}$，$\boldsymbol{B}\sim\boldsymbol{C}$，则 $\boldsymbol{A}\sim\boldsymbol{C}$。

【例 1.5.2】 设 T 为线性空间 $\mathbf{R}^3$ 上的线性变换，它在 $\mathbf{R}^3$ 一组基 $\boldsymbol{\alpha}_1$，$\boldsymbol{\alpha}_2$，$\boldsymbol{\alpha}_3$ 下的矩阵表示为

$$\boldsymbol{A}=\begin{bmatrix}1 & 2 & 3\\ -1 & 0 & 3\\ 2 & 1 & 5\end{bmatrix}。$$

求：

(1) T 在基 $\boldsymbol{\alpha}'_1=\boldsymbol{\alpha}_1$，$\boldsymbol{\alpha}'_2=\boldsymbol{\alpha}_1+\boldsymbol{\alpha}_2$，$\boldsymbol{\alpha}'_3=\boldsymbol{\alpha}_1+\boldsymbol{\alpha}_2+\boldsymbol{\alpha}_3$ 下的矩阵表示。

(2) T 在基 $\boldsymbol{\alpha}_1$，$\boldsymbol{\alpha}_2$，$\boldsymbol{\alpha}_3$ 下的核与值域。

解 (1) 由题设有

$$T[\boldsymbol{\alpha}_1,\ \boldsymbol{\alpha}_2,\ \boldsymbol{\alpha}_3]=[\boldsymbol{\alpha}_1,\ \boldsymbol{\alpha}_2,\ \boldsymbol{\alpha}_3]\boldsymbol{A},$$

$$[\boldsymbol{\alpha}'_1,\ \boldsymbol{\alpha}'_2,\ \boldsymbol{\alpha}'_3]=[\boldsymbol{\alpha}_1,\ \boldsymbol{\alpha}_2,\ \boldsymbol{\alpha}_3]\begin{bmatrix}1 & 1 & 1\\ 0 & 1 & 1\\ 0 & 0 & 1\end{bmatrix}=[\boldsymbol{\alpha}_1,\ \boldsymbol{\alpha}_2,\ \boldsymbol{\alpha}_3]\boldsymbol{P},$$

设 T 在基 $\boldsymbol{\alpha}'_1$，$\boldsymbol{\alpha}'_2$，$\boldsymbol{\alpha}'_3$ 下的矩阵表示为 $\boldsymbol{B}$，则

$$\begin{aligned}\boldsymbol{B}=\boldsymbol{P}^{-1}\boldsymbol{A}\boldsymbol{P}&=\begin{bmatrix}1 & 1 & 1\\ 0 & 1 & 1\\ 0 & 0 & 1\end{bmatrix}^{-1}\begin{bmatrix}1 & 2 & 3\\ -1 & 0 & 3\\ 2 & 1 & 5\end{bmatrix}\begin{bmatrix}1 & 1 & 1\\ 0 & 1 & 1\\ 0 & 0 & 1\end{bmatrix}\\ &=\begin{bmatrix}4 & 4 & 4\\ -3 & -4 & -6\\ 2 & 3 & 8\end{bmatrix}。\end{aligned}$$

(2) 因 $\det(\boldsymbol{A})\neq 0$，所以 $\boldsymbol{A}\boldsymbol{x}=\boldsymbol{0}$ 只有零解，因此 T 的核为零空间，由维数定理知，T 的值域为线性空间 $\mathbf{R}^3$。

二、线性变换的运算

类似于线性算子，我们可以考虑线性变换之间的运算。我们首先给出如下一类特殊线性变换的定义。

定义 1.5.3 设 T 为线性空间 V 上的线性变换，若对任意 $\boldsymbol{\alpha}\in V$，恒有 $T(\boldsymbol{\alpha})=\boldsymbol{\alpha}$，则称 T 为恒等变换或单位变换，记作 $\boldsymbol{I}$，与之相对应的矩阵为单位矩阵 $\boldsymbol{E}$。

设 T，S 为线性空间 V 上的两个线性变换，则定义它们的乘积 TS 为

$$TS(\boldsymbol{\alpha})=T(S(\boldsymbol{\alpha})),\ \boldsymbol{\alpha}\in V;$$

定义它们的加法 $T+S$ 为

$$(T+S)(\boldsymbol{\alpha})=T(\boldsymbol{\alpha})+S(\boldsymbol{\alpha}),\ \boldsymbol{\alpha}\in V;$$

定义数量乘法 kT 为($k\in F$)

$$(kT)(\boldsymbol{\alpha})=kT(\boldsymbol{\alpha}),\ \boldsymbol{\alpha}\in V。$$

可以验证，上述定义的 TS，$T+S$，kT 均为线性变换(留作练习)。

线性变换的加法与乘法满足如下的运算规律：

(1) 加法满足交换律、结合律；

(2) 乘法满足结合律；

(3) 乘法对加法有左、右分配律。

由零算子的定义可得零变换，它与所有线性变换 T 的加法仍为 T，即

$$T+O=T。$$

对于每个线性变换 T，可以定义它的负变换 $-T$：

$$(-T)(\boldsymbol{\alpha})=-T(\boldsymbol{\alpha}),\ \boldsymbol{\alpha}\in V,$$

容易验证，负变换 $-T$ 也为线性变换，且满足

$$-T+T=O。$$

由加法与数量乘法的性质可验证，线性空间 V 上的全体线性变换，对于前述定义的加法与数量乘法也构成数域 F 上的一线性空间，通常记作 $L(V)$。

线性空间 V 上的线性变换 T 称为可逆的，若存在 V 上的线性变换 S，使得

$$TS=ST=\boldsymbol{I},$$

则同时称 S 为 T 的逆变换，记作 T^{-1}。

现验证：若线性变换 T 可逆，则其逆变换 T^{-1} 也为线性变换。

事实上，对任意 $\boldsymbol{\alpha}$，$\boldsymbol{\beta}\in V$ 及数 $k\in F$，我们有

$$\begin{aligned}T^{-1}(k\boldsymbol{\alpha})&=T^{-1}[k(TT^{-1})\boldsymbol{\alpha}]\\&=T^{-1}[kT(T^{-1}\boldsymbol{\alpha})]\\&=(T^{-1}T)(kT^{-1}\boldsymbol{\alpha})\\&=kT^{-1}(\boldsymbol{\alpha}),\\T^{-1}(\boldsymbol{\alpha}+\boldsymbol{\beta})&=T^{-1}[(TT^{-1})(\boldsymbol{\alpha})+(TT^{-1})(\boldsymbol{\beta})]\\&=T^{-1}[T(T^{-1}(\boldsymbol{\alpha}))+T(T^{-1}(\boldsymbol{\beta}))]\\&=T^{-1}[T(T^{-1}(\boldsymbol{\alpha})+T^{-1}(\boldsymbol{\beta}))]\\&=(T^{-1}T)[T^{-1}(\boldsymbol{\alpha})+T^{-1}(\boldsymbol{\beta})]\\&=T^{-1}(\boldsymbol{\alpha})+T^{-1}(\boldsymbol{\beta}),\end{aligned}$$

这表明 T^{-1} 为线性变换。

由于线性变换乘法满足结合律，所以可以定义线性变换 T 的正整数幂：

$$T^0=\boldsymbol{I},\ T^m=TT\cdots T(m\text{ 个 }T),$$

当 T 可逆时，可定义 T 的负整数幂：

$$T^{-m}=(T^{-1})^m,$$

如上定义的线性变换的幂满足指数法则，即

$$T^{m+n}=T^mT^n,\ (T^m)^n=T^{mn}。$$

但线性变换的乘法对指数法则一般不成立，即

$$(TS)^n\neq T^nS^n。$$

设

$$f(\lambda)=a_m\lambda^m+a_{m-1}\lambda^{m-1}+\cdots+a_1\lambda+a_0$$

为系数在数域 F 中的一多项式，T 为 V 的一线性变换，定义

$$f(T)=a_mT^m+a_{m-1}T^{m-1}+\cdots+a_1T+a_0\boldsymbol{I},$$

则容易验证，$f(T)$ 为 V 的一线性变换，称作线性变换 T 的多项式，且若系数在数域 F 中

的多项式

$$h(\lambda)=f(\lambda)+g(\lambda),\ q(\lambda)=f(\lambda)g(\lambda),$$

则

$$h(T)=f(T)+g(T),\ q(T)=f(T)g(T),$$

特别有

$$f(T)g(T)=g(T)f(T),$$

即同一线性变换的多项式乘法可交换。

如前所述，选取一组基后，可建立由数域 F 上的 n 维线性空间 V 的线性变换到数域 F 上 n 阶方阵之间的一一对应关系，这种对应还能保持一定的运算，即有如下定理。

定理 1.5.2 设 $\boldsymbol{\alpha}_1, \boldsymbol{\alpha}_2, \cdots, \boldsymbol{\alpha}_n$ 为数域 F 上的 n 维线性空间 V 的一组基，在此基下，每一个线性变换按式(1.5.1)对应一个 n 阶方阵，且此对应满足如下性质：

(1) 线性变换的和对应于方阵的和。

(2) 线性变换的乘积对应于方阵的乘积。

(3) 线性变换的数量乘法对应于方阵的数量乘法。

(4) 可逆线性变换与可逆方阵对应，且逆变换对应于逆矩阵。

证明 设 S，T 为 V 上的两线性变换，它们在基 $\boldsymbol{\alpha}_1, \boldsymbol{\alpha}_2, \cdots, \boldsymbol{\alpha}_n$ 下的矩阵分别为 $\boldsymbol{A}$，$\boldsymbol{B}$，即有

$$S[\boldsymbol{\alpha}_1, \boldsymbol{\alpha}_2, \cdots, \boldsymbol{\alpha}_n]=[\boldsymbol{\alpha}_1, \boldsymbol{\alpha}_2, \cdots, \boldsymbol{\alpha}_n]\boldsymbol{A},$$
$$T[\boldsymbol{\alpha}_1, \boldsymbol{\alpha}_2, \cdots, \boldsymbol{\alpha}_n]=[\boldsymbol{\alpha}_1, \boldsymbol{\alpha}_2, \cdots, \boldsymbol{\alpha}_n]\boldsymbol{B}。$$

(1) 因为

$$\begin{aligned}(S+T)[\boldsymbol{\alpha}_1, \boldsymbol{\alpha}_2, \cdots, \boldsymbol{\alpha}_n]&=S[\boldsymbol{\alpha}_1, \boldsymbol{\alpha}_2, \cdots, \boldsymbol{\alpha}_n]+T[\boldsymbol{\alpha}_1, \boldsymbol{\alpha}_2, \cdots, \boldsymbol{\alpha}_n]\\&=[\boldsymbol{\alpha}_1, \boldsymbol{\alpha}_2, \cdots, \boldsymbol{\alpha}_n]\boldsymbol{A}+[\boldsymbol{\alpha}_1, \boldsymbol{\alpha}_2, \cdots, \boldsymbol{\alpha}_n]\boldsymbol{B}\\&=[\boldsymbol{\alpha}_1, \boldsymbol{\alpha}_2, \cdots, \boldsymbol{\alpha}_n](\boldsymbol{A}+\boldsymbol{B}),\end{aligned}$$

所以，在基 $\boldsymbol{\alpha}_1, \boldsymbol{\alpha}_2, \cdots, \boldsymbol{\alpha}_n$ 下，线性变换 $S+T$ 的矩阵表示为 $\boldsymbol{A}+\boldsymbol{B}$。

(2) 类似有

$$\begin{aligned}(ST)[\boldsymbol{\alpha}_1, \boldsymbol{\alpha}_2, \cdots, \boldsymbol{\alpha}_n]&=S(T[\boldsymbol{\alpha}_1, \boldsymbol{\alpha}_2, \cdots, \boldsymbol{\alpha}_n])=S([\boldsymbol{\alpha}_1, \boldsymbol{\alpha}_2, \cdots, \boldsymbol{\alpha}_n]\boldsymbol{B})\\&=(S[\boldsymbol{\alpha}_1, \boldsymbol{\alpha}_2, \cdots, \boldsymbol{\alpha}_n])\boldsymbol{B}=[\boldsymbol{\alpha}_1, \boldsymbol{\alpha}_2, \cdots, \boldsymbol{\alpha}_n]\boldsymbol{AB},\end{aligned}$$

因而，在基 $\boldsymbol{\alpha}_1, \boldsymbol{\alpha}_2, \cdots, \boldsymbol{\alpha}_n$ 下，线性变换 ST 的矩阵表示为 $\boldsymbol{AB}$。

(3) 由于

$$\begin{aligned}(kS)[\boldsymbol{\alpha}_1, \boldsymbol{\alpha}_2, \cdots, \boldsymbol{\alpha}_n]&=k(S[\boldsymbol{\alpha}_1, \boldsymbol{\alpha}_2, \cdots, \boldsymbol{\alpha}_n])\\&=[\boldsymbol{\alpha}_1, \boldsymbol{\alpha}_2, \cdots, \boldsymbol{\alpha}_n]k\boldsymbol{A},\end{aligned}$$

因此，在基 $\boldsymbol{\alpha}_1, \boldsymbol{\alpha}_2, \cdots, \boldsymbol{\alpha}_n$ 下，线性变换 kS 的矩阵表示为 $k\boldsymbol{A}$。

(4) 单位变换 $\boldsymbol{I}$ 对应于单位矩阵 $\boldsymbol{E}$，因此由(2)知下列等式

$$ST=TS=\boldsymbol{I}$$

与等式

$$\boldsymbol{AB}=\boldsymbol{BA}=\boldsymbol{E}$$

相对应，从而可逆线性变换与可逆方阵对应，且逆变换与逆矩阵对应。

上述定理表明，数域 F 上 n 维线性空间 V 的全体线性变换组成的线性空间 $L(V)$ 与数

域 F 上 n 阶方阵构成的线性空间 $F^{n\times n}$ 同构。

【例 1.5.3】 选取 $\mathbf{R}^{2\times 2}$ 中的一组基

$$\boldsymbol{\alpha}_1=\begin{bmatrix}1 & 0\\ 1 & 1\end{bmatrix},\ \boldsymbol{\alpha}_2=\begin{bmatrix}0 & 1\\ 1 & 1\end{bmatrix},\ \boldsymbol{\alpha}_3=\begin{bmatrix}1 & 1\\ 0 & 2\end{bmatrix},\ \boldsymbol{\alpha}_4=\begin{bmatrix}1 & 3\\ 1 & 0\end{bmatrix},$$

定义 $\mathbf{R}^{2\times 2}$ 上的线性变换 T 为

$$T(\boldsymbol{\alpha}_1)=\begin{bmatrix}1 & 1\\ 0 & 0\end{bmatrix},\ T(\boldsymbol{\alpha}_2)=\begin{bmatrix}0 & 0\\ 0 & 0\end{bmatrix},\ T(\boldsymbol{\alpha}_3)=\begin{bmatrix}0 & 0\\ 1 & 1\end{bmatrix},\ T(\boldsymbol{\alpha}_4)=\begin{bmatrix}0 & 1\\ 0 & 1\end{bmatrix},$$

求线性变换 T 在基 $\boldsymbol{\alpha}_1$，$\boldsymbol{\alpha}_2$，$\boldsymbol{\alpha}_3$，$\boldsymbol{\alpha}_4$ 下的矩阵表示。

解　由同构的概念及性质可知，4 维线性空间 $\mathbf{R}^{2\times 2}$ 与 $\mathbf{R}^4$ 同构，可将 $\mathbf{R}^{2\times 2}$ 中的方阵 $\begin{bmatrix}a_{11} & a_{12}\\ a_{21} & a_{22}\end{bmatrix}$ 视作 $\mathbf{R}^4$ 中的列向量 $[a_{11},\ a_{12},\ a_{21},\ a_{22}]^{\mathrm{T}}$，因此将题设中矩阵化为向量形式，有

$$\boldsymbol{\alpha}_1=[1,0,1,1]^{\mathrm{T}},\ \boldsymbol{\alpha}_2=[0,1,1,1]^{\mathrm{T}},\ \boldsymbol{\alpha}_3=[1,1,0,2]^{\mathrm{T}},\ \boldsymbol{\alpha}_4=[1,3,1,0]^{\mathrm{T}},$$

$$T(\boldsymbol{\alpha}_1)=[1,1,0,0]^{\mathrm{T}},\ T(\boldsymbol{\alpha}_2)=[0,0,0,0]^{\mathrm{T}},$$

$$T(\boldsymbol{\alpha}_3)=[0,0,1,1]^{\mathrm{T}},\ T(\boldsymbol{\alpha}_4)=[0,1,0,1]^{\mathrm{T}},$$

从而有

$$\begin{aligned}T[\boldsymbol{\alpha}_1,\boldsymbol{\alpha}_2,\boldsymbol{\alpha}_3,\boldsymbol{\alpha}_4]&=[T(\boldsymbol{\alpha}_1),T(\boldsymbol{\alpha}_2),T(\boldsymbol{\alpha}_3),T(\boldsymbol{\alpha}_4)]\\&=\begin{bmatrix}1&0&0&0\\1&0&0&1\\0&0&1&0\\0&0&1&1\end{bmatrix}=[\boldsymbol{\alpha}_1,\boldsymbol{\alpha}_2,\boldsymbol{\alpha}_3,\boldsymbol{\alpha}_4]\boldsymbol{A}\\&=\begin{bmatrix}1&0&1&1\\0&1&1&3\\1&1&0&1\\1&1&2&0\end{bmatrix}\boldsymbol{A},\end{aligned}$$

于是

$$\boldsymbol{A}=\begin{bmatrix}1&0&1&1\\0&1&1&3\\1&1&0&1\\1&1&2&0\end{bmatrix}^{-1}\begin{bmatrix}1&0&0&0\\1&0&0&1\\0&0&1&0\\0&0&1&1\end{bmatrix}。$$

三、线性变换的特征值问题

线性变换的特征值与特征向量是线性变换重要的数字特征，它们不仅对线性变换本身的研究具有重要意义，而且在物理、力学及其他工程技术等领域中也有实际的意义与应用。

定义 1.5.4　设 T 为数域 F 上 n 维线性空间 V 的一线性变换，若对于数域 F 上一数 λ，存在一非零向量 $\boldsymbol{\alpha}\in V$，满足

$$T(\boldsymbol{\alpha})=\lambda\boldsymbol{\alpha},\tag{1.5.2}$$

则称 λ 为线性变换 T 的一**特征值**，非零向量 $\boldsymbol{\alpha}\in V$ 称为 T 的属于特征值 λ 的一个**特征向量**。

从几何上看，特征向量经线性变换后仍然共线，但其方向要么不变($\lambda>0$)，要么相

反($\lambda<0$)，当 $\lambda=0$ 时，特征向量即被线性变换转化为 $\mathbf{0}$。

若 $\boldsymbol{\alpha}$ 为线性变换 T 的属于特征值 λ 的一特征向量，则 $\boldsymbol{\alpha}$ 的任一非零数乘 $k\boldsymbol{\alpha}$ 也为 T 的属于特征值 λ 的特征向量(因 $T(k\boldsymbol{\alpha})=\lambda(k\boldsymbol{\alpha})$)，这表明特征向量不被特征值所唯一确定。相反，特征值被特征向量唯一确定，因为一个特征向量只能属于一个特征值。

下面来讨论线性变换 T 的特征值和特征向量的计算。根据线性变换 T 的矩阵表示理论，T 的特征值和特征向量的计算可以转化为线性代数中关于方阵特征值和特征向量的计算。

设 $\boldsymbol{\alpha}_1$，$\boldsymbol{\alpha}_2$，…，$\boldsymbol{\alpha}_n$ 为数域 F 上的 n 维线性空间 V 的一组基，线性变换 T 在此组基下的矩阵表示为方阵 $\mathbf{A}$。若 λ 为 T 的一特征值，它的一特征向量 $\boldsymbol{\alpha}$ 在这组基下的坐标为 $\boldsymbol{x}=[x_1, x_2, \cdots, x_n]^{\mathrm{T}}$，即有

$$\boldsymbol{\alpha}=[\boldsymbol{\alpha}_1, \boldsymbol{\alpha}_2, \cdots, \boldsymbol{\alpha}_n]\begin{bmatrix}x_1\\x_2\\\vdots\\x_n\end{bmatrix}, \tag{1.5.3}$$

由定义 1.5.4 代入上式，有

$$T[\boldsymbol{\alpha}_1, \boldsymbol{\alpha}_2, \cdots, \boldsymbol{\alpha}_n]\begin{bmatrix}x_1\\x_2\\\vdots\\x_n\end{bmatrix}=\lambda[\boldsymbol{\alpha}_1, \boldsymbol{\alpha}_2, \cdots, \boldsymbol{\alpha}_n]\begin{bmatrix}x_1\\x_2\\\vdots\\x_n\end{bmatrix},$$

利用 T 在基 $\boldsymbol{\alpha}_1$，$\boldsymbol{\alpha}_2$，…，$\boldsymbol{\alpha}_n$ 下的矩阵表示有

$$[\boldsymbol{\alpha}_1, \boldsymbol{\alpha}_2, \cdots, \boldsymbol{\alpha}_n]\mathbf{A}\begin{bmatrix}x_1\\x_2\\\vdots\\x_n\end{bmatrix}=\lambda[\boldsymbol{\alpha}_1, \boldsymbol{\alpha}_2, \cdots, \boldsymbol{\alpha}_n]\begin{bmatrix}x_1\\x_2\\\vdots\\x_n\end{bmatrix},$$

由 $\boldsymbol{\alpha}_1$，$\boldsymbol{\alpha}_2$，…，$\boldsymbol{\alpha}_n$ 线性无关得

$$\mathbf{A}\begin{bmatrix}x_1\\x_2\\\vdots\\x_n\end{bmatrix}=\lambda\begin{bmatrix}x_1\\x_2\\\vdots\\x_n\end{bmatrix}, \tag{1.5.4}$$

这表明特征向量 $\boldsymbol{\alpha}$ 的坐标 $\boldsymbol{x}=[x_1, x_2, \cdots, x_n]^{\mathrm{T}}$ 满足齐次线性方程组

$$(\lambda\mathbf{E}-\mathbf{A})\boldsymbol{x}=\mathbf{0}。 \tag{1.5.5}$$

因特征向量 $\boldsymbol{\alpha}\neq\mathbf{0}$，所以 $\boldsymbol{x}\neq\mathbf{0}$，即齐次线性方程组(1.5.5)存在非零解，而式(1.5.5)存在非零解当且仅当

$$\det(\lambda\mathbf{E}-\mathbf{A})=0。 \tag{1.5.6}$$

因而 T 的特征值 λ 也为矩阵表示 $\mathbf{A}$ 的特征值。反过来，若 λ 为矩阵 $\mathbf{A}$ 的特征值，即 $\det(\lambda\mathbf{E}-\mathbf{A})=0$，则齐次线性方程组(1.5.5)存在非零解 $\boldsymbol{x}$，从而非零向量

$$\boldsymbol{\alpha}=x_1\boldsymbol{\alpha}_1+x_2\boldsymbol{\alpha}_2+\cdots+x_n\boldsymbol{\alpha}_n$$

满足式(1.5.2)，即 λ 为线性变换 T 的特征值，$\boldsymbol{\alpha}$ 为相应的一特征向量。因此线性变换的特

征值、特征向量的性质可由其一组基下矩阵表示的特征值、特征向量的性质得到。

由以上讨论，在 n 维线性空间 V 中选取一组基后，线性变换的特征值就为其在这组下矩阵表示的特征值。基的选取不同，其矩阵表示一般也不同，但由定理 1.5.1 可知，这些矩阵是相似的。下面来讨论矩阵特征值问题的一些基本性质。

定理 1.5.3　相似矩阵具有相同的特征多项式。

证明　假定 $\boldsymbol{B}=\boldsymbol{P}^{-1}\boldsymbol{A}\boldsymbol{P}$，则

$$\begin{aligned}\det(\lambda\boldsymbol{E}-\boldsymbol{B})&=\det(\lambda\boldsymbol{E}-\boldsymbol{P}^{-1}\boldsymbol{A}\boldsymbol{P})=\det(\boldsymbol{P}^{-1}(\lambda\boldsymbol{E}-\boldsymbol{A})\boldsymbol{P})\\&=\det(\boldsymbol{P}^{-1})\det(\lambda\boldsymbol{E}-\boldsymbol{A})\det(\boldsymbol{P})\\&=\det(\lambda\boldsymbol{E}-\boldsymbol{A})。\end{aligned}$$

由定理 1.5.3 知，相似矩阵具有相同的特征值。因而，线性变换的特征值可由其任一矩阵表示来计算。一个自然的问题是，线性变换的特征向量是否可由任一矩阵表示的特征向量而得到。但需要指出的是，定理 1.5.3 的逆命题不成立，即特征多项式相同的矩阵未必相似。比如选取

$$\boldsymbol{A}=\begin{bmatrix}1&0\\0&1\end{bmatrix},\ \boldsymbol{B}=\begin{bmatrix}1&1\\0&1\end{bmatrix},$$

容易看出，它们的特征多项式都为$(\lambda-1)^2$，但 $\boldsymbol{A}$，$\boldsymbol{B}$ 不相似，因为与 $\boldsymbol{A}$ 相似的矩阵只能为 $\boldsymbol{A}$ 自身。

定理 1.5.4　若 $\boldsymbol{x}=[x_1, x_2, \cdots, x_n]^{\mathrm{T}}$ 为 n 阶矩阵 $\boldsymbol{A}$ 的属于特征值 λ 的特征向量，$\boldsymbol{B}=\boldsymbol{P}^{-1}\boldsymbol{A}\boldsymbol{P}$，则 $\boldsymbol{P}^{-1}\boldsymbol{x}$ 为 $\boldsymbol{B}$ 的属于特征值 λ 的特征向量。

证明　因为

$$\boldsymbol{B}(\boldsymbol{P}^{-1}\boldsymbol{x})=(\boldsymbol{P}^{-1}\boldsymbol{A}\boldsymbol{P})(\boldsymbol{P}^{-1}\boldsymbol{x})=\boldsymbol{P}^{-1}\boldsymbol{A}\boldsymbol{x}=\boldsymbol{P}^{-1}\lambda\boldsymbol{x}=\lambda(\boldsymbol{P}^{-1}\boldsymbol{x}),$$

且 $\boldsymbol{P}^{-1}\boldsymbol{x}\neq\boldsymbol{0}$，所以 $\boldsymbol{P}^{-1}\boldsymbol{x}$ 为 $\boldsymbol{B}$ 的属于特征值 λ 的特征向量。

若线性变换 T 在基 $\boldsymbol{\alpha}_1, \boldsymbol{\alpha}_2, \cdots, \boldsymbol{\alpha}_n$ 下的矩阵表示为 $\boldsymbol{A}$，在基 $\boldsymbol{\beta}_1, \boldsymbol{\beta}_2, \cdots, \boldsymbol{\beta}_n$ 下的矩阵表示为 $\boldsymbol{B}$，且$[\boldsymbol{\beta}_1, \boldsymbol{\beta}_2, \cdots, \boldsymbol{\beta}_n]=[\boldsymbol{\alpha}_1, \boldsymbol{\alpha}_2, \cdots, \boldsymbol{\alpha}_n]\boldsymbol{P}$，则由定理 1.5.1 有 $\boldsymbol{B}=\boldsymbol{P}^{-1}\boldsymbol{A}\boldsymbol{P}$，进而由定理 1.5.4 知，$\boldsymbol{A}$ 或 $\boldsymbol{B}$ 的特征向量为线性变换 T 的特征向量。这是因为 $\boldsymbol{A}$ 的特征向量 $\boldsymbol{x}=[x_1, x_2, \cdots, x_n]^{\mathrm{T}}$ 为线性变换 T 的特征向量 $\boldsymbol{\alpha}$ 在基 $\boldsymbol{\alpha}_1, \boldsymbol{\alpha}_2, \cdots, \boldsymbol{\alpha}_n$ 下的坐标向量，即

$$\boldsymbol{\alpha}=[\boldsymbol{\alpha}_1, \boldsymbol{\alpha}_2, \cdots, \boldsymbol{\alpha}_n]\begin{bmatrix}x_1\\x_2\\\vdots\\x_n\end{bmatrix},$$

$\boldsymbol{B}$ 的特征向量 $\boldsymbol{P}^{-1}\boldsymbol{x}$ 为对应的 T 的特征向量 $\boldsymbol{\beta}$ 在基 $\boldsymbol{\beta}_1, \boldsymbol{\beta}_2, \cdots, \boldsymbol{\beta}_n$ 下的坐标向量，且

$$\begin{aligned}[\boldsymbol{\beta}_1, \boldsymbol{\beta}_2, \cdots, \boldsymbol{\beta}_n]\boldsymbol{P}^{-1}\begin{bmatrix}x_1\\x_2\\\vdots\\x_n\end{bmatrix}&=[\boldsymbol{\alpha}_1, \boldsymbol{\alpha}_2, \cdots, \boldsymbol{\alpha}_n]\boldsymbol{P}\boldsymbol{P}^{-1}\begin{bmatrix}x_1\\x_2\\\vdots\\x_n\end{bmatrix}\\&=[\boldsymbol{\alpha}_1, \boldsymbol{\alpha}_2, \cdots, \boldsymbol{\alpha}_n]\begin{bmatrix}x_1\\x_2\\\vdots\\x_n\end{bmatrix}=\boldsymbol{\alpha}。\end{aligned}$$

因而，求线性变换 T 的特征向量可通过 T 的任一矩阵表示的特征向量而得到。

定理 1.5.5 设 n 阶矩阵 $\boldsymbol{A}$ 有特征值 λ，对应的特征向量为 $\boldsymbol{x}$，则

(1) n 阶矩阵 $\mu\boldsymbol{A}$ 有特征值 $\mu\lambda$，对应的特征向量为 $\boldsymbol{x}$，其中 μ 为任一常数。

(2) 矩阵 $\boldsymbol{A}^m$ 有特征值 λ^m，对应的特征向量为 $\boldsymbol{x}$，其中 m 为正整数。

(3) 矩阵 $\boldsymbol{A}^{-1}$ 有特征值 $\lambda^{-1}(\lambda\neq 0)$，对应的特征向量为 $\boldsymbol{x}$。

(4) 矩阵 $\boldsymbol{A}^{\mathrm{T}}$ 有特征值 λ，即方阵的转置矩阵有相同的特征值。

证明 (1) $(\mu\boldsymbol{A})\boldsymbol{x}=\mu(\boldsymbol{A}\boldsymbol{x})=(\mu\lambda)\boldsymbol{x}$。

(2) 对 m 作数学归纳：$\boldsymbol{A}^2\boldsymbol{x}=\boldsymbol{A}(\boldsymbol{A}\boldsymbol{x})=\boldsymbol{A}(\lambda\boldsymbol{x})=\lambda(\boldsymbol{A}\boldsymbol{x})=\lambda(\lambda\boldsymbol{x})=\lambda^2\boldsymbol{x}$，设 $\boldsymbol{A}^k\boldsymbol{x}=\lambda^k\boldsymbol{x}$，则

$$\boldsymbol{A}^{k+1}\boldsymbol{x}=\boldsymbol{A}(\boldsymbol{A}^k\boldsymbol{x})=\boldsymbol{A}(\lambda^k\boldsymbol{x})=\lambda^k(\boldsymbol{A}\boldsymbol{x})=\lambda^k(\lambda\boldsymbol{x})=\lambda^{k+1}\boldsymbol{x}。$$

(3) $\boldsymbol{A}^{-1}\boldsymbol{x}=\boldsymbol{A}^{-1}\left(\dfrac{\lambda}{\lambda}\boldsymbol{x}\right)=\dfrac{1}{\lambda}\boldsymbol{A}^{-1}(\lambda\boldsymbol{x})=\dfrac{1}{\lambda}\boldsymbol{A}^{-1}(\boldsymbol{A}\boldsymbol{x})=\dfrac{1}{\lambda}\boldsymbol{E}\boldsymbol{x}=(\lambda^{-1})\boldsymbol{x}$。

(4) 因 $0=\det(\lambda\boldsymbol{E}-\boldsymbol{A})=\det((\lambda\boldsymbol{E}-\boldsymbol{A})^{\mathrm{T}})=\det(\lambda\boldsymbol{E}-\boldsymbol{A}^{\mathrm{T}})$，即矩阵 $\boldsymbol{A}^{\mathrm{T}}$ 与 $\boldsymbol{A}$ 有相同的特征多项式，进而有相同的特征值。

定理 1.5.6 设 $\boldsymbol{A}=[a_{ij}]\in F^{n\times n}$，则

$$\det(\lambda\boldsymbol{E}-\boldsymbol{A})=\lambda^n+\sum_{k=1}^{n}(-1)^k b_k\lambda^{n-k},$$

式中，$b_k(k=1, 2, \cdots, n)$为 $\boldsymbol{A}$ 的所有 k 阶主子式之和，特别有

$$b_1=a_{11}+a_{22}+\cdots+a_{nn},\ b_n=\det(\boldsymbol{A})。$$

证明 令单位矩阵 $\boldsymbol{E}=[\boldsymbol{e}_1, \boldsymbol{e}_2, \cdots, \boldsymbol{e}_n]$，方阵 $\boldsymbol{A}=[\boldsymbol{\alpha}_1, \boldsymbol{\alpha}_2, \cdots, \boldsymbol{\alpha}_n]$，其中 $\boldsymbol{e}_i$，$\boldsymbol{\alpha}_i$ 分别为 $\boldsymbol{E}$，$\boldsymbol{A}$ 的第 i 列，则

$$\det(\lambda\boldsymbol{E}-\boldsymbol{A})=\det([\lambda\boldsymbol{e}_1-\boldsymbol{\alpha}_1, \lambda\boldsymbol{e}_2-\boldsymbol{\alpha}_2, \cdots, \lambda\boldsymbol{e}_n-\boldsymbol{\alpha}_n])。$$

利用行列式的性质，将上式右端拆分成每列为 $\lambda\boldsymbol{e}_i$ 或 $-\boldsymbol{\alpha}_i$ 的行列式，有

$$\begin{aligned}\det(\lambda\boldsymbol{E}-\boldsymbol{A})=&\det([\lambda\boldsymbol{e}_1, \lambda\boldsymbol{e}_2-\boldsymbol{\alpha}_2, \cdots, \lambda\boldsymbol{e}_n-\boldsymbol{\alpha}_n])+\\&\det([-\boldsymbol{\alpha}_1, \lambda\boldsymbol{e}_2-\boldsymbol{\alpha}_2, \cdots, \lambda\boldsymbol{e}_n-\boldsymbol{\alpha}_n]),\end{aligned}$$

继续利用行列式的性质，再将上式两行列式继续拆分成行列式之和，合并后有

$$\begin{aligned}\det(\lambda\boldsymbol{E}-\boldsymbol{A})=&\lambda^n\det([\boldsymbol{e}_1, \boldsymbol{e}_2, \cdots, \boldsymbol{e}_n])-\lambda^{n-1}\sum_{i=1}^{n}\det([\boldsymbol{e}_1, \cdots, \boldsymbol{e}_{i-1}, \boldsymbol{e}_{i+1}, \cdots, \boldsymbol{e}_n])+\cdots+\\&(-1)^k\lambda^{n-k}\sum_{\substack{1\leqslant i_1<\cdots<i_k\leqslant n\\2\leqslant k\leqslant n-1}}\det([\cdots, \boldsymbol{\alpha}_{i_1}, \boldsymbol{\alpha}_{i_2}, \cdots, \boldsymbol{\alpha}_{i_k}, \cdots])+\cdots+(-1)^n\det(\boldsymbol{A}),\end{aligned}$$

式中，$\det([\cdots, \boldsymbol{\alpha}_{i_1}, \boldsymbol{\alpha}_{i_2}, \cdots, \boldsymbol{\alpha}_{i_k}, \cdots])$表示第 i_1 列，…，第 i_k 列依次为 $\boldsymbol{\alpha}_{i_1}$，…，$\boldsymbol{\alpha}_{i_k}$，而其余各列为单位矩阵 $\boldsymbol{E}$ 中相应的列。

由定理 1.5.6 知，方阵 $\boldsymbol{A}$ 的特征多项式可表示为

$$\begin{aligned}p(\lambda)=\det(\lambda\boldsymbol{E}-\boldsymbol{A})&=\lambda^n+c_1\lambda^{n-1}+\cdots+c_{n-1}\lambda+c_n\\&=\lambda^n-(a_{11}+a_{22}+\cdots+a_{nn})\lambda^{n-1}+\cdots+(-1)^n\det(\boldsymbol{A})。\end{aligned}$$

由代数方程根与系数的关系，即 Vieta 定理，可知特征值 λ_i，$i=1, 2, \cdots, n$ 满足：

(1) $\sum\limits_{i=1}^{n}\lambda_i=-c_1=\sum\limits_{i=1}^{n}a_{ii}$，其中 $\boldsymbol{A}$ 的对角线元素之和 $\sum\limits_{i=1}^{n}a_{ii}$ 称作方阵 $\boldsymbol{A}$ 的迹，记作 $\mathrm{tr}(\boldsymbol{A})$，即 n 个特征值之和等于 $\mathrm{tr}(\boldsymbol{A})$。进而由定理 1.5.3 知，若 $\boldsymbol{A}\sim\boldsymbol{B}$，则有 $\mathrm{tr}(\boldsymbol{A})=\mathrm{tr}(\boldsymbol{B})$。

(2) $\prod_{i=1}^{n}\lambda_i=(-1)^n c_n=\det(\boldsymbol{A})$，即 n 个特征值之积等于 $\det(\boldsymbol{A})$。由于 n 阶方阵 $\boldsymbol{A}$ 的特征多项式在复数域上有 n 个根(重根按重数计)，因此它有 n 个特征值，将矩阵 $\boldsymbol{A}$ 的所有特征值的全体称为 $\boldsymbol{A}$ 的谱，记作 $\sigma(\boldsymbol{A})$。

【例 1.5.4】 求如下定义矩阵 $\boldsymbol{A}$ 的特征多项式：

$$\boldsymbol{A}=\begin{bmatrix}0&0&0&\cdots&0&-a_n\\1&0&0&\cdots&0&-a_{n-1}\\0&1&0&\cdots&0&-a_{n-2}\\\vdots&\vdots&\vdots&&\vdots&\vdots\\0&0&0&\cdots&1&-a_1\end{bmatrix}=\begin{bmatrix}0&\cdots&0&-a_n\\&&&-a_{n-1}\\&\boldsymbol{E}_{n-1}&&\vdots\\&&&-a_1\end{bmatrix},$$

式中，左下角 $\boldsymbol{E}_{n-1}$ 表示 $n-1$ 阶单位矩阵，$a_i\in\mathbf{R}$，$i=1, 2, \cdots, n$，通常称为 n 阶方阵的友矩阵或相伴矩阵。

解　令

$$\boldsymbol{D}_i=\begin{vmatrix}\lambda&0&0&\cdots&a_i\\-1&\lambda&0&\cdots&a_{i-1}\\0&-1&\lambda&\cdots&a_{i-2}\\\vdots&\vdots&\vdots&&\vdots\\0&0&\cdots&-1&\lambda+a_1\end{vmatrix},\ i\geqslant 1,\ \boldsymbol{D}_0=1,$$

将 $\boldsymbol{D}_i$ 按第一行展开，有

$$\boldsymbol{D}_i=\lambda\boldsymbol{D}_{i-1}+a_i,\ i\geqslant 1,$$

由上式逐次递推可得

$$\begin{aligned}\boldsymbol{D}_n&=\det(\lambda\boldsymbol{E}-\boldsymbol{A})=\lambda\boldsymbol{D}_{n-1}+a_n=\lambda(\boldsymbol{D}_{n-2}+a_{n-1})+a_n\\&=\lambda^2(\lambda\boldsymbol{D}_{n-3}+a_{n-2})+a_{n-1}\lambda+a_n\\&=\lambda^n+a_1\lambda^{n-1}+a_2\lambda^{n-2}+\cdots+a_{n-1}\lambda+a_n。\end{aligned}$$

【例 1.5.5】 设 $\boldsymbol{A}\in\mathbf{C}^{m\times n}$，$\boldsymbol{B}\in\mathbf{C}^{m\times n}$，证明：

$$\lambda^n\det(\lambda\boldsymbol{E}_m-\boldsymbol{AB})=\lambda^m\det(\lambda\boldsymbol{E}_n-\boldsymbol{BA})。$$

证明　由于

$$\begin{bmatrix}\boldsymbol{E}_m&-\boldsymbol{A}\\\boldsymbol{0}&\boldsymbol{E}_n\end{bmatrix}\begin{bmatrix}\boldsymbol{AB}&\boldsymbol{0}\\\boldsymbol{B}&\boldsymbol{0}\end{bmatrix}=\begin{bmatrix}\boldsymbol{0}&\boldsymbol{0}\\\boldsymbol{B}&\boldsymbol{BA}\end{bmatrix}\begin{bmatrix}\boldsymbol{E}_m&-\boldsymbol{A}\\\boldsymbol{0}&\boldsymbol{E}_n\end{bmatrix},$$

且 $\begin{bmatrix}\boldsymbol{E}_m&-\boldsymbol{A}\\0&\boldsymbol{E}_n\end{bmatrix}$ 可逆，则 $\begin{bmatrix}\boldsymbol{AB}&0\\\boldsymbol{B}&0\end{bmatrix}$ 与 $\begin{bmatrix}0&0\\\boldsymbol{B}&\boldsymbol{BA}\end{bmatrix}$ 相似，进而由定理 1.5.3 有

$$\det\left(\lambda\boldsymbol{E}_{m+n}-\begin{bmatrix}\boldsymbol{AB}&\boldsymbol{0}\\\boldsymbol{B}&\boldsymbol{0}\end{bmatrix}\right)=\det\left(\lambda\boldsymbol{E}_{m+n}-\begin{bmatrix}\boldsymbol{0}&\boldsymbol{0}\\\boldsymbol{B}&\boldsymbol{BA}\end{bmatrix}\right),$$

即

$$\det\left(\begin{bmatrix}\lambda\boldsymbol{E}_m-\boldsymbol{AB}&\boldsymbol{0}\\-\boldsymbol{B}&\lambda\boldsymbol{E}_n\end{bmatrix}\right)=\det\left(\begin{bmatrix}\lambda\boldsymbol{E}_m&\boldsymbol{0}\\-\boldsymbol{B}&\lambda\boldsymbol{E}_n-\boldsymbol{BA}\end{bmatrix}\right),$$

从而 $\lambda^n\det(\lambda\boldsymbol{E}_m-\boldsymbol{AB})=\lambda^m\det(\lambda\boldsymbol{E}_n-\boldsymbol{BA})$。

由例 1.5.5 可知，m 阶方阵 $\boldsymbol{AB}$ 与 n 阶方阵 $\boldsymbol{BA}$ 具有相同的非零特征值，进而

$\mathrm{tr}(\boldsymbol{AB})=\mathrm{tr}(\boldsymbol{BA})$。特别地，若 $\boldsymbol{A}$，$\boldsymbol{B}$ 为同阶方阵(即 $m=n$)，则 $\boldsymbol{AB}$ 与 $\boldsymbol{BA}$ 具有相同的特征值。

由前可知，n 阶方阵 $\boldsymbol{A}$ 在复数域上(重根按重数计)有 n 个特征值，对每个特征值 λ_i 求解式(1.5.5)齐次线性方程组可得到相应的特征向量，这些特征向量再加上零向量可构成 n 维向量空间的一个子空间，称为方阵 $\boldsymbol{A}$ 属于特征值 λ_i 的**特征子空间**，记作 V_{λ_i}。

定义 1.5.5 设 $\boldsymbol{A}$ 为 n 阶方阵，它有 r 个互异的特征值 λ_1，…，λ_r，其对应的重数分别为 m_1，…，m_r，则称 m_i 为特征值 λ_i 的**代数重复度**，而将特征子空间 V_{λ_i} 的维数 n_i(属于 λ_i 的线性无关特征向量的最大个数)称为特征值 λ_i 的**几何重复度**。

定理 1.5.7 矩阵 $\boldsymbol{A}$ 的任一特征值的几何重复度不超过它的代数重复度。

证明 设 λ_0 为 $\boldsymbol{A}$ 的一特征值，齐次线性方程组 $(\lambda_0\boldsymbol{E}-\boldsymbol{A})\boldsymbol{x}=\boldsymbol{0}$ 的基础解系为 $\boldsymbol{x}_1$，$\boldsymbol{x}_2$，…，$\boldsymbol{x}_k$，由定理 1.3.3 知，可选取 $\boldsymbol{x}_{k+1}$，$\boldsymbol{x}_{k+2}$，…，$\boldsymbol{x}_n$，使得

$$\boldsymbol{x}_1,\ \boldsymbol{x}_2,\ \cdots,\ \boldsymbol{x}_k,\ \boldsymbol{x}_{k+1},\ \boldsymbol{x}_{k+2},\ \cdots,\ \boldsymbol{x}_n$$

构成 n 维向量空间 $\mathbf{C}^n$ 的一组基，令

$$\boldsymbol{P}=[\boldsymbol{x}_1,\ \cdots,\ \boldsymbol{x}_k,\ \boldsymbol{x}_{k+1},\ \cdots,\ \boldsymbol{x}_n],$$

则

$$\boldsymbol{P}^{-1}\boldsymbol{P}=[\boldsymbol{P}^{-1}\boldsymbol{x}_1,\ \cdots,\ \boldsymbol{P}^{-1}\boldsymbol{x}_k,\ \boldsymbol{P}^{-1}\boldsymbol{x}_{k+1},\ \cdots,\ \boldsymbol{P}^{-1}\boldsymbol{x}_n]=\boldsymbol{E}_n。$$

因此

$$\boldsymbol{P}^{-1}\boldsymbol{x}_1=[1,\ 0,\ \cdots,\ 0]^{\mathrm{T}},\ \boldsymbol{P}^{-1}\boldsymbol{x}_2=[0,\ 1,\ 0,\ \cdots,\ 0]^{\mathrm{T}},\ \cdots,$$
$$\boldsymbol{P}^{-1}\boldsymbol{x}_k=[0,\ \cdots,\ 0,\ 1,\ \cdots,\ 0]^{\mathrm{T}},\ \cdots,\ \boldsymbol{P}^{-1}\boldsymbol{x}_n=[0,\ \cdots,\ 0,\ 1]^{\mathrm{T}}。$$

于是

$$\begin{aligned}\boldsymbol{P}^{-1}\boldsymbol{AP}&=[\boldsymbol{P}^{-1}\boldsymbol{Ax}_1,\ \boldsymbol{P}^{-1}\boldsymbol{Ax}_2,\ \cdots,\ \boldsymbol{P}^{-1}\boldsymbol{Ax}_k,\ \boldsymbol{P}^{-1}\boldsymbol{Ax}_{k+1},\ \cdots,\ \boldsymbol{P}^{-1}\boldsymbol{Ax}_n]\\&=[\lambda_0\boldsymbol{P}^{-1}\boldsymbol{x}_1,\ \lambda_0\boldsymbol{P}^{-1}\boldsymbol{x}_2,\ \cdots,\ \lambda_0\boldsymbol{P}^{-1}\boldsymbol{x}_k,\ \boldsymbol{P}^{-1}\boldsymbol{Ax}_{k+1},\ \cdots,\ \boldsymbol{P}^{-1}\boldsymbol{Ax}_n]\\&=\begin{bmatrix}\lambda_0 & & & \boldsymbol{A}_0\\ & \ddots & & \\ & & \lambda_0 & \\ \boldsymbol{0} & & & \boldsymbol{A}_1\end{bmatrix}=\boldsymbol{B},\end{aligned}$$

式中，$\boldsymbol{0}$ 表示 $(n-k)\times k$ 零矩阵，$\boldsymbol{A}_0$ 为 $k\times(n-k)$ 矩阵，$\boldsymbol{A}_1$ 为 $n-k$ 阶方阵，因此矩阵 $\boldsymbol{A}\sim\boldsymbol{B}$，进而它们有相同的特征多项式

$$\det(\lambda\boldsymbol{E}_n-\boldsymbol{A})=\det(\lambda\boldsymbol{E}_n-\boldsymbol{B})=(\lambda-\lambda_0)^k\det(\lambda\boldsymbol{E}_{n-k}-\boldsymbol{A}_1),$$

即表明特征值 λ_0 的代数重复度至少为 k，而 λ_0 的几何重复度仅为 k(因假定基础解系所含向量的个数为 k)，因而几何重复度不超过代数重复度。

一个自然的问题是：考虑到几何重复度，属于不同特征值的线性无关特征向量合起来的向量组是否依然线性无关。

定理 1.5.8 设 λ_1，λ_2，…，λ_r 为矩阵 $\boldsymbol{A}$ 的 r 个互异特征值，$\boldsymbol{x}_{i1}$，$\boldsymbol{x}_{i2}$，…，$\boldsymbol{x}_{is_i}$ 为属于 λ_i 的 s_i 个线性无关特征向量(即 λ_i 的几何重复度)，则 $\boldsymbol{A}$ 的所有这些特征向量

$$\boldsymbol{x}_{11},\ \boldsymbol{x}_{12},\ \cdots,\ \boldsymbol{x}_{1s_1},\ \boldsymbol{x}_{21},\ \boldsymbol{x}_{22},\ \cdots,\ \boldsymbol{x}_{2s_2},\ \cdots,\ \boldsymbol{x}_{r1},\ \boldsymbol{x}_{r2},\ \cdots,\ \boldsymbol{x}_{rs_r}$$

也线性无关。

证明 不妨设

$$c_{11}\boldsymbol{x}_{11}+\cdots c_{1s_1}\boldsymbol{x}_{1s_1}+c_{21}\boldsymbol{x}_{21}+\cdots c_{2s_2}\boldsymbol{x}_{2s_2}+\cdots+c_{r1}\boldsymbol{x}_{r1}+\cdots+c_{rs_r}\boldsymbol{x}_{rs_r}=\boldsymbol{0},\qquad(1.5.7)$$

式中，$c_{ij}\in F(i=1, 2, \cdots, r; j=1, 2, \cdots, s_i)$。用 $\lambda_1\boldsymbol{E}-\boldsymbol{A}$ 左乘式(1.5.7)两端，考虑到$(\lambda_1\boldsymbol{E}-\boldsymbol{A})\boldsymbol{x}_{1j}=0\ (j=1, 2, \cdots, s_1)$，且 $\boldsymbol{A}\boldsymbol{x}_{ij}=\lambda_i\boldsymbol{x}_{ij}\ (i=2, 3, \cdots, r; j=1, 2, \cdots, s_i)$，则

$$(\lambda_1-\lambda_2)c_{21}\boldsymbol{x}_{21}+\cdots+(\lambda_1-\lambda_r)c_{rs_r}\boldsymbol{x}_{rs_r}=\boldsymbol{0}。$$

再依次左乘 $\lambda_2\boldsymbol{E}-\boldsymbol{A}$，$\lambda_3\boldsymbol{E}-\boldsymbol{A}$，$\cdots$，$\lambda_{r-1}\boldsymbol{E}-\boldsymbol{A}$，最后可得

$$(\lambda_1-\lambda_r)(\lambda_2-\lambda_r)\cdots(\lambda_{r-1}-\lambda_r)(c_{r1}\boldsymbol{x}_{r1}+\cdots+c_{rs_r}\boldsymbol{x}_{rs_r})=\boldsymbol{0}。$$

因为 $\lambda_i\neq\lambda_r$，$i=1, 2, \cdots, r-1$，所以有

$$c_{r1}\boldsymbol{x}_{r1}+\cdots+c_{rs_r}\boldsymbol{x}_{rs_r}=\boldsymbol{0},$$

但 $\boldsymbol{x}_{r1}$，$\boldsymbol{x}_{r2}$，$\cdots$，$\boldsymbol{x}_{rs_r}$ 线性无关，从而

$$c_{r1}=c_{r2}=\cdots=c_{rs_r}=0。$$

重复以上相应过程，可证明所有 $c_{ij}=0(i=1, 2, \cdots, r; j=1, 2, \cdots, s_i)$。

在定理 1.5.8 中，若每个特征值只取其一个特征向量，则有下面推论。

推论 1.5.1　设 λ_1，λ_2，$\cdots$，λ_r 为矩阵 $\boldsymbol{A}$ 的 r 个互异特征值，$\boldsymbol{x}_1$，$\boldsymbol{x}_2$，$\cdots$，$\boldsymbol{x}_r$ 分别为属于 λ_1，λ_2，$\cdots$，λ_r 的特征向量，则 $\boldsymbol{x}_1$，$\boldsymbol{x}_2$，$\cdots$，$\boldsymbol{x}_r$ 线性无关。

推论 1.5.1 表明，属于不同特征值的特征向量线性无关，因而有下面推论。

推论 1.5.2　若 n 阶方阵 $\boldsymbol{A}$ 有 n 个互异的特征值，则 $\boldsymbol{A}$ 一定有 n 个线性无关的特征向量。

推论 1.5.3　若 n 阶方阵 $\boldsymbol{A}$ 的每一特征值的几何重复度都等于代数重复度，则 $\boldsymbol{A}$ 一定有 n 个线性无关的特征向量。

下面我们给出特征多项式的一个重要性质。

定理 1.5.9(凯莱-哈密顿(Cayley-Hamilton)定理)　设数域 F 上 n 阶方阵 $\boldsymbol{A}$ 的特征多项式为 $p(\lambda)=\det(\lambda\boldsymbol{E}-\boldsymbol{A})$，则矩阵多项式 $p(\boldsymbol{A})=\boldsymbol{0}$。

证明　设 $\boldsymbol{A}\in\mathbf{C}^{n\times n}$，且特征多项式为

$$p(\lambda)=\lambda^n+a_1\lambda^{n-1}+a_2\lambda^{n-2}+\cdots+a_{n-1}\lambda+a_n,$$

另设 $q(\lambda)$为矩阵 $\lambda\boldsymbol{E}-\boldsymbol{A}$ 的伴随矩阵，因 $q(\lambda)$的元素为 $\det(\lambda\boldsymbol{E}-\boldsymbol{A})$的各个代数余子式，都为 λ 的多项式，且其次数不超过 $n-1$，故可令

$$q(\lambda)=\boldsymbol{B}_1\lambda^{n-1}+\boldsymbol{B}_2\lambda^{n-2}+\cdots+\boldsymbol{B}_{n-1}\lambda+\boldsymbol{B}_n。$$

由伴随矩阵的性质有

$$(\lambda\boldsymbol{E}-\boldsymbol{A})q(\lambda)=\det(\lambda\boldsymbol{E}-\boldsymbol{A})\boldsymbol{E}=p(\lambda)\boldsymbol{E},$$

比较上式两端 $\lambda^i(i=0. 1, \cdots, n)$的系数，有

$$\begin{cases}\boldsymbol{B}_1=\boldsymbol{E}\\ \boldsymbol{B}_2=\boldsymbol{A}\boldsymbol{B}_1+a_1\boldsymbol{E}\\ \quad\vdots\\ \boldsymbol{B}_n=\boldsymbol{A}\boldsymbol{B}_{n-1}+a_{n-1}\boldsymbol{E}\\ \boldsymbol{0}=\boldsymbol{A}\boldsymbol{B}_n+a_n\boldsymbol{E}\end{cases},\tag{1.5.8}$$

在式(1.5.8)的前 n 个方阵中，等式两边分别左乘 $\boldsymbol{A}^n$，$\boldsymbol{A}^{n-1}$，$\cdots$，$\boldsymbol{A}$，接着将所有 $n+1$ 个方程相加，即可得

$$\boldsymbol{0}=\boldsymbol{A}^n+a_1\boldsymbol{A}^{n-1}+a_2\boldsymbol{A}^{n-2}+\cdots+a_{n-1}\boldsymbol{A}+a_n\boldsymbol{E}。$$

凯莱-哈密顿定理表明，方阵 $\boldsymbol{A}$ 的特征多项式 $\det(\lambda\boldsymbol{E}-\boldsymbol{A})$为使方阵 $\boldsymbol{A}$ 化为零的多

项式。

因为线性变换和矩阵的运算是对应的(定理 1.5.2)，所以对线性变换 T 也有类似的结论。

推论 1.5.4 设 T 为 n 维线性空间 V 上的线性变换，$p(\lambda)$为 T 的特征多项式，则 $p(T)=O$。

推论 1.5.5 线性变换 T 任一特征值的几何重复度不超过其代数重复度。

推论 1.5.6 设 $\lambda_1, \lambda_2, \cdots, \lambda_r$ 为线性变换 T 的 r 个互异特征值，$\boldsymbol{\alpha}_{i1}, \boldsymbol{\alpha}_{i2}, \cdots, \boldsymbol{\alpha}_{is_i}$ 为属于 λ_i 的 s_i 个线性无关特征向量，则 T 的所有这些特征向量

$$\boldsymbol{\alpha}_{11}, \boldsymbol{\alpha}_{12}, \cdots, \boldsymbol{\alpha}_{1s_1}, \boldsymbol{\alpha}_{21}, \boldsymbol{\alpha}_{22}, \cdots, \boldsymbol{\alpha}_{2s_2}, \cdots, \boldsymbol{\alpha}_{r1}, \boldsymbol{\alpha}_{r2}, \cdots, \boldsymbol{\alpha}_{rs_r}$$

也线性无关。

四、线性变换的可对角化

对角矩阵是矩阵中形式最简单的一种，下面来讨论，数域 F 上哪些线性变换的矩阵表示在一组合适的基下为对角矩阵。

定义 1.5.6 设 T 为数域 F 上 n 维线性空间 V 的一线性变换，若存在 V 的一组基，使得 T 在此组基下的矩阵表示为对角矩阵，则称 T **可对角化**。

定理 1.5.10 数域 F 上 n 维线性空间 V 的一线性变换 T 可对角化，当且仅当 T 有 n 个线性无关的特征向量。

证明 设线性变换 T 在基 $\boldsymbol{\alpha}_1, \boldsymbol{\alpha}_2, \cdots, \boldsymbol{\alpha}_n$ 下的矩阵表示为对角矩阵

$$\begin{bmatrix} \lambda_1 & & & \\ & \lambda_2 & & \\ & & \ddots & \\ & & & \lambda_n \end{bmatrix} = \boldsymbol{\Lambda},$$

则

$$[T(\boldsymbol{\alpha}_1), T(\boldsymbol{\alpha}_2), \cdots, T(\boldsymbol{\alpha}_n)] = [\boldsymbol{\alpha}_1, \boldsymbol{\alpha}_2, \cdots, \boldsymbol{\alpha}_n]\boldsymbol{\Lambda}, \tag{1.5.9}$$

即

$$T(\boldsymbol{\alpha}_i) = \lambda_i \boldsymbol{\alpha}_i, \ i=1, 2, \cdots, n,$$

因而 $\boldsymbol{\alpha}_1, \boldsymbol{\alpha}_2, \cdots, \boldsymbol{\alpha}_n$ 为 T 的 n 个线性无关的特征向量。

反之，若 T 有 n 个线性无关的特征向量 $\boldsymbol{\alpha}_1, \boldsymbol{\alpha}_2, \cdots, \boldsymbol{\alpha}_n$，则取 $\boldsymbol{\alpha}_1, \boldsymbol{\alpha}_2, \cdots, \boldsymbol{\alpha}_n$ 为 V 的一组基，且由式(1.5.9)知，T 在此组基下的矩阵表示为对角矩阵 $\boldsymbol{\Lambda}$。

因为线性变换 T 在不同基下的矩阵表示是相似的，所以 T 能否可对角化，从矩阵的观点来讲，即对矩阵 $\boldsymbol{A} \in F^{n\times n}$，是否存在可逆矩阵 $\boldsymbol{P}$，使得

$$\boldsymbol{P}^{-1}\boldsymbol{A}\boldsymbol{P} = \begin{bmatrix} \lambda_1 & & & \\ & \lambda_2 & & \\ & & \ddots & \\ & & & \lambda_n \end{bmatrix} = \boldsymbol{\Lambda}。$$

因此，我们有如下的定义。

定义 1.5.7 若 n 阶方阵 $\boldsymbol{A}$ 相似于一对角矩阵，则称方阵 $\boldsymbol{A}$ **可对角化**。

选取一组基后，线性变换与方阵之间存在运算上的一一对应关系，因此由定理 1.5.1 和定理 1.5.10，我们可得如下定理。

定理 1.5.11　n 阶方阵 $\boldsymbol{A}$ 可对角化，当且仅当 $\boldsymbol{A}$ 有 n 个线性无关的特征向量。

推论 1.5.7　若 $\boldsymbol{P}^{-1}\boldsymbol{A}\boldsymbol{P}=\begin{bmatrix}\lambda_1 & & & \\ & \lambda_2 & & \\ & & \ddots & \\ & & & \lambda_n\end{bmatrix}$，则 λ_1，λ_2，…，λ_n 为矩阵 $\boldsymbol{A}$ 的 n 个特征值，可逆阵 $\boldsymbol{P}$ 的第 i 个列向量为矩阵 $\boldsymbol{A}$ 的属于特征值 λ_i 的特征向量。

需指出的是，推论 1.5.7 中 λ_1，λ_2，…，λ_n 的排列次序须与 $\boldsymbol{P}=[\boldsymbol{x}_1, \boldsymbol{x}_2, \cdots, \boldsymbol{x}_n]$中 $\boldsymbol{x}_1$，$\boldsymbol{x}_2$，…，$\boldsymbol{x}_n$ 的排列次序相对应。

【例 1.5.6】　设矩阵 $\boldsymbol{A}\sim\boldsymbol{B}$，其中

$$\boldsymbol{A}=\begin{bmatrix}2 & -1 & 0\\ 0 & a_{22} & 0\\ 1 & -1 & 1\end{bmatrix},\ \boldsymbol{B}=\begin{bmatrix}3 & 2 & 0\\ -1 & b_{22} & 0\\ -2 & -2 & 1\end{bmatrix}。$$

求 a_{22} 与 b_{22} 的值，并验证 $\boldsymbol{A}$ 与 $\boldsymbol{B}$ 都可对角化。

解　因 $\boldsymbol{A}\sim\boldsymbol{B}$，它们具有相同的迹与行列式值，从而

$$\text{由 } \mathrm{tr}(\boldsymbol{A})=3+a_{22},\ \mathrm{tr}(\boldsymbol{B})=4+b_{22}，\text{可得 } a_{22}=b_{22}+1,$$

$$\text{另由 } \det(\boldsymbol{A})=2a_{22},\ \det(\boldsymbol{B})=3b_{22}+2，\text{有 } 2a_{22}=3b_{22}+2,$$

联立可求得 $a_{22}=1$，$b_{22}=0$。于是有

$$\boldsymbol{A}=\begin{bmatrix}2 & -1 & 0\\ 0 & 1 & 0\\ 1 & -1 & 1\end{bmatrix},\ \boldsymbol{B}=\begin{bmatrix}3 & 2 & 0\\ -1 & 0 & 0\\ -2 & -2 & 1\end{bmatrix}。$$

由于 $\boldsymbol{A}$ 的特征多项式为 $\det(\lambda\boldsymbol{A}-\boldsymbol{E})=(\lambda-1)^2(\lambda-2)$，所以 $\boldsymbol{A}$ 的特征值分别为 $\lambda_{1,2}=1$，$\lambda_3=2$。当 $\lambda_{1,2}=1$ 时，求解齐次线性方程组

$$(\boldsymbol{E}-\boldsymbol{A})\boldsymbol{x}=\boldsymbol{0},$$

可得两个线性无关的特征向量

$$\boldsymbol{x}_1=[1,1,0]^{\mathrm{T}},\ \boldsymbol{x}_2=[0,0,1]^{\mathrm{T}};$$

当 $\lambda_3=2$ 时，求解齐次线性方程组

$$(2\boldsymbol{E}-\boldsymbol{A})\boldsymbol{x}=\boldsymbol{0},$$

可得一个特征向量

$$\boldsymbol{x}_3=[1,0,1]^{\mathrm{T}}。$$

由于 $\boldsymbol{A}$ 有 3 个线性无关的特征向量，所以 $\boldsymbol{A}$ 可对角化。同理可验证 $\boldsymbol{B}$ 可对角化。

【例 1.5.7】　设 $\boldsymbol{A}$ 为一 n 阶方阵且满足

$$\boldsymbol{A}^2-5\boldsymbol{A}+6\boldsymbol{E}=\boldsymbol{0},$$

证明 $\boldsymbol{A}$ 可对角化。

证明　设 λ 为 $\boldsymbol{A}$ 的任一特征值，$\boldsymbol{x}$ 为 $\boldsymbol{A}$ 的对应于特征值 λ 的特征向量，即有 $\boldsymbol{A}\boldsymbol{x}=\lambda\boldsymbol{x}$，则由$(\boldsymbol{A}^2-5\boldsymbol{A}+6\boldsymbol{E})\boldsymbol{x}=\boldsymbol{0}$，可得

$$\lambda^2-5\lambda+6=0,$$

则 $\boldsymbol{A}$ 的特征值为 $\lambda_1=2$，$\lambda_2=3$。

注意到 $\boldsymbol{A}^2-5\boldsymbol{A}+6\boldsymbol{E}=(\boldsymbol{A}-2\boldsymbol{E})(\boldsymbol{A}-3\boldsymbol{E})=\boldsymbol{0}$，由矩阵秩的性质有

$$r(\boldsymbol{A}-2\boldsymbol{E})+r(\boldsymbol{A}-3\boldsymbol{E})\leqslant n。$$

另一方面

$$\begin{aligned}r(\boldsymbol{A}-2\boldsymbol{E})+r(\boldsymbol{A}-3\boldsymbol{E})&=r(\boldsymbol{A}-2\boldsymbol{E})+r(3\boldsymbol{E}-\boldsymbol{A})\\&\geqslant r(\boldsymbol{A}-2\boldsymbol{E}+3\boldsymbol{E}-\boldsymbol{A})=r(\boldsymbol{E})=n,\end{aligned}$$

从而有

$$r(\boldsymbol{A}-2\boldsymbol{E})+r(\boldsymbol{A}-3\boldsymbol{E})=n。$$

设 $r(\boldsymbol{A}-2\boldsymbol{E})=r$，则 $r(\boldsymbol{A}-3\boldsymbol{E})=n-r$。因而线性方程组

$$(2\boldsymbol{E}-\boldsymbol{A})\boldsymbol{x}=\boldsymbol{0}$$

的基础解系含有 $n-r$ 个向量，即 $\lambda_1=2$ 有 $n-r$ 个线性无关的特征向量；另线性方程组

$$(3\boldsymbol{E}-\boldsymbol{A})\boldsymbol{x}=\boldsymbol{0}$$

的基础解系含有 r 个向量，即 $\lambda_2=3$ 有 r 个线性无关的特征向量。

由定理 1.5.8 知，属于 $\lambda_1=2$ 的 $n-r$ 个线性无关特征向量与属于 $\lambda_2=3$ 的 r 个线性无关特征向量合起来也线性无关，从而方阵 $\boldsymbol{A}$ 有 n 个线性无关的特征向量，再由定理 1.5.11 知，$\boldsymbol{A}$ 可对角化。

定义 1.5.8 若 n 阶方阵 $\boldsymbol{A}$ 存在 n 个线性无关的特征向量，则称方阵 $\boldsymbol{A}$ 有**完备的特征向量系**；否则，称 $\boldsymbol{A}$ 为**亏损矩阵**。

由定理 1.5.8、推论 1.5.6 及定理 1.5.10、定理 1.5.11 可知，下述定理成立。

定理 1.5.12 若数域 F 上 n 维线性空间 V 的线性变换 T（或方阵 $\boldsymbol{A}$）有 n 个不同的特征值，则线性变换 T（或方阵 $\boldsymbol{A}$）可对角化。

进一步，我们有如下结论。

定理 1.5.13 数域 F 上 n 维线性空间 V 的线性变换 T（或方阵 $\boldsymbol{A}$）可对角化，当且仅当线性变换 T（或方阵 $\boldsymbol{A}$）每一特征值的几何重复度都等于代数重复度。

证明 不妨设线性变换 T（或方阵 $\boldsymbol{A}$）有 r 个互异特征值 $\lambda_1, \lambda_2, \cdots, \lambda_r$，$\lambda_i$ 的几何重复度为 s_i，代数重复度为 m_i，$i=1, 2, \cdots, r$，则

$$m_1+m_2+\cdots+m_r=n。$$

必要性 若线性变换 T（或方阵 $\boldsymbol{A}$）可对角化，则由定理 1.5.10（或定理 1.5.11）有

$$s_1+s_2+\cdots+s_r=n,$$

又由推论 1.5.5（或定理 1.5.7）有 $s_i\leqslant m_i(i=1, 2, \cdots, r)$，进而

$$n=s_1+s_2+\cdots+s_r\leqslant m_1+m_2+\cdots+m_r=n,$$

因此 $s_i=m_i(i=1, 2, \cdots, r)$。

充分性 若 $m_i=s_i(i=1, 2, \cdots, r)$，则由推论 1.5.6（或定理 1.5.8）可知，线性变换 T（或方阵 $\boldsymbol{A}$）可对角化。

由于 n 阶方阵 $\boldsymbol{A}$ 特征值 λ_i 的几何重复度为 $s_i=n-r(\lambda_i\boldsymbol{E}-\boldsymbol{A})$，因此由定理 1.5.13 有如下推论。

推论 1.5.8 设 n 阶方阵 $\boldsymbol{A}$ 的谱 $\sigma(\boldsymbol{A})=\{\lambda_1, \lambda_2, \cdots, \lambda_r\}$，$\lambda_i$ 的代数重复度为 m_i，$i=1, 2, \cdots, r$，则 $\boldsymbol{A}$ 可对角化，当且仅当 $m_i=n-r(\lambda_i\boldsymbol{E}-\boldsymbol{A})$，$i=1, 2, \cdots, r$。

定义 1.5.9 若矩阵 $\boldsymbol{A}$ 代数重复度与几何重复度相等，则称 $\boldsymbol{A}$ 为单纯矩阵。

由此定义，矩阵 $\boldsymbol{A}$ 相似于对角矩阵，当且仅当 $\boldsymbol{A}$ 为单纯矩阵。由推论 1.5.2 知，若矩

阵 $\boldsymbol{A}$ 的特征值都为单根，则 $\boldsymbol{A}$ 可对角化，但反之不成立。

更进一步，我们有如下结论。

定理 1.5.14　设数域 F 上 n 维线性空间 V 的线性变换 T 的互异特征值为 λ_1，λ_2，…，λ_r，则线性变换 T 可对角化，当且仅当

$$V=V_{\lambda_1}\oplus V_{\lambda_2}\oplus\cdots\oplus V_{\lambda_r}。$$

证明　**必要性**　设 T 可对角化，在 V_{λ_i} 中取一组基 $\boldsymbol{\alpha}_{i1}$，$\boldsymbol{\alpha}_{i2}$，…，$\boldsymbol{\alpha}_{is_i}$，$i=1, 2, \cdots, r$，则由推论 1.5.6 知，$\boldsymbol{\alpha}_{11}$，$\boldsymbol{\alpha}_{12}$，…，$\boldsymbol{\alpha}_{1s_1}$，$\boldsymbol{\alpha}_{21}$，$\boldsymbol{\alpha}_{22}$，…，$\boldsymbol{\alpha}_{2s_2}$，…，$\boldsymbol{\alpha}_{r1}$，$\boldsymbol{\alpha}_{r2}$，…，$\boldsymbol{\alpha}_{rs_r}$ 为 T 的最大线性无关向量组。因 T 可对角化，由定理 1.5.10 有 $s_1+s_2+\cdots+s_r=n$，从而 $\boldsymbol{\alpha}_{11}$，$\boldsymbol{\alpha}_{12}$，…，$\boldsymbol{\alpha}_{1s_1}$，$\boldsymbol{\alpha}_{21}$，$\boldsymbol{\alpha}_{22}$，…，$\boldsymbol{\alpha}_{2s_2}$，…，$\boldsymbol{\alpha}_{r1}$，$\boldsymbol{\alpha}_{r2}$，…，$\boldsymbol{\alpha}_{rs_r}$ 为 V 的一组基，因而有直和(定理 1.3.10) $V=V_{\lambda_1}\oplus V_{\lambda_2}\oplus\cdots\oplus V_{\lambda_r}$。

充分性　设 $V=V_{\lambda_1}\oplus V_{\lambda_2}\oplus\cdots\oplus V_{\lambda_r}$，在 V_{λ_i} 中取一组基 $\boldsymbol{\alpha}_{i1}$，$\boldsymbol{\alpha}_{i2}$，…，$\boldsymbol{\alpha}_{is_i}$，$i=1, 2, \cdots, r$，则

$$\boldsymbol{\alpha}_{11}，\boldsymbol{\alpha}_{12}，\cdots，\boldsymbol{\alpha}_{1s_1}，\boldsymbol{\alpha}_{21}，\boldsymbol{\alpha}_{22}，\cdots，\boldsymbol{\alpha}_{2s_2}，\cdots，\boldsymbol{\alpha}_{r1}，\boldsymbol{\alpha}_{r2}，\cdots，\boldsymbol{\alpha}_{rs_r}$$

为 $V_{\lambda_1}\oplus V_{\lambda_2}\oplus\cdots\oplus V_{\lambda_r}$ 的一组基，即 V 的一组基($s_1+s_2+\cdots+s_r=n$)。这表明 V 存在由 T 的特征向量构成的一组基(此时几何重复度等于代数重复度)，从而 T 可对角化。

五、线性变换的不变子空间

下面介绍线性变换的一个重要概念——不变子空间，其可进一步说明线性变换矩阵的化简与线性变换的内在联系。

定义 1.5.10　设 T 为数域 F 上 n 维线性空间 V 的一线性变换，V_1 为 V 的子空间，若对任一 $\boldsymbol{\alpha}\in V_1$ 都有 $T(\boldsymbol{\alpha})\in V_1$(或 $T(V_1)\subseteq V_1$)，则称 V_1 为 T 的不变子空间，简记为 T-子空间。此时，T 可视作不变子空间 V_1 上的一线性变换，称为 T 在 V_1 上的限制，记作 $T|_{V_1}$，并且 $T|_{V_1}(\boldsymbol{\alpha})=T(\boldsymbol{\alpha})$，$\forall\boldsymbol{\alpha}\in V_1$。

【例 1.5.8】　线性空间 V 和零子空间$\{\mathbf{0}\}$，对每一线性变换 T 都为 T-子空间。

【例 1.5.9】　线性变换 T 的核 $N(T)$与值域 $R(T)$都为 T-子空间。

【例 1.5.10】　若线性变换 T 与 S 可交换，即 $TS=ST$，则 S 的值域 $R(S)$与核 $N(S)$都为 T-子空间。

证明　任取 $S(\boldsymbol{\xi})\in R(S)$，则 $T(S(\boldsymbol{\xi}))=S(T(\boldsymbol{\xi}))\in R(S)$，即 $R(S)$为 T-子空间。

任取 $\boldsymbol{\zeta}\in N(S)$，需验证 $T(\boldsymbol{\zeta})\in N(S)$。考虑到 $S(T(\boldsymbol{\zeta}))=T(S(\boldsymbol{\zeta}))=T(\mathbf{0})=\mathbf{0}$，所以表明 $T(\boldsymbol{\xi})$在 S 下的像为 $\mathbf{0}$，即 $T(\boldsymbol{\zeta})\in N(S)$。

由于线性变换 T 的任一多项式 $p(T)$为线性变换且可与 T 交换，因而 $p(T)$的值域 $R(p(T))$与核 $N(p(T))$都为 T-子空间。

【例 1.5.11】　设 $\boldsymbol{\alpha}\neq\mathbf{0}\in V$，$T$ 为线性空间 V 上的一线性变换，则 $\mathrm{span}(\boldsymbol{\alpha})$为 T-子空间，当且仅当 $\boldsymbol{\alpha}$ 为 T 的一特征向量。

证明　假定 $\mathrm{span}(\boldsymbol{\alpha})$为 T-子空间，则任给 $c\boldsymbol{\alpha}\in\mathrm{span}(\boldsymbol{\alpha})$，$c\in F$，由 T-子空间的定义，$T(c\boldsymbol{\alpha})\in\mathrm{span}(\boldsymbol{\alpha})$，因而 $c\boldsymbol{\alpha}$ 必为 $\boldsymbol{\alpha}$ 的一线性组合(数乘)，即 $c\boldsymbol{\alpha}=\lambda\boldsymbol{\alpha}$。

若 $c\neq0$，则 $T(\boldsymbol{\alpha})=\dfrac{\lambda}{c}\boldsymbol{\alpha}$，$\boldsymbol{\alpha}$ 为 T 的一特征向量；若 $c=0$，结论显然成立。

反之，若 $\boldsymbol{\alpha}$ 为 T 的属于特征值 λ 的特征向量，则 $T(\boldsymbol{\alpha})=\lambda\boldsymbol{\alpha}$。对任一 $c\in F$，$T(c\boldsymbol{\alpha})=$

$\lambda(c\boldsymbol{\alpha})\in \mathrm{span}(\boldsymbol{\alpha})$，即 $\mathrm{span}(\boldsymbol{\alpha})$为 T-子空间。

【例 1.5.12】 任一子空间都是数乘变换的不变子空间。

事实上，按定义子空间对于数乘运算是封闭的。

【例 1.5.13】 T-子空间的和与交仍为 T-子空间。

证明 仅验证 T-子空间的和为 T-子空间，交的验证类似。设 V_1，…，V_r 为 T-子空间，在和 $\sum\limits_{i=1}^{r}V_i$ 中任取向量$\sum\limits_{i=1}^{r}\boldsymbol{\alpha}_i$，$\boldsymbol{\alpha}_i\in V_i$，$i=1$，…，$r$，则

$$T\left(\sum_{i=1}^{r}\boldsymbol{\alpha}_i\right)=\sum_{i=1}^{r}T(\boldsymbol{\alpha}_i)。$$

对任一 i 有 $T(\boldsymbol{\alpha}_i)\in V_i$，因而$\sum\limits_{i=1}^{r}T(\boldsymbol{\alpha}_i)\in \sum\limits_{i=1}^{r}V_i$，即 $T\left(\sum\limits_{i=1}^{r}\boldsymbol{\alpha}_i\right)\in \sum\limits_{i=1}^{r}V_i$，这表明$\sum\limits_{i=1}^{r}V_i$ 为 T- 子空间。

【例 1.5.14】 设 $W=\mathrm{span}(\boldsymbol{\alpha}_1, \boldsymbol{\alpha}_2, \cdots, \boldsymbol{\alpha}_r)$为线性空间 V 的子空间，则 W 是 T-子空间，当且仅当 $T(\boldsymbol{\alpha}_i)\in W$，$i=1$，…，$r$。

证明 必要性显然成立。现验证充分性。若对 $i=1$，…，r，$T(\boldsymbol{\alpha}_i)\in W$，由于 W 中每一向量 $\boldsymbol{\alpha}$ 都可经 $\boldsymbol{\alpha}_1$，$\boldsymbol{\alpha}_2$，…，$\boldsymbol{\alpha}_r$ 线性表出，即有

$$\boldsymbol{\alpha}=k_1\boldsymbol{\alpha}_1+k_2\boldsymbol{\alpha}_2+\cdots+k_r\boldsymbol{\alpha}_r,$$

所以

$$T(\boldsymbol{\alpha})=T(k_1\boldsymbol{\alpha}_1+k_2\boldsymbol{\alpha}_2+\cdots+k_r\boldsymbol{\alpha}_r)=k_1T(\boldsymbol{\alpha}_1)+k_2T(\boldsymbol{\alpha}_2)+\cdots+k_rT(\boldsymbol{\alpha}_r)\in W,$$

这表明 W 为 T-子空间。

【例 1.5.15】 线性变换 T 的属于特征值 λ 的特征子空间 V_λ 为 T-子空间。

【例 1.5.16】 设 T 与 S 为线性空间 V 上的线性变换，若 $TS=ST$，则 T 的特征子空间为 S-子空间。特别地，当 V 为数域 $\mathbf{C}$ 上的 n 维线性空间时，若 $TS=ST$，则 T 与 S 存在公共特征向量。

证明 设 V_λ 为 T 的属于特征值 λ 的特征子空间，任取 $\boldsymbol{\alpha}\in V_\lambda$，则 $T(\boldsymbol{\alpha})=\lambda\boldsymbol{\alpha}$。下面验证 $S(\boldsymbol{\alpha})\in V_\lambda$。由于

$$T(S(\boldsymbol{\alpha}))=S(T(\boldsymbol{\alpha}))=S(\lambda\boldsymbol{\alpha})=\lambda S(\boldsymbol{\alpha}),$$

所以表明 $S(\boldsymbol{\alpha})$为 T 的属于特征值 λ 的特征子空间，即 $S(\boldsymbol{\alpha})\in V_\lambda$。

任取 $\boldsymbol{\alpha}\in V_\lambda$，有 $T(\boldsymbol{\alpha})=\lambda\boldsymbol{\alpha}$，又 $TS=ST$，则由前面证明可知，V_λ 为 S-子空间，从而可定义另一线性变换

$$S_0=S\,|_{V_\lambda},$$

S_0 在数域 $\mathbf{C}$ 上必存在特征值 μ 及非零向量 $\boldsymbol{\xi}\in V_\lambda$，使得 $S_0(\boldsymbol{\xi})=\mu\boldsymbol{\xi}$，从而

$$S(\boldsymbol{\xi})=S_0(\boldsymbol{\xi})=\mu\boldsymbol{\xi},$$

另显然有 $T(\boldsymbol{\xi})=\lambda\boldsymbol{\xi}$，即 $\boldsymbol{\xi}$ 为 T 与 S 的公共特征向量。

下面首先考虑线性变换 T 的矩阵表示与 T-子空间之间的关系。

设 T 为 n 维线性空间 V 上的线性变换，V_1 为 V 的 T-子空间，在 V_1 中选取一组基 $\boldsymbol{\alpha}_1$，…，$\boldsymbol{\alpha}_r$，将其扩充为 V 的一组基 $\boldsymbol{\alpha}_1$，…，$\boldsymbol{\alpha}_r$，$\boldsymbol{\alpha}_{r+1}$，…，$\boldsymbol{\alpha}_n$，因为 $T(V_1)\subseteq V_1$，所以 $T(\boldsymbol{\alpha}_1)$，…，$T(\boldsymbol{\alpha}_r)$为 $\boldsymbol{\alpha}_1$，…，$\boldsymbol{\alpha}_r$ 的线性组合，即有

$$\begin{cases} T(\boldsymbol{\alpha}_1)=a_{11}\boldsymbol{\alpha}_1+a_{21}\boldsymbol{\alpha}_2+\cdots+a_{r1}\boldsymbol{\alpha}_r \\ T(\boldsymbol{\alpha}_2)=a_{12}\boldsymbol{\alpha}_1+a_{22}\boldsymbol{\alpha}_2+\cdots+a_{r2}\boldsymbol{\alpha}_r \\ \qquad\vdots \\ T(\boldsymbol{\alpha}_r)=a_{1r}\boldsymbol{\alpha}_1+a_{2r}\boldsymbol{\alpha}_2+\cdots+a_{rr}\boldsymbol{\alpha}_r \end{cases},$$

另一方面，$T(\boldsymbol{\alpha}_{r+1})$，…，$T(\boldsymbol{\alpha}_n)$为 $\boldsymbol{\alpha}_1$，…，$\boldsymbol{\alpha}_n$ 的线性组合，即有

$$\begin{cases} T(\boldsymbol{\alpha}_{r+1})=a_{1\,r+1}\boldsymbol{\alpha}_1+a_{2\,r+1}\boldsymbol{\alpha}_2+\cdots+a_{r\,r+1}\boldsymbol{\alpha}_r+a_{r+1\,r+1}\boldsymbol{\alpha}_{r+1}+\cdots+a_{n\,r+1}\boldsymbol{\alpha}_n \\ T(\boldsymbol{\alpha}_2)=a_{1\,r+2}\boldsymbol{\alpha}_1+a_{2\,r+2}\boldsymbol{\alpha}_2+\cdots+a_{r\,r+2}\boldsymbol{\alpha}_r+a_{r+1\,r+2}\boldsymbol{\alpha}_{r+1}+a_{r+2\,r+2}\boldsymbol{\alpha}_{r+2}+\cdots+a_{n\,r+2}\boldsymbol{\alpha}_n \\ \qquad\vdots \\ T(\boldsymbol{\alpha}_r)=a_{1\,n}\boldsymbol{\alpha}_1+a_{2\,n}\boldsymbol{\alpha}_2+\cdots+a_{r\,n}\boldsymbol{\alpha}_r+a_{r+1\,n}\boldsymbol{\alpha}_{r+1}+\cdots+a_{n\,n}\boldsymbol{\alpha}_n \end{cases},$$

从而 T 在 $\boldsymbol{\alpha}_1$，…，$\boldsymbol{\alpha}_r$，$\boldsymbol{\alpha}_{r+1}$，…，$\boldsymbol{\alpha}_n$ 下的矩阵表示为

$$\begin{aligned} &T[\boldsymbol{\alpha}_1,\boldsymbol{\alpha}_2,\cdots,\boldsymbol{\alpha}_r,\boldsymbol{\alpha}_{r+1},\cdots,\boldsymbol{\alpha}_n] \\ &=[T(\boldsymbol{\alpha}_1),T(\boldsymbol{\alpha}_2),\cdots,T(\boldsymbol{\alpha}_r),T(\boldsymbol{\alpha}_{r+1}),\cdots,T(\boldsymbol{\alpha}_n)] \\ &=[\boldsymbol{\alpha}_1,\boldsymbol{\alpha}_2,\cdots,\boldsymbol{\alpha}_r,\boldsymbol{\alpha}_{r+1},\cdots,\boldsymbol{\alpha}_n]\begin{bmatrix} a_{11} & a_{12} & \cdots & a_{1\,r} & a_{1\,r+1} & \cdots & a_{1\,n} \\ a_{21} & a_{22} & \cdots & a_{2\,r} & a_{2\,r+1} & \cdots & a_{1\,n} \\ \vdots & \vdots & & \vdots & \vdots & & \vdots \\ a_{r\,1} & a_{r\,2} & \cdots & a_{r\,r} & a_{r\,r+1} & \cdots & a_{rn} \\ 0 & 0 & \cdots & 0 & a_{r+1\,r+1} & \cdots & a_{r+1\,n} \\ \vdots & \vdots & & \vdots & \cdots & & \vdots \\ 0 & 0 & \cdots & 0 & a_{n\,r+1} & \cdots & a_{n\,n} \end{bmatrix} \\ &=[\boldsymbol{\alpha}_1,\boldsymbol{\alpha}_2,\cdots,\boldsymbol{\alpha}_r,\boldsymbol{\alpha}_{r+1},\cdots,\boldsymbol{\alpha}_n]\begin{bmatrix} \boldsymbol{A}_1 & \boldsymbol{A}_2 \\ \boldsymbol{0} & \boldsymbol{A}_3 \end{bmatrix} \\ &=[\boldsymbol{\alpha}_1,\boldsymbol{\alpha}_2,\cdots,\boldsymbol{\alpha}_r,\boldsymbol{\alpha}_{r+1},\cdots,\boldsymbol{\alpha}_n]\boldsymbol{A}, \end{aligned}$$

因此，T 在基 $\boldsymbol{\alpha}_1$，…，$\boldsymbol{\alpha}_r$，$\boldsymbol{\alpha}_{r+1}$，…，$\boldsymbol{\alpha}_n$ 下的矩阵表示 $\boldsymbol{A}$ 如下：

$$\boldsymbol{A}=\begin{bmatrix} a_{11} & a_{12} & \cdots & a_{1\,r} & a_{1\,r+1} & \cdots & a_{1\,n} \\ a_{21} & a_{22} & \cdots & a_{2\,r} & a_{2\,r+1} & \cdots & a_{2n} \\ \vdots & \vdots & & \vdots & \vdots & & \vdots \\ a_{r\,1} & a_{r\,2} & \cdots & a_{r\,r} & a_{r\,r+1} & \cdots & a_{rn} \\ 0 & 0 & \cdots & 0 & a_{r+1\,r+1} & \cdots & a_{r+1\,n} \\ \vdots & \vdots & & \vdots & \vdots & & \vdots \\ 0 & 0 & \cdots & 0 & a_{n\,r+1} & \cdots & a_{n\,n} \end{bmatrix} \tag{1.5.10}$$

$$=\begin{bmatrix} \boldsymbol{A}_1 & \boldsymbol{A}_2 \\ \boldsymbol{0} & \boldsymbol{A}_3 \end{bmatrix},$$

且左上角 $r\times r$ 矩阵 $\boldsymbol{A}_1$ 即为 $T|_{V_1}$ 在 V_1 的基 $\boldsymbol{\alpha}_1$，…，$\boldsymbol{\alpha}_r$ 下的矩阵表示，此时 $\boldsymbol{A}$ 为一准三角矩阵。

反之，若线性变换 T 在基 $\boldsymbol{\alpha}_1$，…，$\boldsymbol{\alpha}_r$，$\boldsymbol{\alpha}_{r+1}$，…，$\boldsymbol{\alpha}_n$ 下的矩阵表示为式(1.5.10)，则容易验证由 $\boldsymbol{\alpha}_1$，…，$\boldsymbol{\alpha}_r$ 生成的子空间 V_1 为 T-子空间。

综上所述，线性变换的矩阵表示是**准三角矩阵**和**不变子空间**的关系。

接下来继续考虑线性变换 T 的矩阵表示是**准对角矩阵**与**不变子空间**的关系，即如下

定理。

定理 1.5.15 设 T 为 n 维线性空间 V 上的线性变换，则 V 为 T-子空间直和

$$V = V_1 \oplus V_2 \oplus \cdots V_r,$$

当且仅当 T 在某组基下的矩阵表示为准对角矩阵

$$\boldsymbol{A} = \begin{bmatrix} \boldsymbol{A}_1 & & & \\ & \boldsymbol{A}_2 & & \\ & & \ddots & \\ & & & \boldsymbol{A}_r \end{bmatrix},$$

式中，$\boldsymbol{A}_i(i=1, 2, \cdots, r)$为 $T|_{V_i}$ 在相应基的矩阵表示。

证明 **必要性** 设 $V=V_1\oplus V_2\oplus\cdots V_r$，令$=\mathrm{span}(\boldsymbol{\alpha}_{i1}, \boldsymbol{\alpha}_{i2}, \cdots, \boldsymbol{\alpha}_{in_i})$，则 $T[\boldsymbol{\alpha}_{i1}, \boldsymbol{\alpha}_{i2}, \cdots, \boldsymbol{\alpha}_{in_i}]=[\boldsymbol{\alpha}_{i1}, \boldsymbol{\alpha}_{i2}, \boldsymbol{\alpha}_{in_i}]\boldsymbol{A}_i$，$i=1, 2, \cdots, r$，式中 $\boldsymbol{A}_i$ 为 n_i 阶方阵，且 $n_1+n_2+\cdots+n_r=n$。因此

$$\begin{aligned} & T[\boldsymbol{\alpha}_{11}, \cdots, \boldsymbol{\alpha}_{1n_1}, \boldsymbol{\alpha}_{21}, \cdots, \boldsymbol{\alpha}_{2n_2}, \cdots, \boldsymbol{\alpha}_{r1}, \cdots, \boldsymbol{\alpha}_{rn_r}] \\ = & [\boldsymbol{\alpha}_{11}, \cdots, \boldsymbol{\alpha}_{1n_1}, \boldsymbol{\alpha}_{21}, \cdots, \boldsymbol{\alpha}_{2n_2}, \cdots, \boldsymbol{\alpha}_{r1}, \cdots, \boldsymbol{\alpha}_{rn_r}] \begin{bmatrix} \boldsymbol{A}_1 & & & \\ & \boldsymbol{A}_2 & & \\ & & \ddots & \\ & & & \boldsymbol{A}_r \end{bmatrix}。\end{aligned}$$

充分性 设 T 在某组基 $\boldsymbol{\alpha}_{11}, \cdots, \boldsymbol{\alpha}_{1n_1}, \boldsymbol{\alpha}_{21}, \cdots, \boldsymbol{\alpha}_{2n_2}, \cdots, \boldsymbol{\alpha}_{r1}, \cdots, \boldsymbol{\alpha}_{rn_r}$ 下的矩阵为

$$\boldsymbol{A} = \begin{bmatrix} \boldsymbol{A}_1 & & & \\ & \boldsymbol{A}_2 & & \\ & & \ddots & \\ & & & \boldsymbol{A}_r \end{bmatrix},$$

式中，$\boldsymbol{A}_i$ 为 n_i 阶方阵且 $n_1+n_2+\cdots n_r=n$。令 $V_i=\mathrm{span}(\boldsymbol{\alpha}_{i1}, \boldsymbol{\alpha}_{i2}, \cdots, \boldsymbol{\alpha}_{in_i})$，$i=1, 2, \cdots, r$，则

$$T[\boldsymbol{\alpha}_{i1}, \boldsymbol{\alpha}_{i2}, \cdots, \boldsymbol{\alpha}_{in_i}]=[\boldsymbol{\alpha}_{i1}, \boldsymbol{\alpha}_{i2}, \cdots, \boldsymbol{\alpha}_{in_i}]\boldsymbol{A}_i,$$

从而 $T(\boldsymbol{\alpha}_{ij})\in V_i$，$j=1, 2, \cdots, n_i$，即表明 V_i 为 T-子空间，且满足

$$V=V_1 \oplus V_2 \oplus \cdots \oplus V_r。$$

证毕。

由定理 5.1.15 可见，若所有 V_i 都为一维子空间，此时 $n_i=1$，$r=n$，则矩阵 $\boldsymbol{A}$ 可化简为一对角矩阵

$$\boldsymbol{A} = \begin{bmatrix} d_1 & & & \\ & d_2 & & \\ & & \ddots & \\ & & & d_n \end{bmatrix}。$$

因而，线性变换 T 的矩阵表示可化简为一准对角矩阵(或对角矩阵)与线性空间 V 可分解为若干个 T-子空间的直和是一致的。

最后，我们来说明线性空间 V 可按其上线性变换的特征值分解为若干不变子空间的直和。

定理 1.5.16　设 T 为线性空间 V 上的线性变换，T 的特征多项式 $p(\lambda)$ 可分解为一次因式的乘积

$$p(\lambda)=(\lambda-\lambda_1)^{r_1}(\lambda-\lambda_2)^{r^2}\cdots(\lambda-\lambda_s)^{r_s},$$

式中，r_1，r_2，…，r_s 为正整数，则线性空间 V 可分解成不变子空间的直和

$$V=V_{\lambda_1}\oplus V_{\lambda_2}\oplus\cdots\oplus V_{\lambda_s},$$

式中，$V_{\lambda_i}=\{\boldsymbol{\xi}\in V\,|\,(T-\lambda_i\boldsymbol{I})^{r_i}\boldsymbol{\xi}=\boldsymbol{0}\}$ 称为 T 的属于特征值 λ_i 的根子空间。

证明　令

$$p_i(\lambda)=\frac{p(\lambda)}{(\lambda-\lambda_i)^{r_i}}=(\lambda-\lambda_1)^{r_1}\cdots(\lambda-\lambda_{i-1})^{r_{i-1}}(\lambda-\lambda_{i+1})^{r_{i+1}}\cdots(\lambda-\lambda_s)^{r_s}$$

及

$$V_i=p_i(T)V,$$

则 V_i 为 $p_i(T)$ 的值域，因而由例 1.5.10 知，V_i 为 T-子空间。显然 V_i 满足

$$(T-\lambda_i\boldsymbol{I})^{r_i}V_i=p(T)T=\{\boldsymbol{0}\}。$$

下面来验证

$$V=V_1\oplus V_2\oplus\cdots\oplus V_s。$$

首先验证任一 $\boldsymbol{\alpha}\in V$ 都可表出为如下和式

$$\boldsymbol{\alpha}=\boldsymbol{\alpha}_1+\boldsymbol{\alpha}_2+\cdots+\boldsymbol{\alpha}_s,\tag{1.5.11}$$

式中，$\alpha_i\in V_i$，$i=1, 2, \cdots, s$。

显然 $(p_1(\lambda), p_2(\lambda), \cdots, p_s(\lambda))=1$，因此存在多项式 $u_1(\lambda)$，$u_2(\lambda)$，…，$u_s(\lambda)$ 使

$$u_1(\lambda)p_1(\lambda)+u_2(\lambda)p_2(\lambda)+\cdots+u_s(\lambda)p_s(\lambda)=1,$$

从而

$$u_1(T)p_1(T)+u_2(T)p_2(T)+\cdots+u_s(T)p_s(T)=\boldsymbol{I},$$

此时对任一 $\boldsymbol{\alpha}\in V$ 都有

$$\boldsymbol{\alpha}=u_1(T)p_1(T)\boldsymbol{\alpha}+u_2(T)p_2(T)\boldsymbol{\alpha}+\cdots+u_s(T)p_s(T)\boldsymbol{\alpha},$$

式中

$$u_i(T)p_i(T)\boldsymbol{\alpha}\in p_i(T)V=V_i,\ i=1, 2, \cdots, s,$$

即验证了式(1.5.11)成立。

假设

$$\boldsymbol{0}=\boldsymbol{\beta}_1+\boldsymbol{\beta}_2+\cdots+\boldsymbol{\beta}_s,\tag{1.5.12}$$

式中，$\boldsymbol{\beta}_i$ 满足

$$(T-\lambda_i\boldsymbol{I})^{r_i}\boldsymbol{\beta}_i=\boldsymbol{0},\ i=1, 2, \cdots, s,\tag{1.5.13}$$

下面验证 $\boldsymbol{\beta}_i=\boldsymbol{0}$，$i=1, 2, \cdots, s$。

因 $(\lambda-\lambda_j)^{r_j}\,|\,p_i(\lambda)(j\neq i)$，故 $p_i(T)\boldsymbol{\beta}_i=\boldsymbol{0}(j\neq i)$。将 $p_i(T)$ 作用于式(1.5.12)两边，$p_i(T)\boldsymbol{\beta}_i=\boldsymbol{0}$。又由于 $(p_i(\lambda), (\lambda-\lambda_i)^{r_i})=1$，从而存在多项式 $u(\lambda)$，$v(\lambda)$ 使得

$$u(\lambda)p_i(\lambda)+v(\lambda)(\lambda-\lambda_i)^{r_i}=1,$$

于是

$$\boldsymbol{\beta}_i=u(T)p_i(T)\boldsymbol{\beta}_i+v(T)(T-\lambda_i\boldsymbol{I})^{r_i}\boldsymbol{\beta}_i=\boldsymbol{0},\ i=1, 2, \cdots, s。$$

现设

$$\mathbf{0}=\boldsymbol{\alpha}_1+\boldsymbol{\alpha}_2+\cdots+\boldsymbol{\alpha}_s,\ \boldsymbol{\alpha}_i\in V_i,\ i=1,2,\cdots,s,$$

$\boldsymbol{\alpha}_i$ 当然满足

$$(T-\lambda_i\boldsymbol{I})^{r_i}\boldsymbol{\alpha}_i=\mathbf{0},\ i=1,2,\cdots,s$$

因此 $\boldsymbol{\alpha}_i=\mathbf{0}$，$i=1,2,\cdots,s$，进而式(1.5.11)表出唯一。

再设有一向量 $\boldsymbol{\gamma}\in N((T-\lambda_i\boldsymbol{I})^{r_i})$，将 $\boldsymbol{\gamma}$ 表出为

$$\boldsymbol{\gamma}=\boldsymbol{\alpha}_1+\boldsymbol{\alpha}_2+\cdots+\boldsymbol{\alpha}_s,\ \boldsymbol{\alpha}_i\in V_i,\ i=1,2,\cdots,s,$$

即

$$\boldsymbol{\alpha}_1+\boldsymbol{\alpha}_2+\cdots(\boldsymbol{\alpha}_i-\boldsymbol{\gamma})+\cdots+\boldsymbol{\alpha}_s=\mathbf{0},$$

令 $\boldsymbol{\beta}_j=\boldsymbol{\alpha}_j$，$j\neq i$，$\boldsymbol{\beta}_i=\boldsymbol{\alpha}_i-\boldsymbol{\gamma}$，则 $\boldsymbol{\beta}_1$，$\boldsymbol{\beta}_2$，…，$\boldsymbol{\beta}_s$ 满足式(1.5.12)与式(1.5.13)，从而 $\boldsymbol{\beta}_1=\boldsymbol{\beta}_2=\cdots=\boldsymbol{\beta}_s=\mathbf{0}$，于是 $\boldsymbol{\gamma}=\boldsymbol{\alpha}_i\in V_i$，即表明 $V_i=N((T-\lambda_i\boldsymbol{I})^{r_i})$，即

$$V_i=V_{\lambda_i}=\{\boldsymbol{\xi}\in V\mid (T-\lambda_i\boldsymbol{I})^{r_i}\boldsymbol{\xi}=\mathbf{0}\}。$$

习 题 一

1. 验证例 1.1.6 中定义的空间为一线性空间，并求其维数与一组基。

2. 设 n 维线性空间 V 中每一向量都可由 V 中 n 个向量 $\boldsymbol{\alpha}_1$，$\boldsymbol{\alpha}_2$，…，$\boldsymbol{\alpha}_n$ 线性表出，证明：$\boldsymbol{\alpha}_1$，$\boldsymbol{\alpha}_2$，…，$\boldsymbol{\alpha}_n$ 为 V 的一组基。

3. 在线性空间 $F[x]_n$，证明：

$$f_i=(x-a_1)\cdots(x-a_{i-1})(x-a_{i+1})\cdots(x-a_n)$$

为 $F[x]_n$ 的一组基，式中 a_1，…，a_n 为互不相同的数。

4. 在 $\mathbf{R}^4$ 中，求如下线性方程组

$$\begin{cases}x_1+5x_2-9x_3-8x_4=0\\x_1-x_2-3x_3+4x_4=0\\x_1+x_2-3x_3-x_4=0\end{cases}$$

解空间的维数与一组基。

5. 验证如下一组多项式

$$x^2+x,\ x^2-x,\ x+1$$

为线性空间 $F[x]_2$ 的一组基，并求多项式

$$2x^2+7x+3$$

在此组基下的坐标。

6. 求例 1.2.3 中两组基之间的过渡矩阵。

7. 在 $\mathbf{R}^4$ 中，求由一组基

$$\boldsymbol{\alpha}_1=[1,2,-1,0]^{\mathrm{T}},\ \boldsymbol{\alpha}_2=[2,1,0,1]^{\mathrm{T}},$$
$$\boldsymbol{\alpha}_3=[0,1,2,2]^{\mathrm{T}},\ \boldsymbol{\alpha}_4=[0,-3,-1,0]^{\mathrm{T}}$$

到另一组基

$$\boldsymbol{\beta}_1=[1,3,1,2]^{\mathrm{T}},\ \boldsymbol{\beta}_2=[3,-2,0,0]^{\mathrm{T}},$$

$$\boldsymbol{\beta}_3=[2, 0, 1, 0]^{\mathrm{T}}, \boldsymbol{\beta}_4=[2, 0, -2, -1]^{\mathrm{T}}$$

的过渡矩阵，并求下列向量

$$\boldsymbol{\alpha}=[1, 1, 1, 1]^{\mathrm{T}}$$

在基 $\boldsymbol{\alpha}_1$，$\boldsymbol{\alpha}_2$，$\boldsymbol{\alpha}_3$，$\boldsymbol{\alpha}_4$ 下的坐标。

8. 在 $\mathbf{R}^4$ 中，求由下列向量 $\boldsymbol{\alpha}_1$，$\boldsymbol{\alpha}_2$，$\boldsymbol{\alpha}_3$，$\boldsymbol{\alpha}_4$

$$\boldsymbol{\alpha}_1=[3, 3, 3, 2]^{\mathrm{T}}, \boldsymbol{\alpha}_2=[0, 3, -3, 1]^{\mathrm{T}},$$
$$\boldsymbol{\alpha}_3=[0, 2, -2, 1]^{\mathrm{T}}, \boldsymbol{\alpha}_4=[3, 2, 4, 2]^{\mathrm{T}}$$

生成子空间的维数与一组基。

9. 在 $\mathbf{R}^4$ 中，已知

$$\boldsymbol{\alpha}_1=[0, 3, 2, 1]^{\mathrm{T}}, \boldsymbol{\alpha}_2=[2, 1, 0, -1]^{\mathrm{T}},$$
$$\boldsymbol{\beta}_1=[1, 0, -3, -6]^{\mathrm{T}}, \boldsymbol{\beta}_2=[3, -2, 3, 8]^{\mathrm{T}},$$

求 $\mathrm{span}(\boldsymbol{\alpha}_1, \boldsymbol{\alpha}_2)\cap\mathrm{span}(\boldsymbol{\beta}_1, \boldsymbol{\beta}_2)$ 与 $\mathrm{span}(\boldsymbol{\alpha}_1, \boldsymbol{\alpha}_2)+\mathrm{span}(\boldsymbol{\beta}_1, \boldsymbol{\beta}_2)$ 的维数与一组基。

10. 在 $\mathbf{R}^4$ 中，设线性方程组

$$(1)\ \begin{cases}x_1-2x_2-x_3-x_4=0\\ 5x_1-10x_2+9x_3+5x_4=0\end{cases}$$

的解空间为 V_1，线性方程组

$$(2)\ x_1-2x_2-13x_3+5x_4=0$$

的解空间为 V_2，求 $V_1\cap V_2$ 与 V_1+V_2 的维数与一组基。

11. 设 $\boldsymbol{\alpha}_1$，…，$\boldsymbol{\alpha}_n$ 与 $\boldsymbol{\beta}_1$，…，$\boldsymbol{\beta}_n$ 为线性空间 V 的两组基，由 $\boldsymbol{\alpha}_1$，…，$\boldsymbol{\alpha}_n$ 到 $\boldsymbol{\beta}_1$，…，$\boldsymbol{\beta}_n$ 的过渡矩阵为 $\boldsymbol{A}$，W 为 V 中在两组基下具有相同坐标的全体向量构成的集合，试证 W 为 V 的子空间，并求 W 的维数。

12. 设 V 为数域 F 上的 n 维线性空间，V_1、V_2 为 V 的子空间，若

$$\dim(V_1+V_2)=\dim(V_1\cap V_2)+1,$$

证明：$V_1+V_2=V_1$，$V_1\cap V_2=V_2$ 或 $V_1+V_2=V_2$，$V_1\cap V_2=V_1$。

13. 设 F^3 上的两个子空间为

$$V_1=\{(a, a, a)\mid a\in F\}, V_2=\{(b, c, 0)\mid b, c\in F\},$$

证明：$F^3=V_1\oplus V_2$。

14. 设 V_1 与 V_2 分别为数域 F 上线性方程组 $x_1+x_2+\cdots+x_n=0$ 和 $x_1=x_2=\cdots=x_n$ 的解空间，证明：$F^n=V_1\oplus V_2$。

15. 设在数域 F 上，$V_1=\{\boldsymbol{A}\in F^{n\times n}\mid\boldsymbol{A}=\boldsymbol{A}^{\mathrm{T}}\}$，$V_2=\{\boldsymbol{A}\in F^{n\times n}\mid\boldsymbol{A}=-\boldsymbol{A}^{\mathrm{T}}\}$，证明：$F^{n\times n}=V_1\oplus V_2$。

16. 设 $\mathbf{R}^3$ 上的线性变换 T 在基

$$\boldsymbol{\alpha}_1=[-1, 0, 2]^{\mathrm{T}}, \boldsymbol{\alpha}_2=[0, 1, 1]^{\mathrm{T}}, \boldsymbol{\alpha}_3=[3, -1, -6]^{\mathrm{T}}$$

的像为

$$T(\boldsymbol{\alpha}_1)=[-1, 0, 1]^{\mathrm{T}}, T(\boldsymbol{\alpha}_2)=[0, -1, 2]^{\mathrm{T}}, T(\boldsymbol{\alpha}_3)=[-1, -1, 2]^{\mathrm{T}}。$$

(1) 求线性变换 T 在基 $\boldsymbol{\alpha}_1$，$\boldsymbol{\alpha}_2$，$\boldsymbol{\alpha}_3$ 下的矩阵表示。

(2) 若 $\boldsymbol{\alpha}=[1, 1, 1]^{\mathrm{T}}$，求 $T(\boldsymbol{\alpha})$。

(3) 若 $T(\boldsymbol{\beta})$ 在基 $\boldsymbol{\alpha}_1$，$\boldsymbol{\alpha}_2$，$\boldsymbol{\alpha}_3$ 下的坐标向量为 $[2, -4, -2]^{\mathrm{T}}$，求向量 $\boldsymbol{\beta}$。

(4) 验证 $\boldsymbol{\alpha}_1$，$\boldsymbol{\alpha}_1+\boldsymbol{\alpha}_2$，$\boldsymbol{\alpha}_1+\boldsymbol{\alpha}_2+\boldsymbol{\alpha}_3$ 为 $\mathbf{R}^3$ 的一组基，并求线性变换 T 在该组基下的矩阵表示。

17. 设 T 为数域 F 上 n 维线性空间 V 的一线性变换，$\boldsymbol{\alpha}_1$，…，$\boldsymbol{\alpha}_n$ 为 V 中 n 个非零向量，$\boldsymbol{I}$ 为 V 上的恒等变换，数 $\lambda\in F$，若

$$(T-\lambda\boldsymbol{I})\boldsymbol{\alpha}_1=0，(T-\lambda\boldsymbol{I})\boldsymbol{\alpha}_{i+1}=\boldsymbol{\alpha}_i，i=1，\cdots，n-1。$$

(1) 验证 $\boldsymbol{\alpha}_1$，…，$\boldsymbol{\alpha}_n$ 为 V 的一组基。

(2) 求线性变换 T 在基 $\boldsymbol{\alpha}_1$，…，$\boldsymbol{\alpha}_n$ 下的矩阵表示。

18. 设 $V=F^{n\times n}$，对于 $\mathbf{A}\in V$，定义 $T(\mathbf{A})=\mathbf{A}^{\mathrm{T}}$。

(1) 验证 T 为一线性变换。

(2) 求 T 的全部特征子空间。

(3) 验证 T 可对角化。

19. 设 $\boldsymbol{\alpha}_1$，…，$\boldsymbol{\alpha}_n$ 为 n 维线性空间 V 的一组基，T 为 V 上的一线性变换，证明：线性变换 T 可逆，当且仅当 $T(\boldsymbol{\alpha}_1)$，…，$T(\boldsymbol{\alpha}_n)$线性无关。

20. 设 n 阶矩阵 $\mathbf{A}$ 满足

$$\mathbf{A}^2=k\mathbf{A}\quad(k\neq 0)。$$

证明：矩阵 $\mathbf{A}$ 可对角化。

第 2 章　λ-矩阵与 Jordan 标准形

2.1　λ-矩阵

一、λ-矩阵的概念

我们在第 1 章中考虑的矩阵为数的阵列，即矩阵的元素为数域上的数，此类矩阵通常称作数字矩阵。下面将数字矩阵加以推广，引入 λ-矩阵。

定义 2.1.1　设 $a_{ij}(\lambda)(i=1,2,\cdots,m;j=1,2,\cdots,n)$ 为数域 F 上的多项式，则称以 $a_{ij}(\lambda)$ 为元素的 $m\times n$ 矩阵

$$\boldsymbol{A}(\lambda)=\begin{bmatrix} a_{11}(\lambda) & a_{12}(\lambda) & \cdots & a_{1n}(\lambda) \\ a_{21}(\lambda) & a_{22}(\lambda) & \cdots & a_{2n}(\lambda) \\ \vdots & \vdots & & \vdots \\ a_{n1}(\lambda) & a_{n2}(\lambda) & \cdots & a_{nn}(\lambda) \end{bmatrix}$$

为 **λ-矩阵**或多项式矩阵，称 $a_{ij}(\lambda)(i=1,2,\cdots,m;j=1,2,\cdots,n)$ 中最高的次数为 $\boldsymbol{A}(\lambda)$ 的次数，这样矩阵的全体记为 $F[\lambda]_{m\times n}$。

显然，数字矩阵和特征矩阵 $\lambda\boldsymbol{E}-\boldsymbol{A}$ 都为 λ-矩阵的特例。由于多项式可作加、减、乘运算，且它们与数的运算有相同的运算规律，而矩阵加法与乘法的定义只用到矩阵元素的加法与乘法，因此 λ-矩阵的加法、乘法、数乘运算及转置与数字矩阵相同，且有相同的运算规律。λ-矩阵的行列式的定义也只涉及其中元素的加法与乘法，从而可以定义 n 阶 λ-方阵的行列式，它与数字矩阵的行列式有相同的性质，$\det(\boldsymbol{A}(\lambda))$ 通常为 λ 的多项式。

由于一般意义下 λ-矩阵的元素都为 λ 的多项式，因此 λ-矩阵秩的定义以及初等变换与数字矩阵的情况有所不同，我们重新定义如下。

定义 2.1.2　若 λ-矩阵 $\boldsymbol{A}(\lambda)$ 至少存在一个 $r(r\geqslant 1)$ 阶子式不为零多项式，而一切 $r+1$ 阶子式(若存在)都为零多项式，则称 $\boldsymbol{A}(\lambda)$ 的秩为 r，记作 $r(\boldsymbol{A}(\lambda))$。零矩阵的秩为 0。

考虑到 $\det(\boldsymbol{A}(\lambda))$ 及一切子式都为 λ 的多项式，因而定义 2.1.2 中 $r+1$ 阶子式为零的含义是 $r+1$ 阶子式恒等于零。

定义 2.1.3　一个 n 阶 λ-方阵 $\boldsymbol{A}(\lambda)$ 称为可逆的，若存在一 n 阶 λ-方阵 $\boldsymbol{B}(\lambda)$，使

$$\boldsymbol{A}(\lambda)\boldsymbol{B}(\lambda)=\boldsymbol{B}(\lambda)\boldsymbol{A}(\lambda)=\boldsymbol{E},\tag{2.1.1}$$

式中，$\boldsymbol{E}$ 为 n 阶单位矩阵，$\boldsymbol{B}(\lambda)$ 称作 $\boldsymbol{A}(\lambda)$ 的逆矩阵，记作 $\boldsymbol{A}^{-1}(\lambda)$。

定理 2.1.1　一个 n 阶 λ-方阵 $\boldsymbol{A}(\lambda)$ 可逆，当且仅当 $\det(\boldsymbol{A}(\lambda))$ 为一非零常数。

证明　**必要性**　设 $\boldsymbol{A}(\lambda)$ 可逆，在式(2.1.1)等式两边取行列式有

$$\det(\boldsymbol{A}(\lambda))\det(\boldsymbol{B}(\lambda))=1, \tag{2.1.2}$$

由于$\boldsymbol{A}(\lambda)$与$\boldsymbol{B}(\lambda)$都为λ的多项式，根据式(2.1.2)可知，$\det(\boldsymbol{A}(\lambda))$与$\det(\boldsymbol{B}(\lambda))$都为零次多项式，因而$\det(\boldsymbol{A}(\lambda))$为非零常数。

充分性　令$\det(\boldsymbol{A}(\lambda))\equiv c$为一非零的数，矩阵$\dfrac{1}{c}\boldsymbol{A}^*(\lambda)$为一$\lambda$-矩阵，式中$\boldsymbol{A}^*(\lambda)$为$\boldsymbol{A}(\lambda)$的伴随矩阵，所以

$$\boldsymbol{A}(\lambda)\ \frac{1}{c}\boldsymbol{A}^*(\lambda)=\frac{1}{c}\boldsymbol{A}(\lambda)\boldsymbol{A}^*(\lambda)=\boldsymbol{E},$$

从而$\boldsymbol{A}(\lambda)$可逆，且它的逆矩阵为$\dfrac{1}{c}\boldsymbol{A}^*(\lambda)$。

需要特别指出的是，n阶λ-方阵$\boldsymbol{A}(\lambda)$的秩为n，不代表$\boldsymbol{A}(\lambda)$一定可逆，这是λ-方阵与数字矩阵的不同之处。例如，$\boldsymbol{A}(\lambda)=\begin{bmatrix}1 & \lambda\\ \lambda & 1\end{bmatrix}$的秩为2，但其不可逆。

λ-矩阵也有初等变换，定义如下。

定义 2.1.4　下面的三种变换称作λ-矩阵的**初等变换**：

(1) 矩阵的两行(列)互换位置。

(2) 矩阵的某一行(列)乘非零常数c。

(3) 矩阵的某一行(列)的$\phi(\lambda)$倍加到另一行(列)上去，其中$\phi(\lambda)$为λ的一多项式。

对单位矩阵实施一次上述三种类型的初等变换，即可得到相应的三种λ-矩阵的初等矩阵$\boldsymbol{P}(i,j)$，$\boldsymbol{P}(i(c))$，$\boldsymbol{P}(i,j(\phi))$，即

$$\boldsymbol{P}(i,j)=\begin{bmatrix}1 &&&&&\\ &\ddots&&&&\\ &&0&&1&\\ &&&\ddots&&\\ &&1&&0&\\ &&&&&\ddots&\\ &&&&&&1\end{bmatrix}(i\leftrightarrow j),$$

$$\boldsymbol{P}(i(c))=\begin{bmatrix}1&&&&\\ &\ddots&&&\\ &&c&&\\ &&&\ddots&\\ &&&&1\end{bmatrix}(i\cdot c),$$

$$\boldsymbol{P}(i,j)=\begin{bmatrix}1&&&&&\\ &\ddots&&&&\\ &&0&&&\\ &&&\ddots&&\\ &&\phi(\lambda)&&1&\\ &&&&&\ddots&\\ &&&&&&1\end{bmatrix}(i+\phi(\lambda)\cdot j)。$$

对一个 $m \times n$ 的λ-矩阵 $\boldsymbol{A}(\lambda)$ 的行(列)作初等变换，相当于用上述相应的 m 阶(n 阶)初等矩阵左(右)乘 $\boldsymbol{A}(\lambda)$，且上述初等矩阵都可逆并满足

$$\boldsymbol{P}(i, j)^{-1}=\boldsymbol{P}(i, j),\ \boldsymbol{P}(i(c))^{-1}=\boldsymbol{P}(i(c^{-1})),\ \boldsymbol{P}(i, j(\phi))^{-1}=\boldsymbol{P}(i, j(-\phi))。$$

定义 2.1.5　若 $\boldsymbol{A}(\lambda)$ 经有限次初等变换变为 $\boldsymbol{B}(\lambda)$，则称 $\boldsymbol{A}(\lambda)$ 与 $\boldsymbol{B}(\lambda)$ 等价，记为 $\boldsymbol{A}(\lambda) \cong \boldsymbol{B}(\lambda)$。

λ-矩阵之间的等价关系显然具有如下性质：

(1) 自反性：每一个 λ-矩阵与自己等价。

(2) 对称性：若 $\boldsymbol{A}(\lambda) \cong \boldsymbol{B}(\lambda)$，则 $\boldsymbol{B}(\lambda) \cong \boldsymbol{A}(\lambda)$。

(3) 传递性：若 $\boldsymbol{A}(\lambda) \cong \boldsymbol{B}(\lambda)$，$\boldsymbol{B}(\lambda) \cong \boldsymbol{C}(\lambda)$，则 $\boldsymbol{A}(\lambda) \cong \boldsymbol{C}(\lambda)$。

定理 2.1.2　$\boldsymbol{A}(\lambda) \cong \boldsymbol{B}(\lambda)$，当且仅当存在两个可逆矩阵 $\boldsymbol{P}(\lambda)$ 与 $\boldsymbol{Q}(\lambda)$，使得

$$\boldsymbol{B}(\lambda)=\boldsymbol{P}(\lambda)\boldsymbol{A}(\lambda)\boldsymbol{Q}(\lambda)。$$

证明　由定义 2.1.5 知，$\boldsymbol{A}(\lambda) \cong \boldsymbol{B}(\lambda)$ 当且仅当存在一些初等矩阵 $\boldsymbol{P}_1, \boldsymbol{P}_2, \cdots, \boldsymbol{P}_r$ 与 $\boldsymbol{Q}_1, \boldsymbol{Q}_2, \cdots, \boldsymbol{Q}_s$，使得

$$\boldsymbol{B}(\lambda)=\boldsymbol{P}_r\boldsymbol{P}_{r-1}\cdots\boldsymbol{P}_1\boldsymbol{A}(\lambda)\boldsymbol{Q}_1\boldsymbol{Q}_2\cdots\boldsymbol{Q}_s,$$

令 $\boldsymbol{P}(\lambda)=\boldsymbol{P}_r\boldsymbol{P}_{r-1}\cdots\boldsymbol{P}_1$，$\boldsymbol{Q}(\lambda)=\boldsymbol{Q}_1\boldsymbol{Q}_2\cdots\boldsymbol{Q}_s$，由于初等矩阵可逆，所以 $\boldsymbol{P}(\lambda)$ 与 $\boldsymbol{Q}(\lambda)$ 均可逆，于是有

$$\boldsymbol{B}(\lambda)=\boldsymbol{P}(\lambda)\boldsymbol{A}(\lambda)\boldsymbol{Q}(\lambda)。$$

由此定理可见，两个等价的λ-矩阵具有相同的秩，且等价的λ-方阵的行列式最多相差一个非零常数。因此，具有相同的秩是λ-矩阵等价的必要而非充分条件。比如，给定如下两个λ-方阵

$$\boldsymbol{A}(\lambda)=\begin{bmatrix}\lambda & 1\\ 0 & \lambda\end{bmatrix},\ \boldsymbol{B}(\lambda)=\begin{bmatrix}\lambda & -1\\ \lambda & 1\end{bmatrix},$$

显然当 $\lambda \neq 0$ 时，$\boldsymbol{A}(\lambda)$ 与 $\boldsymbol{B}(\lambda)$ 的秩都为 2，但 $\det(\boldsymbol{A}(\lambda))=\lambda^2$，$\det(\boldsymbol{B}(\lambda))=2\lambda$，因而 $\boldsymbol{A}(\lambda)$ 与 $\boldsymbol{B}(\lambda)$ 不等价。

二、λ-矩阵的 Smith 标准形

本节主要说明任一 λ-矩阵可以经过初等变换化为某种对角形，为此，首先给出如下引理。

引理 2.1.1　设λ-矩阵 $\boldsymbol{A}(\lambda)$ 左上角的元素 $a_{11}(\lambda) \neq 0$，且 $\boldsymbol{A}(\lambda)$ 中至少存在一个元素不能被它除尽，则一定可以找到一个与 $\boldsymbol{A}(\lambda)$ 等价的矩阵 $\boldsymbol{B}(\lambda)$，$\boldsymbol{B}(\lambda)$ 左上角的元素也不为零，但次数比 $a_{11}(\lambda)$ 的次数低。

证明　根据 $\boldsymbol{A}(\lambda)$ 中不能被 $a_{11}(\lambda)$ 除尽的元素所在位置，分三种情况来讨论。

(1) $\boldsymbol{A}(\lambda)$ 第一列中有一元素 $a_{i1}(\lambda)$ 不能被 $a_{11}(\lambda)$ 整除，即有

$$a_{i1}(\lambda)=a_{11}(\lambda)q(\lambda)+r(\lambda),$$

式中，余式 $r(\lambda) \neq 0$，且次数比 $a_{11}(\lambda)$ 的次数低。

首先对 $a_{11}(\lambda)$ 作初等行变换，将 $\boldsymbol{A}(\lambda)$ 的第一行乘以 $-q(\lambda)$ 加到第 i 行，则第 i 行第一列的元素化为 $r(\lambda)$，即

$$A(\lambda)=\begin{bmatrix} a_{11}(\lambda) & \cdots \\ \vdots & \vdots \\ a_{i1}(\lambda) & \cdots \\ \vdots & \vdots \end{bmatrix} \to \begin{bmatrix} a_{11}(\lambda) & \cdots \\ \vdots & \vdots \\ r(\lambda) & \cdots \\ \vdots & \vdots \end{bmatrix};$$

其次互换所得矩阵的第一行与第 i 行，得到新的矩阵 $\boldsymbol{B}(\lambda)$，即

$$A(\lambda) \to \begin{bmatrix} r(\lambda) & \cdots \\ \vdots & \vdots \\ a_{11}(\lambda) & \cdots \\ \vdots & \vdots \end{bmatrix} = \boldsymbol{B}(\lambda),$$

此时 $\boldsymbol{B}(\lambda)$左上角的元素 $r(\lambda)\neq 0$ 且次数低于 $a_{11}(\lambda)$的次数，$\boldsymbol{B}(\lambda)$即为所求矩阵。

(2) $A(\lambda)$第一行中有一元素 $a_{1i}(\lambda)$不能被 $a_{11}(\lambda)$整除，这种情况与(1)类似，只需对 $A(\lambda)$进行相应初等列变换。

(3) $A(\lambda)$中第一行与第一列的元素都可被 $a_{11}(\lambda)$整除，但 $A(\lambda)$中存在元素 $a_{ij}(\lambda)(i>1, j>1)$不能被 $a_{11}(\lambda)$整除。

此时，我们设 $a_{i1}(\lambda)=a_{11}(\lambda)h(\lambda)$，对 $A(\lambda)$进行两次初等行变换：首先将第一行乘以$-h(\lambda)$加到第 i 行，则第 i 行第一列的元素变为零，第 i 行第 j 列的元素变为 $a_{ij}(\lambda)-a_{1j}(\lambda)h(\lambda)$；其次将第 i 行元素加到第一行，即

$$A(\lambda)=\begin{bmatrix} a_{11}(\lambda) & \cdots & a_{1j}(\lambda) & \cdots \\ \vdots & & & \vdots \\ a_{i1}(\lambda) & \cdots & a_{ij}(\lambda) & \cdots \\ \vdots & & \vdots & \vdots \end{bmatrix} \to \begin{bmatrix} a_{11}(\lambda) & \cdots & a_{1j}(\lambda) & \cdots \\ \vdots & & & \vdots \\ 0 & \cdots & a_{ij}(\lambda)+a_{1j}(\lambda)h(\lambda) & \cdots \\ \vdots & & \vdots & \vdots \end{bmatrix}$$

$$\to \begin{bmatrix} a_{11}(\lambda) & \cdots & a_{ij}(\lambda)-a_{1j}(\lambda)[1-h(\lambda)] & \cdots \\ \vdots & & & \vdots \\ 0 & \cdots & a_{ij}(\lambda)-a_{1j}(\lambda)h(\lambda) & \cdots \\ \vdots & & \vdots & \vdots \end{bmatrix} = A_1(\lambda),$$

则矩阵 $A_1(\lambda)$第一行第一列的元素仍为 $a_{11}(\lambda)$，而第一行第 j 列的元素为 $a_{ij}(\lambda)+a_{1j}(\lambda)[1-h(\lambda)]$，它不能被 $a_{11}(\lambda)$整除，此时就化为已证明了的情况(2)。

定理 2.1.3 设 $A(\lambda)\in F[\lambda]_{m\times n}$ 且 $r(A(\lambda))=r$，则 $A(\lambda)$等价于如下对角形：

$$A(\lambda)\cong\begin{bmatrix} d_1(\lambda) & & & & & \\ & d_2(\lambda) & & & & \\ & & \ddots & & & \\ & & & d_r(\lambda) & & \\ & & & & 0 & \\ & & & & & \ddots \\ & & & & & & 0 \end{bmatrix}, \quad (2.1.3)$$

式中，$r\leqslant\min\{m, n\}$，$d_i(\lambda)(i=1, 2, \cdots, r)$为首项系数为 1 的多项式，且 $d_i(\lambda)$能整除 $d_{i+1}(\lambda)$，即 $d_i(\lambda)|d_{i+1}(\lambda)(i=1, 2, \cdots, r-1)$。

证明 设 $a_{11}(\lambda)\neq 0$，否则，总可以经过初等变换使得 $A(\lambda)$左上角的元素不为零。若

$a_{11}(\lambda)$不能整除$\boldsymbol{A}(\lambda)$的所有元素，则由引理 1.2.1 知，可找到与$\boldsymbol{A}(\lambda)$等价的矩阵$\boldsymbol{B}_1(\lambda)$，它的左上角元素$b_1(\lambda)\neq 0$，且次数比$a_{11}(\lambda)$次数低；若$b_1(\lambda)$还不能整除$\boldsymbol{B}_1(\lambda)$的所有元素，则由引理 1.2.1 知，又可以找到与$\boldsymbol{B}_1(\lambda)$等价的$\boldsymbol{B}_2(\lambda)$，它的左上角元素$b_2(\lambda)\neq 0$，且次数比$b_1(\lambda)$次数低；若$b_2(\lambda)$也不能整除$\boldsymbol{B}_2(\lambda)$中的所有元素，继续上述操作，得到一系列彼此等价的λ-矩阵$\boldsymbol{A}(\lambda)$，$\boldsymbol{B}_1(\lambda)$，$\boldsymbol{B}_2(\lambda)$，…，它们左上角的元素都不为零，且次数越来越低。但多项式的次数为非负整数，不可能无限地降低，因此在有限步上述操作以后，就会终止于一λ-矩阵$\boldsymbol{B}_s(\lambda)$，它的左上角元素$b_s(\lambda)\neq 0$，且可以整除$\boldsymbol{B}_s(\lambda)$的全部元素$b_{ij}(\lambda)$，即

$$b_{ij}(\lambda)=b_s(\lambda)q_{ij}(\lambda)。$$

显然，可对$\boldsymbol{B}_s(\lambda)$分别作一系列初等行变换与初等列变换，使得$\boldsymbol{B}_s(\lambda)$的第一行与第一列除左上角元素$b_s(\lambda)$外全为零，即

$$\boldsymbol{B}_s(\lambda)\cong\begin{bmatrix} b_s(\lambda) & 0 & \cdots & 0 \\ 0 & & & \\ \vdots & & \boldsymbol{A}_1(\lambda) & \\ 0 & & & \end{bmatrix}。$$

由于$\boldsymbol{A}_1(\lambda)$的元素是$\boldsymbol{B}_s(\lambda)$元素的组合，而$\boldsymbol{B}_s(\lambda)$的元素$b_s(\lambda)$可以整除$\boldsymbol{B}_s(\lambda)$的所有元素，从而$b_s(\lambda)$也可以整除$\boldsymbol{A}_1(\lambda)$的所有元素。若$\boldsymbol{A}_1(\lambda)\neq\boldsymbol{0}$，则对$\boldsymbol{A}_1(\lambda)$重复上述过程，进而把矩阵化为

$$\begin{bmatrix} d_1(\lambda) & 0 & 0 & \cdots & 0 \\ 0 & d_2(\lambda) & 0 & \cdots & 0 \\ 0 & 0 & & & \\ \vdots & \vdots & & \boldsymbol{A}_2(\lambda) & \\ 0 & 0 & & & \end{bmatrix},$$

式中，$d_1(\lambda)$与$d_2(\lambda)$都为首项系数为 1 的多项式($d_1(\lambda)$与$b_s(\lambda)$只相差一个常数倍数)，且$d_1(\lambda)|d_2(\lambda)$，$d_2(\lambda)$能整除$\boldsymbol{A}_2(\lambda)$的所有元素。如此进行下去，最终可将$\boldsymbol{A}(\lambda)$化为所要求的形式。

定义 2.1.6 与$\boldsymbol{A}(\lambda)$等价的式(2.1.3)的右端矩阵称为$\boldsymbol{A}(\lambda)$的 **Smith 标准形**，其中对角线的元素$d_1(\lambda)$，$d_2(\lambda)$，…，$d_r(\lambda)$称为$\boldsymbol{A}(\lambda)$的**不变因子**。

不变因子$d_1(\lambda)$，$d_2(\lambda)$，…，$d_r(\lambda)$中前几个也可能为 1，比如，$\boldsymbol{A}(\lambda)$中所有元素无公因式时，$d_1(\lambda)\equiv 1$。

显然，可以通过初等变换求得$\boldsymbol{A}(\lambda)$的 Smith 标准形。为方便起见，约定用r_i指代矩阵的第i行，用c_i指代矩阵的第i列，用$r_i\leftrightarrow r_j$表示交换矩阵的第i行与第j行，用cr_i表示常数c乘矩阵的第i行，用$h(\lambda)r_i+r_j$表示矩阵的第i行乘$h(\lambda)$加到第j行，用$h(\lambda)c_i+c_j$表示矩阵的第i列乘$h(\lambda)$加到第j列。

在用初等变换求$\boldsymbol{A}(\lambda)$的 Smith 标准形时，$\boldsymbol{A}(\lambda)$有三种特征：

(1) $\boldsymbol{A}(\lambda)$元素中至少存在一个非零常数(属$\boldsymbol{A}(\lambda)$无公因式的情况)。

(2) $\boldsymbol{A}(\lambda)$元素有公因式。

(3) $\boldsymbol{A}(\lambda)$所有元素既无非零常数又无公因式。

下面针对这三类情况分别举例说明。

【例 2.1.1】 用初等变换求 λ-矩阵

$$\boldsymbol{A}(\lambda)=\begin{bmatrix}\lambda & \lambda & 2\\ \frac{1}{2}\lambda^2+2 & \lambda-\frac{1}{2} & \lambda\\ 0 & \frac{1}{2}\lambda & \lambda+1\end{bmatrix}$$

的 Smith 标准形。

解 $\boldsymbol{A}(\lambda)$的元素中有非零常数 2，可以用初等变换先将左上角的元素变为 2，即

$$\boldsymbol{A}(\lambda)=\begin{bmatrix}\lambda & \lambda & 2\\ \frac{1}{2}\lambda^2+2 & \lambda-\frac{1}{2} & \lambda\\ 0 & \frac{1}{2}\lambda & \lambda+1\end{bmatrix}\xrightarrow{c_1\leftrightarrow c_3}\begin{bmatrix}2 & \lambda & \lambda\\ \lambda & \lambda-\frac{1}{2} & \frac{1}{2}\lambda^2+2\\ \lambda+1 & \frac{1}{2}\lambda & 0\end{bmatrix},$$

接着将非零元 2 所在行列的其余元素化为零，

$$\begin{bmatrix}2 & \lambda & \lambda\\ \lambda & \lambda-\frac{1}{2} & \frac{1}{2}\lambda^2+2\\ \lambda+1 & \frac{1}{2}\lambda & 0\end{bmatrix}\xrightarrow[-\frac{\lambda}{2}c_1+c_2]{-\frac{\lambda}{2}c_1+c_3}\begin{bmatrix}2 & 0 & 0\\ \lambda & -\frac{1}{2}\lambda^2+\lambda-\frac{1}{2} & 2\\ \lambda+1 & -\frac{1}{2}\lambda^2 & -\frac{1}{2}\lambda^2-\frac{1}{2}\lambda\end{bmatrix}$$

$$\xrightarrow[2c_2,\ 2c_3]{-\frac{\lambda}{2}r_1+r_2,\ -\frac{\lambda+1}{2}r_1+r_3}\begin{bmatrix}2 & 0 & 0\\ 0 & -\lambda^2+2\lambda-1 & 4\\ 0 & -\lambda^2 & -\lambda^2-\lambda\end{bmatrix},$$

接着继续进行初等变换有

$$\begin{bmatrix}2 & 0 & 0\\ 0 & -\lambda^2+2\lambda-1 & 4\\ 0 & -\lambda^2 & -\lambda^2-\lambda\end{bmatrix}\xrightarrow[\frac{1}{2}c_1]{c_2\leftrightarrow c_3}\begin{bmatrix}1 & 0 & 0\\ 0 & 4 & -\lambda^2+2\lambda-1\\ 0 & -\lambda^2-\lambda & -\lambda^2\end{bmatrix}$$

$$\xrightarrow{\frac{r_2}{4}(\lambda^2+\lambda)+r_3}\begin{bmatrix}1 & 0 & 0\\ 0 & 4 & -\lambda^2+2\lambda-1\\ 0 & 0 & \frac{1}{4}(-\lambda^4+\lambda^3-3\lambda^2-\lambda)\end{bmatrix}\xrightarrow[4r_3]{\frac{c_2}{4}(\lambda^2-2\lambda+1)+c_3}$$

$$\begin{bmatrix}1 & 0 & 0\\ 0 & 4 & 0\\ 0 & 0 & -\lambda^4+\lambda^3-3\lambda^2-\lambda\end{bmatrix}\xrightarrow[-c_3]{\frac{1}{4}c_2}\begin{bmatrix}1 & 0 & 0\\ 0 & 1 & 0\\ 0 & 0 & \lambda^4-\lambda^3+3\lambda^2+\lambda\end{bmatrix},$$

即为所求的 Smith 标准形。

【例 2.1.2】 用初等变换求 λ-矩阵

$$\boldsymbol{A}(\lambda)=\begin{bmatrix}\lambda^3-\lambda & 2\lambda^2\\ \lambda^2+5\lambda & 3\lambda\end{bmatrix}$$

的不变因子。

解 可以先求出 $\boldsymbol{A}(\lambda)$的 Smith 标准形，然后由定义 2.1.6 可得不变因子。由于 $\boldsymbol{A}(\lambda)$的元素有公因式 λ，故可用初等变换将左上角的元素变成 λ，即

$$\boldsymbol{A}(\lambda)=\begin{bmatrix}\lambda^3-\lambda & 2\lambda^2\\ \lambda^2+5\lambda & 3\lambda\end{bmatrix}\xrightarrow{c_1\leftrightarrow c_2}\begin{bmatrix}2\lambda^2 & \lambda^3-\lambda\\ 3\lambda & \lambda^2+5\lambda\end{bmatrix}\xrightarrow{r_1\leftrightarrow r_2}\begin{bmatrix}3\lambda & \lambda^2+5\lambda\\ 2\lambda^2 & \lambda^3-\lambda\end{bmatrix}$$

$$\xrightarrow{\frac{1}{3}c_1}\begin{bmatrix}\lambda & \lambda^2+5\lambda\\ \dfrac{2\lambda^2}{3} & \lambda^3-\lambda\end{bmatrix},$$

接着用初等变换将上式左上角的元素 λ 所在行和列的其余元素化为零，即

$$\boldsymbol{A}(\lambda)\cong\begin{bmatrix}\lambda & \lambda^2+5\lambda\\ \dfrac{2\lambda^2}{3} & \lambda^3-\lambda\end{bmatrix}\xrightarrow{-\frac{2\lambda}{3}r_1+r_2}\begin{bmatrix}\lambda & \lambda^2+5\lambda\\ 0 & \dfrac{\lambda}{3}(\lambda^2-10\lambda-3)\end{bmatrix}$$

$$\xrightarrow{-(\lambda+5)c_1+c_2}\begin{bmatrix}\lambda & 0\\ 0 & \dfrac{\lambda}{3}(\lambda^2-10\lambda-3)\end{bmatrix},$$

从而所求 $\boldsymbol{A}(\lambda)$的不变因子为 $d_1(\lambda)=\lambda$，$d_2(\lambda)=\dfrac{\lambda}{3}(\lambda^2-10\lambda-3)$。

【例 2.1.3】 用初等变换化 λ-矩阵

$$\boldsymbol{A}(\lambda)=\begin{bmatrix}-\lambda+1 & 2\lambda-1 & \lambda\\ \lambda & \lambda^2 & -\lambda\\ \lambda^2+1 & \lambda^2+\lambda-1 & -\lambda^2\end{bmatrix}$$

为 Smith 标准形，并写出 $\boldsymbol{A}(\lambda)$的不变因子。

解 $\boldsymbol{A}(\lambda)$中的元素既无公因式也无常数，此时先用初等变换将矩阵中某一元素化为常数，接着用前例中的方法继续使用初等变换即可，即有

$$\boldsymbol{A}(\lambda)=\begin{bmatrix}-\lambda+1 & 2\lambda-1 & \lambda\\ \lambda & \lambda^2 & -\lambda\\ \lambda^2+1 & \lambda^2+\lambda-1 & -\lambda^2\end{bmatrix}\xrightarrow{c_1+c_3}\begin{bmatrix}-\lambda+1 & 2\lambda-1 & 1\\ \lambda & \lambda^2 & 0\\ \lambda^2+1 & \lambda^2+\lambda-1 & 1\end{bmatrix}$$

$$\xrightarrow{c_1\leftrightarrow c_3}\begin{bmatrix}1 & 2\lambda-1 & -\lambda+1\\ 0 & \lambda^2 & \lambda\\ 1 & \lambda^2+\lambda-1 & \lambda^2+1\end{bmatrix}\xrightarrow{r_3-r_1}\begin{bmatrix}1 & 2\lambda-1 & -\lambda+1\\ 0 & \lambda^2 & \lambda\\ 0 & \lambda^2-\lambda & \lambda^2+\lambda\end{bmatrix}$$

$$\xrightarrow[c_3+(\lambda-1)c_1]{c_2-(2\lambda-1)c_1}\begin{bmatrix}1 & 0 & 0\\ 0 & \lambda^2 & \lambda\\ 0 & \lambda^2-\lambda & \lambda^2+\lambda\end{bmatrix}\xrightarrow{c_2\leftrightarrow c_3}\begin{bmatrix}1 & 0 & 0\\ 0 & \lambda & \lambda^2\\ 0 & \lambda^2+\lambda & \lambda^2-\lambda\end{bmatrix},$$

$$\xrightarrow{c_3-\lambda c_2}\begin{bmatrix}1 & 0 & 0\\ 0 & \lambda & 0\\ 0 & \lambda^2+\lambda & -\lambda^3-\lambda\end{bmatrix}\xrightarrow[r_3-(\lambda+1)r_2]{(-1)c_3}\begin{bmatrix}1 & 0 & 0\\ 0 & \lambda & 0\\ 0 & 0 & \lambda^3+\lambda\end{bmatrix},$$

由最后所得的 Smith 标准形知，不变因子 $d_1(\lambda)=1$，$d_2(\lambda)=\lambda$，$d_3(\lambda)=\lambda^3+\lambda$。

三、行列式因子与 Smith 标准形的唯一性

为说明 Smith 标准形的唯一性，先引入行列式因子的概念。

定义 2.1.7 设 λ-矩阵 $r(\boldsymbol{A}(\lambda))=r$，对正整数 $1\leqslant k\leqslant r$，则 $\boldsymbol{A}(\lambda)$中必存在非零的 k 阶

子式。将 $\boldsymbol{A}(\lambda)$ 中全部 k 阶子式的首项系数为 1 的最大公因式称为 $\boldsymbol{A}(\lambda)$ 的 k 阶行列式因子，记作 $\boldsymbol{D}_k(\lambda)$。

由定义显见，秩为 r 的 λ-矩阵 $\boldsymbol{A}(\lambda)$，其行列式因子一共有 r 个。

定理 2.1.4 等价的 λ-矩阵具有相同的各阶行列式因子，因而有相同的秩。

证明 由定义 2.1.5 知，下面只需验证 λ-矩阵经过一次初等变换后其行列式因子与秩保持不变。

设 λ-矩阵 $\boldsymbol{A}(\lambda)$ 经过一次初等变换化为 $\boldsymbol{B}(\lambda)$，$\boldsymbol{D}_k(\lambda)$ 与 $\boldsymbol{D}'_k(\lambda)$ 分别为 $\boldsymbol{A}(\lambda)$ 与 $\boldsymbol{B}(\lambda)$ 的 k 阶行列式因子，下面针对三种初等变换来验证 $\boldsymbol{D}_k(\lambda)=\boldsymbol{D}'_k(\lambda)$。

(1) 交换 $\boldsymbol{A}(\lambda)$ 的某两行得到 $\boldsymbol{B}(\lambda)$。此时 $\boldsymbol{B}(\lambda)$ 的每个 k 阶子式或者等于 $\boldsymbol{A}(\lambda)$ 的某个 k 阶子式，或者为 $\boldsymbol{A}(\lambda)$ 的某个 k 阶子式的 -1 倍。因此，$\boldsymbol{D}_k(\lambda)$ 为 $\boldsymbol{B}(\lambda)$ 的 k 阶子式的公因式，从而 $\boldsymbol{D}_k(\lambda)\mid\boldsymbol{D}'_k(\lambda)$。

(2) 用非零常数 c 乘 $\boldsymbol{A}(\lambda)$ 的某一行得到 $\boldsymbol{B}(\lambda)$。此时 $\boldsymbol{B}(\lambda)$ 的每个 k 阶子式或者等于 $\boldsymbol{A}(\lambda)$ 的某个 k 阶子式，或者为 $\boldsymbol{A}(\lambda)$ 的某个 k 阶子式的 c 倍。因此，$\boldsymbol{D}_k(\lambda)$ 为 $\boldsymbol{B}(\lambda)$ 的 k 阶子式的公因式，从而 $\boldsymbol{D}_k(\lambda)\mid\boldsymbol{D}'_k(\lambda)$。

(3) 将 $\boldsymbol{A}(\lambda)$ 第 j 行的 $h(\lambda)$ 倍加到第 i 行得到 $\boldsymbol{B}(\lambda)$。此时 $\boldsymbol{B}(\lambda)$ 中那些包含第 i 行与第 j 行的 k 阶子式和那些不包含第 i 行的 k 阶子式都等于 $\boldsymbol{A}(\lambda)$ 中对应的 k 阶子式；$\boldsymbol{B}(\lambda)$ 中那些包含第 i 行但不包含第 j 行的 k 阶子式等于 $\boldsymbol{A}(\lambda)$ 中对应的一个 k 阶子式与另一个 k 阶子式的 $\pm h(\lambda)$ 倍之和，即 $\boldsymbol{A}(\lambda)$ 的两个 k 阶子式的组合。因此，$\boldsymbol{D}_k(\lambda)$ 为 $\boldsymbol{B}(\lambda)$ 的 k 阶子式的公因式，从而 $\boldsymbol{D}_k(\lambda)\mid\boldsymbol{D}'_k(\lambda)$。

对于列变换，可以类似地讨论。总之，若 $\boldsymbol{A}(\lambda)$ 经过一次初等变换化为 $\boldsymbol{B}(\lambda)$，则 $\boldsymbol{D}_k(\lambda)\mid\boldsymbol{D}'_k(\lambda)$。又由初等变换的可逆性，$\boldsymbol{B}(\lambda)$ 也可以由经一次初等变换化为 $\boldsymbol{A}(\lambda)$，由前讨论，同样应有 $\boldsymbol{D}'_k(\lambda)\mid\boldsymbol{D}_k(\lambda)$，于是 $\boldsymbol{D}'_k(\lambda)=\boldsymbol{D}_k(\lambda)$。

当 $\boldsymbol{A}(\lambda)$ 的全部 k 阶子式为零时，$\boldsymbol{D}_k(\lambda)=0$，于是 $\boldsymbol{D}'_k(\lambda)=0$，$\boldsymbol{B}(\lambda)$ 的全部 k 阶子式也就为零；反之亦然。因此 $\boldsymbol{A}(\lambda)$ 与 $\boldsymbol{B}(\lambda)$ 既有相同的行列式因子，又有相同的秩。证毕。

设 λ-矩阵 $\boldsymbol{A}(\lambda)$ 的 Smith 标准形为

$$\begin{bmatrix} d_1(\lambda) & & & & & & \\ & d_2(\lambda) & & & & & \\ & & \ddots & & & & \\ & & & d_r(\lambda) & & & \\ & & & & 0 & & \\ & & & & & \ddots & \\ & & & & & & 0 \end{bmatrix},$$

式中，$d_i(\lambda)(i=1, 2, \cdots, r)$ 为首项系数为 1 的多项式，且 $d_i(\lambda)\mid d_{i+1}(\lambda)(i=1, 2, \cdots, r-1)$，容易求得 $\boldsymbol{A}(\lambda)$ 的各阶行列式因子如下：

$$\begin{cases} \boldsymbol{D}_1(\lambda)=d_1(\lambda) \\ \boldsymbol{D}_2(\lambda)=d_1(\lambda)d_2(\lambda) \\ \quad\vdots \\ \boldsymbol{D}_r(\lambda)=d_1(\lambda)d_2(\lambda)\cdots d_r(\lambda) \end{cases}, \tag{2.1.4}$$

于是有

$$d_1(\lambda)=\boldsymbol{D}_1(\lambda),\ d_2(\lambda)=\frac{\boldsymbol{D}_2(\lambda)}{\boldsymbol{D}_1(\lambda)},\ \cdots,\ d_r(\lambda)=\frac{\boldsymbol{D}_r(\lambda)}{\boldsymbol{D}_{r-1}(\lambda)}。\tag{2.1.5}$$

因而有如下结论。

定理 2.1.5 λ-矩阵 $\boldsymbol{A}(\lambda)$的 Smith 标准形是唯一的。

证明 因 $\boldsymbol{A}(\lambda)$的各阶行列式因子是唯一的，所以由式(2.1.5)知，$\boldsymbol{A}(\lambda)$的不变因子也是唯一的，因而 $\boldsymbol{A}(\lambda)$的 Smith 标准形是唯一的。

利用λ-矩阵 $\boldsymbol{A}(\lambda)$的 Smith 标准形，可以证明如下结论。

定理 2.1.6 λ-矩阵 $\boldsymbol{A}(\lambda)$与 $\boldsymbol{B}(\lambda)$等价，当且仅当它们有相同的行列式因子，或者它们有相同的不变因子。

证明 由于λ-矩阵的行列式因子与不变因子是相互完全确定的，所以两个λ-矩阵有相同的行列式因子，因而它们有相同的不变因子；反之亦然。因此必要性可由定理 2.1.4 得证。

充分性 若 $\boldsymbol{A}(\lambda)$与 $\boldsymbol{B}(\lambda)$有相同的不变因子，则 $\boldsymbol{A}(\lambda)$与 $\boldsymbol{B}(\lambda)$和同一个 Smith 矩阵等价，因而 $\boldsymbol{A}(\lambda)$与 $\boldsymbol{B}(\lambda)$等价。

定理 2.1.6 蕴含了秩相等的条件。特别地，当 n 阶λ-方阵 $\boldsymbol{A}(\lambda)$满秩时，由初等变换的定义知，$\det(\boldsymbol{A}(\lambda))=cd_1(\lambda)\cdots d_n(\lambda)$，式中 c 为一不为零的常数，这表明每个不变因子 $d_i(\lambda)$为行列式 $\det(\boldsymbol{A}(\lambda))$的因子；又不变因子 $d_i(\lambda)$可由矩阵 $\boldsymbol{A}(\lambda)$唯一确定，故它们为 $\boldsymbol{A}(\lambda)$的不变量，这也是称 $d_i(\lambda)$为不变因子的由来。

推论 2.1.1 λ-方阵 $\boldsymbol{A}(\lambda)$可逆，当且仅当 $\boldsymbol{A}(\lambda)$等价于单位矩阵。

证明 **必要性** 设 $\boldsymbol{A}(\lambda)$可逆，则由定理 2.1.1 知

$$\det(\boldsymbol{A}(\lambda))=d\neq 0,$$

即 $\boldsymbol{A}(\lambda)$的 n 阶行列式因子为

$$\boldsymbol{D}_n(\lambda)=1,$$

由式(2.1.4)有

$$\boldsymbol{D}_k(\lambda)\mid \boldsymbol{D}_{k+1}(\lambda)\quad(k=1,2,\cdots,n-1),$$

因而

$$\boldsymbol{D}_k(\lambda)=1\quad(k=1,2,\cdots,n),$$

进而由式(2.1.5)有

$$d_k(\lambda)=1\quad(k=1,2,\cdots,n),$$

这表明 $\boldsymbol{A}(\lambda)$的标准形为单位矩阵。

充分性 设 $\boldsymbol{A}(\lambda)\cong\boldsymbol{E}$，则 $\det(\boldsymbol{A}(\lambda))$为一非零常数，由定理 2.1.1 知，$\boldsymbol{A}(\lambda)$可逆。

推论 2.1.2 λ-方阵 $\boldsymbol{A}(\lambda)$可逆，当且仅当 $\boldsymbol{A}(\lambda)$可以表示为一系列初等矩阵的乘积。

证明 由推论 2.1.1 知，$\boldsymbol{A}(\lambda)$可逆，当且仅当

$$\boldsymbol{A}(\lambda)\cong\boldsymbol{E},$$

而 $\boldsymbol{A}(\lambda)\cong\boldsymbol{E}$，当且仅当存在一系列初等矩阵 $\boldsymbol{P}_1,\cdots,\boldsymbol{P}_l$ 与 $\boldsymbol{Q}_1,\cdots,\boldsymbol{Q}_m$，使得

$$\boldsymbol{A}(\lambda)=\boldsymbol{P}_l\cdots\boldsymbol{P}_1\boldsymbol{E}\boldsymbol{Q}_1\cdots\boldsymbol{Q}_m=\boldsymbol{P}_l\cdots\boldsymbol{P}_1\boldsymbol{Q}_1\cdots\boldsymbol{Q}_m。$$

四、初等因子

在复数域上，不变因子还可以进一步分解，得到所谓初等因子的概念。

定义 2.1.8 将λ-矩阵$\boldsymbol{A}(\lambda)$的每个次数大于零的不变因子分解成互不相同的一次因式方幂的乘积，所有这些一次因式方幂(相同的按出现次数计)称为矩阵$\boldsymbol{A}(\lambda)$的**初等因子**。

例如，若λ-矩阵$\boldsymbol{A}(\lambda)$的不变因子为

$$1,\ 1,\ (\lambda-1)^2,\ (\lambda-1)^2(\lambda+1),\ (\lambda-1)^2(\lambda+1)(\lambda^2+1),$$

则按照定义，它的初等因子为

$$(\lambda-1)^2,\ (\lambda-1)^2,\ \lambda+1,\ (\lambda-1)^2,\ \lambda+1,\ \lambda+\mathrm{i},\ \lambda-\mathrm{i},$$

式中，i为虚数单位。

由定义2.1.8知，若给定λ-矩阵$\boldsymbol{A}(\lambda)$的不变因子，则可以唯一确定其初等因子；反过来，若已知一λ-矩阵$\boldsymbol{A}(\lambda)$的秩和初等因子，则也可唯一确定它的不变因子。事实上，矩阵$\boldsymbol{A}(\lambda)$的秩确定了不变因子的个数，且不变因子具有一个整除另一个的性质，即$d_i(\lambda)\mid d_{i+1}(\lambda)(i=1,2,\cdots,r-1)$。同一个一次因式的方幂构成的初等因子中，方次最高的必出现在$d_r(\lambda)$的分解中，方次次高的必出现在$d_{r-1}(\lambda)$的分解中，如此顺推，可知属于同一个一次因式的方幂的初等因子在不变因子的分解式中出现的位置是唯一确定的。

【例 2.1.4】 若已知5×6阶矩阵$\boldsymbol{A}(\lambda)$的秩为4，它的初等因子为

$$\lambda,\ \lambda,\ \lambda^2,\ \lambda-1,\ (\lambda-1)^2,\ (\lambda-1)^3,\ (\lambda-i)^3,\ (\lambda+i)^3,$$

求$\boldsymbol{A}(\lambda)$的Smith标准形。

解 首先可求得$\boldsymbol{A}(\lambda)$的不变因子为

$$\begin{cases} d_4(\lambda)=\lambda^2(\lambda-1)^3(\lambda-i)^3(\lambda+i)^3=\lambda^2(\lambda-1)^3(\lambda^2+1)^3 \\ d_3(\lambda)=\lambda(\lambda-1)^2 \\ d_2(\lambda)=\lambda(\lambda-1) \\ d_1(\lambda)=1 \end{cases},$$

从而Smith标准形为

$$\begin{bmatrix} 1 & 0 & 0 & 0 & 0 & 0 \\ 0 & \lambda(\lambda-1) & 0 & 0 & 0 & 0 \\ 0 & 0 & \lambda(\lambda-1)^2 & 0 & 0 & 0 \\ 0 & 0 & 0 & \lambda^2(\lambda-1)^3(\lambda^2+1)^3 & 0 & 0 \\ 0 & 0 & 0 & 0 & 0 & 0 \end{bmatrix}。$$

由定理2.1.6知，若$\boldsymbol{A}(\lambda)$与$\boldsymbol{B}(\lambda)$等价，则它们有相同的不变因子，因而它们的初等因子也相同。但$\boldsymbol{A}(\lambda)$与$\boldsymbol{B}(\lambda)$的初等因子相同时，它们可能不等价。比如，

$$\boldsymbol{A}(\lambda)=\begin{bmatrix} 1 & 0 & 0 & 0 \\ 0 & \lambda-1 & 0 & 0 \\ 0 & 0 & (\lambda-1)^2 & 0 \end{bmatrix},\ \boldsymbol{B}(\lambda)=\begin{bmatrix} \lambda-1 & 0 & 0 & 0 \\ 0 & (\lambda-1)^2 & 0 & 0 \\ 0 & 0 & 0 & 0 \end{bmatrix},$$

它们的初等因子都为$\lambda-1,\ (\lambda-1)^2$，但它们的秩不同，因而$\boldsymbol{A}(\lambda)$与$\boldsymbol{B}(\lambda)$不等价。

定理 2.1.7 设$\boldsymbol{A}(\lambda),\ \boldsymbol{B}(\lambda)\in\mathbf{C}[\lambda]_{m\times n}$，则$\boldsymbol{A}(\lambda)$与$\boldsymbol{B}(\lambda)$等价当且仅当它们有相同的秩和相同的初等因子。

证明 必要性可由定理2.1.6得证。下面证充分性。设$r(\boldsymbol{A}(\lambda))=r(\boldsymbol{B}(\lambda))=r$，并都有相同的初等因子，由初等因子的定义2.1.8知，$\boldsymbol{A}(\lambda)$与$\boldsymbol{B}(\lambda)$的r阶不变因子$d_r(\lambda)$与$d_r'(\lambda)$相等，即

$$d_r(\lambda)=(\lambda-\lambda_1)^{k_{r1}}(\lambda-\lambda_2)^{k_{r2}}\cdots(\lambda-\lambda_s)^{k_{rs}}=d'_r(\lambda),$$

同样，对于任意的 $1\leqslant k\leqslant r$ 阶不变因子有

$$d_k(\lambda)=d'_k(\lambda)。$$

因此，由定理 2.1.6 有 $\boldsymbol{A}(\lambda)$ 与 $\boldsymbol{B}(\lambda)$ 等价。

下面介绍块对角矩阵初等因子的求法。对块对角矩阵

$$\boldsymbol{A}(\lambda)=\begin{bmatrix}\boldsymbol{B}(\lambda) & \boldsymbol{0}\\ \boldsymbol{0} & \boldsymbol{C}(\lambda)\end{bmatrix},$$

不能从 $\boldsymbol{B}(\lambda)$ 与 $\boldsymbol{C}(\lambda)$ 的不变因子求得 $\boldsymbol{A}(\lambda)$ 的不变因子，但可以从 $\boldsymbol{B}(\lambda)$ 与 $\boldsymbol{C}(\lambda)$ 的初等因子求得 $\boldsymbol{A}(\lambda)$ 的初等因子

定理 2.1.8　设 λ-矩阵 $\boldsymbol{A}(\lambda)$ 为块准对角形矩阵，即

$$\boldsymbol{A}(\lambda)=\begin{bmatrix}\boldsymbol{A}_1(\lambda) & & & \\ & \boldsymbol{A}_2(\lambda) & & \\ & & \ddots & \\ & & & \boldsymbol{A}_m(\lambda)\end{bmatrix},$$

则 $\boldsymbol{A}_i(\lambda)(i=1, 2, \cdots, m)$ 所有初等因子的全体构成 $\boldsymbol{A}(\lambda)$ 的全部初等因子。

证明　对 m 作数学归纳。先证 $m=2$ 时成立。将 $\boldsymbol{A}_1(\lambda)$ 与 $\boldsymbol{A}_2(\lambda)$ 分别化为 Smith 标准形：

$$\boldsymbol{B}(\lambda)\cong\begin{bmatrix}d_1(\lambda) & & & & & & \\ & d_2(\lambda) & & & & & \\ & & \ddots & & & & \\ & & & d_{r_1}(\lambda) & & & \\ & & & & 0 & & \\ & & & & & \ddots & \\ & & & & & & 0\end{bmatrix},$$

$$\boldsymbol{C}(\lambda)\cong\begin{bmatrix}\bar{d}_1(\lambda) & & & & & & \\ & \bar{d}_2(\lambda) & & & & & \\ & & \ddots & & & & \\ & & & \bar{d}_{r_2}(\lambda) & & & \\ & & & & 0 & & \\ & & & & & \ddots & \\ & & & & & & 0\end{bmatrix},$$

则 $r(\boldsymbol{A}(\lambda))=r_1+r_2$。再将 $d_i(\lambda)$ 与 $\bar{d}_i(\lambda)$ 分解为不同的一次因式的方幂乘积，即

$$d_i(\lambda)=(\lambda-\lambda_1)^{e_{i1}}(\lambda-\lambda_2)^{e_{i2}}\cdots(\lambda-\lambda_t)^{e_{it}},\ i=1, 2, \cdots, r_1,$$

$$\bar{d}_i(\lambda)=(\lambda-\lambda_1)^{h_{j1}}(\lambda-\lambda_2)^{h_{j2}}\cdots(\lambda-\lambda_t)^{h_{jt}},\ j=1, 2, \cdots, r_2。$$

因此 $\boldsymbol{A}_1(\lambda)$ 与 $\boldsymbol{A}_2(\lambda)$ 的初等因子分别为形如

$$(\lambda-\lambda_1)^{e_{i1}},\ (\lambda-\lambda_2)^{e_{i2}},\ \cdots,\ (\lambda-\lambda_t)^{e_{it}}$$

与

$$(\lambda-\lambda_1)^{h_{j1}},\ (\lambda-\lambda_2)^{h_{j2}},\ \cdots,\ (\lambda-\lambda_t)^{h_{jt}}$$

中不为常数的多项式。

下面证明 $\boldsymbol{A}_1(\lambda)$ 与 $\boldsymbol{A}_2(\lambda)$ 的这些初等因子为 $\boldsymbol{A}(\lambda)$ 的全部初等因子。将 $\lambda-\lambda_1$ 的幂指数 $\boldsymbol{e}_{11}$，$\boldsymbol{e}_{21}$，…，$\boldsymbol{e}_{r_1 1}$，h_{11}，h_{21}，…，$h_{r_2 1}$ 按大小顺序排列，设为

$$0\leqslant c_1\leqslant c_2\leqslant\cdots\leqslant c_r。$$

由于 $\boldsymbol{A}(\lambda)$ 是由 $\boldsymbol{A}_1(\lambda)$ 和 $\boldsymbol{A}_2(\lambda)$ 构成的准对角阵，所以在 $\boldsymbol{A}_1(\lambda)$ 或 $\boldsymbol{A}_2(\lambda)$ 上进行的初等变换，实际上就是在 $\boldsymbol{A}(\lambda)$ 上进行的初等变换，于是

$$\boldsymbol{A}(\lambda)\cong\begin{bmatrix} d_1(\lambda) & & & & & & & & \\ & \ddots & & & & & & & \\ & & d_{r_1}(\lambda) & & & & & & \\ & & & \bar{d}_1(\lambda) & & & & & \\ & & & & \ddots & & & & \\ & & & & & \bar{d}_{r_2}(\lambda) & & & \\ & & & & & & 0 & & \\ & & & & & & & \ddots & \\ & & & & & & & & 0 \end{bmatrix}$$

$$\cong\begin{bmatrix} (\lambda-\lambda_1)^{c_1}h_1(\lambda) & & & & & \\ & (\lambda-\lambda_1)^{c_2}h_2(\lambda) & & & & \\ & & \ddots & & & \\ & & & (\lambda-\lambda_1)^{c_r}h_r(\lambda) & & \\ & & & & 0 & \\ & & & & & \ddots \\ & & & & & & 0 \end{bmatrix},$$

式中，r 个多项式 $h_1(\lambda)$，…，$h_r(\lambda)$ 都不含因式 $\lambda-\lambda_1$。设 $\boldsymbol{A}(\lambda)$ 的各阶行列式因子分别为

$$\boldsymbol{D}_1^*(\lambda),\ \boldsymbol{D}_2^*(\lambda),\ \cdots,\ \boldsymbol{D}_r^*(\lambda),$$

因而在这些行列式因子中因式 $\lambda-\lambda_1$ 的最高幂指数分别为

$$c_1,\ \sum_{i=1}^{2}c_i,\ \cdots,\ \sum_{i=1}^{r}c_i,$$

由行列式因子与不变因子的关系式(2.1.5)知，在不变因子 $d_1^*(\lambda)$，$d_2^*(\lambda)$，…，$d_r^*(\lambda)$ 中含因式 $\lambda-\lambda_1$ 的最高幂指数分别为 c_1，c_2，…，c_r，即 $\boldsymbol{A}(\lambda)$ 中与因式 $\lambda-\lambda_1$ 相应的初等因子为

$$(\lambda-\lambda_1)^{c_1},\ (\lambda-\lambda_1)^{c_2},\ \cdots,\ (\lambda-\lambda_1)^{c_r}$$

中非零指数的幂(即 $c_j\neq 0$)$(\lambda-\lambda_1)^{c_j}$ 构成，因而就是 $\boldsymbol{A}_1(\lambda)$ 和 $\boldsymbol{A}_2(\lambda)$ 中与因式 $\lambda-\lambda_1$ 相应的全部初等因子。同理，对 $\lambda-\lambda_2$，$\lambda-\lambda_3$，…，$\lambda-\lambda_r$ 也可得相同结论。这就证明了 $\boldsymbol{A}_1(\lambda)$ 和 $\boldsymbol{A}_2(\lambda)$ 的全部初等因子都为 $\boldsymbol{A}(\lambda)$ 的初等因子。

以下证明，除了上述初等因子，$\boldsymbol{A}(\lambda)$再无其他初等因子。

一方面，设$(\lambda-a)^k$为$\boldsymbol{A}(\lambda)$的一个初等因子，则$(\lambda-a)^k$一定为包含在某一个不变因子$d_i^*(\lambda)$中$\lambda-a$的最高次幂，因此$(\lambda-a)^k \mid d_r^*(\lambda)$，从而$(\lambda-a)^k \mid \boldsymbol{D}_r^*(\lambda)$，这表明$\lambda=a$为$\boldsymbol{D}_r^*(\lambda)$的一个零点，即$\boldsymbol{D}_r^*(a)=0$；另一方面，由于

$$\boldsymbol{A}(\lambda) \cong \begin{bmatrix} d_1(\lambda) & & & & & & & & \\ & \ddots & & & & & & & \\ & & d_{r_1}(\lambda) & & & & & & \\ & & & \bar{d}_1(\lambda) & & & & & \\ & & & & \ddots & & & & \\ & & & & & \bar{d}_{r_2}(\lambda) & & & \\ & & & & & & 0 & & \\ & & & & & & & \ddots & \\ & & & & & & & & 0 \end{bmatrix},$$

从而

$$\boldsymbol{D}_r^*(\lambda)=d_1(\lambda)\cdots d_{r_1}(\lambda)\bar{d}_1(\lambda)\cdots\bar{d}_{r_2}(\lambda)。$$

因为$d_i(\lambda) \mid d_{r_1}(\lambda)$，$d_j(\lambda) \mid \bar{d}_{r_2}(\lambda)$（$i=1, 2, \cdots, r_1$；$j=1, 2, \cdots, r_2$），所以有

$$d_{r_1}(a)\bar{d}_{r_2}(a)=0。$$

这表明a必是$\lambda_1, \lambda_2, \cdots, \lambda_t$中的某一个，从而$(\lambda-a)^k$是与某个$\lambda-\lambda_i$（$i=1, \cdots, t$）相应的一个初等因子，因此$(\lambda-a)^k$一定为某个$(\lambda-a)^{e_{is}}$或$(\lambda-a)^{h_{js}}$，式中$i=1, 2, \cdots, r_1$；$j=1, 2, \cdots, r_2$；$s=1, \cdots, t$。这就证明了除$\boldsymbol{A}_1(\lambda)$与$\boldsymbol{A}_2(\lambda)$的全部初等因子，$\boldsymbol{A}(\lambda)$再无别的初等因子。

假定$m-1$时定理成立，稍加整理后m个子块可变为两个子块，即可推得对m定理也成立。

由上述定理，不难得到如下结论。

定理 2.1.9　若λ-矩阵$\boldsymbol{A}(\lambda)$形如

$$\boldsymbol{A}(\lambda)=\begin{bmatrix} f_1(\lambda) & & & & & & \\ & f_2(\lambda) & & & & & \\ & & \ddots & & & & \\ & & & f_r(\lambda) & & & \\ & & & & 0 & & \\ & & & & & \ddots & \\ & & & & & & 0 \end{bmatrix},$$

则$f_1(\lambda)$，$f_2(\lambda)$，$\cdots$，$f_r(\lambda)$的所有一次因式的幂积构成$\boldsymbol{A}(\lambda)$的全部初等因子。

由定理 2.1.9 知，若$\boldsymbol{A}(\lambda)$为对角形，则无须将$\boldsymbol{A}(\lambda)$化为 Smith 标准形即可得到$\boldsymbol{A}(\lambda)$的初等因子。

【例 2.1.5】　求λ-矩阵

$$A(\lambda)=\begin{bmatrix}\lambda-\lambda_0 & b_1 & & & \\ & \lambda-\lambda_0 & b_2 & & \\ & & \ddots & \ddots & \\ & & & \ddots & b_{n-1} \\ & & & & \lambda-\lambda_0\end{bmatrix}$$

的初等因子，其中 $b_1, b_2, \cdots, b_{n-1}$ 都为非零常数。

解 容易求得 $A(\lambda)$的各阶行列式因子为

$$D_n(\lambda)=(\lambda-\lambda_0)^n,\ D_{n-1}(\lambda)=D_{n-2}(\lambda)=\cdots=D_1(\lambda)=1,$$

从而 $A(\lambda)$的不变因子为

$$d_1(\lambda)=d_2(\lambda)=\cdots=d_{n-1}(\lambda)=1,\ d_n(\lambda)=(\lambda-\lambda_0)^n,$$

因此 $A(\lambda)$的初等因子只有一个，即$(\lambda-\lambda_0)^n$。

此题也可以通过对 $A(\lambda)$作初等变换得到其不变因子，进而求得初等因子。

【例 2.1.6】 求如下定义的 λ-矩阵 $A(\lambda)$的初等因子及 Smith 标准形

$$A(\lambda)=\begin{bmatrix}3\lambda+5 & (\lambda+2)^2 & 4\lambda+5 & (\lambda-1)^2 \\ \lambda+7 & (\lambda+2)^2 & \lambda+7 & 0 \\ \lambda-1 & 0 & 2\lambda-1 & (\lambda-1)^2 \\ 0 & 0 & (\lambda-2)(\lambda-5) & 0\end{bmatrix}。$$

解 通过观察 $A(\lambda)$，可以考虑利用初等变换将 $A(\lambda)$化为块对角阵，从而利用定理 2.1.8 先求得其初等因子，进而可以得到其 Smith 标准形。

$$A(\lambda)\xrightarrow{r_1-r_3}\begin{bmatrix}2\lambda+6 & (\lambda+2)^2 & 2\lambda+6 & 0 \\ \lambda+7 & (\lambda+2)^2 & \lambda+7 & 0 \\ \lambda-1 & 0 & 2\lambda-1 & (\lambda-1)^2 \\ 0 & 0 & (\lambda-2)(\lambda-5) & 0\end{bmatrix}$$

$$\xrightarrow{c_3-c_1}\begin{bmatrix}2\lambda+6 & (\lambda+2)^2 & 0 & 0 \\ \lambda+7 & (\lambda+2)^2 & 0 & 0 \\ \lambda-1 & 0 & \lambda & (\lambda-1)^2 \\ 0 & 0 & (\lambda-2)(\lambda-5) & 0\end{bmatrix}$$

$$\xrightarrow{r_1-r_2}\begin{bmatrix}\lambda-1 & 0 & 0 & 0 \\ \lambda+7 & (\lambda+2)^2 & 0 & 0 \\ \lambda-1 & 0 & \lambda & (\lambda-1)^2 \\ 0 & 0 & (\lambda-2)(\lambda-5) & 0\end{bmatrix}$$

$$\xrightarrow{r_3-r_1}\begin{bmatrix}\lambda-1 & 0 & 0 & 0 \\ \lambda+7 & (\lambda+2)^2 & 0 & 0 \\ 0 & 0 & \lambda & (\lambda-1)^2 \\ 0 & 0 & (\lambda-2)(\lambda-5) & 0\end{bmatrix},$$

因此，$A(\lambda)$等价于一块对角矩阵，其中

$$A_1(\lambda)=\begin{bmatrix}\lambda-1 & 0 \\ \lambda+7 & (\lambda+2)^2\end{bmatrix},\ A_2(\lambda)=\begin{bmatrix}\lambda & (\lambda-1)^2 \\ (\lambda-2)(\lambda-5) & 0\end{bmatrix}。$$

对于 $\boldsymbol{A}_1(\lambda)$，有

$$\boldsymbol{D}_1(\lambda)=1,\ \boldsymbol{D}_2(\lambda)=(\lambda-1)(\lambda+2)^2,$$

从而不变因子为

$$d_1(\lambda)=1,\ d_2(\lambda)=(\lambda-1)(\lambda+2)^2,$$

因此其初等因子为

$$\lambda-1,\ (\lambda+2)^2。$$

而对于 $\boldsymbol{A}_2(\lambda)$，有

$$\boldsymbol{D}_1(\lambda)=1,\ \boldsymbol{D}_2(\lambda)=(\lambda-2)(\lambda-5)(\lambda-1)^2,$$

因而其不变因子为

$$d_1(\lambda)=1,\ d_2(\lambda)=(\lambda-2)(\lambda-5)(\lambda-1)^2,$$

进而 $\boldsymbol{A}_2(\lambda)$ 的初等因子为 $\lambda-2$，$\lambda-5$，$(\lambda-1)^2$。

由定理 2.1.8 知，$\boldsymbol{A}(\lambda)$ 的初等因子为

$$\lambda-1,\ (\lambda-1)^2,\ \lambda-2,\ \lambda-5,\ (\lambda+2)^2,$$

又因 $r(\boldsymbol{A}(\lambda))=4$，故 $\boldsymbol{A}(\lambda)$ 的不变因子为

$$\begin{cases} d_4(\lambda)=(\lambda-2)(\lambda-5)(\lambda-1)^2(\lambda+2)^2 \\ d_3(\lambda)=\lambda-1 \\ d_2(\lambda)=1 \\ d_1(\lambda)=1 \end{cases},$$

因此，$\boldsymbol{A}(\lambda)$ 的 Smith 标准形为

$$\begin{bmatrix} 1 & & & \\ & 1 & & \\ & & \lambda-1 & \\ & & & (\lambda-2)(\lambda-5)(\lambda-1)^2(\lambda+2)^2 \end{bmatrix}。$$

【例 2.1.7】 求 λ-矩阵

$$\boldsymbol{A}(\lambda)=\begin{bmatrix} \lambda & 0 & 0 & \cdots & a_n \\ -1 & \lambda & 0 & \cdots & a_{n-1} \\ 0 & -1 & \lambda & \cdots & \vdots \\ \vdots & \vdots & -1 & \lambda & a_2 \\ 0 & 0 & \cdots & -1 & \lambda+a_1 \end{bmatrix}$$

的初等因子和 Smith 标准形。

解 将 $\boldsymbol{A}(\lambda)$ 的第二行，第三行，…，第 n 行分别乘 λ，λ^2，…，λ^{n-1} 后都加到第一行上，可得

$$\boldsymbol{A}(\lambda)\cong\begin{bmatrix} 0 & 0 & \cdots & 0 & f(\lambda) \\ -1 & \lambda & \cdots & 0 & a_{n-1} \\ 0 & -1 & \cdots & 0 & a_{n-2} \\ \vdots & \vdots & & \vdots & \vdots \\ 0 & 0 & \cdots & \lambda & a_2 \\ 0 & 0 & \cdots & -1 & \lambda+a_1 \end{bmatrix},$$

式中

$$f(\lambda)=\lambda^n+a_1\lambda^{n-1}+\cdots+a_{n-2}\lambda^2+a_{n-1}\lambda+a_n,$$

易得 $\det(\boldsymbol{A}(\lambda))=f(\lambda)$，从而 $\boldsymbol{D}_n(\lambda)=f(\lambda)$，又 $\boldsymbol{D}_{n-1}(\lambda)=1$，于是

$$\boldsymbol{D}_{n-2}(\lambda)=\cdots=\boldsymbol{D}_2(\lambda)=\boldsymbol{D}_1(\lambda)=1,$$

进而有

$$d_1(\lambda)=d_2(\lambda)=\cdots=d_{n-1}(\lambda)=1,\ d_n(\lambda)=f(\lambda),$$

因此 $\boldsymbol{A}(\lambda)$ 的 Smith 标准形为

$$\boldsymbol{A}(\lambda)\cong\begin{bmatrix}1 & & & \\ & \ddots & & \\ & & 1 & \\ & & & f(\lambda)\end{bmatrix}。$$

五、矩阵的相似条件

数字矩阵 $\boldsymbol{A}$ 的特征矩阵 $\lambda\boldsymbol{E}-\boldsymbol{A}$ 为 λ-矩阵，它是研究数字矩阵的重要工具。本节的主要结果就是将数字矩阵的相似归结为它们特征矩阵的等价。

引理 2.1.2 设 $\boldsymbol{A}$，$\boldsymbol{B}$ 是数域 F 上两个 n 阶数字方阵，则它们相似，即 $\boldsymbol{A}\sim\boldsymbol{B}$ 当且仅当 $\lambda\boldsymbol{E}-\boldsymbol{A}\sim\lambda\boldsymbol{E}-\boldsymbol{B}$。

证明 **必要性** 设 $\boldsymbol{A}\sim\boldsymbol{B}$，则存在 $\boldsymbol{P}\in F_n^{n\times n}$ 满足 $\boldsymbol{P}^{-1}\boldsymbol{A}\boldsymbol{P}=\boldsymbol{B}$，因而

$$\lambda\boldsymbol{E}-\boldsymbol{B}=\lambda\boldsymbol{E}-\boldsymbol{P}^{-1}\boldsymbol{A}\boldsymbol{P}=\boldsymbol{P}^{-1}(\lambda\boldsymbol{E}-\boldsymbol{A})\boldsymbol{P}。$$

充分性 设 $\boldsymbol{P}^{-1}(\lambda\boldsymbol{E}-\boldsymbol{A})\boldsymbol{P}=\lambda\boldsymbol{E}-\boldsymbol{B}$，故 $\lambda\boldsymbol{E}-\boldsymbol{P}^{-1}\boldsymbol{A}\boldsymbol{P}=\lambda\boldsymbol{E}-\boldsymbol{B}$，即 $\boldsymbol{A}\sim\boldsymbol{B}$。

定理 2.1.10 设 $\boldsymbol{A}$，$\boldsymbol{B}$ 是数域 F 上两个 n 阶数字方阵，则 $\boldsymbol{A}\sim\boldsymbol{B}$ 当且仅当 $\lambda\boldsymbol{E}-\boldsymbol{A}\cong\lambda\boldsymbol{E}-\boldsymbol{B}$。

证明 必要性显然。下面证充分性。设 $\lambda\boldsymbol{E}-\boldsymbol{A}\cong\lambda\boldsymbol{E}-\boldsymbol{B}$，则存在可逆 λ-矩阵 $\boldsymbol{U}(\lambda)$，$\boldsymbol{V}(\lambda)$，使得 $\lambda\boldsymbol{E}-\boldsymbol{A}=\boldsymbol{U}(\lambda)(\lambda\boldsymbol{E}-\boldsymbol{B})\boldsymbol{V}(\lambda)$，即有

$$\boldsymbol{U}^{-1}(\lambda)(\lambda\boldsymbol{E}-\boldsymbol{A})=(\lambda\boldsymbol{E}-\boldsymbol{B})\boldsymbol{V}(\lambda),\tag{2.1.6}$$

式中

$$\boldsymbol{U}(\lambda)=(\lambda\boldsymbol{E}-\boldsymbol{A})\boldsymbol{Q}(\lambda)+\boldsymbol{U}_0,\ \boldsymbol{V}(\lambda)=\boldsymbol{R}(\lambda)(\lambda\boldsymbol{E}-\boldsymbol{A})+\boldsymbol{V}_0,\tag{2.1.7}$$

$\boldsymbol{U}_0$，$\boldsymbol{V}_0$ 为数字矩阵。将式(2.1.7)中第二式代入式(2.1.6)，可得

$$[\boldsymbol{U}^{-1}(\lambda)-(\lambda\boldsymbol{E}-\boldsymbol{B})\boldsymbol{R}(\lambda)](\lambda\boldsymbol{E}-\boldsymbol{A})=(\lambda\boldsymbol{E}-\boldsymbol{B})\boldsymbol{V}_0,\tag{2.1.8}$$

注意到式(2.1.8)等式右端为一个次数为 1 的 λ-矩阵或 $\boldsymbol{V}_0=\boldsymbol{0}$，而等式左端 $\lambda\boldsymbol{E}-\boldsymbol{A}$ 也为一个次数为 1 的 λ-矩阵，所以有

$$\boldsymbol{U}^{-1}(\lambda)-(\lambda\boldsymbol{E}-\boldsymbol{B})\boldsymbol{R}(\lambda)=\boldsymbol{P},\tag{2.1.9}$$

$\boldsymbol{P}$ 为一数字矩阵(后一情形下应为零矩阵)，因此式(2.1.8)可改写为

$$\boldsymbol{P}(\lambda\boldsymbol{E}-\boldsymbol{A})=(\lambda\boldsymbol{E}-\boldsymbol{B})\boldsymbol{V}_0。\tag{2.1.10}$$

下面验证 $\boldsymbol{P}$ 可逆。由式(2.1.9)有，$\boldsymbol{U}(\lambda)\boldsymbol{P}=\boldsymbol{E}-\boldsymbol{U}(\lambda)(\lambda\boldsymbol{E}-\boldsymbol{B})\boldsymbol{R}(\lambda)$，即

$$\boldsymbol{E}=\boldsymbol{U}(\lambda)\boldsymbol{P}+\boldsymbol{U}(\lambda)(\lambda\boldsymbol{E}-\boldsymbol{B})\boldsymbol{R}(\lambda),\tag{2.1.11}$$

利用式(2.1.6)可将式(2.1.11)改写为

$$\boldsymbol{E}=\boldsymbol{U}(\lambda)\boldsymbol{P}+(\lambda\boldsymbol{E}-\boldsymbol{A})\boldsymbol{V}^{-1}(\lambda)\boldsymbol{R}(\lambda),\tag{2.1.12}$$

再将式(2.1.7)中第一式代入式(2.1.12)，可得

$$\boldsymbol{E}=[(\lambda\boldsymbol{E}-\boldsymbol{A})\boldsymbol{Q}(\lambda)+\boldsymbol{U}_0]\boldsymbol{P}+(\lambda\boldsymbol{E}-\boldsymbol{A})\boldsymbol{V}^{-1}(\lambda)\boldsymbol{R}(\lambda),$$

进一步化简有

$$\boldsymbol{E}=\boldsymbol{U}_0\boldsymbol{P}+(\lambda\boldsymbol{E}-\boldsymbol{A})[\boldsymbol{Q}(\lambda)\boldsymbol{P}+\boldsymbol{V}^{-1}(\lambda)\boldsymbol{R}(\lambda)],$$

上式等式右端第二项必须为零，否则它的次数至少为 1，而 $\boldsymbol{E}$ 和 $\boldsymbol{U}_0\boldsymbol{P}$ 都为数字矩阵，等号不可能成立。因此 $\boldsymbol{E}=\boldsymbol{U}_0\boldsymbol{P}$，即

$$\boldsymbol{P}=\boldsymbol{U}_0^{-1},$$

将其代入式(2.1.10)有

$$\boldsymbol{U}_0^{-1}(\lambda\boldsymbol{E}-\boldsymbol{A})=(\lambda\boldsymbol{E}-\boldsymbol{B})\boldsymbol{V}_0,$$

即

$$\lambda\boldsymbol{E}-\boldsymbol{A}=\lambda\boldsymbol{U}_0\boldsymbol{V}_0-U_0B\boldsymbol{V}_0, \tag{2.1.13}$$

对比式(2.1.13)等式左右两端，可得

$$\boldsymbol{E}=\boldsymbol{U}_0\boldsymbol{V}_0,\ \boldsymbol{A}=\boldsymbol{U}_0\boldsymbol{B}\boldsymbol{V}_0,$$

因而有

$$\boldsymbol{U}_0=\boldsymbol{V}_0^{-1},\ \boldsymbol{A}=\boldsymbol{V}_0^{-1}\boldsymbol{B}\boldsymbol{V}_0。$$

对数字矩阵 $\boldsymbol{A}$，约定其特征矩阵 $\lambda\boldsymbol{E}-\boldsymbol{A}$ 的不变因子为 $\boldsymbol{A}$ 的不变因子，$\lambda\boldsymbol{E}-\boldsymbol{A}$ 的初等因子为 $\boldsymbol{A}$ 的初等因子。由于 n 阶矩阵 $\boldsymbol{A}$ 的特征矩阵的秩一定为 n(因 $\det(\lambda\boldsymbol{E}-\boldsymbol{A})\neq0$)，因此 n 阶矩阵 $\boldsymbol{A}$ 的不变因子总是有 n 个，且它们的乘积为该矩阵的特征多项式。

由定理 2.1.6 与定理 2.1.10，我们有如下结论。

推论 2.1.3　矩阵 $\boldsymbol{A}\sim\boldsymbol{B}$ 当且仅当它们有相同的不变因子。

由定理 2.1.7 及定理 2.1.10，我们有如下结论。

推论 2.1.4　复数域 **C** 上矩阵 $\boldsymbol{A}\sim\boldsymbol{B}$，当且仅当它们有相同的初等因子。

【例 2.1.8】　证明如下两个矩阵相似：

$$\boldsymbol{A}=\begin{bmatrix}a&1&0\\0&a&1\\0&0&a\end{bmatrix},\ \boldsymbol{B}=\begin{bmatrix}a&b&0\\0&a&b\\0&0&a\end{bmatrix},$$

其中 $b\neq0$ 为任一实数。

证明　矩阵 $\boldsymbol{A}$，$\boldsymbol{B}$ 所对应的特征矩阵分别为

$$\lambda\boldsymbol{E}-\boldsymbol{A}=\begin{bmatrix}\lambda-a&-1&0\\0&\lambda-a&-1\\0&0&\lambda-a\end{bmatrix},\ \lambda\boldsymbol{E}-\boldsymbol{B}=\begin{bmatrix}\lambda-a&-b&0\\0&\lambda-a&-b\\0&0&\lambda-a\end{bmatrix},$$

由例 2.1.5 知，它们的不变因子都为 $d_1(\lambda)=d_2(\lambda)=1$，$d_3(\lambda)=(\lambda-a)^3$，进而由推论 2.1.3 知，$\boldsymbol{A}\sim\boldsymbol{B}$。

【例 2.1.9】　设数字矩阵 $\boldsymbol{A}$ 的特征多项式为 $p(\lambda)=(\lambda+1)^2(\lambda-2)^3$，求 $\boldsymbol{A}$ 的初等因子及不变因子。

解　由于 $\boldsymbol{A}$ 是 5 阶矩阵，因此它的 5 个不变因子的乘积就是特征多项式 $p(\lambda)$，据此分以下几种情况：

(1) $\boldsymbol{A}$ 的初等因子：$\lambda+1$，$\lambda+1$，$\lambda-2$，$\lambda-2$，$\lambda-2$；

　　$\boldsymbol{A}$ 的不变因子：1，1，$\lambda-2$，$(\lambda+1)(\lambda-2)$，$(\lambda+1)(\lambda-2)$。

(2) $\boldsymbol{A}$ 的初等因子：$\lambda+1$，$\lambda+1$，$\lambda-2$，$(\lambda-2)^2$；

A 的不变因子：1，1，1，$\lambda-2$，$(\lambda+1)(\lambda-2)$，$(\lambda+1)(\lambda-2)^2$。

(3) **A** 的初等因子：$\lambda+1$，$\lambda+1$，$(\lambda-2)^3$；

A 的不变因子：1，1，1，$\lambda+1$，$(\lambda+1)(\lambda-2)^3$。

(4) **A** 的初等因子：$(\lambda+1)^2$，$\lambda-2$，$\lambda-2$，$\lambda-2$；

A 的不变因子：1，1，$\lambda-2$，$\lambda-2$，$(\lambda-2)(\lambda+1)^2$。

(5) **A** 的初等因子：$(\lambda+1)^2$，$\lambda-2$，$(\lambda-2)^2$；

A 的不变因子：1，1，1，$\lambda-2$，$(\lambda-2)^2(\lambda+1)^2$。

(6) **A** 的初等因子：$(\lambda+1)^2$，$(\lambda-2)^3$；

A 的不变因子：1，1，1，1，$(\lambda+1)^2(\lambda-2)^3$。

2.2 矩阵的 Jordan 标准形

一、Jordan 标准形

尽管亏损矩阵不能相似于对角阵，但它可以相似于一个形式上比对角阵稍复杂的 Jordan 标准形。Jordan 标准形的独特结构可以揭示两个矩阵相似的本质关系，它在数学、力学和数值分析中有着广泛的应用。比如，利用 Jordan 标准形易于计算方阵 **A** 的乘幂，易于讨论后面将要介绍的矩阵函数和矩阵级数等。本节我们也在复数域 **C** 上讨论。

定义 2.2.1 称形如

$$\boldsymbol{J}_i=\begin{bmatrix}\lambda_i & 1 & & & \\ & \lambda_i & 1 & & \\ & & \ddots & \ddots & \\ & & & \lambda_i & 1 \\ & & & & \lambda_i\end{bmatrix}_{n_i\times n_i}$$

的方阵为 n_i **阶** Jordan **块**，式中 λ_i 为复数($i=1, 2, \cdots, s$)。由若干个 Jordan 块组成的分块对角阵

$$\boldsymbol{J}=\begin{bmatrix}\boldsymbol{J}_1 & & & \\ & \boldsymbol{J}_2 & & \\ & & \ddots & \\ & & & \boldsymbol{J}_s\end{bmatrix}$$

称为 Jordan **形矩阵**，式中对应的 λ_1，λ_2，$\cdots$，λ_s 为复数，有一些可以相同。

由例 2.1.5 知，Jordan 块 $\boldsymbol{J}_i$ 的初等因子为$(\lambda-\lambda_i)^{n_i}$，再根据定理 2.1.8 知，Jordan 形矩阵 $\boldsymbol{J}$ 的初等因子为$(\lambda-\lambda_1)^{n_1}$，$(\lambda-\lambda_2)^{n_2}$，$\cdots$，$(\lambda-\lambda_s)^{n_s}$。因此，由推论 2.1.4 可得如下结论。

定理 2.2.1 设 $\boldsymbol{A}\in\mathbf{C}^{n\times n}$，**A** 的初等因子为

$$(\lambda-\lambda_1)^{n_1},\ (\lambda-\lambda_2)^{n_2},\ \cdots,\ (\lambda-\lambda_s)^{n_s},$$

则 $\boldsymbol{A}\sim\boldsymbol{J}$，其中 $\boldsymbol{J}$ 由定义 2.2.1 给出，并称 Jordan 形矩阵 $\boldsymbol{J}$ 为 **A** 的 Jordan **标准形**。

若 $n_i=1$，则 $\boldsymbol{J}_i$ 为一阶 Jordan 块；若对所有 $i=1, 2, \cdots, s$，n_i 都为 1，即矩阵 $\boldsymbol{A}$ 的 Jordan 标准形 $\boldsymbol{J}$ 中的 Jordan 块 $\boldsymbol{J}_i$ 全为一阶，则此时 $\boldsymbol{J}$ 为一对角矩阵。由此可得如下结论。

推论 2.2.1　矩阵 $\boldsymbol{A}$ 可对角化当且仅当 $\boldsymbol{A}$ 的初等因子全为一次因式。

定理 2.2.2　设 T 为复数域 $\mathbf{C}$ 上 n 维线性空间 V 上的线性变换，则在 V 上存在一组基使得 T 在这组下的矩阵为 Jordan 形矩阵。

证明　在 n 维线性空间 V 上任取一组基 $\boldsymbol{\alpha}_1, \boldsymbol{\alpha}_2, \cdots, \boldsymbol{\alpha}_n$，设线性变换 T 在此组基下的矩阵表示为 $\boldsymbol{A}$，由定理 2.2.1 知，存在可逆矩阵 $\boldsymbol{P}$ 使得 $\boldsymbol{P}^{-1}\boldsymbol{A}\boldsymbol{P}=\boldsymbol{J}$ 为 Jordan 形矩阵。令

$$[\boldsymbol{\beta}_1, \boldsymbol{\beta}_2, \cdots, \boldsymbol{\beta}_n]=[\boldsymbol{\alpha}_1, \boldsymbol{\alpha}_2, \cdots, \boldsymbol{\alpha}_n]\boldsymbol{P},$$

则线性变换 T 在基 $\boldsymbol{\beta}_1, \boldsymbol{\beta}_2, \cdots, \boldsymbol{\beta}_n$ 下的矩阵 $\boldsymbol{P}^{-1}\boldsymbol{A}\boldsymbol{P}=\boldsymbol{J}$ 为 Jordan 形矩阵。

二、相似变换矩阵 $\boldsymbol{P}$

根据定理 2.2.1 知，对任一矩阵 $\boldsymbol{A}\in\mathbf{C}^{n\times n}$ 存在可逆矩阵 $\boldsymbol{P}$，使得 $\boldsymbol{P}^{-1}\boldsymbol{A}\boldsymbol{P}=\boldsymbol{J}$。下面介绍相似变换矩阵 $\boldsymbol{P}$ 的一般求解方法。我们通过一个例子来说明。

【例 2.2.1】　求如下矩阵

$$\boldsymbol{A}=\begin{bmatrix} 2 & -1 & -1 \\ 2 & -1 & -2 \\ -1 & 1 & 2 \end{bmatrix}$$

的 Jordan 标准形及其相似变换矩阵 $\boldsymbol{P}$。

解　先求矩阵 $\boldsymbol{A}$ 的初等因子，因

$$\lambda\boldsymbol{E}-\boldsymbol{A}=\begin{bmatrix} \lambda-2 & 1 & 1 \\ -2 & \lambda+1 & 2 \\ 1 & -1 & \lambda-2 \end{bmatrix}\to\begin{bmatrix} 1 & & \\ & \lambda-1 & \\ & & (\lambda-1)^2 \end{bmatrix},$$

所以 $\boldsymbol{A}$ 的初等因子为 $\lambda-1, (\lambda-1)^2$，因而 $\boldsymbol{A}$ 的 Jordan 标准形为

$$\boldsymbol{J}=\begin{bmatrix} 1 & 0 & 0 \\ 0 & 1 & 1 \\ 0 & 0 & 1 \end{bmatrix}。$$

下面求相似变换矩阵 $\boldsymbol{P}$。设 $\boldsymbol{P}=[\boldsymbol{x}_1, \boldsymbol{x}_2, \boldsymbol{x}_3]$，由 $\boldsymbol{P}^{-1}\boldsymbol{A}\boldsymbol{P}=\boldsymbol{J}$ 有

$$\boldsymbol{A}[\boldsymbol{x}_1, \boldsymbol{x}_2, \boldsymbol{x}_3]=[\boldsymbol{x}_1, \boldsymbol{x}_2, \boldsymbol{x}_3]\boldsymbol{J},$$

由此可得线性方程组

$$\begin{cases} (\boldsymbol{E}-\boldsymbol{A})\boldsymbol{x}_1=\boldsymbol{0} \\ (\boldsymbol{E}-\boldsymbol{A})\boldsymbol{x}_2=\boldsymbol{0} \\ (\boldsymbol{E}-\boldsymbol{A})\boldsymbol{x}_3=-\boldsymbol{x}_2 \end{cases}。$$

显然，上述方程组中第一个方程组与第二个方程组为同解方程组，$\boldsymbol{x}_1, \boldsymbol{x}_2$ 为 $\boldsymbol{A}$ 的属于特征值为 1 的两个线性无关特征向量。解方程组

$$(\boldsymbol{E}-\boldsymbol{A})\boldsymbol{x}=\boldsymbol{0},$$

可求得基础解系为

$$\boldsymbol{\xi}_1=[1, 1, 0]^{\mathrm{T}}, \boldsymbol{\xi}_2=[1, 0, 1]^{\mathrm{T}},$$

不妨选取 $\boldsymbol{x}_1=\boldsymbol{\xi}_1=[1, 1, 0]^{\mathrm{T}}$，但不能简单地选取 $\boldsymbol{x}_2=\boldsymbol{\xi}_2=[1, 0, 1]^{\mathrm{T}}$，此时 $\boldsymbol{x}_2$ 的选择还

需保证上述方程组中第三个非齐次线性方程组

$$(\boldsymbol{E}-\boldsymbol{A})\boldsymbol{x}_3=-\boldsymbol{x}_2 \tag{2.2.1}$$

有解。考虑到第二个方程组与第一个方程组同解，其通解具有形式

$$\boldsymbol{x}_2=c_1\boldsymbol{\xi}_1+c_2\boldsymbol{\xi}_2=[c_1+c_2,\ c_1,\ c_2]^{\mathrm{T}}。$$

为使第三个非齐次线性方程组有解，选取 c_1，c_2 使得下面两个矩阵的秩相等

$$\boldsymbol{E}-\boldsymbol{A}=\begin{bmatrix}-1&1&1\\-2&2&2\\1&-1&-1\end{bmatrix},\quad\begin{bmatrix}-1&1&1&c_1+c_2\\-2&2&2&c_1\\1&-1&-1&c_2\end{bmatrix},$$

显然，只需选取 $c_1=2$，$c_2=-1$ 即可，于是

$$\boldsymbol{x}_2=c_1\boldsymbol{\xi}_1+c_2\boldsymbol{\xi}_2=[1,\ 2,\ -1]^{\mathrm{T}},$$

此时将其代入方程组(2.2.1)并求解，可得

$$\boldsymbol{x}_3=[1,\ 1,\ 1]^{\mathrm{T}}。$$

容易验证上述选取的 $\boldsymbol{x}_1$，$\boldsymbol{x}_2$，$\boldsymbol{x}_3$ 线性无关，因而令相似变换矩阵为

$$\boldsymbol{P}=\begin{bmatrix}1&1&1\\1&2&1\\0&-1&1\end{bmatrix}。$$

观察上例，一般地，设 $\boldsymbol{A}$ 的 Jordan 标准形为 $\boldsymbol{J}$，则

$$\boldsymbol{AP}=\boldsymbol{PJ}=\boldsymbol{P}\begin{bmatrix}\boldsymbol{J}_1&&&\\&\boldsymbol{J}_2&&\\&&\ddots&\\&&&\boldsymbol{J}_s\end{bmatrix},$$

其中

$$\boldsymbol{J}_i=\begin{bmatrix}\lambda_i&1&&&\\&\lambda_i&1&&\\&&\ddots&\ddots&\\&&&\lambda_i&1\\&&&&\lambda_i\end{bmatrix}_{n_i\times n_i}。$$

将相似变换矩阵 $\boldsymbol{P}$ 按 Jordan 块 $\boldsymbol{J}_i$ 的阶数 n_i 进行相应的分块，即设

$$\boldsymbol{P}=[\boldsymbol{P}_1,\ \boldsymbol{P}_2,\ \cdots,\ \boldsymbol{P}_s],$$

式中，$\boldsymbol{P}_i\in\mathbf{C}^{n\times n_i}$。因而

$$\boldsymbol{A}[\boldsymbol{P}_1,\ \boldsymbol{P}_2,\ \cdots,\ \boldsymbol{P}_s]=[\boldsymbol{P}_1,\ \boldsymbol{P}_2,\ \cdots,\ \boldsymbol{P}_s]\begin{bmatrix}\boldsymbol{J}_1&&&\\&\boldsymbol{J}_2&&\\&&\ddots&\\&&&\boldsymbol{J}_s\end{bmatrix},$$

即有

$$[\boldsymbol{AP}_1,\ \boldsymbol{AP}_2,\ \cdots,\ \boldsymbol{AP}_s]=[\boldsymbol{P}_1\boldsymbol{J}_1,\ \boldsymbol{P}_2\boldsymbol{J}_2,\ \cdots,\ \boldsymbol{P}_s\boldsymbol{J}_s],$$

比较上式两边，得

$$\boldsymbol{AP}_i=\boldsymbol{P}_i\boldsymbol{J}_i,\ i=1,\ 2,\ \cdots,\ s。\tag{2.2.2}$$

再对每个 $\boldsymbol{P}_i$ 按列分块有

$$\boldsymbol{P}_i=[\boldsymbol{x}_{i1}, \boldsymbol{x}_{i2}, \cdots, \boldsymbol{x}_{in_i}]\in \mathbf{C}^{n\times n_i},$$

式中，$\boldsymbol{x}_{i1}, \boldsymbol{x}_{i2}, \cdots, \boldsymbol{x}_{in_i}$ 应为 n_i 个线性无关的 n 维列向量，将 $\boldsymbol{P}_i$ 按列分块代入式(2.2.2)可得

$$\begin{cases}\boldsymbol{A}\boldsymbol{x}_{i1}=\lambda_i\boldsymbol{x}_{i1}\\ \boldsymbol{A}\boldsymbol{x}_{i2}=\boldsymbol{x}_{i1}+\lambda_i\boldsymbol{x}_{i2}\\ \quad\vdots\\ \boldsymbol{A}\boldsymbol{x}_{in_i}=\boldsymbol{x}_{in_{i-1}}+\lambda_i\boldsymbol{x}_{in_i}\end{cases}\quad (i=1, 2, \cdots, s),$$

由上述第一个方程可以发现，列向量 $\boldsymbol{x}_{i1}$ 为矩阵 $\boldsymbol{A}$ 的属于特征值 λ_i 的特征向量，且由 $\boldsymbol{x}_{i1}$ 后继可求得 $\boldsymbol{x}_{i2}, \cdots, \boldsymbol{x}_{in_i}$，因而矩阵 $\boldsymbol{P}_i$ 以至 $\boldsymbol{P}$ 都可求得。由例 2.2.1 知，特征向量 $\boldsymbol{x}_{i1}$ 的选取需保证后继方程中 $\boldsymbol{x}_{i2}$ 可求出，类似地 $\boldsymbol{x}_{i2}$ 的选取也要保证后继方程中 $\boldsymbol{x}_{i3}$ 可求出，如此继续下去即可。

分析上述过程不难发现如下规则：

(1) 每一 Jordan 块 $\boldsymbol{J}_i$ 都对应着属于特征值 λ_i 的一特征向量。

(2) 对给定的特征值 λ_i，其对应 Jordan 块 $\boldsymbol{J}_i$ 的个数等于 λ_i 的几何重复度。

(3) 对给定的特征值 λ_i，其所对应全体 Jordan 块 $\boldsymbol{J}_i$ 的阶数之和等于 λ_i 的代数重复度。

比如，在例 2.2.1 中，$\lambda=1$ 的几何重复度为 2，因而它对应 2 个 Jordan 块，其中 $\boldsymbol{J}_1$ 为 1 阶，$\boldsymbol{J}_2$ 为 2 阶，阶数之和为 3，恰巧为 $\lambda=1$ 的代数重复度。

三、最小多项式

本节介绍 n 阶方阵 $\boldsymbol{A}$ 的最小多项式及简单性质。

首先引入 λ-矩阵的多项式表示法。一般地，一个次数不超过 m 的 n 阶 λ-矩阵 $\boldsymbol{B}(\lambda)$ 总可以写为

$$\boldsymbol{B}(\lambda)=\boldsymbol{B}_0\lambda^m+\boldsymbol{B}_1\lambda^{m-1}+\cdots+\boldsymbol{B}_{m-1}\lambda+\boldsymbol{B}_m,$$

式中，$\boldsymbol{B}_i(i=0, 1, \cdots, m)$ 为 n 阶数字矩阵，则称上式为 λ-矩阵 $\boldsymbol{B}(\lambda)$ 的多项式表示。比如，对如下 2 阶 3 次 λ-矩阵

$$\boldsymbol{B}(\lambda)=\begin{bmatrix}\lambda^3+\lambda+1 & \lambda^2-\lambda+1\\ \lambda+1 & \lambda^3+\lambda^2+2\end{bmatrix},$$

其多项式表示为

$$\begin{aligned}\boldsymbol{B}(\lambda)&=\begin{bmatrix}\lambda^3+0\cdot\lambda^2+\lambda+1 & 0\cdot\lambda^3+\lambda^2-\lambda+1\\ 0\cdot\lambda^3+0\cdot\lambda^2+\lambda+1 & \lambda^3+\lambda^2+0\cdot\lambda+2\end{bmatrix}\\ &=\begin{bmatrix}1 & 0\\ 0 & 1\end{bmatrix}\lambda^3+\begin{bmatrix}0 & 1\\ 0 & 1\end{bmatrix}\lambda^2+\begin{bmatrix}1 & -1\\ 1 & 0\end{bmatrix}\lambda+\begin{bmatrix}1 & 1\\ 1 & 2\end{bmatrix}。\end{aligned}$$

定义 2.2.2　设 $\boldsymbol{A}$ 为 n 阶方阵，若存在多项式 $h(\lambda)$ 使得 $h(\boldsymbol{A})=\boldsymbol{0}$，则称 $h(\lambda)$ 为 $\boldsymbol{A}$ 的化零多项式。

设 $p(\lambda)$ 为 $\boldsymbol{A}$ 的特征多项式，则由凯莱-哈密顿定理(定理 1.5.9)知，$p(\lambda)$ 为 $\boldsymbol{A}$ 的化零多项式，若 $g(\lambda)$ 为任意多项式，则 $g(\lambda)p(\lambda)$ 也为 $\boldsymbol{A}$ 的化零多项式。因而，任意 n 阶方阵 $\boldsymbol{A}$ 的化零多项式总存在，且 $\boldsymbol{A}$ 的特征多项式未必为 $\boldsymbol{A}$ 的次数最低的化零多项式。

定义 2.2.3　n 阶方阵 $\boldsymbol{A}$ 的所有化零多项式中，次数最低且首项系数为 1 的多项式称

为 $\boldsymbol{A}$ 的**最小多项式**，记作 $m(\lambda)$。

不难发现，任意 n 阶方阵 $\boldsymbol{A}$ 的最小多项式存在且次数不会超过 n。

定理 2.2.3 多项式 $h(\lambda)$ 为矩阵 $\boldsymbol{A}$ 的化零多项式当且仅当 $\boldsymbol{A}$ 的最小多项式 $m(\lambda)$ 能整除 $h(\lambda)$，即 $m(\lambda)|h(\lambda)$。特别地，$m(\lambda)|p(\lambda)$，即 $\boldsymbol{A}$ 的最小多项式 $m(\lambda)$ 为其特征多项式 $p(\lambda)$ 的因式。

证明 设 $h(\lambda)$ 为矩阵 $\boldsymbol{A}$ 的化零多项式，其次数自然不小于最小多项式 $m(\lambda)$ 的次数，则

$$h(\lambda)=q(\lambda)m(\lambda)+r(\lambda),$$

式中，$r(\lambda)\equiv 0$ 或 $r(\lambda)$ 的次数低于 $m(\lambda)$ 的次数，从而

$$h(\boldsymbol{A})=q(\boldsymbol{A})m(\boldsymbol{A})+r(\boldsymbol{A})。$$

由于 $h(\boldsymbol{A})=\boldsymbol{0}$ 和 $m(\boldsymbol{A})=\boldsymbol{0}$，所以 $r(\boldsymbol{A})=\boldsymbol{0}$。若 $r(\lambda)$ 不恒为 $\boldsymbol{0}$，则 $r(\lambda)$ 为 $\boldsymbol{A}$ 的次数低于 $m(\lambda)$ 的化零多项式，这与 $m(\lambda)$ 为最小多项式矛盾。因而 $r(\lambda)\equiv 0$，即 $m(\lambda)|h(\lambda)$。

反过来，若 $m(\lambda)|h(\lambda)$，则有 $h(\lambda)=q(\lambda)m(\lambda)$，从而

$$h(\boldsymbol{A})=q(\boldsymbol{A})m(\boldsymbol{A})=\boldsymbol{0},$$

即 $h(\lambda)$ 为矩阵 $\boldsymbol{A}$ 的化零多项式。

定理 2.2.4 相似矩阵具有相同的最小多项式。

证明 设 $\boldsymbol{A}\sim\boldsymbol{B}$，则存在可逆矩阵 $\boldsymbol{P}$ 满足 $\boldsymbol{A}=\boldsymbol{P}^{-1}\boldsymbol{BP}$。若 $m(\boldsymbol{B})=\boldsymbol{0}$，则有

$$m(\boldsymbol{A})=m(\boldsymbol{P}^{-1}\boldsymbol{BP})=\boldsymbol{P}^{-1}m(\boldsymbol{B})\boldsymbol{P}=\boldsymbol{0}。$$

需要指出的是，最小多项式相同的两矩阵未必相似。比如

$$\boldsymbol{A}=\begin{bmatrix}1 & & \\ & 2 & \\ & & 2\end{bmatrix},\ \boldsymbol{B}=\begin{bmatrix}1 & & \\ & 1 & \\ & & 2\end{bmatrix},$$

容易看出它们的特征多项式分别为 $(\lambda-1)(\lambda-2)^2$ 和 $(\lambda-1)^2(\lambda-2)$，从而它们不可能相似，但它们的最小多项式都为 $(\lambda-1)(\lambda-2)$。

由定理 2.2.3 知，$\boldsymbol{A}$ 的最小多项式 $m(\lambda)$ 为其特征多项式 $p(\lambda)$ 的因式，更进一步，我们有如下结论（证明略）。

定理 2.2.5 n 阶方阵 $\boldsymbol{A}$ 的最小多项式 $m(\lambda)$ 等于它的特征矩阵 $\lambda\boldsymbol{E}-\boldsymbol{A}$ 中第 n 个不变因子 $d_n(\lambda)$，因而

$$\frac{p(\lambda)}{m(\lambda)}=\frac{\det(\lambda\boldsymbol{E}-\boldsymbol{A})}{m(\lambda)}=\frac{\det(\lambda\boldsymbol{E}-\boldsymbol{A})}{d_n(\lambda)}=\boldsymbol{D}_{n-1}(\lambda)。$$

由此定理，我们可得如下推论。

推论 2.2.2 n 阶方阵 $\boldsymbol{A}$ 的特征多项式 $p(\lambda)$ 的零点必为其最小多项式 $m(\lambda)$ 的零点。

证明 将 $\boldsymbol{A}$ 的特征矩阵 $\lambda\boldsymbol{E}-\boldsymbol{A}$ 化为 Smith 标准形

$$\lambda\boldsymbol{E}-\boldsymbol{A}\cong\begin{bmatrix}d_1(\lambda) & & & \\ & d_2(\lambda) & & \\ & & \ddots & \\ & & & d_n(\lambda)\end{bmatrix},$$

从而

$$p(\lambda)=\det(\lambda\boldsymbol{E}-\boldsymbol{A})=d_1(\lambda)d_2(\lambda)\cdots d_n(\lambda)。$$

若 λ_i 为 $p(\lambda)$的一个零点，则由 $p(\lambda_i)=0$ 知，λ_i 必为某个 $d_j(\lambda)=0$ 的根。又因为 $d_j(\lambda)|d_n(\lambda)$，从而必有 $d_n(\lambda_i)=0$，由定理 2.2.5 知，$m(\lambda_i)=0$。

由上述推论 2.2.2 知，若特征多项式 $p(\lambda)$分解为不同的一次因式的幂积，即

$$p(\lambda)=(\lambda-\lambda_1)^{m_1}(\lambda-\lambda_2)^{m_2}\cdots(\lambda-\lambda_t)^{m_t},$$

式中，$\sum_{i=1}^{t}m_i=n$，且每一 $m_i>0$，$\lambda_i\neq\lambda_j(i\neq j)$。因此

$$m(\lambda)=(\lambda-\lambda_1)^{l_1}(\lambda-\lambda_2)^{l_2}\cdots(\lambda-\lambda_t)^{l_t},$$

式中，$1\leqslant l_i\leqslant m_i$，$i=1,2,\cdots,t$。特别地，当每个 $m_i=1$ 时，有 $t=n$，且每个 $l_i=1$，因而有 $m(\lambda)=p(\lambda)$。此时就有如下推论。

推论 2.2.3 若方阵 $\boldsymbol{A}$ 的特征值互异，则它的最小多项式即为其特征多项式。

【例 2.2.2】 证明如下定义的矩阵

$$\boldsymbol{A}=\begin{bmatrix}1&0&0\\1&0&1\\0&1&0\end{bmatrix}$$

满足关系式

$$\boldsymbol{A}^n-\boldsymbol{A}^{n-2}-\boldsymbol{A}^2+\boldsymbol{E}=\boldsymbol{0},\ n\geqslant 3。$$

证明 容易求得矩阵 $\boldsymbol{A}$ 的特征多项式为

$$p(\lambda)=(\lambda^2-1)(\lambda-1)。$$

令

$$\begin{aligned}h(\lambda)&=\lambda^n-\lambda^{n-2}-\lambda^2+1\\&=\lambda^{n-2}(\lambda^2-1)-(\lambda^2-1)\\&=(\lambda^2-1)(\lambda^{n-2}-1)\\&=(\lambda^2-1)(\lambda-1)(\lambda^{n-3}+\lambda^{n-4}+\cdots+\lambda+1),\ n\geqslant 3,\end{aligned}$$

由凯莱-哈密顿定理(定理 1.5.9)知，$h(\boldsymbol{A})=\boldsymbol{0}$，因此

$$\boldsymbol{A}^n-\boldsymbol{A}^{n-2}-\boldsymbol{A}^2+\boldsymbol{E}=\boldsymbol{0},\ n\geqslant 3。$$

【例 2.2.3】 求下列方阵的最小多项式：

(1) $\boldsymbol{A}=\begin{bmatrix}3&1&0\\0&3&0\\0&0&3\end{bmatrix}$；

(2) $\boldsymbol{A}=\begin{bmatrix}a&b_1&&&\\&a&b_2&&\\&&\ddots&\ddots&\\&&&\ddots&b_{n-1}\\&&&&a\end{bmatrix}$ $(b_1,b_2,\cdots,b_{n-1}$ 非零)；

(3) $\boldsymbol{A}=\begin{bmatrix}0&0&0&\cdots&-a_n\\1&0&0&\cdots&-a_{n-1}\\0&1&0&\cdots&\vdots\\\vdots&\vdots&1&0&-a_2\\0&0&\cdots&1&-a_1\end{bmatrix}$。

解 (1) 可用初等变换求得 $\lambda\boldsymbol{E}-\boldsymbol{A}$ 的 Smith 标准形为

$$\lambda\boldsymbol{E}-\boldsymbol{A}\cong\begin{bmatrix}1&0&0\\0&\lambda-3&0\\0&0&(\lambda-3)^2\end{bmatrix},$$

因而，由定理 2.2.5 知，$m(\lambda)=d_3(\lambda)=(\lambda-3)^2$。

(2) 由例 2.1.5 知，$\lambda\boldsymbol{E}-\boldsymbol{A}$ 的第 n 个不变因子为 $d_n(\lambda)=(\lambda-a)^n$，因此

$$m(\lambda)=d_n(\lambda)=(\lambda-a)^n。$$

(3) 由例 2.1.7 知，$\lambda\boldsymbol{E}-\boldsymbol{A}$ 的第 n 个不变因子为

$$d_n(\lambda)=\lambda^n+a_1\lambda^{n-1}+\cdots+a_{n-2}\lambda^2+a_{n-1}\lambda+a_n,$$

因此

$$m(\lambda)=d_n(\lambda)=\lambda^n+a_1\lambda^{n-1}+\cdots+a_{n-2}\lambda^2+a_{n-1}\lambda+a_n。$$

定理 2.2.6 块对角矩阵

$$\boldsymbol{A}=\begin{bmatrix}\boldsymbol{A}_1&&&\\&\boldsymbol{A}_2&&\\&&\ddots&\\&&&\boldsymbol{A}_s\end{bmatrix}$$

的最小多项式为其各对角块矩阵最小多项式的最小公倍式。

证明 设 $\boldsymbol{A}_i$ 的最小多项式为 $m_i(\lambda)(i=1, 2, \cdots, s)$，则对任意多项式 $h(\lambda)$ 有

$$h(\boldsymbol{A})=\begin{bmatrix}h(\boldsymbol{A}_1)&&&\\&h(\boldsymbol{A}_2)&&\\&&\ddots&\\&&&h(\boldsymbol{A}_s)\end{bmatrix},$$

若 $h(\lambda)$ 为 $\boldsymbol{A}$ 的化零多项式，则 $h(\lambda)$ 必为 $\boldsymbol{A}_i(i=1, 2, \cdots, s)$ 的化零多项式，从而有 $m_i(\lambda)|h(\lambda)(i=1, 2, \cdots, s)$。因此 $h(\lambda)$ 为 $m_1(\lambda)$，$m_2(\lambda)$，$\cdots$，$m_s(\lambda)$ 的公倍式。

反过来，若 $h(\lambda)$ 为 $m_1(\lambda)$，$m_2(\lambda)$，$\cdots$，$m_s(\lambda)$ 的任一公倍式，则

$$h(\boldsymbol{A}_i)=\boldsymbol{0}, i=1, 2, \cdots, s,$$

于是 $h(\boldsymbol{A})=\boldsymbol{0}$。因此，$\boldsymbol{A}$ 的最小多项式为 $m_1(\lambda)$，$m_2(\lambda)$，$\cdots$，$m_s(\lambda)$ 的公倍式中次数最低者，即为它们的最小公倍式。

定理 2.2.7 设 $\boldsymbol{A}\in\mathbf{C}^{n\times n}$，则 $\boldsymbol{A}$ 的最小多项式为 $\boldsymbol{A}$ 的第 n 个不变因子 $d_n(\lambda)$。

证明 由定理 2.2.1 知

$$\boldsymbol{A}\sim\boldsymbol{J}=\begin{bmatrix}\boldsymbol{J}_1&&&\\&\boldsymbol{J}_2&&\\&&\ddots&\\&&&\boldsymbol{J}_s\end{bmatrix},$$

式中，$\boldsymbol{J}_i$ 为定义 2.2.1 中定义的 Jordan 块。由推论 2.1.3 和定理 2.2.4 知，$\boldsymbol{A}$ 与 $\boldsymbol{J}$ 有相同的不变因子和最小多项式。又由定理 2.2.6 知，$\boldsymbol{J}$ 的最小多项式为 s 个 Jordan 块 $\boldsymbol{J}_i$ 最小多项式的最小公倍式，另 $\boldsymbol{J}_i$ 的最小多项式为

$$(\lambda-\lambda_i)^{n_i}, i=1, 2, \cdots, s,$$

而$(\lambda-\lambda_1)^{n_1}$，$(\lambda-\lambda_2)^{n_2}$，…，$(\lambda-\lambda_s)^{n_s}$ 的最小公倍式为 $\boldsymbol{J}$ 的第 n 个不变因子 $d_n(\lambda)$，进而 $\boldsymbol{A}$ 的最小多项式为 $\boldsymbol{A}$ 的第 n 个不变因子 $d_n(\lambda)$。

由推论 2.2.1 和定理 2.2.7，不难发现如下定理成立。

定理 2.2.8　设 $\boldsymbol{A}\in\mathbf{C}^{n\times n}$，则 $\boldsymbol{A}$ 相似于对角矩阵当且仅当 $\boldsymbol{A}$ 的最小多项式 $m(\lambda)$无重零点。

【例 2.2.4】　证明若 n 阶方阵 $\boldsymbol{A}$ 满足 $\boldsymbol{A}^2=\boldsymbol{A}$，则 $\boldsymbol{A}$ 相似于对角矩阵。

证明　记 $h(\lambda)=\lambda^2-\lambda$，则显然 $h(\lambda)$为方阵 $\boldsymbol{A}$ 的化零多项式。由定理 2.2.3 知，$\boldsymbol{A}$ 的最小多项式 $m(\lambda)$满足 $m(\lambda)\mid h(\lambda)$。因为 $h(\lambda)=0$ 无重根($\lambda=0$ 或 1)，所以 $m(\lambda)=0$ 也无重根，从而由定理 2.2.8 知，$\boldsymbol{A}$ 相似于对角矩阵。也可以利用与例 1.5.7 相同的讨论来完成证明。

四、Jordan 标准形的简单应用

本节介绍矩阵 Jordan 标准形的一些简单应用。

【例 2.2.5】　一阶常系数线性常微分方程组的求解。设有如下形式的一阶常系数线性方程组

$$\begin{cases}\dfrac{\mathrm{d}x_1}{\mathrm{d}t}=a_{11}x_1+a_{12}x_2+\cdots+a_{1n}x_n\\ \dfrac{\mathrm{d}x_2}{\mathrm{d}t}=a_{21}x_1+a_{22}x_2+\cdots+a_{2n}x_n\\ \quad\vdots\\ \dfrac{\mathrm{d}x_n}{\mathrm{d}t}=a_{n1}x_1+a_{n2}x_2+\cdots+a_{nn}x_n\end{cases},\tag{2.2.3}$$

式中，$a_{ij}(i,j=1,2,\cdots,n)$均为常数。不妨设

$$\boldsymbol{A}=[a_{ij}]_{n\times n}\in\mathbf{C}^{n\times n},\ \boldsymbol{x}=[x_1(t),x_2(t),\cdots,x_n(t)]^{\mathrm{T}},\ \frac{\mathrm{d}\boldsymbol{x}}{\mathrm{d}t}=\left[\frac{\mathrm{d}x_1}{\mathrm{d}t},\frac{\mathrm{d}x_2}{\mathrm{d}t},\cdots,\frac{\mathrm{d}x_n}{\mathrm{d}t}\right]^{\mathrm{T}},$$

则式(2.2.3)可写为矩阵形式

$$\frac{\mathrm{d}\boldsymbol{x}}{\mathrm{d}t}=\boldsymbol{A}\boldsymbol{x}。\tag{2.2.4}$$

假定上述定义方阵 $\boldsymbol{A}$ 的 Jordan 标准形为 $\boldsymbol{J}$，则有 $\boldsymbol{P}^{-1}\boldsymbol{A}\boldsymbol{P}=\boldsymbol{J}$，再令

$$\boldsymbol{x}=\boldsymbol{P}\boldsymbol{y},\ \boldsymbol{y}=[y_1(t),y_2(t),\cdots,y_n(t)]^{\mathrm{T}},\tag{2.2.5}$$

将式(2.2.5)代入式(2.2.4)，有

$$\boldsymbol{P}\frac{\mathrm{d}\boldsymbol{y}}{\mathrm{d}t}=\boldsymbol{A}\boldsymbol{P}\boldsymbol{y},$$

用 $\boldsymbol{P}^{-1}$ 左乘上式两边可得

$$\frac{\mathrm{d}\boldsymbol{y}}{\mathrm{d}t}=\boldsymbol{P}^{-1}\boldsymbol{A}\boldsymbol{P}\boldsymbol{y}=\boldsymbol{J}\boldsymbol{y},\tag{2.2.6}$$

若由式(2.2.6)求得 $\boldsymbol{y}$，则可由式(2.2.5)求得原方程解 $\boldsymbol{x}$。

比如，求如下微分方程组的解：

$$\begin{cases}\dfrac{\mathrm{d}x_1}{\mathrm{d}t}=2x_1-x_2-x_3\\[2mm]\dfrac{\mathrm{d}x_2}{\mathrm{d}t}=2x_1-x_2-2x_3\\[2mm]\dfrac{\mathrm{d}x_3}{\mathrm{d}t}=-x_1+x_2+2x_3\end{cases}。$$

令 $\boldsymbol{x}=[x_1(t),\ x_2(t),\ x_3(t)]^{\mathrm{T}}$，改写方程组为矩阵形式

$$\frac{\mathrm{d}\boldsymbol{x}}{\mathrm{d}t}=\begin{bmatrix}2 & -1 & -1\\ 2 & -1 & -2\\ -1 & 1 & 2\end{bmatrix}\boldsymbol{x},$$

由例 2.2.1 知

$$\boldsymbol{P}^{-1}\boldsymbol{A}\boldsymbol{P}=\begin{bmatrix}1 & 0 & 0\\ 0 & 1 & 1\\ 0 & 0 & 1\end{bmatrix},\ \boldsymbol{P}=\begin{bmatrix}1 & 1 & 1\\ 1 & 2 & 1\\ 0 & -1 & 1\end{bmatrix},$$

令 $\boldsymbol{x}=\boldsymbol{P}\boldsymbol{y}$，则由式(2.2.6)有

$$\begin{cases}\dfrac{\mathrm{d}y_1}{\mathrm{d}t}=y_1\\[2mm]\dfrac{\mathrm{d}y_2}{\mathrm{d}t}=y_2+y_3\\[2mm]\dfrac{\mathrm{d}y_3}{\mathrm{d}t}=y_3\end{cases},$$

不难求得

$$\begin{cases}y_1=c_1\mathrm{e}^t\\ y_2=(c_3t+c_2)\mathrm{e}^t\\ y_3=c_3\mathrm{e}^t\end{cases},$$

将其代入 $\boldsymbol{x}=\boldsymbol{P}\boldsymbol{y}$，即可得微分方程组的解

$$\begin{cases}x_1=c_1\mathrm{e}^t+(c_3t+c_2)\mathrm{e}^t+c_3\mathrm{e}^t\\ x_2=c_1\mathrm{e}^t+2(c_3t+c_2)\mathrm{e}^t+c_3\mathrm{e}^t\\ x_3=-(c_3t+c_2)\mathrm{e}^t+c_3\mathrm{e}^t\end{cases},$$

式中，c_1，c_2，c_3 为任意常数。

【例 2.2.6】 线性代数方程组的求解。设有如下形式的线性代数方程组

$$\boldsymbol{A}\boldsymbol{x}=\boldsymbol{b},$$

式中，$\boldsymbol{A}$ 为 n 阶方阵，$\boldsymbol{b}$ 为 n 维列向量。假定存在可逆阵 $\boldsymbol{P}$ 使得 $\boldsymbol{P}^{-1}\boldsymbol{A}\boldsymbol{P}=\boldsymbol{J}$，则作代换 $\boldsymbol{x}=\boldsymbol{P}\boldsymbol{y}$，并由 $\boldsymbol{A}\boldsymbol{x}=\boldsymbol{b}$ 得 $\boldsymbol{A}\boldsymbol{P}\boldsymbol{y}=\boldsymbol{b}$，从而

$$\boldsymbol{P}^{-1}\boldsymbol{A}\boldsymbol{P}\boldsymbol{y}=\boldsymbol{P}^{-1}\boldsymbol{b},$$

即

$$\boldsymbol{J}\boldsymbol{y}=\boldsymbol{P}^{-1}\boldsymbol{b},$$

此时可按 Jordan 标准形 $\boldsymbol{J}$ 的对角块 $\boldsymbol{J}_i$ 将原方程组分解成若干个独立的小方程组来求解。比如，已知

$$\boldsymbol{J}=\begin{bmatrix}2&0&0\\0&1&1\\0&0&1\end{bmatrix},\ \boldsymbol{c}=\boldsymbol{P}^{-1}\boldsymbol{b}=\begin{bmatrix}c_1\\c_2\\c_3\end{bmatrix},$$

则方程组 $\boldsymbol{Jy}=\boldsymbol{c}$ 可分解成两个独立的小方程组：

$$2y_1=c_1,\ \begin{cases}y_2+y_3=c_2\\y_3=c_3\end{cases}。$$

【例 2.2.7】　方阵 A 正整数次幂方的求解。设方阵 $\boldsymbol{A}$ 的 Jordan 标准形为

$$\boldsymbol{J}=\begin{bmatrix}\boldsymbol{J}_1(\lambda_1)&&&\\&\boldsymbol{J}_2(\lambda_2)&&\\&&\ddots&\\&&&\boldsymbol{J}_s(\lambda_s)\end{bmatrix},$$

式中

$$\boldsymbol{J}_i(\lambda_i)=\begin{bmatrix}\lambda_i&1&&&\\&\lambda_i&1&&\\&&\ddots&\ddots&\\&&&\lambda_i&1\\&&&&\lambda_i\end{bmatrix}_{n_i\times n_i},\ i=1,2,\cdots,s。$$

于是对给定的正整数 k 有

$$\boldsymbol{A}^k=\boldsymbol{P}\begin{bmatrix}\boldsymbol{J}_1^k(\lambda_1)&&&\\&\boldsymbol{J}_2^k(\lambda_2)&&\\&&\ddots&\\&&&\boldsymbol{J}_s^k(\lambda_s)\end{bmatrix}\boldsymbol{P}^{-1}。$$

对 Jordan 块 $\boldsymbol{J}_i(\lambda_i)$，可验证有 $\boldsymbol{J}_i(\lambda_i)=\lambda_i\boldsymbol{E}+\boldsymbol{J}_i(0)$，且 $\boldsymbol{J}_i^k(0)=\boldsymbol{0}(k\geqslant i)$，从而应用二项式展开定理有

$$\boldsymbol{J}_i^k(\lambda_i)=\begin{bmatrix}\lambda_i^k&k\lambda_i^{k-1}&\cdots&\cdots&C_k^{n_i-1}\lambda_i^{k-n_i+1}\\&\lambda_i^k&k\lambda_i^{k-1}&&C_k^{n_i-2}\lambda_i^{k-n_i+2}\\&&\ddots&\ddots&\vdots\\&&&\lambda_i^k&k\lambda_i^{k-1}\\&&&&\lambda_i^k\end{bmatrix}_{n_i\times n_i},\ i=1,2,\cdots,s,$$

式中

$$C_k^l=\begin{cases}\dfrac{k(k-1)\cdots(k-l+1)}{l!}&(l\leqslant k)\\0&(l>k)\end{cases}。$$

比如，对例 2.2.1 定义的矩阵 $\boldsymbol{A}$，求 $\boldsymbol{A}^{100}$。由例 2.2.1 知

$$\boldsymbol{P}=\begin{bmatrix}1&1&1\\1&2&1\\0&-1&1\end{bmatrix},\ \boldsymbol{J}=\begin{bmatrix}1&0&0\\0&1&1\\0&0&1\end{bmatrix},\ \boldsymbol{P}^{-1}=\begin{bmatrix}3&-2&-1\\-1&1&0\\-1&1&1\end{bmatrix},$$

从而

$$A=\begin{bmatrix}1&1&1\\1&2&1\\0&-1&1\end{bmatrix}\begin{bmatrix}1&0&0\\0&1&1\\0&0&1\end{bmatrix}\begin{bmatrix}3&-2&-1\\-1&1&0\\-1&1&1\end{bmatrix},$$

因此

$$A^{100}=\begin{bmatrix}1&1&1\\1&2&1\\0&-1&1\end{bmatrix}\begin{bmatrix}1^{100}&0&0\\0&1^{100}&100\cdot 1^{99}\\0&0&1^{100}\end{bmatrix}\begin{bmatrix}3&-2&-1\\-1&1&0\\-1&1&1\end{bmatrix}$$

$$=\begin{bmatrix}-99&100&100\\-200&201&200\\100&-100&-99\end{bmatrix}。$$

【例 2.2.8】 若方阵 A 满足 $A^k=E$（k 为正整数），证明 A 相似于对角矩阵。

证明 此例可以采用例 2.2.4 中的方法来完成证明，留作练习。下面我们采用 A 的 Jordan 标准形来完成证明，即只需验证 A 的 Jordan 标准形中每一个 Jordan 块都为 1 阶，则 A 相似于对角矩阵。假设 A 的 Jordan 标准形如下：

$$J=\begin{bmatrix}J_1(\lambda_1)&&&\\&J_2(\lambda_2)&&\\&&\ddots&\\&&&J_s(\lambda_s)\end{bmatrix},\ J_i=\begin{bmatrix}\lambda_i&1&&&\\&\lambda_i&1&&\\&&\ddots&\ddots&\\&&&\lambda_i&1\\&&&&\lambda_i\end{bmatrix}_{n_i\times n_i},$$

则存在相似变换矩阵 P 使得 $P^{-1}AP=J$，从而

$$J^k=P^{-1}A^kP=E,$$

于是应该有

$$J_i^k=\begin{bmatrix}\lambda_i^k&k\lambda_i^{k-1}&&*&\\&\lambda_i^k&k\lambda_i^{k-1}&&\\&&\ddots&\ddots&\\&&&\lambda_i^k&k\lambda_i^{k-1}\\&&&&\lambda_i^k\end{bmatrix}_{n_i\times n_i}=E_{n_i},\ i=1,2,\cdots,s,$$

因而 J_i 必为一阶子块，即 $s=n$，所以 A 相似于对角矩阵。

习 题 二

1. 利用初等变换法求例 2.1.5 中矩阵的 Smith 标准形及初等因子。

2. 求下列矩阵

$$A=\begin{bmatrix}-1&1&0\\-4&3&0\\1&0&2\end{bmatrix}$$

对应特征矩阵的不变因子及初等因子。

3．求下列矩阵

$$A(\lambda)=\begin{bmatrix}0&0&1&\lambda+4\\0&1&\lambda+4&0\\1&\lambda+4&0&0\\\lambda+4&0&0&0\end{bmatrix}$$

的 Smith 标准形及初等因子。

4．判断下列矩阵

$$A=\begin{bmatrix}3&2&-5\\2&6&-10\\1&2&-3\end{bmatrix},\ B=\begin{bmatrix}6&20&-34\\6&32&-51\\4&20&-32\end{bmatrix}$$

特征矩阵的 Smith 标准形及 A，B 的不变因子与行列式因子是否相同。

5．设有矩阵

$$A=\begin{bmatrix}a&1&&&\\&a&1&&\\&&\ddots&\ddots&\\&&&\ddots&1\\&&&&a\end{bmatrix}_{10\times10},\ B=\begin{bmatrix}a&1&&&\\&a&1&&\\&&\ddots&\ddots&\\&&&\ddots&1\\\varepsilon&&&&a\end{bmatrix}_{10\times10},$$

式中 $\varepsilon=10^{-10}$，证明：A，B 不相似。

6．设矩阵 A 的特征值互异，且矩阵 B 与矩阵 A 可交换，证明：矩阵 B 的初等因子均为一次因式。

7．设矩阵 $A\neq 0$，且 $A^k=0$（k 为正整数，$k\geqslant2$），证明：A 不相似于对角矩阵。

8．求下列矩阵的 Jordan 标准形及其相似变换矩阵 P：

(1) $\begin{bmatrix}1&2&0\\0&2&0\\-2&-2&1\end{bmatrix}$；　(2) $\begin{bmatrix}-1&1&1\\-5&21&17\\6&-26&-21\end{bmatrix}$。

9．设矩阵

$$A=\begin{bmatrix}-1&0&1\\1&2&0\\-4&0&3\end{bmatrix},$$

求 A^{100}。

10．设矩阵 A 满足 $A^2=A$，证明：

$$A\sim\begin{bmatrix}1&&&&&\\&\ddots&&&&\\&&1&&&\\&&&0&&\\&&&&\ddots&\\&&&&&0\end{bmatrix}。$$

11．利用矩阵 Jordan 标准形求解下列微分方程组

$$\begin{cases}\dfrac{\mathrm{d}x_1(t)}{\mathrm{d}t}=-x_1(t)+x_2(t)\\ \dfrac{\mathrm{d}x_2(t)}{\mathrm{d}t}=-4x_1(t)+3x_2(t)\\ \dfrac{\mathrm{d}x_3(t)}{\mathrm{d}t}=-8x_1(t)+8x_2(t)-x_3(t)\end{cases}$$

。

12. 设 $\boldsymbol{A}$ 为 n 阶矩阵，证明：对任一不小于 n 的正整数 k，存在一个次数不超过 $n-1$ 的多项式 $q(\lambda)$满足 $\boldsymbol{A}^k=q(\boldsymbol{A})$。

13. 设 $\boldsymbol{A}$ 为 n 阶可逆矩阵，证明：存在次数不超过 $n-1$ 的多项式 $f(\lambda)$满足 $\boldsymbol{A}^{-1}=f(\boldsymbol{A})$。

14. 设矩阵 $\boldsymbol{A}$ 的最小多项式 $m(\lambda)$为 m 次多项式，证明：

(1) 矩阵 $\boldsymbol{A}$ 可逆当且仅当 $m(0)\neq 0$；

(2) 存在 $m-1$ 次多项式 $f(\lambda)$使得 $\boldsymbol{A}^{-1}=f(\boldsymbol{A})$，且对任意次数小于 $m-1$ 次多项式 $g(\lambda)$，都有 $\boldsymbol{A}^{-1}\neq g(\boldsymbol{A})$。

15. 设 a 为 n 阶矩阵 $\boldsymbol{A}$ 的单特征值，$\boldsymbol{x}_0$ 为 $\boldsymbol{A}$ 的属于特征值 a 的特征向量，证明：线性方程组$(a\boldsymbol{E}-\boldsymbol{A})\boldsymbol{x}=\boldsymbol{x}_0$ 无解。

第 3 章　内积空间及其上变换

3.1 内积空间

一、内积空间的概念及性质

在线性空间中，向量(元素)之间的基本线性运算只有加法与数乘。相比较线性代数中的向量空间 $\mathbf{R}^n$，我们会发现在 $\mathbf{R}^n$ 中向量的许多与度量属性有关的概念，如长度、夹角、正交等在一般线性空间的理论中都没有体现，因此有必要在一般线性空间中引入这些概念。在 $\mathbf{R}^n$ 空间中，向量的上述概念都是借助向量的内积来实现的，从而在一般线性空间中，我们也引入内积的概念并以内积作为基本出发点来讨论线性空间的相关概念及性质。

定义 3.1.1　设 V 为实数域 $\mathbf{R}$ 上的线性空间，对任意向量 $\boldsymbol{\alpha}, \boldsymbol{\beta} \in V$ 按照某种法则对应一个实数，记这种对应法则为 $(\boldsymbol{\alpha}, \boldsymbol{\beta})$，且满足如下条件：

(1) $(\boldsymbol{\alpha}, \boldsymbol{\beta})=(\boldsymbol{\beta}, \boldsymbol{\alpha})$，

(2) 对任意 $a, b \in \mathbf{R}$ 及任意 $\boldsymbol{\alpha}, \boldsymbol{\beta}, \boldsymbol{\gamma} \in V$，都有

$$(a\boldsymbol{\alpha}+b\boldsymbol{\beta}, \boldsymbol{\gamma})=a(\boldsymbol{\alpha}, \boldsymbol{\gamma})+b(\boldsymbol{\beta}, \boldsymbol{\gamma}),$$

(3) $(\boldsymbol{\alpha}, \boldsymbol{\alpha}) \geqslant 0$，且 $(\boldsymbol{\alpha}, \boldsymbol{\alpha})=0$ 当且仅当 $\boldsymbol{\alpha}=0$，

则称 $(\boldsymbol{\alpha}, \boldsymbol{\beta})$ 为 $\boldsymbol{\alpha}, \boldsymbol{\beta}$ 的**内积**，而把定义有上述内积的线性空间 V 称为**欧几里得空间**，简称**欧氏空间**。

简单来讲，欧氏空间就是定义有内积的一个特殊实线性空间。

【例 3.1.1】　设 $\boldsymbol{\alpha}, \boldsymbol{\beta} \in \mathbf{R}^n$，且 $\boldsymbol{\alpha}=[a_1, a_2, \cdots, a_n]^{\mathrm{T}}$，$\boldsymbol{\beta}=[b_1, b_2, \cdots, b_n]^{\mathrm{T}}$，令

$$(\boldsymbol{\alpha}, \boldsymbol{\beta})=\boldsymbol{\alpha}^{\mathrm{T}}\boldsymbol{\beta}=a_1b_1+a_2b_2+\cdots+a_nb_n,$$

容易验证，上述 $(\boldsymbol{\alpha}, \boldsymbol{\beta})$ 的定义满足定义 3.1.1 的条件，这样 $\mathbf{R}^n$ 成为欧氏空间，以后 $\mathbf{R}^n$ 沿用此种方式定义内积。

需指出的是，在欧氏空间的定义 3.1.1 中，线性空间 V 的维数并无要求，可以是有限维的，也可以是无限维的，且 V 上内积的形式并非唯一，比如例 3.1.2。

【例 3.1.2】　任给 $\mathbf{R}^2$ 中的向量 $\boldsymbol{\alpha}=[a_1, a_2]^{\mathrm{T}}$，$\boldsymbol{\beta}=[b_1, b_2]^{\mathrm{T}}$，定义

$$(\boldsymbol{\alpha}, \boldsymbol{\beta})=a_1b_1+a_1b_2+a_2b_1+2a_2b_2,$$

则 $(\boldsymbol{\alpha}, \boldsymbol{\beta})$ 定义了 $\mathbf{R}^2$ 上的一内积。

证明　只需验证例中给出的 $(\boldsymbol{\alpha}, \boldsymbol{\beta})$ 满足定义 3.1.1 的条件即可。由题意得

$$(\boldsymbol{\beta}, \boldsymbol{\alpha}) = b_1a_1 + b_2a_1 + b_1a_2 + 2b_2a_2$$
$$= a_1b_1 + a_1b_2 + a_2b_1 + 2a_2b_2 = (\boldsymbol{\alpha}, \boldsymbol{\beta}),$$

对任一 $\boldsymbol{\gamma} = [c_1, c_2]^{\mathrm{T}}$ 及任意 a，$b \in \mathbf{R}$，有

$$\begin{aligned}(a\boldsymbol{\alpha} + b\boldsymbol{\beta}, \boldsymbol{\gamma}) &= (aa_1 + bb_1)c_1 + (aa_1 + bb_1)c_2 + (aa_2 + bb_2)c_1 + 2(aa_2 + bb_2)c_2 \\ &= a(a_1c_1 + a_1c_2 + a_2c_1 + 2a_2c_2) + b(b_1c_1 + b_1c_2 + b_2c_1 + 2b_2c_2) \\ &= a(\boldsymbol{\alpha}, \boldsymbol{\gamma}) + b(\boldsymbol{\beta}, \boldsymbol{\gamma}),\end{aligned}$$

$$(\boldsymbol{\alpha}, \boldsymbol{\alpha}) = a_1a_1 + a_1a_2 + a_2a_1 + 2a_2a_2 = (a_1 + a_2)^2 + (a_2)^2 \geqslant 0$$

且等号成立当且仅当 $a_1 = a_2 = 0$，即 $\boldsymbol{\alpha} = [0, 0]^{\mathrm{T}}$。

【例 3.1.3】 任给 $\boldsymbol{A}$，$\boldsymbol{B} \in \mathbf{R}^{n\times n}$，定义

$$\boldsymbol{A}, \boldsymbol{B} = \mathrm{tr}(\boldsymbol{A}^{\mathrm{T}}\boldsymbol{B}),$$

则$(\boldsymbol{A}, \boldsymbol{B})$定义了 $\mathbf{R}^{n\times n}$ 上的一内积。

证明 设 $\boldsymbol{A} = [a_{ij}]_{n\times n}$，$\boldsymbol{B} = [b_{ij}]_{n\times n}$，不难发现

$$\mathrm{tr}(\boldsymbol{A}^{\mathrm{T}}\boldsymbol{B}) = \sum_{i,j=1}^{n} a_{ij}b_{ij},$$

显然有$(\boldsymbol{A}, \boldsymbol{B}) = (\boldsymbol{B}, \boldsymbol{A})$。

另对任一矩阵 $\boldsymbol{C} \in \mathbf{R}^{n\times n}$ 及任一数 $k \in \mathbf{R}$，我们有

$$(k\boldsymbol{A}, \boldsymbol{B}) = \mathrm{tr}((k\boldsymbol{A})^{\mathrm{T}}\boldsymbol{B}) = \mathrm{tr}(k\boldsymbol{A}^{\mathrm{T}}\boldsymbol{B}) = k\,\mathrm{tr}(\boldsymbol{A}^{\mathrm{T}}\boldsymbol{B}) = k(\boldsymbol{A}, \boldsymbol{B}),$$
$$\begin{aligned}(\boldsymbol{A} + \boldsymbol{B}, \boldsymbol{C}) &= \mathrm{tr}((\boldsymbol{A} + \boldsymbol{B})^{\mathrm{T}}\boldsymbol{C}) = \mathrm{tr}((\boldsymbol{A}^{\mathrm{T}} + \boldsymbol{B}^{\mathrm{T}})\boldsymbol{C}) = \mathrm{tr}(\boldsymbol{A}^{\mathrm{T}}\boldsymbol{C} + \boldsymbol{B}^{\mathrm{T}}\boldsymbol{C}) \\ &= \mathrm{tr}(\boldsymbol{A}^{\mathrm{T}}\boldsymbol{C}) + \mathrm{tr}(\boldsymbol{B}^{\mathrm{T}}\boldsymbol{C}) = (\boldsymbol{A}, \boldsymbol{C}) + (\boldsymbol{B}, \boldsymbol{C}),\end{aligned}$$

$(\boldsymbol{A}, \boldsymbol{A}) = \mathrm{tr}(\boldsymbol{A}^{\mathrm{T}}\boldsymbol{A}) = \sum\limits_{i,j=1}^{n} a_{ij}^2 \geqslant 0$，等号成立当且仅当对任意 i，j，$a_{ij} = 0$，即 $\boldsymbol{A} = \mathbf{0}$。因而$(\boldsymbol{A}, \boldsymbol{B})$定义了 $\mathbf{R}^{2\times 2}$ 上的一内积。

【例 3.1.4】 记 $C[a, b]$为闭区间$[a, b]$$(b>a)$上实连续函数的全体按通常意义的加法与数乘运算构成的线性空间。任给 $f(t)$，$g(t) \in C[a, b]$，定义

$$(f, g) = \int_a^b f(t)g(t)\,\mathrm{d}t,$$

则可验证，上述定义的(f, g)为 $C[a, b]$上的一内积，从而 $C[a, b]$构成一无穷维欧氏空间。

【例 3.1.5】 设 $\boldsymbol{A}$ 为 n 阶正定矩阵，任给列向量 $\boldsymbol{\alpha}$，$\boldsymbol{\beta} \in \mathbf{R}^n$，定义

$$(\boldsymbol{\alpha}, \boldsymbol{\beta}) = \boldsymbol{\alpha}^{\mathrm{T}}\boldsymbol{A}\boldsymbol{\beta},$$

则可验证，上述定义的$(\boldsymbol{\alpha}, \boldsymbol{\beta})$为 $\mathbf{R}^n$ 上的一内积。

注 3.1.1 由定义 3.1.1 不难验证欧氏空间 V 中内积的如下基本性质：

(1) $(\boldsymbol{\alpha}, k\boldsymbol{\beta}) = k(\boldsymbol{\alpha}, \boldsymbol{\beta})$，$\forall \boldsymbol{\alpha}, \boldsymbol{\beta} \in V$，$k \in \mathbf{R}$。

(2) $(\boldsymbol{\alpha}, \boldsymbol{\beta} + \boldsymbol{\gamma}) = (\boldsymbol{\alpha}, \boldsymbol{\beta}) + (\boldsymbol{\alpha}, \boldsymbol{\gamma})$，$\forall \boldsymbol{\alpha}, \boldsymbol{\beta}, \boldsymbol{\gamma} \in V$。

(3) $(\boldsymbol{\alpha}, \mathbf{0}) = (\mathbf{0}, \boldsymbol{\alpha})$，$\forall \boldsymbol{\alpha} \in V$。

(4) $\left(\sum\limits_{i=1}^{n}\lambda_i\boldsymbol{\alpha}_i, \sum\limits_{j=1}^{n}\mu_j\boldsymbol{\beta}_j\right) = \sum\limits_{i=1}^{n}\sum\limits_{j=1}^{n}\lambda_i\mu_j(\boldsymbol{\alpha}_i, \boldsymbol{\beta}_j)$，$\forall \boldsymbol{\alpha}_i, \boldsymbol{\beta}_j \in V$，$\lambda_i, \mu_j \in \mathbf{R}$。

定义 3.1.2 设 V 为复数域 $\mathbf{C}$ 上的线性空间，对任意向量 $\boldsymbol{\alpha}$，$\boldsymbol{\beta} \in V$ 按照某种法则对应一个复数，记这种对应法则为$(\boldsymbol{\alpha}, \boldsymbol{\beta})$，且满足如下条件：

(1) $(\boldsymbol{\alpha}, \boldsymbol{\beta}) = \overline{(\boldsymbol{\beta}, \boldsymbol{\alpha})}$，其中$\overline{(\boldsymbol{\beta}, \boldsymbol{\alpha})}$为复数$(\boldsymbol{\beta}, \boldsymbol{\alpha})$的共轭，

(2) 对任意 a，$b\in\mathbf{C}$ 及任意 $\boldsymbol{\alpha}$，$\boldsymbol{\beta}$，$\boldsymbol{\gamma}\in V$，都有

$$(a\boldsymbol{\alpha}+b\boldsymbol{\beta},\ \boldsymbol{\gamma})=a(\boldsymbol{\alpha},\ \boldsymbol{\gamma})+b(\boldsymbol{\beta},\ \boldsymbol{\gamma}),$$

(3) $(\boldsymbol{\alpha},\ \boldsymbol{\alpha})\geqslant 0$，且 $(\boldsymbol{\alpha},\ \boldsymbol{\alpha})=0$ 当且仅当 $\boldsymbol{\alpha}=0$，

则称 $(\boldsymbol{\alpha},\ \boldsymbol{\beta})$ 为 $\boldsymbol{\alpha}$，$\boldsymbol{\beta}$ 的**内积**，而把定义有上述内积的线性空间 V 称为**酉空间**。

欧氏空间和酉空间统称为**内积空间**。

【例 3.1.6】 设 $\boldsymbol{\alpha}$，$\boldsymbol{\beta}\in\mathbf{C}^n$，且 $\boldsymbol{\alpha}=[a_1,\ a_2,\ \cdots,\ a_n]^{\mathrm{T}}$，$\boldsymbol{\beta}=[b_1,\ b_2,\ \cdots,\ b_n]^{\mathrm{T}}$，令

$$(\boldsymbol{\alpha},\ \boldsymbol{\beta})=(\overline{\boldsymbol{\beta}})^{\mathrm{T}}\boldsymbol{\alpha}=a_1\bar{b}_1+a_2\bar{b}_2+\cdots+a_n\bar{b}_n=\boldsymbol{\beta}^H\boldsymbol{\alpha},$$

式中，$\boldsymbol{\beta}^{\mathrm{H}}$ 为 $\boldsymbol{\beta}$ 的共轭转置。容易验证，上述 $(\boldsymbol{\alpha},\ \boldsymbol{\beta})$ 的定义满足定义 3.1.2 的条件，这样 $\mathbf{C}^n$ 成为酉空间。

注 3.1.2 由定义 3.1.2 不难验证酉空间 V 中内积的如下基本性质：

(1) $(\boldsymbol{\alpha},\ k\boldsymbol{\beta})=\bar{k}(\boldsymbol{\alpha},\ \boldsymbol{\beta})$，$\forall\,\boldsymbol{\alpha}$，$\boldsymbol{\beta}\in V$，$k\in\mathbf{C}$。

(2) $(\boldsymbol{\alpha},\ \boldsymbol{\beta}+\boldsymbol{\gamma})=(\boldsymbol{\alpha},\ \boldsymbol{\beta})+(\boldsymbol{\alpha},\ \boldsymbol{\gamma})$，$\forall\,\boldsymbol{\alpha}$，$\boldsymbol{\beta}$，$\boldsymbol{\gamma}\in V$。

(3) $(\boldsymbol{\alpha},\ \mathbf{0})=(\mathbf{0},\ \boldsymbol{\alpha})$，$\forall\,\boldsymbol{\alpha}\in V$。

(4) $\left(\sum\limits_{i=1}^{n}\lambda_i\boldsymbol{\alpha}_i,\ \sum\limits_{j=1}^{n}\mu_j\boldsymbol{\beta}_j\right)=\sum\limits_{i=1}^{n}\sum\limits_{j=1}^{n}\lambda_i\bar{\mu}_j(\boldsymbol{\alpha}_i,\ \boldsymbol{\beta}_j)$，$\forall\,\boldsymbol{\alpha}_i$，$\boldsymbol{\beta}_j\in V$，$\lambda_i$，$\mu_j\in\mathbf{C}$。

设 V 为 n 维酉空间，$\boldsymbol{\alpha}_1$，$\boldsymbol{\alpha}_2$，$\cdots$，$\boldsymbol{\alpha}_n$ 为其一组基，任给 $\boldsymbol{\alpha}$，$\boldsymbol{\beta}\in V$，不妨设

$$\boldsymbol{\alpha}=\sum_{i=1}^{n}x_i\boldsymbol{\alpha}_i,\ \boldsymbol{\beta}=\sum_{j=1}^{n}y_i\boldsymbol{\alpha}_j,$$

则由注 3.1.2(4)有

$$(\boldsymbol{\alpha},\ \boldsymbol{\beta})=\left(\sum_{i=1}^{n}x_i\boldsymbol{\alpha}_i,\ \sum_{j=1}^{n}y_j\boldsymbol{\alpha}_j\right)=\sum_{i=1}^{n}\sum_{j=1}^{n}x_i\bar{y}_j(\boldsymbol{\alpha}_i,\ \boldsymbol{\alpha}_j),$$

令

$$g_{ij}=(\boldsymbol{\alpha}_i,\ \boldsymbol{\alpha}_j),\ i,\ j=1,\ 2,\ \cdots,\ n,$$

则显然有

$$g_{ij}=\bar{g}_{ji},\ i,\ j=1,\ 2,\ \cdots,\ n,$$

因此

$$(\boldsymbol{\alpha},\ \boldsymbol{\beta})=\left(\sum_{i=1}^{n}x_i\boldsymbol{\alpha}_i,\ \sum_{j=1}^{n}y_j\boldsymbol{\alpha}_j\right)=\sum_{i=1}^{n}\sum_{j=1}^{n}g_{ij}x_i\bar{y}_j。\tag{3.1.1}$$

利用矩阵，内积 $(\boldsymbol{\alpha},\ \boldsymbol{\beta})$ 还可进一步表示为

$$(\boldsymbol{\alpha},\ \boldsymbol{\beta})=\boldsymbol{x}^{\mathrm{T}}\boldsymbol{G}\bar{\boldsymbol{y}},\tag{3.1.2}$$

式中，$\boldsymbol{x}=[x_1,\ x_2,\ \cdots,\ x_n]^{\mathrm{T}}$，$\boldsymbol{y}=[y_1,\ y_2,\ \cdots,\ y_n]^{\mathrm{T}}$ 分别为 $\boldsymbol{\alpha}$，$\boldsymbol{\beta}$ 在给定基 $\boldsymbol{\alpha}_1$，$\boldsymbol{\alpha}_2$，$\cdots$，$\boldsymbol{\alpha}_n$ 下的坐标所成列向量，$\bar{\boldsymbol{y}}$ 为 $\boldsymbol{y}$ 的共轭向量，而矩阵

$$\boldsymbol{G}=\begin{bmatrix}g_{11} & g_{12} & \cdots & g_{1n}\\ g_{21} & g_{22} & \cdots & g_{2n}\\ \vdots & \vdots & & \vdots\\ g_{n1} & g_{n2} & \cdots & g_{nn}\end{bmatrix}$$

称为基 $\boldsymbol{\alpha}_1$，$\boldsymbol{\alpha}_2$，$\cdots$，$\boldsymbol{\alpha}_n$ 的**度量矩阵**，显见 $\boldsymbol{G}=(\overline{\boldsymbol{G}})^{\mathrm{T}}$。

因而，在取定内积空间 V 的一组基以后，可确定度量矩阵 $\boldsymbol{G}$。V 中任意两个向量的内

积可以通过它们的坐标由式(3.1.1)或式(3.1.2)来计算，矩阵 $\boldsymbol{G}$ 也就完全确定了内积。

定义 3.1.3 设 $\boldsymbol{A}\in\mathbf{C}^{m\times n}$，记 $\overline{\boldsymbol{A}}$ 为以 $\boldsymbol{A}$ 中元素的共轭复数为元素构成的矩阵。令 $\boldsymbol{A}^{\mathrm{H}}=(\overline{\boldsymbol{A}})^{\mathrm{T}}$，则称 $\boldsymbol{A}^{\mathrm{H}}$ 为 $\boldsymbol{A}$ 的**复共轭转置矩阵**。

注 3.1.3 由定义 3.1.3，不难验证复共轭转置矩阵有如下基本性质：

(1) $(\boldsymbol{A}+\boldsymbol{B})^{\mathrm{H}}=\boldsymbol{A}^{\mathrm{H}}+\boldsymbol{B}^{\mathrm{H}}$。

(2) $(k\boldsymbol{A})^{\mathrm{H}}=\bar{k}\boldsymbol{A}^{\mathrm{H}}$，$k\in\mathbf{C}$。

(3) $(\boldsymbol{A}\boldsymbol{B})^{\mathrm{H}}=\boldsymbol{B}^{\mathrm{H}}\boldsymbol{A}^{\mathrm{H}}$。

(4) $(\boldsymbol{A}^{\mathrm{H}})^{\mathrm{H}}=\boldsymbol{A}$。

(5) 当 $\boldsymbol{A}$ 可逆时，$(\boldsymbol{A}^{\mathrm{H}})^{-1}=(\boldsymbol{A}^{-1})^{\mathrm{H}}$。

定义 3.1.4 设 $\boldsymbol{A}\in\mathbf{C}^{n\times n}$，若 $\boldsymbol{A}^{\mathrm{H}}=\boldsymbol{A}$，则称 $\boldsymbol{A}$ 为 **Hermite 矩阵**。若 $\boldsymbol{A}^{\mathrm{H}}=-\boldsymbol{A}$，则称 $\boldsymbol{A}$ 为**反 Hermite 矩阵**。

注 3.1.4 由定义 3.1.4 不难验证如下性质：

(1) $\boldsymbol{A}^{\mathrm{H}}=\boldsymbol{A}\Leftrightarrow a_{ij}=\overline{a_{ji}}\Leftrightarrow \mathrm{Re}(a_{ij})=\mathrm{Re}(a_{ji})$，$\mathrm{Im}(a_{ij})=-\mathrm{Im}(a_{ji})$。

(2) $\boldsymbol{A}^{\mathrm{H}}=-\boldsymbol{A}\Leftrightarrow a_{ij}=-\overline{a_{ji}}\Leftrightarrow \mathrm{Re}(a_{ij})=-\mathrm{Re}(a_{ji})$，$\mathrm{Im}(a_{ij})=\mathrm{Im}(a_{ji})$。

其中，$\mathrm{Re}(z)$为复数 z 的实部，$\mathrm{Im}(z)$为复数 z 的虚部，i，$j=1$，2，…，n。

显然，酉空间的度量矩阵为 Hermite 矩阵，欧氏空间的度量矩阵为实对称矩阵，即实 Hermite 矩阵。

对于 n 维酉空间 V，它们可以选取不同的基，因而对应不同的度量矩阵。下面的定理给出了不同基下的度量矩阵之间的关系。

定理 3.1.1 设 $\boldsymbol{\alpha}_1$，$\boldsymbol{\alpha}_2$，…，$\boldsymbol{\alpha}_n$ 与 $\boldsymbol{\alpha}_1'$，$\boldsymbol{\alpha}_2'$，…，$\boldsymbol{\alpha}_n'$ 为 n 维酉空间 V 的两组不同基，$\boldsymbol{A}$，$\boldsymbol{B}$ 分别为两组基下的度量矩阵，两组基的过渡矩阵为 $\boldsymbol{P}$，即

$$[\boldsymbol{\alpha}_1',\ \boldsymbol{\alpha}_2',\ \cdots,\ \boldsymbol{\alpha}_n']=[\boldsymbol{\alpha}_1,\ \boldsymbol{\alpha}_2,\ \cdots,\ \boldsymbol{\alpha}_n]\boldsymbol{P},$$

则两个度量矩阵 $\boldsymbol{A}$，$\boldsymbol{B}$ 满足

$$\boldsymbol{B}=\boldsymbol{P}^{\mathrm{T}}\boldsymbol{A}\overline{\boldsymbol{P}}\text{ 或 }\boldsymbol{B}^{\mathrm{T}}=\boldsymbol{P}^{\mathrm{H}}\boldsymbol{A}^{\mathrm{T}}\boldsymbol{P}。$$

证明 设 $\boldsymbol{\alpha}$，$\boldsymbol{\beta}\in V$ 且有

$$\boldsymbol{\alpha}=[\boldsymbol{\alpha}_1,\ \boldsymbol{\alpha}_2,\ \cdots,\ \boldsymbol{\alpha}_n]\boldsymbol{x}=[\boldsymbol{\alpha}_1',\ \boldsymbol{\alpha}_2',\ \cdots,\ \boldsymbol{\alpha}_n']\boldsymbol{x}',$$

$$\boldsymbol{\beta}=[\boldsymbol{\alpha}_1,\ \boldsymbol{\alpha}_2,\ \cdots,\ \boldsymbol{\alpha}_n]\boldsymbol{y}=[\boldsymbol{\alpha}_1',\ \boldsymbol{\alpha}_2',\ \cdots,\ \boldsymbol{\alpha}_n']\boldsymbol{y}',$$

由坐标变换公式知 $\boldsymbol{x}=\boldsymbol{P}\boldsymbol{x}'$，$\boldsymbol{y}=\boldsymbol{P}\boldsymbol{y}'$，从而

$$(\boldsymbol{\alpha},\ \boldsymbol{\beta})=\boldsymbol{x}^{\mathrm{T}}\boldsymbol{A}\overline{\boldsymbol{y}}=(\boldsymbol{P}\boldsymbol{x}')^{\mathrm{T}}\boldsymbol{A}\overline{(\boldsymbol{P}\boldsymbol{y}')}=(\boldsymbol{x}')^{\mathrm{T}}\boldsymbol{P}^{\mathrm{T}}\boldsymbol{A}\overline{\boldsymbol{P}}\,\overline{\boldsymbol{y}}',$$

另有

$$(\boldsymbol{\alpha},\ \boldsymbol{\beta})=(\boldsymbol{x}')^{\mathrm{T}}\boldsymbol{B}\overline{\boldsymbol{y}}',$$

因此 $\boldsymbol{B}=\boldsymbol{P}^{\mathrm{T}}\boldsymbol{A}\overline{\boldsymbol{P}}$，即 $\boldsymbol{B}^{\mathrm{T}}=\boldsymbol{P}^{\mathrm{H}}\boldsymbol{A}^{\mathrm{T}}\boldsymbol{P}$。

二、内积空间的度量

现将 $\mathbf{R}^n$ 空间中向量的一些度量推广到一般的内积空间上。

定义 3.1.5 设 V 为内积空间，向量 $\boldsymbol{\alpha}\in V$ 的模定义为

$$\|\boldsymbol{\alpha}\|=\sqrt{(\boldsymbol{\alpha},\ \boldsymbol{\alpha})}。$$

定理 3.1.2　设 V 为内积空间，V 中向量的模具有以下性质：

(1) $\|\boldsymbol{\alpha}\| \geqslant 0$，$\|\boldsymbol{\alpha}\|=0$ 当且仅当 $\boldsymbol{\alpha}=\mathbf{0}$。

(2) $\|k\boldsymbol{\alpha}\|=|k|\ \|\boldsymbol{\alpha}\|$，$k\in F$。

(3) $|(\boldsymbol{\alpha},\boldsymbol{\beta})|\leqslant\sqrt{(\boldsymbol{\alpha},\boldsymbol{\alpha})}\sqrt{(\boldsymbol{\beta},\boldsymbol{\beta})}=\|\boldsymbol{\alpha}\|\ \|\boldsymbol{\beta}\|$，$\forall\boldsymbol{\alpha},\boldsymbol{\beta}\in V$。

(4) $\|\boldsymbol{\alpha}+\boldsymbol{\beta}\|\leqslant\|\boldsymbol{\alpha}\|+\|\boldsymbol{\beta}\|$，$\forall\boldsymbol{\alpha},\boldsymbol{\beta}\in V$。

证明　由内积的性质，性质(1)和(2)容易验证。下面验证性质(3)。若 $\boldsymbol{\beta}=0$，则不等式显然成立。设 $\boldsymbol{\beta}\neq\mathbf{0}$，则对任一 $k\in\mathbf{C}$，有

$$0\leqslant(\boldsymbol{\alpha}-k\boldsymbol{\beta},\boldsymbol{\alpha}-k\boldsymbol{\beta})=(\boldsymbol{\alpha},\boldsymbol{\alpha})-\bar{k}(\boldsymbol{\alpha},\boldsymbol{\beta})-k(\boldsymbol{\beta},\boldsymbol{\alpha})+k\bar{k}(\boldsymbol{\beta},\boldsymbol{\beta}),$$

由数 k 的任意性，在上式中取

$$k=\frac{(\boldsymbol{\alpha},\boldsymbol{\beta})}{(\boldsymbol{\beta},\boldsymbol{\beta})},$$

则

$$0\leqslant(\boldsymbol{\alpha},\boldsymbol{\alpha})-\frac{(\boldsymbol{\alpha},\boldsymbol{\beta})(\boldsymbol{\beta},\boldsymbol{\alpha})}{(\boldsymbol{\beta},\boldsymbol{\beta})}=(\boldsymbol{\alpha},\boldsymbol{\alpha})-\frac{|(\boldsymbol{\alpha},\boldsymbol{\beta})|^2}{(\boldsymbol{\beta},\boldsymbol{\beta})},$$

从而

$$|(\boldsymbol{\alpha},\boldsymbol{\beta})|^2\leqslant(\boldsymbol{\alpha},\boldsymbol{\alpha})(\boldsymbol{\beta},\boldsymbol{\beta}),$$

即性质(3)成立。

性质(3)中描述的不等式通常称为 **Cauchy-Schwarz 不等式**。

下面接着验证性质(4)。任给 $\boldsymbol{\alpha},\boldsymbol{\beta}\in V$，我们有

$$\begin{aligned}\|\boldsymbol{\alpha}+\boldsymbol{\beta}\|^2&=(\boldsymbol{\alpha}+\boldsymbol{\beta},\boldsymbol{\alpha}+\boldsymbol{\beta})=(\boldsymbol{\alpha},\boldsymbol{\alpha})+(\boldsymbol{\alpha},\boldsymbol{\beta})+(\boldsymbol{\beta},\boldsymbol{\alpha})+(\boldsymbol{\beta},\boldsymbol{\beta})\\&=\|\boldsymbol{\alpha}\|^2+2\mathrm{Re}(\boldsymbol{\alpha},\boldsymbol{\beta})+\|\boldsymbol{\beta}\|^2\\&\leqslant\|\boldsymbol{\alpha}\|^2+2|(\boldsymbol{\alpha},\boldsymbol{\beta})|+\|\boldsymbol{\beta}\|^2\\&\leqslant\|\boldsymbol{\alpha}\|^2+2\|\boldsymbol{\alpha}\|\ \|\boldsymbol{\beta}\|+\|\boldsymbol{\beta}\|^2\\&=(\|\boldsymbol{\alpha}\|+\|\boldsymbol{\beta}\|)^2,\end{aligned}$$

即性质(4)成立。

注 3.1.5　若 $\|\boldsymbol{\alpha}\|=1$，则称 $\boldsymbol{\alpha}$ 为**单位向量**，特别地，若 $\boldsymbol{\alpha}\neq\mathbf{0}$，向量 $\dfrac{\boldsymbol{\alpha}}{\|\boldsymbol{\alpha}\|}$ 称为 $\boldsymbol{\alpha}$ 的**单位化向量**。任给 $\boldsymbol{\alpha},\boldsymbol{\beta}\in V$，称 $d(\boldsymbol{\alpha},\boldsymbol{\beta})=\|\boldsymbol{\alpha}-\boldsymbol{\beta}\|=\sqrt{(\boldsymbol{\alpha}-\boldsymbol{\beta},\boldsymbol{\alpha}-\boldsymbol{\beta})}$ 为 $\boldsymbol{\alpha}$ 与 $\boldsymbol{\beta}$ 之间的**距离**。

由于欧氏空间中内积总为实数，因此由 Cauchy-Schwarz 不等式有

$$-1\leqslant\frac{(\boldsymbol{\alpha},\boldsymbol{\beta})}{\|\boldsymbol{\alpha}\|\ \|\boldsymbol{\beta}\|}\leqslant 1,$$

从而可以定义欧氏空间中两个向量之间的夹角如下：

定义 3.1.6　欧氏空间 V 中非零向量 $\boldsymbol{\alpha}$，$\boldsymbol{\beta}$ 之间的夹角 $\langle\boldsymbol{\alpha},\boldsymbol{\beta}\rangle$ 规定为

$$\langle\boldsymbol{\alpha},\boldsymbol{\beta}\rangle=\arccos\frac{(\boldsymbol{\alpha},\boldsymbol{\beta})}{\|\boldsymbol{\alpha}\|\ \|\boldsymbol{\beta}\|},\ 0\leqslant\langle\boldsymbol{\alpha},\boldsymbol{\beta}\rangle\leqslant\pi。$$

三、标准正交基

在 n 维向量空间 $\mathbf{R}^n$ 中，有向量的正交与标准正交基等概念，本节我们在一般内积空间

V 中引入相关概念。

定义 3.1.7 若 $\boldsymbol{\alpha}, \boldsymbol{\beta} \in V$ 满足 $(\boldsymbol{\alpha}, \boldsymbol{\beta})=0$，则称 $\boldsymbol{\alpha}$ 与 $\boldsymbol{\beta}$ **正交**，记为 $\boldsymbol{\alpha} \perp \boldsymbol{\beta}$。内积空间 V 中一组**非零**的向量 $\{\boldsymbol{\alpha}_i\}$，若它们两两正交，即 $(\boldsymbol{\alpha}_i, \boldsymbol{\alpha}_j)=0$，$i \neq j$，则称为**一正交向量组**。规定单个非零向量构成的向量组为正交向量组。

注 3.1.6 由定义 3.1.7 不难得出：

(1) 零向量与任意向量都正交，只有零向量与自身正交。

(2) 若内积空间 V 中的向量 $\boldsymbol{\alpha}_1, \boldsymbol{\alpha}_2, \cdots, \boldsymbol{\alpha}_n$ 两两正交，则

$$\|\boldsymbol{\alpha}_1+\boldsymbol{\alpha}_2+\cdots+\boldsymbol{\alpha}_n\|^2=\|\boldsymbol{\alpha}_1\|^2+\|\boldsymbol{\alpha}_2\|^2+\cdots+\|\boldsymbol{\alpha}_n\|^2。$$

定理 3.1.3 正交向量组线性无关。

证明 设正交向量组 $\boldsymbol{\alpha}_1, \boldsymbol{\alpha}_2, \cdots, \boldsymbol{\alpha}_m$ 有线性关系

$$k_1\boldsymbol{\alpha}_1+k_2\boldsymbol{\alpha}_2+\cdots+k_m\boldsymbol{\alpha}_m=\mathbf{0},$$

考虑到 $(\boldsymbol{\alpha}_i, \boldsymbol{\alpha}_j)=0$，$i \neq j$，则对任意 $\boldsymbol{\alpha}_i$ 与上式两边做内积，得

$$k_i(\boldsymbol{\alpha}_i, \boldsymbol{\alpha}_i)=0, \ i=1, 2, \cdots, m。$$

由 $\boldsymbol{\alpha}_i \neq 0$ 有 $(\boldsymbol{\alpha}_i, \boldsymbol{\alpha}_i)>0$，从而

$$k_i=0, \ i=1, 2, \cdots, m,$$

即表明正交向量组 $\boldsymbol{\alpha}_1, \boldsymbol{\alpha}_2, \cdots, \boldsymbol{\alpha}_m$ 线性无关。

定理 3.1.3 表明，n 维内积空间中两两正交的非零向量不能超过 n 个。

定义 3.1.8 在 n 维内积空间中，由 n 个正交向量组成的基称为**正交基**；由单位向量组成的正交基称为**标准正交基**。

由定义 3.1.8 知，对一组正交基进行单位化即可得到一组标准正交基。设 $\boldsymbol{\varepsilon}_1, \boldsymbol{\varepsilon}_2, \cdots, \boldsymbol{\varepsilon}_n$ 为一组标准正交基，由定义有

$$(\boldsymbol{\varepsilon}_i, \boldsymbol{\varepsilon}_j)=\delta_{ij}=\begin{cases}1, & i=j \\ 0, & i \neq j\end{cases} \tag{3.1.3}$$

显然，式(3.1.3)完全刻画了标准正交基的性质。由此可知，一组基为标准正交基当且仅当它的度量矩阵为单位矩阵。在一组标准正交基下，任一向量的坐标可由内积来简洁表示，不妨设

$$\boldsymbol{\alpha}=x_1\boldsymbol{\varepsilon}_1+x_2\boldsymbol{\varepsilon}_2+\cdots+x_n\boldsymbol{\varepsilon}_n,$$

用 $\boldsymbol{\varepsilon}_i$ 与上式两边做内积，可得

$$x_i=(\boldsymbol{\alpha}, \boldsymbol{\varepsilon}_i), \ i=1, 2, \cdots, n。$$

在一组标准正交基下，任意两向量的内积可由它们在标准正交基下的坐标来表达，不妨设

$$\boldsymbol{\alpha}=x_1\boldsymbol{\varepsilon}_1+x_2\boldsymbol{\varepsilon}_2+\cdots+x_n\boldsymbol{\varepsilon}_n, \ \boldsymbol{\beta}=y_1\boldsymbol{\varepsilon}_1+y_2\boldsymbol{\varepsilon}_2+\cdots+y_n\boldsymbol{\varepsilon}_n,$$

则

$$(\boldsymbol{\alpha}, \boldsymbol{\beta})=x_1\bar{y}_1+x_2\bar{y}_2+\cdots+x_n\bar{y}_n=\boldsymbol{x}^{\mathrm{T}}\bar{\boldsymbol{y}}=\boldsymbol{y}^{\mathrm{H}}\boldsymbol{x}, \tag{3.1.4}$$

式中，$\boldsymbol{x}=[x_1, x_2, \cdots, x_n]^{\mathrm{T}}$，$\boldsymbol{y}=[y_1, y_2, \cdots, y_n]^{\mathrm{T}}$ 分别为 $\boldsymbol{\alpha}$ 与 $\boldsymbol{\beta}$ 在标准正交基下对应的坐标向量。显然，式(3.1.4)对任意一组标准正交基都是一样的，这表明所有标准正交基在 n 维酉(欧氏)空间的地位是一样的。

下面我们利用内积的特性来讨论标准正交基的求法。

定理 3.1.4　n 维内积空间 V 中，任一正交向量组都能扩充成一组正交基。

证明　设 $\boldsymbol{\alpha}_1, \boldsymbol{\alpha}_2, \cdots, \boldsymbol{\alpha}_m$ 为 V 中一正交向量组，下面对 $n-m$ 作数学归纳。当 $n-m=0$ 时，由题设知结论成立。现假设 $n-m=k$ 时结论成立，则存在向量 $\boldsymbol{\beta}_1, \boldsymbol{\beta}_2, \cdots, \boldsymbol{\beta}_k$，使其

$$\boldsymbol{\alpha}_1, \boldsymbol{\alpha}_2, \cdots, \boldsymbol{\alpha}_m, \boldsymbol{\beta}_1, \boldsymbol{\beta}_2, \cdots, \boldsymbol{\beta}_k$$

成为一组正交基。当 $n-m=k+1$ 时，因 $m<n$，从而有向量 $\boldsymbol{\beta}\in V$ 不能被 $\boldsymbol{\alpha}_1, \boldsymbol{\alpha}_2, \cdots, \boldsymbol{\alpha}_m$ 线性表出，作向量

$$\boldsymbol{\alpha}_{m+1}=\boldsymbol{\beta}-k_1\boldsymbol{\alpha}_1-k_2\boldsymbol{\alpha}_2-\cdots-k_m\boldsymbol{\alpha}_m,$$

式中，$k_1, k_2, \cdots, k_m$ 为待定常数。用 $\boldsymbol{\alpha}_i$ 与 $\boldsymbol{\alpha}_{m+1}$ 作内积得

$$(\boldsymbol{\alpha}_{m+1}, \boldsymbol{\alpha}_i)=(\boldsymbol{\beta}, \boldsymbol{\alpha}_i)-k_i(\boldsymbol{\alpha}_i, \boldsymbol{\alpha}_i),\ i=1, 2, \cdots, m,$$

选取

$$k_i=\frac{(\boldsymbol{\beta}, \boldsymbol{\alpha}_i)}{(\boldsymbol{\alpha}_i, \boldsymbol{\alpha}_i)},\ i=1, 2, \cdots, m。$$

由 $\boldsymbol{\beta}$ 的选择知，$\boldsymbol{\alpha}_{m+1}\neq\mathbf{0}$。因此，$\boldsymbol{\alpha}_1, \boldsymbol{\alpha}_2, \cdots, \boldsymbol{\alpha}_m, \boldsymbol{\alpha}_{m+1}$ 为一正交向量组，根据归纳法假设$(n-(m+1)=k)$，$\boldsymbol{\alpha}_1, \boldsymbol{\alpha}_2, \cdots, \boldsymbol{\alpha}_m, \boldsymbol{\alpha}_{m+1}$ 可扩充为一正交基。

事实上，定理 3.1.4 的证明过程给出了一个扩充正交向量组的方法。比如，按照约定，我们可以从任一非零向量出发，依据上述证明的过程逐个扩充，最后得到一组正交基，然后进行单位化，即可得到一组标准正交基。若已知 n 维内积空间 V 的一组基去找标准正交基，则我们有如下结果：

定理 3.1.5　对 n 维内积空间 V 中任一组基 $\boldsymbol{\alpha}_1, \boldsymbol{\alpha}_2, \cdots, \boldsymbol{\alpha}_n$，总存在一组标准正交基 $\boldsymbol{\varepsilon}_1, \boldsymbol{\varepsilon}_2, \cdots, \boldsymbol{\varepsilon}_n$ 满足

$$\mathrm{span}(\boldsymbol{\alpha}_1, \cdots, \boldsymbol{\alpha}_i)=\mathrm{span}(\boldsymbol{\varepsilon}_1, \cdots, \boldsymbol{\varepsilon}_i),\ i=1, 2, \cdots, n。$$

证明　假设 $\boldsymbol{\alpha}_1, \boldsymbol{\alpha}_2, \cdots, \boldsymbol{\alpha}_n$ 为内积空间 V 的一组基，下面对 n 作数学归纳法。当 $n=1$ 时，只需取 $\boldsymbol{\varepsilon}_1=\dfrac{\boldsymbol{\alpha}_1}{\|\boldsymbol{\alpha}_1\|}$ 即可。以下假定存在 $\boldsymbol{\varepsilon}_1, \boldsymbol{\varepsilon}_2, \cdots, \boldsymbol{\varepsilon}_m$，它们为单位正交的且具有性质

$$\mathrm{span}(\boldsymbol{\alpha}_1, \cdots, \boldsymbol{\alpha}_i)=\mathrm{span}(\boldsymbol{\varepsilon}_1, \cdots, \boldsymbol{\varepsilon}_i),\ i=1, 2, \cdots, m。$$

由于 $\mathrm{span}(\boldsymbol{\alpha}_1, \cdots, \boldsymbol{\alpha}_m)=\mathrm{span}(\boldsymbol{\varepsilon}_1, \cdots, \boldsymbol{\varepsilon}_m)$，因而 $\boldsymbol{\alpha}_{m+1}$ 不能被 $\boldsymbol{\varepsilon}_1, \boldsymbol{\varepsilon}_2, \cdots, \boldsymbol{\varepsilon}_m$ 线性表出。作向量

$$\boldsymbol{\eta}_{m+1}=\boldsymbol{\alpha}_{m+1}-\sum_{i=1}^{m}(\boldsymbol{\alpha}_{m+1}, \boldsymbol{\varepsilon}_i)\boldsymbol{\varepsilon}_i,$$

由定理 3.1.4 的证明方法可知，$\boldsymbol{\eta}_{m+1}\neq\mathbf{0}$ 且

$$(\boldsymbol{\eta}_{m+1}, \boldsymbol{\varepsilon}_i)=\mathbf{0},\ i=1, 2, \cdots, m,$$

令 $\boldsymbol{\varepsilon}_{m+1}=\dfrac{\boldsymbol{\eta}_{m+1}}{\|\boldsymbol{\eta}_{m+1}\|}$，则 $\boldsymbol{\varepsilon}_1, \boldsymbol{\varepsilon}_2, \cdots, \boldsymbol{\varepsilon}_m, \boldsymbol{\varepsilon}_{m+1}$ 为一单位正交向量组，且

$$\mathrm{span}(\boldsymbol{\alpha}_1, \cdots, \boldsymbol{\alpha}_{m+1})=\mathrm{span}(\boldsymbol{\varepsilon}_1, \cdots, \boldsymbol{\varepsilon}_{m+1}),$$

进而由数学归纳法得证。

定理 3.1.5 给出了将一组线性无关向量组转化为一标准正交基的方法，通常称之为 **Schmidt 正交化过程**。其具体计算过程为：先正交化，令

$$\begin{cases}\boldsymbol{\eta}_1=\boldsymbol{\alpha}_1\\ \boldsymbol{\eta}_2=\boldsymbol{\alpha}_2-\dfrac{(\boldsymbol{\alpha}_2,\ \boldsymbol{\eta}_1)}{(\boldsymbol{\eta}_1,\ \boldsymbol{\eta}_1)}\boldsymbol{\eta}_1\\ \boldsymbol{\eta}_3=\boldsymbol{\alpha}_3-\dfrac{(\boldsymbol{\alpha}_3,\ \boldsymbol{\eta}_1)}{(\boldsymbol{\eta}_1,\ \boldsymbol{\eta}_1)}\boldsymbol{\eta}_1-\dfrac{(\boldsymbol{\alpha}_3,\ \boldsymbol{\eta}_2)}{(\boldsymbol{\eta}_2,\ \boldsymbol{\eta}_2)}\boldsymbol{\eta}_2\\ \quad\vdots\\ \boldsymbol{\eta}_m=\boldsymbol{\alpha}_m-\displaystyle\sum_{i=1}^{m-1}\dfrac{(\boldsymbol{\alpha}_m,\ \boldsymbol{\eta}_i)}{(\boldsymbol{\eta}_i,\ \boldsymbol{\eta}_i)}\boldsymbol{\eta}_i\quad(m=1,\ 2,\ \cdots,\ n)\end{cases},$$

再单位化，令

$$\boldsymbol{\varepsilon}_i=\frac{\boldsymbol{\eta}_i}{\|\boldsymbol{\eta}_i\|},\ i=1,\ 2,\ \cdots,\ n。$$

从上述正交化过程来看，由基 $\boldsymbol{\alpha}_1$，$\boldsymbol{\alpha}_2$，…，$\boldsymbol{\alpha}_n$ 到基 $\boldsymbol{\varepsilon}_1$，$\boldsymbol{\varepsilon}_2$，…，$\boldsymbol{\varepsilon}_n$ 的过渡矩阵为一上三角矩阵。

【例 3.1.7】 在 $\mathbf{R}^4$ 中选取向量

$$\boldsymbol{\alpha}_1=[1,\ -1,\ 1,\ -1]^{\mathrm{T}},\ \boldsymbol{\alpha}_2=[5,\ 1,\ 1,\ 1]^{\mathrm{T}},\ \boldsymbol{\alpha}_3=[-3,\ -3,\ 1,\ -3]^{\mathrm{T}},$$

求 span($\boldsymbol{\alpha}_1$，$\boldsymbol{\alpha}_2$，$\boldsymbol{\alpha}_3$)的一个标准正交基。

解 $\mathbf{R}^4$ 中内积由例 3.1.1 所定义。由 Schmidt 正交化过程，先正交化：

$$\begin{cases}\boldsymbol{\eta}_1=\boldsymbol{\alpha}_1=[1,\ -1,\ 1,\ -1]^{\mathrm{T}}\\ \boldsymbol{\eta}_2=\boldsymbol{\alpha}_2-\dfrac{(\boldsymbol{\alpha}_2,\ \boldsymbol{\eta}_1)}{(\boldsymbol{\eta}_1,\ \boldsymbol{\eta}_1)}\boldsymbol{\eta}_1=[4,\ 2,\ 0,\ 2]^{\mathrm{T}}\\ \boldsymbol{\eta}_3=\boldsymbol{\alpha}_3-\dfrac{(\boldsymbol{\alpha}_3,\ \boldsymbol{\eta}_1)}{(\boldsymbol{\eta}_1,\ \boldsymbol{\eta}_1)}\boldsymbol{\eta}_1-\dfrac{(\boldsymbol{\alpha}_3,\ \boldsymbol{\eta}_2)}{(\boldsymbol{\eta}_2,\ \boldsymbol{\eta}_2)}\boldsymbol{\eta}_2=[0,\ 0,\ 0,\ 0]^{\mathrm{T}}\end{cases},$$

因 $\boldsymbol{\eta}_3=0$，故 $\boldsymbol{\alpha}_1$，$\boldsymbol{\alpha}_2$，$\boldsymbol{\alpha}_3$ 线性相关，且易验证 $\boldsymbol{\alpha}_1$，$\boldsymbol{\alpha}_2$ 线性无关，因此

$$\mathrm{span}(\boldsymbol{\alpha}_1,\ \boldsymbol{\alpha}_2,\ \boldsymbol{\alpha}_3)=\mathrm{span}(\boldsymbol{\alpha}_1,\ \boldsymbol{\alpha}_2),$$

从而将 $\boldsymbol{\eta}_1$，$\boldsymbol{\eta}_2$ 单位化后，即得 span($\boldsymbol{\alpha}_1$，$\boldsymbol{\alpha}_2$)的一个标准正交基：

$$\boldsymbol{\varepsilon}_1=\frac{1}{\|\boldsymbol{\eta}_1\|}\boldsymbol{\eta}_1=\frac{1}{2}[1,\ -1,\ 1,\ -1]^{\mathrm{T}},\ \boldsymbol{\varepsilon}_2=\frac{1}{\|\boldsymbol{\eta}_2\|}\boldsymbol{\eta}_2=\frac{1}{\sqrt{6}}[2,\ 1,\ 0,\ 1]^{\mathrm{T}}。$$

【例 3.1.8】 已知 $\mathbf{C}^3$ 中三个线性无关向量

$$\boldsymbol{\alpha}_1=[1,\ \mathrm{i},\ 0]^{\mathrm{T}},\ \boldsymbol{\alpha}_2=[1,\ 0,\ \mathrm{i}]^{\mathrm{T}},\ \boldsymbol{\alpha}_3=[0,\ 0,\ 1]^{\mathrm{T}},$$

将其标准正交化，其中 i 为虚数单位。

解 $\mathbf{C}^3$ 中内积由例 3.1.6 所定义。利用 Schmidt 正交化过程，先正交化：

$$\begin{cases}\boldsymbol{\eta}_1=\boldsymbol{\alpha}_1=[1,\ \mathrm{i},\ 0]^{\mathrm{T}}\\ \boldsymbol{\eta}_2=\boldsymbol{\alpha}_2-\dfrac{(\boldsymbol{\alpha}_2,\ \boldsymbol{\eta}_1)}{(\boldsymbol{\eta}_1,\ \boldsymbol{\eta}_1)}\boldsymbol{\eta}_1=\dfrac{1}{2}[1,\ -\mathrm{i},\ -2\mathrm{i}]^{\mathrm{T}}\\ \boldsymbol{\eta}_3=\boldsymbol{\alpha}_3-\dfrac{(\boldsymbol{\alpha}_3,\ \boldsymbol{\eta}_1)}{(\boldsymbol{\eta}_1,\ \boldsymbol{\eta}_1)}\boldsymbol{\eta}_1-\dfrac{(\boldsymbol{\alpha}_3,\ \boldsymbol{\eta}_2)}{(\boldsymbol{\eta}_2,\ \boldsymbol{\eta}_2)}\boldsymbol{\eta}_2=\dfrac{1}{3}[-\mathrm{i},\ 1,\ 1]^{\mathrm{T}}\end{cases};$$

再单位化：

$$\begin{cases} \boldsymbol{\varepsilon}_1 = \dfrac{1}{\|\boldsymbol{\eta}_1\|}\boldsymbol{\eta}_1 = \dfrac{1}{\sqrt{2}}[1,\ \mathrm{i},\ 0]^{\mathrm{T}} \\ \boldsymbol{\varepsilon}_2 = \dfrac{1}{\|\boldsymbol{\eta}_2\|}\boldsymbol{\eta}_2 = \dfrac{1}{\sqrt{6}}[1,\ -\mathrm{i},\ -2\mathrm{i}]^{\mathrm{T}} \\ \boldsymbol{\varepsilon}_3 = \dfrac{1}{\|\boldsymbol{\eta}_3\|}\boldsymbol{\eta}_3 = \dfrac{1}{\sqrt{3}}[-\mathrm{i},\ 1,\ 1]^{\mathrm{T}} \end{cases}$$。

3.2 酉变换

在解析几何中，正交变换能保持点与点之间的距离不变，现将这一概念推广到一般的内积空间中。

一、酉矩阵

定义 3.2.1　若复矩阵 $\boldsymbol{A}\in \mathbf{C}^{n\times n}$ 且满足

$$\boldsymbol{A}^{\mathrm{H}}\boldsymbol{A}=\boldsymbol{A}\boldsymbol{A}^{\mathrm{H}}=\boldsymbol{E},$$

则称 $\boldsymbol{A}$ 为酉矩阵，记为 $\boldsymbol{A}\in \boldsymbol{U}^{n\times n}$。

特别地，若实矩阵 $\boldsymbol{A}\in \mathbf{R}^{n\times n}$ 且满足

$$\boldsymbol{A}^{\mathrm{T}}\boldsymbol{A}=\boldsymbol{A}\boldsymbol{A}^{\mathrm{T}}=\boldsymbol{E},$$

则称 $\boldsymbol{A}$ 为正交矩阵，记为 $\boldsymbol{A}\in \boldsymbol{E}^{n\times n}$。

注 3.2.1　由定义 3.2.1 易验证，若 $\boldsymbol{A}$，$\boldsymbol{B}\in \boldsymbol{U}^{n\times n}$，则

(1) $\boldsymbol{A}^{-1}=\boldsymbol{A}^{\mathrm{H}}\in \boldsymbol{U}^{n\times n}$；

(2) $|\det(\boldsymbol{A})|=1$；

(3) $\boldsymbol{A}^{\mathrm{T}}\in \boldsymbol{U}^{n\times n}$；

(4) $\boldsymbol{AB}$，$\boldsymbol{BA}\in \boldsymbol{U}^{n\times n}$。

定理 3.2.1　在酉空间 V 中，两组标准正交基之间的过渡矩阵为酉矩阵。

证明　设 $\boldsymbol{\varepsilon}_1$，$\boldsymbol{\varepsilon}_2$，…，$\boldsymbol{\varepsilon}_n$ 与 $\boldsymbol{\xi}_1$，$\boldsymbol{\xi}_2$，…，$\boldsymbol{\xi}_n$ 为酉空间 V 的两组标准正交基，它们之间的过渡矩阵为 $\boldsymbol{A}=[a_{ij}]_{n\times n}$，即

$$[\boldsymbol{\xi}_1,\ \boldsymbol{\xi}_2,\ \cdots,\ \boldsymbol{\xi}_n]=[\boldsymbol{\varepsilon}_1,\ \boldsymbol{\varepsilon}_2,\ \cdots,\ \boldsymbol{\varepsilon}_n]\begin{bmatrix} a_{11} & a_{12} & \cdots & a_{1n} \\ a_{21} & a_{22} & \cdots & a_{2n} \\ \vdots & \vdots & & \vdots \\ a_{n1} & a_{n2} & \cdots & a_{nn} \end{bmatrix}。$$

显然，矩阵 $\boldsymbol{A}$ 的各列可以视为 $\boldsymbol{\xi}_1$，$\boldsymbol{\xi}_2$，…，$\boldsymbol{\xi}_n$ 在标准正交基 $\boldsymbol{\varepsilon}_1$，$\boldsymbol{\varepsilon}_2$，…，$\boldsymbol{\varepsilon}_n$ 下的坐标。因 $\boldsymbol{\xi}_1$，$\boldsymbol{\xi}_2$，…，$\boldsymbol{\xi}_n$ 为标准正交基，故

$$(\boldsymbol{\xi}_i,\ \boldsymbol{\xi}_j)=\delta_{ij}=\begin{cases} 1 & (i=j) \\ 0 & (i\neq j) \end{cases},$$

由标准正交基下内积的坐标表达式(式(3.1.4))可知

$$a_{1i}\overline{a_{1j}}+a_{2i}\overline{a_{2j}}+\cdots+a_{ni}\overline{a_{nj}}=\begin{cases} 1 & (i=j) \\ 0 & (i\neq j) \end{cases},\tag{3.2.1}$$

式(3.2.1)相当于一个矩阵等式 $\boldsymbol{A}^{\mathrm{H}}\boldsymbol{A}=\boldsymbol{E}$，即 $\boldsymbol{A}$ 为一酉矩阵。

注 3.2.2 由定理 3.2.1 的证明过程可知，对有限维酉空间中两组基及过渡矩阵，若其中一组基是标准正交基，过渡矩阵为酉矩阵，则另一组基也为标准正交基。特别地，欧氏空间中由标准正交基到标准正交基的过渡矩阵为正交矩阵。

定理 3.2.2 设 $\boldsymbol{A}\in\mathbf{C}^{n\times n}$，则 $\boldsymbol{A}\in\boldsymbol{U}^{n\times n}$ 当且仅当 $\boldsymbol{A}$ 的 n 个列(或行)向量为标准正交向量组。

证明 设 $\boldsymbol{A}=[\boldsymbol{p}_1, \boldsymbol{p}_2, \cdots, \boldsymbol{p}_n]$，则

$$\boldsymbol{A}^{\mathrm{H}}=\begin{bmatrix}\boldsymbol{p}_1^{\mathrm{H}}\\ \boldsymbol{p}_2^{\mathrm{H}}\\ \vdots\\ \boldsymbol{p}_n^{\mathrm{H}}\end{bmatrix}。$$

若 $\boldsymbol{A}$ 为酉矩阵，则 $\boldsymbol{A}^{\mathrm{H}}\boldsymbol{A}=\boldsymbol{E}$，从而

$$\begin{bmatrix}\boldsymbol{p}_1^{\mathrm{H}}\\ \boldsymbol{p}_2^{\mathrm{H}}\\ \vdots\\ \boldsymbol{p}_n^{\mathrm{H}}\end{bmatrix}[\boldsymbol{p}_1, \boldsymbol{p}_2, \cdots, \boldsymbol{p}_n]=\boldsymbol{E},$$

即

$$\begin{bmatrix}\boldsymbol{p}_1^{\mathrm{H}}\boldsymbol{p}_1 & \boldsymbol{p}_1^{\mathrm{H}}\boldsymbol{p}_2 & \cdots & \boldsymbol{p}_1^{\mathrm{H}}\boldsymbol{p}_n\\ \boldsymbol{p}_2^{\mathrm{H}}\boldsymbol{p}_1 & \boldsymbol{p}_2^{\mathrm{H}}\boldsymbol{p}_2 & \cdots & \boldsymbol{p}_2^{\mathrm{H}}\boldsymbol{p}_n\\ \vdots & \vdots & & \vdots\\ \boldsymbol{p}_n^{\mathrm{H}}\boldsymbol{p}_1 & \boldsymbol{p}_n^{\mathrm{H}}\boldsymbol{p}_2 & \cdots & \boldsymbol{p}_n^{\mathrm{H}}\boldsymbol{p}_n\end{bmatrix}=\begin{bmatrix}1 & & & \\ & 1 & & \\ & & \ddots & \\ & & & 1\end{bmatrix},$$

比较上式两端可得

$$\boldsymbol{p}_i^{\mathrm{H}}\boldsymbol{p}_j=\delta_{ij}=\begin{cases}1 & (i=j)\\ 0 & (i\neq j)\end{cases}, \quad i, j=1, 2, \cdots, n, \tag{3.2.2}$$

从而，列向量组 $\boldsymbol{p}_1, \boldsymbol{p}_2, \cdots, \boldsymbol{p}_n$ 为标准正交向量组。

反之，若列向量组 $\boldsymbol{p}_1, \boldsymbol{p}_2, \cdots, \boldsymbol{p}_n$ 为标准正交向量组，则式(3.2.2)成立，于是

$$\begin{bmatrix}\boldsymbol{p}_1^{\mathrm{H}}\\ \boldsymbol{p}_2^{\mathrm{H}}\\ \vdots\\ \boldsymbol{p}_n^{\mathrm{H}}\end{bmatrix}[\boldsymbol{p}_1, \boldsymbol{p}_2, \cdots, \boldsymbol{p}_n]=\boldsymbol{E},$$

上式即为 $\boldsymbol{A}^{\mathrm{H}}\boldsymbol{A}=\boldsymbol{E}$，进而 $\boldsymbol{A}$ 为酉矩阵。类似可证 $\boldsymbol{A}$ 的行向量组也为标准正交向量组。

特别地，n 阶实矩阵 $\boldsymbol{A}$ 为正交矩阵当且仅当 $\boldsymbol{A}$ 的 n 个列(或行)向量为标准正交向量组。

二、酉变换

定义 3.2.2 设 σ 为 n 维酉空间 V 上的线性变换，若对任意 $\boldsymbol{\alpha}, \boldsymbol{\beta}\in V$ 都有

$$(\sigma(\boldsymbol{\alpha})), \sigma(\boldsymbol{\beta}))=(\boldsymbol{\alpha}, \boldsymbol{\beta}),$$

则称 σ 为 V 上的**酉变换**。特别地，若 V 为 n 维欧氏空间，则满足上述性质的变换 σ 称为 V

上的**正交变换**。

定理 3.2.3　设 σ 为酉空间 V 上的线性变换，则下列命题等价：

(1) σ 为酉变换；

(2) $\|\sigma(\boldsymbol{\alpha})\|=\|\boldsymbol{\alpha}\|$，$\forall\boldsymbol{\alpha}\in V$；

(3) σ 将 V 的标准正交基变换为标准正交基；

(4) σ 在标准正交基下的矩阵表示为酉矩阵。

证明　(1) ⇒(2)，显然。

(2) ⇒(3)，设 $\boldsymbol{\varepsilon}_1,\boldsymbol{\varepsilon}_2,\cdots,\boldsymbol{\varepsilon}_n$ 为 V 的一组标准正交基，则

$$(\boldsymbol{\varepsilon}_k,\boldsymbol{\varepsilon}_l)=\delta_{kl},\ k,\ l=1,2,\cdots,n,$$

由(2)有

$$(\sigma(\boldsymbol{\varepsilon}_k+\boldsymbol{\varepsilon}_l),\sigma(\boldsymbol{\varepsilon}_k+\boldsymbol{\varepsilon}_l))=(\boldsymbol{\varepsilon}_k+\boldsymbol{\varepsilon}_l,\boldsymbol{\varepsilon}_k+\boldsymbol{\varepsilon}_l),$$
$$(\sigma(\boldsymbol{\varepsilon}_k+\mathrm{i}\boldsymbol{\varepsilon}_l),\sigma(\boldsymbol{\varepsilon}_k+\mathrm{i}\boldsymbol{\varepsilon}_l))=(\boldsymbol{\varepsilon}_k+\mathrm{i}\boldsymbol{\varepsilon}_l,\boldsymbol{\varepsilon}_k+\mathrm{i}\boldsymbol{\varepsilon}_l),\ \mathrm{i}\text{ 为虚数单位},$$

根据 σ 为线性变换及内积的性质，展开上面两式有

$$(\sigma(\boldsymbol{\varepsilon}_k),\sigma(\boldsymbol{\varepsilon}_l))+(\sigma(\boldsymbol{\varepsilon}_l),\sigma(\boldsymbol{\varepsilon}_k))=(\boldsymbol{\varepsilon}_k,\boldsymbol{\varepsilon}_l)+(\boldsymbol{\varepsilon}_l,\boldsymbol{\varepsilon}_k),$$
$$(\sigma(\boldsymbol{\varepsilon}_k),\sigma(\boldsymbol{\varepsilon}_l))-(\sigma(\boldsymbol{\varepsilon}_l),\sigma(\boldsymbol{\varepsilon}_k))=(\boldsymbol{\varepsilon}_k,\boldsymbol{\varepsilon}_l)-(\boldsymbol{\varepsilon}_l,\boldsymbol{\varepsilon}_k),$$

上两式相加，得

$$(\sigma(\boldsymbol{\varepsilon}_k),\sigma(\boldsymbol{\varepsilon}_l))=(\boldsymbol{\varepsilon}_k,\boldsymbol{\varepsilon}_l)=\delta_{kl},\ k,\ l=1,2,\cdots,n,$$

由于正交向量组线性无关，因而 $\sigma(\boldsymbol{\varepsilon}_1),\sigma(\boldsymbol{\varepsilon}_2),\cdots,\sigma(\boldsymbol{\varepsilon}_n)$ 为 V 的一组标准正交基，即命题(3)成立。

(3) ⇒(4)，设 $\boldsymbol{\varepsilon}_1,\boldsymbol{\varepsilon}_2,\cdots,\boldsymbol{\varepsilon}_n$ 与 $\sigma(\boldsymbol{\varepsilon}_1),\sigma(\boldsymbol{\varepsilon}_2),\cdots,\sigma(\boldsymbol{\varepsilon}_n)$ 都为 V 的一组标准正交基，且 σ 在基 $\boldsymbol{\varepsilon}_1,\boldsymbol{\varepsilon}_2,\cdots,\boldsymbol{\varepsilon}_n$ 下的矩阵表示为 $\boldsymbol{A}=[a_{ij}]_{n\times n}$，即

$$[\sigma(\boldsymbol{\varepsilon}_1),\sigma(\boldsymbol{\varepsilon}_2),\cdots,\sigma(\boldsymbol{\varepsilon}_n)]=[\boldsymbol{\varepsilon}_1,\boldsymbol{\varepsilon}_2,\cdots,\boldsymbol{\varepsilon}_n]\boldsymbol{A},$$

且对任意 $i,j=1,2,\cdots,n$，有

$$\sigma(\boldsymbol{\varepsilon}_i)=a_{1i}\boldsymbol{\varepsilon}_1+a_{2i}\boldsymbol{\varepsilon}_2+\cdots+a_{ni}\boldsymbol{\varepsilon}_n=\sum_{k=1}^{n}a_{ki}\boldsymbol{\varepsilon}_k,$$
$$\sigma(\boldsymbol{\varepsilon}_j)=a_{1j}\boldsymbol{\varepsilon}_1+a_{2j}\boldsymbol{\varepsilon}_2+\cdots+a_{nj}\boldsymbol{\varepsilon}_n=\sum_{l=1}^{n}a_{lj}\boldsymbol{\varepsilon}_l,$$

从而

$$\begin{aligned}\delta_{ij}&=(\sigma(\boldsymbol{\varepsilon}_i),\sigma(\boldsymbol{\varepsilon}_j))=\left(\sum_{k=1}^{n}a_{ki}\boldsymbol{\varepsilon}_k,\ \sum_{l=1}^{n}a_{lj}\boldsymbol{\varepsilon}_l\right)\\&=\sum_{k=1}^{n}\sum_{l=1}^{n}a_{ki}\overline{a_{lj}}(\boldsymbol{\varepsilon}_k,\boldsymbol{\varepsilon}_l)\\&=\sum_{k=1}^{n}\sum_{l=1}^{n}a_{ki}\overline{a_{lj}}\delta_{kl}=\sum_{k=1}^{n}a_{ki}\overline{a_{kj}},\end{aligned}$$

这表明 $\boldsymbol{A}$ 的列向量为标准正交向量组，由定理 3.2.2 知，$\boldsymbol{A}$ 为酉矩阵。

(4) ⇒(1)，设 $\boldsymbol{\varepsilon}_1,\cdots,\boldsymbol{\varepsilon}_n$ 为 V 的一组标准正交基，σ 在基 $\boldsymbol{\varepsilon}_1,\cdots,\boldsymbol{\varepsilon}_n$ 下的矩阵表示 $\boldsymbol{A}=[a_{ij}]_{n\times n}$ 为酉矩阵，即

$$[\sigma(\boldsymbol{\varepsilon}_1),\sigma(\boldsymbol{\varepsilon}_2),\cdots,\sigma(\boldsymbol{\varepsilon}_n)]=[\boldsymbol{\varepsilon}_1,\boldsymbol{\varepsilon}_2,\cdots,\boldsymbol{\varepsilon}_n]\boldsymbol{A},$$

且 $\boldsymbol{A}$ 的列向量为标准正交向量组(定理 3.2.2)。于是对任意 $i,j=1,2,\cdots,n$，有

$$(\sigma(\boldsymbol{\varepsilon}_i), \sigma(\boldsymbol{\varepsilon}_j)) = \left(\sum_{k=1}^{n} a_{ki}\boldsymbol{\varepsilon}_k, \sum_{l=1}^{n} a_{lj}\boldsymbol{\varepsilon}_l\right) = \sum_{k=1}^{n}\sum_{l=1}^{n} a_{ki}\overline{a_{lj}}(\boldsymbol{\varepsilon}_k, \boldsymbol{\varepsilon}_l)$$

$$= \sum_{k=1}^{n}\sum_{l=1}^{n} a_{ki}\overline{a_{lj}}\delta_{kl} = \sum_{k=1}^{n} a_{ki}\overline{a_{kj}} = \delta_{ij}。$$

设对任给 $\boldsymbol{\alpha}, \boldsymbol{\beta} \in V$，有

$$\boldsymbol{\alpha} = x_1\boldsymbol{\varepsilon}_1 + x_2\boldsymbol{\varepsilon}_1 + \cdots + x_n\boldsymbol{\varepsilon}_n,$$

$$\boldsymbol{\beta} = y_1\boldsymbol{\varepsilon}_1 + y_2\boldsymbol{\varepsilon}_1 + \cdots + y_n\boldsymbol{\varepsilon}_n, \ x_i, \ y_i \in \mathbf{C}, \ i = 1, 2, \cdots, n,$$

因 $\boldsymbol{\varepsilon}_1, \cdots, \boldsymbol{\varepsilon}_n$ 为标准正交基，故由内积在标准正交基下的表示知

$$(\boldsymbol{\alpha}, \boldsymbol{\beta}) = x_1\bar{y}_1 + x_2\bar{y}_2 + \cdots + x_n\bar{y}_n = \sum_{i=1}^{n} x_i\bar{y}_i,$$

而

$$(\sigma(\boldsymbol{\alpha}), \sigma(\boldsymbol{\beta})) = \left(\sum_{i=1}^{n} x_i\sigma(\boldsymbol{\varepsilon}_i), \sum_{j=1}^{n} y_j\sigma(\boldsymbol{\varepsilon}_j)\right) = \sum_{i=1}^{n}\sum_{j=1}^{n} x_i\bar{y}_j(\sigma(\boldsymbol{\varepsilon}_i), \sigma(\boldsymbol{\varepsilon}_j))$$

$$= \sum_{i=1}^{n}\sum_{j=1}^{n} x_i\bar{y}_j\delta_{ij} = \sum_{i=1}^{n} x_i\bar{y}_i,$$

从而对任意 $\boldsymbol{\alpha}, \boldsymbol{\beta} \in V$，有

$$(\sigma(\boldsymbol{\alpha}), \sigma(\boldsymbol{\beta})) = (\boldsymbol{\alpha}, \boldsymbol{\beta}),$$

即命题(1)成立。

【例 3.2.1】 设 $\boldsymbol{u} \in \mathbf{C}^n$ 且 $\boldsymbol{u}^{\mathrm{H}}\boldsymbol{u} = 1$，定义

$$\boldsymbol{H}_u = \boldsymbol{E} - 2\boldsymbol{u}\boldsymbol{u}^{\mathrm{H}} \in \mathbf{C}^{n\times n},$$

则 $\boldsymbol{H}_u$ 为酉矩阵。

证明 因为

$$\boldsymbol{H}_u^{\mathrm{H}}\boldsymbol{H}_u = (\boldsymbol{E} - 2\boldsymbol{u}\boldsymbol{u}^{\mathrm{H}})^{\mathrm{H}}(\boldsymbol{E} - 2\boldsymbol{u}\boldsymbol{u}^{\mathrm{H}}) = (\boldsymbol{E} - 2\boldsymbol{u}\boldsymbol{u}^{\mathrm{H}})(\boldsymbol{E} - 2\boldsymbol{u}\boldsymbol{u}^{\mathrm{H}})$$

$$= \boldsymbol{E} - 4\boldsymbol{u}\boldsymbol{u}^{\mathrm{H}} + 4\boldsymbol{u}\boldsymbol{u}^{\mathrm{H}}\boldsymbol{u}\boldsymbol{u}^{\mathrm{H}} = \boldsymbol{E},$$

所以 $\boldsymbol{H}_u$ 为酉矩阵。

以上定义的酉矩阵 $\boldsymbol{H}_u$ 通常称为 **Householder 矩阵**，从而 $\boldsymbol{H}_u$ 可视为酉空间中酉变换在某组标准正交基下的矩阵表示，它所确定的酉变换称为 **Householder 变换**。Householder 变换在矩阵分解和简化矩阵方面有重要的应用，后面章节我们会专门介绍。

【例 3.2.2】 设 σ 为 n 维欧氏空间 V 上的一个变换，其定义为

$$\sigma(\boldsymbol{\xi}) = \boldsymbol{\xi} - (\boldsymbol{\xi}, \boldsymbol{\eta})k\boldsymbol{\eta}, \ \boldsymbol{\xi} \in V,$$

式中，$\boldsymbol{\eta}$ 为 V 中一单位向量，试确定实数 k 的取值使 σ 为一正交变换。

解 首先说明题设中所定义的 σ 为一线性变换。设 $\boldsymbol{\xi}, \boldsymbol{\mu} \in V$，$a$，$b \in \mathbf{R}$，则有

$$\sigma(a\boldsymbol{\xi} + b\boldsymbol{\mu}) = (a\boldsymbol{\xi} + b\boldsymbol{\mu}) - ((a\boldsymbol{\xi} + b\boldsymbol{\mu}), \boldsymbol{\eta})k\boldsymbol{\eta}$$

$$= a\boldsymbol{\xi} - (a\boldsymbol{\xi}, \boldsymbol{\eta})k\boldsymbol{\eta} + b\boldsymbol{\mu} - (b\boldsymbol{\mu}, \boldsymbol{\eta})k\boldsymbol{\eta}$$

$$= a\sigma(\boldsymbol{\xi}) + b\sigma(\boldsymbol{\mu}),$$

这表明所定义的 σ 为一线性变换。又因为

$$(\sigma(\boldsymbol{\xi}), \sigma(\boldsymbol{\xi})) = (\boldsymbol{\xi} - (\boldsymbol{\xi}, \boldsymbol{\eta})k\boldsymbol{\eta}, \boldsymbol{\xi} - (\boldsymbol{\xi}, \boldsymbol{\eta})k\boldsymbol{\eta})$$

$$= (\boldsymbol{\xi}, \boldsymbol{\xi}) + (\boldsymbol{\xi}, \boldsymbol{\eta})^2(k^2 - 2k),$$

从而当 $k^2 - 2k = 0$，即 $k = 0$ 或 2 时，$(\sigma(\boldsymbol{\xi}), \sigma(\boldsymbol{\xi})) = (\boldsymbol{\xi}, \boldsymbol{\xi})$，即 σ 为一正交变换。

3.3 投影变换

一、幂等矩阵及投影变换

定义 3.3.1　设 $\boldsymbol{A}\in\mathbf{C}^{n\times n}$，若 $\boldsymbol{A}^2=\boldsymbol{A}$，则称 $\boldsymbol{A}$ 为**幂等矩阵**。

由定义 3.3.1 我们不难发现，幂等矩阵具有如下基本性质。

定理 3.3.1　设 $\boldsymbol{A}\in\mathbf{C}^{n\times n}$ 且 $r(\boldsymbol{A})=r$，则 $\boldsymbol{A}$ 为幂等矩阵当且仅当存在可逆矩阵 $\boldsymbol{P}\in\mathbf{C}^{n\times n}$，使得

$$\boldsymbol{P}^{-1}\boldsymbol{A}\boldsymbol{P}=\begin{bmatrix}\mathbf{E}_r & \\ & \mathbf{0}\end{bmatrix}。\tag{3.3.1}$$

由定理 3.3.1 不难发现如下结论成立。

推论 3.3.1　若 $\boldsymbol{A}$ 为幂等矩阵，则 $r(\boldsymbol{A})=\mathrm{tr}(\boldsymbol{A})$，且 $\boldsymbol{A}$ 的特征值为 0 和 1。

定理 3.3.2　设 $\boldsymbol{A}$ 为幂等矩阵，则下列性质成立：

(1) $\boldsymbol{A}^{\mathrm{T}}$，$\boldsymbol{A}^{\mathrm{H}}$，$\boldsymbol{E}-\boldsymbol{A}$，$\boldsymbol{E}-\boldsymbol{A}^{\mathrm{T}}$，$\boldsymbol{E}-\boldsymbol{A}^{\mathrm{H}}$ 都为幂等矩阵。

(2) $\boldsymbol{A}(\boldsymbol{E}-\boldsymbol{A})=(\boldsymbol{E}-\boldsymbol{A})\boldsymbol{A}=\mathbf{0}$。

(3) $\boldsymbol{N}(\boldsymbol{A})=\boldsymbol{R}(\boldsymbol{E}-\boldsymbol{A})$，$N(\boldsymbol{E}-\boldsymbol{A})=R(\boldsymbol{A})$。

(4) $\boldsymbol{A}\boldsymbol{x}=\mathbf{0}\Leftrightarrow\boldsymbol{x}\in R(\mathbf{E}-\boldsymbol{A})$，$\boldsymbol{A}\boldsymbol{x}=\mathbf{x}\Leftrightarrow\boldsymbol{x}\in R(\boldsymbol{A})$。

(5) $\mathbf{C}^n=R(\boldsymbol{A})\oplus\boldsymbol{N}(\boldsymbol{A})$。

证明　(1)、(2)由定义 $\boldsymbol{A}^2=\boldsymbol{A}$ 易验证。

(3) 设 $\boldsymbol{x}\in\boldsymbol{N}(\boldsymbol{A})$，则 $\boldsymbol{A}\boldsymbol{x}=\mathbf{0}$，从而

$$\boldsymbol{x}=\boldsymbol{x}-\boldsymbol{A}\boldsymbol{x}=(\boldsymbol{E}-\boldsymbol{A})\boldsymbol{x},$$

这表明 $\boldsymbol{x}\in\mathbf{R}(\boldsymbol{E}-\boldsymbol{A})$，即 $\mathbf{N}(\boldsymbol{A})\subseteq\mathbf{R}(\boldsymbol{E}-\boldsymbol{A})$。

另一方面，若 $\boldsymbol{x}\in\boldsymbol{R}(\boldsymbol{E}-\boldsymbol{A})$，则存在 $\boldsymbol{y}\in\mathbf{C}^n$ 使得 $\boldsymbol{x}=(\boldsymbol{E}-\boldsymbol{A})\boldsymbol{y}$，此时有

$$\boldsymbol{A}(\boldsymbol{E}-\boldsymbol{A})\boldsymbol{y}=\boldsymbol{A}\boldsymbol{x},$$

由(2)得 $\boldsymbol{A}\boldsymbol{x}=\mathbf{0}$，故 $\boldsymbol{x}\in N(\boldsymbol{A})$，从而 $R(\boldsymbol{E}-\boldsymbol{A})\subseteq N(\boldsymbol{A})$，进而有

$$N(\boldsymbol{A})=R(\boldsymbol{E}-\boldsymbol{A})。$$

考虑到 $\boldsymbol{E}-\boldsymbol{A}$ 也为幂等矩阵，在上述等式中令 $\boldsymbol{A}=\boldsymbol{E}-\boldsymbol{A}$，则有

$$N(\boldsymbol{E}-\boldsymbol{A})=R(\boldsymbol{E}-(\boldsymbol{E}-\boldsymbol{A}))=R(\boldsymbol{A})。$$

综合以上结果，性质(3)得证。

(4) 由定理 3.3.2(3)第一式知，$\boldsymbol{x}\in N(\boldsymbol{A})\Leftrightarrow\boldsymbol{x}\in R(\boldsymbol{E}-\boldsymbol{A})$，即 $\boldsymbol{A}\boldsymbol{x}=\mathbf{0}\Leftrightarrow\boldsymbol{x}\in R(\boldsymbol{E}-\boldsymbol{A})$；

由定理 3.3.2(3)第二式知，$\boldsymbol{x}\in N(\boldsymbol{E}-\boldsymbol{A})\Leftrightarrow\boldsymbol{x}\in R(\boldsymbol{A})$，即 $(\boldsymbol{E}-\boldsymbol{A})\boldsymbol{x}=\mathbf{0}\Leftrightarrow\boldsymbol{x}\in R(\boldsymbol{A})$，也就是 $\boldsymbol{A}\boldsymbol{x}=\boldsymbol{x}\Leftrightarrow\boldsymbol{x}\in R(\boldsymbol{A})$。

(5) 首先验证 $\mathbf{C}^n=R(\boldsymbol{A})+N(\boldsymbol{A})$。任给 $\boldsymbol{x}\in\mathbf{C}^n$，则 $\boldsymbol{A}\boldsymbol{x}\in R(\boldsymbol{A})\subseteq\mathbf{C}^n$。令 $\boldsymbol{x}=\boldsymbol{A}\boldsymbol{x}+\boldsymbol{\xi}$，其中 $\boldsymbol{\xi}\in\mathbf{C}^n$，则

$$\boldsymbol{A}\boldsymbol{x}=\boldsymbol{A}^2\boldsymbol{x}+\boldsymbol{A}\boldsymbol{\xi}=\boldsymbol{A}\boldsymbol{x}+\boldsymbol{A}\boldsymbol{\xi},$$

从而 $\boldsymbol{A}\boldsymbol{\xi}=\mathbf{0}$，即 $\boldsymbol{\xi}\in N(\boldsymbol{A})$，因而 $\mathbf{C}^n=R(\boldsymbol{A})+N(\boldsymbol{A})$。

任取 $\boldsymbol{x}\in R(\boldsymbol{A})\cap N(\boldsymbol{A})$，因 $\boldsymbol{x}\in R(\boldsymbol{A})$，故由定理 3.3.2(4)第二式知 $\boldsymbol{A}\boldsymbol{x}=\boldsymbol{x}$，又因

$\boldsymbol{x}\in N(\boldsymbol{A})$，故 $\boldsymbol{Ax}=\boldsymbol{0}$。结合起来有 $\boldsymbol{x}=\boldsymbol{0}$，从而 $\mathbf{C}^n=R(\boldsymbol{A})\oplus N(\boldsymbol{A})$。

定义 3.3.2 设 U，W 为 n 维酉空间 V 的子空间，且 $V=U\oplus W$，则对任意 $\boldsymbol{\gamma}\in V$，都可以唯一地表示为

$$\boldsymbol{\gamma}=\boldsymbol{\alpha}+\boldsymbol{\beta},\ \boldsymbol{\alpha}\in U,\ \boldsymbol{\beta}\in W, \tag{3.3.2}$$

称 $\boldsymbol{\alpha}$ 为 $\boldsymbol{\gamma}$ 沿 W 至 U 的投影，$\boldsymbol{\beta}$ 为 $\boldsymbol{\gamma}$ 沿 U 至 W 的**投影**。

由式(3.2.2)确定的线性算子

$$T_{U,W}: V\to U,\quad T_{U,W}(\boldsymbol{\gamma})=\boldsymbol{\alpha}$$

称为 n 维酉空间 V 沿 W 至 U 的**投影算子**。

由式(3.3.2)确定的线性变换

$$T_{U,W}: V\to V,\ T_{U,W}(\boldsymbol{\gamma})=\boldsymbol{\alpha}$$

称为 n 维酉空间 V 沿 W 至 U 的**投影变换**。显然 $T_{U,W}|_U$ 为恒等变换。

定理 3.3.3 设 T 为 n 维酉空间 V 上的线性变换，则下列命题等价：

(1) T 为 n 维酉空间 V 上的投影变换；

(2) $\dim(R(T)\cap N(T))=\boldsymbol{0}$；

(3) $V=R(T)\oplus N(T)$。

证明 (1) ⇒(2)，任给 $\boldsymbol{\alpha}\in R(T)\cap N(T)$，因 $\boldsymbol{\alpha}\in R(T)$，故 $T(\boldsymbol{\alpha})=\boldsymbol{\alpha}$，又因 $\boldsymbol{\alpha}\in N(T)$，故 $T(\boldsymbol{\alpha})=\boldsymbol{0}$，从而 $\boldsymbol{\alpha}=\boldsymbol{0}$。由 $\boldsymbol{\alpha}$ 的任意性知，$\dim(R(T)\cap N(T))=\boldsymbol{0}$。

(2) ⇒(3)，由维数公式(定理 1.3.6)及命题(2)成立，所以有

$$\begin{aligned}\dim(R(T)+N(T))&=\dim(R(T))+\dim(N(T))-\dim(R(T)\cap N(T))\\&=\dim(R(T))+\dim(N(T)),\end{aligned}$$

由定理 1.4.7 知，$\dim(R(T))+\dim(N(T))=n$，进而有

$$\dim(R(T)+N(T))=n,$$

即 $V=R(T)+N(T)$，再结合命题(2)成立，有 $V=R(T)\oplus N(T)$。

(3) ⇒(1)，因 $V=R(T)\oplus N(T)$，故任给 $\boldsymbol{\xi}\in V$，有 $\boldsymbol{\eta}=\boldsymbol{\xi}-T(\boldsymbol{\xi})$，即 $\boldsymbol{\xi}=\boldsymbol{\eta}+T(\boldsymbol{\xi})$，其中 $T(\boldsymbol{\xi})\in R(T)$，于是 $\boldsymbol{\eta}\in N(T)$，即 $T(\boldsymbol{\eta})=\boldsymbol{0}$。因而 T 为 n 维酉空间 V 上的投影变换。

定理 3.3.4 设 T 为 n 维酉空间 V 上的线性变换，则下列命题等价：

(1) T 为 n 维酉空间 V 上的投影变换；

(2) $T^2=T$；

(3) T 的矩阵表示 $\boldsymbol{A}$ 满足 $\boldsymbol{A}^2=\boldsymbol{A}$。

证明 (1) ⇒(2)，任给 $\boldsymbol{\xi}\in V$，$\boldsymbol{\xi}=\boldsymbol{\alpha}+\boldsymbol{\beta}$，其中 $\boldsymbol{\alpha}\in R(T)$，$\boldsymbol{\beta}\in N(T)$，则

$$T(\boldsymbol{\alpha})=\boldsymbol{\alpha},\ T(\boldsymbol{\beta})=\boldsymbol{0}。$$

因此

$$T(\boldsymbol{\xi})=T(\boldsymbol{\alpha}+\boldsymbol{\beta})=T(\boldsymbol{\alpha})+T(\boldsymbol{\beta})=T(\boldsymbol{\alpha})=\boldsymbol{\alpha},$$
$$T^2(\boldsymbol{\xi})=T(\boldsymbol{\alpha})=\boldsymbol{\alpha}=T(\boldsymbol{\xi})。$$

由 $\boldsymbol{\xi}$ 的任意性知，$T^2=T$。

(2) ⇒(1)，任给 $\boldsymbol{\xi}\in V$，$T(\boldsymbol{\xi})\in R(T)$。设 $\boldsymbol{\xi}=T(\boldsymbol{\xi})+\boldsymbol{\eta}$，则

$$T(\boldsymbol{\xi})=T^2(\boldsymbol{\xi})+T(\boldsymbol{\eta})。$$

由命题(2)成立知，$T(\boldsymbol{\eta})=\boldsymbol{0}$，即 $\boldsymbol{\eta}\in N(T)$。因而 T 为 V 到 $R(T)$ 的投影变换。

(2) ⇒(3)，设 $\boldsymbol{\xi}_1$，$\boldsymbol{\xi}_2$，…，$\boldsymbol{\xi}_n$ 为 V 的一组基，$\boldsymbol{A}$ 为 T 在此组基下的矩阵表示，从而

$$T[\boldsymbol{\xi}_1, \boldsymbol{\xi}_2, \cdots, \boldsymbol{\xi}_n] = [\boldsymbol{\xi}_1, \boldsymbol{\xi}_2, \cdots, \boldsymbol{\xi}_n]\boldsymbol{A},$$

$$T^2[\boldsymbol{\xi}_1, \boldsymbol{\xi}_2, \cdots, \boldsymbol{\xi}_n] = T[\boldsymbol{\xi}_1, \boldsymbol{\xi}_2, \cdots, \boldsymbol{\xi}_n]\boldsymbol{A} = [\boldsymbol{\xi}_1, \boldsymbol{\xi}_2, \cdots, \boldsymbol{\xi}_n]\boldsymbol{A}^2。$$

根据 $T^2=T$ 有

$$[\boldsymbol{\xi}_1, \boldsymbol{\xi}_2, \cdots, \boldsymbol{\xi}_n]\boldsymbol{A} = [\boldsymbol{\xi}_1, \boldsymbol{\xi}_2, \cdots, \boldsymbol{\xi}_n]\boldsymbol{A}^2,$$

又因 $\boldsymbol{\xi}_1, \boldsymbol{\xi}_2, \cdots, \boldsymbol{\xi}_n$ 线性无关，故 $\boldsymbol{A}^2=\boldsymbol{A}$。

(3) ⇒(2)，设 $\boldsymbol{A}$ 为线性变换 T 在 V 的一组基 $\boldsymbol{\xi}_1, \boldsymbol{\xi}_2, \cdots, \boldsymbol{\xi}_n$ 下的矩阵表示，从而

$$T[\boldsymbol{\xi}_1, \boldsymbol{\xi}_2, \cdots, \boldsymbol{\xi}_n] = [\boldsymbol{\xi}_1, \boldsymbol{\xi}_2, \cdots, \boldsymbol{\xi}_n]\boldsymbol{A},$$

$$T^2[\boldsymbol{\xi}_1, \boldsymbol{\xi}_2, \cdots, \boldsymbol{\xi}_n] = T[\boldsymbol{\xi}_1, \boldsymbol{\xi}_2, \cdots, \boldsymbol{\xi}_n]\boldsymbol{A} = [\boldsymbol{\xi}_1, \boldsymbol{\xi}_2, \cdots, \boldsymbol{\xi}_n]\boldsymbol{A}^2。$$

因 $\boldsymbol{A}^2=\boldsymbol{A}$，故 $T[\boldsymbol{\xi}_1, \boldsymbol{\xi}_2, \cdots, \boldsymbol{\xi}_n]=T^2[\boldsymbol{\xi}_1, \boldsymbol{\xi}_2, \cdots, \boldsymbol{\xi}_n]$。由于 $\boldsymbol{\xi}_1, \boldsymbol{\xi}_2, \cdots, \boldsymbol{\xi}_n$ 为一组基，因此 $T^2=T$。

二、正交补及正交投影

定义 3.3.3　设 U, W 为 n 维酉空间 V 的子空间，若对任意 $\boldsymbol{\alpha}\in U$, $\boldsymbol{\beta}\in W$ 都有 $(\boldsymbol{\alpha}, \boldsymbol{\beta})=0$，则称 U 与 W 是正交的，记作 $U\perp W$。

【例 3.3.1】　设 $\boldsymbol{\varepsilon}_1, \boldsymbol{\varepsilon}_2, \cdots, \boldsymbol{\varepsilon}_n$ 为 V 的一组标准正交基，则 $U=\mathrm{span}(\boldsymbol{\varepsilon}_1, \boldsymbol{\varepsilon}_2, \cdots, \boldsymbol{\varepsilon}_m)$ 与 $W=\mathrm{span}(\boldsymbol{\varepsilon}_{m+1}, \boldsymbol{\varepsilon}_{m+2}, \cdots, \boldsymbol{\varepsilon}_n)(m<n)$ 是正交的。

定理 3.3.5　设 U, W 为 n 维酉空间 V 的两正交子空间，则

(1) $U\cap W=\{\boldsymbol{0}\}$；

(2) $\dim(U+W)=\dim(U)+\dim(W)$。

证明　(1) 任取 $\boldsymbol{\alpha}\in U\cap W$，因 $\boldsymbol{\alpha}\in U$，故对任一 $\boldsymbol{\beta}\in W$，都有 $(\boldsymbol{\alpha}, \boldsymbol{\beta})=0$。又因 $\boldsymbol{\alpha}\in W$ 及 $\boldsymbol{\beta}\in W$ 的任意性，取 $\boldsymbol{\beta}=\boldsymbol{\alpha}$，则 $(\boldsymbol{\alpha}, \boldsymbol{\alpha})=0$，从而 $\boldsymbol{\alpha}=\boldsymbol{0}$。由 $\boldsymbol{\alpha}$ 的任意性知，$U\cap W=\{\boldsymbol{0}\}$。

(2) 由维数公式(定理 1.3.6)及性质(1)易验证。

定义 3.3.4　若子空间 $U\perp W$，则 $U+W$ 称为 U 与 W 的正交和，记作 $U \mathbin{\boldsymbol{+}} W$。

定理 3.3.6　设 $\boldsymbol{A}\in\mathbf{C}^{m\times n}$，则

(1) $N(\boldsymbol{A}) \mathbin{\boldsymbol{+}} R(\boldsymbol{A}^{\mathrm{H}})=\mathbf{C}^n$；

(2) $N(\boldsymbol{A}^{\mathrm{H}}) \mathbin{\boldsymbol{+}} R(\boldsymbol{A})=\mathbf{C}^m$。

证明　(1) 设 $\boldsymbol{x}\in N(\boldsymbol{A})$，$\boldsymbol{y}\in R(\boldsymbol{A}^{\mathrm{H}})$，则 $\boldsymbol{Ax}=\boldsymbol{0}$，$\boldsymbol{y}=\boldsymbol{A}^{\mathrm{H}}\boldsymbol{z}$，$\boldsymbol{z}\in\mathbf{C}^m$，从而

$$(\boldsymbol{x}, \boldsymbol{y}) = \boldsymbol{y}^{\mathrm{H}}\boldsymbol{x} = \boldsymbol{z}^{\mathrm{H}}\boldsymbol{Ax} = \boldsymbol{0},$$

故 $N(\boldsymbol{A})\perp R(\boldsymbol{A}^{\mathrm{H}})$，又因为

$$\dim(N(\boldsymbol{A})) + \dim(R(\boldsymbol{A}^{\mathrm{H}})) = n - r(\boldsymbol{A}) + r(\boldsymbol{A}) = n,$$

所以 $N(\boldsymbol{A}) \mathbin{\boldsymbol{+}} R(\boldsymbol{A}^{\mathrm{H}})=\mathbf{C}^n$。

(2)的验证类似于(1)。

注 3.3.1　若 $\boldsymbol{A}\in\mathbf{R}^{m\times n}$，则对欧氏空间 $\mathbf{R}^n(R^m)$定理 3.3.6 的结论也类似成立，此时 $\boldsymbol{A}^{\mathrm{H}}$ 即为 $\boldsymbol{A}^{\mathrm{T}}$。

定义 3.3.5　设 n 维酉空间 V 的子空间 U、W 满足 $U \mathbin{\boldsymbol{+}} W=V$，则称 U 为 W 的**正交补**，记作 $W^{\perp}$，即 $U=W^{\perp}=\{\boldsymbol{\xi}: (\boldsymbol{\xi}, \boldsymbol{\eta})=0, \forall\boldsymbol{\eta}\in W\}$。

定理 3.3.7　设 W 为 n 维酉空间 V 的子空间，则存在唯一的子空间 U 满足

$$V = U \mathbin{\boldsymbol{+}} W。$$

证明 存在性易验证(留作练习)。下面说明唯一性。设存在 V 的子空间 U_1、U_2 满足 $V=U_1+W=U_2+W$，则对任意 $\boldsymbol{\xi}_1\in U_1$，$\boldsymbol{\xi}_2\in U_2$，总存在 $\boldsymbol{\eta}\in V$ 使得 $\boldsymbol{\eta}-\boldsymbol{\xi}_1\in W$，$\boldsymbol{\eta}-\boldsymbol{\xi}_2\in W$。考虑到 W 为子空间，于是有

$$\boldsymbol{\xi}_1-\boldsymbol{\xi}_2=(\boldsymbol{\eta}-\boldsymbol{\xi}_2)-(\boldsymbol{\eta}-\boldsymbol{\xi}_1)\in W,$$

从而有

$$\boldsymbol{\xi}_1\perp\boldsymbol{\xi}_1-\boldsymbol{\xi}_2,\ \boldsymbol{\xi}_2\perp\boldsymbol{\xi}_1-\boldsymbol{\xi}_2,$$

于是可得$(\boldsymbol{\xi}_1-\boldsymbol{\xi}_2,\ \boldsymbol{\xi}_1-\boldsymbol{\xi}_2)=0$，进而有 $\boldsymbol{\xi}_1=\boldsymbol{\xi}_2$。由 $\boldsymbol{\xi}_1$，$\boldsymbol{\xi}_2$ 的任意性知，$U_1=U_2$。

【例 3.3.2】 已知 $\boldsymbol{\xi}_1=[1,0,1,1]^{\mathrm{T}}$，$\boldsymbol{\xi}_2=[0,1,1,2]^{\mathrm{T}}$，设 $W=\mathrm{span}(\boldsymbol{\xi}_1,\boldsymbol{\xi}_2)$，求 $W^{\perp}$。

解 设 $\boldsymbol{A}=[\boldsymbol{\xi}_1,\boldsymbol{\xi}_2]$，则 $R(\boldsymbol{A})=W$，由定理 3.3.6(2)知，$W^{\perp}=N(\boldsymbol{A}^{\mathrm{H}})$，即求线性方程组 $\boldsymbol{A}^{\mathrm{H}}\boldsymbol{x}=\boldsymbol{0}$，其中

$$\boldsymbol{A}^{\mathrm{H}}=\begin{bmatrix}1&0&1&1\\0&1&1&2\end{bmatrix},$$

可求得此线性方程组的基础解系为 $\boldsymbol{\zeta}_1=[-1,-1,1,0]^{\mathrm{T}}$，$\boldsymbol{\zeta}_2=[-1,-2,0,1]^{\mathrm{T}}$，从而 $W^{\perp}=\mathrm{span}(\boldsymbol{\zeta}_1,\boldsymbol{\zeta}_2)$。

定义 3.3.6 设 $V=U+W$，若对 V 中任一向量 $\boldsymbol{\xi}=\boldsymbol{\xi}_1+\boldsymbol{\xi}_2$，其中 $\boldsymbol{\xi}_1\in U$，$\boldsymbol{\xi}_2\in W$，线性变换 T：$V\to U$ 定义为

$$T(\boldsymbol{\xi})=\boldsymbol{\xi}_1,$$

则称 T 为由 V 到子空间 U 的**正交投影**。

显见 T 为 V 沿子空间 W 到子空间 U 的投影，正交投影为特殊的投影变换，因 U 的正交补 W 唯一，故 V 到 U 的正交投影无须强调沿子空间 W 的正交投影。

定义 3.3.7 若 $\boldsymbol{x}_1$，$\boldsymbol{x}_2$，…，$\boldsymbol{x}_r$ 为 n 维标准正交列向量组，则称 $n\times r$ 矩阵

$$\boldsymbol{U}_r=[\boldsymbol{x}_1,\boldsymbol{x}_2,\cdots,\boldsymbol{x}_r]$$

为**次酉矩阵**，记作 $\boldsymbol{U}_r\in U_r^{n\times r}$。

对于次酉矩阵 $\boldsymbol{U}_r$，我们有如下等价刻画。

定理 3.3.8 $\boldsymbol{U}_r\in U_r^{n\times r}$ 当且仅当 $\boldsymbol{U}_r^{\mathrm{H}}\boldsymbol{U}_r=\boldsymbol{E}_r$，其中 $\boldsymbol{E}_r$ 代表 r 阶单位矩阵。

证明 **必要性** 设 $\boldsymbol{U}_r$ 的 r 个列向量 $\boldsymbol{x}_1$，$\boldsymbol{x}_2$，…，$\boldsymbol{x}_r$ 为 n 维标准正交列向量组，则

$$\boldsymbol{x}_i^{\mathrm{H}}\boldsymbol{x}_j=\delta_{ij},\ i,\ j=1,2,\cdots,r。$$

由此可得

$$\boldsymbol{U}_r^{\mathrm{H}}\boldsymbol{U}_r=\begin{bmatrix}\boldsymbol{x}_1^{\mathrm{H}}\\\boldsymbol{x}_2^{\mathrm{H}}\\\vdots\\\boldsymbol{x}_r^{\mathrm{H}}\end{bmatrix}[\boldsymbol{x}_1,\boldsymbol{x}_2,\cdots,\boldsymbol{x}_r]=\begin{bmatrix}\boldsymbol{x}_1^{\mathrm{H}}\boldsymbol{x}_1&\boldsymbol{x}_1^{\mathrm{H}}\boldsymbol{x}_2&\cdots&\boldsymbol{x}_1^{\mathrm{H}}\boldsymbol{x}_r\\\boldsymbol{x}_2^{\mathrm{H}}\boldsymbol{x}_1&\boldsymbol{x}_2^{\mathrm{H}}\boldsymbol{x}_2&\cdots&\boldsymbol{x}_2^{\mathrm{H}}\boldsymbol{x}_r\\\vdots&\vdots&&\vdots\\\boldsymbol{x}_r^{\mathrm{H}}\boldsymbol{x}_1&\boldsymbol{x}_r^{\mathrm{H}}\boldsymbol{x}_2&\cdots&\boldsymbol{x}_r^{\mathrm{H}}\boldsymbol{x}_r\end{bmatrix}=\boldsymbol{E}_r,$$

即必要性得证。

充分性 设

$$\boldsymbol{U}_r=[\boldsymbol{x}_1,\boldsymbol{x}_2,\cdots,\boldsymbol{x}_r],\ \boldsymbol{U}_r^{\mathrm{H}}=\begin{bmatrix}\boldsymbol{x}_1^{\mathrm{H}}\\\boldsymbol{x}_2^{\mathrm{H}}\\\vdots\\\boldsymbol{x}_r^{\mathrm{H}}\end{bmatrix},$$

由于 $U_r^H U_r = E_r$，从而有

$$\begin{bmatrix} x_1^H \\ x_2^H \\ \vdots \\ x_r^H \end{bmatrix} [x_1, x_2, \cdots, x_r] = \begin{bmatrix} x_1^H x_1 & x_1^H x_2 & \cdots & x_1^H x_r \\ x_2^H x_1 & x_2^H x_2 & \cdots & x_2^H x_r \\ \vdots & \vdots & & \vdots \\ x_r^H x_1 & x_r^H x_2 & \cdots & x_r^H x_r \end{bmatrix} = E_r,$$

由此可得

$$x_i^H x_j = \delta_{ij}, \ i, j = 1, 2, \cdots, r,$$

这表明 U_r 的 r 个列向量 $x_1, x_2, \cdots, x_r$ 为一个标准正交向量组。

定理 3.3.9 设 T 为 n 维酉空间 V 到 r 维子空间 U 的正交投影，则 T 在 V 的一组标准正交基下的矩阵表示 P_U 满足

$$P_U = U_r U_r^H, \ U_r \in U_r^{n\times r}。$$

证明 现设 $\varepsilon_1, \varepsilon_2, \cdots, \varepsilon_r$ 为子空间 U 的一组标准正交基，将其扩充使得 $\varepsilon_1, \cdots, \varepsilon_r, \varepsilon_{r+1}, \cdots, \varepsilon_n$ 为 V 的一组标准正交基，则正交投影 T 在 $\varepsilon_1, \cdots, \varepsilon_r, \varepsilon_{r+1}, \cdots, \varepsilon_n$ 下的矩阵表示满足

$$T[\varepsilon_1, \cdots, \varepsilon_r, \varepsilon_{r+1}, \cdots, \varepsilon_n] = [\varepsilon_1, \cdots, \varepsilon_r, 0, \cdots, 0] = [\varepsilon_1, \cdots, \varepsilon_r, \varepsilon_{r+1}, \cdots, \varepsilon_n] P_1,$$

其中

$$P_1 = \begin{bmatrix} 1 & 0 & \cdots & 0 & 0 & \cdots & 0 \\ 0 & 1 & \cdots & 0 & 0 & \cdots & 0 \\ & & & \vdots & \vdots & & \vdots \\ 0 & 0 & \cdots & 1 & 0 & \cdots & 0 \\ 0 & \cdots & & & & \cdots & 0 \\ \vdots & & & & & & \vdots \\ 0 & \cdots & & & & \cdots & 0 \end{bmatrix} = \begin{bmatrix} E_r \\ 0 \end{bmatrix} \begin{bmatrix} E_r \\ 0 \end{bmatrix}^H。$$

再设 $\xi_1, \xi_2, \cdots, \xi_n$ 为 V 的任一组标准正交基，且由 $\xi_1, \xi_2, \cdots, \xi_n$ 到前面扩充标准正交基 $\varepsilon_1, \varepsilon_2, \cdots, \varepsilon_n$ 的过渡矩阵为 Q，即

$$[\varepsilon_1, \varepsilon_2, \cdots, \varepsilon_n] = [\xi_1, \xi_2, \cdots, \xi_n] Q,$$

则由定理 1.5.1 知，T 在标准正交基 $\xi_1, \xi_2, \cdots, \xi_n$ 下的矩阵表示 P_U 满足

$$P_U = Q P_1 Q^{-1},$$

再由定理 3.2.1 知，Q 为酉矩阵，$Q^{-1} = Q^H$，于是

$$P_U = Q P_1 Q^H = Q \begin{bmatrix} E_r \\ 0 \end{bmatrix} \begin{bmatrix} E_r \\ 0 \end{bmatrix}^H Q^H = \left[Q \begin{bmatrix} E_r \\ 0 \end{bmatrix} \right] \left[Q \begin{bmatrix} E_r \\ 0 \end{bmatrix} \right]^H = U_r U_r^H。$$

定理 3.3.10 设 $A \in C^{n\times n}$，则 $A = A^H = A^2$ 当且仅当存在 $U_r \in U_r^{n\times r}$ 使得

$$A = U_r U_r^H，其中 r = r(A)。$$

证明 **必要性** 因 $r = r(A)$，则 A 存在 r 个线性无关的列向量。由 Schmidt 正交化过程可得 r 个两两正交的单位向量，以此 r 个正交单位向量为列构成一个 $n \times r$ 矩阵 $U_r \in U_r^{n\times r}$，同时 A 的 n 个列向量都可由 U_r 的 r 个列向量线性表出，即若 $U_r = [e_1, e_2, \cdots, e_r] \in U_r^{n\times r}$，$A = [p_1, p_2, \cdots, p_n]$，则

$$A=[p_1, p_2, \cdots, p_n]=[e_1, e_2, \cdots, e_r]\begin{bmatrix} c_{11} & c_{21} & \cdots & c_{n1} \\ c_{12} & c_{22} & \cdots & c_{n2} \\ \vdots & \vdots & & \vdots \\ c_{1r} & c_{2r} & \cdots & c_{nr} \end{bmatrix}_{r\times n}=U_r V^{\mathrm{H}},$$

其中

$$V=\begin{bmatrix} \overline{c_{11}} & \overline{c_{12}} & \cdots & \overline{c_{1r}} \\ \overline{c_{21}} & \overline{c_{22}} & \cdots & \overline{c_{2r}} \\ \vdots & \vdots & & \vdots \\ \overline{c_{n1}} & \overline{c_{n2}} & \cdots & \overline{c_{nr}} \end{bmatrix}\in \mathbf{C}^{n\times r},$$

因 $r(p_1, p_2, \cdots, p_n)=r$，故 $r(V^H)=r$。

下面验证 $V=U_r$。由 $A=A^{\mathrm{H}}=A^2$ 知，$A=A^{\mathrm{H}}A$，从而 $U_rV^{\mathrm{H}}=VU_r^{\mathrm{H}}U_rV^{\mathrm{H}}$。注意到 $U_r^{\mathrm{H}}U_r=E_r$，我们有 $U_rV^{\mathrm{H}}=VV^{\mathrm{H}}$，即

$$(U_r-V)V^{\mathrm{H}}=\mathbf{0},$$

则表明 V^{H} 中每个 r 维列向量都为线性方程组$(U_r-V)x=\mathbf{0}$ 的解，又 $r(V^{\mathrm{H}})=r$，所以 $U_r=V$，于是 $A=U_rU_r^{\mathrm{H}}$。

充分性 若 $A=U_rU_r^{\mathrm{H}}$，$U_r\in U_r^{n\times r}$，则 $A=A^{\mathrm{H}}=A^2$。

注 3.3.2 由定理 3.3.10 知，定理 3.3.9 中 P_U 满足 $P_U=P_U^{\mathrm{H}}=P_U^2$。

3.4 正规矩阵及正规变换

一、正规矩阵

定义 3.4.1 设 $A\in\mathbf{C}^{n\times n}$，若存在 $U\in U^{n\times n}$ 使得

$$U^{\mathrm{H}}AU=U^{-1}AU=B,$$

则称 A 酉相似于 B。

特别地，若 $A\in\mathbf{R}^{n\times n}$ 且存在 $U\in E^{n\times n}$ 使得

$$U^{\mathrm{T}}AU=U^{-1}AU=B,$$

则称 A 正交相似于 B。

定理 3.4.1(Schur 引理) 设 $A=[a_{ij}]\in\mathbf{C}^{n\times n}$，则 A 酉相似于一个上(下)三角矩阵。

证明 对复矩阵的阶数 n 作数学归纳法。显然，$n=1$ 时结论成立。现设 $n=k-1$ 时结论成立，当 $n=k$ 时，取 k 阶矩阵 A 的一特征值 λ_1，对应的单位化特征向量为 ε_1，构造以 ε_1 为第一列的 k 阶酉矩阵 $U_1=[\varepsilon_1, \varepsilon_2, \cdots, \varepsilon_k]$，则

$$AU_1=[A\varepsilon_1, A\varepsilon_2, \cdots, A\varepsilon_k]=[\lambda_1\varepsilon_1, A\varepsilon_2, \cdots, A\varepsilon_k]。$$

由于 $\varepsilon_1, \varepsilon_2, \cdots, \varepsilon_k$ 为 $\mathbf{C}^k$ 的一标准正交基，从而

$$A\varepsilon_i=\sum_{j=1}^{k}a_{ij}\varepsilon_j,\ i=2, 3, \cdots, k,$$

因此有

$$AU_1=[\boldsymbol{\varepsilon}_1,\boldsymbol{\varepsilon}_2,\cdots,\boldsymbol{\varepsilon}_k]\begin{bmatrix}\lambda_1 & a_{21} & a_{31} & \cdots & a_{k1}\\ 0 & & & & \\ \vdots & & A_1 & & \\ 0 & & & & \end{bmatrix},$$

式中，$A_1\in \mathbf{C}^{(k-1)\times(k-1)}$。由归纳法假设，存在 $k-1$ 阶酉矩阵 W 使得 $W^{\mathrm{H}}A_1W=\Delta$，其中 Δ 为一上三角矩阵，此时令 $U_2=\begin{bmatrix}1 & \\ & W\end{bmatrix}\in U^{k\times k}$，则

$$U_2^{\mathrm{H}}U_1^{\mathrm{H}}AU_1U_2=\begin{bmatrix}\lambda_1 & b_{21} & \cdots & b_{k1}\\ 0 & & & \\ \vdots & & \Delta & \\ 0 & & & \end{bmatrix}\text{为上三角矩阵，}$$

由数学归纳法得证。

定理 3.4.2(Schur 不等式)　设 $A=[a_{ij}]\in \mathbf{C}^{n\times n}$，$\lambda_1,\lambda_2,\cdots,\lambda_n$ 为 A 的特征值，则

$$\sum_{i=1}^{n}|\lambda_i|^2\leqslant\sum_{i,j=1}^{n}|a_{ij}|^2,$$

且等号成立当且仅当 A 酉相似于一对角矩阵。

证明　由定理 3.4.1 知，存在 $U\in U^{n\times n}$ 使得 $U^{\mathrm{H}}AU=\Delta$，即 $U^{\mathrm{H}}A^{\mathrm{H}}U=\Delta^{\mathrm{H}}$，其中 Δ 为一上三角矩阵，于是 $\Delta=[r_{ij}]\in \mathbf{C}^{n\times n}$ 且 $r_{ij}=0(i>j)$。因而

$$U^{\mathrm{H}}AA^{\mathrm{H}}U=U^{\mathrm{H}}AUU^{\mathrm{H}}A^{\mathrm{H}}U=\Delta\Delta^{\mathrm{H}},$$

于是可得

$$\mathrm{tr}(AA^{\mathrm{H}})=\mathrm{tr}(\Delta\Delta^{\mathrm{H}})$$

即

$$\sum_{i,j=1}^{n}|a_{ij}|^2=\sum_{i,j=1}^{n}|r_{ij}|^2$$

注意到

$$\sum_{i,j=1}^{n}|r_{ij}|^2=\sum_{i=1}^{n}|r_{ii}|^2+\sum_{i\neq j}|r_{ij}|^2=\sum_{i=1}^{n}|\lambda_i|^2+\sum_{i\neq j}|r_{ij}|^2,$$

从而

$$\sum_{i=1}^{n}|\lambda_i|^2\leqslant\sum_{i,j=1}^{n}|r_{ij}|^2=\sum_{i,j=1}^{n}|a_{ij}|^2=\sum_{i=1}^{n}|r_{ii}|^2+\sum_{i\neq j}|r_{ij}|^2,$$

且等号成立当且仅当 $i\neq j$ 时，$r_{ij}=0$，此时 Δ 就为一对角矩阵。

定义 3.4.2　设 $A\in \mathbf{C}^{n\times n}$，若 $AA^{\mathrm{H}}=A^{\mathrm{H}}A$，则称 A 为**正规矩阵**。

显然，前面介绍的对角矩阵、(反)Hermite 矩阵、酉矩阵都为正规矩阵，同时实对称矩阵、实反对称矩阵、正交矩阵等也都为实正规矩阵。

引理 3.4.1　设 A 为正规矩阵，则与 A 酉相似的矩阵都为正规矩阵。

证明　设 $AA^{\mathrm{H}}=A^{\mathrm{H}}A$ 且 A 酉相似于 B，则存在 $U\in U^{n\times n}$ 使得 $U^{\mathrm{H}}AU=B$，于是

$$\begin{aligned}B^{\mathrm{H}}B&=U^{\mathrm{H}}A^{\mathrm{H}}UU^{\mathrm{H}}AU=U^{\mathrm{H}}A^{\mathrm{H}}AU=U^{\mathrm{H}}AA^{\mathrm{H}}U\\&=U^{\mathrm{H}}AUU^{\mathrm{H}}A^{\mathrm{H}}U=BB^{\mathrm{H}},\end{aligned}$$

此即表明 B 也为正规矩阵。

引理 3.4.2 设 $\boldsymbol{A}$ 为正规矩阵，且 $\boldsymbol{A}$ 为三角矩阵，则 $\boldsymbol{A}$ 为对角矩阵。

证明 由题设取

$$\boldsymbol{A}=\begin{bmatrix} a_{11} & a_{12} & \cdots & a_{1n} \\ & a_{22} & \cdots & a_{2n} \\ & & \ddots & \vdots \\ & & & a_{nn} \end{bmatrix}, \quad \boldsymbol{A}^{\mathrm{H}}=\begin{bmatrix} \overline{a_{11}} & & & \\ \overline{a_{12}} & \overline{a_{22}} & & \\ \vdots & & \ddots & \\ \overline{a_{1n}} & \overline{a_{2n}} & \cdots & \overline{a_{nn}} \end{bmatrix},$$

将其代入 $\boldsymbol{A}\boldsymbol{A}^{\mathrm{H}}=\boldsymbol{A}^{\mathrm{H}}\boldsymbol{A}$，再比较等式两端矩阵第 i 行第 i 列元素($i=1, 2, \cdots, n$)，可得如下 n 个等式：

$$\begin{aligned} a_{11}\overline{a_{11}} &= a_{11}\overline{a_{11}}+a_{12}\overline{a_{12}}+\cdots+a_{1n}\overline{a_{1n}} \\ a_{22}\overline{a_{22}} &= a_{22}\overline{a_{22}}+\cdots+a_{2n}\overline{a_{2n}} \\ &\vdots \\ a_{nn}\overline{a_{nn}} &= a_{nn}\overline{a_{nn}}, \end{aligned}$$

因 $a_{ij}\overline{a_{ij}}\geqslant 0(i\neq j)$，由上述等式可得 $a_{ij}=0(i\neq j)$，因此 $\boldsymbol{A}$ 为对角矩阵。

定理 3.4.3(正规矩阵结构定理) 设 $\boldsymbol{A}\in\mathbf{C}^{n\times n}$，则 $\boldsymbol{A}$ 为正规矩阵当且仅当存在 $\boldsymbol{U}\in\boldsymbol{U}^{n\times n}$，使得

$$\boldsymbol{U}^{\mathrm{H}}\boldsymbol{A}\boldsymbol{U}=\begin{bmatrix} \lambda_1 & & & \\ & \lambda_2 & & \\ & & \ddots & \\ & & & \lambda_n \end{bmatrix}=\boldsymbol{\Lambda},$$

式中，λ_1，λ_2，$\cdots$，λ_n 为 $\boldsymbol{A}$ 的特征值。

证明 **充分性** 因对角矩阵 $\boldsymbol{\Lambda}$ 为正规矩阵，由引理 3.4.1 知，$\boldsymbol{A}$ 为正规矩阵。

必要性 由定理 3.4.1 知，存在 $\boldsymbol{U}\in\boldsymbol{U}^{n\times n}$ 使得 $\boldsymbol{U}^{\mathrm{H}}\boldsymbol{A}\boldsymbol{U}=\boldsymbol{B}$ 且 $\boldsymbol{B}$ 为上三角矩阵，根据引理 3.4.1 知，$\boldsymbol{B}$ 为正规矩阵，又由引理 3.4.2 知，$\boldsymbol{B}$ 应为对角矩阵，而相似矩阵具有相同的特征值，因此定理得证。

由定理 3.4.3，我们有如下推论。

推论 3.4.1 设 $\boldsymbol{A}$ 为正规矩阵，λ 为 $\boldsymbol{A}$ 的特征值，对应的特征向量为 $\boldsymbol{x}$，则 $\bar{\lambda}$ 为 $\boldsymbol{A}^{\mathrm{H}}$ 的特征值，其对应的特征向量也为 $\boldsymbol{x}$。

推论 3.4.2 n 阶正规矩阵 $\boldsymbol{A}$ 有 n 个线性无关的特征向量。

推论 3.4.3 正规矩阵 $\boldsymbol{A}$ 属于不同特征值的特征子空间相互正交。

证明 只需说明正规矩阵 $\boldsymbol{A}$ 属于不同特征值的特征向量正交即可。设 $\lambda_i\neq\lambda_j$ 为 $\boldsymbol{A}$ 的特征值，$\boldsymbol{x}_i$，$\boldsymbol{x}_j$ 分别为其对应的特征向量，即 $\boldsymbol{A}\boldsymbol{x}_i=\lambda_i\boldsymbol{x}_i$，$\boldsymbol{A}\boldsymbol{x}_j=\lambda_j\boldsymbol{x}_j$，则

$$\begin{aligned} \lambda_i(\boldsymbol{x}_i, \boldsymbol{x}_j) &= (\lambda_i\boldsymbol{x}_i, \boldsymbol{x}_j)=(\boldsymbol{A}\boldsymbol{x}_i, \boldsymbol{x}_j)=\boldsymbol{x}_j^{\mathrm{H}}\boldsymbol{A}\boldsymbol{x}_i=(\boldsymbol{x}_j^{\mathrm{H}}\boldsymbol{A}\boldsymbol{x}_i)^{\mathrm{T}}=(\boldsymbol{x}_i)^{\mathrm{T}}\boldsymbol{A}^{\mathrm{T}}\overline{\boldsymbol{x}_j} \\ &= \overline{\boldsymbol{x}_i^{\mathrm{H}}\boldsymbol{A}^{\mathrm{H}}\boldsymbol{x}_j}=\overline{\boldsymbol{x}_i^{\mathrm{H}}\overline{\lambda_j}\boldsymbol{x}_j}=\lambda_j\overline{\boldsymbol{x}_i^{\mathrm{H}}\boldsymbol{x}_j}=\lambda_j\overline{(\boldsymbol{x}_i^{\mathrm{H}}\boldsymbol{x}_j)^{\mathrm{T}}}=\lambda_j(\boldsymbol{x}_j^{\mathrm{H}}\boldsymbol{x}_j)^{\mathrm{H}}=\lambda_j(\boldsymbol{x}_j^{\mathrm{H}}\boldsymbol{x}_i) \\ &= \lambda_j(\boldsymbol{x}_i, \boldsymbol{x}_j), \end{aligned}$$

即$(\lambda_i-\lambda_j)(\boldsymbol{x}_i, \boldsymbol{x}_j)=0$，由于 $\lambda_i\neq\lambda_j$，故$(\boldsymbol{x}_i, \boldsymbol{x}_j)=0$。

推论 3.4.4 设 $\boldsymbol{A}$，$\boldsymbol{B}$ 均为 n 阶正规矩阵，则 $\boldsymbol{A}\sim\boldsymbol{B}$ 当且仅当 $\boldsymbol{A}$ 酉相似于 $\boldsymbol{B}$。

证明 充分性显然成立。下面验证必要性。因 $\boldsymbol{A}$，$\boldsymbol{B}$ 均为 n 阶正规矩阵，由定理 3.4.3 知，分别存在 $\boldsymbol{U}$，$\boldsymbol{V}\in\boldsymbol{U}^{n\times n}$ 使得

$$U^{\mathrm{H}}AU=\begin{bmatrix}\lambda_1 & & & \\ & \lambda_2 & & \\ & & \ddots & \\ & & & \lambda_n\end{bmatrix},\ V^{\mathrm{H}}BV=\begin{bmatrix}\kappa_1 & & & \\ & \kappa_2 & & \\ & & \ddots & \\ & & & \kappa_n\end{bmatrix},$$

式中，λ_i，κ_i 分别为矩阵 A，B 的特征值。又因 $A\sim B$，故 $\lambda_i=\kappa_i$，$i=1, 2, \cdots, n$，这表明 $U^{\mathrm{H}}AU=V^{\mathrm{H}}BV$，进而$(UV^{-1})^{\mathrm{H}}A(UV^{-1})=B$，即矩阵 A，B 酉相似。

推论 3.4.5　设 $\lambda_1, \cdots, \lambda_n$ 为 n 阶正规矩阵 A 的特征值，则 $|\lambda_1|^2, \cdots, |\lambda_n|^2$ 为 $A^{\mathrm{H}}A$ 的特征值。

证明　设 A 为 n 阶正规矩阵且 $\lambda_1, \cdots, \lambda_n$ 为其特征值，则由定理 3.4.3 知，存在 $U\in U^{n\times n}$ 使得

$$A=U\begin{bmatrix}\lambda_1 & & & \\ & \lambda_2 & & \\ & & \ddots & \\ & & & \lambda_n\end{bmatrix}U^{\mathrm{H}},\ A^{\mathrm{H}}=U\begin{bmatrix}\overline{\lambda_1} & & & \\ & \overline{\lambda_2} & & \\ & & \ddots & \\ & & & \overline{\lambda_n}\end{bmatrix}U^{\mathrm{H}},$$

则

$$A^{\mathrm{H}}A=U\begin{bmatrix}\overline{\lambda_1}\lambda_1 & & & \\ & \overline{\lambda_2}\lambda_2 & & \\ & & \ddots & \\ & & & \overline{\lambda_n}\lambda_n\end{bmatrix}U^{\mathrm{H}}=U\begin{bmatrix}|\lambda_1|^2 & & & \\ & |\lambda_2|^2 & & \\ & & \ddots & \\ & & & |\lambda_n|^2\end{bmatrix}U^{\mathrm{H}},$$

由于相似的矩阵具有相同的特征值，因而结论得证。

定理 3.4.4　设 A 为正规矩阵，则下列性质成立：

(1) A 为 Hermite 矩阵当且仅当 A 的特征值为实数。

(2) A 为反 Hermite 矩阵当且仅当 A 的特征值实部为零。

(3) A 为酉矩阵当且仅当 A 的特征值模长为 1。

证明　因 A 为正规矩阵，由定理 3.4.3 知，存在 $U\in U^{n\times n}$ 使得

$$A=U\begin{bmatrix}\lambda_1 & & & \\ & \lambda_2 & & \\ & & \ddots & \\ & & & \lambda_n\end{bmatrix}U^{\mathrm{H}},\ A^{\mathrm{H}}=U\begin{bmatrix}\overline{\lambda_1} & & & \\ & \overline{\lambda_2} & & \\ & & \ddots & \\ & & & \overline{\lambda_n}\end{bmatrix}U^{\mathrm{H}},$$

式中，$\lambda_1, \cdots, \lambda_n$ 为 A 的特征值，从而有：

(1) 若 $A=A^{\mathrm{H}}$，则 $\lambda_i=\overline{\lambda_i}$，即 λ_i 为实数，$i=1, 2, \cdots, n$。反之，若 $\lambda_i=\overline{\lambda_i}$，则显然$A=A^{\mathrm{H}}$。

(2) 若 $A=-A^{\mathrm{H}}$，则 $\lambda_i=-\overline{\lambda_i}$，即 λ_i 实部为零，$i=1, 2, \cdots, n$。反之，若 $\lambda_i=-\overline{\lambda_i}$，则显然 $A=-A^{\mathrm{H}}$。

(3) 若 $A^{\mathrm{H}}A=E$，则 $\lambda_i\overline{\lambda_i}=1$，即$|\lambda_i|=1$，$i=1, 2, \cdots, n$。反之，若$|\lambda_i|=1$，$\lambda_i\overline{\lambda_i}=1$，$i=1, 2, \cdots, n$，则 $A^{\mathrm{H}}A=E$。

由定理 3.4.3 知，正规矩阵 A 一定可以酉对角化，即存在酉矩阵 U 使得 $U^{\mathrm{H}}AU$ 为对角

矩阵。下面给出酉矩阵 $\boldsymbol{U}$ 的具体构造步骤：

(1) 求 $\det(\lambda\boldsymbol{E}-\boldsymbol{A})=0$ 的根 $\lambda_1, \cdots, \lambda_n$。

(2) 对每一相异特征值 λ_i，求 λ_i 的特征子空间 V_{λ_i}。

(3) 用 Schmidt 正交化过程求 V_{λ_i} 的标准正交基 $\boldsymbol{\varepsilon}_{i1}, \boldsymbol{\varepsilon}_{i2}, \cdots, \boldsymbol{\varepsilon}_{in_i}$。

(4) 令 $\boldsymbol{U}=[\boldsymbol{\varepsilon}_{11}, \boldsymbol{\varepsilon}_{12}, \cdots, \boldsymbol{\varepsilon}_{1n_1}, \boldsymbol{\varepsilon}_{21}, \boldsymbol{\varepsilon}_{22}, \cdots, \boldsymbol{\varepsilon}_{2n_2}, \cdots, \boldsymbol{\varepsilon}_{r1}, \boldsymbol{\varepsilon}_{r2}, \cdots, \boldsymbol{\varepsilon}_{rn_r}]$，则 $\boldsymbol{U}$ 为所求。

【例 3.4.1】 验证下列矩阵

$$\boldsymbol{A}=\begin{bmatrix}0 & \mathrm{i} & -1\\ -\mathrm{i} & 0 & \mathrm{i}\\ -1 & -\mathrm{i} & 0\end{bmatrix}, \mathrm{i}=\sqrt{-1}$$

为正规矩阵，并求酉矩阵 $\boldsymbol{U}$ 使得 $\boldsymbol{U}^{\mathrm{H}}\boldsymbol{A}\boldsymbol{U}$ 为一对角矩阵。

解 容易发现 $\boldsymbol{A}^{\mathrm{H}}=\boldsymbol{A}$，即 $\boldsymbol{A}$ 为 Hermite 矩阵，因而为正规矩阵。求解 $\det(\lambda\boldsymbol{E}-\boldsymbol{A})=0$，即求解

$$\det(\lambda\boldsymbol{E}-\boldsymbol{A})=\begin{vmatrix}\lambda & -\mathrm{i} & 1\\ \mathrm{i} & \lambda & -\mathrm{i}\\ 1 & \mathrm{i} & \lambda\end{vmatrix}=\lambda^3-3\lambda-2=0,$$

得 $\boldsymbol{A}$ 的特征值 $\lambda_1=\lambda_2=-1$，$\lambda_3=2$。对 $\lambda_{1,2}=-1$ 对应的特征矩阵进行初等行变换，有

$$\lambda_{1,2}\boldsymbol{E}-\boldsymbol{A}=\begin{bmatrix}-1 & -\mathrm{i} & 1\\ \mathrm{i} & -1 & -\mathrm{i}\\ 1 & \mathrm{i} & -1\end{bmatrix}\cong\begin{bmatrix}-1 & -\mathrm{i} & 1\\ 0 & 0 & 0\\ 0 & 0 & 0\end{bmatrix},$$

此时有

$$\boldsymbol{x}_1+\mathrm{i}\boldsymbol{x}_2-\boldsymbol{x}_3=0,$$

从而取 $\lambda_{1,2}=-1$ 对应的特征向量为

$$\boldsymbol{\xi}_1=[1, 0, 1]^{\mathrm{T}}, \boldsymbol{\xi}_2=[0, 1, \mathrm{i}]^{\mathrm{T}},$$

将其 Schmidt 正交化后有

$$\boldsymbol{\varepsilon}_1=\frac{1}{\sqrt{2}}[1, 0, 1]^{\mathrm{T}}, \boldsymbol{\varepsilon}_2=\frac{1}{\sqrt{6}}[-\mathrm{i}, 2, \mathrm{i}]^{\mathrm{T}}。$$

对 $\lambda_3=2$ 对应的特征矩阵进行初等行变换，有

$$\lambda_3\boldsymbol{E}-\boldsymbol{A}=\begin{bmatrix}2 & -\mathrm{i} & 1\\ \mathrm{i} & 2 & -\mathrm{i}\\ 1 & \mathrm{i} & 2\end{bmatrix}\cong\begin{bmatrix}1 & 0 & 1\\ 0 & 1 & -\mathrm{i}\\ 0 & 0 & 0\end{bmatrix},$$

则有

$$\boldsymbol{x}_1+\boldsymbol{x}_3=0, \boldsymbol{x}_2-\mathrm{i}\boldsymbol{x}_3=0,$$

从而取 $\lambda_3=2$ 对应的特征向量为

$$\boldsymbol{\xi}_3=[-1, \mathrm{i}, 1]^{\mathrm{T}},$$

将其单位化有

$$\boldsymbol{\varepsilon}_3=\frac{1}{\sqrt{3}}[-1, \mathrm{i}, 1]^{\mathrm{T}}。$$

由推论 3.4.3 知，$\boldsymbol{\varepsilon}_3$ 与 $\boldsymbol{\varepsilon}_1$，$\boldsymbol{\varepsilon}_2$ 也正交，令 $\boldsymbol{U}=[\boldsymbol{\varepsilon}_1, \boldsymbol{\varepsilon}_2, \boldsymbol{\varepsilon}_3]$，由定理 3.2.2 知，这样选

取的 $\boldsymbol{U}$ 为酉矩阵，此时

$$\boldsymbol{U}^{\mathrm{H}}\boldsymbol{A}\boldsymbol{U}=\begin{bmatrix}-1 & & \\ & -1 & \\ & & 2\end{bmatrix}。$$

【例 3.4.2】 设 $\boldsymbol{A}^{\mathrm{H}}=\boldsymbol{A}$ 且 $\boldsymbol{A}^{k}=\boldsymbol{0}$，$k$ 为正整数，证明 $\boldsymbol{A}=\boldsymbol{0}$。

证明　由题设 $\boldsymbol{A}$ 为 Hermite 矩阵，从而由定理 3.4.3 及定理 3.4.4(1)知，存在 $\boldsymbol{U}\in\boldsymbol{U}^{n\times n}$，使得

$$\boldsymbol{A}=\boldsymbol{U}\begin{bmatrix}\lambda_1 & & & \\ & \lambda_2 & & \\ & & \ddots & \\ & & & \lambda_n\end{bmatrix}\boldsymbol{U}^{\mathrm{H}},\ \lambda_i\in\mathbf{R},\ i=1,\ 2,\ \cdots,\ n。$$

由于

$$\boldsymbol{A}^{k}=\boldsymbol{U}\begin{bmatrix}\lambda_1^k & & & \\ & \lambda_2^k & & \\ & & \ddots & \\ & & & \lambda_n^k\end{bmatrix}\boldsymbol{U}^{\mathrm{H}}=\boldsymbol{0},\ \lambda_i\in\mathbf{R},\ i=1,\ 2,\ \cdots,\ n,$$

所以 $\lambda_i=0$，$i=1, 2, \cdots, n$，这表明 $\boldsymbol{A}=\boldsymbol{0}$。

【例 3.4.3】 设 $\boldsymbol{A}$，$\boldsymbol{B}$ 为 Hermite 矩阵，证明 $\boldsymbol{A}$，$\boldsymbol{B}$ 酉相似当且仅当 $\boldsymbol{A}$，$\boldsymbol{B}$ 有相同的特征值。

证明　必要性显然成立。下面验证充分性。因 $\boldsymbol{A}$，$\boldsymbol{B}$ 为 Hermite 矩阵，由定理 3.4.3 知，分别存在 $\boldsymbol{U}$，$\boldsymbol{V}\in\boldsymbol{U}^{n\times n}$，使得

$$\boldsymbol{U}^{\mathrm{H}}\boldsymbol{A}\boldsymbol{U}=\begin{bmatrix}\lambda_1 & & & \\ & \lambda_2 & & \\ & & \ddots & \\ & & & \lambda_n\end{bmatrix},\ \boldsymbol{V}^{\mathrm{H}}\boldsymbol{B}\boldsymbol{V}=\begin{bmatrix}\kappa_1 & & & \\ & \kappa_2 & & \\ & & \ddots & \\ & & & \kappa_n\end{bmatrix},$$

式中，λ_i，$\kappa_i\in\mathbf{R}$，$i=1, 2, \cdots, n$ 分别为 $\boldsymbol{A}$，$\boldsymbol{B}$ 的特征值。又假设 $\lambda_i=\kappa_i$，$i=1, 2, \cdots, n$，从而 $\boldsymbol{U}^{\mathrm{H}}\boldsymbol{A}\boldsymbol{U}=\boldsymbol{V}^{\mathrm{H}}\boldsymbol{B}\boldsymbol{V}$，进而 $(\boldsymbol{U}\boldsymbol{V}^{-1})^{\mathrm{H}}\boldsymbol{A}(\boldsymbol{U}\boldsymbol{V}^{-1})=\boldsymbol{B}$，即 $\boldsymbol{A}$，$\boldsymbol{B}$ 酉相似。

下面给出两个正规矩阵可同时酉对角化的条件。

定理 3.4.5　设 $\boldsymbol{A}$，$\boldsymbol{B}$ 均为 n 阶正规矩阵，则存在 $\boldsymbol{U}\in\boldsymbol{U}^{n\times n}$，使得

$$\boldsymbol{U}^{\mathrm{H}}\boldsymbol{A}\boldsymbol{U}=\begin{bmatrix}\lambda_1 & & & \\ & \lambda_2 & & \\ & & \ddots & \\ & & & \lambda_n\end{bmatrix},\ \boldsymbol{U}^{\mathrm{H}}\boldsymbol{B}\boldsymbol{U}=\begin{bmatrix}\kappa_1 & & & \\ & \kappa_2 & & \\ & & \ddots & \\ & & & \kappa_n\end{bmatrix}$$

当且仅当 $\boldsymbol{A}\boldsymbol{B}=\boldsymbol{B}\boldsymbol{A}$。

证明　必要性　由题设有

$$\boldsymbol{A}=\boldsymbol{U}\begin{bmatrix}\lambda_1 & & & \\ & \lambda_2 & & \\ & & \ddots & \\ & & & \lambda_n\end{bmatrix}\boldsymbol{U}^{\mathrm{H}},\ \boldsymbol{B}=\boldsymbol{U}\begin{bmatrix}\kappa_1 & & & \\ & \kappa_2 & & \\ & & \ddots & \\ & & & \kappa_n\end{bmatrix}\boldsymbol{U}^{\mathrm{H}},$$

则显然有 $\boldsymbol{AB}=\boldsymbol{BA}$。

充分性 设矩阵 $\boldsymbol{A}$ 的特征多项式为

$$\det(\lambda\boldsymbol{E}-\boldsymbol{A})=(\lambda-\lambda_1)^{k_1}(\lambda-\lambda_2)^{k_2}\cdots(\lambda-\lambda_s)^{k_s},\ \sum_{i=1}^{s}k_i=n。$$

由于 $\boldsymbol{A}$ 为正规矩阵，由定理 3.4.3 知，存在 $\boldsymbol{W}\in\boldsymbol{U}^{n\times n}$，使得

$$\boldsymbol{W}^{\mathrm{H}}\boldsymbol{AW}=\begin{bmatrix}\lambda_1\boldsymbol{E}_{k_1} & & & \\ & \lambda_2\boldsymbol{E}_{k_2} & & \\ & & \ddots & \\ & & & \lambda_s\boldsymbol{E}_{k_s}\end{bmatrix}=\boldsymbol{C}。$$

记 $\boldsymbol{D}=\boldsymbol{W}^{\mathrm{H}}\boldsymbol{BW}$，因 $\boldsymbol{B}$ 为正规矩阵，易知 $\boldsymbol{D}$ 也为正规矩阵。现将 $\boldsymbol{D}$ 按如下分块：

$$\boldsymbol{W}^{\mathrm{H}}\boldsymbol{BW}=\boldsymbol{D}=\begin{bmatrix}\boldsymbol{D}_{11} & \boldsymbol{D}_{12} & \cdots & \boldsymbol{D}_{1s}\\ \boldsymbol{D}_{21} & \boldsymbol{D}_{22} & \cdots & \boldsymbol{D}_{2s}\\ \vdots & \vdots & & \vdots\\ \boldsymbol{D}_{s1} & \boldsymbol{D}_{s2} & \cdots & \boldsymbol{D}_{ss}\end{bmatrix},$$

式中，$\boldsymbol{D}_{jj}$ 为 $k_j\times k_j$ 阶矩阵。由题设 $\boldsymbol{AB}=\boldsymbol{BA}$ 知

$$(\boldsymbol{W}^{\mathrm{H}}\boldsymbol{AW})(\boldsymbol{W}^{\mathrm{H}}\boldsymbol{BW})=(\boldsymbol{W}^{\mathrm{H}}\boldsymbol{BW})(\boldsymbol{W}^{\mathrm{H}}\boldsymbol{AW}),$$

即 $\boldsymbol{CD}=\boldsymbol{DC}$，分别代入矩阵 $\boldsymbol{C}$，$\boldsymbol{D}$ 的上述分块表达式，由分块矩阵乘法规则，有

$$\boldsymbol{D}_{ij}=\boldsymbol{0},\ i\neq j,$$

从而

$$\boldsymbol{D}=\begin{bmatrix}\boldsymbol{D}_{11} & & & \\ & \boldsymbol{D}_{22} & & \\ & & \ddots & \\ & & & \boldsymbol{D}_{ss}\end{bmatrix},$$

因 $\boldsymbol{D}$ 为正规矩阵，容易验证 $\boldsymbol{D}_{jj}$ 为 k_j 阶正规矩阵，所以由定理 3.4.3 知，存在 $\boldsymbol{V}_j\in\boldsymbol{U}^{k_j\times k_j}$，$j=1,2,\cdots,s$，使得

$$\boldsymbol{V}_j^{\mathrm{H}}\boldsymbol{D}_{jj}\boldsymbol{V}_j=\boldsymbol{\Lambda}_j,$$

式中，$\boldsymbol{\Lambda}_j$ 为 k_j 阶对角矩阵，记

$$\boldsymbol{V}=\begin{bmatrix}\boldsymbol{V}_1 & & & \\ & \boldsymbol{V}_2 & & \\ & & \ddots & \\ & & & \boldsymbol{V}_s\end{bmatrix},$$

则 $\boldsymbol{V}$ 为酉矩阵，且

$$\boldsymbol{V}^{\mathrm{H}}\boldsymbol{DV}=\begin{bmatrix}\boldsymbol{V}_1^{\mathrm{H}} & & & \\ & \boldsymbol{V}_2^{\mathrm{H}} & & \\ & & \ddots & \\ & & & \boldsymbol{V}_s^{\mathrm{H}}\end{bmatrix}\begin{bmatrix}\boldsymbol{D}_{11} & & & \\ & \boldsymbol{D}_{22} & & \\ & & \ddots & \\ & & & \boldsymbol{D}_{ss}\end{bmatrix}\begin{bmatrix}\boldsymbol{V}_1 & & & \\ & \boldsymbol{V}_2 & & \\ & & \ddots & \\ & & & \boldsymbol{V}_s\end{bmatrix}$$

$$=\begin{bmatrix}\kappa_1 & & & \\ & \kappa_2 & & \\ & & \ddots & \\ & & & \kappa_n\end{bmatrix},$$

再记 $\boldsymbol{U}=\boldsymbol{WV}$，因 $\boldsymbol{W}$，$\boldsymbol{V}$ 为酉矩阵，故 $\boldsymbol{U}$ 也为酉矩阵，从而有

$$\boldsymbol{U}^{\mathrm{H}}\boldsymbol{AU}=\boldsymbol{V}^{\mathrm{H}}(\boldsymbol{W}^{\mathrm{H}}\boldsymbol{AW})\boldsymbol{V}=\begin{bmatrix}\lambda_1 & & \\ & \ddots & \\ & & \lambda_n\end{bmatrix},$$

$$\boldsymbol{U}^{\mathrm{H}}\boldsymbol{BU}=\boldsymbol{V}^{\mathrm{H}}(\boldsymbol{W}^{\mathrm{H}}\boldsymbol{BW})\boldsymbol{V}=\begin{bmatrix}\kappa_1 & & \\ & \ddots & \\ & & \kappa_n\end{bmatrix}。$$

二、正规变换

我们先来考虑一些特殊的正规变换。

定义 3.4.3　设 V 为一酉空间，T 为 V 上一线性变换，若对任意 $\boldsymbol{\alpha}$，$\boldsymbol{\beta}\in V$ 都有

$$(T(\boldsymbol{\alpha}),\ \boldsymbol{\beta})=(\boldsymbol{\alpha},\ T(\boldsymbol{\beta})),$$

则称 T 为 V 上一 **Hermite 变换**，或**自伴变换**。

若 V 为一欧氏空间，则满足上述性质的线性变换 T 通常也称为**对称变换**。

下面定理给出了 Hermite 变换在标准正交基下的矩阵表示。

定理 3.4.6　设 T 为酉空间 V 上一线性变换，则 T 为 Hermite 变换，当且仅当 T 在 V 的任一组标准正交基下的矩阵表示 $\boldsymbol{A}$ 为 Hermite 矩阵，即 $\boldsymbol{A}^{\mathrm{H}}=\boldsymbol{A}$。

证明　**必要性**　设 T 为酉空间 V 上一 Hermite 变换，$\boldsymbol{\varepsilon}_1$，$\boldsymbol{\varepsilon}_2$，…，$\boldsymbol{\varepsilon}_n$ 为 V 的任一组标准正交基，假定 T 在此标准正交基下的矩阵表示为 $\boldsymbol{A}=[a_{ij}]_{n\times n}$，即

$$T[\boldsymbol{\varepsilon}_1,\ \boldsymbol{\varepsilon}_2,\ \cdots,\ \boldsymbol{\varepsilon}_n]=[\boldsymbol{\varepsilon}_1,\ \boldsymbol{\varepsilon}_2,\ \cdots,\ \boldsymbol{\varepsilon}_n]\boldsymbol{A},$$

则

$$T(\boldsymbol{\varepsilon}_i)=a_{1i}\boldsymbol{\varepsilon}_1+\cdots+a_{ji}\boldsymbol{\varepsilon}_j+\cdots+a_{ni}\boldsymbol{\varepsilon}_n,\ (T(\boldsymbol{\varepsilon}_i),\ \boldsymbol{\varepsilon}_j)=a_{ji},$$

$$T(\boldsymbol{\varepsilon}_j)=a_{1j}\boldsymbol{\varepsilon}_1+\cdots+a_{ij}\boldsymbol{\varepsilon}_i+\cdots+a_{nj}\boldsymbol{\varepsilon}_n,\ (T(\boldsymbol{\varepsilon}_j),\ \boldsymbol{\varepsilon}_i)=a_{ij}。$$

考虑到 T 为 Hermite 变换，则

$$a_{ji}=(T(\boldsymbol{\varepsilon}_i),\ \boldsymbol{\varepsilon}_j)=(\boldsymbol{\varepsilon}_i,\ T(\boldsymbol{\varepsilon}_j))=\overline{(T(\boldsymbol{\varepsilon}_j),\ \boldsymbol{\varepsilon}_i)}=\overline{a_{ij}},$$

即表明 $\boldsymbol{A}$ 为 Hermite 矩阵。

充分性　设线性变换 T 在 V 的一标准正交基 $\boldsymbol{\varepsilon}_1$，$\boldsymbol{\varepsilon}_2$，…，$\boldsymbol{\varepsilon}_n$ 下的矩阵表示 $\boldsymbol{A}$ 满足 $\boldsymbol{A}^{\mathrm{H}}=\boldsymbol{A}$。任取 $\boldsymbol{\alpha}$，$\boldsymbol{\beta}\in V$，且在基 $\boldsymbol{\varepsilon}_1$，$\boldsymbol{\varepsilon}_2$，…，$\boldsymbol{\varepsilon}_n$ 下的坐标分别为 $\boldsymbol{x}$，$\boldsymbol{y}$，即

$$\boldsymbol{\alpha}=[\boldsymbol{\varepsilon}_1,\ \boldsymbol{\varepsilon}_2,\ \cdots,\ \boldsymbol{\varepsilon}_n]\boldsymbol{x},\ \boldsymbol{\beta}=[\boldsymbol{\varepsilon}_1,\ \boldsymbol{\varepsilon}_2,\ \cdots,\ \boldsymbol{\varepsilon}_n]\boldsymbol{y},$$

从而

$$T(\boldsymbol{\alpha})=[\boldsymbol{\varepsilon}_1,\ \boldsymbol{\varepsilon}_2,\ \cdots,\ \boldsymbol{\varepsilon}_n]\boldsymbol{Ax},\ T(\boldsymbol{\beta})=[\boldsymbol{\varepsilon}_1,\ \boldsymbol{\varepsilon}_2,\ \cdots,\ \boldsymbol{\varepsilon}_n]\boldsymbol{Ay},$$

进而由内积在标准正交基下的表达形式，有

$$(T(\boldsymbol{\alpha}),\ \boldsymbol{\beta})=\boldsymbol{y}^{\mathrm{H}}\boldsymbol{Ax}=\boldsymbol{y}^{\mathrm{H}}\boldsymbol{A}^{\mathrm{H}}\boldsymbol{x}=(\boldsymbol{Ax})^{\mathrm{H}}\boldsymbol{y}=(\boldsymbol{\alpha},\ T(\boldsymbol{\beta})),$$

即表明 T 为酉空间 V 上一 Hermite 变换。

定理 3.4.7 设 T 为酉空间 V 上一 Hermite 变换，则 T 的特征值为实数。

证明 设 λ 为 T 的任一特征值，$\boldsymbol{\alpha}$ 为 λ 对应的特征向量，即 $T(\boldsymbol{\alpha})=\lambda\boldsymbol{\alpha}$，则

$$(T(\boldsymbol{\alpha}),\boldsymbol{\alpha})=(\lambda\boldsymbol{\alpha},\boldsymbol{\alpha})=\lambda\|\boldsymbol{\alpha}\|^2,\ (\boldsymbol{\alpha},T(\boldsymbol{\alpha}))=(\boldsymbol{\alpha},\lambda\boldsymbol{\alpha})=\bar{\lambda}\|\boldsymbol{\alpha}\|^2。$$

又因 T 为 Hermite 变换，从而$(T(\boldsymbol{\alpha}),\boldsymbol{\alpha})=(\boldsymbol{\alpha},T(\boldsymbol{\alpha}))$，即 $\lambda\|\boldsymbol{\alpha}\|^2=\bar{\lambda}\|\boldsymbol{\alpha}\|^2$，考虑到 $\|\boldsymbol{\alpha}\|\neq 0$，则 $\lambda=\bar{\lambda}$，即 λ 为一实数。

类似地，我们有反 Hermite 变换的定义及性质。

定义 3.4.4 设 V 为一酉空间，T 为 V 上一线性变换，若对任意 $\boldsymbol{\alpha},\boldsymbol{\beta}\in V$ 都有

$$(T(\boldsymbol{\alpha}),\boldsymbol{\beta})=-(\boldsymbol{\alpha},T(\boldsymbol{\beta})),$$

则称 T 为 V 上一**反 Hermite 变换**。

若 V 为一欧氏空间，则满足上述性质的线性变换 T 通常也称为**反对称变换**。

定理 3.4.8 设 T 为酉空间 V 上一线性变换，则 T 为反 Hermite 变换，当且仅当 T 在 V 的任一组标准正交基下的矩阵表示 $\boldsymbol{A}$ 为**反 Hermite 矩阵**，即 $\boldsymbol{A}^{\mathrm{H}}=-\boldsymbol{A}$。

定义 3.4.5 设 V 为一酉空间，T 为 V 上一线性变换，若存在 V 上一线性变换 T^{H}，使得对任意 $\boldsymbol{\alpha},\boldsymbol{\beta}\in V$ 都满足

$$(T(\boldsymbol{\alpha}),\boldsymbol{\beta})=(\boldsymbol{\alpha},T^{\mathrm{H}}(\boldsymbol{\beta})),$$

则称 T^{H} 为 T 的一**伴随变换**。

显然，若 T 为酉变换，则 $T^{\mathrm{H}}=T^{-1}$；若 T 为 Hermite 变换，则 $T^{\mathrm{H}}=T$；若 T 为反 Hermite 变换，则 $T^{\mathrm{H}}=-T$。

定理 3.4.9 设 T 为 n 维酉空间 V 上一线性变换，$\boldsymbol{\varepsilon}_1,\boldsymbol{\varepsilon}_2,\cdots,\boldsymbol{\varepsilon}_n$ 为 V 的一标准正交基，且 T 在基 $\boldsymbol{\varepsilon}_1,\boldsymbol{\varepsilon}_2,\cdots,\boldsymbol{\varepsilon}_n$ 下的矩阵表示为 $\boldsymbol{A}=[a_{ij}]_{n\times n}$，则 T 的伴随变换 T^{H} 在基 $\boldsymbol{\varepsilon}_1,\boldsymbol{\varepsilon}_2,\cdots,\boldsymbol{\varepsilon}_n$ 下的矩阵表示 $\boldsymbol{B}=[b_{ij}]_{n\times n}$ 满足 $\boldsymbol{B}=\boldsymbol{A}^{\mathrm{H}}$，且

$$\overline{(T^{\mathrm{H}}(\boldsymbol{\varepsilon}_j),\boldsymbol{\varepsilon}_i)}=\overline{b_{ij}}=a_{ji}。$$

证明 由伴随变换定义 3.4.5 知

$$(T(\boldsymbol{\varepsilon}_i),\boldsymbol{\varepsilon}_j)=(\boldsymbol{\varepsilon}_i,T^{\mathrm{H}}(\boldsymbol{\varepsilon}_j)),\ i,j=1,2,\cdots,n。$$

又据题设有

$$T[\boldsymbol{\varepsilon}_1,\boldsymbol{\varepsilon}_2,\cdots,\boldsymbol{\varepsilon}_n]=[\boldsymbol{\varepsilon}_1,\boldsymbol{\varepsilon}_2,\cdots,\boldsymbol{\varepsilon}_n]\boldsymbol{A},\ T^{\mathrm{H}}[\boldsymbol{\varepsilon}_1,\boldsymbol{\varepsilon}_2,\cdots,\boldsymbol{\varepsilon}_n]=[\boldsymbol{\varepsilon}_1,\boldsymbol{\varepsilon}_2,\cdots,\boldsymbol{\varepsilon}_n]\boldsymbol{B},$$

则

$$T(\boldsymbol{\varepsilon}_i)=a_{1i}\boldsymbol{\varepsilon}_1+\cdots+a_{ji}\boldsymbol{\varepsilon}_j+\cdots+a_{ni}\boldsymbol{\varepsilon}_n,\ (T(\boldsymbol{\varepsilon}_i),\boldsymbol{\varepsilon}_j)=a_{ji},$$
$$T^{\mathrm{H}}(\boldsymbol{\varepsilon}_j)=b_{1j}\boldsymbol{\varepsilon}_1+\cdots+b_{ij}\boldsymbol{\varepsilon}_i+\cdots+b_{nj}\boldsymbol{\varepsilon}_n,\ (T^{\mathrm{H}}(\boldsymbol{\varepsilon}_j),\boldsymbol{\varepsilon}_i)=b_{ij},$$

进而有

$$a_{ji}=(T(\boldsymbol{\varepsilon}_i),\boldsymbol{\varepsilon}_j)=(\boldsymbol{\varepsilon}_i,T^{\mathrm{H}}(\boldsymbol{\varepsilon}_j))=\overline{(T^{\mathrm{H}}(\boldsymbol{\varepsilon}_j),\boldsymbol{\varepsilon}_i)}=\overline{b_{ij}},$$

即 $b_{ij}=\overline{a_{ji}}$，$i,j=1,2,\cdots,n$，从而 $\boldsymbol{B}=\boldsymbol{A}^{\mathrm{H}}$。

定理 3.4.10 设 V 为一 n 维酉空间，T_1 和 T_2 为 V 上的线性变换，$k\in\mathbf{C}$，则

(1) $(T_1+T_2)^{\mathrm{H}}=T_1^{\mathrm{H}}+T_2^{\mathrm{H}}$；

(2) $(kT_1)^{\mathrm{H}}=\bar{k}T_1^{\mathrm{H}}$；

(3) $(T_1T_2)^{\mathrm{H}}=T_2^{\mathrm{H}}T_1^{\mathrm{H}}$；

(4) $(T_1^{\mathrm{H}})^{\mathrm{H}}=T_1$。

证明 (1) 任取 $\boldsymbol{\alpha},\boldsymbol{\beta}\in V$，由加法变换及伴随变换的定义，有

$$((T_1+T_2)(\boldsymbol{\alpha}), \boldsymbol{\beta}) = (T_1(\boldsymbol{\alpha})+T_2(\boldsymbol{\alpha}), \boldsymbol{\beta}) = (T_1(\boldsymbol{\alpha}), \boldsymbol{\beta}) + (T_2(\boldsymbol{\alpha}), \boldsymbol{\beta})$$
$$= (\boldsymbol{\alpha}, T_1^{\mathrm{H}}(\boldsymbol{\beta})) + (\boldsymbol{\alpha}, T_2^{\mathrm{H}}(\boldsymbol{\beta})) = (\boldsymbol{\alpha}, T_1^{\mathrm{H}}(\boldsymbol{\beta}) + T_2^{\mathrm{H}}(\boldsymbol{\beta}))$$
$$= (\boldsymbol{\alpha}, (T_1^{\mathrm{H}}+T_2^{\mathrm{H}})(\boldsymbol{\beta})),$$

即$(T_1+T_2)^{\mathrm{H}} = T_1^{\mathrm{H}} + T_2^{\mathrm{H}}$。

(2) 任取 $\boldsymbol{\alpha}, \boldsymbol{\beta} \in V$，由数乘变换及伴随变换的定义，有

$$((kT_1)(\boldsymbol{\alpha}), \boldsymbol{\beta}) = (kT_1(\boldsymbol{\alpha}), \boldsymbol{\beta}) = k(T_1(\boldsymbol{\alpha}), \boldsymbol{\beta}) = k(\boldsymbol{\alpha}, T_1^{\mathrm{H}}(\boldsymbol{\beta}))$$
$$= (\boldsymbol{\alpha}, \bar{k}T_1^{\mathrm{H}}(\boldsymbol{\beta}))$$
$$= (\boldsymbol{\alpha}, (\bar{k}T_1^{\mathrm{H}})(\boldsymbol{\beta})),$$

即$(kT_1)^{\mathrm{H}} = \bar{k}T_1^{\mathrm{H}}$。

(3) 任取 $\boldsymbol{\alpha}, \boldsymbol{\beta} \in V$，由乘积变换及伴随变换的定义，有

$$((T_1T_2)(\boldsymbol{\alpha}), \boldsymbol{\beta}) = (T_1(T_2(\boldsymbol{\alpha})), \boldsymbol{\beta}) = (T_2(\boldsymbol{\alpha}), T_1^{\mathrm{H}}(\boldsymbol{\beta}))$$
$$= (\boldsymbol{\alpha}, T_2^{\mathrm{H}}(T_1^{\mathrm{H}}(\boldsymbol{\beta})))$$
$$= (\boldsymbol{\alpha}, (T_2^{\mathrm{H}}T_1^{\mathrm{H}})(\boldsymbol{\beta})),$$

即$(T_1T_2)^{\mathrm{H}} = T_2^{\mathrm{H}}T_1^{\mathrm{H}}$。

(4) 任取 $\boldsymbol{\alpha}, \boldsymbol{\beta} \in V$，由内积的性质及伴随变换的定义，有

$$(T_1^{\mathrm{H}}(\boldsymbol{\alpha}), \boldsymbol{\beta}) = \overline{(\boldsymbol{\beta}, T_1^{\mathrm{H}}(\boldsymbol{\alpha}))} = \overline{(T_1(\boldsymbol{\beta}), \boldsymbol{\alpha})} = (\boldsymbol{\alpha}, T_1(\boldsymbol{\beta})),$$

即$(T_1^{\mathrm{H}})^{\mathrm{H}} = T_1$。

定理 3.4.11　设 V 为一 n 维酉空间，T 为 V 上一线性变换，若 W 为 T-子空间，则 $W^{\perp}$ 为 T^{H}-子空间。

证明　任取 $\boldsymbol{\alpha} \in W^{\perp}$，只需验证 $T^{\mathrm{H}}(\boldsymbol{\alpha}) \in W^{\perp}$，即需验证对任一 $\boldsymbol{\beta} \in W$，都有 $(\boldsymbol{\beta}, T^{\mathrm{H}}(\boldsymbol{\alpha}))=0$。注意到 W 为 T-子空间，从而对任一 $\boldsymbol{\beta} \in W$ 有 $T(\boldsymbol{\beta}) \in W$ 及 $(T(\boldsymbol{\beta}), \boldsymbol{\alpha})=0$。因此 $(\boldsymbol{\beta}, T^{\mathrm{H}}(\boldsymbol{\alpha})) = (T(\boldsymbol{\beta}), \boldsymbol{\alpha}) = 0$，即表明 $T^{\mathrm{H}}(\boldsymbol{\alpha}) \in W^{\perp}$。

定义 3.4.6　设 V 为一酉空间，T 为 V 上一线性变换，若有 $T^{\mathrm{H}}T = TT^{\mathrm{H}}$ 成立，则称 T 为 V 上的**正规变换**。

显见，酉空间 V 上的酉变换、(反)Hermite 变换都为正规变换。

定理 3.4.12　设 V 为 n 维酉空间，T 为 V 上一正规变换，当且仅当 T 在 V 的任一标准正交基下的矩阵表示为正规矩阵。

证明　任取 V 的一组标准正交基 $\boldsymbol{\varepsilon}_1, \boldsymbol{\varepsilon}_2, \cdots, \boldsymbol{\varepsilon}_n$，且 T 在此标准正交基下的矩阵表示为 $\boldsymbol{A}$，则由定理 3.4.9 知，T^{H} 在此标准正交基下的矩阵表示为 $\boldsymbol{A}^{\mathrm{H}}$，又

$$T^{\mathrm{H}}T = TT^{\mathrm{H}} \Leftrightarrow \boldsymbol{A}^{\mathrm{H}}\boldsymbol{A} = \boldsymbol{A}\boldsymbol{A}^{\mathrm{H}},$$

因而 T 为 V 上一正规变换当且仅当 $\boldsymbol{A}$ 为一正规矩阵。

进一步，对正规变换我们有如下定理。

定理 3.4.13　设 V 为 n 维酉空间，T 为 V 上一线性变换，则 T 为 V 上的正规变换，当且仅当存在 V 的一组标准正交基使得 T 在此标准正交基下的矩阵表示为对角矩阵。

证明　**必要性**　由定理 3.4.11 结合定理 3.4.3 可得证。

充分性　设 T 为 n 维酉空间 V 上一线性变换，且存在 V 的一组标准正交基 $\boldsymbol{\varepsilon}_1, \boldsymbol{\varepsilon}_2, \cdots, \boldsymbol{\varepsilon}_n$，使得 T 在此标准正交基下的矩阵表示为对角矩阵，即

$$T[\boldsymbol{\varepsilon}_1, \boldsymbol{\varepsilon}_2, \cdots, \boldsymbol{\varepsilon}_n] = [\boldsymbol{\varepsilon}_1, \boldsymbol{\varepsilon}_2, \cdots, \boldsymbol{\varepsilon}_n]\begin{bmatrix} \lambda_1 & & & \\ & \lambda_2 & & \\ & & \ddots & \\ & & & \lambda_n \end{bmatrix} = \boldsymbol{\Lambda},$$

则由定理 3.4.9 知，T^{H} 在此标准正交基下的矩阵表示为 $\boldsymbol{\Lambda}^{\mathrm{H}}$，且有

$$T^{\mathrm{H}}[\boldsymbol{\varepsilon}_1, \boldsymbol{\varepsilon}_2, \cdots, \boldsymbol{\varepsilon}_n] = [\boldsymbol{\varepsilon}_1, \boldsymbol{\varepsilon}_2, \cdots, \boldsymbol{\varepsilon}_n]\boldsymbol{\Lambda}^{\mathrm{H}} = [\boldsymbol{\varepsilon}_1, \boldsymbol{\varepsilon}_2, \cdots, \boldsymbol{\varepsilon}_n]\begin{bmatrix} \overline{\lambda_1} & & & \\ & \overline{\lambda_2} & & \\ & & \ddots & \\ & & & \overline{\lambda_n} \end{bmatrix},$$

则显然有 $\boldsymbol{\Lambda}\boldsymbol{\Lambda}^{\mathrm{H}} = \boldsymbol{\Lambda}^{\mathrm{H}}\boldsymbol{\Lambda}$，且

$$(TT^{\mathrm{H}})[\boldsymbol{\varepsilon}_1, \boldsymbol{\varepsilon}_2, \cdots, \boldsymbol{\varepsilon}_n] = T[\boldsymbol{\varepsilon}_1, \boldsymbol{\varepsilon}_2, \cdots, \boldsymbol{\varepsilon}_n]\boldsymbol{\Lambda}^{\mathrm{H}} = [\boldsymbol{\varepsilon}_1, \boldsymbol{\varepsilon}_2, \cdots, \boldsymbol{\varepsilon}_n]\boldsymbol{\Lambda}\boldsymbol{\Lambda}^{\mathrm{H}},$$

$$(T^{\mathrm{H}}T)[\boldsymbol{\varepsilon}_1, \boldsymbol{\varepsilon}_2, \cdots, \boldsymbol{\varepsilon}_n] = T^{\mathrm{H}}[\boldsymbol{\varepsilon}_1, \boldsymbol{\varepsilon}_2, \cdots, \boldsymbol{\varepsilon}_n]\boldsymbol{\Lambda} = [\boldsymbol{\varepsilon}_1, \boldsymbol{\varepsilon}_2, \cdots, \boldsymbol{\varepsilon}_n]\boldsymbol{\Lambda}^{\mathrm{H}}\boldsymbol{\Lambda},$$

因 $\boldsymbol{\Lambda}\boldsymbol{\Lambda}^{\mathrm{H}} = \boldsymbol{\Lambda}^{\mathrm{H}}\boldsymbol{\Lambda}$ 及 $\boldsymbol{\varepsilon}_1, \boldsymbol{\varepsilon}_2, \cdots, \boldsymbol{\varepsilon}_n$ 为一组基，故 $TT^{\mathrm{H}} = T^{\mathrm{H}}T$。

3.5 Hermite(半)正定矩阵

我们先给出 Hermite 矩阵的一些性质。

定理 3.5.1 设 $\boldsymbol{A} = [a_{ij}]$ 为 n 阶复矩阵，则

(1) $\boldsymbol{A}$ 为 n 阶 Hermite 矩阵当且仅当对任一 $\boldsymbol{x} \in \mathbf{C}^n$，$\boldsymbol{x}^{\mathrm{H}}\boldsymbol{A}\boldsymbol{x}$ 为实数。

(2) $\boldsymbol{A}$ 为 n 阶 Hermite 矩阵当且仅当对任一 $\boldsymbol{C} \in \mathbf{C}^{n\times n}$，$\boldsymbol{C}^{\mathrm{H}}\boldsymbol{A}\boldsymbol{C}$ 为 Hermite 矩阵。

证明 (1) **必要性** 因 $\boldsymbol{A}^{\mathrm{H}} = \boldsymbol{A}$ 且 $\boldsymbol{x}^{\mathrm{H}}\boldsymbol{A}\boldsymbol{x}$ 为一实数，故

$$\overline{\boldsymbol{x}^{\mathrm{H}}\boldsymbol{A}\boldsymbol{x}} = (\boldsymbol{x}^{\mathrm{H}}\boldsymbol{A}\boldsymbol{x})^{\mathrm{H}} = \boldsymbol{x}^{\mathrm{H}}\boldsymbol{A}^{\mathrm{H}}\boldsymbol{x} = \boldsymbol{x}^{\mathrm{H}}\boldsymbol{A}\boldsymbol{x},$$

即 $\boldsymbol{x}^{\mathrm{H}}\boldsymbol{A}\boldsymbol{x}$ 为实数。

充分性 对任意 $\boldsymbol{x}, \boldsymbol{y} \in \mathbf{C}^n$，由假设知 $(\boldsymbol{x}+\boldsymbol{y})^{\mathrm{H}}\boldsymbol{A}(\boldsymbol{x}+\boldsymbol{y})$ 为实数且有

$$(\boldsymbol{x}+\boldsymbol{y})^{\mathrm{H}}\boldsymbol{A}(\boldsymbol{x}+\boldsymbol{y}) = (\boldsymbol{x}^{\mathrm{H}}+\boldsymbol{y}^{\mathrm{H}})\boldsymbol{A}(\boldsymbol{x}+\boldsymbol{y}) = \boldsymbol{x}^{\mathrm{H}}\boldsymbol{A}\boldsymbol{x} + \boldsymbol{y}^{\mathrm{H}}\boldsymbol{A}\boldsymbol{y} + \boldsymbol{x}^{\mathrm{H}}\boldsymbol{A}\boldsymbol{y} + \boldsymbol{y}^{\mathrm{H}}\boldsymbol{A}\boldsymbol{x},$$

又由假设知，$\boldsymbol{x}^{\mathrm{H}}\boldsymbol{A}\boldsymbol{x}$，$\boldsymbol{y}^{\mathrm{H}}\boldsymbol{A}\boldsymbol{y}$ 为实数，因而对任意 $\boldsymbol{x}, \boldsymbol{y} \in \mathbf{C}^n$，$\boldsymbol{x}^{\mathrm{H}}\boldsymbol{A}\boldsymbol{y} + \boldsymbol{y}^{\mathrm{H}}\boldsymbol{A}\boldsymbol{x}$ 为一实数，特别地，选取

$$\boldsymbol{x}_j = \underbrace{[0, 0, \cdots, 1, 0, \cdots, 0]^{\mathrm{T}}}_{j\text{位非}0}, \quad \boldsymbol{y}_k = \underbrace{[0, 0, \cdots, 1, 0, \cdots, 0]^{\mathrm{T}}}_{k\text{位非}0}$$

代入 $\boldsymbol{x}^{\mathrm{H}}\boldsymbol{A}\boldsymbol{y} + \boldsymbol{y}^{\mathrm{H}}\boldsymbol{A}\boldsymbol{x}$ 可得，$a_{jk} + a_{kj}$ 为一实数，这表明

$$\mathrm{Im}(a_{jk}) = -\mathrm{Im}(a_{kj});$$

另选取

$$\boldsymbol{x}_j = \underbrace{[0, 0, \cdots, \mathrm{i}, 0, \cdots, 0]^{\mathrm{T}}}_{j\text{位非}0}, \quad \boldsymbol{y}_k = \underbrace{[0, 0, \cdots, 1, 0, \cdots, 0]^{\mathrm{T}}}_{k\text{位非}0}$$

代入 $\boldsymbol{x}^{\mathrm{H}}\boldsymbol{A}\boldsymbol{y} + \boldsymbol{y}^{\mathrm{H}}\boldsymbol{A}\boldsymbol{x}$ 可得，$a_{jk} - a_{kj}$ 为一纯虚数，这表明

$$\mathrm{Re}(a_{jk}) = \mathrm{Re}(a_{kj});$$

因而有 $a_{jk} = \overline{a_{kj}}$，这表明 $\boldsymbol{A} = \boldsymbol{A}^{\mathrm{H}}$。

(2) 必要性由 Hermite 矩阵定义可验证，充分性由 $\boldsymbol{C}$ 的任意性，取 $\boldsymbol{C}=\boldsymbol{E}$。

设 $\boldsymbol{A}$ 为 n 阶 Hermite 矩阵且 $r(\boldsymbol{A})=r$，则不难验证如下性质成立。

定理 3.5.2　设 $\boldsymbol{A}$ 为 n 阶 Hermite 矩阵且 $r(\boldsymbol{A})=r$，则存在 n 阶可逆矩阵 $\boldsymbol{P}$，使得

$$\boldsymbol{P}^{\mathrm{H}}\boldsymbol{A}\boldsymbol{P}=\begin{bmatrix} b_1 & & & & & \\ & \ddots & & & & \\ & & b_r & & & \\ & & & 0 & & \\ & & & & \ddots & \\ & & & & & 0 \end{bmatrix},$$

式中，$b_1, b_2, \cdots, b_r$ 为实数。

定义 3.5.1　设 $\boldsymbol{A}$ 为 n 阶 Hermite 矩阵，若对任一 $\boldsymbol{x}\in\mathbf{C}^n$，都有

$$f(\boldsymbol{x})=\boldsymbol{x}^{\mathrm{H}}\boldsymbol{A}\boldsymbol{x}\geqslant 0,$$

则称 $\boldsymbol{A}$ 为**半正定矩阵**，记作 $\boldsymbol{A}\geq 0$。若对任一 $\boldsymbol{x}\neq\boldsymbol{0}\in\mathbf{C}^n$，都有

$$f(\boldsymbol{x})=\boldsymbol{x}^{\mathrm{H}}\boldsymbol{A}\boldsymbol{x}>0,$$

则称 $\boldsymbol{A}$ 为**正定矩阵**，记作 $\boldsymbol{A}>0$。

类似引理 3.4.2，不难验证如下性质。

引理 3.5.1　若 $\boldsymbol{A}$ 为正线上三角矩阵(即主对角元素大于零)又为酉矩阵，则 $\boldsymbol{A}$ 为单位矩阵。

引理 3.5.2　$\boldsymbol{A}>0$(或 $\boldsymbol{A}\geq 0$)在满秩线性变换 $\boldsymbol{x}=\boldsymbol{P}\boldsymbol{y}$ 下保持不变。

证明　若 $f(\boldsymbol{x})=\boldsymbol{x}^{\mathrm{H}}\boldsymbol{A}\boldsymbol{x}$ 经满秩线性变换 $\boldsymbol{x}=\boldsymbol{P}\boldsymbol{y}$ 化为

$$f(\boldsymbol{y})=\boldsymbol{y}^{\mathrm{H}}\boldsymbol{P}^{\mathrm{H}}\boldsymbol{A}\boldsymbol{P}\boldsymbol{y}=\boldsymbol{y}^{\mathrm{H}}\boldsymbol{B}\boldsymbol{y}。$$

任给非零向量 $\boldsymbol{y}_0$，可得非零向量 $\boldsymbol{x}_0=\boldsymbol{P}\boldsymbol{y}_0$。若 $f(\boldsymbol{x})=\boldsymbol{x}^{\mathrm{H}}\boldsymbol{A}\boldsymbol{x}>0$，则

$$\boldsymbol{y}_0^{\mathrm{H}}\boldsymbol{B}\boldsymbol{y}_0=\boldsymbol{y}_0^{\mathrm{H}}\boldsymbol{P}^{\mathrm{H}}\boldsymbol{A}\boldsymbol{P}\boldsymbol{y}_0=\boldsymbol{x}_0^{\mathrm{H}}\boldsymbol{A}\boldsymbol{x}_0>0,$$

即 $\boldsymbol{B}>0$。若 $f(\boldsymbol{y})=\boldsymbol{y}^{\mathrm{H}}\boldsymbol{B}\boldsymbol{y}>0$，则由 $\boldsymbol{y}=\boldsymbol{P}^{-1}\boldsymbol{x}$ 同理可知 $\boldsymbol{A}>0$。

定理 3.5.3　设 $\boldsymbol{A}$ 为 n 阶 Hermite 矩阵，则以下命题等价：

(1) $\boldsymbol{A}>0$；

(2) 对任一 n 阶可逆矩阵 $\boldsymbol{P}$，都有 $\boldsymbol{P}^{\mathrm{H}}\boldsymbol{A}\boldsymbol{P}>0$；

(3) $\boldsymbol{A}$ 的 n 个特征值全部大于 0；

(4) 存在 n 阶可逆矩阵 $\boldsymbol{P}$，使得 $\boldsymbol{P}^{\mathrm{H}}\boldsymbol{A}\boldsymbol{P}=\boldsymbol{E}$；

(5) 存在 n 阶可逆矩阵 $\boldsymbol{Q}$，使得 $\boldsymbol{A}=\boldsymbol{Q}^{\mathrm{H}}\boldsymbol{Q}$；

(6) 存在正线上三角矩阵 $\boldsymbol{\Delta}$，使得 $\boldsymbol{A}=\boldsymbol{\Delta}^{\mathrm{H}}\boldsymbol{\Delta}$，且此形式分解唯一。

证明　(1) ⇒(2)，由引理 3.5.2 得证。

(2) ⇒(3)，$\boldsymbol{A}$ 为 Hermite 矩阵，由定理 3.4.3 及定理 3.4.4(1)知，存在 $\boldsymbol{U}\in\boldsymbol{U}^{n\times n}$，使得

$$\boldsymbol{U}^{-1}\boldsymbol{A}\boldsymbol{U}=\boldsymbol{U}^{\mathrm{H}}\boldsymbol{A}\boldsymbol{U}=\begin{bmatrix} \lambda_1 & & & \\ & \lambda_2 & & \\ & & \ddots & \\ & & & \lambda_n \end{bmatrix}=\boldsymbol{\Lambda},\ \lambda_1, \cdots, \lambda_n\in\mathbf{R},$$

由命题(2)成立知，$\boldsymbol{\Lambda}>0$，于是对特征值 λ_i 对应的单位特征向量 $\boldsymbol{\xi}_i$ 有

$$\lambda_i=\boldsymbol{\xi}_i^{\mathrm{H}}\boldsymbol{\Lambda}\boldsymbol{\xi}_i>0,\ i=1,\ 2,\ \cdots,\ n。$$

(3) ⇒(4)，由定理 3.4.3 及命题(3)成立知，存在 $\boldsymbol{U}\in\boldsymbol{U}^{n\times n}$，使得

$$\boldsymbol{U}^{\mathrm{H}}\boldsymbol{A}\boldsymbol{U}=\begin{bmatrix}\lambda_1 & & & \\ & \lambda_2 & & \\ & & \ddots & \\ & & & \lambda_n\end{bmatrix},\ \lambda_i>0,\ i=1,\ 2,\ \cdots,\ n,$$

从而可选取

$$\boldsymbol{P}_1=\begin{bmatrix}\frac{1}{\sqrt{\lambda_1}} & & & \\ & \frac{1}{\sqrt{\lambda_2}} & & \\ & & \ddots & \\ & & & \frac{1}{\sqrt{\lambda_n}}\end{bmatrix},$$

则

$$\boldsymbol{P}_1^{\mathrm{H}}\boldsymbol{U}^{\mathrm{H}}\boldsymbol{A}\boldsymbol{U}\boldsymbol{P}_1=\boldsymbol{P}_1^{\mathrm{H}}\begin{bmatrix}\lambda_1 & & & \\ & \lambda_2 & & \\ & & \ddots & \\ & & & \lambda_n\end{bmatrix}\boldsymbol{P}_1=\boldsymbol{E},$$

令 $\boldsymbol{P}=\boldsymbol{U}\boldsymbol{P}_1$，即有 $\boldsymbol{P}^{\mathrm{H}}\boldsymbol{A}\boldsymbol{P}=\boldsymbol{E}$。

(4) ⇒(5)，因 $\boldsymbol{P}^{\mathrm{H}}\boldsymbol{A}\boldsymbol{P}=\boldsymbol{E}$ 且 $\boldsymbol{P}$ 可逆，故 $\boldsymbol{A}=(\boldsymbol{P}^{\mathrm{H}})^{-1}\boldsymbol{P}^{-1}=(\boldsymbol{P}^{-1})^{\mathrm{H}}\boldsymbol{P}^{-1}$，取 $\boldsymbol{Q}=\boldsymbol{P}^{-1}$。

(5) ⇒(6)，因 $\boldsymbol{A}=\boldsymbol{Q}^{\mathrm{H}}\boldsymbol{Q}$ 且 $\boldsymbol{Q}$ 可逆，设 $\boldsymbol{Q}=[\boldsymbol{q}_1,\ \boldsymbol{q}_2,\ \cdots,\ \boldsymbol{q}_n]$，则 n 维列向量 $\boldsymbol{q}_1,\ \boldsymbol{q}_2,\ \cdots,\ \boldsymbol{q}_n$ 线性无关，利用 Schmidt 正交化方法将每个列向量 $\boldsymbol{q}_i$ 正交化得 $\boldsymbol{\eta}_1,\ \boldsymbol{\eta}_2,\ \cdots,\ \boldsymbol{\eta}_n$，再单位化得标准正交向量组 $\boldsymbol{\varepsilon}_1,\ \boldsymbol{\varepsilon}_2,\ \cdots,\ \boldsymbol{\varepsilon}_n$，且有

$$\begin{cases}\boldsymbol{q}_1=r_{11}\boldsymbol{\varepsilon}_1\\ \boldsymbol{q}_2=r_{21}\boldsymbol{\varepsilon}_1+r_{22}\boldsymbol{\varepsilon}_2\\ \boldsymbol{q}_2=r_{31}\boldsymbol{\varepsilon}_1+r_{32}\boldsymbol{\varepsilon}_2+r_{33}\boldsymbol{\varepsilon}_3\\ \quad\vdots\\ \boldsymbol{q}_n=r_{n1}\boldsymbol{\varepsilon}_1+r_{n2}\boldsymbol{\varepsilon}_2+\cdots+r_{nn}\boldsymbol{\varepsilon}_n\end{cases},$$

式中，$r_{ii}=|\boldsymbol{\eta}_i|>0$，从而

$$\begin{aligned}\boldsymbol{Q}&=[\boldsymbol{q}_1,\ \boldsymbol{q}_2,\ \cdots,\ \boldsymbol{q}_n]\\ &=[r_{11}\boldsymbol{\varepsilon}_1,\ r_{21}\boldsymbol{\varepsilon}_1+r_{22}\boldsymbol{\varepsilon}_2,\ \cdots,\ r_{n1}\boldsymbol{\varepsilon}_1+r_{n2}\boldsymbol{\varepsilon}_2+\cdots+r_{nn}\boldsymbol{\varepsilon}_n]\\ &=[\boldsymbol{\varepsilon}_1,\ \boldsymbol{\varepsilon}_2,\ \cdots,\ \boldsymbol{\varepsilon}_n]\begin{bmatrix}r_{11} & r_{21} & \cdots & r_{n1}\\ & r_{22} & \cdots & r_{n2}\\ & & \ddots & \vdots\\ & & & r_{nn}\end{bmatrix}\\ &=\boldsymbol{U}_1\boldsymbol{\Delta},\end{aligned}$$

式中，$\boldsymbol{U}_1\in\boldsymbol{U}^{n\times n}$，$\boldsymbol{\Delta}$ 为正线上三角矩阵。此时有

$$A = Q^{H}Q = \Delta^{H}U_1^{H}U_1\Delta = \Delta^{H}\Delta。$$

若 A 存在两种正线上三角矩阵分解，即 $A = \Delta^{H}\Delta = \Delta_*^{H}\Delta_*$，则

$$E = (\Delta^{H})^{-1}\Delta_*^{H}\Delta_*\Delta^{-1} = (\Delta_*\Delta^{-1})^{H}(\Delta_*\Delta^{-1}),$$

易验证 $\Delta_*\Delta^{-1}$ 仍为正线上三角矩阵，且上式表明 $\Delta_*\Delta^{-1}$ 又为酉矩阵，由引理 3.5.1 知，$\Delta_*\Delta^{-1} = E$，即表明 $\Delta_* = \Delta$。

(6) ⇒(1)，因 $A = \Delta^{H}\Delta$，Δ 为正线上三角矩阵，从而

$$x^{H}Ax = x^{H}\Delta^{H}\Delta x = (\Delta x)^{H}(\Delta x)。$$

由于 Δ 为正线上三角矩阵，所以当 $x \neq 0$ 时，$\Delta x \neq 0$，由上式知 $x^{H}Ax > 0$，即 $A > 0$。

注 3.5.1　由定理 3.5.3(3)可知，若 Hermite 矩阵 $A > 0$，则 $\mathrm{tr}(A) > \lambda_i$，$i = 1, 2, \cdots, n$。

定理 3.5.4　设 $A = [a_{ij}]$ 为 n 阶 Hermite 矩阵，则 $A > 0$ 当且仅当 A 的 n 个顺序主子式全大于零。

证明　必要性　设 A_k 为 A 的 k 阶顺序主子矩阵，因 $A > 0$，则对任一非零向量 $x = [x_1, \cdots, x_n]^{T} \in \mathbf{C}^n$，都有 $f(x) = x^{H}Ax = \sum_{i=1}^{n}\sum_{j=1}^{n} a_{ij}\bar{x}_i x_j > 0$。对每一 $1 \leqslant k \leqslant n$，令 $f_k(x) = \sum_{i=1}^{k}\sum_{j=1}^{k} a_{ij}\bar{x}_i x_j$，任取一非零向量 $c_* = [c_1, c_2, \cdots, c_k]^{T}$，令 $x = \begin{bmatrix} x_* \\ 0 \end{bmatrix}$，则有

$$f_k(c_*) = \sum_{i=1}^{k}\sum_{j=1}^{k} a_{ij}\bar{c}_i c_j = c_*^{H}A_k c_* = f(x_*) = x_*^{H}Ax_* > 0,$$

即对任一 $1 \leqslant k \leqslant n$，$A$ 的 k 阶顺序主子矩阵 $A_k > 0$，由定理 3.5.3(3)可知，A_k 的特征值大于零，从而 $\det(A_k) > 0$，即 A 的 n 个顺序主子式全大于零。

上述必要性的证明过程，也可以利用矩阵分块来完成。

任给 $x_* \neq 0 \in \mathbf{C}^k (1 \leqslant k \leqslant n)$，令 $x = \begin{bmatrix} x_* \\ 0 \end{bmatrix}$，将矩阵 A 进行如下分块：

$$A = \begin{bmatrix} A_k & G \\ G^{H} & B \end{bmatrix},$$

从而

$$x_*^{H}Ax_* = [x_*^{H}, 0^{H}]\begin{bmatrix} A_k & G \\ G^{H} & B \end{bmatrix}\begin{bmatrix} x_* \\ 0 \end{bmatrix} = x^{H}Ax > 0,$$

这表明 A 的 k 阶顺序主子矩阵 $A_k > 0$。又由定理 3.5.3(3)可知，Hermite 正定矩阵的行列式大于零，因而 A 的 n 个顺序主子式全大于零。

充分性　对矩阵 A 的阶数 n 作数学归纳法。当 $n = 1$ 时，结论自然成立。现设阶为 $n-1$ 时结论成立，即有 $A_{n-1} > 0$，当阶为 n 时，$\det(A_n) > 0$，对 n 阶矩阵 A 进行如下分块：

$$A = \begin{bmatrix} A_{n-1} & p \\ p^{H} & a_{nn} \end{bmatrix},$$

式中，A_{n-1} 为 A 的 $n-1$ 阶顺序主子矩阵，从而

$$A = C^{H}\begin{bmatrix} A_{n-1} & 0 \\ 0^{H} & b_{nn} \end{bmatrix}C,$$

式中

$$b_{nn}=a_{nn}-\boldsymbol{p}^{\mathrm{H}}\boldsymbol{A}_{n-1}^{-1}\boldsymbol{p}\text{，}\boldsymbol{C}=\begin{bmatrix}\boldsymbol{E}_{n-1} & \boldsymbol{A}_{n-1}^{-1}\\ \boldsymbol{0}^{\mathrm{H}} & 1\end{bmatrix},$$

由分块矩阵行列式的性质不难发现 $\det(\boldsymbol{C})=1$，$\det(\boldsymbol{A})=\det(\boldsymbol{A}_{n-1})b_{nn}$，又因 $\det(\boldsymbol{A})=\det(\boldsymbol{A}_n)>0$，从而

$$b_{nn}=\frac{\det(\boldsymbol{A}_n)}{\det(\boldsymbol{A}_{n-1})}>0\text{。}$$

另由归纳法假设有 $\boldsymbol{A}_{n-1}>0$，因而

$$\begin{bmatrix}\boldsymbol{A}_{n-1} & \boldsymbol{0}\\ \boldsymbol{0}^{\mathrm{H}} & b_{nn}\end{bmatrix}>0,$$

由定理 3.5.3(2)知，$\boldsymbol{A}>0$，即表明，当 $\boldsymbol{A}$ 的 n 个顺序主子式全大于零时有 $\boldsymbol{A}>0$ 成立。

定理 3.5.5 设 $\boldsymbol{A}=[a_{ij}]$为 n 阶 Hermite 矩阵，则 $\boldsymbol{A}>0$ 当且仅当 $\boldsymbol{A}$ 的所有主子式全大于零。

证明 充分性由定理 3.5.4 即可证。下面验证必要性。不妨设

$$\det(\boldsymbol{A}^{(k)})=\begin{vmatrix}a_{i_1i_1} & a_{i_1i_2} & \cdots & a_{i_1i_k}\\ a_{i_2i_1} & a_{i_2i_2} & \cdots & a_{i_2i_k}\\ \vdots & \vdots & & \vdots\\ a_{i_ki_1} & a_{i_ki_2} & \cdots & a_{i_ki_k}\end{vmatrix}$$

为 $\boldsymbol{A}$ 的任一 k 阶主子式，只需对 $\det(\boldsymbol{A}^{(k)})$进行若干次初等变换(即调整 $\boldsymbol{A}$ 的行列)，可使 $\det(\boldsymbol{A}^{(k)})$成为 $\boldsymbol{A}$ 的一 k 阶顺序主子式。由初等变换的性质知，存在可逆矩阵 $\boldsymbol{P}$，使得 $\boldsymbol{P}$ 的 k 阶顺序主子式为 $\det(\boldsymbol{A}^{(k)})$，因此时 $\boldsymbol{A}>0$，由定理 3.5.3(2)知，$\boldsymbol{P}^{\mathrm{H}}\boldsymbol{A}\boldsymbol{P}>0$，进而由定理 3.5.4 知，$\det(\boldsymbol{A}^{(k)})>0$。

定理 3.5.6 设 $\boldsymbol{A}$，$\boldsymbol{B}$ 为 n 阶 Hermite 矩阵且 $\boldsymbol{A}>0$，则存在可逆矩阵 $\boldsymbol{P}$，使得

$$\boldsymbol{P}^{\mathrm{H}}\boldsymbol{A}\boldsymbol{P}=\boldsymbol{E}\text{，}\boldsymbol{P}^{\mathrm{H}}\boldsymbol{B}\boldsymbol{P}=\begin{bmatrix}\lambda_1 & & & \\ & \lambda_2 & & \\ & & \ddots & \\ & & & \lambda_n\end{bmatrix},$$

且 $\lambda_i(i=1,2,\cdots,n)$为 $\det(\lambda\boldsymbol{A}-\boldsymbol{B})=0$ 的根。

证明 因 $\boldsymbol{A}>0$，由定理 3.5.3(4)知，存在 n 阶可逆矩阵 $\boldsymbol{P}_1$，使得

$$\boldsymbol{P}_1^{\mathrm{H}}\boldsymbol{A}\boldsymbol{P}_1=\boldsymbol{E}\text{。}$$

又因 $\boldsymbol{P}_1^{\mathrm{H}}\boldsymbol{B}\boldsymbol{P}_1$ 仍为 Hermite 矩阵，由定理 3.4.3 知，存在 $\boldsymbol{U}\in\boldsymbol{U}^{n\times n}$，使得

$$\boldsymbol{U}^{\mathrm{H}}\boldsymbol{P}_1^{\mathrm{H}}\boldsymbol{B}\boldsymbol{P}_1\boldsymbol{U}=\begin{bmatrix}\lambda_1 & & & \\ & \lambda_2 & & \\ & & \ddots & \\ & & & \lambda_n\end{bmatrix},\tag{3.5.1}$$

取 $\boldsymbol{P}=\boldsymbol{P}_1\boldsymbol{U}$，则 $\boldsymbol{P}$ 可逆且满足定理中的等式要求。

再令 $\boldsymbol{C}=\boldsymbol{P}_1^{\mathrm{H}}\boldsymbol{B}\boldsymbol{P}_1$，首先由定理 3.4.3 及式(3.5.1)知，$\lambda_i(i=1,2,\cdots,n)$为 $\det(\lambda\boldsymbol{E}-\boldsymbol{C})=0$ 的根，另注意到 $\boldsymbol{P}_1$ 可逆及

$$0=\det(\lambda\boldsymbol{E}-\boldsymbol{C})=\det(\lambda\boldsymbol{P}_1^{\mathrm{H}}\boldsymbol{A}\boldsymbol{P}_1-\boldsymbol{P}_1^{\mathrm{H}}\boldsymbol{B}\boldsymbol{P}_1)=\det(\boldsymbol{P}_1^{\mathrm{H}})\det(\lambda\boldsymbol{A}-\boldsymbol{B})\det(\boldsymbol{P}_1),$$

因而 $\lambda_i(i=1, 2, \cdots, n)$为 $\det(\lambda\boldsymbol{A}-\boldsymbol{B})=0$ 的根。

注 3.5.2　定理 3.5.6 中的 λ_i 最终与可逆矩阵 $\boldsymbol{P}$ 无关，而只与 Hermite 矩阵 $\boldsymbol{A}$，$\boldsymbol{B}$ 有关，即由 $\det(\lambda\boldsymbol{A}-\boldsymbol{B})=0$ 的根来确定，通常称 $\det(\lambda\boldsymbol{A}-\boldsymbol{B})=0$ 为 Hermite 矩阵 $\boldsymbol{B}$ 相对应 Hermite 正定矩阵 $\boldsymbol{A}$ 的**广义特征方程**，其根 λ_i 称为 Hermite 矩阵 $\boldsymbol{B}$ 相对应 Hermite 正定矩阵 $\boldsymbol{A}$ 的**广义特征值**，显然广义特征值为实数，而由 $\lambda_i\boldsymbol{A}\boldsymbol{x}=\boldsymbol{B}\boldsymbol{x}$ 所得的非零解 $\boldsymbol{x}_i$ 称为λ_i 对应的**广义特征向量**。

定理 3.5.7　设 $\boldsymbol{A}=[a_{ij}]$为 n 阶 Hermite 矩阵且 $r(\boldsymbol{A})=r$，则以下命题等价：

(1) $\boldsymbol{A}\geq 0$；

(2) 对任一 n 阶可逆矩阵 $\boldsymbol{P}$，都有 $\boldsymbol{P}^{\mathrm{H}}\boldsymbol{A}\boldsymbol{P}\geq 0$；

(3) $\boldsymbol{A}$ 的特征值全部非负；

(4) 存在 n 阶可逆矩阵 $\boldsymbol{P}$，使得 $\boldsymbol{P}^{\mathrm{H}}\boldsymbol{A}\boldsymbol{P}=\begin{bmatrix}\boldsymbol{E}_r & \boldsymbol{0}\\ \boldsymbol{0} & \boldsymbol{0}\end{bmatrix}$；

(5) 存在秩为 r 的 n 阶矩阵 $\boldsymbol{Q}$，使得 $\boldsymbol{A}=\boldsymbol{Q}^{\mathrm{H}}\boldsymbol{Q}$。

证明　(1) ⇒(2)，由引理 3.5.2 得证。

(2) ⇒(3)，$\boldsymbol{A}$ 为 Hermite 矩阵，由定理 3.4.3 及定理 3.4.4(1)知，存在 $\boldsymbol{U}\in\boldsymbol{U}^{n\times n}$，使得

$$\boldsymbol{U}^{-1}\boldsymbol{A}\boldsymbol{U}=\boldsymbol{U}^{\mathrm{H}}\boldsymbol{A}\boldsymbol{U}=\begin{bmatrix}\lambda_1 &&&&&&\\ &\lambda_2&&&&&\\ &&\ddots&&&&\\ &&&\lambda_r&&&\\ &&&&0&&\\ &&&&&\ddots&\\ &&&&&&0\end{bmatrix}=\boldsymbol{\Lambda},\tag{3.5.2}$$

式中，$\lambda_1, \cdots, \lambda_r\in\mathbf{R}$，由命题(2)成立知，$\boldsymbol{\Lambda}\geq 0$，于是对特征值 $\lambda_i\neq 0$ 对应的单位特征向量 $\boldsymbol{\xi}_i$，有

$$\lambda_i=\boldsymbol{\xi}_i^{\mathrm{H}}\boldsymbol{\Lambda}\boldsymbol{\xi}_i>0,\ i=1, 2, \cdots, r。$$

(3) ⇒(4)，由定理 3.4.3 及命题(3)成立知，存在 $\boldsymbol{U}\in\boldsymbol{U}^{n\times n}$，使得式(3.5.2)成立且 $\lambda_i>0(i=1, 2, \cdots, r)$，从而可令

$$\boldsymbol{P}_1=\begin{bmatrix}\frac{1}{\sqrt{\lambda_1}} &&&&&&\\ &\frac{1}{\sqrt{\lambda_2}}&&&&&\\ &&\ddots&&&&\\ &&&\frac{1}{\sqrt{\lambda_r}}&&&\\ &&&&1&&\\ &&&&&\ddots&\\ &&&&&&1\end{bmatrix},$$

则

$$P_1^{\mathrm{H}}U^{\mathrm{H}}AUP_1=\begin{bmatrix}1&&&&&&\\&1&&&&&\\&&\ddots&&&&\\&&&1&&&\\&&&&0&&\\&&&&&\ddots&\\&&&&&&0\end{bmatrix}=\begin{bmatrix}E_r&0\\0&0\end{bmatrix},$$

令 $P=UP_1$，即有 $P^{\mathrm{H}}AP=\begin{bmatrix}E_r&0\\0&0\end{bmatrix}$。

(4) ⇒(5)，由命题(4)成立可得

$$\begin{aligned}A&=(P^{\mathrm{H}})^{-1}\begin{bmatrix}E_r&0\\0&0\end{bmatrix}P^{-1}\\&=(P^{\mathrm{H}})^{-1}\begin{bmatrix}E_r&0\\0&0\end{bmatrix}\begin{bmatrix}E_r&0\\0&0\end{bmatrix}P^{-1}\\&=\left(\begin{bmatrix}E_r&0\\0&0\end{bmatrix}P^{-1}\right)^{\mathrm{H}}\left(\begin{bmatrix}E_r&0\\0&0\end{bmatrix}P^{-1}\right)\\&=Q^{\mathrm{H}}Q,\end{aligned}$$

式中，$Q=\begin{bmatrix}E_r&0\\0&0\end{bmatrix}P^{-1}\in\mathbf{C}_r^{n\times n}$。

(5) ⇒(1)，由命题(5)成立知，$A=Q^{\mathrm{H}}Q$，其中 $Q\in\mathbf{C}_r^{n\times n}$，从而

$$x^{\mathrm{H}}Ax=x^{\mathrm{H}}Q^{\mathrm{H}}Qx=(Qx)^{\mathrm{H}}(Qx),$$

且线性方程组 $Qx=0$ 存在非零解，即存在 $x\neq 0$ 满足 $Qx=0$。因而

$$x^{\mathrm{H}}Ax=(Qx)^{\mathrm{H}}(Qx)\geqslant 0,$$

即 $A\geq 0$。

定理 3.5.8 设 $A=[a_{ij}]$为 n 阶 Hermite 矩阵且 $r(A)=r$，则 $A\geq 0$ 当且仅当 A 的所有主子式均非负。

证明 **必要性** 令

$$A^{(k)}=\begin{bmatrix}a_{i_1i_1}&a_{i_1i_2}&\cdots&a_{i_1i_k}\\a_{i_2i_1}&a_{i_2i_2}&\cdots&a_{i_2i_k}\\\vdots&\vdots&&\vdots\\a_{i_ki_1}&a_{i_ki_2}&\cdots&a_{i_ki_k}\end{bmatrix},1\leqslant k\leqslant n$$

为 A 的任一 k 阶主子矩阵，任取 $x_k=[x_{i_1},x_{i_2},\cdots,x_{i_k}]^{\mathrm{T}}\in\mathbf{C}^k$，令

$$x_*=[0,\cdots,x_{i_1},0,\cdots,x_{i_2},0,\cdots,x_{i_k},0,\cdots,0]^{\mathrm{T}},$$

$$f_k(x_{i_1},x_{i_2},\cdots,x_{i_k})=f(x_k)=x_k^{\mathrm{H}}A^{(k)}x_k,$$

因 $A\geq 0$，则 $f(x_*)=f(0,\cdots,x_{i_1},0,\cdots,x_{i_2},0,\cdots,x_{i_k},0,\cdots,0)=x_*^{\mathrm{H}}Ax_*\geqslant 0$，从而

$$f_k(x_{i_1},x_{i_2},\cdots,x_{i_k})=f_k(0,\cdots,x_{i_1},0,\cdots,x_{i_2},0,\cdots,x_{i_k},0,\cdots,0)\geqslant 0,$$

即 $A^{(k)}\geq 0$，进而由定理 3.5.7(3)知，$A^{(k)}$的特征值非负，因此 $\det(A^{(k)})\geqslant 0$。

充分性 令

$$A_k=\begin{bmatrix}a_{11} & a_{12} & \cdots & a_{1k}\\ a_{21} & a_{22} & \cdots & a_{2k}\\ \vdots & \vdots & & \vdots\\ a_{k1} & a_{k2} & \cdots & a_{kk}\end{bmatrix},\ 1\leqslant k\leqslant n,$$

则由定理 1.5.6 知

$$\det(\lambda E_k+A_k)=\lambda^k+b_1\lambda^{k-1}+\cdots+b_{k-1}\lambda+b_k,$$

式中，$b_i(i=1,\ \cdots,\ k)$为 A_k 中所有 i 阶主子式之和，因而由假设 $b_i\geqslant 0(i=1,\ \cdots,\ k)$知，对任一 $\lambda>0$，$\det(\lambda E_k+A_k)>0$，$i=1,\ \cdots,\ k$，即 Hermite 矩阵 $\lambda E+A(\lambda>0)$的所有顺序主子式大于零，由定理 3.5.4 知，$\lambda E+A>0$。

若 $A\geq 0$ 不成立，则至少存在 $x_*\neq 0\in C^n$，使得 $x_*^H A x_*<0$。此时取

$$\lambda_*=-\frac{x_*^H A x_*}{x_*^H x_*}>0,$$

则

$$x_*^H(\lambda_* E+A)x_*=\lambda_* x_*^H x_*+x_*^H A x_*=0,$$

上式与对任一 $\lambda>0$ 有 $\lambda E+A>0$ 矛盾。因此，$A\geq 0$ 成立。

不难举例说明，Hermite 矩阵 A 的所有顺序主子式非负并不能保证 $A\geq 0$。

定理 3.5.9 设 A 为 Hermite 正定(半正定)矩阵，则存在唯一的 Hermite 正定(半正定)矩阵 H，使得 $A=H^2$。

证明 由于 A 为 Hermite 正定矩阵，所以由定理 3.4.3 及定理 3.5.3(3)知，存在$U\in U^{n\times n}$，使得

$$A=U\begin{bmatrix}\lambda_1 & & & \\ & \lambda_2 & & \\ & & \ddots & \\ & & & \lambda_n\end{bmatrix}U^H,$$

式中，$\lambda_i>0$，$i=1,\ 2,\ \cdots,\ n$，从而

$$H=U\begin{bmatrix}\sqrt{\lambda_1} & & & \\ & \sqrt{\lambda_2} & & \\ & & \ddots & \\ & & & \sqrt{\lambda_n}\end{bmatrix}U^H,$$

则有 $H^2=A$ 且 H 为 Hermite 正定矩阵。下面证这里的 H 是唯一的。

不妨设另存在 Hermite 正定矩阵 H_1 且 $H_1^2=A$，因而可设

$$H_1=U_1\begin{bmatrix}\mu_1 & & & \\ & \mu_2 & & \\ & & \ddots & \\ & & & \mu_n\end{bmatrix}U_1^H,\ U_1\in U^{n\times n},\ \mu_i>0,\ i=1,\ 2,\ \cdots,\ n,$$

由 $H_1^2=A$，可得 $\lambda_i=\mu_i^2$，$i=1,\ \cdots,\ n$，从而

$$\boldsymbol{H}_1=\boldsymbol{U}_1\begin{bmatrix}\sqrt{\lambda_1} & & & \\ & \sqrt{\lambda_2} & & \\ & & \ddots & \\ & & & \sqrt{\lambda_n}\end{bmatrix}\boldsymbol{U}_1^{\mathrm{H}}。$$

又因 $\boldsymbol{A}=\boldsymbol{H}^2=\boldsymbol{H}_1^2$，所以

$$\boldsymbol{U}\begin{bmatrix}\lambda_1 & & & \\ & \lambda_2 & & \\ & & \ddots & \\ & & & \lambda_n\end{bmatrix}\boldsymbol{U}^{\mathrm{H}}=\boldsymbol{U}_1\begin{bmatrix}\lambda_1 & & & \\ & \lambda_2 & & \\ & & \ddots & \\ & & & \lambda_n\end{bmatrix}\boldsymbol{U}_1^{\mathrm{H}},$$

进而

$$\begin{bmatrix}\lambda_1 & & & \\ & \lambda_2 & & \\ & & \ddots & \\ & & & \lambda_n\end{bmatrix}\boldsymbol{U}^{\mathrm{H}}\boldsymbol{U}_1=\boldsymbol{U}^{\mathrm{H}}\boldsymbol{U}_1\begin{bmatrix}\lambda_1 & & & \\ & \lambda_2 & & \\ & & \ddots & \\ & & & \lambda_n\end{bmatrix}, \tag{3.5.3}$$

且 $\boldsymbol{U}^{\mathrm{H}}\boldsymbol{U}_1\in\boldsymbol{U}^{n\times n}$，不妨设

$$\boldsymbol{U}^{\mathrm{H}}\boldsymbol{U}_1=\begin{bmatrix}u_{11} & u_{12} & \cdots & u_{1n}\\ u_{21} & u_{22} & \cdots & u_{2n}\\ \vdots & \vdots & & \vdots\\ u_{n1} & u_{n2} & \cdots & u_{nn}\end{bmatrix},$$

代入上式得

$$\begin{bmatrix}\lambda_1u_{11} & \lambda_1u_{12} & \cdots & \lambda_1u_{1n}\\ \lambda_2u_{21} & \lambda_2u_{22} & \cdots & \lambda_2u_{2n}\\ \vdots & \vdots & & \vdots\\ \lambda_nu_{n1} & \lambda_nu_{n2} & \cdots & \lambda_nu_{nn}\end{bmatrix}=\begin{bmatrix}\lambda_1u_{11} & \lambda_2u_{12} & \cdots & \lambda_nu_{1n}\\ \lambda_1u_{21} & \lambda_2u_{22} & \cdots & \lambda_nu_{2n}\\ \vdots & \vdots & & \vdots\\ \lambda_1u_{n1} & \lambda_2u_{n2} & \cdots & \lambda_nu_{nn}\end{bmatrix},$$

比较上式等号两端得

$$\lambda_ip_{ij}=\lambda_jp_{ij}，i，j=1，2，\cdots，n，$$

由此可见，当 $\lambda_i\neq\lambda_j$ 时，$p_{ij}=0$，故 $\sqrt{\lambda_i}\,p_{ij}=\sqrt{\lambda_j}\,p_{ij}$；当 $\lambda_i=\lambda_j$ 时，有 $\sqrt{\lambda_i}\,p_{ij}=\sqrt{\lambda_j}\,p_{ij}$。因此

$$\begin{bmatrix}\sqrt{\lambda_1} & & & \\ & \sqrt{\lambda_2} & & \\ & & \ddots & \\ & & & \sqrt{\lambda_n}\end{bmatrix}\boldsymbol{U}^{\mathrm{H}}\boldsymbol{U}_1=\boldsymbol{U}^{\mathrm{H}}\boldsymbol{U}_1\begin{bmatrix}\sqrt{\lambda_1} & & & \\ & \sqrt{\lambda_2} & & \\ & & \ddots & \\ & & & \sqrt{\lambda_n}\end{bmatrix},$$

即

$$\boldsymbol{U}\begin{bmatrix}\sqrt{\lambda_1} & & & \\ & \sqrt{\lambda_2} & & \\ & & \ddots & \\ & & & \sqrt{\lambda_n}\end{bmatrix}\boldsymbol{U}^{\mathrm{H}}=\boldsymbol{U}_1\begin{bmatrix}\sqrt{\lambda_1} & & & \\ & \sqrt{\lambda_2} & & \\ & & \ddots & \\ & & & \sqrt{\lambda_n}\end{bmatrix}\boldsymbol{U}_1^{\mathrm{H}},$$

从而 $\boldsymbol{H}=\boldsymbol{H}_1$。$\boldsymbol{A}$ 为 Hermite 半正定矩阵时，可类似完成证明。

【例 3.5.1】 设 $\boldsymbol{A}$ 为 n 阶 Hermite 半正定矩阵且 $\boldsymbol{A}\neq\boldsymbol{0}$，证明 $\det(\boldsymbol{A}+\boldsymbol{E})>1$。

证明 因 $\boldsymbol{A}\geq 0$，故 $\boldsymbol{A}$ 的任一特征值 $\lambda_i\geqslant 0$ $(i=1, 2, \cdots, n)$，且不全为零，因而 $\boldsymbol{A}+\boldsymbol{E}$ 的特征值 $\lambda_i+1\geqslant 1(i=1, 2, \cdots, n)$，且至少有一个严格大于 1，从而 $\det(\boldsymbol{A}+\boldsymbol{E})=(\lambda_1+1)\cdots(\lambda_n+1)>1$。

【例 3.5.2】 设 $\boldsymbol{A}$ 为 n 阶 Hermite 半正定矩阵且 $\boldsymbol{A}\neq\boldsymbol{0}$，$\boldsymbol{B}$ 为 n 阶 Hermite 正定矩阵，证明 $\det(\boldsymbol{A}+\boldsymbol{B})>\det(\boldsymbol{B})$。

证明 因 $\boldsymbol{B}>0$，由定理 3.5.3(5)知，存在 n 阶可逆矩阵 $\boldsymbol{Q}$，使得 $\boldsymbol{B}=\boldsymbol{Q}^{\mathrm{H}}\boldsymbol{Q}$，因而

$$\begin{aligned}\det(\boldsymbol{A}+\boldsymbol{B})&=\det(\boldsymbol{A}+\boldsymbol{Q}^{\mathrm{H}}\boldsymbol{Q})=\det(\boldsymbol{Q}^{\mathrm{H}})\det((\boldsymbol{Q}^{\mathrm{H}})^{-1}\boldsymbol{A}\boldsymbol{Q}^{-1}+\boldsymbol{E})\det(\boldsymbol{Q})\\&=\det((\boldsymbol{Q}^{\mathrm{H}})^{-1}\boldsymbol{A}\boldsymbol{Q}^{-1}+\boldsymbol{E})\det(\boldsymbol{B})=\det((\boldsymbol{Q}^{-1})^{\mathrm{H}}\boldsymbol{A}\boldsymbol{Q}^{-1}+\boldsymbol{E})\det(\boldsymbol{B}),\end{aligned}$$

另由定理 3.5.7(2)知，$(\boldsymbol{Q}^{-1})^{\mathrm{H}}\boldsymbol{A}\boldsymbol{Q}^{-1}\geq 0$。由例 3.5.1 知，$\det((\boldsymbol{Q}^{-1})^{\mathrm{H}}\boldsymbol{A}\boldsymbol{Q}^{-1}+\boldsymbol{E})>1$，从而 $\det(\boldsymbol{A}+\boldsymbol{B})=\det((\boldsymbol{Q}^{-1})^{\mathrm{H}}\boldsymbol{A}\boldsymbol{Q}^{-1}+\boldsymbol{E})\det(\boldsymbol{B})>\det(\boldsymbol{B})$。

【例 3.5.3】 设 $\boldsymbol{A}$，$\boldsymbol{B}$ 为 n 阶 Hermite 正定矩阵，证明 $\det(\lambda\boldsymbol{A}-\boldsymbol{B})=0$ 的根大于零。

证明 因 $\boldsymbol{A}>0$，故存在 n 阶可逆矩阵 $\boldsymbol{P}$，使得 $\boldsymbol{P}^{\mathrm{H}}\boldsymbol{A}\boldsymbol{P}=\boldsymbol{E}$，且有 $\boldsymbol{P}^{\mathrm{H}}\boldsymbol{B}\boldsymbol{P}>0$，进而 $\det(\lambda\boldsymbol{E}-\boldsymbol{P}^{\mathrm{H}}\boldsymbol{B}\boldsymbol{P})=0$ 的根大于零。另一方面

$$\det(\lambda\boldsymbol{E}-\boldsymbol{P}^{\mathrm{H}}\boldsymbol{B}\boldsymbol{P})=\det(\lambda\boldsymbol{P}^{\mathrm{H}}\boldsymbol{A}\boldsymbol{P}-\boldsymbol{P}^{\mathrm{H}}\boldsymbol{B}\boldsymbol{P})=\det(\boldsymbol{P}^{\mathrm{H}})\det(\lambda\boldsymbol{A}-\boldsymbol{B})\det(\boldsymbol{P}),$$

因而 $\det(\lambda\boldsymbol{A}-\boldsymbol{B})=0$ 的根大于零。

3.6 Rayleigh 商与 Hermite 矩阵特征值

本节我们介绍 Rayleigh 商的概念及性质，并用 Rayleigh 商来讨论 Hermite 矩阵特征值的摄动性质。

定义 3.6.1 设 $\boldsymbol{A}$ 为 n 阶 Hermite 矩阵，任给 $\boldsymbol{x}\neq\boldsymbol{0}\in\mathbf{C}^n$，称

$$R(\boldsymbol{x})=\frac{\boldsymbol{x}^{\mathrm{H}}\boldsymbol{A}\boldsymbol{x}}{\boldsymbol{x}^{\mathrm{H}}\boldsymbol{x}}$$

为 Hermite 矩阵 $\boldsymbol{A}$ 的 **Rayleigh 商**。

显见 Hermite 矩阵 $\boldsymbol{A}$ 的 Rayleigh 商为实数。

定理 3.6.1 设 $\boldsymbol{A}$ 为 n 阶 Hermite 矩阵，其特征值 $\lambda_1\leqslant\lambda_2\leqslant\cdots\leqslant\lambda_n$，则 Hermite 矩阵 $\boldsymbol{A}$ 的 Rayleigh 商有如下性质：

(1) $R(k\boldsymbol{x})=R(\boldsymbol{x})$，$k\neq 0\in\mathbf{C}$；

(2) $\lambda_1\leqslant R(\boldsymbol{x})\leqslant\lambda_n$，$\boldsymbol{x}\neq\boldsymbol{0}$；

(3) $\lambda_1=\min\limits_{\boldsymbol{x}\neq 0}R(\boldsymbol{x})$，$\lambda_n=\max\limits_{\boldsymbol{x}\neq 0}R(\boldsymbol{x})$。

证明 (1) 由定义 3.6.1 可证。

(2) 因 $\boldsymbol{A}$ 为 Hermite 矩阵，故矩阵 $\boldsymbol{A}$ 可酉对角化，即存在 $\boldsymbol{U}\in\boldsymbol{U}^{n\times n}$，使得

$$\boldsymbol{U}^{\mathrm{H}}\boldsymbol{A}\boldsymbol{U}=\begin{bmatrix}\lambda_1 & & & \\ & \lambda_2 & & \\ & & \ddots & \\ & & & \lambda_n\end{bmatrix}=\boldsymbol{\Lambda},$$

式中，$\lambda_i \in \mathbf{R}$，$i=1, 2, \cdots, n$。令 $\boldsymbol{x}=\boldsymbol{U}\boldsymbol{y}$，其中 $\boldsymbol{y}=[y_1, y_2, \cdots, y_n]^{\mathrm{T}}$，则

$$R(\boldsymbol{x})=\frac{\boldsymbol{y}^{\mathrm{H}}\boldsymbol{U}\boldsymbol{A}\boldsymbol{U}\boldsymbol{y}}{\boldsymbol{y}^{\mathrm{H}}\boldsymbol{y}}=\frac{\boldsymbol{y}^{\mathrm{H}}\boldsymbol{\Lambda}\boldsymbol{y}}{\boldsymbol{y}^{\mathrm{H}}\boldsymbol{y}}=\frac{\lambda_1 y_1\bar{y}_1+\lambda_2 y_2\bar{y}_2+\cdots+\lambda_n y_n\bar{y}_n}{\boldsymbol{y}^{\mathrm{H}}\boldsymbol{y}},$$

因假设 $\lambda_1\leqslant\lambda_2\leqslant\cdots\leqslant\lambda_n$，故

$$\begin{aligned}\lambda_1(y_1\bar{y}_1+y_2\bar{y}_2+\cdots+y_n\bar{y}_n) &\leqslant \lambda_1 y_1\bar{y}_1+\lambda_2 y_2\bar{y}_2+\cdots+\lambda_n y_n\bar{y}_n\\ &\leqslant \lambda_n(y_1\bar{y}_1+y_2\bar{y}_2+\cdots+y_n\bar{y}_n),\end{aligned}$$

即 $\lambda_1\boldsymbol{y}^{\mathrm{H}}\boldsymbol{y}\leqslant\boldsymbol{y}^{\mathrm{H}}\boldsymbol{\Lambda}\boldsymbol{y}\leqslant\lambda_n\boldsymbol{y}^{\mathrm{H}}\boldsymbol{y}$，因此命题(2)得证。

(3) 设 $\boldsymbol{A}$ 对应特征值 $\lambda_1\leqslant\lambda_2\leqslant\cdots\leqslant\lambda_n$ 的标准正交特征向量为 $\boldsymbol{x}_1, \boldsymbol{x}_2, \cdots, \boldsymbol{x}_n$，显然，$R(\boldsymbol{x}_1)=\lambda_1$，$R(\boldsymbol{x}_n)=\lambda_n$，因而由命题(2)可知

$$\lambda_1=\min_{\boldsymbol{x}\neq\boldsymbol{0}}R(\boldsymbol{x}),\ \lambda_n=\max_{\boldsymbol{x}\neq\boldsymbol{0}}R(\boldsymbol{x})。$$

定理 3.6.2 设 $\boldsymbol{A}$ 为 n 阶 Hermite 矩阵，$\lambda_1, \lambda_2, \cdots, \lambda_n$ 为 $\boldsymbol{A}$ 的 n 个特征值，则 $\boldsymbol{A}-\lambda_{\min}(\boldsymbol{A})\boldsymbol{E}\geq 0$，$\lambda_{\max}(\boldsymbol{A})\boldsymbol{E}-\boldsymbol{A}\geq 0$，其中 $\lambda_{\min}(\boldsymbol{A})(\lambda_{\max}(\boldsymbol{A}))$ 为 $\boldsymbol{A}$ 的最小(最大)特征值。

证明 因 $\boldsymbol{A}$ 为 Hermite 矩阵，故存在 $\boldsymbol{U}\in\boldsymbol{U}^{n\times n}$，使得

$$\boldsymbol{A}=\boldsymbol{U}\begin{bmatrix}\lambda_1 & & & \\ & \lambda_2 & & \\ & & \ddots & \\ & & & \lambda_n\end{bmatrix}\boldsymbol{U}^{\mathrm{H}},$$

不妨设 $\lambda_1\leqslant\lambda_2\leqslant\cdots\leqslant\lambda_n$，故 $\lambda_{\min}(\boldsymbol{A})=\lambda_1$，$\lambda_{\max}(\boldsymbol{A})=\lambda_n$，则对任一 $i=1, 2, \cdots, n$ 有

$$\lambda_i-\lambda_1\geqslant 0,\ \lambda_n-\lambda_i\geqslant 0。$$

由定理 3.5.7(3)知，$\boldsymbol{A}-\lambda_1\boldsymbol{E}\geq 0$，$\lambda_n\boldsymbol{E}-\boldsymbol{A}\geq 0$。

定理 3.6.3 设 $\boldsymbol{A}$ 为 n 阶 Hermite 矩阵，其特征值 $\lambda_1\leqslant\lambda_2\leqslant\cdots\leqslant\lambda_n$，相应的标准正交特征向量为 $\boldsymbol{x}_1, \boldsymbol{x}_2, \cdots, \boldsymbol{x}_n$。记 $\boldsymbol{V}_i^{(j)}=\mathrm{span}\{\boldsymbol{x}_i, \boldsymbol{x}_{i+1}, \cdots, \boldsymbol{x}_j\}(i\leqslant j)$，则

$$\lambda_i=\min_{\boldsymbol{x}\neq\boldsymbol{0}\in V_i^{(j)}}R(\boldsymbol{x}),\ \lambda_j=\max_{\boldsymbol{x}\neq\boldsymbol{0}\in V_i^{(j)}}R(\boldsymbol{x})。$$

证明 因 $\boldsymbol{A}$ 为 Hermite 矩阵，则存在 $\boldsymbol{U}\in\boldsymbol{U}^{n\times n}$，使得

$$\boldsymbol{A}=\boldsymbol{U}\begin{bmatrix}\lambda_1 & & & \\ & \lambda_2 & & \\ & & \ddots & \\ & & & \lambda_n\end{bmatrix}\boldsymbol{U}^{\mathrm{H}}。$$

对任一 $\boldsymbol{x}\neq\boldsymbol{0}\in V_i^{(j)}$，有 $\boldsymbol{x}=c_i\boldsymbol{x}_i+c_{i+1}\boldsymbol{x}_{i+1}+\cdots+c_j\boldsymbol{x}_j$，则

$$\begin{aligned}R(\boldsymbol{x})=\frac{\boldsymbol{x}^{\mathrm{H}}\boldsymbol{A}\boldsymbol{x}}{\boldsymbol{x}^{\mathrm{H}}\boldsymbol{x}}&=\frac{(c_i\boldsymbol{x}_i+\cdots+c_j\boldsymbol{x}_j)^{\mathrm{H}}\boldsymbol{A}(c_i\boldsymbol{x}_i+\cdots+c_j\boldsymbol{x}_j)}{(c_i\boldsymbol{x}_i+\cdots+c_j\boldsymbol{x}_j)^{\mathrm{H}}(c_i\boldsymbol{x}_i+\cdots+c_j\boldsymbol{x}_j)}\\ &=\frac{\lambda_i|c_i|^2+\lambda_{i+1}|c_{i+1}|^2+\cdots+\lambda_j|c_j|^2}{|c_i|^2+|c_{i+1}|^2+\cdots+|c_j|^2}。\end{aligned}$$

因假设 $\lambda_1\leqslant\lambda_2\leqslant\cdots\leqslant\lambda_n$，从而

$$\lambda_i\leqslant R(\boldsymbol{x})=\frac{\lambda_i|c_i|^2+\lambda_{i+1}|c_{i+1}|^2+\cdots+\lambda_j|c_j|^2}{|c_i|^2+|c_{i+1}|^2+\cdots+|c_j|^2}\leqslant\lambda_j,$$

特别取 $\boldsymbol{x}=\boldsymbol{x}_i$，有 $R(\boldsymbol{x})=\lambda_i$；取 $\boldsymbol{x}=\boldsymbol{x}_j$，有 $R(\boldsymbol{x})=\lambda_j$。因此

$$\lambda_i = \min_{x\neq 0\in V_i^{(j)}} R(x),\ \lambda_j = \max_{x\neq 0\in V_i^{(j)}} R(x)。$$

更一般地，我们有如下结论。

定理 3.6.4 设 $\boldsymbol{A}$ 为 n 阶 Hermite 矩阵，其特征值 $\lambda_1\leqslant\lambda_2\leqslant\cdots\leqslant\lambda_n$，$V_k$ 为 $\mathbf{C}^k$ 中任意 k 维子空间，则有极小-极大原理

$$\lambda_k = \min_{V_k}\max_{x\neq 0\in V_k} R(x)$$

或极大-极小原理

$$\lambda_k = \max_{V_{n-k+1}}\min_{x\neq 0\in V_{n-k+1}} R(x)。$$

证明 令 $\boldsymbol{D}_k$ 为以子空间 V_k 的一组标准正交基为列向量构成的 $n\times k$ 阶次酉矩阵，则由定理 3.3.8 知，$\boldsymbol{D}_k^{\mathrm{H}}\boldsymbol{D}_k=\boldsymbol{E}_k$。设 $\boldsymbol{x}_1, \boldsymbol{x}_2, \cdots, \boldsymbol{x}_n$ 为矩阵 $\boldsymbol{A}$ 对应特征值 $\lambda_1, \cdots, \lambda_n$ 的标准正交特征向量。记

$$\boldsymbol{P}=[\boldsymbol{x}_1, \cdots, \boldsymbol{x}_k, \boldsymbol{x}_{k+1}, \cdots, \boldsymbol{x}_n]=[\boldsymbol{P}_k, \boldsymbol{P}_{n-k}],$$

其中矩阵 $\boldsymbol{P}$ 的分块中，$\boldsymbol{P}_k=[\boldsymbol{x}_1, \cdots, \boldsymbol{x}_k]$，$\boldsymbol{P}_{n-k}=[\boldsymbol{x}_{k+1}, \cdots, \boldsymbol{x}_n]$。由维数公式(定理 1.3.6)知，$k$ 维子空间 V_k 与由矩阵$[\boldsymbol{x}_k, \boldsymbol{P}_{n-k}]$的列向量所生成的 $n-k+1$ 维子空间 $\mathrm{span}(\boldsymbol{x}_k, \boldsymbol{P}_{n-k})$ 必有公共的非零元，记作 $\boldsymbol{x}_*$。因 $\boldsymbol{x}_*\in\mathrm{span}(\boldsymbol{x}_k, \boldsymbol{P}_{n-k})$，故

$$\boldsymbol{x}_* = c_k\boldsymbol{x}_k + c_{k+1}\boldsymbol{x}_{k+1} + \cdots + c_n\boldsymbol{x}_n,$$

类似定理 3.6.3 证明中的讨论，因假设 $\lambda_1\leqslant\lambda_2\leqslant\cdots\leqslant\lambda_n$，从而

$$\lambda_k \leqslant R(\boldsymbol{x}_*) = \frac{\lambda_k|c_k|^2+\lambda_{k+1}|c_{k+1}|^2+\cdots+\lambda_n|c_n|^2}{|c_k|^2+|c_{k+1}|^2+\cdots+|c_n|^2},$$

又因 $\boldsymbol{x}_*\in V_k$，故 $R(\boldsymbol{x}_*)\leqslant\max\limits_{x\in V_k}R(\boldsymbol{x})$，因此对任意 k 维子空间 V_k 有

$$\lambda_k \leqslant \min_{V_k}\max_{x\in V_k} R(\boldsymbol{x})。$$

另一方面，由定理 3.6.3 有

$$\min_{V_k}\max_{x\in V_k} R(\boldsymbol{x}) \leqslant \max_{x\in \mathrm{span}\{x_1,\cdots,x_k\}} R(\boldsymbol{x}) = \lambda_k,$$

综合上述两不等式有 $\lambda_k = \min\limits_{V_k}\max\limits_{x\in V_k} R(\boldsymbol{x})$。

极大-极小原理可类似证明。

下面我们利用定理 3.6.4 来讨论 Hermite 矩阵特征值的摄动性质。

定理 3.6.5 设 $\boldsymbol{A}, \boldsymbol{B}$ 为 n 阶 Hermite 矩阵，$\lambda_i(\boldsymbol{A})$，$\lambda_i(\boldsymbol{B})$，$\lambda_i(\boldsymbol{A}+\boldsymbol{B})$分别表示矩阵 $\boldsymbol{A}$，$\boldsymbol{B}$，$\boldsymbol{A}+\boldsymbol{B}$ 的特征值，$i=1, 2, \cdots, n$，且它们的特征值排列为

$$\lambda_1(\boldsymbol{A})\leqslant\cdots\leqslant\lambda_n(\boldsymbol{A});\ \lambda_1(\boldsymbol{B})\leqslant\cdots\leqslant\lambda_n(\boldsymbol{B});\ \lambda_1(\boldsymbol{A}+\boldsymbol{B})\leqslant\cdots\leqslant\lambda_n(\boldsymbol{A}+\boldsymbol{B}),$$

则对每一个 $1\leqslant k\leqslant n$，有

$$\lambda_k(\boldsymbol{A})+\lambda_1(\boldsymbol{B})\leqslant\lambda_k(\boldsymbol{A}+\boldsymbol{B})\leqslant\lambda_k(\boldsymbol{A})+\lambda_n(\boldsymbol{B})。$$

证明 由定理 3.6.1(2)及定理 3.6.4 有

$$\begin{aligned}\lambda_k(\boldsymbol{A}+\boldsymbol{B}) &= \max_{V_{n-k+1}}\min_{x\in V_{n-k+1}}\frac{\boldsymbol{x}^{\mathrm{H}}(\boldsymbol{A}+\boldsymbol{B})\boldsymbol{x}}{\boldsymbol{x}^{\mathrm{H}}\boldsymbol{x}} = \max_{V_{n-k+1}}\min_{x\in V_{n-k+1}}\left[\frac{\boldsymbol{x}^{\mathrm{H}}\boldsymbol{A}\boldsymbol{x}}{\boldsymbol{x}^{\mathrm{H}}\boldsymbol{x}}+\frac{\boldsymbol{x}^{\mathrm{H}}\boldsymbol{B}\boldsymbol{x}}{\boldsymbol{x}^{\mathrm{H}}\boldsymbol{x}}\right]\\ &\leqslant \max_{V_{n-k+1}}\min_{x\in V_{n-k+1}}\left[\frac{\boldsymbol{x}^{\mathrm{H}}\boldsymbol{A}\boldsymbol{x}}{\boldsymbol{x}^{\mathrm{H}}\boldsymbol{x}}+\lambda_n(\boldsymbol{B})\right]\\ &= \lambda_k(\boldsymbol{A})+\lambda_n(\boldsymbol{B}),\end{aligned}$$

$$\lambda_k(\boldsymbol{A}+\boldsymbol{B})=\max_{V_{n-k+1}}\min_{x\in V_{n-k+1}}\frac{\boldsymbol{x}^{\mathrm{H}}(\boldsymbol{A}+\boldsymbol{B})\boldsymbol{x}}{\boldsymbol{x}^{\mathrm{H}}\boldsymbol{x}}=\max_{V_{n-k+1}}\min_{x\in V_{n-k+1}}\left[\frac{\boldsymbol{x}^{\mathrm{H}}\boldsymbol{A}\boldsymbol{x}}{\boldsymbol{x}^{\mathrm{H}}\boldsymbol{x}}+\frac{\boldsymbol{x}^{\mathrm{H}}\boldsymbol{B}\boldsymbol{x}}{\boldsymbol{x}^{\mathrm{H}}\boldsymbol{x}}\right]$$

$$\geqslant\max_{V_{n-k+1}}\min_{x\in V_{n-k+1}}\left[\frac{\boldsymbol{x}^{\mathrm{H}}\boldsymbol{A}\boldsymbol{x}}{\boldsymbol{x}^{\mathrm{H}}\boldsymbol{x}}+\lambda_1(\boldsymbol{B})\right]$$

$$=\lambda_k(\boldsymbol{A})+\lambda_1(\boldsymbol{B}),$$

故定理得证。

【例 3.6.1】 设 $\boldsymbol{A}$，$\boldsymbol{B}$ 为 n 阶 Hermite 矩阵且 $\boldsymbol{B}\geq 0$，则对任一 $1\leqslant k\leqslant n$ 有

$$\lambda_k(\boldsymbol{A})\leqslant\lambda_k(\boldsymbol{A}+\boldsymbol{B})。$$

证明 由定理 3.6.5 知

$$\lambda_k(\boldsymbol{A})+\lambda_1(\boldsymbol{B})\leqslant\lambda_k(\boldsymbol{A}+\boldsymbol{B}),$$

又因 $\boldsymbol{B}\geq 0$，从而 $\lambda_1(\boldsymbol{B})\geqslant 0$，进而有 $\lambda_k(\boldsymbol{A})\leqslant\lambda_k(\boldsymbol{A}+\boldsymbol{B})$。

3.7 一般复正定矩阵简介

定义 3.7.1 设 $\boldsymbol{A}$ 为 n 阶复矩阵，若对任一 $\boldsymbol{x}\in\mathbf{C}^n$ 都有

$$\mathrm{Re}(\boldsymbol{x}^{\mathrm{H}}\boldsymbol{A}\boldsymbol{x})\geqslant 0, \tag{3.7.1}$$

则称 $\boldsymbol{A}$ 为半正定矩阵；若对任一 $\boldsymbol{x}\neq\mathbf{0}\in\mathbf{C}^n$，式(3.7.1)中严格不等式成立，则称 $\boldsymbol{A}$ 为正定矩阵。

显然，当 $\boldsymbol{A}$ 为 n 阶 Hermite 矩阵时，式(3.7.1)即为 $\boldsymbol{x}^{\mathrm{H}}\boldsymbol{A}\boldsymbol{x}\geqslant 0$，因而定义 3.7.1 为定义 3.5.1 的拓展。

复正定矩阵有下述基本性质。

定理 3.7.1 n 阶复矩阵 $\boldsymbol{A}$ 为(半)正定矩阵，当且仅当 Hermite 矩阵 $\boldsymbol{A}+\boldsymbol{A}^{\mathrm{H}}$ 为(半)正定矩阵。

证明 由关系式

$$\boldsymbol{x}^{\mathrm{H}}(\boldsymbol{A}+\boldsymbol{A}^{\mathrm{H}})\boldsymbol{x}=2\mathrm{Re}(\boldsymbol{x}^{\mathrm{H}}\boldsymbol{A}\boldsymbol{x}),\ \boldsymbol{x}\in\mathbf{C}^n$$

知定理结论成立。

定理 3.7.2 n 阶复矩阵 $\boldsymbol{A}>0$ 当且仅当存在 n 阶可逆矩阵 $\boldsymbol{P}$，使得

$$\boldsymbol{P}^{\mathrm{H}}\boldsymbol{A}\boldsymbol{P}=\begin{bmatrix}1+\mathrm{i}a_1 & & & \\ & 1+\mathrm{i}a_2 & & \\ & & \ddots & \\ & & & 1+\mathrm{i}a_n\end{bmatrix}, \tag{3.7.2}$$

式中，$a_i\in\mathbf{R}(i=1,2,\cdots,n)$，i 为虚数单位。

证明 **必要性** 因矩阵 $\boldsymbol{A}$ 可表示为

$$\boldsymbol{A}=\frac{1}{2}(\boldsymbol{A}+\boldsymbol{A}^{\mathrm{H}})+\frac{1}{2}(\boldsymbol{A}-\boldsymbol{A}^{\mathrm{H}})=\boldsymbol{A}_1+\boldsymbol{A}_2,$$

式中，$\boldsymbol{A}_1=\frac{1}{2}(\boldsymbol{A}+\boldsymbol{A}^{\mathrm{H}})$ 为 Hermite 矩阵，$\boldsymbol{A}_2=\frac{1}{2}(\boldsymbol{A}-\boldsymbol{A}^{\mathrm{H}})$ 为反 Hermite 矩阵。当 $\boldsymbol{A}>0$ 时，$\boldsymbol{A}_1$ 为 Hermite 正定矩阵，从而存在 n 阶可逆矩阵 $\boldsymbol{P}_1$，使得

$$P_1^{\mathrm{H}}A_1P_1 = E,\ P_1^{\mathrm{H}}A_2P_1 = C,$$

式中，C 为反 Hermite 矩阵。由定理 3.4.3 及定理 3.4.4(2)知，存在 $U \in U^{n\times n}$，使得

$$U^{\mathrm{H}}CU = \begin{bmatrix} \mathrm{i}a_1 & & & \\ & \mathrm{i}a_2 & & \\ & & \ddots & \\ & & & \mathrm{i}a_n \end{bmatrix},$$

式中，$a_i \in \mathbf{R}(i=1, 2, \cdots, n)$，i 为虚数单位。令 $P = P_1U$，则

$$P^{\mathrm{H}}A_1P = E,\ P^{\mathrm{H}}A_2P = \begin{bmatrix} \mathrm{i}a_1 & & & \\ & \mathrm{i}a_2 & & \\ & & \ddots & \\ & & & \mathrm{i}a_n \end{bmatrix},$$

上式两边相加，即得式(3.7.2)。

充分性　对任一 $x \neq 0 \in \mathbf{R}^n$，有

$$\mathrm{Re}\left\{x^{\mathrm{H}}\begin{bmatrix} 1+\mathrm{i}a_1 & & & \\ & 1+\mathrm{i}a_2 & & \\ & & \ddots & \\ & & & 1+\mathrm{i}a_n \end{bmatrix}x\right\} = x^{\mathrm{H}}x > 0,$$

即

$$\begin{bmatrix} 1+\mathrm{i}a_1 & & & \\ & 1+\mathrm{i}a_2 & & \\ & & \ddots & \\ & & & 1+\mathrm{i}a_n \end{bmatrix} > 0,$$

若式(3.7.2)成立，则由定理 3.7.1 不难验证，$A > 0$。

定义 3.7.2　设 A 为 n 阶复矩阵，若矩阵 A 的特征值都有负实部，则称矩阵 A 为稳定矩阵。

由定理 3.7.1 不难发现，若 $A > 0$，则 A 的所有特征值均有正实部，因而此时 $-A$ 为**稳定矩阵**。但反之，若 $-A$ 为**稳定矩阵**，则 A 未必为正定矩阵。

习　题　三

1. 在线性空间 $\mathbf{R}[x]_3$ 中定义内积

$$(f(x),\ g(x)) = \int_{-1}^{1} f(x)g(x)\mathrm{d}x,$$

则 $\mathbf{R}[x]_3$ 便构成欧氏空间。

(1) 求基 $1, x, x^2$ 的度量矩阵；

(2) 求 $f(x) = 1 - x + x^2$ 与 $g(x) = 1 - 4x - 5x^2$ 的内积。

2. 设 $\boldsymbol{\alpha}_1, \cdots, \boldsymbol{\alpha}_n$ 和 $\boldsymbol{\beta}_1, \cdots, \boldsymbol{\beta}_n$ 为 n 维欧氏空间 V 的两组基，A，B 分别为其度量矩阵，两组基之间的过渡矩阵为 P，即

$$[\boldsymbol{\beta}_1, \cdots, \boldsymbol{\beta}_n]=[\boldsymbol{\alpha}_1, \cdots, \boldsymbol{\alpha}_n]\boldsymbol{P},$$

证明：$\boldsymbol{B}=\boldsymbol{P}^{\mathrm{T}}\boldsymbol{A}\boldsymbol{P}$。

3. 设矩阵

$$\boldsymbol{A}=\begin{bmatrix} 2 & 1 & -1 & 1 & -3 \\ 1 & 1 & -1 & 0 & 1 \end{bmatrix},$$

求 $N(\boldsymbol{A})$的标准正交基。

4. 设 $\boldsymbol{\alpha}_1$，$\boldsymbol{\alpha}_2$，$\boldsymbol{\alpha}_3$ 为三维欧氏空间 V 的一组标准正交基，证明：

$$\begin{cases} \boldsymbol{\beta}_1=\dfrac{1}{3}(2\boldsymbol{\alpha}_1+2\boldsymbol{\alpha}_2-\boldsymbol{\alpha}_3) \\ \boldsymbol{\beta}_2=\dfrac{1}{3}(2\boldsymbol{\alpha}_1-\boldsymbol{\alpha}_2+2\boldsymbol{\alpha}_3) \\ \boldsymbol{\beta}_3=\dfrac{1}{3}(\boldsymbol{\alpha}_1-2\boldsymbol{\alpha}_2-2\boldsymbol{\alpha}_3) \end{cases}$$

也为 V 的一组标准正交基。

5. 设 $\boldsymbol{A}=[a_{ij}]_{n\times n}$ 为一正交矩阵，证明：线性方程组

$$\begin{cases} a_{11}x_1+a_{12}x_2+\cdots+a_{1n}x_n=b_1 \\ a_{21}x_1+a_{22}x_2+\cdots+a_{2n}x_n=b_2 \\ \qquad\vdots \\ a_{n1}x_1+a_{n2}x_2+\cdots+a_{nn}x_n=b_n \end{cases}$$

的解满足

$$\begin{cases} a_{11}b_1+a_{21}b_2+\cdots+a_{n1}b_n=x_1 \\ a_{12}b_1+a_{22}b_2+\cdots+a_{n2}b_n=x_2 \\ \qquad\vdots \\ a_{1n}b_1+a_{2n}b_2+\cdots+a_{nn}b_n=x_n。 \end{cases}$$

6. 验证下列矩阵为正规矩阵，并求相应酉矩阵 $\boldsymbol{U}$，使其成为对角矩阵：

(1) $\boldsymbol{A}=\begin{bmatrix} \dfrac{1}{3} & -\dfrac{1}{3\sqrt{2}} & -\dfrac{\mathrm{i}}{\sqrt{6}} \\ -\dfrac{1}{3\sqrt{2}} & \dfrac{1}{6} & \dfrac{\mathrm{i}}{2\sqrt{3}} \\ \dfrac{\mathrm{i}}{\sqrt{6}} & -\dfrac{\mathrm{i}}{2\sqrt{3}} & \dfrac{1}{2} \end{bmatrix}$；　(2) $\boldsymbol{A}=\begin{bmatrix} 2 & -2 & 0 \\ -2 & 1 & -2 \\ 0 & -2 & 0 \end{bmatrix}$。

7. 设 T 为 n 维欧氏空间 $\mathbf{R}^n$ 到其自身的一算子，其定义如下

$$T(\boldsymbol{\alpha})=\boldsymbol{\alpha}-k(\boldsymbol{\alpha}, \boldsymbol{\beta})\boldsymbol{\beta}, \ \boldsymbol{\alpha}\in\mathbf{R}^n,$$

式中，$\boldsymbol{\beta}$ 为 $\mathbf{R}^n$ 中一单位向量，试确定 k 的取值，使 T 为一正交变换。

8. 设 n 阶矩阵 $\boldsymbol{A}$ 为正规矩阵，证明：对任意 n 维列向量 $\boldsymbol{x}$ 都有

$$\|\boldsymbol{A}\boldsymbol{x}\|=\|\boldsymbol{A}^{\mathrm{H}}\boldsymbol{x}\|。$$

9. 设 $\boldsymbol{A}$，$\boldsymbol{B}$ 均为 Hermite 矩阵，证明：$\boldsymbol{A}$ 与 $\boldsymbol{B}$ 酉相似当且仅当 $\boldsymbol{A}$，$\boldsymbol{B}$ 具有相同的特征值。

10. 设 n 阶矩阵 $\boldsymbol{A}=-\boldsymbol{A}^{\mathrm{H}}$，证明：矩阵 $\boldsymbol{B}=(\boldsymbol{A}+\boldsymbol{E})^{-1}(\boldsymbol{A}-\boldsymbol{E})\in\boldsymbol{U}^{n\times n}$。

11. 设 $\boldsymbol{A}$，$\boldsymbol{B}$ 均为正规矩阵，证明：$\boldsymbol{A}$ 与 $\boldsymbol{B}$ 酉相似当且仅当 $\boldsymbol{A}$，$\boldsymbol{B}$ 具有相同的特征值。

12. 设 $\boldsymbol{A}$ 为正规矩阵，证明：

(1) 若 $\boldsymbol{A}^N=\boldsymbol{0}$($N$ 为正整数)，则 $\boldsymbol{A}=\boldsymbol{0}$；

(2) 若 $\boldsymbol{A}^2=\boldsymbol{A}$，则 $\boldsymbol{A}^{\mathrm{H}}=\boldsymbol{A}$；

(3) 若 $\boldsymbol{A}^2=\boldsymbol{A}^3$，则 $\boldsymbol{A}^2=\boldsymbol{A}$。

13. 设矩阵 $\boldsymbol{A}^{\mathrm{H}}=\boldsymbol{A}$，$\boldsymbol{B}^{\mathrm{H}}=-\boldsymbol{B}$，证明以下三个条件等价：

(1) $\boldsymbol{A}+\boldsymbol{B}$ 均为正规矩阵；

(2) $\boldsymbol{AB}=\boldsymbol{BA}$；

(3) $(\boldsymbol{AB})^{\mathrm{H}}=-\boldsymbol{AB}$。

14. 设 $\boldsymbol{A}$，$\boldsymbol{B}\in\mathbf{R}^{m\times n}$ 且满足 $r(\boldsymbol{A}+\boldsymbol{B})=n$，证明：$\boldsymbol{A}^{\mathrm{T}}\boldsymbol{A}+\boldsymbol{B}^{\mathrm{T}}\boldsymbol{B}>0$。

15. 设 $\boldsymbol{A}$ 为实反对称矩阵，证明：$\boldsymbol{E}-\boldsymbol{A}^2>0$。

16. 设 Hermite 矩阵 $\boldsymbol{A}>0$，$\boldsymbol{B}$ 为反 Hermite 矩阵，证明：$\boldsymbol{AB}$ 与 $\boldsymbol{BA}$ 的特征值实部为零。

17. 设 $\boldsymbol{A}$，$\boldsymbol{B}$ 均为 Hermite 矩阵，且 $\boldsymbol{A}>0$，证明：$\boldsymbol{AB}$ 与 $\boldsymbol{BA}$ 的特征值为实数。

18. 设 Hermite 矩阵 $\boldsymbol{A}>0$，$\boldsymbol{B}$ 为反 Hermite 矩阵，证明：矩阵 $\boldsymbol{A}+\boldsymbol{B}$ 可逆。

19. 设 n 阶 Hermite 矩阵 $\boldsymbol{A}>0$，且 $\boldsymbol{A}\in\boldsymbol{U}^{n\times n}$，证明：$\boldsymbol{A}=\boldsymbol{E}$。

20. 设 $\boldsymbol{A}^{\mathrm{H}}=\boldsymbol{A}$，证明：总存在 $t>0$，使得矩阵 $\boldsymbol{A}+t\boldsymbol{E}$ 为正定 Hermite 矩阵。

21. 证明定理 3.3.1。

22. 证明：对任一矩阵 $\boldsymbol{A}$，$\boldsymbol{A}^{\mathrm{H}}\boldsymbol{A}$ 与 $\boldsymbol{A}\boldsymbol{A}^{\mathrm{H}}$ 都为半正定 Hermite 矩阵。

第4章 矩阵分解

矩阵分解简单来讲，就是利用线性算子(线性变换)将一个给定的矩阵转化成结构比较简单或者性质比较优良的矩阵乘积的形式。矩阵分解在数值代数和最优化问题的计算方法中发挥着重要作用。

4.1 满秩分解

定义 4.1.1 设矩阵 $\boldsymbol{A}\in\mathbf{C}^{m\times n}$，且 $r(\boldsymbol{A})=r>0$。若存在列满秩矩阵 $\boldsymbol{B}\in\mathbf{C}_r^{m\times r}$ 和行满秩矩阵 $\boldsymbol{C}\in\mathbf{C}_r^{r\times n}$，使得

$$\boldsymbol{A}=\boldsymbol{BC} \tag{4.1.1}$$

则称此分解为矩阵 $\boldsymbol{A}$ 的**满秩分解。**

定理 4.1.1 设矩阵 $\boldsymbol{A}\in\mathbf{C}^{m\times n}$，且 $r(\boldsymbol{A})=r>0$，则矩阵 $\boldsymbol{A}$ 存在满秩分解，即存在矩阵 $\boldsymbol{B}\in\mathbf{C}_r^{m\times r}$ 和矩阵 $\boldsymbol{C}\in\mathbf{C}_r^{r\times n}$，使得式(4.1.1)成立。

证明 因 $r(\boldsymbol{A})=r>0$，首先假定矩阵 $\boldsymbol{A}$ 的前 r 个列向量线性无关，则对矩阵 $\boldsymbol{A}$ 只作初等行变换，可将 $\boldsymbol{A}$ 化为

$$\begin{bmatrix}\boldsymbol{E}_r & \boldsymbol{D}\\ \boldsymbol{0} & \boldsymbol{0}\end{bmatrix}$$

即存在 m 阶可逆矩阵 $\boldsymbol{P}$，使得

$$\boldsymbol{PA}=\begin{bmatrix}\boldsymbol{E}_r & \boldsymbol{D}\\ \boldsymbol{0} & \boldsymbol{0}\end{bmatrix}$$

则

$$\boldsymbol{A}=\boldsymbol{P}^{-1}\begin{bmatrix}\boldsymbol{E}_r & \boldsymbol{D}\\ \boldsymbol{0} & \boldsymbol{0}\end{bmatrix}=\boldsymbol{P}^{-1}\begin{bmatrix}\boldsymbol{E}_r\\ \boldsymbol{0}\end{bmatrix}[\boldsymbol{E}_r,\ \boldsymbol{D}]=\boldsymbol{BC}$$

式中，$\boldsymbol{B}=\boldsymbol{P}^{-1}\begin{bmatrix}\boldsymbol{E}_r\\ \boldsymbol{0}\end{bmatrix}\in\mathbf{C}_r^{m\times r}$，$\boldsymbol{C}=[\boldsymbol{E}_r,\ \boldsymbol{D}]\in\mathbf{C}_r^{r\times n}$ 即为所求。

另设矩阵 $\boldsymbol{A}$ 的前 r 个列向量线性相关，此时可先对矩阵 $\boldsymbol{A}$ 作列变换，使 $\boldsymbol{A}$ 的前 r 个列向量线性无关，接着利用前述方法即可。这样存在 m 阶可逆矩阵 $\boldsymbol{P}$ 和 n 阶可逆矩阵 $\boldsymbol{Q}$，使得

$$\boldsymbol{PAQ}=\begin{bmatrix}\boldsymbol{E}_r & \boldsymbol{D}\\ \boldsymbol{0} & \boldsymbol{0}\end{bmatrix},$$

则

$$\boldsymbol{A}=\boldsymbol{P}^{-1}\begin{bmatrix}\boldsymbol{E}_r & \boldsymbol{D}\\ \boldsymbol{0} & \boldsymbol{0}\end{bmatrix}\boldsymbol{Q}^{-1}=\boldsymbol{P}^{-1}\begin{bmatrix}\boldsymbol{E}_r\\ \boldsymbol{0}\end{bmatrix}[\boldsymbol{E}_r,\ \boldsymbol{D}]\boldsymbol{Q}^{-1}=\boldsymbol{BC},$$

式中，$\boldsymbol{B}=\boldsymbol{P}^{-1}\begin{bmatrix}\boldsymbol{E}_r\\ \boldsymbol{0}\end{bmatrix}\in\mathbf{C}_r^{m\times r}$，$\boldsymbol{C}=[\boldsymbol{E}_r,\ \boldsymbol{D}]\boldsymbol{Q}^{-1}\in\mathbf{C}_r^{r\times n}$ 即为所求。

事实上，对秩为 r 的矩阵 $\boldsymbol{A}\in\mathbf{C}^{m\times n}$，利用选主元初等行变换可以将其转化为行阶梯标准形矩阵

$$\boldsymbol{G}_{\boldsymbol{A}}=\begin{bmatrix}\boldsymbol{C}\\ \boldsymbol{0}\end{bmatrix},\ \boldsymbol{C}\in\mathbf{C}^{r\times n},$$

设 $\boldsymbol{G}_{\boldsymbol{A}}$ 的第 k_j 列元素中除了第 j 个元素为 1，其余元素均为零($1\leqslant j\leqslant r$)，则 $\boldsymbol{G}_{\boldsymbol{A}}$ 的第 k_1，k_2，…，k_r 列线性无关，对应于 $\boldsymbol{A}$ 的第 k_1，k_2，…，k_r 列也线性无关(称作 $\boldsymbol{A}$ 的特异列)，记选取 $\boldsymbol{A}$ 的第 k_1，k_2，…，k_r 列构成的矩阵为 $\boldsymbol{B}$，则 $\boldsymbol{B}\in\mathbf{C}_r^{m\times r}$，且 $\boldsymbol{A}=\boldsymbol{BC}$。

【例 4.1.1】 求矩阵

$$\boldsymbol{A}=\begin{bmatrix}1 & 2 & 3 & 0\\ 0 & 2 & 1 & -1\\ 1 & 0 & 2 & 1\end{bmatrix}$$

的满秩分解。

解　将 $\boldsymbol{A}$ 化为行阶梯标准形矩阵

$$\boldsymbol{A}=\begin{bmatrix}1 & 2 & 3 & 0\\ 0 & 2 & 1 & -1\\ 1 & 0 & 2 & 1\end{bmatrix}\rightarrow\begin{bmatrix}1 & 0 & 2 & 1\\ 0 & 1 & \frac{1}{2} & -\frac{1}{2}\\ 0 & 0 & 0 & 0\end{bmatrix}=\boldsymbol{G}_{\boldsymbol{A}},$$

由于 $r(\boldsymbol{A})=2$ 且 $\boldsymbol{A}$ 的特异列为第一、二列，因此取

$$\boldsymbol{B}=\begin{bmatrix}1 & 2\\ 0 & 2\\ 1 & 0\end{bmatrix},\ \boldsymbol{C}=\begin{bmatrix}1 & 0 & 2 & 1\\ 0 & 1 & \frac{1}{2} & -\frac{1}{2}\end{bmatrix}。$$

需要指出的是矩阵 $\boldsymbol{A}$ 此种满秩分解一般不唯一，显然对任一 r 阶可逆矩阵 $\boldsymbol{S}$，若令 $\boldsymbol{B}_1=\boldsymbol{BS}$，$\boldsymbol{C}_1=\boldsymbol{S}^{-1}\boldsymbol{C}$，则 $\boldsymbol{A}=\boldsymbol{B}_1\boldsymbol{C}_1$ 也为 $\boldsymbol{A}$ 的一个满秩分解。为讨论矩阵 $\boldsymbol{A}$ 不同满秩分解之间的关系，我们先介绍如下引理。

引理 4.1.1　设矩阵 $\boldsymbol{A}\in\mathbf{C}^{m\times n}$，且 $r(\boldsymbol{A})=r>0$，则

$$r(\boldsymbol{A}^{\mathrm{H}}\boldsymbol{A})=r(\boldsymbol{A}\boldsymbol{A}^{\mathrm{H}})=r(\boldsymbol{A})。$$

证明　设 $\boldsymbol{x}\in\mathbf{C}^n$ 为 $\boldsymbol{A}^{\mathrm{H}}\boldsymbol{A}\boldsymbol{x}=\boldsymbol{0}$ 的解，则 $\boldsymbol{x}^{\mathrm{H}}\boldsymbol{A}^{\mathrm{H}}\boldsymbol{A}\boldsymbol{x}=0$，即 $(\boldsymbol{A}\boldsymbol{x})^{\mathrm{H}}\boldsymbol{A}\boldsymbol{x}=0$，因此 $\boldsymbol{A}\boldsymbol{x}=\boldsymbol{0}$，即表明 $\boldsymbol{x}\in\mathbf{C}^n$ 也为 $\boldsymbol{A}\boldsymbol{x}=\boldsymbol{0}$ 的解。反过来，若 $\boldsymbol{x}\in\mathbf{C}^n$ 为 $\boldsymbol{A}\boldsymbol{x}=\boldsymbol{0}$ 的解，则 $\boldsymbol{A}^{\mathrm{H}}\boldsymbol{A}\boldsymbol{x}=\boldsymbol{0}$，因而 $\boldsymbol{A}^{\mathrm{H}}\boldsymbol{A}\boldsymbol{x}=\boldsymbol{0}$ 与 $\boldsymbol{A}\boldsymbol{x}=\boldsymbol{0}$ 为同解线性方程组，故 $r(\boldsymbol{A}^{\mathrm{H}}\boldsymbol{A})=r(\boldsymbol{A})$。类似可证 $r(\boldsymbol{A}\boldsymbol{A}^{\mathrm{H}})=r(\boldsymbol{A}^{\mathrm{H}})$，又因 $r(\boldsymbol{A})=r(\boldsymbol{A}^{\mathrm{H}})$，定理得证。

定理 4.1.2　设矩阵 $\boldsymbol{A}\in\mathbf{C}^{m\times n}$，且 $r(\boldsymbol{A})=r>0$，若 $\boldsymbol{A}=\boldsymbol{BC}=\boldsymbol{B}_1\boldsymbol{C}_1$ 均为 $\boldsymbol{A}$ 的满秩分解，其中 $\boldsymbol{B}$，$\boldsymbol{B}_1\in\mathbf{C}_r^{m\times r}$，$\boldsymbol{C}$，$\boldsymbol{C}_1\in\mathbf{C}_r^{r\times n}$，则

(1) 存在 r 阶可逆矩阵 $\boldsymbol{S}$，满足 $\boldsymbol{B}=\boldsymbol{B}_1\boldsymbol{S}$，$\boldsymbol{C}=\boldsymbol{S}^{-1}\boldsymbol{C}_1$；

(2) $\boldsymbol{C}^{\mathrm{H}}(\boldsymbol{C}\boldsymbol{C}^{\mathrm{H}})^{-1}(\boldsymbol{B}^{\mathrm{H}}\boldsymbol{B})^{-1}\boldsymbol{B}^{\mathrm{H}}=\boldsymbol{C}_1^{\mathrm{H}}(\boldsymbol{C}_1\boldsymbol{C}_1^{\mathrm{H}})^{-1}(\boldsymbol{B}_1^{\mathrm{H}}\boldsymbol{B}_1)^{-1}\boldsymbol{B}_1^{\mathrm{H}}$。

证明　(1)由于 $\boldsymbol{BC}=\boldsymbol{B}_1\boldsymbol{C}_1$，所以

$$BCC^{H}=B_1C_1C^{H}。\tag{4.1.2}$$

由引理 4.1.1 知，$r(CC^{H})=r(C)=r$，从而 CC^{H} 为 r 阶可逆矩阵，进而由式(4.1.2)可得

$$B=B_1C_1C^{H}(CC^{H})^{-1}=B_1S_1,\tag{4.1.3}$$

式中，$S_1=C_1C^{H}(CC^{H})^{-1}$。类似可得

$$C=(B^{H}B)^{-1}B^{H}B_1C_1=S_2C_1。\tag{4.1.4}$$

将式(4.1.3)与式(4.1.4)代入关系式 $BC=B_1C_1$，则有

$$B_1C_1=B_1S_1S_2C_1,$$

进而有

$$B_1^{H}B_1C_1C_1^{H}=B_1^{H}B_1S_1S_2C_1C_1^{H},$$

由于 $B_1^{H}B_1$，$C_1C_1^{H}$ 都为可逆矩阵，所以 $S_1S_2=E$，即命题(1)成立。

命题(2)可由命题(1)中的关系式代入得证。

定理 4.1.2(2)表明，尽管矩阵 A 的满秩分解不唯一，但由满秩分解所作出的乘积形式 $C^{H}(CC^{H})^{-1}(B^{H}B)^{-1}B^{H}$ 是相同的，因此这个乘积表达式与后面将要介绍的矩阵 A 的某种广义逆有关。

4.2 三角分解

一、LU 分解

定义 4.2.1 设矩阵 $A\in C^{n\times n}$ 可分解为一个下三角矩阵 L 和一个上三角矩阵 U 的乘积，则称 A 可作**三角分解**。进一步，若 L 为 n 阶单位下三角矩阵，U 为 n 阶上三角矩阵，则称此分解为 **Doolittle(杜利特)分解**或简称 LU 分解；若 L 为 n 阶下三角矩阵，U 为 n 阶单位上三角矩阵，则称此分解为 **Crout(克劳特)分解**。

显然，若矩阵 A 存在 LU 分解，则 $\det(A)=u_{11}u_{22}\cdots u_{nn}$，其中 u_{ii} 为上三角矩阵 U 的主对角元素($i=1, 2, \cdots, n$)。另外，矩阵 A 的 LU 分解未必唯一，比如

$$A=\begin{bmatrix}0 & 2\\0 & 3\end{bmatrix},$$

则可验证

$$\begin{bmatrix}1 & 0\\1 & 1\end{bmatrix},\ \begin{bmatrix}0 & 2\\0 & 1\end{bmatrix}\text{与}\begin{bmatrix}1 & 0\\3 & 1\end{bmatrix},\ \begin{bmatrix}0 & 2\\0 & -3\end{bmatrix}$$

均为 A 的 LU 分解。

引理 4.2.1 设矩阵 $A\in C^{n\times n}$ 可逆，若 A 存在 LU 分解，则 LU 分解唯一。

证明 设 A 存在 L_1U_1 和 L_2U_2 两种分解，其中 L_i 为单位下三角矩阵，U_i 为上三角矩阵，$i=1, 2$。因 A 可逆且 $L_1U_1=A=L_2U_2$，所以 L_i，U_i($i=1, 2$)均可逆，且有

$$L_2^{-1}L_1=U_2U_1^{-1},$$

注意到上式左边为单位下三角矩阵，右边为上三角矩阵，从而等式两边矩阵必为单位矩阵，因而 $L_1=L_2$，$U_1=U_2$。

引理 4.2.2 设矩阵 $\boldsymbol{A}=[a_{ij}]\in\mathbf{C}^{n\times n}$ 可逆，若 $\boldsymbol{A}$ 的前 $n-1$ 个顺序主子式 $D_i\neq 0$ $(i=1, 2, \cdots, n-1)$，则 $\boldsymbol{A}$ 存在 LU 分解。

证明 记 $\boldsymbol{A}^{(1)}=[a_{ij}^{(1)}]=\boldsymbol{A}$，因 $a_{11}^{(1)}=D_1\neq 0$，故可令

$$l_{i1}=\frac{a_{i1}^{(1)}}{a_{11}^{(1)}},\ i=2,\ \cdots,\ n,$$

并构造初等矩阵

$$\boldsymbol{L}_1=\begin{bmatrix}1 & & & \\ l_{21} & 1 & & \\ \vdots & & \ddots & \\ l_{n1} & & & 1\end{bmatrix}。$$

记 $\boldsymbol{A}^{(2)}=\boldsymbol{L}_1^{-1}\boldsymbol{A}^{(1)}$，则由初等变换的性质有

$$\boldsymbol{A}^{(2)}=\begin{bmatrix}a_{11}^{(1)} & a_{12}^{(1)} & \cdots & a_{1n}^{(1)} \\ & a_{22}^{(2)} & \cdots & a_{2n}^{(n)} \\ & \vdots & & \vdots \\ & a_{n2}^{(2)} & \cdots & a_{nn}^{(2)}\end{bmatrix},$$

此时，$\boldsymbol{A}$ 的二阶顺序主子式 $D_2=a_{11}^{(1)}a_{22}^{(2)}$。

因假设 $D_2\neq 0$，故 $a_{22}^{(2)}\neq 0$，从而可令

$$l_{i2}=\frac{a_{i2}^{(2)}}{a_{22}^{(2)}},\ i=3,\ \cdots,\ n,$$

并构造初等矩阵

$$\boldsymbol{L}_2=\begin{bmatrix}1 & & & & \\ & 1 & & & \\ & l_{32} & 1 & & \\ & \vdots & & \ddots & \\ & l_{n2} & & & 1\end{bmatrix}。$$

记 $\boldsymbol{A}^{(3)}=\boldsymbol{L}_2^{-1}\boldsymbol{A}^{(2)}$，则由初等变换的性质有

$$\boldsymbol{A}^{(3)}=\begin{bmatrix}a_{11}^{(1)} & a_{12}^{(1)} & a_{13}^{(1)} & \cdots & a_{1n}^{(1)} \\ & a_{22}^{(2)} & a_{23}^{(2)} & \cdots & a_{2n}^{(2)} \\ & & a_{33}^{(3)} & \cdots & a_{3n}^{(3)} \\ & & \vdots & & \vdots \\ & & a_{n3}^{(3)} & \cdots & a_{nn}^{(3)}\end{bmatrix},$$

此时，$\boldsymbol{A}$ 的三阶顺序主子式 $D_3=a_{11}^{(1)}a_{22}^{(2)}a_{33}^{(3)}$。

因 $D_i\neq 0(i=3, \cdots, n-1)$，故上述过程可继续下去直至第 $n-1$ 步，从而可得初等矩阵(单位下三角矩阵)$\boldsymbol{L}_1$，$\boldsymbol{L}_2$，$\cdots$，$\boldsymbol{L}_{n-1}$，并且在此过程中有

$$D_k=a_{11}^{(1)}a_{22}^{(2)}\cdots a_{kk}^{(k)},\ k=1,\ 2,\ \cdots,\ n。\tag{4.2.1}$$

令

$$L=L_1L_2\cdots L_{n-1},$$

$$U=L^{-1}A=\begin{bmatrix} a_{11}^{(1)} & a_{12}^{(1)} & \cdots & a_{1,n-1}^{(1)} & a_{1n}^{(1)} \\ & a_{22}^{(2)} & \cdots & a_{2,n-1}^{(2)} & a_{2n}^{(2)} \\ & & \ddots & \vdots & \vdots \\ & & & a_{n-1,n-1}^{(n-1)} & a_{n-1,n}^{(n-1)} \\ & & & & a_{nn}^{(n)} \end{bmatrix}, \tag{4.2.2}$$

则 L 为单位下三角矩阵，U 为上三角矩阵，即矩阵 A 存在 LU 分解。

事实上，引理 4.2.2 的上述证明过程即为线性代数中的 Gauss(高斯)消元法。

定理 4.2.1 设矩阵 $A\in C^{n\times n}$，若 A 存在唯一的 LU 分解当且仅当 A 的前 $n-1$ 个顺序主子式 $D_i\neq 0(i=1, 2, \cdots, n-1)$。

证明 **充分性** 当 A 的前 $n-1$ 个顺序主子式 $D_i\neq 0(i=1, 2, \cdots, n-1)$时，由引理 4.2.2 知，矩阵 A 存在 LU 分解，将其写出分块形式为

$$\begin{bmatrix} A_{n-1} & x \\ y^{H} & a_{nn} \end{bmatrix}=\begin{bmatrix} L_{n-1} & 0 \\ l^{H} & 1 \end{bmatrix}\begin{bmatrix} U_{n-1} & z \\ 0^{T} & u_{nn} \end{bmatrix}, \tag{4.2.3}$$

式中，L_{n-1} 为 $n-1$ 阶单位下三角矩阵，U_{n-1} 为 $n-1$ 阶上三角矩阵，从而可得如下四个矩阵方程：

$$A_{n-1}=L_{n-1}U_{n-1}, \tag{4.2.4}$$

$$x=L_{n-1}z, \tag{4.2.5}$$

$$y^{H}=l^{H}U_{n-1}, \tag{4.2.6}$$

$$a_{nn}=l^{H}z+u_{nn}。 \tag{4.2.7}$$

由假设 $D_{n-1}\neq 0$ 知，矩阵 A_{n-1} 可逆，则根据引理 4.2.1 知，A_{n-1} 存在唯一的 LU 分解式(4.2.4)，且 L_{n-1}，U_{n-1} 也均可逆。进而由式(4.2.5)知，向量 z 被唯一确定；由式(4.2.6)知，向量 l 被唯一确定；再由式(4.2.7)知，元素 u_{nn} 也被唯一确定。因而，矩阵 L，U 均可被唯一确定，即 A 存在唯一的 LU 分解。

必要性 设 A 存在 LU 分解，从而式(4.2.3)成立。假定 $D_{n-1}=0$，则由式(4.2.4)有

$$\det(U_{n-1})=\det(L_{n-1}U_{n-1})=\det(A_{n-1})=D_{n-1}=0,$$

从而由式(4.2.6)知，存在向量$\underline{l}\neq l$，使得 $y^{H}=\underline{l}^{H}U_{n-1}$。此时，令 $\underline{u}_{nn}=a_{nn}-\underline{l}^{H}z$，并记

$$\underline{L}=\begin{bmatrix} L_{n-1} & 0 \\ \underline{l}^{H} & 1 \end{bmatrix}, \underline{U}=\begin{bmatrix} U_{n-1} & z \\ 0^{T} & \underline{u}_{nn} \end{bmatrix},$$

则 $A=\underline{L}\,\underline{U}$ 为 A 的另一形式的 LU 分解，这与 A 存在唯一的 LU 分解矛盾，因此假设不成立，即 $D_{n-1}\neq 0$。

对 A 的 $n-1$ 阶顺序主子矩阵 A_{n-1}，式(4.2.4)为 A_{n-1} 唯一的 LU 分解。运用上述同样方式可以验证 A_{n-1} 的 $n-2$ 顺序主子式 $D_{n-2}\neq 0$，如此进行下去，即可得到 $D_i\neq 0$，$i=n-1, \cdots, 1$。证毕。

我们可采用矩阵乘法来发现 LU 分解的计算步骤。

设 $A=[a_{ij}]\in C^{n\times n}$ 的 LU 分解为

$$\boldsymbol{A}=\begin{bmatrix}a_{11} & a_{12} & \cdots & a_{1n}\\ a_{21} & a_{22} & \cdots & a_{2n}\\ \vdots & \vdots & & \vdots\\ a_{n1} & a_{n2} & \cdots & a_{nn}\end{bmatrix}=\begin{bmatrix}1 & & & \\ l_{21} & 1 & & \\ \vdots & \vdots & \ddots & \\ l_{n1} & l_{n2} & \cdots & 1\end{bmatrix}\begin{bmatrix}u_{11} & u_{12} & \cdots & u_{1n}\\ & u_{22} & \cdots & u_{2n}\\ & & \ddots & \vdots\\ & & & u_{nn}\end{bmatrix}$$

$$=\begin{bmatrix}u_{11} & u_{12} & \cdots & u_{1n}\\ l_{21}u_{11} & l_{21}u_{12}+u_{22} & \cdots & l_{21}u_{1n}+u_{2n}\\ \vdots & \vdots & & \vdots\\ l_{n1}u_{11} & l_{n1}u_{12}+l_{n2}u_{22} & \cdots & l_{n1}u_{1n}+l_{n2}u_{2n}+\cdots+u_{nn}\end{bmatrix},\tag{4.2.8}$$

由式(4.2.8)两端第一行和第一列元素分别相等，可求得 $\boldsymbol{U}$ 的第一行和 $\boldsymbol{L}$ 的第一列元素：

$$\begin{cases}u_{1j}=a_{1j} & (j=1,\ \cdots,\ n)\\ l_{j1}=\dfrac{a_{j1}}{u_{11}} & (j=2,\ \cdots,\ n)\end{cases},$$

再由式(4.2.8)两端第二行和第二列元素分别相等，可求得 $\boldsymbol{U}$ 的第二行和 $\boldsymbol{L}$ 的第二列元素：

$$\begin{cases}u_{2j}=a_{2j}-l_{21}u_{1j} & (j=2,\ \cdots,\ n)\\ l_{j2}=\dfrac{a_{j2}-l_{j1}u_{12}}{u_{22}} & (j=3,\ \cdots,\ n)\end{cases},$$

依次类推，即可求出矩阵 $\boldsymbol{U}$ 和 $\boldsymbol{L}$。

LU 分解的计算步骤如下：

对 $i=1,\ 2,\ \cdots,\ n$ 计算

$$\begin{cases}u_{ij}=a_{ij}-\displaystyle\sum_{k=1}^{i-1}l_{ik}u_{kj} & (j=i,\ \cdots,\ n)\\ l_{ji}=\dfrac{1}{u_{ii}}\left(a_{ji}-\displaystyle\sum_{k=1}^{i-1}l_{jk}u_{ki}\right) & (j=i+1,\ \cdots,\ n)\end{cases}。$$

一旦实现了矩阵 $\boldsymbol{A}$ 的 LU 分解，则线性方程组 $\boldsymbol{Ax}=\boldsymbol{b}$ 的求解可转化为两个三角方程组的求解，即先求 $\boldsymbol{y}$ 满足 $\boldsymbol{Ly}=\boldsymbol{b}$，再求 $\boldsymbol{x}$ 满足 $\boldsymbol{Ux}=\boldsymbol{y}$。

对于一般的三角分解，我们有如下推论。

推论 4.2.1 设矩阵 $\boldsymbol{A}\in\mathbf{C}^{n\times n}$ 可逆，若 $\boldsymbol{A}$ 存在一个下三角矩阵 $\boldsymbol{L}$ 和一个上三角矩阵 $\boldsymbol{U}$ 的乘积，当且仅当 $\boldsymbol{A}$ 的前 $n-1$ 个顺序主子式 $D_i\neq0(i=1,\ 2,\ \cdots,\ n-1)$。

证明 **充分性** 可由定理 4.2.1 得证。下面验证**必要性**。若存在一个下三角矩阵 $\boldsymbol{L}$ 和一个上三角矩阵 $\boldsymbol{U}$，使得 $\boldsymbol{A}=\boldsymbol{LU}$，则由 $\boldsymbol{A}$ 的可逆性知，下三角矩阵 $\boldsymbol{L}$ 中主对角元素 $l_{ii}\neq0$ $(i=1,\ 2,\ \cdots,\ n)$。令

$$\boldsymbol{D}=\begin{bmatrix}l_{11} & & \\ & \ddots & \\ & & l_{nn}\end{bmatrix},\ \boldsymbol{L}_1=\boldsymbol{LD}^{-1},\ \boldsymbol{U}_1=\boldsymbol{DU},$$

则 $\boldsymbol{A}=\boldsymbol{L}_1\boldsymbol{U}_1$ 成为 $\boldsymbol{A}$ 的一个 LU 分解。由引理 4.2.1 知，$\boldsymbol{A}$ 的 LU 分解唯一，进而由定理 4.2.1 必要性知，$\boldsymbol{A}$ 的前 $n-1$ 个顺序主子式 $D_i\neq0(i=1,\ 2,\ \cdots,\ n-1)$。

需指出的是，推论 4.2.1 的三角分解形式不唯一。若 $\boldsymbol{A}$ 存在 LU 分解 $\boldsymbol{A}=\boldsymbol{LU}$，则对任一 n 阶可逆对角矩阵 $\boldsymbol{D}$，$\boldsymbol{L}_1=\boldsymbol{LD}^{-1}$ 及 $\boldsymbol{U}_1=\boldsymbol{DU}$ 为 $\boldsymbol{A}$ 的一三角分解式。

二、LDU 分解

定义 4.2.2 设矩阵 $\boldsymbol{A}\in\mathbf{C}^{n\times n}$ 可分解为 $\boldsymbol{A}=\boldsymbol{LDU}$，其中 $\boldsymbol{L}$ 和 $\boldsymbol{U}$ 分别为 n 阶单位下三角和单位上三角矩阵，$\boldsymbol{D}$ 为 n 阶对角矩阵，则称此分解为 $\boldsymbol{A}$ 的 LDU 分解。

下面我们给出 LDU 分解的基本定理。

定理 4.2.2 设矩阵 $\boldsymbol{A}\in\mathbf{C}^{n\times n}$，则 $\boldsymbol{A}$ 存在唯一的 LDU 分解，当且仅当 $\boldsymbol{A}$ 的前 $n-1$ 个顺序主子式 $D_k\neq 0(k=1,\cdots,n-1)$，其中

$$\boldsymbol{D}=\begin{bmatrix} d_1 & & & \\ & d_2 & & \\ & & \ddots & \\ & & & d_n \end{bmatrix},\ d_k=\frac{D_k}{D_{k-1}},\ k=1,\ \cdots,\ n,\ D_0=1。$$

证明 充分性 由定理 4.2.1 知，$\boldsymbol{A}$ 存在唯一的分解 $\boldsymbol{A}=\boldsymbol{LU}$，其中 $\boldsymbol{U}$ 由式(4.2.2)给出。令 $d_k=a_{kk}^{(k)}(k=1,\cdots,n)$，则由式(4.2.1)可得

$$d_k=\frac{D_k}{D_{k-1}},\ k=1,\ \cdots,\ n。$$

令 $\underline{\boldsymbol{L}}=\boldsymbol{L}$，以及

$$\underline{\boldsymbol{U}}=\begin{bmatrix} 1 & \dfrac{a_{12}^{(1)}}{d_1} & \dfrac{a_{13}^{(1)}}{d_1} & \cdots & \dfrac{a_{1n}^{(1)}}{d_1} \\ & 1 & \dfrac{a_{23}^{(2)}}{d_2} & \cdots & \dfrac{a_{2n}^{(2)}}{d_2} \\ & & \ddots & & \vdots \\ & & & 1 & \dfrac{a_{n-1,n}^{(n-1)}}{d_{n-1}} \\ & & & & 1 \end{bmatrix},$$

显见矩阵 $\underline{\boldsymbol{L}}$，$\boldsymbol{D}$ 及 $\underline{\boldsymbol{U}}$ 是唯一确定的，故 $\boldsymbol{A}$ 存在唯一的 LDU 分解 $\boldsymbol{A}=\underline{\boldsymbol{L}}\boldsymbol{D}\underline{\boldsymbol{U}}$。

必要性 设 $\boldsymbol{A}$ 存在 LDU 分解

$$\boldsymbol{A}=\boldsymbol{LDU}=\sum_{i=1}^{n}d_i\boldsymbol{l}_i\boldsymbol{u}_i^{\mathrm{H}},$$

式中，d_i 为 $\boldsymbol{D}$ 中第 i 个对角元，$\boldsymbol{l}_i$ 为 $\boldsymbol{L}$ 中第 i 个列向量，$\boldsymbol{u}_i^{\mathrm{H}}$ 为 $\boldsymbol{U}$ 中第 i 个行向量。下面用反证法。

若存在 $i=1,\cdots,n-1$，使得 $D_i=0$，即 D 的 i 阶顺序主子式为零，则存在 $k=1,\cdots,i$，使得 $d_k=0$。将 $\boldsymbol{l}_k$ 和 $\boldsymbol{u}_k^{\mathrm{H}}$ 任意换为其他向量且保持替换后的矩阵 $\underline{\boldsymbol{L}}$ 和 $\underline{\boldsymbol{U}}$ 仍分别为单位下三角矩阵和单位上三角矩阵，则 $\boldsymbol{A}=\underline{\boldsymbol{L}}\boldsymbol{D}\underline{\boldsymbol{U}}$ 为 $\boldsymbol{A}$ 的另一 LDU 分解，这就与 LDU 分解的唯一性题设矛盾。因而必要性得证。

由前面的定理可以看出，矩阵 $\boldsymbol{A}$ 的任一种三角分解都需要假定 $\boldsymbol{A}$ 的前 $n-1$ 个顺序主子式不为零，从高斯消元法的角度来看，相当于高斯消元过程中要求每一次的主元素不为零。如果此条件不满足，则可考虑交换 $\boldsymbol{A}$ 的两行，直至满足三角分解条件为止，即存在置换矩阵 $\boldsymbol{P}$，使得 $\boldsymbol{PA}$ 的前 $n-1$ 个顺序主子式不为零。显然，这样的处理方式对求解线性方程组而言，相当于置换方程的顺序，对解不会产生影响。

三、Cholesky(楚列斯基)分解

定义 4.2.3 设矩阵 $\boldsymbol{A}\in\mathbf{C}^{n\times n}$ 为 Hermite 正定矩阵，称 $\boldsymbol{A}=\boldsymbol{L}\boldsymbol{L}^{\mathrm{H}}$ 为矩阵 $\boldsymbol{A}$ 的 **Cholesky(楚列斯基)分解**，其中 $\boldsymbol{L}\in\mathbf{C}^{n\times n}$ 为下三角矩阵，此分解通常也称作**平方根分解。**

定理 4.2.3 设矩阵 $\boldsymbol{A}\in\mathbf{C}^{n\times n}$ 为 Hermite 正定矩阵，则 $\boldsymbol{A}$ 存在 Cholesky 分解 $\boldsymbol{A}=\boldsymbol{L}\boldsymbol{L}^{\mathrm{H}}$。若限定 $\boldsymbol{L}$ 的对角元素大于零，则分解唯一。

证明 因 $\boldsymbol{A}>0$，故 $\boldsymbol{A}$ 的 k 阶顺序主子式 $D_k>0$，$k=1, 2, \cdots, n$。由定理 4.2.2 知，$\boldsymbol{A}=\underline{\boldsymbol{L}}\boldsymbol{D}\underline{\boldsymbol{U}}$ 分解唯一，其中 $\underline{\boldsymbol{L}}$，$\underline{\boldsymbol{U}}$ 分别为单位下三角矩阵和单位上三角矩阵；

$$\boldsymbol{D}=\begin{bmatrix} d_1 & & & \\ & d_2 & & \\ & & \ddots & \\ & & & d_n \end{bmatrix},$$

且 $d_k>0$，$k=1, 2, \cdots, n$。

由 $\boldsymbol{A}$ 为 Hermite 矩阵知，$\underline{\boldsymbol{L}}\boldsymbol{D}\underline{\boldsymbol{U}}=\underline{\boldsymbol{U}}^{\mathrm{H}}\boldsymbol{D}\underline{\boldsymbol{L}}^{\mathrm{H}}$，再由 LDU 分解唯一有 $\underline{\boldsymbol{L}}=\underline{\boldsymbol{U}}^{\mathrm{H}}$，因而可得

$$\boldsymbol{A}=\underline{\boldsymbol{L}}\boldsymbol{D}\underline{\boldsymbol{L}}^{\mathrm{H}}, \tag{4.2.9}$$

式中，$\underline{\boldsymbol{L}}$ 为单位下三角矩阵。令

$$\boldsymbol{D}^{\frac{1}{2}}=\underline{\boldsymbol{L}}\begin{bmatrix} \sqrt{d_1} & & & \\ & \sqrt{d_2} & & \\ & & \ddots & \\ & & & \sqrt{d_n} \end{bmatrix},\ \boldsymbol{L}=\underline{\boldsymbol{L}}\boldsymbol{D}^{\frac{1}{2}},$$

则有唯一的表达式 $\boldsymbol{A}=\boldsymbol{L}\boldsymbol{L}^{\mathrm{H}}$，且 $\boldsymbol{L}$ 为下三角矩阵，从而为 $\boldsymbol{A}$ 的 Cholesky 分解。

下面利用矩阵乘法给出 Cholesky 分解的计算步骤。

设 $\boldsymbol{A}=[a_{ij}]\in\mathbf{R}^{n\times n}$ 且 $\boldsymbol{A}>0$。设

$$\boldsymbol{L}=\begin{bmatrix} l_{11} & & & \\ l_{21} & l_{22} & & \\ \vdots & \vdots & \ddots & \\ l_{n1} & l_{n2} & \cdots & l_{nn} \end{bmatrix},$$

因为

$$\boldsymbol{A}=\begin{bmatrix} l_{11} & & & \\ l_{21} & l_{22} & & \\ \vdots & \vdots & \ddots & \\ l_{n1} & l_{n2} & \cdots & l_{nn} \end{bmatrix}\begin{bmatrix} l_{11} & l_{21} & \cdots & l_{n1} \\ & l_{22} & \cdots & l_{n2} \\ & & \ddots & \vdots \\ & & & l_{nn} \end{bmatrix},$$

其中 $l_{ii}>0$(定理 3.5.3)，$i=1, \cdots, n$。由矩阵乘法及 $l_{jk}=0$(当 $j<k$ 时)，得

$$a_{ij}=\sum_{k=1}^{n} l_{ik}l_{jk}=\sum_{k=1}^{j-1} l_{ik}l_{jk}+l_{ij}l_{jj},$$

于是可得如下计算步骤。

Cholesky 分解的计算步骤：

对 $j=1, 2, \cdots, n$ 计算

$$\begin{cases} l_{jj}=\left(a_{jj}-\sum\limits_{k=1}^{j-1} l_{jk}^2\right)^{\frac{1}{2}} \\ l_{ij}=\dfrac{1}{l_{jj}}\left(a_{ij}-\sum\limits_{k=1}^{j-1} l_{ik} l_{jk}\right) \quad (i=j+1, \cdots, n) \end{cases}。$$

有了 $\boldsymbol{A}$ 的 Cholesky 分解，我们可将正定方程组 $\boldsymbol{Ax}=\boldsymbol{b}$ 转化成求解两个三角形方程组，即先求 $\boldsymbol{y}$ 满足 $\boldsymbol{Ly}=\boldsymbol{b}$，再求 $\boldsymbol{x}$ 满足 $\boldsymbol{L}^{\mathrm{T}}\boldsymbol{x}=\boldsymbol{y}$。此即为求解正定方程组 $\boldsymbol{Ax}=\boldsymbol{b}$ 的平方根方法。

在上述 Cholesky 分解的计算过程中，其中 l_{jj} 的计算需用到开平方根，为避免平方根运算，可以考虑采取定理 4.2.3 中形如式(4.2.9)的分解，即

$$\boldsymbol{A}=\begin{bmatrix} 1 & & & \\ l_{21} & 1 & & \\ \vdots & \vdots & \ddots & \\ l_{n1} & l_{n2} & \cdots & 1 \end{bmatrix}\begin{bmatrix} d_1 & & & \\ & d_2 & & \\ & & \ddots & \\ & & & d_n \end{bmatrix}\begin{bmatrix} 1 & l_{21} & \cdots & l_{n1} \\ & 1 & \cdots & l_{n2} \\ & & \ddots & \vdots \\ & & & 1 \end{bmatrix},$$

由矩阵乘法，并注意到 $l_{jj}=1$，$l_{jk}=0$(当 $j<k$ 时)，得

$$a_{ij}=\sum_{k=1}^{n}(\boldsymbol{LD})_{ik}(\boldsymbol{L}^{\mathrm{T}})_{kj}=\sum_{k=1}^{n} l_{ik} d_k l_{jk}=\sum_{k=1}^{j-1} l_{ik} d_k l_{jk}+l_{ij} d_j l_{jj},$$

从而可得计算 $\boldsymbol{L}$ 的元素及 $\boldsymbol{D}$ 对角元素的计算公式。

改进 Cholesky 分解的计算步骤：

对 $i=1, 2, \cdots, n$ 计算

$$\begin{cases} l_{ij}=\dfrac{1}{d_j}\left(a_{ij}-\sum\limits_{k=1}^{j-1} l_{ik} d_k l_{jk}\right) \quad (j=1, 2, \cdots, i-1) \\ d_i=a_{ii}-\sum\limits_{k=1}^{i-1} l_{ik}^2 d_k \end{cases}。$$

相应地，正定方程组 $\boldsymbol{Ax}=\boldsymbol{b}$ 可转化成求解如下两个三角形方程组，即先求 $\boldsymbol{y}$ 满足 $\boldsymbol{Ly}=\boldsymbol{b}$，再求 $\boldsymbol{x}$ 满足 $\boldsymbol{DL}^{\mathrm{T}}\boldsymbol{x}=\boldsymbol{y}$。此为求解正定方程组 $\boldsymbol{Ax}=\boldsymbol{b}$ 的改进平方根方法。

4.3 正交三角分解

一、正交三角分解的概念

本节将 Schmidt 正交化过程用于矩阵分解，得到矩阵的正交三角分解。我们先针对列满秩矩阵给出正交三角分解的定义。

定义 4.3.1 设矩阵 $\boldsymbol{A}\in\boldsymbol{C}^{m\times n}$ 且 $r(\boldsymbol{A})=n$，若 $\boldsymbol{A}$ 存在分解 $\boldsymbol{A}=\boldsymbol{QR}$，其中 $\boldsymbol{Q}\in\boldsymbol{U}_n^{m\times n}$(即 $\boldsymbol{Q}$ 为标准列正交矩阵)，$\boldsymbol{R}\in\boldsymbol{C}^{n\times n}$ 为上三角矩阵，则称此分解为 $\boldsymbol{A}$ 的**正交三角分解**或 QR 分解。

为简单起见，我们首先针对可逆矩阵 $\boldsymbol{A}$ 来介绍其 QR 分解。

定理 4.3.1 设矩阵 $\boldsymbol{A}$ 为 n 阶可逆矩阵，则 $\boldsymbol{A}$ 可唯一地分解为

$$\boldsymbol{A}=\boldsymbol{QR},$$

式中，$\boldsymbol{Q}\in\boldsymbol{U}^{n\times n}$，$\boldsymbol{R}$ 为 n 阶正线上三角矩阵。

证明 记 $\boldsymbol{A}=[\boldsymbol{x}_1, \boldsymbol{x}_2, \cdots, \boldsymbol{x}_n]$，因 $\boldsymbol{A}$ 可逆，故 $\boldsymbol{x}_1, \boldsymbol{x}_2, \cdots, \boldsymbol{x}_n$ 线性无关，用 Schmidt 正交化过程，将 $\boldsymbol{x}_1, \cdots, \boldsymbol{x}_n$ 先正交化可得 $\boldsymbol{y}_1, \cdots, \boldsymbol{y}_n$，再单位化有 $\boldsymbol{z}_1, \cdots, \boldsymbol{z}_n$，且满足

$$\begin{cases} \boldsymbol{x}_1=r_{11}\boldsymbol{z}_1 \\ \boldsymbol{x}_2=r_{21}\boldsymbol{z}_1+r_{22}\boldsymbol{z}_2 \\ \boldsymbol{x}_3=r_{31}\boldsymbol{z}_1+r_{32}\boldsymbol{z}_2+r_{33}\boldsymbol{z}_3 \\ \quad\vdots \\ \boldsymbol{x}_n=r_{n1}\boldsymbol{z}_1+r_{n2}\boldsymbol{z}_2+\cdots+r_{nn}\boldsymbol{z}_n \end{cases},$$

其中 $r_{ii}=|y_i|>0$，从而

$$\begin{aligned} \boldsymbol{A} &= [\boldsymbol{x}_1, \boldsymbol{x}_2, \cdots, \boldsymbol{x}_n] \\ &= [r_{11}\boldsymbol{z}_1, r_{21}\boldsymbol{z}_1+r_{22}\boldsymbol{z}_2, \cdots, r_{n1}\boldsymbol{z}_1+r_{n2}\boldsymbol{z}_2+\cdots+r_{nn}\boldsymbol{z}_n] \\ &= [\boldsymbol{z}_1, \boldsymbol{z}_2, \cdots, \boldsymbol{z}_n]\begin{bmatrix} r_{11} & r_{21} & \cdots & r_{n1} \\ & r_{22} & \cdots & r_{n2} \\ & & \ddots & \vdots \\ & & & r_{nn} \end{bmatrix}=\boldsymbol{QR}, \end{aligned}$$

式中，$\boldsymbol{Q}=[\boldsymbol{z}_1, \boldsymbol{z}_2, \cdots, \boldsymbol{z}_n]\in\boldsymbol{U}^{n\times n}$，$\boldsymbol{R}$ 为 n 阶正线上三角矩阵。

若 $\boldsymbol{A}$ 存在两个正交三角分解式

$$\boldsymbol{A}=\boldsymbol{QR}=\underline{\boldsymbol{Q}}\underline{\boldsymbol{R}},$$

则

$$\underline{\boldsymbol{Q}}^{-1}\boldsymbol{Q}=\underline{\boldsymbol{R}}\boldsymbol{R}^{-1}。$$

因 $\underline{\boldsymbol{Q}}^{-1}\boldsymbol{Q}$ 为酉矩阵，而 $\underline{\boldsymbol{R}}\boldsymbol{R}^{-1}$ 为正线上三角矩阵，故由引理 3.5.1 知，

$$\underline{\boldsymbol{Q}}^{-1}\boldsymbol{Q}=\boldsymbol{E},$$

$$\underline{\boldsymbol{R}}\boldsymbol{R}^{-1}=\boldsymbol{E},$$

因而 $\boldsymbol{Q}=\underline{\boldsymbol{Q}}$，$\boldsymbol{R}=\underline{\boldsymbol{R}}$，即限定 $\boldsymbol{R}$ 具有正对角元素时，此种分解唯一。

设 $\boldsymbol{A}$ 为 n 阶可逆矩阵，不难发现(对 $\boldsymbol{A}^{\mathrm{T}}$ 作 QR 分解)，$\boldsymbol{A}$ 存在如下分解：

$$\boldsymbol{A}=\boldsymbol{LQ},$$

式中，$\boldsymbol{Q}\in\boldsymbol{U}^{n\times n}$，$\boldsymbol{L}$ 为 n 阶正线上三角矩阵。

一般地，我们有如下一些正交三角分解定理。

定理 4.3.2 设 $\boldsymbol{A}\in\mathbf{C}_r^{m\times r}$(即 $\boldsymbol{A}$ 为列满秩矩阵且 $r(\boldsymbol{A})=r$)，则 $\boldsymbol{A}$ 可唯一地分解为

$$\boldsymbol{A}=\boldsymbol{QR},$$

式中，$\boldsymbol{Q}\in\boldsymbol{U}_r^{m\times r}$，$\boldsymbol{R}$ 为 r 阶正线上三角矩阵。

证明 设 $\boldsymbol{A}=[\boldsymbol{x}_1, \boldsymbol{x}_2, \cdots, \boldsymbol{x}_r]$，类似地由 Schmidt 正交化过程可得标准正交向量组 $\boldsymbol{z}_1, \cdots, \boldsymbol{z}_r$，且得如下 r 个关系式：

$$\begin{cases} \boldsymbol{x}_1=c_{11}\boldsymbol{z}_1 \\ \boldsymbol{x}_2=c_{21}\boldsymbol{z}_1+c_{22}\boldsymbol{z}_2 \\ \quad\vdots \\ \boldsymbol{x}_r=c_{r1}\boldsymbol{z}_1+c_{r2}\boldsymbol{z}_2+\cdots+c_{rr}\boldsymbol{z}_r \end{cases},$$

则有

$$\begin{aligned}\boldsymbol{A}&=[\boldsymbol{x}_1,\boldsymbol{x}_2,\cdots,\boldsymbol{x}_r]=[c_{11}\boldsymbol{z}_1,c_{21}\boldsymbol{z}_1+c_{22}\boldsymbol{z}_2,\cdots,c_{r1}\boldsymbol{z}_1+c_{r2}\boldsymbol{z}_2+\cdots+c_{rr}\boldsymbol{z}_r]\\&=[\boldsymbol{z}_1,\boldsymbol{z}_2,\cdots,\boldsymbol{z}_r]\begin{bmatrix}c_{11}&c_{21}&\cdots&c_{r1}\\&c_{22}&\cdots&c_{r2}\\&&\ddots&\vdots\\&&&c_{rr}\end{bmatrix}\\&=\boldsymbol{QR},\end{aligned}$$

式中，$\boldsymbol{Q}=[\boldsymbol{z}_1,\boldsymbol{z}_2,\cdots,\boldsymbol{z}_r]\in\boldsymbol{U}_r^{m\times r}$，$\boldsymbol{R}=[c_{ij}]_{r\times r}$ 为正线上三角矩阵。

下面验证唯一性。设 $\boldsymbol{A}$ 有两个正交三角分解式

$$\boldsymbol{A}=\boldsymbol{QR}=\underline{\boldsymbol{Q}}\underline{\boldsymbol{R}},$$

式中，$\boldsymbol{R}$，$\underline{\boldsymbol{R}}$ 均为正线上三角矩阵，$\boldsymbol{Q}$，$\underline{\boldsymbol{Q}}\in\boldsymbol{U}_r^{m\times r}$。则

$$\boldsymbol{A}^{\mathrm{H}}\boldsymbol{A}=\boldsymbol{R}^{\mathrm{H}}\boldsymbol{R}=\underline{\boldsymbol{R}}^{\mathrm{H}}\underline{\boldsymbol{R}},$$

因 $\boldsymbol{A}^{\mathrm{H}}\boldsymbol{A}>0$，即它的三角分解是唯一的，因而 $\boldsymbol{R}=\underline{\boldsymbol{R}}$，从而 $\boldsymbol{Q}=\underline{\boldsymbol{Q}}$。

推论 4.3.1 设 $\boldsymbol{A}\in\mathbf{C}_r^{r\times n}$，则 $\boldsymbol{A}$ 可唯一地分解为

$$\boldsymbol{A}=\boldsymbol{LQ},$$

式中，$\boldsymbol{L}$ 为 r 阶正线下三角矩阵，$\boldsymbol{Q}\in\boldsymbol{U}_r^{r\times n}$。

证明 只需对 $\boldsymbol{A}^{\mathrm{T}}$ 使用定理 4.3.2 中的分解即可得证。

定理 4.3.3 设 $\boldsymbol{A}\in\mathbf{C}_r^{m\times n}$，则 $\boldsymbol{A}$ 分解为

$$\boldsymbol{A}=\boldsymbol{QRL}\underline{\boldsymbol{Q}},$$

式中，$\boldsymbol{Q}\in\boldsymbol{U}_r^{m\times r}$，$\underline{\boldsymbol{Q}}\in\boldsymbol{U}_r^{r\times n}$，$\boldsymbol{R}$ 为 r 阶正线上三角矩阵，$\boldsymbol{L}$ 为 r 阶正线下三角矩阵。

证明 由满秩分解定理 4.1.1 知，$\boldsymbol{A}$ 存在满秩分解式(4.1.1)，然后对矩阵 $\boldsymbol{B}$，$\boldsymbol{C}$ 分别利用定理 4.3.2 及推论 4.3.1 即可得证。

二、Householder(豪斯霍尔德)变换法

例 3.2.1 引入了 Householder 矩阵及 Householder 变换，对 $\boldsymbol{C}^n$ 中的单位向量 $\boldsymbol{u}$，可定义 Householder 矩阵

$$\boldsymbol{H}_u=\boldsymbol{E}-2\boldsymbol{u}\boldsymbol{u}^{\mathrm{H}},$$

若将 $\boldsymbol{u}$ 扩充为 $\mathbf{C}^n$ 的一组标准正交基 $\boldsymbol{u}$，$\boldsymbol{u}_2$，$\cdots$，$\boldsymbol{u}_n$，则有

$$\boldsymbol{H}_u\boldsymbol{u}=(\boldsymbol{E}-2\boldsymbol{u}\boldsymbol{u}^{\mathrm{H}})\boldsymbol{u}=\boldsymbol{u}-2\boldsymbol{u}\boldsymbol{u}^{\mathrm{H}}\boldsymbol{u}=-\boldsymbol{u},$$

$$\boldsymbol{H}_u\boldsymbol{u}_j=(\boldsymbol{E}-2\boldsymbol{u}\boldsymbol{u}^{\mathrm{H}})\boldsymbol{u}_j=\boldsymbol{u}_j-2\boldsymbol{u}\boldsymbol{u}^{\mathrm{H}}\boldsymbol{u}_j=\boldsymbol{u}_j,\ j=2,\cdots,n。$$

对任一向量 $\boldsymbol{x}\in\mathbf{C}^n$，设有

$$\boldsymbol{x}=c_1\boldsymbol{u}+c_2\boldsymbol{u}_2+\cdots+c_n\boldsymbol{u}_n,$$

进而可得

$$\boldsymbol{H}_u(x)=\boldsymbol{H}_u(c_1\boldsymbol{u}+c_2\boldsymbol{u}_2+\cdots+c_n\boldsymbol{u}_n)=-c_1\boldsymbol{u}+c_2\boldsymbol{u}_2+\cdots+c_n\boldsymbol{u}_n。$$

因此，Householder 变换实际上是将任一向量 $\boldsymbol{x}$ 映射为关于“与单位向量 $\boldsymbol{u}$ 正交的 $n-1$ 维子空间”的对称向量的镜像变换。

不难验证 Householder 矩阵 $\boldsymbol{H}$ 具有如下基本性质：

(1) $\boldsymbol{H}$ 即为酉矩阵，也为 Hermite 矩阵；

(2) $\boldsymbol{H}^2=\boldsymbol{E}$，$\det(\boldsymbol{H})=-1$；

(3) 分块对角矩阵

$$\begin{bmatrix}\boldsymbol{E}_m & & \\ & \boldsymbol{H} & \\ & & \boldsymbol{E}_n\end{bmatrix}$$

为 Householder 矩阵。

下面说明借助 Householder 矩阵(变换)可实现矩阵的 QR 分解。

引理 4.3.1　对任一非零向量 $\boldsymbol{x}\in\mathbf{C}^n$，存在 Householder 矩阵 $\boldsymbol{H}$，使得 $\boldsymbol{Hx}=\|\boldsymbol{x}\|\boldsymbol{e}_1$，其中 $\|\boldsymbol{x}\|$ 代表 $\boldsymbol{x}$ 的模长，$\boldsymbol{e}_1=[1,0,\cdots,0]^{\mathrm{T}}\in\mathbf{C}^n$ 为标准单位向量。

证明　若 $\boldsymbol{x}=\|\boldsymbol{x}\|\boldsymbol{e}_1$，则选取与 $\boldsymbol{x}$ 正交的单位列向量 $\boldsymbol{u}$，因而有

$$\boldsymbol{H}_u\boldsymbol{x}=(\boldsymbol{E}-2\boldsymbol{u}\boldsymbol{u}^{\mathrm{H}})\boldsymbol{x}=\boldsymbol{x}-2\boldsymbol{u}(\boldsymbol{u},\boldsymbol{x})=\boldsymbol{x}=\|\boldsymbol{x}\|\boldsymbol{e}_1。$$

若 $\boldsymbol{x}\neq\|\boldsymbol{x}\|\boldsymbol{e}_1$，令

$$\boldsymbol{u}=\frac{\boldsymbol{x}-\|\boldsymbol{x}\|\boldsymbol{e}_1}{\|\boldsymbol{x}-\|\boldsymbol{x}\|\boldsymbol{e}_1\|},$$

则有

$$\|\boldsymbol{x}-\|\boldsymbol{x}\|\boldsymbol{e}_1\|^2=2(\boldsymbol{x}-\|\boldsymbol{x}\|\boldsymbol{e}_1,\boldsymbol{x}),$$

从而有

$$\boldsymbol{H}_u\boldsymbol{x}=\boldsymbol{x}-2(\boldsymbol{x}-\|\boldsymbol{x}\|\boldsymbol{e}_1,\boldsymbol{x})\frac{\boldsymbol{x}-\|\boldsymbol{x}\|\boldsymbol{e}_1}{\|\boldsymbol{x}-\|\boldsymbol{x}\|\boldsymbol{e}_1\|^2}=\boldsymbol{x}-(\boldsymbol{x}-\|\boldsymbol{x}\|\boldsymbol{e}_1,\boldsymbol{x})=\|\boldsymbol{x}\|\boldsymbol{e}_1。$$

定理 4.3.4　任一可逆矩阵 $\boldsymbol{A}=[a_{ij}]\in\mathbf{C}^{n\times n}$ 都可通过左乘一系列 Householder 矩阵化为上三角矩阵。

证明　设 $\boldsymbol{A}^{(0)}=\boldsymbol{A}$，因 $\det(\boldsymbol{A}^{(0)})\neq0$，则 $\boldsymbol{A}^{(1)}$ 的第一列 $\boldsymbol{x}^{(1)}\neq\boldsymbol{0}$。令 $a_{11}^{(1)}=\|\boldsymbol{x}^{(1)}\|$，由引理 4.3.1 知，存在 Householder 矩阵 $\boldsymbol{H}_1$，使得

$$\boldsymbol{H}_1\boldsymbol{x}^{(1)}=\|\boldsymbol{x}^{(1)}\|\boldsymbol{e}_1^{(n)},$$

式中，$\boldsymbol{e}_1^{(n)}\in\mathbf{C}^n$ 为第一个 n 维基本向量，从而

$$\boldsymbol{H}_1\boldsymbol{A}^{(0)}=\begin{bmatrix}a_{11}^{(1)} & a_{12}^{(1)} & \cdots & a_{1n}^{(1)}\\ 0 & & & \\ \vdots & & \boldsymbol{A}^{(2)} & \\ 0 & & & \end{bmatrix}。$$

由 $\det(\boldsymbol{A}^{(0)})\neq0$ 知 $\det(\boldsymbol{A}^{(1)})\neq0$，则 $\boldsymbol{A}^{(1)}$ 的第一列 $\boldsymbol{x}^{(2)}\neq\boldsymbol{0}$。令 $a_{22}^{(2)}=\|\boldsymbol{x}^{(2)}\|$，由引理 4.3.1 知，存在 Householder 矩阵 $\boldsymbol{H}_2$，使得

$$\boldsymbol{H}_2\boldsymbol{x}^{(2)}=\|\boldsymbol{x}^{(2)}\|\boldsymbol{e}_1^{(n-1)},$$

式中，$\boldsymbol{e}_1^{(n-1)}\in\mathbf{C}^{n-1}$ 为第一个 $n-1$ 维基本向量，从而

$$\boldsymbol{H}_2\boldsymbol{A}^{(1)}=\begin{bmatrix}a_{22}^{(2)} & a_{23}^{(2)} & \cdots & a_{2n}^{(2)}\\ 0 & & & \\ \vdots & & \boldsymbol{A}^{(2)} & \\ 0 & & & \end{bmatrix}。$$

按此方式继续下去，可得 $\boldsymbol{A}^{(i)}$ 以及对应的 Householder 矩阵 $\boldsymbol{H}_i$，$i=1, \cdots, n-2$，且有矩阵递推式

$$\boldsymbol{H}_i\boldsymbol{A}^{(i-1)}=\begin{bmatrix} a_{ii}^{(i)} & a_{i,i+1}^{(i)} & \cdots & a_{in}^{(i)} \\ 0 & & & \\ \vdots & & \boldsymbol{A}^{(i)} & \\ 0 & & & \end{bmatrix},$$

由 $\det(\boldsymbol{A}^{(n-2)})\neq 0$ 知，$\boldsymbol{A}^{(n-2)}$ 的第一列 $\boldsymbol{x}^{(n-1)}\neq\boldsymbol{0}$。令 $a_{n-1,n-1}^{(n-1)}=\|\boldsymbol{x}^{(n-1)}\|$，由引理 4.3.1 知，存在 Householder 矩阵 $\boldsymbol{H}_{n-1}$，使得

$$\boldsymbol{H}_{n-1}\boldsymbol{x}^{(n-1)}=\|\boldsymbol{x}^{(n-1)}\|\boldsymbol{e}_1^{(2)},\ \boldsymbol{e}_1^{(2)}\in\mathbf{C}^2,$$

从而

$$\boldsymbol{H}_{n-1}\boldsymbol{A}^{(n-2)}=\begin{bmatrix} a_{n-1,n-1}^{(n-1)} & a_{n-1,n}^{(n-1)} \\ 0 & \boldsymbol{A}^{(n-1)} \end{bmatrix},$$

式中，$\boldsymbol{A}^{(n-1)}=a_{nn}^{(n-1)}$。令

$$\boldsymbol{H}=\begin{bmatrix} \boldsymbol{E}_{n-2} & \\ & \boldsymbol{H}_{n-1} \end{bmatrix}\cdots\begin{bmatrix} \boldsymbol{E}_2 & \\ & \boldsymbol{H}_3 \end{bmatrix}\begin{bmatrix} 1 & \\ & \boldsymbol{H}_2 \end{bmatrix}\boldsymbol{H}_1,$$

则 $\boldsymbol{H}$ 为 $n-1$ 个 Householder 矩阵的乘积(基本性质(3))，且

$$\boldsymbol{HA}=\begin{bmatrix} a_{11}^{(1)} & a_{12}^{(1)} & \cdots & a_{1,n-1}^{(1)} & a_{1n}^{(1)} \\ & a_{22}^{(2)} & \cdots & a_{2,n-1}^{(2)} & a_{2n}^{(2)} \\ & & \ddots & \vdots & \vdots \\ & & & a_{n-1,n-1}^{(n-1)} & a_{n-1,n}^{(n-1)} \\ & & & & a_{n,n}^{(n-1)} \end{bmatrix},$$

定理得证。

在定理 4.3.4 证明中，$\boldsymbol{H}$ 为 $n-1$ 个 Householder 矩阵的乘积，因而 $\boldsymbol{H}$ 为酉矩阵。若令 $\boldsymbol{R}=\boldsymbol{HA}$，则 $\boldsymbol{A}=\boldsymbol{H}^{\mathrm{H}}\boldsymbol{R}$ 就是 $\boldsymbol{A}$ 的 QR 分解。因而定理 4.3.4 给出了用 Householder 变换法求矩阵 QR 分解的一种方法。

【例 4.3.1】 用 Householder 变换法求矩阵 $\boldsymbol{A}$ 的 QR 分解，其中

$$\boldsymbol{A}=\begin{bmatrix} 0 & 4 & 1 \\ 1 & 1 & 1 \\ 0 & 3 & 2 \end{bmatrix}。$$

解 对 $\boldsymbol{A}$ 的第一列 $\boldsymbol{x}^{(1)}$ 构造 Householder 矩阵，根据引理 4.3.1 及定理 4.3.4 的证明可得

$$\boldsymbol{x}^{(1)}=[0, 1, 0]^{\mathrm{T}},\ \boldsymbol{x}^{(1)}-\|\boldsymbol{x}^{(1)}\|\boldsymbol{e}_1^{(3)}=[-1, 1, 0]^{\mathrm{T}},\ \boldsymbol{u}_1=\frac{1}{\sqrt{2}}[-1, 1, 0]^{\mathrm{T}},$$

$$\boldsymbol{H}_1=\boldsymbol{E}-2\boldsymbol{u}_1\boldsymbol{u}_1^{\mathrm{H}}=\begin{bmatrix} 0 & 1 & 0 \\ 1 & 0 & 0 \\ 0 & 0 & 1 \end{bmatrix},\ \boldsymbol{H}_1\boldsymbol{A}=\begin{bmatrix} 1 & 1 & 1 \\ 0 & 4 & 1 \\ 0 & 3 & 2 \end{bmatrix}。$$

对矩阵

$$\boldsymbol{A}^{(1)}=\begin{bmatrix}4 & 1\\ 3 & 2\end{bmatrix}$$

的第一列 $\boldsymbol{x}^{(2)}$ 构造 Householder 矩阵，即有

$$\boldsymbol{x}^{(2)}=[4,\ 3]^{\mathrm{T}},\ \boldsymbol{x}^{(2)}-\|\boldsymbol{x}^{(2)}\|\boldsymbol{e}_1^{(2)}=[-1,\ 3]^{\mathrm{T}},\ \boldsymbol{u}_2=\frac{1}{\sqrt{10}}[-1,\ 3]^{\mathrm{T}},$$

$$\boldsymbol{H}_2=\boldsymbol{E}-2\boldsymbol{u}_2\boldsymbol{u}_2^{\mathrm{H}}=\frac{1}{5}\begin{bmatrix}4 & 3\\ 3 & -4\end{bmatrix},\ \boldsymbol{H}_2\boldsymbol{A}^{(1)}=\begin{bmatrix}5 & 2\\ 0 & -1\end{bmatrix}。$$

令

$$\boldsymbol{H}=\begin{bmatrix}1 & \\ & \boldsymbol{H}_2\end{bmatrix}\boldsymbol{H}_1=\begin{bmatrix}0 & 1 & 0\\ \frac{4}{5} & 0 & \frac{3}{5}\\ \frac{3}{5} & 0 & -\frac{4}{5}\end{bmatrix},$$

则有

$$\boldsymbol{A}=\boldsymbol{H}^{\mathrm{T}}\boldsymbol{R}=\begin{bmatrix}0 & 1 & 0\\ \frac{4}{5} & 0 & \frac{3}{5}\\ \frac{3}{5} & 0 & -\frac{4}{5}\end{bmatrix}\begin{bmatrix}1 & 1 & 1\\ 0 & 5 & 2\\ 0 & 0 & -1\end{bmatrix}。$$

三、Givens(吉文斯)变换法

在平面 $\mathbf{R}^2$ 中将非零向量 $\boldsymbol{x}$ 顺时针旋转角度 θ 成为向量 $\boldsymbol{y}$ 的变换为

$$\boldsymbol{y}=\begin{bmatrix}\cos\theta & \sin\theta\\ -\sin\theta & \cos\theta\end{bmatrix}\boldsymbol{x},$$

一般地，在 n 维欧氏空间 V 中选取一组标准正交基 $\boldsymbol{e}_1,\ \boldsymbol{e}_2,\ \cdots,\ \boldsymbol{e}_n$，沿平面 $[\boldsymbol{e}_i,\ \boldsymbol{e}_j]$ $(i\neq j)$ 旋转，它的矩阵表示为

$$\boldsymbol{G}_{ij}=\begin{bmatrix}1 &&&&&&&&& \\ & \ddots &&&&&&&& \\ && 1 &&&&&&& \\ &&& \cos\theta &&&& \sin\theta && \\ &&&& 1 &&&&& \\ &&&&& \ddots &&&& \\ &&&&&& 1 &&& \\ &&& -\sin\theta &&&& \cos\theta && \\ &&&&&&&& 1 & \\ &&&&&&&&& \ddots \\ &&&&&&&&&& 1\end{bmatrix}\begin{matrix}\\ \\ \\ i\\ \\ \\ \\ j\\ \\ \\ \\ \end{matrix}$$

$$\qquad\qquad\qquad i \qquad\qquad\qquad\qquad j$$

其相当于将 n 阶单位矩阵 $\boldsymbol{E}$ 位于 (i, i)，(i, j)，(j, i)，(j, j) 上的元素分别置换为 $\cos\theta$，$\sin\theta$，$-\sin\theta$，$\cos\theta$，其余元素保持不变，式中 θ 通常称作旋转角，而 $\cos\theta$，$\sin\theta$ 通常分别记作 c，s 且它们满足 $c^2+s^2=1$，因而得到如下定义。

定义 4.3.2 设实数 c，s 满足 $c^2+s^2=1$，称

$$\boldsymbol{G}_{ij}=\begin{bmatrix} 1 & & & & & & & & & \\ & \ddots & & & & & & & & \\ & & 1 & & & & & & & \\ & & & c & & & s & & & \\ & & & & 1 & & & & & \\ & & & & & \ddots & & & & \\ & & & & & & 1 & & & \\ & & & -s & & & c & & & \\ & & & & & & & 1 & & \\ & & & & & & & & \ddots & \\ & & & & & & & & & 1 \end{bmatrix}\begin{matrix} \\ \\ \\ i \\ \\ \\ \\ j \\ \\ \\ \\ \end{matrix}$$

$$\qquad\qquad i \qquad\qquad\qquad j$$

为 **Givens(吉文斯)矩阵**，记为 $\boldsymbol{G}_{ij}(c, s)$，将其矩阵所确定的线性变换称为 **Givens 变换**。

容易验证，Givens 矩阵具有如下的基本性质：

(1) Givens 矩阵为正交矩阵，且 $\boldsymbol{G}_{ij}(c, s)^{-1}=\boldsymbol{G}_{ij}(c, s)^{\mathrm{T}}=\boldsymbol{G}_{ij}(c, -s)$。

(2) $\det(\boldsymbol{G}_{ij}(c, s))=1$。

(3) 分块对角矩阵

$$\begin{bmatrix} \boldsymbol{E}_m & & \\ & \boldsymbol{G}_{ij}(c, s) & \\ & & \boldsymbol{E}_n \end{bmatrix}$$

为 Givens 矩阵。

引理 4.3.2 Givens 矩阵为两个 Householder 矩阵的乘积。

证明 设 Givens 矩阵 $\boldsymbol{G}_{ij}(c, s)$ 由定义 4.3.2 所定义，分别选取单位向量

$$\boldsymbol{u}=[0, \cdots, 0, \underset{i}{\sin\frac{\theta}{4}}, 0, \cdots, \underset{j}{\cos\frac{\theta}{4}}, 0, \cdots, 0]^{\mathrm{T}},$$

$$\boldsymbol{v}=[0, \cdots, 0, \underset{i}{\sin\frac{3\theta}{4}}, 0, \cdots, \underset{j}{\cos\frac{3\theta}{4}}, 0, \cdots, 0]^{\mathrm{T}},$$

则可利用例 3.2.1 给出的定义，分别构造出 Householder 矩阵

$$
\boldsymbol{H}_u=\begin{bmatrix}
1 &&&&&&&&&& \\
& \ddots &&&&&&&&& \\
&& 1 &&&&&&&& \\
&&& \cos\frac{\theta}{2} &&&& \sin\frac{\theta}{2} &&& \\
&&&& 1 &&&&&& \\
&&&&& \ddots &&&&& \\
&&&&&& 1 &&&& \\
&&& -\sin\frac{\theta}{2} &&&& \cos\frac{\theta}{2} &&& \\
&&&&&&&& 1 && \\
&&&&&&&&& \ddots & \\
&&&&&&&&&& 1
\end{bmatrix}
\begin{matrix} \\ \\ \\ i \\ \\ \\ \\ j \\ \\ \\ \\ \end{matrix},
$$

$$
\qquad\qquad\qquad i \qquad\qquad\qquad\qquad j
$$

$$
\boldsymbol{H}_v=\begin{bmatrix}
1 &&&&&&&&&& \\
& \ddots &&&&&&&&& \\
&& 1 &&&&&&&& \\
&&& \cos\frac{3\theta}{2} &&&& \sin\frac{3\theta}{2} &&& \\
&&&& 1 &&&&&& \\
&&&&& \ddots &&&&& \\
&&&&&& 1 &&&& \\
&&& -\sin\frac{3\theta}{2} &&&& \cos\frac{3\theta}{2} &&& \\
&&&&&&&& 1 && \\
&&&&&&&&& \ddots & \\
&&&&&&&&&& 1
\end{bmatrix}
\begin{matrix} \\ \\ \\ i \\ \\ \\ \\ j \\ \\ \\ \\ \end{matrix},
$$

$$
\qquad\qquad\qquad i \qquad\qquad\qquad\qquad j
$$

直接验证即有 $\boldsymbol{G}_{ij}(c, s)=\boldsymbol{H}_u\boldsymbol{H}_v$。

不难发现，当一个矩阵左乘一 Givens 矩阵 $\boldsymbol{G}_{ij}(c, s)$时，只影响其第 i 行和第 j 行的元素，而当一个矩阵右乘一 Givens 矩阵 $\boldsymbol{G}_{ij}(c, s)$时，只影响其第 i 列和第 j 列的元素。因此，对任一 n 维向量 $\boldsymbol{x}=[x_1, x_2, \cdots, x_n]^{\mathrm{T}}$，我们可以利用 Givens 变换将其任意一个位置的分量化为零。令 $\boldsymbol{y}=\boldsymbol{G}_{ij}(c, s)\boldsymbol{x}$，$\boldsymbol{y}=[y_1, y_2, \cdots, y_n]^{\mathrm{T}}$，则有

$$\begin{cases} y_i = c\boldsymbol{x}_i + s\boldsymbol{x}_j \\ y_j = -s\boldsymbol{x}_i + c\boldsymbol{x}_j \\ y_k = \boldsymbol{x}_k,\ k \neq i,\ j \end{cases},$$

因此，如需 $y_j = 0$，则只需选取

$$c = \frac{\boldsymbol{x}_i}{\sqrt{\boldsymbol{x}_i^2 + \boldsymbol{x}_j^2}},\ s = \frac{\boldsymbol{x}_j}{\sqrt{\boldsymbol{x}_i^2 + \boldsymbol{x}_j^2}},$$

有

$$y_i = \sqrt{\boldsymbol{x}_i^2 + \boldsymbol{x}_j^2},\ y_j = 0。$$

更进一步，我们有如下性质。

引理 4.3.3 对任一非零向量 $\boldsymbol{x} \in \mathbf{R}^n$，存在有限个 Givens 矩阵的乘积 $\boldsymbol{G}$，使得 $\boldsymbol{G}\boldsymbol{x} = \|\boldsymbol{x}\| \boldsymbol{e}_1$，其中 $\|\boldsymbol{x}\|$ 代表 $\boldsymbol{x}$ 的模长，$\boldsymbol{e}_1 \in \mathbf{R}^n$ 为标准单位向量。

证明 令 $\boldsymbol{x} = [x_1,\ \cdots,\ x_n]^{\mathrm{T}}$，设 $x_1 \neq 0$，对 $\boldsymbol{x}$ 构造 Givens 矩阵 $\boldsymbol{G}_{12}(c_1,\ s_1)$，其中

$$c_1 = \frac{x_1}{\sqrt{x_1^2 + x_2^2}},\ s_1 = \frac{x_2}{\sqrt{x_1^2 + x_2^2}},$$

则

$$\boldsymbol{G}_{12}(c_1,\ s_1)\boldsymbol{x} = \left[\sqrt{x_1^2 + x_2^2},\ 0,\ x_3,\ \cdots,\ x_n\right]^{\mathrm{T}},$$

对 $\boldsymbol{G}_{12}(c_1,\ s_1)\boldsymbol{x}$ 构造 Givens 矩阵 $\boldsymbol{G}_{13}(c_2,\ s_2)$，其中

$$c_2 = \frac{\sqrt{x_1^2 + x_2^2}}{\sqrt{x_1^2 + x_2^2 + x_3^2}},\ s_2 = \frac{x_3}{\sqrt{x_1^2 + x_2^2 + x_3^2}},$$

照此进行下去，得到 Givens 矩阵 $\boldsymbol{G}_{1,\ i+1}(c_i,\ s_i)(i = 1,\ \cdots,\ n-2)$，在 $n-2$ 步后对向量 $\boldsymbol{G}_{1,\ n-1}\cdots\boldsymbol{G}_{12}\boldsymbol{x}$ 构造 Givens 矩阵 $\boldsymbol{G}_{1n}(c_{n-1},\ s_{n-1})$，其中

$$c_{n-1} = \frac{\sqrt{x_1^2 + \cdots + x_{n-1}^2}}{\sqrt{x_1^2 + \cdots + x_n^2}},\ s_{n-1} = \frac{x_n}{\sqrt{x_1^2 + \cdots + x_n^2}},$$

令 $\boldsymbol{G} = \boldsymbol{G}_{1n}\boldsymbol{G}_{1,\ n-1}\cdots\boldsymbol{G}_{12}$，则有

$$\boldsymbol{G}\boldsymbol{x} = \left[\sqrt{x_1^2 + \cdots + x_n^2},\ 0,\ \cdots,\ 0\right]^{\mathrm{T}} = \|\boldsymbol{x}\| \boldsymbol{e}_1。$$

若 $x_1 = 0$，令 $k = \min\{i:\ x_i \neq 0\}$，以上过程从 $\boldsymbol{G}_{1k}$ 开始进行即可。

定理 4.3.5 任一实可逆矩阵 $\boldsymbol{A}$ 都可通过左乘一系列 Givens 矩阵转化为上三角矩阵。

证明 由引理 4.3.3 知，定理 4.3.4 证明中的 Householder 矩阵全部可换成 Givens 矩阵的乘积，因此采用与定理 4.3.4 类似的方法可得证。

上述定理也给出了矩阵 $\boldsymbol{A}$ 的一个 QR 分解，因为左乘一系列 Givens 矩阵都为正交矩阵，它们的连乘积的逆也为正交矩阵。对稠密矩阵而言，由引理 4.3.2 可以看出，Givens 变换法的运算量要比 Householder 变换法多很多，因而 Givens 变换法更适用于非零下三角形元素相对较少矩阵的 QR 分解。

下面我们来简单介绍矩阵 QR 分解的两个应用。

【例 4.3.2】 线性方程组的最小二乘解。设 $\boldsymbol{A} \in \mathbf{R}^{m \times n}$ 且 $R(\boldsymbol{A}) = n < m$，$\boldsymbol{b} \in \mathbf{R}^m$，求线性方程组 $\boldsymbol{A}\boldsymbol{x} = \boldsymbol{b}$ 的最小二乘法是将无约束优化问题

$$\min_{\boldsymbol{x} \in \mathbf{R}^n} \{\|\boldsymbol{A}\boldsymbol{x} - \boldsymbol{b}\|^2 = (\boldsymbol{A}\boldsymbol{x} - \boldsymbol{b})^{\mathrm{T}}(\boldsymbol{A}\boldsymbol{x} - \boldsymbol{b})\} \tag{4.3.1}$$

的解 $\bar{x}$ 作为 $\boldsymbol{Ax}=\boldsymbol{b}$ 解的估计，称作**最小二乘解**，并称

$$\boldsymbol{\varepsilon}=\|\boldsymbol{A}\bar{\boldsymbol{x}}-\boldsymbol{b}\|^2$$

为**最小二乘残差平方和**。无约束优化问题(4.3.1)的驻点满足线性方程组

$$\boldsymbol{A}^{\mathrm{T}}\boldsymbol{Ax}=\boldsymbol{A}^{\mathrm{T}}\boldsymbol{b}, \tag{4.3.2}$$

若 $\boldsymbol{A}$ 列满秩，则 $\boldsymbol{A}^{\mathrm{T}}\boldsymbol{A}>0$，求解方程组(4.3.2)可得 $\boldsymbol{Ax}=\boldsymbol{b}$ 的最小二乘估计为

$$\bar{\boldsymbol{x}}=(\boldsymbol{A}^{\mathrm{T}}\boldsymbol{A})^{-1}\boldsymbol{A}^{\mathrm{T}}\boldsymbol{b}。 \tag{4.3.3}$$

为此，先求出 $\boldsymbol{A}$ 的 QR 分解

$$\boldsymbol{A}=\boldsymbol{QR},$$

式中，$\boldsymbol{Q}\in\mathbf{R}^{m\times n}$ 为标准列正交矩阵，$\boldsymbol{R}$ 为 n 阶可逆上三角矩阵。其次，将 $\boldsymbol{Q}$ 扩充为一个 m 阶正交矩阵，记作$[\boldsymbol{Q},\bar{\boldsymbol{Q}}]\in\boldsymbol{R}^{m\times m}$，从而有

$$\begin{aligned}\|\boldsymbol{Ax}-\boldsymbol{b}\|^2&=\|[\boldsymbol{Q},\bar{\boldsymbol{Q}}]^{\mathrm{T}}(\boldsymbol{Ax}-\boldsymbol{b})\|^2\\&=\|[\boldsymbol{Q},\bar{\boldsymbol{Q}}]^{\mathrm{T}}(\boldsymbol{QRx}-\boldsymbol{b})\|^2=\left\|\begin{bmatrix}\boldsymbol{Rx}-\boldsymbol{Q}^{\mathrm{T}}\boldsymbol{b}\\-\bar{\boldsymbol{Q}}^{\mathrm{T}}\boldsymbol{b}\end{bmatrix}\right\|^2\\&=\|\boldsymbol{Rx}-\boldsymbol{Q}^{\mathrm{T}}\boldsymbol{b}\|^2+\|-\bar{\boldsymbol{Q}}^{\mathrm{T}}\boldsymbol{b}\|^2\geqslant\|-\bar{\boldsymbol{Q}}^{\mathrm{T}}\boldsymbol{b}\|^2,\end{aligned}$$

等号成立当且仅当 $\boldsymbol{Rx}=\boldsymbol{Q}^{\mathrm{T}}\boldsymbol{b}$。因此最小二乘解和最小二乘残差平方和为

$$\bar{\boldsymbol{x}}=\boldsymbol{R}^{-1}\boldsymbol{Q}^{\mathrm{T}}\boldsymbol{b},\ \varepsilon=\|\bar{\boldsymbol{Q}}^{\mathrm{T}}\boldsymbol{b}\|^2。$$

【例 4.3.3】 矩阵特征值求解。设 $\boldsymbol{A}\in\boldsymbol{R}^{n\times n}$，将 $\boldsymbol{A}$ 进行 QR 分解 $\boldsymbol{A}=\boldsymbol{QR}$，令

$$\boldsymbol{B}=\boldsymbol{RQ}=\boldsymbol{Q}^{\mathrm{T}}\boldsymbol{AQ},$$

得到一新矩阵 $\boldsymbol{B}$，显然 $\boldsymbol{B}$ 由 $\boldsymbol{A}$ 经正交相似变换而得到，因此 $\boldsymbol{B}$ 与 $\boldsymbol{A}$ 有相同的特征值，再对 $\boldsymbol{B}$ 进行 QR 分解，又可类似得到一新矩阵，重复以上过程，即

令 $\boldsymbol{A}_1=\boldsymbol{A}$，构造迭代格式：

$$\boldsymbol{A}_k=\boldsymbol{Q}_k\boldsymbol{R}_k,\ \boldsymbol{A}_{k+1}=\boldsymbol{R}_k\boldsymbol{Q}_k,\ k=1,\ 2,\ \cdots,$$

式中，$\boldsymbol{Q}_k^{\mathrm{T}}\boldsymbol{Q}_k=\boldsymbol{E}$，$\boldsymbol{R}_k$ 为上三角矩阵。由此迭代格式可得

$$\boldsymbol{A}_{k+1}=\boldsymbol{Q}_k^{\mathrm{T}}\boldsymbol{R}_k\boldsymbol{Q}_k,\ k=1,\ 2,\ \cdots,$$

这表明矩阵列$\{\boldsymbol{A}_k\}$中每一个矩阵与原矩阵正交相似，因而与原矩阵有相同的特征值。由此可见，当 $\boldsymbol{A}_k$ 的对角线下方所有元素趋于零时，即 $\boldsymbol{A}_k$ 趋于一上三角形矩阵，而上三角形矩阵的特征值为主对角元素，这就得到了原矩阵特征值的近似。

利用 QR 分解求解矩阵 $\boldsymbol{A}$ 的特征值时，一般先用 Householder 变换法将 $\boldsymbol{A}$ 化为某种类型的简单矩阵(如三对角对称矩阵等)，然后再用 QR 分解计算简单矩阵的全部特征值，这里不再详述，具体可参考相关数值计算教材。

4.4　奇异值分解与极分解

一、奇异值分解

设 $\boldsymbol{A}\in\mathbf{C}^{m\times n}$ 且 $r(\boldsymbol{A})=r$，由引理 4.1.1 知，$r(\boldsymbol{A}^{\mathrm{H}}\boldsymbol{A})=r(\boldsymbol{AA}^{\mathrm{H}})=r$，且因 $\boldsymbol{A}^{\mathrm{H}}\boldsymbol{A}$ 与 $\boldsymbol{AA}^{\mathrm{H}}$ 均为 Hermite 半正定矩阵(见习题三)，因而它们的特征值都为非负实数。下面进一步说明，$\boldsymbol{A}^{\mathrm{H}}\boldsymbol{A}$ 与 $\boldsymbol{AA}^{\mathrm{H}}$ 的非零特征值相同。

引理 4.4.1 设 $\boldsymbol{A}\in\mathbf{C}^{m\times n}$ 且 $r(\boldsymbol{A})=r$，则 $\boldsymbol{A}^{\mathrm{H}}\boldsymbol{A}$ 与 $\boldsymbol{A}\boldsymbol{A}^{\mathrm{H}}$ 有相同的非零特征值。

证明 设 $\boldsymbol{A}^{\mathrm{H}}\boldsymbol{A}$ 的特征值的排列为

$$\lambda_1\geqslant\lambda_2\geqslant\cdots\geqslant\lambda_r>0=\lambda_{r+1}=\cdots=\lambda_n,$$

$\boldsymbol{A}\boldsymbol{A}^{\mathrm{H}}$ 的特征值的排列为

$$\mu_1\geqslant\mu_2\geqslant\cdots\geqslant\mu_r>0=\mu_{r+1}=\cdots=\mu_n。$$

若 $\boldsymbol{x}_i\neq\boldsymbol{0}\in\mathbf{C}^n(i=1,2,\cdots,r)$ 为 $\boldsymbol{A}^{\mathrm{H}}\boldsymbol{A}$ 的非零特征值 $\lambda_i(i=1,2,\cdots,r)$ 所对应的特征向量，则由

$$\boldsymbol{A}^{\mathrm{H}}\boldsymbol{A}\boldsymbol{x}_i=\lambda_i\boldsymbol{x}_i,\ i=1,2,\cdots,r,$$

可得

$$(\boldsymbol{A}\boldsymbol{A}^{\mathrm{H}})\boldsymbol{A}\boldsymbol{x}_i=\lambda_i\boldsymbol{A}\boldsymbol{x}_i,\ i=1,2,\cdots,r,$$

且 $\boldsymbol{A}\boldsymbol{x}_i\neq\boldsymbol{0}$，于是 λ_i 也为 $\boldsymbol{A}\boldsymbol{A}^{\mathrm{H}}$ 的非零特征值。类似可说明 $\boldsymbol{A}\boldsymbol{A}^{\mathrm{H}}$ 的非零特征值 μ_i 也为 $\boldsymbol{A}^{\mathrm{H}}\boldsymbol{A}$ 的非零特征值。以下只需说明 $\boldsymbol{A}^{\mathrm{H}}\boldsymbol{A}$ 与 $\boldsymbol{A}\boldsymbol{A}^{\mathrm{H}}$ 的非零特征值代数重复度相同，则它们的非零特征值就完全相同。

设 $\boldsymbol{x}_1,\boldsymbol{x}_2,\cdots,\boldsymbol{x}_p$ 为 $\boldsymbol{A}^{\mathrm{H}}\boldsymbol{A}$ 对应于特征值 $\lambda\neq0$ 的线性无关的特征向量，因 $\boldsymbol{A}^{\mathrm{H}}\boldsymbol{A}$ 为单纯矩阵，故 p 也为特征值 λ 的代数重复度。由前面讨论知，$\boldsymbol{A}\boldsymbol{x}_i(i=1,2,\cdots,p)$ 为 $\boldsymbol{A}\boldsymbol{A}^{\mathrm{H}}$ 对应于 $\lambda\neq0$ 的特征向量，下面验证 $\boldsymbol{A}\boldsymbol{x}_i(i=1,2,\cdots,p)$ 也线性无关。令

$$c_1\boldsymbol{A}\boldsymbol{x}_1+c_2\boldsymbol{A}\boldsymbol{x}_2+\cdots+c_p\boldsymbol{A}\boldsymbol{x}_p=\boldsymbol{0},$$

则

$$\boldsymbol{A}(c_1\boldsymbol{x}_1+c_2\boldsymbol{x}_2+\cdots+c_p\boldsymbol{x}_p)=\boldsymbol{0},$$

从而

$$\boldsymbol{A}^{\mathrm{H}}\boldsymbol{A}(c_1\boldsymbol{x}_1+c_2\boldsymbol{x}_2+\cdots+c_p\boldsymbol{x}_p)=\boldsymbol{0},$$

此即表明

$$\lambda(c_1\boldsymbol{x}_1+c_2\boldsymbol{x}_2+\cdots+c_p\boldsymbol{x}_p)=\boldsymbol{0},$$

又已知 $\lambda\neq0$，因而

$$c_1\boldsymbol{x}_1+c_2\boldsymbol{x}_2+\cdots+c_p\boldsymbol{x}_p=\boldsymbol{0},$$

考虑到 $\boldsymbol{x}_1,\boldsymbol{x}_2,\cdots,\boldsymbol{x}_p$ 线性无关，则有 $c_i=0(i=1,2,\cdots,p)$，即 $\boldsymbol{A}\boldsymbol{x}_1,\boldsymbol{A}\boldsymbol{x}_2,\cdots,\boldsymbol{A}\boldsymbol{x}_p$ 线性无关，因此 λ 也为 $\boldsymbol{A}\boldsymbol{A}^{\mathrm{H}}$ 的 p 重非零特征值，从而 $\lambda_i=\mu_i(i=1,2,\cdots,r)$。

定义 4.4.1 设矩阵 $\boldsymbol{A}\in\mathbf{C}^{m\times n}$ 且 $r(\boldsymbol{A})=r$，若 $\boldsymbol{A}^{\mathrm{H}}\boldsymbol{A}$ 的特征值为

$$\lambda_1\geqslant\lambda_2\geqslant\cdots\geqslant\lambda_r>0=\lambda_{r+1}=\cdots=\lambda_n,$$

则称 $\sigma_i=\sqrt{\lambda_i}(i=1,2,\cdots,r)$ 为矩阵 $\boldsymbol{A}$ 的**正奇异值**，简称**奇异值**。

定义 4.4.2 设矩阵 $\boldsymbol{A},\boldsymbol{B}\in\mathbf{C}^{m\times n}$，若存在 $\boldsymbol{U}\in\boldsymbol{U}^{m\times m}$ 和 $\boldsymbol{V}\in\boldsymbol{U}^{n\times n}$，使得

$$\boldsymbol{B}=\boldsymbol{U}\boldsymbol{A}\boldsymbol{V},$$

则称 $\boldsymbol{A}$ 与 $\boldsymbol{B}$ 酉等价。

定理 4.4.1 若矩阵 $\boldsymbol{A},\boldsymbol{B}\in\mathbf{C}^{m\times n}$ 且 $\boldsymbol{A}$ 与 $\boldsymbol{B}$ 酉等价，则 $\boldsymbol{A}$ 与 $\boldsymbol{B}$ 有相同的奇异值。

证明 因 $\boldsymbol{B}=\boldsymbol{U}\boldsymbol{A}\boldsymbol{V}$，且 $\boldsymbol{U}\in\boldsymbol{U}^{m\times m}$，$\boldsymbol{V}\in\boldsymbol{U}^{n\times n}$，故有

$$\boldsymbol{B}^{\mathrm{H}}\boldsymbol{B}=\boldsymbol{V}^{\mathrm{H}}\boldsymbol{A}^{\mathrm{H}}\boldsymbol{U}^{\mathrm{H}}\boldsymbol{U}\boldsymbol{A}\boldsymbol{V}=\boldsymbol{V}^{\mathrm{H}}\boldsymbol{A}^{\mathrm{H}}\boldsymbol{A}\boldsymbol{V},$$

从而 $\boldsymbol{A}^{\mathrm{H}}\boldsymbol{A}$ 与 $\boldsymbol{B}^{\mathrm{H}}\boldsymbol{B}$ 酉相似，进而 $\boldsymbol{A}^{\mathrm{H}}\boldsymbol{A}$ 与 $\boldsymbol{B}^{\mathrm{H}}\boldsymbol{B}$ 有相同的特征值，由定义 4.4.1 知，$\boldsymbol{A}$ 与 $\boldsymbol{B}$ 有相同的奇异值。

定理 4.4.2　设 $\boldsymbol{A}$ 为正规矩阵，则 $\boldsymbol{A}$ 的奇异值为 $\boldsymbol{A}$ 的非零特征值的模长。

证明　由推论 3.4.5 直接得证。

定理 4.4.3　设 $\boldsymbol{A}\in\boldsymbol{C}^{m\times n}$ 且 $r(\boldsymbol{A})=r$，则存在 $\boldsymbol{U}\in\boldsymbol{U}^{m\times m}$ 和 $\boldsymbol{V}\in\boldsymbol{U}^{n\times n}$，使得

$$\boldsymbol{A}=\boldsymbol{U}\begin{bmatrix}\boldsymbol{\Sigma} & \boldsymbol{0}\\ \boldsymbol{0} & \boldsymbol{0}\end{bmatrix}\boldsymbol{V}^{\mathrm{H}},\tag{4.4.1}$$

其中

$$\boldsymbol{\Sigma}=\begin{bmatrix}\sigma_1 & & & \\ & \sigma_2 & & \\ & & \ddots & \\ & & & \sigma_r\end{bmatrix},$$

且 $\sigma_1\geqslant\sigma_2\geqslant\cdots\geqslant\sigma_r>0$ 为 $\boldsymbol{A}$ 的奇异值，而称式(4.4.1)为 $\boldsymbol{A}$ 的**奇异值分解**，并称矩阵 $\begin{bmatrix}\boldsymbol{\Sigma} & \boldsymbol{0}\\ \boldsymbol{0} & \boldsymbol{0}\end{bmatrix}\in\boldsymbol{R}^{m\times n}$ 为 $\boldsymbol{A}$ 的**奇异值矩阵**。

证明　因 $\boldsymbol{A}^{\mathrm{H}}\boldsymbol{A}$ 为 n 阶 Hermite 矩阵，故存在 $\boldsymbol{V}\in\boldsymbol{U}^{n\times n}$，使得

$$\boldsymbol{A}^{\mathrm{H}}\boldsymbol{A}=\boldsymbol{V}\begin{bmatrix}\sigma_1^2 & & \\ & \ddots & \\ & & \sigma_n^2\end{bmatrix}\boldsymbol{V}^{\mathrm{H}},\tag{4.4.2}$$

且 $\sigma_1^2\geqslant\sigma_2^2\geqslant\cdots\geqslant\sigma_r^2>0=\sigma_{r+1}^2=\cdots=\sigma_n^2$。令

$$\boldsymbol{\Sigma}=\begin{bmatrix}\sigma_1 & & & \\ & \sigma_2 & & \\ & & \ddots & \\ & & & \sigma_r\end{bmatrix},\tag{4.4.3}$$

将矩阵 $\boldsymbol{V}$ 列分块为 $\boldsymbol{V}=[\boldsymbol{v}_1,\ \boldsymbol{v}_2,\ \cdots,\ \boldsymbol{v}_n]$，因 $\boldsymbol{V}$ 的列向量组为 $\boldsymbol{A}^{\mathrm{H}}\boldsymbol{A}$ 的单位正交特征向量组(定理 3.3.2)，故由式(4.4.2)可得

$$(\boldsymbol{A}\boldsymbol{v}_i)^{\mathrm{H}}\boldsymbol{A}\boldsymbol{v}_j=\boldsymbol{v}_i^{\mathrm{H}}(\boldsymbol{A}^{\mathrm{H}}\boldsymbol{A}\boldsymbol{v}_j)=\sigma_j^2\boldsymbol{v}_i^{\mathrm{H}}\boldsymbol{v}_j=\begin{cases}\sigma_i^2, & (i=j)\\ 0, & (i\neq j)\end{cases},\tag{4.4.4}$$

由此可知 $\boldsymbol{A}\boldsymbol{v}_1,\ \boldsymbol{A}\boldsymbol{v}_2,\ \cdots,\ \boldsymbol{A}\boldsymbol{v}_r$ 为 $\boldsymbol{A}$ 的列空间 $R(\boldsymbol{A})$ 的一组正交基。注意到式(4.4.4)及 $\sigma_1\geqslant\sigma_2\geqslant\cdots\geqslant\sigma_r>0$，令

$$\boldsymbol{u}_i=\frac{\boldsymbol{A}\boldsymbol{v}_i}{\|\boldsymbol{A}\boldsymbol{v}_i\|}=\frac{\boldsymbol{A}\boldsymbol{v}_i}{\sigma_i},\ i=1,\ 2,\ \cdots,\ r,$$

从而

$$\boldsymbol{A}\boldsymbol{v}_i=\sigma_i\boldsymbol{u}_i,\ i=1,\ 2,\ \cdots,\ r。\tag{4.4.5}$$

将 $\boldsymbol{u}_1,\ \cdots,\ \boldsymbol{u}_r$ 扩充为 $\boldsymbol{C}^m$ 的一组标准正交基 $\boldsymbol{u}_1,\ \cdots,\ \boldsymbol{u}_r,\ \boldsymbol{u}_{r+1},\ \cdots,\ \boldsymbol{u}_m$，并记 $\boldsymbol{U}=[\boldsymbol{u}_1,\ \cdots,\ \boldsymbol{u}_m]$。由式(4.4.4)及 $\sigma_{r+1}=\cdots=\sigma_n=0$ 可得

$$\boldsymbol{A}\boldsymbol{v}_j=\boldsymbol{0},\ j=r+1,\ r+2,\ \cdots n。\tag{4.4.6}$$

由式(4.4.5)，式(4.4.6)及式(4.4.3)，我们有

$$\boldsymbol{A}[\boldsymbol{v}_1,\ \boldsymbol{v}_2,\ \cdots,\ \boldsymbol{v}_n]=[\boldsymbol{u}_1,\ \boldsymbol{u}_2,\ \cdots,\ \boldsymbol{u}_m]\begin{bmatrix}\boldsymbol{\Sigma} & \boldsymbol{0}\\ \boldsymbol{0} & \boldsymbol{0}\end{bmatrix},$$

即

$$AV=U\begin{bmatrix}\Sigma & 0\\ 0 & 0\end{bmatrix},$$

从而式(4.4.1)成立。

矩阵 A 的奇异值分解表明，矩阵 A 与一个长方形对角矩阵酉等价。事实上，根据分解式(4.4.1)知，线性算子对应的变换矩阵 A 可以理解为三个线性算子的组合：C^n 上的酉变换 V^H；C^n 到 C^m 的坐标轴伸缩算子奇异值矩阵；C^m 上的酉变换 U。

推论 4.4.1 设 $A\in C^{m\times n}$ 且 $r(A)=r$，$\sigma_1\geqslant\sigma_2\geqslant\cdots\geqslant\sigma_r>0$ 为 A 的奇异值，则存在两个次酉矩阵 $U_r\in U_r^{m\times r}$ 和 $V_r\in U_r^{n\times r}$，使得

$$A=U_r\Sigma V_r^H=\sum_{i=1}^{r}\sigma_i u_i v_i^H, \tag{4.4.7}$$

式中，Σ 如定理 4.4.3 所定义，式(4.4.7)称为 A 的**紧奇异值分解**或**截尾奇异值分解**。

证明 由定理 4.4.3 可知，A 存在分解式(4.4.1)。记

$$U=[u_1,\ u_2,\ \cdots,\ u_m],\ V=[v_1,\ v_2,\ \cdots,\ v_n],$$

则有

$$\begin{aligned}A&=[u_1,\ \cdots,\ u_m]\begin{bmatrix}\sigma_1 & & & & & \\ & \sigma_2 & & & & \\ & & \ddots & & & \\ & & & \sigma_r & & \\ & & & & \ddots & \\ & & & & & 0\end{bmatrix}\begin{bmatrix}v_1^H\\ v_2^H\\ \vdots\\ v_n^H\end{bmatrix}\\ &=\sigma_1u_1v_1^H+\sigma_2u_2v_2^H+\cdots+\sigma_ru_rv_r^H\\ &=[u_1,\ \cdots,\ u_m]\begin{bmatrix}\sigma_1 & & & \\ & \sigma_2 & & \\ & & \ddots & \\ & & & \sigma_r\end{bmatrix}\begin{bmatrix}v_1^H\\ v_2^H\\ \vdots\\ v_r^H\end{bmatrix}\\ &=U_r\Sigma V_r。\end{aligned}$$

由定理 4.4.3 证明可以看出，尽管 A 的奇异值是唯一确定的，但酉矩阵 U，V 一般不唯一，因而 A 的奇异值分解一般不唯一。若在定理 4.4.3 证明中考虑 AA^H，则式(4.4.2)变为

$$AA^H=U\begin{bmatrix}\sigma_1^2 & & \\ & \ddots & \\ & & \sigma_m^2\end{bmatrix}U^H, \tag{4.4.8}$$

式中，$U\in U^{m\times m}$，$\sigma_{r+1}=\cdots=\sigma_m=0$。根据定理 4.4.3 的证明结合式(4.4.8)不难得到如下一些性质。

注 4.4.1 (1) V 的列向量组为 A^HA 的单位正交的特征向量组。

(2) U 的列向量组为 AA^H 的单位正交的特征向量组。

(3) U 的前 r 列为矩阵 A 列空间 $R(A)$的标准正交基。

(4) $\boldsymbol{V}$ 的前 r 列为矩阵 $\boldsymbol{A}^{\mathrm{H}}$ 列空间 $R(\boldsymbol{A}^{\mathrm{H}})$的标准正交基。

(5) $\boldsymbol{U}$ 的后 $m-r$ 列为矩阵 $\boldsymbol{A}^{\mathrm{H}}$ 零空间 $N(\boldsymbol{A}^{\mathrm{H}})$的标准正交基。

(6) $\boldsymbol{V}$ 的后 $n-r$ 列为矩阵 $\boldsymbol{A}$ 零空间 $N(\boldsymbol{A})$的标准正交基。

由定理 4.4.3 的证明过程及注 4.4.1，我们可以得出 $\boldsymbol{A}$ 的奇异值分解大致的计算步骤：

(1) 求矩阵 $\boldsymbol{A}^{\mathrm{H}}\boldsymbol{A}$ 的特征值分解(正规矩阵结构表示)可得 $\boldsymbol{V}$ 和奇异值 σ_i。

(2) 利用式(4.4.5)或 $\boldsymbol{A}\boldsymbol{V}_r=\boldsymbol{U}_r\boldsymbol{\Sigma}$ 得到矩阵 $\boldsymbol{U}$ 的前 r 列 $\boldsymbol{u}_1$，…，$\boldsymbol{u}_r$，从而得到 $\boldsymbol{A}$ 的紧奇异值分解式(4.4.7)。

(3) 求 $\boldsymbol{A}^{\mathrm{H}}\boldsymbol{x}=\boldsymbol{0}$ 解空间 $N(\boldsymbol{A}^{\mathrm{H}})$的标准正交基 $\boldsymbol{u}_{r+1}$，…，$\boldsymbol{u}_m$，进而求得 $\boldsymbol{U}$，从而得到 $\boldsymbol{A}$ 的奇异值分解式(4.4.1)。

【例 4.4.1】 求下列矩阵

$$\boldsymbol{A}=\begin{bmatrix}1 & 0 & 1\\ -2 & 1 & 0\end{bmatrix}$$

的奇异值分解。

解 首先可求得

$$\begin{aligned}\boldsymbol{A}^{\mathrm{H}}\boldsymbol{A}&=\begin{bmatrix}1 & -2\\ 0 & 1\\ 1 & 0\end{bmatrix}\begin{bmatrix}1 & 0 & 1\\ -2 & 1 & 0\end{bmatrix}\\ &=\begin{bmatrix}5 & -2 & 1\\ -2 & 1 & 0\\ 1 & 0 & 1\end{bmatrix},\end{aligned}$$

然后采用类似例 3.4.1 中的方法可得 $\boldsymbol{A}^{\mathrm{H}}\boldsymbol{A}$ 的特征值分解：

$$\boldsymbol{A}^{\mathrm{H}}\boldsymbol{A}=\begin{bmatrix}\frac{5}{\sqrt{30}} & 0 & \frac{-1}{\sqrt{6}}\\ \frac{-2}{\sqrt{30}} & \frac{1}{\sqrt{5}} & \frac{-2}{\sqrt{6}}\\ \frac{1}{\sqrt{30}} & \frac{2}{\sqrt{5}} & \frac{1}{\sqrt{6}}\end{bmatrix}\begin{bmatrix}6 & & \\ & 1 & \\ & & 0\end{bmatrix}\begin{bmatrix}\frac{5}{\sqrt{30}} & \frac{-2}{\sqrt{30}} & \frac{1}{\sqrt{30}}\\ 0 & \frac{1}{\sqrt{5}} & \frac{2}{\sqrt{5}}\\ \frac{-1}{\sqrt{6}} & \frac{-2}{\sqrt{6}} & \frac{1}{\sqrt{6}}\end{bmatrix},$$

于是可取

$$\boldsymbol{V}=\begin{bmatrix}\frac{5}{\sqrt{30}} & 0 & \frac{-1}{\sqrt{6}}\\ \frac{-2}{\sqrt{30}} & \frac{1}{\sqrt{5}} & \frac{-2}{\sqrt{6}}\\ \frac{1}{\sqrt{30}} & \frac{2}{\sqrt{5}} & \frac{1}{\sqrt{6}}\end{bmatrix}。$$

因 $r(\boldsymbol{A})=2$，故 $\boldsymbol{A}$ 只有两个奇异值 $\sqrt{6}$ 和 1，则 $\boldsymbol{A}$ 的奇异值矩阵为

$$\begin{bmatrix}\sqrt{6} & 0 & 0\\ 0 & 1 & 0\end{bmatrix}。$$

由式(4.4.5)可得

$$u_1=\frac{1}{\sigma_1}Av_1=\frac{1}{\sqrt{6}}\begin{bmatrix}1 & 0 & 1\\ -2 & 1 & 0\end{bmatrix}\begin{bmatrix}\frac{5}{\sqrt{30}}\\ \frac{-2}{\sqrt{30}}\\ \frac{1}{\sqrt{30}}\end{bmatrix}=\begin{bmatrix}\frac{1}{\sqrt{5}}\\ \frac{-2}{\sqrt{5}}\end{bmatrix},$$

$$u_2=\frac{1}{\sigma_2}Av_2=\begin{bmatrix}1 & 0 & 1\\ -2 & 1 & 0\end{bmatrix}\begin{bmatrix}0\\ \frac{1}{\sqrt{5}}\\ \frac{2}{\sqrt{5}}\end{bmatrix}=\begin{bmatrix}\frac{2}{\sqrt{5}}\\ \frac{1}{\sqrt{5}}\end{bmatrix},$$

从而

$$U=[u_1,\ u_2]=\frac{1}{\sqrt{5}}\begin{bmatrix}1 & 2\\ -2 & 1\end{bmatrix},$$

进而可得 A 的奇异值分解式为

$$A=\begin{bmatrix}\frac{1}{\sqrt{5}} & \frac{2}{\sqrt{5}}\\ \frac{-2}{\sqrt{5}} & \frac{1}{\sqrt{5}}\end{bmatrix}\begin{bmatrix}\sqrt{6} & 0 & 0\\ 0 & 1 & 0\end{bmatrix}\begin{bmatrix}\frac{5}{\sqrt{30}} & \frac{-2}{\sqrt{30}} & \frac{1}{\sqrt{30}}\\ 0 & \frac{1}{\sqrt{5}} & \frac{2}{\sqrt{5}}\\ \frac{-1}{\sqrt{6}} & \frac{-2}{\sqrt{6}} & \frac{1}{\sqrt{6}}\end{bmatrix}。$$

当然 A 的奇异值分解式也可以从 AA^H 的特征分解开始进行，但需要指出的是，分别用 A^HA 和 AA^H 的特征分解而得到的酉矩阵 V 和 U，不一定能得到奇异值分解式(4.4.1)，因为利用特征分解分别获得的 V 和 U 未必能匹配式(4.4.5)。

二、极分解

定理 4.4.4 设 $A\in C^{n\times n}$，则 A 可分解为

$$A=H_1U=UH_2, \tag{4.4.9}$$

式中，$U\in U^{n\times n}$，H_1 与 H_2 为 Hermite 半正定矩阵且被唯一地确定，并满足

$$H_1^2=AA^H,\ H_2^2=A^HA。 \tag{4.4.10}$$

式(4.4.9)称为 A 的**极分解**，H_1 与 H_2 称为 **Hermite 因子**，U 称为**酉因子**。

证明 设 A 有奇异值分解 $A=U_1\Sigma_sV^H$，其中 U_1 与 V 为酉矩阵，Σ_s 为奇异值矩阵。令

$$U=U_1V^H,\ H_1=U_1\Sigma_sU_1^H,\ H_2=V\Sigma_sV^H,$$

则 U 为酉矩阵，且 H_1 与 H_2 为 Hermite 半正定矩阵，直接代入可验证式(4.4.9)与式(4.4.10)成立。

由于 Hermite 因子 H_1 与 H_2 分别为 Hermite 半正定矩阵 AA^H 与 A^HA 的平方根，因此由定理 3.5.9 知，它们是唯一确定的。但一般而言，矩阵极分解的 Hermite 因子与酉因子不可交换。

注 4.4.2 若定理 4.4.4 中矩阵 $\boldsymbol{A}$ 可逆，则 Hermite 因子 $\boldsymbol{H}_1$ 与 $\boldsymbol{H}_2$ 为正定矩阵。

定理 4.4.5 设 $\boldsymbol{A}\in\mathbf{C}^{n\times n}$，则 $\boldsymbol{A}$ 极分解的 Hermite 因子与酉因子可交换当且仅当 $\boldsymbol{A}$ 为正规矩阵。

证明 **必要性** 若 $\boldsymbol{H}_1$ 与 $\boldsymbol{U}$ 可交换，则

$$\boldsymbol{A}\boldsymbol{A}^{\mathrm{H}}=\boldsymbol{H}_1\boldsymbol{U}\boldsymbol{U}^{\mathrm{H}}\boldsymbol{H}_1^{\mathrm{H}}=\boldsymbol{H}_1^2=\boldsymbol{U}^{\mathrm{H}}\boldsymbol{U}\boldsymbol{H}_1^2=\boldsymbol{U}^{\mathrm{H}}\boldsymbol{H}_1^2\boldsymbol{U}=\boldsymbol{U}^{\mathrm{H}}\boldsymbol{H}_1^{\mathrm{H}}\boldsymbol{H}_1\boldsymbol{U}=\boldsymbol{A}^{\mathrm{H}}\boldsymbol{A}。$$

充分性 由题设 $\boldsymbol{A}\boldsymbol{A}^{\mathrm{H}}=\boldsymbol{A}^{\mathrm{H}}\boldsymbol{A}$，从而由式(4.4.10)知

$$\boldsymbol{H}_1^2=\boldsymbol{A}\boldsymbol{A}^{\mathrm{H}}=\boldsymbol{A}^{\mathrm{H}}\boldsymbol{A}=\boldsymbol{H}_2^2,$$

即有 $\boldsymbol{H}_1=\boldsymbol{H}_2$，从而由式(4.4.9)知，$\boldsymbol{H}_1\boldsymbol{U}=\boldsymbol{U}\boldsymbol{H}_1$。

我们在例 4.3.2 中考查了线性方程组基于 QR 分解的最小二乘解，下面借助奇异值分解来重新考虑线性方程组解的最小二乘估计。

【例 4.4.2】 奇异值分解最小二乘法。 设 $\boldsymbol{A}\in\mathbf{R}^{m\times n}$ 且 $R(\boldsymbol{A})=n<m$，$\boldsymbol{b}\in\mathbf{R}^m$，则 $\boldsymbol{A}$ 的奇异值分解可表示为

$$\boldsymbol{A}=\boldsymbol{U}\begin{bmatrix}\boldsymbol{\Sigma}_n\\ \boldsymbol{0}\end{bmatrix}\boldsymbol{V}^{\mathrm{T}}。$$

令 $\boldsymbol{U}=[\boldsymbol{U}_n,\overline{\boldsymbol{U}}]$，其中 $\boldsymbol{U}_n$ 为 $\boldsymbol{U}$ 的前 n 列组成的矩阵。由于正交变换保持距离不变，因而

$$\begin{aligned}\|\boldsymbol{A}\boldsymbol{x}-\boldsymbol{b}\|^2&=\left\|\boldsymbol{U}\begin{bmatrix}\boldsymbol{\Sigma}_n\\ \boldsymbol{0}\end{bmatrix}\boldsymbol{V}^{\mathrm{T}}\boldsymbol{x}-\boldsymbol{b}\right\|^2=\left\|\begin{bmatrix}\boldsymbol{\Sigma}_n\\ \boldsymbol{0}\end{bmatrix}\boldsymbol{V}^{\mathrm{T}}\boldsymbol{x}-[\boldsymbol{U}_n,\overline{\boldsymbol{U}}]^{\mathrm{T}}\boldsymbol{b}\right\|^2\\&=\left\|\begin{bmatrix}\boldsymbol{\Sigma}_n\boldsymbol{V}^{\mathrm{T}}\boldsymbol{x}-\boldsymbol{U}_n^{\mathrm{T}}\boldsymbol{b}\\ -\overline{\boldsymbol{U}}^{\mathrm{T}}\boldsymbol{b}\end{bmatrix}\right\|^2=\|\boldsymbol{\Sigma}_n\boldsymbol{V}^{\mathrm{T}}\boldsymbol{x}-\boldsymbol{U}_n^{\mathrm{T}}\boldsymbol{b}\|^2+\|\overline{\boldsymbol{U}}^{\mathrm{T}}\boldsymbol{b}\|^2\\&\geqslant\|\overline{\boldsymbol{U}}^{\mathrm{T}}\boldsymbol{b}\|^2,\end{aligned}$$

若等号成立当且仅当

$$\boldsymbol{\Sigma}_n\boldsymbol{V}^{\mathrm{T}}\boldsymbol{x}-\boldsymbol{U}_n^{\mathrm{T}}\boldsymbol{b}=\boldsymbol{0},$$

即

$$\bar{\boldsymbol{x}}=(\boldsymbol{\Sigma}_n\boldsymbol{V}^{\mathrm{T}})^{-1}\boldsymbol{U}_n^{\mathrm{T}}\boldsymbol{b}=\boldsymbol{V}\boldsymbol{\Sigma}_n^{-1}\boldsymbol{U}_n^{\mathrm{T}}\boldsymbol{b}。$$

4.5 谱分解

本节主要介绍一些特殊矩阵的分解方法，主要涉及可酉对角化的矩阵及单纯矩阵(可相似对角化的矩阵)的谱分解。

一、正规矩阵的谱分解

设 $\boldsymbol{A}\in\mathbf{C}^{n\times n}$ 为正规矩阵，则存在 $\boldsymbol{U}\in\boldsymbol{U}^{n\times n}$，使得

$$\boldsymbol{A}=\boldsymbol{U}\begin{bmatrix}\lambda_1&&&\\&\lambda_2&&\\&&\ddots&\\&&&\lambda_n\end{bmatrix}\boldsymbol{U}^{\mathrm{H}},$$

令 $\boldsymbol{U}=[\boldsymbol{\alpha}_1,\boldsymbol{\alpha}_2,\cdots,\boldsymbol{\alpha}_n]$，则

$$
\begin{aligned}
\boldsymbol{A} &= [\boldsymbol{\alpha}_1, \boldsymbol{\alpha}_2, \cdots, \boldsymbol{\alpha}_n]\begin{bmatrix} \lambda_1 & & & \\ & \lambda_2 & & \\ & & \ddots & \\ & & & \lambda_n \end{bmatrix}\begin{bmatrix} \boldsymbol{\alpha}_1^{\mathrm{H}} \\ \boldsymbol{\alpha}_2^{\mathrm{H}} \\ \vdots \\ \boldsymbol{\alpha}_n^{\mathrm{H}} \end{bmatrix} \\
&= \lambda_1\boldsymbol{\alpha}_1\boldsymbol{\alpha}_1^{\mathrm{H}} + \lambda_2\boldsymbol{\alpha}_2\boldsymbol{\alpha}_2^{\mathrm{H}} + \cdots + \lambda_n\boldsymbol{\alpha}_n\boldsymbol{\alpha}_n^{\mathrm{H}},
\end{aligned} \tag{4.5.1}
$$

式中，$\lambda_1, \lambda_2, \cdots, \lambda_n$ 为 $\boldsymbol{A}$ 的特征值，$\boldsymbol{\alpha}_1, \boldsymbol{\alpha}_2, \cdots, \boldsymbol{\alpha}_n$ 为对应的两两正交的单位特征向量，$\boldsymbol{\alpha}_i\boldsymbol{\alpha}_i^{\mathrm{H}}$ 为 n 阶矩阵。称式(4.5.1)为矩阵 $\boldsymbol{A}$ 的**谱分解**。当 $\boldsymbol{A}$ 的特征值有重根时，$\boldsymbol{A}$ 的谱分解还可再简化。

设正规矩阵 $\boldsymbol{A}$ 有 r 个互异特征值 $\lambda_1, \lambda_2, \cdots, \lambda_r$，特征值 λ_i 的代数重复度为 n_i，λ_i 所对应的 n_i 个两两正交的单位特征向量记为 $\boldsymbol{\alpha}_{i1}, \boldsymbol{\alpha}_{i2}, \cdots, \boldsymbol{\alpha}_{in_i}$，则 $\boldsymbol{A}$ 的谱分解式(4.5.1)可写成(即把式(4.5.1)中系数相同的项放一起而把 0 特征值对应的项去掉)

$$
\boldsymbol{A} = \sum_{j=1}^{r}\lambda_j\sum_{i=1}^{n_j}\boldsymbol{\alpha}_{ji}\boldsymbol{\alpha}_{ji}^{\mathrm{H}} = \sum_{j=1}^{r}\lambda_j\boldsymbol{G}_j, \tag{4.5.2}
$$

式中，$\boldsymbol{G}_j = \sum_{i=1}^{n_j}\boldsymbol{\alpha}_{ji}\boldsymbol{\alpha}_{ji}^{\mathrm{H}}$，由于属于不同特征值的特征向量正交，因此

$$
\boldsymbol{G}_j^{\mathrm{H}} = \boldsymbol{G}_j = \boldsymbol{G}_j^2,\ \boldsymbol{G}_j\boldsymbol{G}_k = \boldsymbol{0},\ 1 \leqslant j \neq k \leqslant r,
$$

$\boldsymbol{G}_j$ 可视为某正交投影变换对应的矩阵，故通常称为**正交投影矩阵**。

假定二阶实正规矩阵 $\boldsymbol{A}$ 有两个不同的特征值 λ_1, λ_2，则由式(4.5.2)知，$\boldsymbol{A}$ 的谱分解为 $\boldsymbol{A} = \lambda_1\boldsymbol{G}_1 + \lambda_2\boldsymbol{G}_2$，因而对任一 $\boldsymbol{\alpha} \in \mathbf{R}^2$，有

$$
\boldsymbol{A}\boldsymbol{\alpha} = \lambda_1\boldsymbol{G}_1\boldsymbol{\alpha} + \lambda_2\boldsymbol{G}_2\boldsymbol{\alpha}, \tag{4.5.3}
$$

因内积$(\boldsymbol{G}_1\boldsymbol{\alpha}, \boldsymbol{G}_2\boldsymbol{\alpha}) = \boldsymbol{\alpha}^{\mathrm{T}}\boldsymbol{G}_2^{\mathrm{T}}\boldsymbol{G}_1\boldsymbol{\alpha} = 0$，故 $\lambda_1\boldsymbol{G}_1\boldsymbol{\alpha}$ 与 $\lambda_2\boldsymbol{G}_2\boldsymbol{\alpha}$ 为正交的向量，从而式(4.5.3)将 $\boldsymbol{A}\boldsymbol{\alpha}$ 分解为两个相互正交向量的和。因此，二维正规矩阵的谱分解实际上是平面的正交投影变换的推广。对任意 n 阶正规矩阵的谱分解，式(4.5.2)可类似地理解。

定理 4.5.1 设 $\boldsymbol{A} \in \mathbf{C}^{n\times n}$ 有 r 个互异特征值 $\lambda_1, \lambda_2, \cdots, \lambda_r$，且 λ_i 的代数重复度为 n_i，则 $\boldsymbol{A}$ 为正规矩阵当且仅当存在 r 个 n 阶矩阵 $\boldsymbol{G}_1, \boldsymbol{G}_2, \cdots, \boldsymbol{G}_r$ 满足

(1) $\boldsymbol{A} = \sum_{j=1}^{r}\lambda_j\boldsymbol{G}_j$；

(2) $\boldsymbol{G}_j^{\mathrm{H}} = \boldsymbol{G}_j = \boldsymbol{G}_j^2,\ 1 \leqslant j \leqslant r$；

(3) $\boldsymbol{G}_j\boldsymbol{G}_k = \boldsymbol{0},\ 1 \leqslant j \neq k \leqslant r$；

(4) $\sum_{j=1}^{r}\boldsymbol{G}_j = \boldsymbol{E}$；

(5) 满足上述性质的 $\boldsymbol{G}_j$ 是唯一的；

(6) $r(\boldsymbol{G}_j) = n_j,\ 1 \leqslant j \leqslant r$。

证明 **必要性** 性质(1)~(3)由前述易证。

(4) 令 $\boldsymbol{U}_j = [\boldsymbol{\alpha}_{j1}, \boldsymbol{\alpha}_{j2}, \cdots, \boldsymbol{\alpha}_{jn_j}]$，其中 $\boldsymbol{\alpha}_{j1}, \boldsymbol{\alpha}_{j2}, \cdots, \boldsymbol{\alpha}_{jn_j}$ 为特征值 λ_j 所对应的 n_j 个两两正交的单位特征向量，则 $\boldsymbol{G}_j = \boldsymbol{U}_j\boldsymbol{U}_j^{\mathrm{H}}$，$j = 1, 2, \cdots, r$，从而有

$$
\sum_{j=1}^{r}\boldsymbol{G}_j = \sum_{j=1}^{r}\boldsymbol{U}_j\boldsymbol{U}_j^{\mathrm{H}} = [\boldsymbol{U}_1, \boldsymbol{U}_2, \cdots, \boldsymbol{U}_r]\begin{bmatrix} \boldsymbol{U}_1^{\mathrm{H}} \\ \boldsymbol{U}_2^{\mathrm{H}} \\ \vdots \\ \boldsymbol{U}_r^{\mathrm{H}} \end{bmatrix} = \boldsymbol{U}\boldsymbol{U}^{\mathrm{H}} = \boldsymbol{E}。
$$

(5) 由性质(1)和(3)不难得到

$$G_jA=\lambda_jG_j=AG_j。$$

若存在另一$\underline{G_j}$满足性质(1)—(4)，则$\underline{G_j}$也满足

$$\underline{G_j}A=\lambda_j\underline{G_j}=A\underline{G_j}。$$

因而

$$\begin{aligned}(\lambda_i-\lambda_j)G_j\underline{G_i}&=\lambda_iG_j\underline{G_i}-\lambda_jG_j\underline{G_i}=G_j(\lambda_i\underline{G_i})-(\lambda_jG_j)\underline{G_i}\\&=G_j(A\underline{G_i})-(G_jA)\underline{G_i}=\mathbf{0},\end{aligned}$$

由于$\lambda_i\neq\lambda_j(i\neq j)$，故$G_j\ \underline{G_i}=\mathbf{0}(i\neq j)$，从而

$$G_j=G_jE=G_j\left(\sum_{i=1}^{r}\underline{G_i}\right)=G_j\underline{G_j}=\left(\sum_{i=1}^{r}G_i\right)\underline{G_j}=E\underline{G_j}=\underline{G_j},$$

即表明满足性质(1)—(4)的矩阵G_j是唯一的。

(6) 因$G_j=U_jU_j^{\mathrm{H}}$，由引理4.1.1知，$r(G_j)=r(U_j)=n_j$，$1\leqslant j\leqslant r$。

充分性　由于性质(1)—(3)成立，则容易验证

$$AA^{\mathrm{H}}=\left(\sum_{j=1}^{r}\lambda_jG_j\right)\left(\sum_{j=1}^{r}\overline{\lambda_j}G_j^{\mathrm{H}}\right)=\sum_{j=1}^{r}\lambda_j\overline{\lambda_j}G_jG_j^{\mathrm{H}}=\sum_{j=1}^{r}\lambda_j\overline{\lambda_j}G_j,$$

及$A^{\mathrm{H}}A=\sum_{j=1}^{r}\lambda_j\overline{\lambda_j}G_j$，进而$A^{\mathrm{H}}A=AA^{\mathrm{H}}$，即$A$为正规矩阵。

【例4.5.1】　求下列矩阵

$$A=\begin{bmatrix}0&1&1\\1&0&1\\1&1&0\end{bmatrix}$$

的谱分解。

解　显然A为正规矩阵，因A的特征多项式为

$$\det(\lambda E-A)=(\lambda-2)(\lambda+1)^2,$$

故可求得A的特征值为$\lambda_1=2$，$\lambda_2=\lambda_3=-1$。当$\lambda_1=2$时，可求得其对应的单位特征向量为

$$\boldsymbol{\varepsilon}_1=\left[\frac{1}{\sqrt{3}},\frac{1}{\sqrt{3}},\frac{1}{\sqrt{3}}\right]^{\mathrm{T}}。$$

当$\lambda_2=\lambda_3=-1$时，可求得其对应的特征向量为

$$\boldsymbol{\alpha}_2=[1,0,-1]^{\mathrm{T}},\ \boldsymbol{\alpha}_3=[1,-1,0]^{\mathrm{T}},$$

利用Schmidt正交化过程，将其正交单位化有

$$\boldsymbol{\varepsilon}_2=\left[\frac{1}{\sqrt{2}},0,\frac{-1}{\sqrt{2}}\right]^{\mathrm{T}},\ \boldsymbol{\varepsilon}_3=\left[\frac{1}{\sqrt{6}},\frac{-2}{\sqrt{6}},\frac{1}{\sqrt{6}}\right]^{\mathrm{T}},$$

从而

$$G_1=\boldsymbol{\varepsilon}_1\boldsymbol{\varepsilon}_1^{\mathrm{H}}=\begin{bmatrix}\frac{1}{\sqrt{3}}\\\frac{1}{\sqrt{3}}\\\frac{1}{\sqrt{3}}\end{bmatrix}\begin{bmatrix}\frac{1}{\sqrt{3}}&\frac{1}{\sqrt{3}}&\frac{1}{\sqrt{3}}\end{bmatrix}=\begin{bmatrix}\frac{1}{3}&\frac{1}{3}&\frac{1}{3}\\\frac{1}{3}&\frac{1}{3}&\frac{1}{3}\\\frac{1}{3}&\frac{1}{3}&\frac{1}{3}\end{bmatrix},$$

$$G_2=\boldsymbol{\varepsilon}_2\boldsymbol{\varepsilon}_2^{H}+\boldsymbol{\varepsilon}_3\boldsymbol{\varepsilon}_3^{H}=\begin{bmatrix}\frac{1}{\sqrt{2}}\\0\\\frac{-1}{\sqrt{2}}\end{bmatrix}\begin{bmatrix}\frac{1}{\sqrt{2}} & 0 & \frac{-1}{\sqrt{2}}\end{bmatrix}+\begin{bmatrix}\frac{1}{\sqrt{6}}\\\frac{-2}{\sqrt{6}}\\\frac{1}{\sqrt{6}}\end{bmatrix}\begin{bmatrix}\frac{1}{\sqrt{6}} & \frac{-2}{\sqrt{6}} & \frac{1}{\sqrt{6}}\end{bmatrix}$$

$$=\begin{bmatrix}\frac{2}{3} & \frac{-1}{3} & \frac{-1}{3}\\\frac{-1}{3} & \frac{2}{3} & \frac{-1}{3}\\\frac{-1}{3} & \frac{-1}{3} & \frac{2}{3}\end{bmatrix},$$

因此由式(4.5.2)知，正规矩阵 $\boldsymbol{A}$ 的谱分解为

$$\boldsymbol{A}=2\boldsymbol{G}_1-\boldsymbol{G}_2。$$

【例 4.5.2】 设 $\boldsymbol{A}$ 为可逆 Hermite 矩阵，则可利用 $\boldsymbol{A}$ 的谱分解来求 $\boldsymbol{A}^{-1}$。

解 因 $\boldsymbol{A}$ 为可逆 Hermite 矩阵，故可设 $\boldsymbol{A}$ 的谱分解为

$$\boldsymbol{A}=\sum_{i=1}^{n}\lambda_i\boldsymbol{\alpha}_i\boldsymbol{\alpha}_i^{H},$$

则利用正规矩阵的结构定理，不难得到

$$\boldsymbol{A}^{-1}=\sum_{i=1}^{n}\lambda_i^{-1}\boldsymbol{\alpha}_i\boldsymbol{\alpha}_i^{H}。$$

在例 4.5.1 中，矩阵 $\boldsymbol{A}$ 为可逆 Hermite 矩阵，从而

$$\boldsymbol{A}^{-1}=\frac{1}{2}\boldsymbol{G}_1-\boldsymbol{G}_2。$$

二、单纯矩阵的谱分解

当 n 阶方阵 $\boldsymbol{A}$ 的每一个特征值的几何重复度与代数重复度都相同时，$\boldsymbol{A}$ 一定可对角化，这样的矩阵 $\boldsymbol{A}$ 称为单纯矩阵。尽管单纯矩阵未必能酉对角化，但也可类似正规矩阵定义其谱分解。

设 $\lambda_1, \lambda_2, \cdots, \lambda_n$ 为 $\boldsymbol{A}$ 的特征值，$\boldsymbol{x}_1, \boldsymbol{x}_2, \cdots, \boldsymbol{x}_n$ 为 $\boldsymbol{A}$ 的 n 个线性无关的特征向量，即有

$$\boldsymbol{A}\boldsymbol{x}_i=\lambda_i\boldsymbol{x}_i,\ i=1, 2, \cdots, n。$$

令

$$\boldsymbol{P}=[\boldsymbol{x}_1, \boldsymbol{x}_2, \cdots, \boldsymbol{x}_n], \tag{4.5.4}$$

$$\boldsymbol{\Lambda}=\begin{bmatrix}\lambda_1 & & & \\ & \lambda_2 & & \\ & & \ddots & \\ & & & \lambda_n\end{bmatrix},$$

则

$$\boldsymbol{A}=\boldsymbol{P}\boldsymbol{\Lambda}\boldsymbol{P}^{-1}, \tag{4.5.5}$$

将上式两边取转置运算，有

$$\boldsymbol{A}^{\mathrm{T}}=(\boldsymbol{P}^{\mathrm{T}})^{-1}\boldsymbol{\Lambda}\boldsymbol{P}^{\mathrm{T}}, \tag{4.5.6}$$

即表明 $\boldsymbol{A}^{\mathrm{T}}$ 也相似于对角矩阵 $\boldsymbol{\Lambda}$，从而设 $\boldsymbol{y}_1$，$\boldsymbol{y}_2$，…，$\boldsymbol{y}_n$ 为 $\boldsymbol{A}^{\mathrm{T}}$ 的 n 个线性无关的特征向量，即有

$$\boldsymbol{A}^{\mathrm{T}}\boldsymbol{y}_i=\lambda_i\boldsymbol{y}_i,\ i=1,\ 2,\ \cdots,\ n,$$

对上式两边取转置可得

$$\boldsymbol{y}_i^{\mathrm{T}}\boldsymbol{A}=\lambda_i\boldsymbol{y}_i^{\mathrm{T}},\ i=1,\ 2,\ \cdots,\ n。\tag{4.5.7}$$

由式(4.5.7)定义的 $\boldsymbol{y}_i^{\mathrm{T}}$ 称为 $\boldsymbol{A}$ 的**左特征向量**，而将原特征向量 $\boldsymbol{x}_i$ 称为 $\boldsymbol{A}$ 的**右特征向量**。

由式(4.5.6)，我们有

$$[\boldsymbol{y}_1,\ \boldsymbol{y}_2,\ \cdots,\ \boldsymbol{y}_n]=(\boldsymbol{P}^{\mathrm{T}})^{-1}=(\boldsymbol{P}^{-1})^{\mathrm{T}},$$

上式两边取转置即得

$$\boldsymbol{P}^{-1}=\begin{bmatrix}\boldsymbol{y}_1^{\mathrm{T}}\\ \vdots\\ \boldsymbol{y}_n^{\mathrm{T}}\end{bmatrix}, \tag{4.5.8}$$

将其代入 $\boldsymbol{P}\boldsymbol{P}^{-1}=\boldsymbol{P}^{-1}\boldsymbol{P}=\boldsymbol{E}$ 可得

$$[\boldsymbol{x}_1,\ \boldsymbol{x}_2,\ \cdots,\ \boldsymbol{x}_n]\begin{bmatrix}\boldsymbol{y}_1^{\mathrm{T}}\\ \vdots\\ \boldsymbol{y}_n^{\mathrm{T}}\end{bmatrix}=\begin{bmatrix}\boldsymbol{y}_1^{\mathrm{T}}\\ \vdots\\ \boldsymbol{y}_n^{\mathrm{T}}\end{bmatrix}[\boldsymbol{x}_1,\ \boldsymbol{x}_2,\ \cdots,\ \boldsymbol{x}_n]=\boldsymbol{E},$$

即

$$\boldsymbol{x}_1\boldsymbol{y}_1^{\mathrm{T}}+\boldsymbol{x}_2\boldsymbol{y}_2^{\mathrm{T}}+\cdots+\boldsymbol{x}_n\boldsymbol{y}_n^{\mathrm{T}}=\boldsymbol{E}, \tag{4.5.9}$$

也即有

$$\boldsymbol{y}_i^{\mathrm{T}}\boldsymbol{x}_j=\delta_{ij},\ i,\ j=1,\ 2,\ \cdots,\ n。\tag{4.5.10}$$

将式(4.5.4)与式(4.5.8)代入式(4.5.5)，有

$$\begin{aligned}\boldsymbol{A}&=[\boldsymbol{x}_1,\ \boldsymbol{x}_2,\ \cdots,\ \boldsymbol{x}_n]\begin{bmatrix}\lambda_1 & & & \\ & \lambda_2 & & \\ & & \ddots & \\ & & & \lambda_n\end{bmatrix}\begin{bmatrix}\boldsymbol{y}_1^{\mathrm{T}}\\ \boldsymbol{y}_2^{\mathrm{T}}\\ \vdots\\ \boldsymbol{y}_n^{\mathrm{T}}\end{bmatrix}\\ &=\lambda_1\boldsymbol{x}_1\boldsymbol{y}_1^{\mathrm{T}}+\lambda_2\boldsymbol{x}_2\boldsymbol{y}_2^{\mathrm{T}}+\cdots+\lambda_n\boldsymbol{x}_n\boldsymbol{y}_n^{\mathrm{T}},\end{aligned}$$

令 $\boldsymbol{S}_i=\boldsymbol{x}_i\boldsymbol{y}_i^{\mathrm{T}}$，则可得

$$\boldsymbol{A}=\lambda_1\boldsymbol{S}_1+\lambda_2\boldsymbol{S}_2+\cdots+\lambda_n\boldsymbol{S}_n, \tag{4.5.11}$$

式(4.5.11)称为单纯矩阵 $\boldsymbol{A}$ 的**谱分解**，即 $\boldsymbol{A}$ 可分解为 n 个矩阵 $\boldsymbol{S}_i$ 之和的形式，其中线性组合系数为 $\boldsymbol{A}$ 的所有特征值。同样，当单纯矩阵 $\boldsymbol{A}$ 的特征值有重根时，$\boldsymbol{A}$ 的谱分解还可再简化。

在式(4.5.11)中把相同特征值的项合并，若 $\boldsymbol{A}$ 的相异特征值为 λ_1，λ_2，…，λ_r，特征值 λ_i 的代数重复度为 n_i，λ_i 所对应的 n_i 个线性无关右特征向量记为 $\boldsymbol{x}_{i1}$，$\boldsymbol{x}_{i2}$，…，$\boldsymbol{x}_{in_i}$，所对应的 n_i 个线性无关左特征向量记为 $\boldsymbol{y}_{i1}$，$\boldsymbol{y}_{i2}$，…，$\boldsymbol{y}_{in_i}$，且满足

$$\boldsymbol{y}_{ij}^{\mathrm{T}}\boldsymbol{x}_{ij}=1,\ \boldsymbol{y}_{ij}^{\mathrm{T}}\boldsymbol{x}_{ik}=0\quad(j\neq k),$$

则由式(4.5.11)有

$$\begin{aligned}\boldsymbol{A}&=\lambda_1(\boldsymbol{x}_{11}\boldsymbol{y}_{11}^{\mathrm{T}}+\boldsymbol{x}_{12}\boldsymbol{y}_{12}^{\mathrm{T}}+\cdots+\boldsymbol{x}_{1n_1}\boldsymbol{y}_{1n_1}^{\mathrm{T}})+\lambda_2(\boldsymbol{x}_{21}\boldsymbol{y}_{21}^{\mathrm{T}}+\boldsymbol{x}_{22}\boldsymbol{y}_{22}^{\mathrm{T}}+\cdots+\boldsymbol{x}_{1n_2}\boldsymbol{y}_{1n_2}^{\mathrm{T}})+\cdots\\&\quad+\lambda_r(\boldsymbol{x}_{r1}\boldsymbol{y}_{r1}^{\mathrm{T}}+\boldsymbol{x}_{r2}\boldsymbol{y}_{r2}^{\mathrm{T}}+\cdots+\boldsymbol{x}_{1n_r}\boldsymbol{y}_{1n_r}^{\mathrm{T}})\\&=\lambda_1\boldsymbol{G}_1+\lambda_2\boldsymbol{G}_2+\cdots+\lambda_r\boldsymbol{G}_r,\end{aligned}$$

其中

$$\boldsymbol{G}_j=\sum_{i=1}^{n_j}\boldsymbol{x}_{ji}\boldsymbol{y}_{ji}^{\mathrm{T}}=[\boldsymbol{x}_{j1},\ \boldsymbol{x}_{j2},\ \cdots,\ \boldsymbol{x}_{jn_j}]\begin{bmatrix}\boldsymbol{y}_{j1}^{\mathrm{T}}\\\boldsymbol{y}_{j2}^{\mathrm{T}}\\\vdots\\\boldsymbol{y}_{jn_j}^{\mathrm{T}}\end{bmatrix},$$

根据式(4.5.9)和式(4.5.10)有

$$\sum_{j=1}^{r}\boldsymbol{G}_j=\boldsymbol{E},\ \boldsymbol{G}_j^2=\boldsymbol{G}_j,\ \boldsymbol{G}_i\boldsymbol{G}_j=\boldsymbol{0}\quad(i\neq j)。$$

由引理 4.1.1 知，$r(\boldsymbol{G}_j)=n_j$。

上述分解式中的矩阵 $\boldsymbol{G}_j$ 称为单纯矩阵 $\boldsymbol{A}$ 谱分解的**成分矩阵**，它们为幂等矩阵而未必为 Hermite 矩阵，这是与正规矩阵谱分解的主要差异之处，因此表达式 $\boldsymbol{A}\boldsymbol{x}=\sum_{j=1}^{r}\lambda_j\boldsymbol{G}_j\boldsymbol{x}$ 中的诸向量 $\boldsymbol{G}_j\boldsymbol{x}$ 未必正交。

综上所述，我们有如下的基本性质。

定理 4.5.2 设 $\boldsymbol{A}$ 为 n 阶单纯矩阵，λ_1，λ_2，…，λ_r 为其相异特征值，则 $\boldsymbol{A}$ 存在满足如下性质的谱分解：

(1) $\boldsymbol{A}=\sum_{k=1}^{r}\lambda_k\boldsymbol{G}_k$；

(2) $\boldsymbol{G}_j^2=\boldsymbol{G}_j(j=1,\ 2,\ \cdots,\ r)$，$\boldsymbol{G}_i\boldsymbol{G}_j=\boldsymbol{0}(1\leqslant i\neq j\leqslant r)$，$\sum_{j=1}^{r}\boldsymbol{G}_j=\boldsymbol{E}$；

(3) $r(\boldsymbol{G}_j)=n_j$。

由上述性质，我们不难得出如下结论。

推论 4.5.1 设 $\boldsymbol{A}=\sum_{k=1}^{r}\lambda_k\boldsymbol{G}_k$ 为单纯矩阵 $\boldsymbol{A}$ 的谱分解，则对正整数 m 有

$$\boldsymbol{A}^m=\sum_{k=1}^{r}\lambda_k^m\boldsymbol{G}_k,$$

进而对任意多项式 $p(\boldsymbol{x})$ 有，$p(\boldsymbol{A})=\sum_{k=1}^{r}p(\lambda_k)\boldsymbol{G}_k$。

最后，我们给出单纯矩阵 $\boldsymbol{A}$ 谱分解的大致步骤：

(1) 求出 $\boldsymbol{A}$ 的特征值 λ_i 与特征向量 $\boldsymbol{x}_i$，不妨设相异特征值为 λ_1，λ_2，…，λ_r，λ_i 所对应的线性无关特征向量为 $\boldsymbol{x}_{i1}$，$\boldsymbol{x}_{i2}$，…，$\boldsymbol{x}_{in_i}$，于是

$$\boldsymbol{P}=[\boldsymbol{x}_{11},\ \boldsymbol{x}_{12},\ \cdots,\ \boldsymbol{x}_{1n_1},\ \cdots,\ \boldsymbol{x}_{r1},\ \boldsymbol{x}_{r2},\ \cdots,\ \boldsymbol{x}_{rn_r}]。$$

(2) 由转置矩阵的性质有

$$(\boldsymbol{P}^{-1})^{\mathrm{T}}=[\boldsymbol{y}_1,\ \boldsymbol{y}_2,\ \cdots,\ \boldsymbol{y}_n],$$

即可得 $\boldsymbol{y}_{i1}$，$\boldsymbol{y}_{i2}$，…，$\boldsymbol{y}_{in_i}$，$i=1$，2，…，r。

(3) 令

$$\boldsymbol{G}_j=\sum_{i=1}^{n_j}\boldsymbol{x}_{ji}\boldsymbol{y}_{ji}^{\mathrm{T}},$$

则 $\boldsymbol{A}=\lambda_1\boldsymbol{G}_1+\lambda_2\boldsymbol{G}_2+\cdots+\lambda_r\boldsymbol{G}_r$。

【例 4.5.3】 验证下列矩阵

$$\boldsymbol{A}=\begin{bmatrix}0 & 2 & 4\\ \frac{1}{2} & 0 & \frac{1}{2}\\ \frac{1}{4} & \frac{1}{2} & 0\end{bmatrix}$$

为单纯矩阵，并求其谱分解表达式。

解 因 $\boldsymbol{A}$ 的特征方程为 $\det(\boldsymbol{A})=(\lambda+1)^2(\lambda-2)$，故其特征值为 $\lambda_1=\lambda_2=-1$，$\lambda_3=2$。当 $\lambda_1=\lambda_2=-1$ 时，可求得其对应的线性无关特征向量为 $\boldsymbol{x}_1=[-2, 1, 0]^{\mathrm{T}}$，$\boldsymbol{x}_2=[-4, 0, 1]^{\mathrm{T}}$；当 $\lambda_3=2$ 时，其对应的特征向量为 $\boldsymbol{x}_3=[4, 2, 1]^{\mathrm{T}}$。由于属于不同特征值的特征向量线性无关，从而

$$\boldsymbol{P}=[\boldsymbol{x}_1, \boldsymbol{x}_2, \boldsymbol{x}_3]=\begin{bmatrix}-2 & -4 & 4\\ 1 & 0 & 2\\ 0 & 1 & 1\end{bmatrix}。$$

另有

$$\boldsymbol{P}^{-1}=\begin{bmatrix}\frac{-1}{6} & \frac{2}{3} & \frac{-2}{3}\\ \frac{-1}{12} & \frac{-1}{6} & \frac{2}{3}\\ \frac{1}{12} & \frac{1}{6} & \frac{1}{3}\end{bmatrix},$$

且

$$\boldsymbol{P}^{-1}\boldsymbol{A}\boldsymbol{P}=\begin{bmatrix}-1 & & \\ & -1 & \\ & & 2\end{bmatrix},$$

从而 $\boldsymbol{A}$ 为单纯矩阵。又因

$$(\boldsymbol{P}^{-1})^{\mathrm{T}}=\begin{bmatrix}\frac{-1}{6} & \frac{-1}{12} & \frac{1}{12}\\ \frac{2}{3} & \frac{-1}{6} & \frac{1}{6}\\ \frac{-2}{3} & \frac{2}{3} & \frac{1}{3}\end{bmatrix},$$

则选取

$$\boldsymbol{y}_1=\left[\frac{-1}{6}, \frac{2}{3}, \frac{-2}{3}\right]^{\mathrm{T}}, \boldsymbol{y}_2=\left[\frac{-1}{12}, \frac{-1}{6}, \frac{2}{3}\right]^{\mathrm{T}}, \boldsymbol{y}_3=\left[\frac{1}{12}, \frac{1}{6}, \frac{1}{3}\right]^{\mathrm{T}},$$

令

$$G_1=x_1y_1^T+x_2y_2^T=\begin{bmatrix}\frac{2}{3} & \frac{-2}{3} & \frac{-4}{3}\\ \frac{-1}{6} & \frac{2}{3} & \frac{-2}{3}\\ \frac{-1}{12} & \frac{-1}{6} & \frac{2}{3}\end{bmatrix},$$

$$G_2=x_3y_3^T=\begin{bmatrix}\frac{1}{3} & \frac{2}{3} & \frac{4}{3}\\ \frac{1}{6} & \frac{1}{3} & \frac{2}{3}\\ \frac{1}{12} & \frac{1}{6} & \frac{1}{3}\end{bmatrix},$$

故 $A=-G_1+2G_2$ 为其谱分解表达式。

习 题 四

1. 求下列矩阵 A 的满秩分解：

(1) $A=\begin{bmatrix}2 & 1 & 6 & 0 & 1\\ 3 & 2 & 10 & 0 & 1\\ 2 & 3 & 10 & 3 & 2\\ 4 & 4 & 16 & 1 & 1\end{bmatrix}$；　(2) $\begin{bmatrix}1 & 1 & 0 & 1 & 0\\ 0 & 1 & 1 & 1 & 1\\ 2 & 3 & 1 & 3 & 1\end{bmatrix}$。

2. 设 n 阶矩阵 A 满足 $r(A)\leqslant 1$，证明：$A^2=\mathrm{tr}(A)A$。

3. 设 n 阶矩阵 A 的任一满秩分解为 $A=BC$，且 $r(A)=r$，证明：$A^2=A$ 当且仅当 $BC=E_r$。

4. 设 n 阶矩阵 A 的一满秩分解为 $A=BC$，且 $r(A)=r$，证明：矩阵 BC 与矩阵 A 有完全相同的非零特征值。

5. 设矩阵 A 的一满秩分解为 $A=BC$，证明：$Cx=0\Leftrightarrow Ax=0$。

6. 利用初等行变换求下列矩阵 A 的 LU 分解：

$$A=\begin{bmatrix}1 & 2 & 2\\ 2 & 1 & -2\\ 2 & -2 & 1\end{bmatrix}。$$

7. 求下列矩阵 A 的正交三角分解：

(1) $A=\begin{bmatrix}0 & 1 & 1\\ 1 & 1 & 0\\ 1 & 0 & 1\end{bmatrix}$；　(2) $A=\begin{bmatrix}3 & 14 & 9\\ 6 & 43 & 3\\ 6 & 22 & 15\end{bmatrix}$。

8. 利用矩阵 A 的正交三角分解求线性方程组 $Ax=b$，其中：

$$A=\begin{bmatrix}-3 & 1 & -2\\ 1 & 1 & 1\\ 1 & -1 & 0\\ 1 & -1 & 1\end{bmatrix},\ b=\begin{bmatrix}1\\ 0\\ -2\\ 1\end{bmatrix}。$$

9．求下列矩阵 A 的奇异值分解：

(1) $A=\begin{bmatrix}1 & 2 & 0\\ 2 & 0 & 2\end{bmatrix}$；　　(2) $A=\begin{bmatrix}2 & 0\\ 0 & 3\\ 0 & 0\end{bmatrix}$。

10．设矩阵 $A\in C^{m\times n}$，$U\in U^{m\times m}$，$V\in U^{n\times n}$，证明：矩阵 UA 和 AV 与 A 有相同的奇异值。

11．设矩阵 A 为一 n 阶可逆矩阵，证明：det(A)的模长为 A 的所有奇异值之积。

12．验证下列矩阵

$$A=\begin{bmatrix}3 & -1 & 0\\ -1 & 2 & -1\\ 0 & -1 & 3\end{bmatrix}$$

为正规矩阵，并求矩阵 A 的谱分解。

13．验证下列矩阵

$$A=\begin{bmatrix}-1 & 3 & -1\\ -3 & 5 & -1\\ -3 & 3 & 1\end{bmatrix}$$

为单纯矩阵，并求矩阵 A 的谱分解。

14．设 $\lambda=2$ 为下列矩阵

$$A=\begin{bmatrix}1 & -1 & 1\\ a & 4 & b\\ -3 & -3 & 5\end{bmatrix}$$

的二重特征值且其对应两个线性无关的特征向量，求：

(1) a，b 的值；

(2) 可逆矩阵 P，使得 $P^{-1}AP$ 为一对角矩阵；

(3) 矩阵 A 的谱分解。

15．设矩阵

$$A=\begin{bmatrix}2 & 2 & 0\\ 8 & 2 & a\\ 0 & 0 & 6\end{bmatrix}$$

为单纯矩阵，求：

(1) a 的值；

(2) 可逆矩阵 P，使得 $P^{-1}AP$ 为一对角矩阵；

(3) 矩阵 A 的谱分解。

第 5 章 赋范线性空间及其上收敛性

在内积空间中，我们利用内积定义了向量模长并由此得到了内积空间中向量的一些数字特征，本章我们将在一般的线性空间中引入向量范数。范数理论是线性空间中的一个重要内容，它可以刻画线性空间中向量序列的收敛性，因而在数值计算的收敛性分析等方面发挥着重要作用。

5.1 赋范线性空间

一、线性空间范数

定义 5.1.1 设 V 为数域 F 上的线性空间，用 $N(\boldsymbol{\alpha})$ 表示依某种法则确定的与 V 中任一向量 $\boldsymbol{\alpha}$ 对应的实数，且 $N(\boldsymbol{\alpha})$ 满足如下性质：

(1)（**正定性**）$N(\boldsymbol{\alpha})\geqslant 0$，$N(\boldsymbol{\alpha})=0$ 当且仅当 $\boldsymbol{\alpha}=\boldsymbol{0}$，

(2)（**正齐次性**）对任一数 $k\in F$，$N(k\boldsymbol{\alpha})=|k|N(\boldsymbol{\alpha})$，

(3)（**三角不等式**）对任意 $\boldsymbol{\beta},\boldsymbol{\gamma}\in V$，$N(\boldsymbol{\beta}+\boldsymbol{\gamma})\leqslant N(\boldsymbol{\beta})+N(\boldsymbol{\gamma})$，

则称实数 $N(\boldsymbol{\alpha})$ 为 V 上向量 $\boldsymbol{\alpha}$ 的**范数**或**模**，通常记作 $\|\boldsymbol{\alpha}\|$，而把定义了范数的线性空间 V 称为**赋范线性空间**。

注 5.1.1 对任意 $\boldsymbol{\alpha},\boldsymbol{\beta}\in V$，下列不等式成立：

$$\big|\|\boldsymbol{\alpha}\|-\|\boldsymbol{\beta}\|\big|\leqslant\|\boldsymbol{\alpha}-\boldsymbol{\beta}\|,\quad \big|\|\boldsymbol{\alpha}\|-\|\boldsymbol{\beta}\|\big|\leqslant\|\boldsymbol{\alpha}+\boldsymbol{\beta}\|。$$

事实上，对任意 $\boldsymbol{\alpha},\boldsymbol{\beta}\in V$，由三角不等式有

$$\|\boldsymbol{\alpha}\|=\|\boldsymbol{\alpha}-\boldsymbol{\beta}+\boldsymbol{\beta}\|\leqslant\|\boldsymbol{\alpha}-\boldsymbol{\beta}\|+\|\boldsymbol{\beta}\|,$$

则有

$$\|\boldsymbol{\alpha}\|-\|\boldsymbol{\beta}\|\leqslant\|\boldsymbol{\alpha}-\boldsymbol{\beta}\|。\tag{5.1.1}$$

又因

$$\|\boldsymbol{\beta}\|=\|\boldsymbol{\alpha}-\boldsymbol{\alpha}+\boldsymbol{\beta}\|\leqslant\|\boldsymbol{\beta}-\boldsymbol{\alpha}\|+\|\boldsymbol{\alpha}\|,$$

则有

$$-\|\boldsymbol{\alpha}-\boldsymbol{\beta}\|\leqslant\|\boldsymbol{\alpha}\|-\|\boldsymbol{\beta}\|。\tag{5.1.2}$$

综合式(5.1.1)和式(5.1.2)两个不等式，有 $\big|\|\boldsymbol{\alpha}\|-\|\boldsymbol{\beta}\|\big|\leqslant\|\boldsymbol{\alpha}-\boldsymbol{\beta}\|$。

不等式 $\big|\|\boldsymbol{\alpha}\|-\|\boldsymbol{\beta}\|\big|\leqslant\|\boldsymbol{\alpha}+\boldsymbol{\beta}\|$ 类似可证。

下面我们引入数域向量空间 F^n 上的常见范数(F 为实数域或复数域)。为此，首先介绍两个著名的不等式。

引理 5.1.1(Hölder(赫尔德)不等式)　设 p，$q>1$ 且$\frac{1}{p}+\frac{1}{q}=1$，则

$$\sum_{k=1}^{n} a_k b_k \leqslant \left(\sum_{k=1}^{n} a_k^p\right)^{\frac{1}{p}} \left(\sum_{k=1}^{n} b_k^q\right)^{\frac{1}{q}}, \tag{5.1.3}$$

式中，a_k，$b_k \geqslant 0$，$k=1, 2, \cdots, n$。

证明　首先来说明若 x，$y\geqslant 0$，则下式成立：

$$xy \leqslant \frac{x^p}{p}+\frac{y^q}{q}。 \tag{5.1.4}$$

令 $f(x)=\frac{x^p}{p}-yx+\frac{y^q}{q}$，注意到 p，$q>1$ 且 x，$y\geqslant 0$，则 $f(0)\geqslant 0$，且当 $x\to\infty$时，$f(x)\to\infty$。又 $f'(x)=x^{p-1}-y$，则当 $x=y^{\frac{1}{p-1}}$时，$f'(x)=0$，且易验证 $f(y^{\frac{1}{p-1}})=0$ 为 $f(x)$的最小值，故 $f(x)\geqslant 0$，即可得式(5.1.4)成立。

令 $a=\left(\sum_{k=1}^{n} a_k^p\right)^{\frac{1}{p}}$，$b=\left(\sum_{k=1}^{n} b_k^q\right)^{\frac{1}{q}}$，显然 a，$b\geqslant 0$。若 $ab=0$，则式(5.1.3)总成立。现假定 a，$b>0$，在式(5.1.4)中选取

$$x=\frac{a_k}{a},\ y=\frac{b_k}{b},$$

则可证式(5.1.3)成立。

特别地，当 $p=q=2$ 时，式(5.1.3)即为 **Schwarz(施瓦尔兹)不等式**。

引理 5.1.2(Minkowski(闵可夫斯基)不等式)　对任一 $1\leqslant p<\infty$，有

$$\left(\sum_{i=1}^{n} |a_i+b_i|^p\right)^{\frac{1}{p}} \leqslant \left(\sum_{i=1}^{n} |a_i|^p\right)^{\frac{1}{p}} + \left(\sum_{i=1}^{n} |b_i|^p\right)^{\frac{1}{p}}。$$

证明　当 $p=1$ 时，不等式显然成立。当 $p\neq 1$ 时，取 $q=\frac{p}{p-1}$，则

$$\begin{aligned}\sum_{i=1}^{n} |a_i+b_i|^p &= \sum_{i=1}^{n} |a_i+b_i| |a_i+b_i|^{p-1} = \sum_{i=1}^{n} |a_i+b_i| |a_i+b_i|^{\frac{p}{q}} \\ &\leqslant \sum_{i=1}^{n} |a_i| |a_i+b_i|^{\frac{p}{q}} + \sum_{i=1}^{n} |b_i| |a_i+b_i|^{\frac{p}{q}}。\end{aligned}$$

由引理 5.1.1 有

$$\begin{aligned}\sum_{i=1}^{n} |a_i+b_i|^p &\leqslant \left(\sum_{i=1}^{n} |a_i|^p\right)^{\frac{1}{p}} \left(\sum_{i=1}^{n} |a_i+b_i|^p\right)^{\frac{1}{q}} + \left(\sum_{i=1}^{n} |b_i|^p\right)^{\frac{1}{p}} \left(\sum_{i=1}^{n} |a_i+b_i|^p\right)^{\frac{1}{q}} \\ &= \left(\sum_{i=1}^{n} |a_i+b_i|^p\right)^{\frac{1}{q}} \left[\left(\sum_{i=1}^{n} |a_i|^p\right)^{\frac{1}{p}} + \left(\sum_{i=1}^{n} |b_i|^p\right)^{\frac{1}{p}}\right],\end{aligned}$$

不等式两边除以 $\left(\sum_{i=1}^{n} |a_i+b_i|^p\right)^{\frac{1}{q}}$(当$\left(\sum_{i=1}^{n} |a_i+b_i|^p\right)^{\frac{1}{q}}=0$时，所证不等式平凡)，并注意到$\frac{1}{p}+\frac{1}{q}=1$，则有

$$\left(\sum_{i=1}^{n} |a_i+b_i|^p\right)^{\frac{1}{p}} \leqslant \left(\sum_{i=1}^{n} |a_i|^p\right)^{\frac{1}{p}} + \left(\sum_{i=1}^{n} |b_i|^p\right)^{\frac{1}{p}}。$$

定理 5.1.1　设 $1\leqslant p<\infty$，任给 $\boldsymbol{x}=[x_1, x_2, \cdots, x_n]^{\mathrm{T}}\in F^n$，定义

$$\| \boldsymbol{x} \|_p = \left(\sum_{i=1}^{n} | x_i |^p \right)^{\frac{1}{p}},$$

则 $\| \boldsymbol{x} \|_p$ 构成 F^n 上向量 $\boldsymbol{x}$ 的范数，称作向量的 p-范数或向量 l_p 范数。

证明 定义 5.1.1 中条件(1)和(2)易验证，条件(3)可由引理 5.1.2 得证。

由定理 5.1.1 知，若 $p=1$，则有 $\| \boldsymbol{x} \|_1 = \sum_{i=1}^{n} |x_i|$；若 $p=2$，则有 $\| \boldsymbol{x} \|_2 = \left(\sum_{i=1}^{n} | x_i |^2 \right)^{\frac{1}{2}}$，显然 $\| \boldsymbol{x} \|_2 = \sqrt{(\boldsymbol{x}, \boldsymbol{x})}$，为由向量 $\boldsymbol{x}$ 的内积所诱导的范数。特别地，我们有下面的定理。

定理 5.1.2 $\lim\limits_{p \to \infty} \| \boldsymbol{x} \|_p = \max\limits_i |x_i|$。

证明 令 $|x_{i_0}| = \max\limits_i |x_i|$，则 $y_i = \dfrac{|x_i|}{|x_{i_0}|} \leqslant 1 (i=1, 2, \cdots, n)$，且 $y_{i_0}=1$，从而

$$\| \boldsymbol{x} \|_p = |x_{i_0}| \left(\sum_{i=1}^{n} y_i^p \right)^{\frac{1}{p}}。$$

由于

$$1 = (y_{i_0}^p)^{\frac{1}{p}} \leqslant \left(\sum_{i=1}^{n} y_i^p \right)^{\frac{1}{p}} \leqslant n^{\frac{1}{p}},$$

因此

$$\lim_{p \to \infty} \left(\sum_{i=1}^{n} y_i^p \right)^{\frac{1}{p}} = 1,$$

从而

$$\lim_{p \to \infty} \| \boldsymbol{x} \|_p = |x_{i_0}| = \max_i |x_i|。$$

显然 $\lim\limits_{p \to \infty} \| \boldsymbol{x} \|_p = \max\limits_i |x_i|$ 也定义了 F^n 上向量 $\boldsymbol{x}$ 的范数，通常记作 $\| \boldsymbol{x} \|_\infty = \max\limits_i |x_i|$。

由此可见，数域向量空间 F^n 上向量的范数不唯一，因而赋范线性空间 V 上的向量范数也不会唯一，而且 F^n 上向量的范数可以诱导出 n 维赋范线性空间 V 上向量的范数。

【例 5.1.1】 设 V 为数域上的 n 维赋范线性空间，$\| \cdot \|$ 为数域向量空间 F^n 上向量的任一范数，任取向量 $\boldsymbol{\alpha} \in V$，$\boldsymbol{\alpha}$ 在 V 的一组基 $\boldsymbol{\alpha}_1, \cdots, \boldsymbol{\alpha}_n$ 下有唯一表出

$$\boldsymbol{\alpha} = x_1 \boldsymbol{\alpha}_1 + \cdots + x_n \boldsymbol{\alpha}_n,$$

记坐标向量 $\boldsymbol{x} = [x_1, \cdots, x_n]^{\mathrm{T}}$，显然 $\boldsymbol{x} \in F^n$，定义

$$\| \boldsymbol{\alpha} \|_V = \| \boldsymbol{x} \|,$$

则 $\| \cdot \|_V$ 为 V 中向量的一种范数。

证明 任给 $\boldsymbol{\alpha} \in V$，若 $\boldsymbol{\alpha} \neq \mathbf{0}$，则其坐标向量 $\boldsymbol{x} \neq \mathbf{0}$，从而 $\| \boldsymbol{\alpha} \|_V = \| \boldsymbol{x} \| > 0$；若 $\boldsymbol{\alpha} = \mathbf{0}$，则其坐标向量 $\boldsymbol{x} = \mathbf{0}$，于是 $\| \boldsymbol{\alpha} \|_V = \| \boldsymbol{x} \| = 0$，即正定性成立。

任给 $k \in F$ 及任一 $\boldsymbol{\alpha} \in V$，则由 $k\boldsymbol{\alpha} = kx_1 \boldsymbol{\alpha}_1 + \cdots + kx_n \boldsymbol{\alpha}_n$ 知，$k\boldsymbol{\alpha}$ 的坐标向量为

$$k\boldsymbol{x} = [kx_1, \cdots, kx_n]^{\mathrm{T}},$$

因而

$$\| k\boldsymbol{\alpha} \|_V = \| k\boldsymbol{x} \| = |k| \, \| \boldsymbol{x} \| = |k| \, \| \boldsymbol{\alpha} \|_V,$$

即正齐次性成立。

任取 $\boldsymbol{\alpha}, \boldsymbol{\beta} \in V$，且 $\boldsymbol{\alpha}$ 在给定基下的坐标向量为 $\boldsymbol{x}$，$\boldsymbol{\beta}$ 在给定基下的坐标向量为 $\boldsymbol{y} =$

$[y_1, \cdots, y_n]^{\mathrm{T}}$，则由于 $\boldsymbol{\alpha}+\boldsymbol{\beta}$ 在给定基下的坐标为 $\boldsymbol{x}+\boldsymbol{y}$，因而

$$\|\boldsymbol{\alpha}+\boldsymbol{\beta}\|_V=\|\boldsymbol{x}+\boldsymbol{y}\|\leqslant\|\boldsymbol{x}\|+\|\boldsymbol{y}\|=\|\boldsymbol{\alpha}\|_V+\|\boldsymbol{\beta}\|_V,$$

即三角不等式也成立。

数域 F 上的任一 n 维线性空间 V 不但同构于向量空间 F^n（推论 1.4.1），而且它们的范数满足如下性质。

定理 5.1.3　设 V 为数域 F 上的 n 维赋范线性空间，$\boldsymbol{\alpha}_1, \cdots, \boldsymbol{\alpha}_n$ 为 V 的一组基，$\|\cdot\|_V$ 为 V 上的任一范数，则存在 $M, m>0$，使得对任一 $\boldsymbol{\alpha}=\sum\limits_{i=1}^{n} x_i\boldsymbol{\alpha}_i\in V$ 都有

$$m\|\boldsymbol{x}\|_2\leqslant\|\boldsymbol{\alpha}\|_V\leqslant M\|\boldsymbol{x}\|_2,$$

式中，$\boldsymbol{x}=[x_1, \cdots, x_n]^{\mathrm{T}}$。

证明　任取 $\boldsymbol{\alpha}=\sum\limits_{i=1}^{n} x_i\boldsymbol{\alpha}_i\in V$，则由 Schwarz 不等式有

$$\|\boldsymbol{\alpha}\|_V=\left\|\sum_{i=1}^{n}x_i\boldsymbol{\alpha}_i\right\|\leqslant\sum_{i=1}^{n}|x_i|\,\|\boldsymbol{\alpha}_i\|_V\leqslant\sqrt{\sum_{i=1}^{n}|x_i|^2}\sqrt{\sum_{i=1}^{n}\|\boldsymbol{\alpha}_i\|_V^2}=M\|\boldsymbol{x}\|_2,$$

式中 $M=\sqrt{\sum\limits_{i=1}^{n}\|\boldsymbol{\alpha}_i\|_V^2}>0$。

任给 $\boldsymbol{x}=[x_1, \cdots, x_n]^{\mathrm{T}}\in F^n$，则有 $\boldsymbol{\alpha}=\sum\limits_{i=1}^{n}x_i\boldsymbol{\alpha}_i\in V$，定义 $f(\boldsymbol{x})=\|\boldsymbol{\alpha}\|_V$。若任取 $\boldsymbol{y}=[y_1, \cdots, y_n]^{\mathrm{T}}\in F^n$ 有 $f(\boldsymbol{y})=\|\boldsymbol{\beta}\|_V$，$\boldsymbol{\beta}=\sum\limits_{i=1}^{n}y_i\boldsymbol{\alpha}_i\in V$，则由注 5.1.1 及前面已证不等式 $\|\boldsymbol{\alpha}\|_V\leqslant M\|\boldsymbol{x}\|_2$，可得

$$|f(\boldsymbol{x})-f(\boldsymbol{y})|=|\,\|\boldsymbol{\alpha}\|_V-\|\boldsymbol{\beta}\|_V|\leqslant\|\boldsymbol{\alpha}-\boldsymbol{\beta}\|_V\leqslant M\|\boldsymbol{x}-\boldsymbol{y}\|_2。$$

显然，当 $\|\boldsymbol{x}-\boldsymbol{y}\|_2\to 0$ 时，$|f(\boldsymbol{x})-f(\boldsymbol{y})|\to 0$，即 $f(\boldsymbol{x})$ 为一连续函数。

定义 F^n 上的单位球面 $B=\{\boldsymbol{\xi}=[\xi_1, \cdots, \xi_n]^{\mathrm{T}}\in F^n, \|\boldsymbol{\xi}\|_2=1\}$，则函数 $f(\boldsymbol{x})$ 在 B 上存在最小值 $m\geqslant 0$。由于 $f(\boldsymbol{x})=\|\boldsymbol{\alpha}\|_V$ 仅在零向量取值为 0，而零向量显然不在 B 上，因此 $f(\boldsymbol{x})$ 在 B 上的最小值 $m>0$。对任一非零向量 $\boldsymbol{x}=[x_1, \cdots, x_n]^{\mathrm{T}}\in F^n$，$\dfrac{1}{\|\boldsymbol{x}\|_2}\boldsymbol{x}\in B$，则 $f\left(\dfrac{1}{\|\boldsymbol{x}\|_2}\boldsymbol{x}\right)=\dfrac{\|\boldsymbol{\alpha}\|_V}{\|\boldsymbol{x}\|_2}\geqslant m$，即 $m\|\boldsymbol{x}\|_2\leqslant\|\boldsymbol{\alpha}\|_V$。

推论 5.1.1　设 V 为数域 F 上的 n 维赋范线性空间，$\|\cdot\|$、$\|\cdot\|_*$ 为 V 上任意两种范数，则存在 $c_1>0$，$c_2>0$，使得对任一 $\boldsymbol{\alpha}\in V$，有

$$c_1\|\boldsymbol{\alpha}\|_*\leqslant\|\boldsymbol{\alpha}\|\leqslant c_2\|\boldsymbol{\alpha}\|_*,$$

此时称两种范数 $\|\cdot\|$ 与 $\|\cdot\|_*$ **等价**。

证明　设 $\boldsymbol{\alpha}_1, \cdots, \boldsymbol{\alpha}_n$ 为 V 的任一组基，则 $\boldsymbol{\alpha}=\sum\limits_{i=1}^{n}x_i\boldsymbol{\alpha}_i\in V$，$\boldsymbol{x}=[x_1, \cdots, x_n]^{\mathrm{T}}\in F^n$，由定理 5.1.3 知，存在大于零的常数 M, M', m, m'，使得

$$m\|\boldsymbol{\alpha}\|_*\leqslant\|\boldsymbol{x}\|_2\leqslant M\|\boldsymbol{\alpha}\|_*,\quad m'\|\boldsymbol{\alpha}\|\leqslant\|\boldsymbol{x}\|_2\leqslant M'\|\boldsymbol{\alpha}\|。$$

因此

$$m\|\boldsymbol{\alpha}\|_*\leqslant M'\|\boldsymbol{\alpha}\|\leqslant M'\frac{M}{m'}\|\boldsymbol{\alpha}\|_*,$$

即

$$\frac{m}{M'}\|\boldsymbol{\alpha}\|_*\leqslant\|\boldsymbol{\alpha}\|\leqslant\frac{M}{m'}\|\boldsymbol{\alpha}\|_*,$$

取 $c_1=\frac{m}{M'}$，$c_2=\frac{M}{m'}$，即可得证。

从上述定理的证明可以发现，**有限维**赋范线性空间上的不同范数彼此是**等价**的，但对无穷维赋范线性空间，结论未必成立。

设 V 为赋范线性空间，任取 $\boldsymbol{\alpha}$，$\boldsymbol{\beta}\in V$，令 $d(\boldsymbol{\alpha},\boldsymbol{\beta})=\|\boldsymbol{\alpha}-\boldsymbol{\beta}\|$，由定义 5.1.1 不难验证，这样定义的 $d(\boldsymbol{\alpha},\boldsymbol{\beta})$可以度量 V 中向量 $\boldsymbol{\alpha}$，$\boldsymbol{\beta}$ 的远近程度，它为 $\boldsymbol{\alpha}$，$\boldsymbol{\beta}$ 之间的一种距离。因而赋范线性空间 V 上任意两向量之间的距离，都可以借助其上的范数来度量，这样我们自然就可以考虑 V 上向量序列的收敛性。

定义 5.1.2 设 V 为数域 F 上的赋范线性空间，$\|\cdot\|$ 为其上定义的一范数，$\{\boldsymbol{\alpha}_n\}$ 为 V 上的向量序列，$\boldsymbol{\alpha}\in V$，若

$$\lim_{n\to\infty}\|\boldsymbol{\alpha}_n-\boldsymbol{\alpha}\|=0,$$

则称向量序列 $\{\boldsymbol{\alpha}_n\}$**依范数** $\|\cdot\|$ **收敛**于 $\boldsymbol{\alpha}$，简称 $\{\boldsymbol{\alpha}_n\}$**收敛**于 $\boldsymbol{\alpha}$，或 $\{\boldsymbol{\alpha}_n\}$ 以 $\boldsymbol{\alpha}$ 为**极限**，记作 $\lim\limits_{n\to\infty}\boldsymbol{\alpha}_n=\boldsymbol{\alpha}$。

由注 5.1.1 知，当 $\lim\limits_{n\to\infty}\boldsymbol{\alpha}_n=\boldsymbol{\alpha}$ 时，有 $\lim\limits_{n\to\infty}\|\boldsymbol{\alpha}_n\|=\|\boldsymbol{\alpha}\|$，即 V 上的范数 $\|\cdot\|$ 关于 V 中向量是连续的。

由推论 5.1.1 知，n 维赋范线性空间 V 的上述收敛性与范数的选取无关。特别当 $V=F^n$ 时，选取 F^n 上的范数 $\|\cdot\|_\infty$，我们有如下定义。

定义 5.1.3 设 $\boldsymbol{x}_*=[x_1^*, \cdots, x_n^*]^{\mathrm{T}}\in F^n$，$\{\boldsymbol{x}_k\}=[x_1^{(k)}, \cdots, x_n^{(k)}]^{\mathrm{T}}$ 为 F^n 上的向量序列，若下列 n 个数列的极限存在，且

$$\lim_{k\to\infty}x_i^{(k)}=x_i^*,\ i=1, 2, \cdots, n,$$

则称向量序列 $\{\boldsymbol{x}_k\}$ 收敛于 $\boldsymbol{x}_*$，或 $\{\boldsymbol{x}_k\}$ 以 $\boldsymbol{x}_*$ 为极限。

二、矩阵空间范数

数域 F 上一个 $m\times n$ 矩阵可以视作一个 $m\times n$ 维的向量，因此矩阵范数可以借用定义 5.1.1 而给出。但矩阵会涉及矩阵的乘法运算，这就需要考虑两个矩阵乘积的范数与乘积因子的范数之间的**次乘性**，即当矩阵乘积 $\boldsymbol{AB}$ 存在时有

$$\|\boldsymbol{AB}\|\leqslant\|\boldsymbol{A}\|\ \|\boldsymbol{B}\|。$$

但将向量范数形式上推广到矩阵范数时，上述次乘性不等式不总是成立，因而重新引入下述定义。

定义 5.1.4 任给矩阵 $\boldsymbol{A}\in F^{m\times n}$，用 $N(\boldsymbol{A})$表示按照某种法则确定的与矩阵 $\boldsymbol{A}$ 对应的实数，且满足：

(1) **(正定性)** $N(\boldsymbol{A})\geqslant 0$，$N(\boldsymbol{A})=0$ 当且仅当 $\boldsymbol{A}=0$，

(2) **(正齐次性)** 对任一数 $k\in F$，$N(k\boldsymbol{A})=|k|N(\boldsymbol{A})$，

(3) **(三角不等式)** 对任意 $\boldsymbol{A}$，$\boldsymbol{B}\in F^{m\times n}$，$N(\boldsymbol{A}+\boldsymbol{B})\leqslant N(\boldsymbol{A})+N(\boldsymbol{B})$，

(4) **(次乘性)** 若 $\boldsymbol{A}$，$\boldsymbol{B}$ 可相乘，则 $N(\boldsymbol{AB})\leqslant N(\boldsymbol{A})N(\boldsymbol{B})$，

则称 $N(\boldsymbol{A})$ 为矩阵 $\boldsymbol{A}$ 的**矩阵空间范数**，简称**矩阵范数**，记作 $\|\boldsymbol{A}\|$。

【例 5.1.2】 可以验证，对任一 $\boldsymbol{A}=[a_{ij}]\in\mathbf{C}^{m\times n}$，$\|\boldsymbol{A}\|=\sum\limits_{i=1}^{m}\sum\limits_{j=1}^{n}|a_{ij}|$ 为矩阵范数，它为向量 1 -范数的形式推广，称作矩阵的 l_1 范数。

解　定义 5.1.4 中条件(1)～(3)易验证，下面验证次乘性。

若 $\boldsymbol{A}=[a_{ij}]\in\mathbf{C}^{m\times p}$，$\boldsymbol{B}=[b_{ij}]\in\mathbf{C}^{p\times n}$，则

$$\|\boldsymbol{AB}\|=\sum_{i=1}^{m}\sum_{j=1}^{n}\left|\sum_{k=1}^{p}a_{ik}b_{kj}\right|\leqslant\sum_{i=1}^{m}\sum_{j=1}^{n}\sum_{k=1}^{p}|a_{ik}||b_{kj}|\leqslant\sum_{i=1}^{m}\sum_{j=1}^{n}\left[\left(\sum_{k=1}^{p}|a_{ik}|\right)\left(\sum_{k=1}^{p}|b_{ik}|\right)\right]$$

$$=\left(\sum_{i=1}^{m}\sum_{k=1}^{p}|a_{ik}|\right)\left(\sum_{j=1}^{n}\sum_{k=1}^{p}|b_{ik}|\right)=\|\boldsymbol{A}\|\,\|\boldsymbol{B}\|,$$

因此，所给计算公式定义了一种矩阵范数。

【例 5.1.3】 对任一 $\boldsymbol{A}=[a_{ij}]\in\mathbf{C}^{m\times n}$，定义

$$\|\boldsymbol{A}\|_{\mathrm{F}}=\left(\sum_{i=1}^{m}\sum_{j=1}^{n}|a_{ij}|^2\right)^{\frac{1}{2}},\tag{5.1.5}$$

则 $\|\boldsymbol{A}\|_{\mathrm{F}}$ 为一矩阵范数。

证明　定义 5.1.4 中条件(1)、(2)易验证。设 $\boldsymbol{A}=[a_{ij}]_{m\times n}$，$\boldsymbol{B}=[b_{ij}]_{m\times n}$，则由引理 5.1.1 有

$$\begin{aligned}\|\boldsymbol{A}+\boldsymbol{B}\|_{\mathrm{F}}^2&=\sum_{i=1}^{m}\sum_{j=1}^{n}|a_{ij}+b_{ij}|^2\leqslant\sum_{i=1}^{m}\sum_{j=1}^{n}(|a_{ij}|+|b_{ij}|)^2\\&\leqslant\sum_{i=1}^{m}\sum_{j=1}^{n}(|a_{ij}|^2+2|a_{ij}||b_{ij}|+|b_{ij}|^2)\\&=\sum_{i=1}^{m}\sum_{j=1}^{n}|a_{ij}|^2+2\sum_{i=1}^{m}\sum_{j=1}^{n}|a_{ij}||b_{ij}|+\sum_{i=1}^{m}\sum_{j=1}^{n}|b_{ij}|^2\\&\leqslant\|\boldsymbol{A}\|_{\mathrm{F}}^2+\|\boldsymbol{B}\|_{\mathrm{F}}^2+2\sum_{i=1}^{m}\left[\left(\sum_{j=1}^{n}|a_{ij}|^2\right)^{\frac{1}{2}}\left(\sum_{j=1}^{n}|b_{ij}|^2\right)^{\frac{1}{2}}\right]\\&\leqslant\|\boldsymbol{A}\|_{\mathrm{F}}^2+\|\boldsymbol{B}\|_{\mathrm{F}}^2+2\|\boldsymbol{A}\|_{\mathrm{F}}\|\boldsymbol{B}\|_{\mathrm{F}}\\&=(\|\boldsymbol{A}\|_{\mathrm{F}}+\|\boldsymbol{B}\|_{\mathrm{F}})^2,\end{aligned}$$

因此可得 $\|\boldsymbol{A}+\boldsymbol{B}\|_{\mathrm{F}}\leqslant\|\boldsymbol{A}\|_{\mathrm{F}}+\|\boldsymbol{B}\|_{\mathrm{F}}$，即定义 5.1.4 中条件(3)成立。

另设 $\boldsymbol{A}=[a_{ij}]\in\mathbf{C}^{m\times l}$，$\boldsymbol{B}=[b_{ij}]\in\mathbf{C}^{l\times n}$，则由引理 5.1.1 有

$$\begin{aligned}\|\boldsymbol{AB}\|_{\mathrm{F}}^2&=\sum_{i=1}^{m}\sum_{j=1}^{n}\left|\sum_{k=1}^{l}a_{ik}b_{kj}\right|^2\leqslant\sum_{i=1}^{m}\sum_{j=1}^{n}\left(\sum_{k=1}^{l}|a_{ik}||b_{kj}|\right)^2\\&\leqslant\sum_{i=1}^{m}\sum_{j=1}^{n}\left[\left(\sum_{k=1}^{l}|a_{ik}|^2\right)\left(\sum_{k=1}^{l}|b_{kj}|^2\right)\right]\\&=\left(\sum_{i=1}^{m}\sum_{k=1}^{l}|a_{ik}|^2\right)\left(\sum_{j=1}^{n}\sum_{k=1}^{l}|b_{kj}|^2\right)\\&=\|\boldsymbol{A}\|_{\mathrm{F}}^2\|\boldsymbol{B}\|_{\mathrm{F}}^2,\end{aligned}$$

从而有 $\|\boldsymbol{AB}\|_{\mathrm{F}}\leqslant\|\boldsymbol{A}\|_{\mathrm{F}}\|\boldsymbol{B}\|_{\mathrm{F}}$，即定义 5.1.4 中条件(4)成立。

由式(5.1.5)定义的矩阵范数 $\|\boldsymbol{A}\|_{\mathrm{F}}$ 通常称作矩阵 $\boldsymbol{A}$ 的 **Frobenius(弗罗贝尼乌斯)** 范数，或矩阵 l_2 范数。

注 5.1.2 设 $A=[a_{ij}]\in C^{m\times n}$，则 A 的 Frobenius 范数具有如下基本性质：

(1) 设 $A=[a_1, a_2, \cdots, a_n]$，则 $\|A\|_F^2=\sum_{i=1}^{n}\|a_i\|_2^2$；

(2) $\|A\|_F^2=\mathrm{tr}(A^HA)=\sum_{i=1}^{n}\lambda_i(A^HA)$，其中 $\lambda_i(A^HA)$ 为 A^HA 的第 i 个特征值。

(3) 任给 $U\in U^{m\times m}$，$V\in U^{n\times n}$，下列等式成立：

$$\|A\|_F=\|UA\|_F=\|A^H\|_F=\|AV\|_F=\|UAV\|_F。$$

性质(1)、(2)可由相应定义直接验证。若 $A=[a_1, a_2, \cdots, a_n]$，则

$$\begin{aligned}\|UA\|_F^2&=\|U[a_1, a_2, \cdots, a_n]\|_F^2=\|[Ua_1, Ua_2, \cdots, Ua_n]\|_F^2\\&=\|Ua_1\|_2^2+\|Ua_2\|_2^2+\cdots+\|Ua_n\|_2^2\\&=\|a_1\|_2^2+\|a_2\|_2^2+\cdots+\|a_n\|_2^2\\&=\|A\|_F^2,\end{aligned}$$

即 $\|A\|_F=\|UA\|_F$，又 $\|A\|_F=\|A^H\|_F$，其他等式类似可证。

矩阵 Frobenius 范数可以用来估计矩阵特征值之和的上界。

【例 5.1.4】 设矩阵 $A\in C^{n\times n}$，且 $\lambda_1, \cdots, \lambda_n$ 为其特征值，则

(1) $\sum_{i=1}^{n}|\lambda_i|^2\leqslant\|A\|_F^2$；

(2) $\sum_{i=1}^{n}|\mathrm{Re}(\lambda_i)|^2\leqslant\frac{1}{2}\|A+A^H\|_F^2$；

(3) $\sum_{i=1}^{n}|\mathrm{Im}(\lambda_i)|^2\leqslant\frac{1}{2}\|A-A^H\|_F^2$。

若上述不等式中有一个等号成立，则其他两个等号也成立，等号成立当且仅当 A 为正规矩阵。

证明 (1) 即定理 3.4.2；(2)和(3)利用定理 3.4.1 及注 5.1.2(3)来证明。注意到不等式中任意一个等号成立，当且仅当酉相似上(下)三角矩阵中除了主对角元素的其余元素都为零，即 A 酉相似于一对角矩阵，由定理 3.4.3 知，A 为正规矩阵。

三、矩阵算子范数

设矩阵 $A\in F^{m\times n}$，$x\in F^n$，若给定矩阵范数 $\|A\|$，则将 x 与 Ax 分别视作 $n\times 1$ 与 $m\times 1$ 矩阵，由矩阵范数的次乘性有

$$\|Ax\|\leqslant\|A\|\ \|x\|。$$

但另一方面，A 可视作由 F^n 到 F^m 的一线性算子，x 与 Ax 自然为有限维向量，若选取同类向量范数 $\|\cdot\|_v$，则不等式

$$\|Ax\|_v\leqslant\|A\|\ \|x\|_v$$

是否仍然会成立？这一问题涉及向量范数 $\|\cdot\|_v$ 与矩阵范数 $\|\cdot\|$ 的相容性。

定义 5.1.5 设 $\|\cdot\|_v$ 为向量范数，$\|\cdot\|$ 为矩阵范数，若对任一矩阵 A 与任一向量 x 都有

$$\|Ax\|_v\leqslant\|A\|\ \|x\|_v$$

成立，则称矩阵范数 $\|\cdot\|$ 为与向量范数 $\|\cdot\|_v$ **相容**。

【例 5.1.5】 可以验证矩阵的 Frobenius 与向量的 2 -范数相容。

证明　设 $\boldsymbol{A}=[a_{ij}]\in\mathbf{C}^{m\times n}$，$\boldsymbol{x}=[x_1, x_2, \cdots, x_n]^{\mathrm{T}}\in\mathbf{C}^n$，因为

$$\|\boldsymbol{A}\|_{\mathrm{F}}=\left(\sum_{i=1}^{m}\sum_{j=1}^{n}|a_{ij}|^2\right)^{\frac{1}{2}},\ \|\boldsymbol{x}\|_2=\left(\sum_{i=1}^{n}|\boldsymbol{x}_i|^2\right)^{\frac{1}{2}},$$

由引理 5.1.1 有

$$\begin{aligned}\|\boldsymbol{Ax}\|_2^2&=\sum_{i=1}^{m}\left|\sum_{j=1}^{n}a_{ij}\boldsymbol{x}_j\right|^2\leqslant\sum_{i=1}^{m}\left[\left(\sum_{j=1}^{n}|a_{ij}|^2\right)\left(\sum_{j=1}^{n}|\boldsymbol{x}_j|^2\right)\right]\\&=\left(\sum_{i=1}^{m}\sum_{j=1}^{n}|a_{ij}|^2\right)\left(\sum_{j=1}^{n}|\boldsymbol{x}_j|^2\right)=\|\boldsymbol{A}\|_{\mathrm{F}}^2\|\boldsymbol{x}\|_2^2,\end{aligned}$$

从而有

$$\|\boldsymbol{Ax}\|_2\leqslant\|\boldsymbol{A}\|_{\mathrm{F}}\|\boldsymbol{x}\|_2,$$

这表明矩阵的 Frobenius 范数与向量的 2 -范数相容。

定理 5.1.4　设 $\|\cdot\|_v$ 为向量空间 F^n 上的同类向量范数，矩阵 $\boldsymbol{A}\in F^{m\times n}$，则

$$\|\boldsymbol{A}\|_m=\max_{\|\boldsymbol{x}\|_v=1}\|\boldsymbol{Ax}\|_v=\max_{\boldsymbol{x}\neq\boldsymbol{0}}\frac{\|\boldsymbol{Ax}\|_v}{\|\boldsymbol{x}\|_v}\tag{5.1.6}$$

定义了 $F^{m\times n}$ 上的一矩阵范数 $\|\cdot\|_m$，且与向量范数 $\|\cdot\|_v$ 相容。

证明　定义 5.1.4 中正定性与正齐次性易验证。

设任给矩阵 $\boldsymbol{A}$，$\boldsymbol{B}\in F^{m\times n}$，则存在向量 $\boldsymbol{x}_1\in F^n$ 满足 $\|\boldsymbol{x}_1\|_v=1$ 且

$$\|\boldsymbol{A}+\boldsymbol{B}\|_m=\|(\boldsymbol{A}+\boldsymbol{B})\boldsymbol{x}_1\|_v,$$

根据向量范数三角不等式有

$$\|\boldsymbol{A}+\boldsymbol{B}\|_m=\|(\boldsymbol{A}+\boldsymbol{B})\boldsymbol{x}_1\|_v\leqslant\|\boldsymbol{Ax}_1\|_v+\|\boldsymbol{Bx}_1\|_v\leqslant\|\boldsymbol{A}\|_m+\|\boldsymbol{B}\|_m,$$

即定义 5.1.4 中三角不等式成立。

再设 $\boldsymbol{A}\in F^{m\times p}$，$\boldsymbol{B}\in F^{p\times n}$，且 $\boldsymbol{B}\neq\boldsymbol{0}$，则

$$\begin{aligned}\|\boldsymbol{AB}\|_m&=\max_{\boldsymbol{x}\neq\boldsymbol{0}}\frac{\|\boldsymbol{ABx}\|_v}{\|\boldsymbol{x}\|_v}=\max_{\boldsymbol{x}\neq\boldsymbol{0}}\left(\frac{\|\boldsymbol{A}(\boldsymbol{Bx})\|_v}{\|\boldsymbol{Bx}\|_v}\frac{\|\boldsymbol{Bx}\|_v}{\|\boldsymbol{x}\|_v}\right)\\&\leqslant\max_{\boldsymbol{x}\neq\boldsymbol{0}}\frac{\|\boldsymbol{A}(\boldsymbol{Bx})\|_v}{\|\boldsymbol{Bx}\|_v}\max_{\boldsymbol{x}\neq\boldsymbol{0}}\frac{\|\boldsymbol{Bx}\|_v}{\|\boldsymbol{x}\|_v}=\|\boldsymbol{A}\|_m\|\boldsymbol{B}\|_m,\end{aligned}$$

当 $\boldsymbol{B}=\boldsymbol{0}$ 时，结论平凡成立，从而定义 5.1.4 中次乘性成立。

综上所述，式(5.1.6)定义了 $F^{m\times n}$ 上的一矩阵范数。

由式(5.1.6)知，对任意矩阵 $\boldsymbol{A}\in F^{m\times n}$ 及向量 $\boldsymbol{x}\neq\boldsymbol{0}\in F^n$ 有

$$\frac{\|\boldsymbol{Ax}\|_v}{\|\boldsymbol{x}\|_v}\leqslant\|\boldsymbol{A}\|_m,$$

即

$$\|\boldsymbol{Ax}\|_v\leqslant\|\boldsymbol{A}\|_m\|\boldsymbol{x}\|_v,$$

当 $\boldsymbol{x}=\boldsymbol{0}$ 时，上面不等式平凡成立，从而矩阵范数 $\|\cdot\|_m$ 与向量范数 $\|\cdot\|_v$ 相容。

定义 5.1.6　由式(5.1.6)所确定的矩阵范数称为**矩阵算子范数**，或为由向量范数 $\|\cdot\|_v$ 所诱导的**矩阵诱导范数**。

注 5.1.3　设 $\|\cdot\|_v$ 为向量空间上的同类向量范数，$\|\cdot\|_m$ 为由 $\|\cdot\|_v$ 所定义的算子范数，则对与 $\|\cdot\|_v$ 相容的任一矩阵范数 $\|\cdot\|_c$，有：

$$\|\boldsymbol{A}\|_m\leqslant\|\boldsymbol{A}\|_c。$$

事实上，设向量 $\boldsymbol{x}$ 满足 $\|\boldsymbol{x}\|_v=1$ 且 $\|\boldsymbol{A}\|_m=\|\boldsymbol{Ax}\|_v$，则由 $\|\cdot\|_c$ 与 $\|\cdot\|_v$ 相容有

$$\|\boldsymbol{A}\|_m=\|\boldsymbol{Ax}\|_v\leqslant\|\boldsymbol{A}\|_c\|\boldsymbol{x}\|_v=\|\boldsymbol{A}\|_c。$$

这表明由向量范数 $\|\cdot\|_v$ 所诱导的算子范数 $\|\cdot\|_m$ 是与 $\|\cdot\|_v$ 相容的矩阵范数中最小的一个。

显然，单位矩阵 $\boldsymbol{E}$ 的算子范数恒为 1，但 $\boldsymbol{E}$ 的其他矩阵范数不一定有此性质。比如，对一般的与向量范数 $\|\cdot\|_v$ 相容的矩阵范数 $\|\cdot\|_c$ 而言，对任一向量 $\boldsymbol{x}\in\mathbf{C}^n$ 有

$$\|\boldsymbol{x}\|_v=\|\boldsymbol{Ex}\|_v\leqslant\|\boldsymbol{E}\|_c\|\boldsymbol{x}\|_v,$$

从而 $\|\boldsymbol{E}\|_c\geqslant 1$。

由定理 5.1.4 知，任何向量范数都可以定义出相应的矩阵算子范数。由向量 p -范数可以定义矩阵 p -算子范数，即

$$\|\boldsymbol{A}\|_p=\max_{\boldsymbol{x}\neq\boldsymbol{0}}\frac{\|\boldsymbol{Ax}\|_p}{\|\boldsymbol{x}\|_p},$$

常见的矩阵 p -算子范数为 $\|\boldsymbol{A}\|_1$、$\|\boldsymbol{A}\|_2$ 与 $\|\boldsymbol{A}\|_\infty$，下面的定理给出了这三种算子范数的计算公式。

定理 5.1.5 设 $\boldsymbol{A}=[a_{ij}]\in\mathbf{C}^{m\times n}$，则

(1) $\|\boldsymbol{A}\|_1=\max\limits_{1\leqslant j\leqslant n}\sum\limits_{i=1}^{m}|a_{ij}|$，称为**列和范数**。

(2) $\|\boldsymbol{A}\|_2=\sqrt{\lambda_n}$，$\lambda_n$ 为矩阵 $\boldsymbol{A}^{\mathrm{H}}\boldsymbol{A}$ 的最大特征值，称为**谱范数**。

(3) $\|\boldsymbol{A}\|_\infty=\max\limits_{1\leqslant i\leqslant m}\sum\limits_{j=1}^{n}|a_{ij}|$，称为**行和范数**。

证明 (1) 记 $\boldsymbol{A}=[\boldsymbol{a}_1, \boldsymbol{a}_2, \cdots, \boldsymbol{a}_n]$，$\boldsymbol{x}=[x_1, x_2, \cdots, x_n]^{\mathrm{T}}$，则

$$\begin{aligned}\|\boldsymbol{Ax}\|_1&=\|x_1\boldsymbol{a}_1+x_2\boldsymbol{a}_2+\cdots+x_n\boldsymbol{a}_n\|_1\leqslant\sum_{j=1}^{n}\|x_j\boldsymbol{a}_j\|_1\\&\leqslant\sum_{j=1}^{n}|x_j|\ \|\boldsymbol{a}_j\|_1\leqslant\|\boldsymbol{x}\|_1\max_{1\leqslant j\leqslant n}\|\boldsymbol{a}_j\|_1,\end{aligned}$$

因此

$$\max_{\|\boldsymbol{x}\|_1=1}\|\boldsymbol{Ax}\|_1\leqslant\max_{1\leqslant j\leqslant n}\|\boldsymbol{a}_j\|_1。$$

另一方面，对任意 $j=1, 2, \cdots, n$，若选取 $\boldsymbol{x}^*=\boldsymbol{e}_j$ 为第 j 个标准单位向量，则

$$\max_{\|\boldsymbol{x}\|_1=1}\|\boldsymbol{Ax}\|_1\geqslant\|\boldsymbol{Ax}^*\|_1=\|\boldsymbol{a}_j\|_1,$$

因此

$$\max_{\|\boldsymbol{x}\|_1=1}\|\boldsymbol{Ax}\|_1\geqslant\max_{1\leqslant j\leqslant n}\|\boldsymbol{a}_j\|_1。$$

综上可得

$$\|\boldsymbol{A}\|_1=\max_{\|\boldsymbol{x}\|_1=1}\|\boldsymbol{Ax}\|_1=\max_{1\leqslant j\leqslant n}\sum_{i=1}^{m}|a_{ij}|。$$

(2) 设 Hermite 半正定矩阵 $\boldsymbol{A}^{\mathrm{H}}\boldsymbol{A}$ 的特征值满足 $0\leqslant\lambda_1\leqslant\cdots\leqslant\lambda_n$，当 $\boldsymbol{x}\neq\boldsymbol{0}$ 时，有

$$\frac{\|\boldsymbol{Ax}\|_2}{\|\boldsymbol{x}\|_2}=\frac{\sqrt{\boldsymbol{x}^{\mathrm{H}}\boldsymbol{A}^{\mathrm{H}}\boldsymbol{Ax}}}{\sqrt{\boldsymbol{x}^{\mathrm{H}}\boldsymbol{x}}},$$

由 Rayleigh 商性质(定理 3.6.1)知

$$\| \boldsymbol{A} \|_2 = \max_{\boldsymbol{x}\neq \boldsymbol{0}} \frac{\| \boldsymbol{A}\boldsymbol{x} \|_2}{\| \boldsymbol{x} \|_2} = \sqrt{\lambda_n}\text{。}$$

（3）设 $\| \boldsymbol{x} \|_\infty = 1$，则

$$\| \boldsymbol{A}\boldsymbol{x} \|_\infty = \max_{1\leqslant i\leqslant m} \left| \sum_{j=1}^{n} a_{ij} x_j \right| \leqslant \max_{1\leqslant i\leqslant m} \sum_{j=1}^{n} | a_{ij} \| x_j | \leqslant \| \boldsymbol{x} \|_\infty \max_{1\leqslant i\leqslant m} \sum_{j=1}^{n} | a_{ij} |$$

$$= \max_{1\leqslant i\leqslant m} \sum_{j=1}^{n} | a_{ij} |,$$

所以

$$\| \boldsymbol{A} \|_\infty = \max_{\| \boldsymbol{x} \| =1} \| \boldsymbol{A}\boldsymbol{x} \|_\infty \leqslant \max_{1\leqslant i\leqslant m} \sum_{j=1}^{n} | a_{ij} |\text{。}$$

考虑 $\boldsymbol{A}$ 的第 i 行（$i=1, 2, \cdots, m$），选取向量

$$\boldsymbol{x}^{(0)} = [x_1, x_2, \cdots, x_n]^{\mathrm{T}},$$

其中

$$x_j = \begin{cases} \dfrac{| a_{ij} |}{a_{ij}} & (a_{ij} \neq 0) \\ 1 & (a_{ij} = 0) \end{cases},$$

显然 $\| \boldsymbol{x}^{(0)} \|_\infty = 1$，且有

$$\boldsymbol{A}\boldsymbol{x}^{(0)} = \left[*, \cdots, *, \sum_{j=1}^{n} | a_{ij} |, *, \cdots, * \right]^{\mathrm{T}},$$

因而，对任意 $i=1, 2, \cdots, m$，有

$$\max_{\| \boldsymbol{x} \|_\infty =1} \| \boldsymbol{A}\boldsymbol{x} \|_\infty \geqslant \| \boldsymbol{A}\boldsymbol{x}^{(0)} \|_\infty \geqslant \sum_{j=1}^{n} | a_{ij} |,$$

于是

$$\max_{\| \boldsymbol{x} \|_\infty =1} \| \boldsymbol{A}\boldsymbol{x} \|_\infty \geqslant \max_{1\leqslant i\leqslant m} \sum_{j=1}^{n} | a_{ij} |\text{。}$$

综上，有

$$\| \boldsymbol{A} \|_\infty = \max_{\| \boldsymbol{x} \| =1} \| \boldsymbol{A}\boldsymbol{x} \|_\infty = \max_{1\leqslant i\leqslant m} \sum_{j=1}^{n} | a_{ij} |\text{。}$$

矩阵 $\boldsymbol{A}$ 的谱范数 $\| \boldsymbol{A} \|_2$ 具有如下基本性质。

定理 5.1.6　设 $\boldsymbol{A} \in \mathbf{C}^{m\times n}$，则

（1）$\| \boldsymbol{A} \|_2 = \max\limits_{\| \boldsymbol{x} \|_2 = \| \boldsymbol{y} \|_2 =1} | \boldsymbol{y}^{\mathrm{H}}\boldsymbol{A}\boldsymbol{x} |$，$\boldsymbol{x} \in \mathbf{C}^n$，$\boldsymbol{y} \in \mathbf{C}^m$；

（2）$\| \boldsymbol{A}^{\mathrm{H}} \|_2 = \| \boldsymbol{A} \|_2$；

（3）$\| \boldsymbol{A}^{\mathrm{H}}\boldsymbol{A} \|_2 = \| \boldsymbol{A} \|_2^2$；

（4）任给 $\boldsymbol{U} \in \boldsymbol{U}^{m\times m}$，$\boldsymbol{V} \in \boldsymbol{U}^{n\times n}$，$\| \boldsymbol{A} \|_2 = \| \boldsymbol{U}\boldsymbol{A}\boldsymbol{V} \|_2$。

证明　（1）设 $\| \boldsymbol{x} \|_2 = \| \boldsymbol{y} \|_2 = 1$，则由定理 3.1.2(3)有

$$| \boldsymbol{y}^{\mathrm{H}}\boldsymbol{A}\boldsymbol{x} | \leqslant \| \boldsymbol{y} \|_2 \| \boldsymbol{A}\boldsymbol{x} \|_2 \leqslant \| \boldsymbol{A} \|_2\text{。}$$

另设向量 $\vec{\boldsymbol{x}}$ 满足 $\| \vec{\boldsymbol{x}} \|_2 = 1$ 且使得 $\| \boldsymbol{A}\vec{\boldsymbol{x}} \|_2 = \| \boldsymbol{A} \|_2 \neq 0$，令 $\boldsymbol{y} = \dfrac{\boldsymbol{A}\vec{\boldsymbol{x}}}{\| \boldsymbol{A}\vec{\boldsymbol{x}} \|_2}$，则

$$|y^{H}A\vec{x}|=\frac{\|A\vec{x}\|_2^2}{\|A\vec{x}\|_2}=\|A\vec{x}\|_2=\|A\|_2,$$

从而 $\max\limits_{\|x\|_2=\|y\|_2=1}|y^{H}Ax|=\|A\|_2$。

(2) 由性质(1)有

$$\|A\|_2=\max_{\|x\|_2=\|y\|_2=1}|y^{H}Ax|=\max_{\|x\|_2=\|y\|_2=1}|x^{H}A^{H}y|=\|A^{H}\|_2。$$

(3) 因 $\|A^{H}A\|_2\leqslant\|A^{H}\|_2\|A\|_2$，$\|A^{H}\|_2=\|A\|_2$，故有

$$\|A^{H}A\|_2\leqslant\|A\|_2^2。$$

另设 $\|x\|_2=1$ 且使得 $\|Ax\|_2=\|A\|_2$，于是

$$\|A^{H}A\|_2\geqslant\max_{\|x\|_2=1}|x^{H}A^{H}Ax|=\max_{\|x\|_2=1}\|Ax\|_2^2=\|A\|_2^2。$$

综合以上两个不等式，有 $\|A^{H}A\|_2=\|A\|_2^2$。

(4) 令 $v=V^{H}x$，$u=Uy$，则由定理 3.2.3 知

$$\|x\|_2=1\Leftrightarrow\|v\|_2=1,\quad\|y\|_2=1\Leftrightarrow\|u\|_2=1,$$

从而

$$\|A\|_2=\max_{\|x\|_2=\|y\|_2=1}|y^{H}Ax|=\max_{\|v\|_2=\|u\|_2=1}|u^{H}UAVv|=\|UAV\|_2。$$

作为谱范数的一个应用，我们来看下面的例子。

【例 5.1.6】 **(矩阵的低秩逼近)**设 $A\in C^{m\times n}$ 且 $r(A)=r$，现寻找一个低秩矩阵 B 来逼近 A，即求解如下一个优化问题

$$\min_{r(B)=k}\|A-B\|,\ k<r。$$

显然，上述优化问题的解与矩阵范数的选取有关，这里采用谱范数。

设 A 有奇异值分解式(4.4.1)，$\sigma_1\geqslant\sigma_2\geqslant\cdots\geqslant\sigma_r>0$ 为 A 的奇异值，于是

$$A=\sum_{i=1}^{r}\sigma_i u_i v_i^{H},\ U=[u_1,\cdots,u_m]\in U^{m\times m},\ V=[v_1,v_2,\cdots,v_n]\in U^{n\times n}。$$

对任一正整数 $k<r$，令

$$A_k=\sum_{i=1}^{k}\sigma_i u_i v_i^{H},$$

则 $r(A_k)=k$，且

$$U^{H}A_kV=\mathrm{diag}[\sigma_1,\cdots,\sigma_k,0,\cdots,0],$$

$$U^{H}(A-A_k)V=\mathrm{diag}[0,\cdots,0,\sigma_{k+1},\cdots,\sigma_r,0,\cdots,0]。\tag{5.1.7}$$

显然，由式(5.1.7)可知，$\|A-A_k\|_2=\sigma_{k+1}$。

下面说明 $\min\limits_{r(B)=k}\|A-B\|_2=\|A-A_k\|_2$。设矩阵 $B\in C^{m\times n}$ 且 $r(B)=k$，令 $W=\mathrm{span}\{v_1,\cdots,v_{k+1}\}$，则由 $\dim W+\dim N(B)=n+1$ 知，$W\cap N(B)\neq\{0\}$。设 $x=\sum\limits_{i=1}^{k+1}x_i v_i\in W\cap N(B)$ 且 $\|x\|_2=1$，则由 $Bx=0$ 可得

$$(A-B)x=Ax=\sum_{i=1}^{r}\sigma_i(v_i^{H}x)u_i=\sum_{i=1}^{k+1}\sigma_i x_i u_i,$$

因此

$$\|(A-B)x\|_2^2=\sum_{i=1}^{k+1}\sigma_i^2x_i^2\geqslant\sigma_{k+1}^2\|x\|_2^2=\sigma_{k+1}^2,$$

从而

$$\|\boldsymbol{A}-\boldsymbol{B}\|_2 \geqslant \frac{\|(\boldsymbol{A}-\boldsymbol{B})\boldsymbol{x}\|_2}{\|\boldsymbol{x}\|_2} \geqslant \sigma_{k+1},$$

这表明，在谱范数意义下有

$$\min_{r(\boldsymbol{B})=k} \|\boldsymbol{A}-\boldsymbol{B}\|_2 = \|\boldsymbol{A}-\boldsymbol{A}_k\|_2 = \sigma_{k+1}。$$

四、矩阵谱半径与条件数

下面我们介绍数值计算中经常用到的矩阵谱半径及条件数。

定义 5.1.7　设矩阵 $\boldsymbol{A}\in \mathbf{C}^{n\times n}$，$\lambda_1, \lambda_2, \cdots, \lambda_n$ 为 $\boldsymbol{A}$ 的特征值，称

$$\rho(\boldsymbol{A}) = \max_{1\leqslant i\leqslant n} |\lambda_i|$$

为矩阵 $\boldsymbol{A}$ 的**谱半径**。

从几何直观角度来看，谱半径为以原点为中心且能包含矩阵 $\boldsymbol{A}$ 所有特征值的圆的最小半径。

定理 5.1.7　设矩阵 $\boldsymbol{A}\in \mathbf{C}^{n\times n}$，且 $\boldsymbol{A}$ 为正规矩阵，则

$$\rho(\boldsymbol{A}) = \|\boldsymbol{A}\|_2。$$

证明　由定理 3.4.3 及定理 5.1.5 知

$$\|\boldsymbol{A}\|_2^2 = \max_{\boldsymbol{x}\neq \boldsymbol{0}} \frac{\|\boldsymbol{A}\boldsymbol{x}\|_2^2}{\|\boldsymbol{x}\|_2^2} = \max_{\boldsymbol{x}\neq \boldsymbol{0}} \frac{\boldsymbol{x}^{\mathrm{H}}\boldsymbol{A}^{\mathrm{H}}\boldsymbol{A}\boldsymbol{x}}{\boldsymbol{x}^{\mathrm{H}}\boldsymbol{x}} = \rho(\boldsymbol{A}^{\mathrm{H}}\boldsymbol{A}) = \rho^2(\boldsymbol{A}),$$

可得 $\rho(\boldsymbol{A}) = \|\boldsymbol{A}\|_2$。

定理 5.1.8　设矩阵 $\boldsymbol{A}\in \mathbf{C}^{n\times n}$，且 $\boldsymbol{A}$ 可逆，则

$$\|\boldsymbol{A}\|_2 = \sqrt{\rho(\boldsymbol{A}^{\mathrm{H}}\boldsymbol{A})} = \sqrt{\rho(\boldsymbol{A}\boldsymbol{A}^{\mathrm{H}})}。$$

证明　由定理 5.1.5 知，$\|\boldsymbol{A}\|_2 = \sqrt{\max_i |\lambda_i(\boldsymbol{A}^{\mathrm{H}}\boldsymbol{A})|} = \sqrt{\rho(\boldsymbol{A}^{\mathrm{H}}\boldsymbol{A})}$。又因为

$$\boldsymbol{A}\boldsymbol{A}^{\mathrm{H}} = \boldsymbol{A}(\boldsymbol{A}^{\mathrm{H}}\boldsymbol{A})\boldsymbol{A}^{-1},$$

这表明 $\boldsymbol{A}\boldsymbol{A}^{\mathrm{H}} \sim \boldsymbol{A}^{\mathrm{H}}\boldsymbol{A}$，它们具有相同的特征值，从而谱半径也相同，定理得证。

下面来介绍矩阵谱半径与它的任一范数之间的关系。

定理 5.1.9(特征值上界定理)　设矩阵 $\boldsymbol{A}\in \mathbf{C}^{n\times n}$，$\|\cdot\|$ 为任一种矩阵范数，则

$$\rho(\boldsymbol{A}) \leqslant \|\boldsymbol{A}\|。$$

证明　假设矩阵 $\boldsymbol{A}$ 的特征值 $\lambda_1 = \rho(\boldsymbol{A})$。考查由属于特征值 λ_1 的特征向量作为列向量构成的矩阵 $\boldsymbol{X}$，由于 $\boldsymbol{A}\boldsymbol{X} = \lambda_1 \boldsymbol{X}$，因而由范数的次乘性有

$$|\lambda_1| \ \|\boldsymbol{X}\| = \|\lambda_1 \boldsymbol{X}\| = \|\boldsymbol{A}\boldsymbol{X}\| \leqslant \|\boldsymbol{A}\| \ \|\boldsymbol{X}\|,$$

即 $\rho(\boldsymbol{A}) = \lambda_1 \leqslant \|\boldsymbol{A}\|$。

定理 5.1.10　设矩阵 $\boldsymbol{A}\in \mathbf{C}^{n\times n}$，则对任意 $\varepsilon > 0$，存在 $\mathbf{C}^{n\times n}$ 上的矩阵范数 $\|\cdot\|$，使得

$$\|\boldsymbol{A}\| \leqslant \rho(\boldsymbol{A}) + \varepsilon。$$

证明　由定理 3.4.1 知，存在 $\boldsymbol{U}\in \boldsymbol{U}^{n\times n}$ 使得 $\boldsymbol{\Delta} = \boldsymbol{U}^{\mathrm{H}}\boldsymbol{A}\boldsymbol{U}$ 为上三角矩阵。令 $\boldsymbol{\Delta} = \boldsymbol{\Lambda} + \boldsymbol{M}$，其中 $\boldsymbol{M} = [m_{ij}]$ 为严格上三角矩阵(主对角元素全为零)，且

$$\boldsymbol{\Lambda} = \begin{bmatrix} \lambda_1 & & \\ & \ddots & \\ & & \lambda_n \end{bmatrix},$$

$\lambda_1, \cdots, \lambda_n$ 为 $\boldsymbol{A}$ 的特征值。令

$$\delta=\min\left\{1, \frac{\varepsilon}{(n-1)\max\limits_{1\leqslant i<j\leqslant n}|m_{ij}|}\right\}。$$

任给 $\boldsymbol{B}\in\mathbf{C}^{n\times n}$，定义函数

$$\|\boldsymbol{B}\|_M=\|\boldsymbol{D}^{-1}\boldsymbol{U}^{\mathrm{H}}\boldsymbol{BUD}\|_\infty,$$

式中

$$\boldsymbol{D}=\begin{bmatrix}1 & & & \\ & \delta & & \\ & & \ddots & \\ & & & \delta^{n-1}\end{bmatrix},$$

易验证 $\|\cdot\|_M$ 为 $\mathbf{C}^{n\times n}$ 上的一矩阵范数。

因为

$$\boldsymbol{D}^{-1}\boldsymbol{\Delta D}=\begin{bmatrix}\lambda_1 & m_{12}\delta & m_{12}\delta^2 & \cdots & m_{1n}\delta^{n-1}\\ & \lambda_2 & m_{23}\delta^2 & \cdots & m_{2n}\delta^{n-1}\\ & & \ddots & & \vdots\\ & & & \lambda_{n-1} & \delta\\ & & & & \lambda_n\end{bmatrix},$$

所以

$$\begin{aligned}\|\boldsymbol{A}\|_M&=\|\boldsymbol{D}^{-1}\boldsymbol{U}^{\mathrm{H}}\boldsymbol{AUD}\|_\infty=\|\boldsymbol{D}^{-1}\boldsymbol{\Delta D}\|_\infty\\ &\leqslant\max_{1\leqslant i\leqslant n}|\lambda_i|+\max_{1\leqslant i<j\leqslant n}|m_{ij}|(1+\delta+\cdots+\delta^{n-2})\delta\\ &\leqslant\rho(\boldsymbol{A})+(n-1)\max_{1\leqslant i<j\leqslant n}|m_{ij}|\delta\\ &\leqslant\rho(\boldsymbol{A})+\varepsilon。\end{aligned}$$

由定理 5.1.9 及定理 5.1.10，我们有如下结论。

推论 5.1.2 设矩阵 $\boldsymbol{A}\in\mathbf{C}^{n\times n}$，$\|\cdot\|$ 为任一种矩阵范数，则

$$\rho(\boldsymbol{A})=\inf\{\|\boldsymbol{A}\|\}。$$

这表明对给定的 n 阶矩阵 $\boldsymbol{A}$，谱半径为关于 $\boldsymbol{A}$ 的所有矩阵范数的下确界。

定理 5.1.11 设矩阵 $\boldsymbol{A}\in\mathbf{C}^{n\times n}$，若 $\mathbf{C}^{n\times n}$ 上的矩阵范数 $\|\cdot\|$ 满足 $\|\boldsymbol{A}\|<1$，则矩阵 $\boldsymbol{E}\pm\boldsymbol{A}$ 都可逆，且

$$\frac{\|\boldsymbol{E}\|}{1+\|\boldsymbol{A}\|}\leqslant\|(\boldsymbol{E}\pm\boldsymbol{A})^{-1}\|\leqslant\frac{\|\boldsymbol{E}\|}{1-\|\boldsymbol{A}\|}。\tag{5.1.8}$$

证明 将 $\boldsymbol{A}$ 替换为 $-\boldsymbol{A}$ 时，$\boldsymbol{E}-\boldsymbol{A}$ 变为 $\boldsymbol{E}+\boldsymbol{A}$，因而只需证明结论对 $\boldsymbol{E}-\boldsymbol{A}$ 成立即可。对 $\boldsymbol{A}$ 的任意特征值 λ，由定理 5.1.9 知，$|\lambda|\leqslant\|\boldsymbol{A}\|<1$，因此 $\boldsymbol{E}-\boldsymbol{A}$ 的特征值均不为零，从而可逆。

由 $(\boldsymbol{E}-\boldsymbol{A})^{-1}(\boldsymbol{E}-\boldsymbol{A})=\boldsymbol{E}$ 有

$$(\boldsymbol{E}-\boldsymbol{A})^{-1}=\boldsymbol{E}+(\boldsymbol{E}-\boldsymbol{A})^{-1}\boldsymbol{A},$$

所以有

$$\|(\boldsymbol{E}-\boldsymbol{A})^{-1}\|\leqslant\|\boldsymbol{E}\|+\|(\boldsymbol{E}-\boldsymbol{A})^{-1}\|\,\|\boldsymbol{A}\|,$$

进而有

$$\|(\boldsymbol{E}-\boldsymbol{A})^{-1}\| \leqslant \frac{\|\boldsymbol{E}\|}{1-\|\boldsymbol{A}\|}。$$

另由注 5.1.1 及矩阵范数的次乘性有

$$\|(\boldsymbol{E}-\boldsymbol{A})^{-1}\| = \|\boldsymbol{E}+(\boldsymbol{E}-\boldsymbol{A})^{-1}\boldsymbol{A}\| \geqslant \|\boldsymbol{E}\| - \|(\boldsymbol{E}-\boldsymbol{A})^{-1}\|\,\|\boldsymbol{A}\|,$$

从而有

$$\|(\boldsymbol{E}-\boldsymbol{A})^{-1}\| \geqslant \frac{\|\boldsymbol{E}\|}{1+\|\boldsymbol{A}\|}。$$

注 5.1.4　若取矩阵的任一种算子范数，则式(5.1.8)变为

$$\frac{1}{1+\|\boldsymbol{A}\|} \leqslant \|(\boldsymbol{E}\pm\boldsymbol{A})^{-1}\| \leqslant \frac{1}{1-\|\boldsymbol{A}\|}。$$

推论 5.1.3　设矩阵 $\boldsymbol{A}$，$\delta\boldsymbol{A}\in\mathbf{C}^{n\times n}$，若 $\boldsymbol{A}$ 可逆且 $\|\delta\boldsymbol{A}\| < \frac{1}{\|\boldsymbol{A}^{-1}\|}$，则矩阵 $\boldsymbol{A}+\delta\boldsymbol{A}$ 可逆。

证明　因 $\|\delta\boldsymbol{A}\| < \frac{1}{\|\boldsymbol{A}^{-1}\|}$，故 $\|\boldsymbol{A}^{-1}\delta\boldsymbol{A}\| \leqslant \|\boldsymbol{A}^{-1}\|\,\|\delta\boldsymbol{A}\| < 1$，由定理 5.1.11 知，$\boldsymbol{E}+\boldsymbol{A}^{-1}\delta\boldsymbol{A}$ 为可逆矩阵。又由假设 $\boldsymbol{A}$ 可逆及

$$\boldsymbol{A}+\delta\boldsymbol{A}=\boldsymbol{A}\boldsymbol{E}+\boldsymbol{A}\boldsymbol{A}^{-1}\delta\boldsymbol{A}=\boldsymbol{A}(\boldsymbol{E}+\boldsymbol{A}^{-1}\delta\boldsymbol{A}),$$

从而 $\boldsymbol{A}+\delta\boldsymbol{A}$ 为可逆矩阵。

由此推论知，对线性方程组 $\boldsymbol{A}\boldsymbol{x}=\boldsymbol{b}$ 的近似方程组 $\boldsymbol{A}_0\boldsymbol{x}=\boldsymbol{b}$，若 $\delta\boldsymbol{A}=\boldsymbol{A}-\boldsymbol{A}_0$ 满足 $\|\delta\boldsymbol{A}\|\,\|\boldsymbol{A}_0^{-1}\|<1$，即 $\delta\boldsymbol{A}$ 为小扰动，则由 $\boldsymbol{A}_0\boldsymbol{x}=\boldsymbol{b}$ 存在唯一解可保证 $\boldsymbol{A}\boldsymbol{x}=\boldsymbol{b}$ 存在唯一解。

定义 5.1.8　设矩阵 $\boldsymbol{A}\in\mathbf{C}^{n\times n}$ 可逆，则称 $\|\boldsymbol{A}\|\,\|\boldsymbol{A}^{-1}\|$ 为 $\boldsymbol{A}$ 的**条件数**，记作 $\mathrm{cond}(\boldsymbol{A})$。

由此定义可以看出，条件数与所选取的矩阵范数有关，当需要指明范数时，通常以下标形式表明，比如，$\mathrm{cond}_p(\boldsymbol{A})=\|\boldsymbol{A}\|_p\,\|\boldsymbol{A}^{-1}\|_p$ 表示矩阵 p-范数定义的条件数。

矩阵条件数具有如下基本性质。

定理 5.1.12　设矩阵 $\boldsymbol{A}\in\mathbf{C}^{n\times n}$ 可逆，则

(1) 对任一常数 $k\neq0$，$\mathrm{cond}(k\boldsymbol{A})=\mathrm{cond}(\boldsymbol{A})=\mathrm{cond}(\boldsymbol{A}^{-1})$。

(2) $\mathrm{cond}_2(\boldsymbol{A})=\sqrt{\frac{\lambda_{\max}(\boldsymbol{A}^{\mathrm{H}}\boldsymbol{A})}{\lambda_{\min}(\boldsymbol{A}^{\mathrm{H}}\boldsymbol{A})}}$，特别当 $\boldsymbol{A}$ 为 Hermite 矩阵时，则

$$\mathrm{cond}_2(\boldsymbol{A})=\frac{\lambda_{\max}(\boldsymbol{A})}{\lambda_{\min}(\boldsymbol{A})}。$$

(3) $\mathrm{cond}_2^2(\boldsymbol{A})=\mathrm{cond}_2(\boldsymbol{A}^{\mathrm{H}}\boldsymbol{A})$。

(4) 若 $\boldsymbol{A}\in\boldsymbol{U}^{n\times n}$，则 $\mathrm{cond}_2(\boldsymbol{A})=1$。

(5) 若 $\boldsymbol{U}\in\boldsymbol{U}^{n\times n}$，则 $\mathrm{cond}_F(\boldsymbol{A})=\mathrm{cond}_F(\boldsymbol{U}\boldsymbol{A})=\mathrm{cond}_F(\boldsymbol{A}\boldsymbol{U})$。

(6) $\mathrm{cond}_p(\boldsymbol{A})\geqslant1$。

证明　(1) 由范数的正齐次性及条件数定义可得；(2) 由定理 5.1.5 谱范数的性质可得；(3) 可由(2)得到；(4) 由定理 5.1.6 可得；(5) 由注 5.1.2 可得；因 $\mathrm{cond}_p(\boldsymbol{A})=\|\boldsymbol{A}\|_p\,\|\boldsymbol{A}^{-1}\|_p\geqslant\|\boldsymbol{A}\boldsymbol{A}^{-1}\|_p=1$，故(6)成立。

下面我们以线性方程组 $\boldsymbol{A}\boldsymbol{x}=\boldsymbol{b}$ 的求解来简单说明矩阵条件数的含义。

设矩阵 $\boldsymbol{A}$ 为 n 阶可逆矩阵，$\boldsymbol{b}\neq\boldsymbol{0}$ 为 n 维列向量，$\|\boldsymbol{A}\|$ 为算子范数。假定 $\boldsymbol{A}$ 准确，列

向量 $\boldsymbol{b}$ 小扰动 $\delta\boldsymbol{b}$ 时，方程组的解为 $\boldsymbol{x}+\delta\boldsymbol{x}$，则

$$\boldsymbol{A}(\boldsymbol{x}+\delta\boldsymbol{x})=\boldsymbol{b}+\delta\boldsymbol{b},\ \delta\boldsymbol{x}=\boldsymbol{A}^{-1}\delta\boldsymbol{b},\ \|\delta\boldsymbol{x}\|\leqslant\|\boldsymbol{A}^{-1}\|\ \|\delta\boldsymbol{b}\|,$$

又因为

$$\|\boldsymbol{b}\|\leqslant\|\boldsymbol{A}\|\ \|\boldsymbol{x}\|,\ \frac{1}{\|\boldsymbol{x}\|}\leqslant\frac{\|\boldsymbol{A}\|}{\|\boldsymbol{b}\|},$$

则扰动以后解的相对误差上界可估计为

$$\frac{\|\delta\boldsymbol{x}\|}{\|\boldsymbol{x}\|}\leqslant\|\boldsymbol{A}^{-1}\|\ \|\boldsymbol{A}\|\frac{\|\delta\boldsymbol{b}\|}{\|\boldsymbol{b}\|}=\mathrm{cond}(\boldsymbol{A})\frac{\|\delta\boldsymbol{b}\|}{\|\boldsymbol{b}\|},$$

即解的误差上界 $\frac{\|\delta\boldsymbol{x}\|}{\|\boldsymbol{x}\|}$ 与列向量 $\boldsymbol{b}$ 的误差上界 $\frac{\|\delta\boldsymbol{b}\|}{\|\boldsymbol{b}\|}$ 的收缩比接近 $\mathrm{cond}(\boldsymbol{A})$。

另假定列向量 $\boldsymbol{b}$ 准确，系数矩阵 $\boldsymbol{A}$ 的小扰动 $\delta\boldsymbol{A}$ 满足 $\|\delta\boldsymbol{A}\|\ \|\boldsymbol{A}^{-1}\|<1$，此时由定理 5.1.11 及推论 5.1.3 知，$\boldsymbol{E}+\boldsymbol{A}^{-1}\delta\boldsymbol{A}$ 及 $\boldsymbol{A}+\delta\boldsymbol{A}$ 都可逆。设扰动方程的解为 $\boldsymbol{x}+\delta\boldsymbol{x}$，则

$$\begin{cases}(\boldsymbol{A}+\delta\boldsymbol{A})(\boldsymbol{x}+\delta\boldsymbol{x})=\boldsymbol{b}\\(\boldsymbol{A}+\delta\boldsymbol{A})\delta\boldsymbol{x}=-(\delta\boldsymbol{A})\boldsymbol{x}\end{cases},$$

由此可知

$$\delta\boldsymbol{x}=-(\boldsymbol{E}+\boldsymbol{A}^{-1}\delta\boldsymbol{A})^{-1}\boldsymbol{A}^{-1}(\delta\boldsymbol{A})\boldsymbol{x},$$

利用注 5.1.4 右端不等式有

$$\|\delta\boldsymbol{x}\|\leqslant\frac{\|\boldsymbol{A}^{-1}\|\ \|\delta\boldsymbol{A}\|\ \|\boldsymbol{x}\|}{1-\|\boldsymbol{A}^{-1}\delta\boldsymbol{A}\|}\leqslant\frac{\|\boldsymbol{A}^{-1}\|\ \|\delta\boldsymbol{A}\|\ \|\boldsymbol{x}\|}{1-\|\boldsymbol{A}^{-1}\|\ \|\delta\boldsymbol{A}\|},$$

从而

$$\frac{\|\delta\boldsymbol{x}\|}{\|\boldsymbol{x}\|}\leqslant\frac{\|\boldsymbol{A}^{-1}\|\ \|\boldsymbol{A}\|\ \dfrac{\|\delta\boldsymbol{A}|}{\|\boldsymbol{A}\|}}{1-\|\boldsymbol{A}^{-1}\|\ \|\boldsymbol{A}\|\ \dfrac{\|\delta\boldsymbol{A}|}{\|\boldsymbol{A}\|}},$$

即当系数矩阵 $\boldsymbol{A}$ 的小扰动 $\delta\boldsymbol{A}$ 满足 $\|\delta\boldsymbol{A}\|\ \|\boldsymbol{A}^{-1}\|<1$ 时，解的误差上界 $\frac{\|\delta\boldsymbol{x}\|}{\|\boldsymbol{x}\|}$ 与 $\boldsymbol{A}$ 的误差上界 $\frac{\|\delta\boldsymbol{A}\|}{\|\boldsymbol{A}\|}$ 的收缩比接近 $\mathrm{cond}(\boldsymbol{A})$。

以上分析表明，$\mathrm{cond}(\boldsymbol{A})$ 越小，由 $\boldsymbol{A}$ 或 $\boldsymbol{b}$ 的相对误差引起的解的相对误差就越小，即 $\mathrm{cond}(\boldsymbol{A})$ 刻画了解对原始数据变化的敏感程度。

5.2 矩阵序列与极限

因 $\mathbf{C}^{m\times n}$ 可作为赋范线性空间的特例，故由定义 5.1.2，我们有如下定义。

定义 5.2.1 设 $\{\boldsymbol{A}^{(k)}\}=\{[a_{ij}^{(k)}]\}$ 为 $\mathbf{C}^{m\times n}$ 中的矩阵序列，矩阵 $\boldsymbol{A}=[a_{ij}]\in\mathbf{C}^{m\times n}$，$\|\cdot\|$ 为 $\mathbf{C}^{m\times n}$ 上的范数，若

$$\lim_{k\to\infty}\|\boldsymbol{A}^{(k)}-\boldsymbol{A}\|=0,$$

则称 $\{\boldsymbol{A}^{(k)}\}$ **依范数** $\|\cdot\|$ **收敛于** $\boldsymbol{A}$，简称 $\{\boldsymbol{A}^{(k)}\}$ **收敛于** $\boldsymbol{A}$ 或 $\{\boldsymbol{A}^{(k)}\}$ 以 $\boldsymbol{A}$ 为**极限**，记作 $\lim\limits_{k\to\infty}\boldsymbol{A}^{(k)}=\boldsymbol{A}$。不收敛的矩阵序列 $\{\boldsymbol{A}^{(k)}\}$ 称为**发散的**。

注意到 $\mathbf{C}^{m\times n}$ 为有限维赋范线性空间，由推论 5.1.1 知，定义 5.2.1 中的范数可以选取为任一种范数，只要在一种范数意义下收敛即可。特别地，若选取例 5.1.2 中所定义的矩阵范数，则下面定理表明矩阵序列的极限可通过求解矩阵元素数列的极限来实现。

定理 5.2.1 设 $\{\boldsymbol{A}^{(k)}\}=\{[a_{ij}^{(k)}]\}$ 为 $\mathbf{C}^{m\times n}$ 中的矩阵序列，矩阵 $\boldsymbol{A}=[a_{ij}]\in\mathbf{C}^{m\times n}$，$\{\boldsymbol{A}^{(k)}\}$ 收敛于 $\boldsymbol{A}$ 当且仅当 $m\times n$ 个数列 $\{a_{ij}^{(k)}\}$ 都收敛，且

$$\lim_{k\to\infty}a_{ij}^{(k)}=a_{ij}\quad(i=1,2,\cdots,m;\ j=1,2,\cdots,n)。$$

证明 选取范数 $\|\boldsymbol{A}\|=\sum_{i=1}^{m}\sum_{j=1}^{n}|a_{ij}|$，先证明结论在此范数意义下成立。

必要性 若 $\{\boldsymbol{A}^{(k)}\}$ 依所选范数收敛于 $\boldsymbol{A}$，有

$$\lim_{k\to\infty}\|\boldsymbol{A}^{(k)}-\boldsymbol{A}\|=\lim_{k\to\infty}\sum_{i=1}^{m}\sum_{j=1}^{n}|a_{ij}^{(k)}-a_{ij}|=0,$$

则对每个 $i=1,2,\cdots,m$，$j=1,2,\cdots,n$，都有

$$\lim_{k\to\infty}|a_{ij}^{(k)}-a_{ij}|=0,$$

即

$$\lim_{k\to\infty}a_{ij}^{(k)}=a_{ij}\quad(i=1,2,\cdots,m;\ j=1,2,\cdots,n)。$$

充分性 设对每个 $i=1,2,\cdots,m$，$j=1,2,\cdots,n$，都有 $\lim\limits_{k\to\infty}a_{ij}^{(k)}=a_{ij}$ 成立，即

$$\lim_{k\to\infty}|a_{ij}^{(k)}-a_{ij}|=0\quad(i=1,2,\cdots,m;\ j=1,2,\cdots,n),$$

从而

$$\lim_{k\to\infty}\sum_{i=1}^{m}\sum_{j=1}^{n}|a_{ij}^{(k)}-a_{ij}|=0,$$

这时 $\lim\limits_{k\to\infty}\|\boldsymbol{A}^{(k)}-\boldsymbol{A}\|=0$。

以上所证表明定理对所取定的范数成立。现假定 $\|\cdot\|_A$ 为其他任一范数，由推论 5.1.1 知，存在常数 $c_1>0$，$c_2>0$，使得

$$c_1\|\boldsymbol{A}^{(k)}-\boldsymbol{A}\|\leqslant\|\boldsymbol{A}^{(k)}-\boldsymbol{A}\|_A\leqslant c_2\|\boldsymbol{A}^{(k)}-\boldsymbol{A}\|,$$

由 $\lim\limits_{k\to\infty}\|\boldsymbol{A}^{(k)}-\boldsymbol{A}\|=0$ 知，$\lim\limits_{k\to\infty}\|\boldsymbol{A}^{(k)}-\boldsymbol{A}\|_A=0$，即定理对任一范数都成立。

注 5.2.1 矩阵序列的收敛性具有如下基本性质：

(1) 收敛矩阵序列的极限是唯一的。

(2) 设 $\{\boldsymbol{A}^{(k)}\}$ 和 $\{\boldsymbol{B}^{(k)}\}$ 为 $\mathbf{C}^{m\times n}$ 中的矩阵序列，若 $\lim\limits_{k\to\infty}\boldsymbol{A}^{(k)}=\boldsymbol{A}$，$\lim\limits_{k\to\infty}\boldsymbol{B}^{(k)}=\boldsymbol{B}$，则对任意 c_1，$c_2\in\mathbf{C}$，有

$$\lim_{k\to\infty}(c_1\boldsymbol{A}^{(k)}+c_2\boldsymbol{B}^{(k)})=c_1\boldsymbol{A}+c_2\boldsymbol{B}。$$

(3) 设 $\{\boldsymbol{A}^{(k)}\}$ 为 $\mathbf{C}^{m\times n}$ 中的矩阵序列，$\{\boldsymbol{B}^{(k)}\}$ 为 $\mathbf{C}^{n\times l}$ 中的矩阵序列，若 $\lim\limits_{k\to\infty}\boldsymbol{A}^{(k)}=\boldsymbol{A}$，$\lim\limits_{k\to\infty}\boldsymbol{B}^{(k)}=\boldsymbol{B}$，则

$$\lim_{k\to\infty}\boldsymbol{A}^{(k)}\boldsymbol{B}^{(k)}=\boldsymbol{A}\boldsymbol{B}。$$

(4) 设 $\lim\limits_{k\to\infty}\boldsymbol{A}^{(k)}=\boldsymbol{A}$，则对任意可乘矩阵 $\boldsymbol{P}$ 和 $\boldsymbol{Q}$，有

$$\lim_{k\to\infty}\boldsymbol{P}\boldsymbol{A}^{(k)}\boldsymbol{Q}=\boldsymbol{P}\boldsymbol{A}\boldsymbol{Q}。$$

(5) 设$\{\boldsymbol{A}^{(k)}\}$为$\mathbf{C}^{n\times n}$中的矩阵序列且$\lim\limits_{k\to\infty}\boldsymbol{A}^{(k)}=\boldsymbol{A}$，若$\boldsymbol{A}^{(k)}$，$\boldsymbol{A}$都可逆，则

$$\lim_{k\to\infty}(\boldsymbol{A}^{(k)})^{-1}=\boldsymbol{A}^{-1}。$$

证明 性质(1)～(4)可通过定理5.2.1转化为相应的矩阵元素数列收敛性来验证。下面验证性质(5)，记$\mathrm{adj}(\boldsymbol{A}^{(k)})$为矩阵$\boldsymbol{A}^{(k)}$的伴随矩阵，$\mathrm{adj}(\boldsymbol{A}^{(k)})$的元素和$\det(\boldsymbol{A}^{(k)})$都为$\boldsymbol{A}^{(k)}$中元素的多项式，由多项式函数的连续性知

$$\lim_{k\to\infty}\mathrm{adj}(\boldsymbol{A}^{(k)})=\mathrm{adj}(\boldsymbol{A})，\lim_{k\to\infty}\det(\boldsymbol{A}^{(k)})=\det(\boldsymbol{A})，$$

从而

$$\lim_{k\to\infty}(\boldsymbol{A}^{(k)})^{-1}=\lim_{k\to\infty}\frac{\mathrm{adj}(\boldsymbol{A}^{(k)})}{\det(\boldsymbol{A}^{(k)})}=\frac{\mathrm{adj}(\boldsymbol{A})}{\det(\boldsymbol{A})}=\boldsymbol{A}^{-1}。$$

在矩阵分析中，经常需要考查一个由方阵的幂构成的矩阵序列$\{\boldsymbol{A}^k\}$。

定理 5.2.2 设$\boldsymbol{A}\in\mathbf{C}^{n\times n}$，若存在$\mathbf{C}^{n\times n}$上的某一种矩阵范数$\|\cdot\|$使得$\|\boldsymbol{A}\|<1$，则$\lim\limits_{k\to\infty}\boldsymbol{A}^k=\boldsymbol{0}$。

证明 由范数次乘性知，$\|\boldsymbol{A}^k\|\leqslant\|\boldsymbol{A}\|^k$，而$\lim\limits_{k\to\infty}\|\boldsymbol{A}\|^k=0$，从而得证。

定理 5.2.3 设$\boldsymbol{A}\in\mathbf{C}^{n\times n}$，则$\lim\limits_{k\to\infty}\boldsymbol{A}^k=\boldsymbol{0}$当且仅当$\rho(\boldsymbol{A})<1$。

证明 **必要性** 设λ为$\boldsymbol{A}$的任一特征值，$\boldsymbol{x}\neq\boldsymbol{0}$为$\boldsymbol{A}$的属于$\lambda$的特征向量，即$\lambda\boldsymbol{x}=\boldsymbol{A}\boldsymbol{x}$。因为$\lim\limits_{k\to\infty}\lambda^k\boldsymbol{x}=\lim\limits_{k\to\infty}\boldsymbol{A}^k\boldsymbol{x}=\boldsymbol{0}$，故$\lim\limits_{k\to\infty}\|\lambda^k\boldsymbol{x}\|=0$，从而$|\lambda|<1$。由$\lambda$的任意性知，$\rho(\boldsymbol{A})<1$。

充分性 若$\rho(\boldsymbol{A})<1$，则由定理5.1.9知，存在$\mathbf{C}^{n\times n}$上的某一种矩阵范数$\|\cdot\|$使得$\|\boldsymbol{A}\|<1$，进而由定理5.2.2有$\lim\limits_{k\to\infty}\boldsymbol{A}^k=\boldsymbol{0}$。

定义 5.2.2 设$\boldsymbol{A}\in\mathbf{C}^{n\times n}$，若$\lim\limits_{k\to\infty}\boldsymbol{A}^k=\boldsymbol{0}$，则称$\boldsymbol{A}$为**收敛矩阵**。

定义 5.2.3 设$\{\boldsymbol{A}^{(k)}\}=\{[a_{ij}^{(k)}]\}$为$\mathbf{C}^{m\times n}$中的矩阵序列，若存在常数$M>0$，使得对任意$k=1, 2, \cdots$，都有

$$|a_{ij}^{(k)}|\leqslant M\quad(i=1, \cdots, m; j=1, \cdots, n)$$

则称$\{\boldsymbol{A}^{(k)}\}$为有界矩阵序列。

推论 5.2.1 设$\boldsymbol{A}=[a_{ij}]\in\mathbf{C}^{n\times n}$，给定$\varepsilon>0$，则存在常数$M>0$(与$\boldsymbol{A}$及$\varepsilon$有关)，使得对任意$k=1, 2, \cdots$，都有

$$|a_{ij}^k|\leqslant M(\rho(\boldsymbol{A})+\varepsilon)^k, i, j=1, \cdots, n。$$

证明 令$\boldsymbol{A}_*=(\rho(\boldsymbol{A})+\varepsilon)^{-1}\boldsymbol{A}$，则$\rho(\boldsymbol{A}_*)<1$，进而由定理5.2.3知，$\boldsymbol{A}_*$为收敛矩阵，即$\lim\limits_{k\to\infty}\|\boldsymbol{A}_*^k\|=0$，进而由定理5.2.1知，矩阵序列$\{\boldsymbol{A}_*^k\}$有一个界$M$，此时对任意$k=1, 2, \cdots$，矩阵$\boldsymbol{A}^k$有一个界$M(\rho(\boldsymbol{A})+\varepsilon)^k$。

推论 5.2.2 设$\|\cdot\|$为$\mathbf{C}^{n\times n}$上的任一范数，则对任意$\boldsymbol{A}\in\mathbf{C}^{n\times n}$，有

$$\rho(\boldsymbol{A})=\lim_{k\to\infty}\|\boldsymbol{A}^k\|^{\frac{1}{k}}。$$

证明 由定理5.1.9知，$\rho^k(\boldsymbol{A})=\rho(\boldsymbol{A}^k)\leqslant\|\boldsymbol{A}^k\|$，从而对任一$k=1, 2, \cdots$，有

$$\rho(\boldsymbol{A})\leqslant\|\boldsymbol{A}^k\|^{\frac{1}{k}}。\tag{5.2.1}$$

对任意$\varepsilon>0$，因为$\boldsymbol{A}_*=(\rho(\boldsymbol{A})+\varepsilon)^{-1}\boldsymbol{A}$为收敛矩阵，所以$\lim\limits_{k\to\infty}\|\boldsymbol{A}_*^k\|=0$。于是存在正整数$K(\boldsymbol{A}, \varepsilon)$，使得对任意$k\geqslant K(\boldsymbol{A}, \varepsilon)$，有$\|\boldsymbol{A}_*^k\|<1$，从而

$$\|\boldsymbol{A}^k\|\leqslant(\rho(\boldsymbol{A})+\varepsilon)^k,$$

即

$$\|A^k\|^{\frac{1}{k}} \leqslant \rho(A) + \varepsilon。 \tag{5.2.2}$$

综合式(5.2.1)与式(5.2.2)得 $\rho(\boldsymbol{A}) = \lim\limits_{k\to\infty} \|\boldsymbol{A}^k\|^{\frac{1}{k}}$。

对给定的 n 阶方阵 $\boldsymbol{A}$，根据例 2.2.7，$\boldsymbol{A}^k$ 可以通过 $\boldsymbol{A}$ 的 Jordan 标准形来计算，由于 $\boldsymbol{A}^k = \boldsymbol{P}\boldsymbol{J}^k\boldsymbol{P}^{-1}$，所以只需判断 $\boldsymbol{J}^k$ 的收敛性。

【例 5.2.1】 求下列矩阵序列 $\{\boldsymbol{A}^k\}$ 的极限：

(1) $\boldsymbol{A} = \begin{bmatrix} 1 & 0 & 0 \\ 0 & 0.9 & 1 \\ 0 & 0 & 0.9 \end{bmatrix}$；(2) $\boldsymbol{A} = \begin{bmatrix} 0.2 & 0.7 \\ 0.6 & 0.1 \end{bmatrix}$；(3) $\boldsymbol{A} = \begin{bmatrix} 1 & 1 & 0 \\ 0 & 1 & 0 \\ 0 & -1 & 1 \end{bmatrix}$。

解　(1) $\boldsymbol{A}$ 为 Jordan 块矩阵，由例 2.2.7 知

$$\boldsymbol{A}^k = \begin{bmatrix} 1 & 0 & 0 \\ 0 & 0.9^k & k0.9^{k-1} \\ 0 & 0 & 0.9^k \end{bmatrix},$$

由于 $\lim\limits_{k\to\infty} 0.9^k = 0$，$\lim\limits_{k\to\infty} k0.9^{k-1} = 0$，故

$$\lim_{k\to\infty} \boldsymbol{A}^k = \begin{bmatrix} 1 & 0 & 0 \\ 0 & 0 & 0 \\ 0 & 0 & 0 \end{bmatrix},$$

根据定义 5.2.2，$\boldsymbol{A}$ 不为收敛矩阵。

(2) 因 $\|\boldsymbol{A}\|_1 = 0.8 < 1$，故由定理 5.2.2 知，$\lim\limits_{k\to\infty} \boldsymbol{A}^k = \boldsymbol{0}$，即 $\boldsymbol{A}$ 为收敛矩阵。

(3) 由于 $\boldsymbol{A}$ 的特征值为 $\lambda_1 = \lambda_2 = \lambda_3 = 1$，且当 $\lambda = 1$ 时，$\boldsymbol{A}$ 存在两个线性无关的特征向量 $\boldsymbol{x}_1 = [1, 0, 0]^{\mathrm{T}}$，$\boldsymbol{x}_2 = [0, 0, 1]^{\mathrm{T}}$，故 $\boldsymbol{A}$ 的 Jordan 标准形为

$$\boldsymbol{J} = \begin{bmatrix} 1 & 0 & 0 \\ 0 & 1 & 1 \\ 0 & 0 & 1 \end{bmatrix},$$

从而

$$\boldsymbol{J}^k = \begin{bmatrix} 1 & 0 & 0 \\ 0 & 1 & k \\ 0 & 0 & 1 \end{bmatrix},$$

显然 $\lim\limits_{k\to\infty} \boldsymbol{J}^k = \infty$，所以 $\boldsymbol{A}^k$ 发散。

作为定理 5.2.3 的一个直接应用，我们来考查线性方程组 $\boldsymbol{A}\boldsymbol{x} = \boldsymbol{b}$ 定常迭代法的收敛性，假定 $\boldsymbol{A}$ 为 n 阶可逆矩阵。

迭代法的基本思想就是将求解 $\boldsymbol{A}\boldsymbol{x} = \boldsymbol{b}$ 转化为求解线性方程组

$$\boldsymbol{x} = \boldsymbol{B}\boldsymbol{x} + \boldsymbol{f}, \tag{5.2.3}$$

式中，$\boldsymbol{B}$ 为 n 阶矩阵，$\boldsymbol{f}$ 为 n 维常值列向量，从而可构造定常迭代法，即给定初始向量 $\boldsymbol{x}^{(0)}$，按照如下格式迭代：

$$\boldsymbol{x}^{(k+1)} = \boldsymbol{B}\boldsymbol{x}^{(k)} + \boldsymbol{f},\ k = 0, 1, \cdots, \tag{5.2.4}$$

从而得到一向量序列 $\{\boldsymbol{x}^{(k)}\}$，我们自然希望 $\boldsymbol{x}^{(k)}$ 能够收敛到方程组(5.2.3)的解。

定理 5.2.4 设有线性方程组(5.2.3)及定常迭代法(式(5.2.4))，对任意选取初始向量 $\boldsymbol{x}^{(0)}$，迭代法(式(5.2.4))产生的向量序列$\{\boldsymbol{x}^{(k)}\}$收敛到线性方程组(5.2.3)的解 $\boldsymbol{x}_*$，当且仅当矩阵 $\rho(\boldsymbol{B})<1$。

证明　充分性 因 $\rho(\boldsymbol{B})<1$，故易知线性方程组$(\boldsymbol{E}-\boldsymbol{B})\boldsymbol{x}=\boldsymbol{f}$ 有唯一解 $\boldsymbol{x}_*$，则

$$\boldsymbol{x}_*=\boldsymbol{B}\boldsymbol{x}_*+\boldsymbol{f},$$

由上式及式(5.2.4)，可得误差向量为

$$\boldsymbol{\varepsilon}^{(k)}=\boldsymbol{x}^{(k)}-\boldsymbol{x}_*=\boldsymbol{B}(\boldsymbol{x}^{(k-1)}-\boldsymbol{x}_*)=\boldsymbol{B}^2(\boldsymbol{x}^{(k-2)}-\boldsymbol{x}_*)=\cdots=\boldsymbol{B}^k\boldsymbol{\varepsilon}^{(0)},$$

$$\boldsymbol{\varepsilon}^{(0)}=\boldsymbol{x}^{(0)}-\boldsymbol{x}_*,$$

由 $\rho(\boldsymbol{B})<1$ 及定理 5.2.3 知，$\lim\limits_{k\to\infty}\boldsymbol{B}^k=\boldsymbol{0}$，即有$\lim\limits_{k\to\infty}\|\boldsymbol{B}^k\|=0$，于是对任意 $\boldsymbol{x}^{(0)}$，有

$$\lim_{k\to\infty}\|\boldsymbol{\varepsilon}^{(k)}\|=\|\boldsymbol{x}^{(k)}-\boldsymbol{x}_*\|=0,$$

即

$$\lim_{k\to\infty}\boldsymbol{x}^{(k)}=\boldsymbol{x}_*。$$

必要性 设对任意 $\boldsymbol{x}^{(0)}$有

$$\lim_{k\to\infty}\boldsymbol{x}^{(k)}=\boldsymbol{x}_*,$$

式中，$\boldsymbol{x}^{(k+1)}=\boldsymbol{B}\boldsymbol{x}^{(k)}+\boldsymbol{f}$，则易验证 $\boldsymbol{x}_*$ 满足

$$\boldsymbol{x}_*=\boldsymbol{B}\boldsymbol{x}_*+\boldsymbol{f},$$

且对任意 $\boldsymbol{x}^{(0)}$有

$$\lim_{k\to\infty}\|\boldsymbol{\varepsilon}^{(k)}\|=\lim_{k\to\infty}\|\boldsymbol{x}^{(k)}-\boldsymbol{x}_*\|=\lim_{k\to\infty}\|\boldsymbol{B}^k\varepsilon^{(0)}\|=0,$$

从而

$$\lim_{k\to\infty}\|\boldsymbol{B}^k\|=0,$$

故$\lim\limits_{k\to\infty}\boldsymbol{B}^k=\boldsymbol{0}$，再由定理 5.2.3 知，$\rho(\boldsymbol{B})<1$。

若存在矩阵 $\boldsymbol{B}$ 的某种范数使得$\|\boldsymbol{B}\|<1$，则由定理 5.1.9 及定理 5.2.3 可得定常迭代法(式(5.2.4))收敛的充分性条件。

5.3 矩阵级数

一、矩阵级数

定义 5.3.1 设$\{\boldsymbol{A}^{(k)}\}=\{[a_{ij}^{(k)}]\}$为 $\mathbf{C}^{m\times n}$ 中的矩阵序列，若 $m\times n$ 个常数项级数

$$\sum_{k=0}^{\infty}a_{ij}^{(k)}=a_{ij}^{(1)}+a_{ij}^{(2)}+\cdots+a_{ij}^{(k)}+\cdots\quad(i=1,2,\cdots,m;\ j=1,2,\cdots,n)\tag{5.3.1}$$

都收敛时，称**矩阵级数**

$$\sum_{k=1}^{\infty}\boldsymbol{A}^{(k)}=\boldsymbol{A}^{(1)}+\boldsymbol{A}^{(2)}+\cdots+\boldsymbol{A}^{(k)}+\cdots\tag{5.3.2}$$

收敛，不收敛的矩阵级数称为**发散**的。若 $m\times n$ 个常数项级数(5.3.1)都绝对收敛，则称矩阵级数(5.3.2)**绝对收敛**。若常数项级数(5.3.1)的和为 s_{ij}，则矩阵级数(5.3.2)的和为 $\boldsymbol{S}=$

$[s_{ij}]_{m\times n}$，记作 $\boldsymbol{S}=\sum_{i=1}^{\infty}\boldsymbol{A}^{(i)}$。

注 5.3.1　可利用矩阵级数部分和序列收敛的方式来定义矩阵级数的收敛性。若矩阵级数(5.3.2)部分和 $\boldsymbol{S}^{(k)}=\sum_{i=1}^{k}\boldsymbol{A}^{(i)}$ 构成的矩阵序列 $\{\boldsymbol{S}^{(k)}\}$ 收敛于 $\boldsymbol{S}$，即

$$\lim_{k\to\infty}\boldsymbol{S}^{(k)}=\boldsymbol{S},$$

则称矩阵级数(5.3.2)收敛，记作 $\boldsymbol{S}=\sum_{i=1}^{\infty}\boldsymbol{A}^{(i)}$。

注 5.3.2　由矩阵级数收敛的定义及数项级数的性质，易验证下列性质成立：

(1) 若矩阵级数 $\sum_{k=1}^{\infty}\boldsymbol{A}^{(k)}$ 收敛，则 $\lim_{k\to\infty}\boldsymbol{A}^{(k)}=\boldsymbol{0}$。

(2) 若 $\sum_{k=1}^{\infty}\boldsymbol{A}^{(k)}=\boldsymbol{S}$，$\sum_{k=1}^{\infty}\boldsymbol{B}^{(k)}=\underline{\boldsymbol{S}}$，则 $\sum_{k=1}^{\infty}[\boldsymbol{A}^{(k)}\pm\boldsymbol{B}^{(k)}]=\boldsymbol{S}\pm\underline{\boldsymbol{S}}$。

(3) $\sum_{k=1}^{\infty}\boldsymbol{A}^{(k)}=\boldsymbol{S}$，则对任一 $c\in\mathbf{C}$，$\sum_{k=1}^{\infty}c\boldsymbol{A}^{(k)}=c\boldsymbol{S}$。

(4) 若矩阵级数(5.3.2)绝对收敛，则它一定收敛，且级数(5.3.2)在任意改变各项的次序后仍然收敛，其和也保持不变。

定理 5.3.1　矩阵级数 $\sum_{k=1}^{\infty}\boldsymbol{A}^{(k)}$ 绝对收敛当且仅当正项级数 $\sum_{k=1}^{\infty}\|\boldsymbol{A}^{(k)}\|$ 收敛，其中 $\|\cdot\|$ 为任何一种矩阵范数。

证明　记 $\boldsymbol{A}^{(k)}=[a_{ij}^{(k)}]\in\mathbf{C}^{m\times n}$。选取矩阵范数 $\|\boldsymbol{A}^{(k)}\|_{l_1}=\sum_{i=1}^{m}\sum_{j=1}^{n}|a_{ij}^{(k)}|$。

充分性　若正项级数 $\sum_{k=1}^{\infty}\|\boldsymbol{A}^{(k)}\|$ 收敛，则 $\sum_{k=1}^{\infty}\|\boldsymbol{A}^{(k)}\|_{l_1}$ 也收敛。因为

$$|a_{ij}^{(k)}|\leqslant\|\boldsymbol{A}^{(k)}\|_{l_1}\quad(i=1,2,\cdots,m;\ j=1,2,\cdots,n),$$

所以对每一个 i，j，常数项级数 $\sum_{k=1}^{\infty}\left|a_{ij}^{(k)}\right|$ 都收敛，因而矩阵级数 $\sum_{k=1}^{\infty}\boldsymbol{A}^{(k)}$ 绝对收敛。

必要性　若矩阵级数 $\sum_{k=1}^{\infty}\boldsymbol{A}^{(k)}$ 绝对收敛，则存在常数 $M>0$，使得

$$\sum_{k=1}^{N}|a_{ij}^{(k)}|<M\quad(i=1,2,\cdots,m;\ j=1,2,\cdots,n)。$$

于是有

$$\sum_{k=1}^{N}\|\boldsymbol{A}^{(k)}\|_{l_1}=\sum_{k=1}^{N}\sum_{i=1}^{m}\sum_{j=1}^{n}|a_{ij}^{(k)}|<mnM,$$

从而正项级数 $\sum_{k=1}^{\infty}\|\boldsymbol{A}^{(k)}\|_{l_1}$ 收敛。由矩阵范数的等价性及正项级数的比较判别法可知，正项级数 $\sum_{k=1}^{\infty}\|\boldsymbol{A}^{(k)}\|$ 收敛。

推论 5.3.1　若矩阵级数 $\sum_{k=1}^{\infty}\boldsymbol{A}^{(k)}$ 收敛(或绝对收敛)，则对任意可乘矩阵 $\boldsymbol{P}$ 和 $\boldsymbol{Q}$，矩阵

级数 $\sum\limits_{k=1}^{\infty} \boldsymbol{PA}^{(k)}\boldsymbol{Q}$ 收敛(或绝对收敛)，且

$$\sum_{k=1}^{\infty} \boldsymbol{PA}^{(k)}\boldsymbol{Q}=\boldsymbol{P}\Big(\sum_{k=1}^{\infty} \boldsymbol{A}^{(k)}\Big)\boldsymbol{Q}。\tag{5.3.3}$$

证明 记 $\boldsymbol{S}=\sum\limits_{k=1}^{\infty} \boldsymbol{A}^{(k)}$，$\boldsymbol{S}^{(N)}=\sum\limits_{k=1}^{N} \boldsymbol{A}^{(k)}$，则有

$$\lim_{N\to\infty} \boldsymbol{PS}^{(N)}\boldsymbol{Q}=\boldsymbol{PSQ},$$

因而矩阵级数 $\sum\limits_{k=1}^{\infty} \boldsymbol{PA}^{(k)}\boldsymbol{Q}$ 收敛，且有式(5.3.3)成立。

若矩阵级数 $\sum\limits_{k=1}^{\infty} \boldsymbol{A}^{(k)}$ 绝对收敛，则由定理 5.3.1 知，对任意矩阵范数 $\|\cdot\|$，正项级数 $\sum\limits_{k=1}^{\infty} \|\boldsymbol{A}^{(k)}\|$ 收敛。因为

$$\|\boldsymbol{PA}^{(k)}\boldsymbol{Q}\| \leqslant \|\boldsymbol{P}\|\,\|\boldsymbol{A}^{(k)}\|\,\|\boldsymbol{Q}\| \leqslant \boldsymbol{C}\|\boldsymbol{A}^{(k)}\|,$$

式中，$\boldsymbol{C}=\|\boldsymbol{P}\|\,\|\boldsymbol{Q}\|$ 与 k 无关，从而正项级数 $\sum\limits_{k=1}^{\infty} \|\boldsymbol{PA}^{(k)}\boldsymbol{Q}\|$ 也收敛。再由定理5.3.1知级数 $\sum\limits_{k=1}^{\infty} \boldsymbol{PA}^{(k)}\boldsymbol{Q}$ 收敛。

推论 5.3.2 设 $\mathbf{C}^{n\times n}$ 中的两个矩阵级数

$$\boldsymbol{S}_1:\ \boldsymbol{A}^{(1)}+\boldsymbol{A}^{(2)}+\cdots+\boldsymbol{A}^{(k)}+\cdots$$

$$\boldsymbol{S}_2:\ \boldsymbol{B}^{(1)}+\boldsymbol{B}^{(2)}+\cdots+\boldsymbol{B}^{(k)}+\cdots$$

都绝对收敛，且其和分别为 $\boldsymbol{A}$ 和 $\boldsymbol{B}$，则矩阵级数 S_1 与 S_2 按项相乘(即柯西乘积)所得的矩阵级数

$$\begin{aligned}S_3:\ &\boldsymbol{A}^{(1)}\boldsymbol{B}^{(1)}+(\boldsymbol{A}^{(1)}\boldsymbol{B}^{(2)}+\boldsymbol{A}^{(2)}\boldsymbol{B}^{(1)})+(\boldsymbol{A}^{(1)}\boldsymbol{B}^{(3)}+\boldsymbol{A}^{(2)}\boldsymbol{B}^{(2)}+\boldsymbol{A}^{(3)}\boldsymbol{B}^{(1)})+\cdots+\\&(\boldsymbol{A}^{(1)}\boldsymbol{B}^{(k)}+\boldsymbol{A}^{(2)}\boldsymbol{B}^{(k-1)}+\cdots+\boldsymbol{A}^{(k)}\boldsymbol{B}^{(1)})+\cdots\\=&\sum_{k=1}^{\infty}\sum_{i=1}^{k}\boldsymbol{A}^{(i)}\boldsymbol{B}^{(k+1-i)}\end{aligned}$$

也绝对收敛，且和为 $\boldsymbol{AB}$。

证明 与矩阵级数 $\boldsymbol{S}_3$ 对应的正项级数为 $\sum\limits_{k=1}^{\infty}\Big\|\sum\limits_{i=1}^{k}\boldsymbol{A}^{(i)}\boldsymbol{B}^{(k+1-i)}\Big\|$，对此正项级数的通项运用范数三角不等式及次乘性，可得到如下控制级数：

$$\begin{aligned}S_4:\ \sum_{k=1}^{\infty}\sum_{i=1}^{k}\|\boldsymbol{A}^{(i)}\|\,\|\boldsymbol{B}^{(k+1-i)}\| = &\|\boldsymbol{A}^{(1)}\|\,\|\boldsymbol{B}^{(1)}\|+(\|\boldsymbol{A}^{(1)}\|\,\|\boldsymbol{B}^{(2)}\|+\\&\|\boldsymbol{A}^{(2)}\|\,\|\boldsymbol{B}^{(1)}\|)+\cdots+\\&\Big(\sum_{i=1}^{k}\|\boldsymbol{A}^{(i)}\|\,\|\boldsymbol{B}^{(k+1-i)}\|\Big)+\cdots。\end{aligned}$$

因 S_1 与 S_2 绝对收敛，由定理 5.3.1 知正项级数 $\sum\limits_{k=1}^{\infty}\|\boldsymbol{A}^{(k)}\|$ 与 $\sum\limits_{k=1}^{\infty}\|\boldsymbol{B}^{(k)}\|$ 收敛，于是根据正项级数知识得正项级数 S_4 收敛，从而正项级数 $\sum\limits_{k=1}^{\infty}\Big\|\sum\limits_{i=1}^{k}\boldsymbol{A}^{(i)}\boldsymbol{B}^{(k+1-i)}\Big\|$ 也收敛，再根据定理

5.3.1 知，矩阵级数 S_3 绝对收敛。

由注 5.3.2(4)知，可将矩阵级数 S_3 的各项重新排序成为

$$S_3: \boldsymbol{A}^{(1)}\boldsymbol{B}^{(1)} + (\boldsymbol{A}^{(1)}\boldsymbol{B}^{(2)} + \boldsymbol{A}^{(2)}\boldsymbol{B}^{(2)} + \boldsymbol{A}^{(2)}\boldsymbol{B}^{(1)}) + \cdots + \left(\sum_{i=1}^{k}\boldsymbol{A}^{(i)}\sum_{j=1}^{k}\boldsymbol{B}^{(j)} - \sum_{i=1}^{k-1}\boldsymbol{A}^{(i)}\sum_{j=1}^{k-1}\boldsymbol{B}^{(j)}\right) + \cdots,$$

记矩阵级数 S_1 与 S_2 的前 k 项和分别为 $\boldsymbol{S}_1^{(k)}$ 与 $\boldsymbol{S}_2^{(k)}$，由上式知 S_3 的部分和序列为

$$\boldsymbol{S}_1^{(1)}\boldsymbol{S}_2^{(1)},\ \boldsymbol{S}_1^{(2)}\boldsymbol{S}_2^{(2)},\ \cdots,\ \boldsymbol{S}_1^{(k)}\boldsymbol{S}_2^{(k)},\ \cdots$$

于是

$$\lim_{k\to\infty}\boldsymbol{S}_3^{(k)} = \lim_{k\to\infty}(\boldsymbol{S}_1^{(k)}\boldsymbol{S}_2^{(k)}) = \lim_{k\to\infty}\boldsymbol{S}_1^{(k)}\lim_{k\to\infty}\boldsymbol{S}_2^{(k)}) = \boldsymbol{AB},$$

此即表明矩阵级数 $\boldsymbol{S}_3$ 的和为 $\boldsymbol{AB}$。

二、矩阵幂级数

定义 5.3.2　设矩阵 $\boldsymbol{A}\in\mathbf{C}^{n\times n}$，称形如

$$\sum_{k=0}^{\infty}c_k\boldsymbol{A}^k = c_0\boldsymbol{E} + c_1\boldsymbol{A} + c_2\boldsymbol{A}^2 + \cdots + c_k\boldsymbol{A}^k + \cdots$$

的矩阵级数为**矩阵幂级数**，式中 $c_i\in\mathbf{C}$，$i=0, 1, 2, \cdots$。

将定理 5.3.1 应用到上述定义的矩阵幂级数上，便得如下结论。

定理 5.3.2　设矩阵 $\boldsymbol{A}\in\mathbf{C}^{n\times n}$，若 $\boldsymbol{A}$ 的某一种范数 $\|\boldsymbol{A}\|$ 在幂级数 $\sum_{k=0}^{\infty}c_k z^k$ 的收敛域内，则矩阵幂级数

$$\sum_{k=0}^{\infty}c_k\boldsymbol{A}^k = c_0\boldsymbol{E} + c_1\boldsymbol{A} + c_2\boldsymbol{A}^2 + \cdots + c_k\boldsymbol{A}^k + \cdots$$

绝对收敛。

【例 5.3.1】　设矩阵

$$\boldsymbol{A} = \begin{bmatrix} 0.2 & 0.4 & 0.2 \\ 0.1 & 0.5 & 0.3 \\ 0.3 & 0.4 & 0.2 \end{bmatrix},$$

则矩阵幂级数 $\boldsymbol{E}+\boldsymbol{A}+\boldsymbol{A}^2+\cdots+\boldsymbol{A}^k+\cdots$ 绝对收敛。

证明　因幂级数 $\sum_{k=0}^{\infty}z^k$ 的收敛半径为 1，而 $\|\boldsymbol{A}\|_\infty = 0.9 < 1$，故由定理 5.3.2 知，矩阵幂级数 $\boldsymbol{E}+\boldsymbol{A}+\boldsymbol{A}^2+\cdots+\boldsymbol{A}^k+\cdots$ 绝对收敛。

注意到定理 5.3.2 依赖于矩阵范数的选择，若在例 5.3.1 中选取其他范数，如 $\|\boldsymbol{A}\|_1 = 1.3 > 1$，此时不在幂级数 $\sum_{k=0}^{\infty}z^k$ 的收敛域内，从而我们无法判定矩阵幂级数是否绝对收敛。为此，我们给出如下定理。

定理 5.3.3　设幂级数 $\sum_{k=0}^{\infty}c_k z^k$ 的收敛半径为 r。若 $\boldsymbol{A}\in\mathbf{C}^{n\times n}$ 满足 $\rho(\boldsymbol{A}) < r$，则矩阵幂级数 $\sum_{k=0}^{\infty}c_k\boldsymbol{A}^k$ 绝对收敛；若 $\rho(\boldsymbol{A}) > r$，则矩阵幂级数 $\sum_{k=0}^{\infty}c_k\boldsymbol{A}^k$ 发散。

证明 设矩阵 $\boldsymbol{A}$ 的 Jordan 标准形为 $\boldsymbol{J}$，则存在 n 阶可逆矩阵 $\boldsymbol{P}$，使得

$$\boldsymbol{A}=\boldsymbol{PJP}^{-1}=\boldsymbol{P}\mathrm{diag}[\boldsymbol{J}_1(\lambda_1),\ \boldsymbol{J}_2(\lambda_2),\ \cdots,\ \boldsymbol{J}_r(\lambda_r)]\boldsymbol{P}^{-1},$$

式中

$$\boldsymbol{J}_i(\lambda_i)=\begin{bmatrix}\lambda_i & 1 & & \\ & \ddots & \ddots & \\ & & \ddots & 1 \\ & & & \lambda_i\end{bmatrix}_{d_i\times d_i},$$

从而

$$\boldsymbol{A}^k=\boldsymbol{PJP}^{-1}=\boldsymbol{P}\mathrm{diag}[\boldsymbol{J}_1^k(\lambda_1),\ \boldsymbol{J}_2^k(\lambda_2),\ \cdots,\ \boldsymbol{J}_r^k(\lambda_r)]\boldsymbol{P}^{-1},$$

式中

$$\boldsymbol{J}_i^k(\lambda_i)=\begin{bmatrix}\lambda_i^k & C_k^1\lambda_i^{k-1} & \cdots & C_k^{d_i-1}\lambda_i^{k-d_i+1} \\ & \lambda_i^k & \ddots & \vdots \\ & & \ddots & C_k^1\lambda_i^{k-1} \\ & & & \lambda_i^k\end{bmatrix}_{d_i\times d_i},$$

进而

$$\begin{aligned}\sum_{k=0}^{\infty}c_k\boldsymbol{A}^k&=\sum_{k=0}^{\infty}c_k(\boldsymbol{PJ}^k\boldsymbol{P}^{-1})=\boldsymbol{P}\Big(\sum_{k=0}^{\infty}c_k\boldsymbol{J}^k\Big)\boldsymbol{P}^{-1}\\ &=\boldsymbol{P}\mathrm{diag}\Big[\sum_{k=0}^{\infty}c_k\boldsymbol{J}_1^k(\lambda_1),\ \sum_{k=0}^{\infty}c_k\boldsymbol{J}_2^k(\lambda_2),\ \cdots,\ \sum_{k=0}^{\infty}c_k\boldsymbol{J}_r^k(\lambda_r)\Big]\boldsymbol{P}^{-1},\end{aligned}$$

式中

$$\sum_{k=0}^{\infty}c_k\boldsymbol{J}_i^k(\lambda_i)=\begin{bmatrix}\sum\limits_{k=0}^{\infty}c_k\lambda_i^k & \sum\limits_{k=0}^{\infty}c_kC_k^1\lambda_i^{k-1} & \cdots & \sum\limits_{k=0}^{\infty}c_kC_k^{d_i-1}\lambda_i^{k-d_i+1} \\ & \sum\limits_{k=0}^{\infty}c_k\lambda_i^k & \ddots & \vdots \\ & & \ddots & \sum\limits_{k=0}^{\infty}c_kC_k^1\lambda_i^{k-1} \\ & & & \sum\limits_{k=0}^{\infty}c_k\lambda_i^k\end{bmatrix}_{d_i\times d_i},$$

$$C_k^l=\frac{k(k-1)\cdots(k-l+1)}{l!}\quad(k\geqslant l),\ C_k^l=0\quad(k<l)。$$

当 $\rho(\boldsymbol{A})<r$ 时，幂级数 $\sum\limits_{k=0}^{\infty}c_k\lambda_i^k$，$\sum\limits_{k=0}^{\infty}c_kC_k^1\lambda_i^{k-1}$，…，$\sum\limits_{k=0}^{\infty}c_kC_k^{d_i-1}\lambda_i^{k-d_i+1}$ 都绝对收敛，故矩阵幂级数 $\sum\limits_{k=0}^{\infty}c_k\boldsymbol{A}^k$ 绝对收敛；当 $\rho(\boldsymbol{A})>r$ 时，幂级数 $\sum\limits_{k=0}^{\infty}c_k\lambda_i^k$ 发散，故矩阵幂级数 $\sum\limits_{k=0}^{\infty}c_k\boldsymbol{A}^k$发散。

注 5.3.3 当 $\rho(\boldsymbol{A})=r$ 时，定理 5.3.3 不再适用，此时需用定义 5.3.1 来验证矩阵幂级数的敛散性。

推论 5.3.3　若幂级数 $\sum_{k=0}^{\infty} c_k z^k$ 在整个复平面上收敛，则对任意 $\boldsymbol{A} \in \mathbf{C}^{n\times n}$，矩阵幂级数 $\sum_{k=0}^{\infty} c_k \boldsymbol{A}^k$ 总是绝对收敛。

定理 5.3.4　设 $\boldsymbol{A} \in \mathbf{C}^{n\times n}$，则矩阵幂级数

$$\sum_{k=0}^{\infty} \boldsymbol{A}^k = \boldsymbol{E} + \boldsymbol{A} + \boldsymbol{A}^2 + \cdots + \boldsymbol{A}^k + \cdots$$

绝对收敛当且仅当 $\rho(\boldsymbol{A})<1$(即 $\boldsymbol{A}$ 为收敛矩阵)，且收敛时其和为 $(\boldsymbol{E}-\boldsymbol{A})^{-1}$。

证明　因幂级数 $\sum_{k=0}^{\infty} z^k$ 的收敛半径 $r=1$，故由定理 5.3.3 知，当 $\rho(\boldsymbol{A})<1$ 时，矩阵幂级数 $\sum_{k=0}^{\infty} \boldsymbol{A}^k = \boldsymbol{E} + \boldsymbol{A} + \boldsymbol{A}^2 + \cdots + \boldsymbol{A}^k + \cdots$ 绝对收敛。反过来，若所给矩阵幂级数 $\sum_{k=0}^{\infty} \boldsymbol{A}^k$ 绝对收敛，则由定理 5.3.1 知，正项级数 $\sum_{k=0}^{\infty} \|\boldsymbol{A}^k\|$ 收敛，于是有 $\lim_{k\to\infty} \|\boldsymbol{A}^k\| = 0$，从而 $\lim_{k\to\infty} \boldsymbol{A}^k = \boldsymbol{0}$，再由定理 5.2.3 可得 $\rho(\boldsymbol{A})<1$。

因已证 $\sum_{k=0}^{\infty} \boldsymbol{A}^k$ 绝对收敛时有 $\rho(\boldsymbol{A})<1$，故 $\lim_{k\to\infty} \boldsymbol{A}^k = \boldsymbol{0}$ 且 $\boldsymbol{E}-\boldsymbol{A}$ 的特征值均不为零，即 $\boldsymbol{E}-\boldsymbol{A}$ 可逆。由于

$$\sum_{k=0}^{m} \boldsymbol{A}^k (\boldsymbol{E}-\boldsymbol{A}) = \boldsymbol{E} - \boldsymbol{A}^{m+1},$$

从而

$$\sum_{k=0}^{m} \boldsymbol{A}^k = (\boldsymbol{E}-\boldsymbol{A})^{-1} - \boldsymbol{A}^{m+1}(\boldsymbol{E}-\boldsymbol{A})^{-1},$$

又因为 $\lim_{m\to\infty} \boldsymbol{A}^{m+1}(\boldsymbol{E}-\boldsymbol{A})^{-1} = \boldsymbol{0}$，所以由上式有

$$\sum_{k=0}^{\infty} \boldsymbol{A}^k = \lim_{m\to\infty} \sum_{k=0}^{m} \boldsymbol{A}^k = (\boldsymbol{E}-\boldsymbol{A})^{-1}。$$

定理 5.3.5　设 $\|\cdot\|$ 为 $\mathbf{C}^{m\times n}$ 上的某一种范数，若 $\boldsymbol{A} \in \mathbf{C}^{n\times n}$ 且满足 $\|\boldsymbol{A}\|<1$，则对任意非负整数 m，有

$$\left\|(\boldsymbol{E}-\boldsymbol{A})^{-1} - \sum_{k=0}^{m} \boldsymbol{A}^k\right\| \leqslant \frac{\|\boldsymbol{A}\|^{m+1}}{1-\|\boldsymbol{A}\|}。\tag{5.3.4}$$

证明　因 $\|\boldsymbol{A}\|<1$，故由定理 5.1.9 知 $\rho(\boldsymbol{A})<1$，进而由定理 5.3.4 有

$$(\boldsymbol{E}-\boldsymbol{A})^{-1} - \sum_{k=0}^{m} \boldsymbol{A}^k = \sum_{k=m+1}^{\infty} \boldsymbol{A}^k。\tag{5.3.5}$$

又因为对任一 $l=1, 2, \cdots$，有

$$\left\|\sum_{k=m+1}^{m+l} \boldsymbol{A}^k\right\| \leqslant \sum_{k=m+1}^{m+l} \|\boldsymbol{A}\|^k = \frac{\|\boldsymbol{A}\|^{m+1}}{1-\|\boldsymbol{A}\|}(1-\|\boldsymbol{A}\|^l),$$

则由赋范线性空间上范数关于向量的连续性及 $\lim_{l\to\infty} \|\boldsymbol{A}\|^l = 0$($\|\boldsymbol{A}\|<1$)，有

$$\left\|\sum_{k=m+1}^{\infty} \boldsymbol{A}^k\right\| = \lim_{l\to\infty} \left\|\sum_{k=m+1}^{m+l} \boldsymbol{A}^k\right\| \leqslant \frac{\|\boldsymbol{A}\|^{m+1}}{1-\|\boldsymbol{A}\|},$$

考虑到式(5.3.5)，我们可得式(5.3.4)。证毕。

由此可见，式(5.3.4)给出了用有限和 $\sum_{k=0}^{m}\boldsymbol{A}^k$ 去近似矩阵幂级数 $\sum_{k=0}^{\infty}\boldsymbol{A}^k$ 时的绝对误差上限估计值。

【例 5.3.2】 设矩阵

$$\boldsymbol{A}=\begin{bmatrix}\frac{1}{6} & -\frac{1}{3}\\ -\frac{4}{3} & \frac{1}{6}\end{bmatrix},$$

判别矩阵幂级数 $\sum_{k=0}^{\infty}\boldsymbol{A}^k$ 的敛散性。

解 通过计算可得 $\boldsymbol{A}$ 的两个特征值分别为 $\lambda_1=\frac{5}{6}$，$\lambda_2=\frac{-1}{2}$，因此 $\boldsymbol{A}$ 的谱半径 $\rho(\boldsymbol{A})=\frac{5}{6}<1$。又因为幂级数 $\sum_{k=0}^{\infty}z^k$ 的收敛半径 $r=1$，故矩阵幂级数 $\sum_{k=0}^{\infty}\boldsymbol{A}^k$ 绝对收敛，并且由定理 5.3.4 知，其和可以通过 $(\boldsymbol{E}-\boldsymbol{A})^{-1}$ 来计算。

【例 5.3.3】 设矩阵

$$\boldsymbol{A}=\begin{bmatrix}2 & -1 & -1\\ 2 & -1 & -2\\ -1 & 1 & 2\end{bmatrix},$$

判别矩阵幂级数 $\sum_{k=1}^{\infty}\frac{1}{k}\boldsymbol{A}^k$ 的敛散性。

解 通过计算可得矩阵 $\boldsymbol{A}$ 的特征值 $\lambda_1=\lambda_2=\lambda_3=1$，因此 $\boldsymbol{A}$ 的谱半径 $\rho(\boldsymbol{A})=1$，而幂级数 $\sum_{k=1}^{\infty}\frac{1}{k}z^k$ 的收敛半径 $r=1$，故不能用定理 5.3.3 来判别 $\boldsymbol{A}$ 定义的矩阵幂级数 $\sum_{k=1}^{\infty}\frac{1}{k}\boldsymbol{A}^k$ 的敛散性。此时可借助 $\boldsymbol{A}$ 的 Jordan 标准形直接利用定义 5.3.1 来判别矩阵幂级数 $\sum_{k=1}^{\infty}\frac{1}{k}\boldsymbol{A}^k$ 的敛散性。由例 2.2.1 知，存在可逆矩阵 $\boldsymbol{P}$ 使得

$$\boldsymbol{A}=\boldsymbol{P}\boldsymbol{J}\boldsymbol{P}^{-1},\ \boldsymbol{J}=\begin{bmatrix}1 & 0 & 0\\ 0 & 1 & 1\\ 0 & 0 & 1\end{bmatrix},\ \boldsymbol{P}=\begin{bmatrix}1 & 1 & 1\\ 1 & 2 & 1\\ 0 & -1 & 1\end{bmatrix},$$

从而利用定理 5.3.3 证明中的公式，有

$$\sum_{k=1}^{\infty}\frac{1}{k}\boldsymbol{A}^k=\boldsymbol{P}\left(\sum_{k=1}^{\infty}\frac{1}{k}\boldsymbol{J}^k\right)\boldsymbol{P}^{-1}=\boldsymbol{P}\begin{bmatrix}\sum_{k=1}^{\infty}\frac{1}{k^2} & 0 & 0\\ 0 & \sum_{k=1}^{\infty}\frac{1}{k^2} & \sum_{k=1}^{\infty}\frac{1}{k}\\ 0 & 0 & \sum_{k=1}^{\infty}\frac{1}{k^2}\end{bmatrix}\boldsymbol{P}^{-1},$$

由于数项级数 $\sum_{k=1}^{\infty}\frac{1}{k}$ 发散，故此矩阵幂级数发散。

习　题　五

1. 设 $\boldsymbol{\alpha}=[4\mathrm{i}, -3\mathrm{i}, 12, 0]\in\mathbf{C}^4$，求 $\|\boldsymbol{\alpha}\|_1$，$\|\boldsymbol{\alpha}\|_2$，$\|\boldsymbol{\alpha}\|_\infty$。

2. 设 $\boldsymbol{x}=[x_1, \cdots, x_n]^{\mathrm{T}}\in\mathbf{C}^n$，数 $0<p<1$，验证如下形式

$$\|\boldsymbol{x}\|_p=\left(\sum_{i=1}^{n}|x_i|^p\right)^{\frac{1}{p}}$$

是否定义了线性空间 $\mathbf{C}^n$ 上的向量范数。

3. 设矩阵 $\boldsymbol{A}$ 为 n 阶正定 Hermite 矩阵，任给 $\boldsymbol{x}\in\mathbf{C}^n$，验证如下形式

$$\|\boldsymbol{x}\|_{\boldsymbol{A}}=\sqrt{\boldsymbol{x}^{\mathrm{H}}\boldsymbol{A}\boldsymbol{x}}$$

定义了线性空间 $\mathbf{C}^n$ 上的一种向量范数。

4. 设矩阵 $\boldsymbol{A}\in\mathbf{C}^{m\times n}$ 且 $r(\boldsymbol{A})=n$，$\|\cdot\|_a$ 为 $\mathbf{C}^m$ 上的一种向量范数，任给 $\boldsymbol{x}\in\mathbf{C}^n$，验证如下形式

$$\|\boldsymbol{x}\|_b=\|\boldsymbol{A}\boldsymbol{x}\|_a$$

定义了线性空间 $\mathbf{C}^m$ 上的一种向量范数。

5. 设 $\boldsymbol{x}\in\mathbf{C}^n$，证明：$\dfrac{1}{n}\|\boldsymbol{x}\|_1\leqslant\|\boldsymbol{x}\|_\infty\leqslant\|\boldsymbol{x}\|_2\leqslant\|\boldsymbol{x}\|_1$。

6. 设 $\|\boldsymbol{x}\|$ 为线性空间 $\mathbf{C}^n$ 上的向量范数，矩阵 $\boldsymbol{A}\in\mathbf{C}^{n\times n}$，证明：$\|\boldsymbol{A}\boldsymbol{x}\|$ 为 $\mathbf{C}^n$ 上向量范数当且仅当 $\boldsymbol{A}$ 为可逆矩阵。

7. 设有矩阵

(1) $\boldsymbol{A}=\begin{bmatrix}2 & -1 & 0\\ 0 & 2 & 3\\ 1 & 2 & 0\end{bmatrix}$；　(2) $\boldsymbol{A}=\begin{bmatrix}-\mathrm{i} & 2 & 3\\ 1 & 0 & \mathrm{i}\end{bmatrix}$，

求 $\|\boldsymbol{A}\|_1$，$\|\boldsymbol{A}\|_2$，$\|\boldsymbol{A}\|_\infty$。

8. 设矩阵 $\boldsymbol{A}\in\mathbf{C}^{n\times n}$ 为可逆矩阵，$\|\boldsymbol{A}\|$ 为其算子范数，证明：

(1) $\|\boldsymbol{A}^{-1}\|\geqslant\|\boldsymbol{A}\|^{-1}$；

(2) $\|\boldsymbol{A}^{-1}\|^{-1}=\min\limits_{\boldsymbol{x}\in\mathbf{C}^n,\ \boldsymbol{x}\neq\boldsymbol{0}}\dfrac{\|\boldsymbol{A}\boldsymbol{x}\|}{\|\boldsymbol{x}\|}$。

9. 设 $\|\cdot\|$ 为 $\mathbf{C}^{n\times n}$ 上的矩阵范数，证明：

(1) $\|\boldsymbol{E}\|\geqslant 1$；

(2) 设矩阵 $\boldsymbol{A}\in\mathbf{C}^{n\times n}$ 为可逆矩阵，λ 为其任一特征值，则有 $\|\boldsymbol{A}^{-1}\|^{-1}\leqslant|\lambda|\leqslant\|\boldsymbol{A}\|$。

10. 设矩阵 $\boldsymbol{A}$，$\boldsymbol{B}\in\mathbf{C}^{n\times n}$ 且都为对称矩阵，证明：$\rho(\boldsymbol{A}+\boldsymbol{B})\leqslant\rho(\boldsymbol{A})+\rho(\boldsymbol{B})$。

11. 设矩阵 $\boldsymbol{A}\in\mathbf{C}^{m\times n}$，且 $\boldsymbol{A}^{\mathrm{H}}\boldsymbol{A}=\boldsymbol{E}_{n\times n}$，证明：$\|\boldsymbol{A}\|_2=1$，$\|\boldsymbol{A}\|_{\mathrm{F}}=\sqrt{n}$。

12. 设矩阵 $\boldsymbol{A}\in\mathbf{C}^{m\times n}$，$r(\boldsymbol{A})=r$，且其奇异值为 $\lambda_1, \cdots, \lambda_r$，证明：

(1) $\|\boldsymbol{A}\|_2=\max\limits_{i}\lambda_i$；　(2) $\|\boldsymbol{A}\|_{\mathrm{F}}^2=\sum\limits_{i=1}^{r}\lambda_i^2$。

13. 设矩阵 $\boldsymbol{A}\in\mathbf{C}^{m\times n}$，$r(\boldsymbol{A})=r$，证明：

(1) $\|\boldsymbol{A}\|_2 \leqslant \|\boldsymbol{A}\|_F \leqslant \sqrt{r}\|\boldsymbol{A}\|_2$；(2) $\dfrac{1}{n}\|\boldsymbol{A}\|_\infty \leqslant \|\boldsymbol{A}\|_1 \leqslant m\|\boldsymbol{A}\|_\infty$。

14. 设 $\boldsymbol{x}=[1, \cdots, 1]^{\mathrm{T}} \in \mathbf{R}^n$，且向量序列

$$\boldsymbol{x}^{(k)}=\left[1+\frac{1}{2^k}, 1+\frac{1}{3^k}, \cdots, 1+\frac{1}{(n+1)^k}\right]^{\mathrm{T}},$$

证明：$\lim\limits_{k\to\infty}\boldsymbol{x}^{(k)}=\boldsymbol{x}$。

15. 判断下列向量序列的收敛性：

(1) $\boldsymbol{x}^{(k)}=\left[\dfrac{1}{2^k}, \dfrac{\sin k}{k}\right]\quad(k=1, 2, \cdots)$；

(2) $\boldsymbol{x}^{(k)}=\left[\sum\limits_{i=1}^{k}\dfrac{1}{2^i}, \sum\limits_{i=1}^{k}\dfrac{1}{i}\right]\quad(k=1, 2, \cdots)$。

16. 设矩阵

$$\boldsymbol{A}=\begin{bmatrix}0 & a & a\\ a & 0 & a\\ a & a & 0\end{bmatrix},$$

确定 a 的取值使得 $\lim\limits_{k\to\infty}\boldsymbol{A}^k=\boldsymbol{0}$。

17. 判断下列矩阵幂级数的敛散性：

(1) $\sum\limits_{k=0}^{\infty}\begin{bmatrix}\dfrac{1}{6} & -\dfrac{1}{3}\\ -\dfrac{4}{3} & \dfrac{1}{6}\end{bmatrix}^k$；(2) $\sum\limits_{k=0}^{\infty}k^2\begin{bmatrix}\dfrac{1}{5} & \dfrac{3}{5}\\ \dfrac{3}{5} & \dfrac{1}{5}\end{bmatrix}^k$；(3) $\sum\limits_{k=0}^{\infty}k^2\begin{bmatrix}-2 & 1 & -1\\ 0 & 1 & 0\\ 1 & 1 & 0\end{bmatrix}^k$。

18. 求下列矩阵级数的和：

(1) $\sum\limits_{k=0}^{\infty}\begin{bmatrix}0.2 & 0.5\\ 0.7 & 0.4\end{bmatrix}^k$；　(2) $\sum\limits_{k=0}^{\infty}\begin{bmatrix}\dfrac{1}{6} & -\dfrac{1}{3}\\ -\dfrac{4}{3} & \dfrac{1}{6}\end{bmatrix}^k$。

19. 设 n 阶矩阵 $\boldsymbol{A}$ 的某种范数 $\|\boldsymbol{A}\|<1$，求 $\sum\limits_{k=1}^{\infty}k\boldsymbol{A}^{k-1}$。

第 6 章　广义逆矩阵

广义逆矩阵是可逆矩阵的推广，这种推广首先来自线性方程组 $\boldsymbol{Ax}=\boldsymbol{b}$ 的求解需要。当系数矩阵 $\boldsymbol{A}$ 为 n 阶可逆矩阵时，线性方程组 $\boldsymbol{Ax}=\boldsymbol{b}$ 存在唯一解 $\boldsymbol{x}=\boldsymbol{A}^{-1}\boldsymbol{b}$，但当系数矩阵 $\boldsymbol{A}$ 奇异或为 $m\times n(m\neq n)$ 矩阵时，线性方程组 $\boldsymbol{Ax}=\boldsymbol{b}$ 的解应如何表达，这就需要对逆矩阵进行合适的推广得到广义逆矩阵 $\boldsymbol{G}$，使得 $\boldsymbol{Ax}=\boldsymbol{b}$ 的解仍可表示为 $\boldsymbol{x}=\boldsymbol{Gb}$。

6.1　广义逆矩阵及其性质

一、广义逆的概念

定义 6.1.1　设矩阵 $\boldsymbol{A}\in\mathbf{C}^{m\times n}$，若存在矩阵 $\boldsymbol{G}\in\mathbf{C}^{n\times m}$ 满足以下 **Penrose 方程**：

(1) $\boldsymbol{AGA}=\boldsymbol{A}$,

(2) $\boldsymbol{GAG}=\boldsymbol{G}$,

(3) $(\boldsymbol{AG})^{\mathrm{H}}=\boldsymbol{AG}$,

(4) $(\boldsymbol{GA})^{\mathrm{H}}=\boldsymbol{GA}$,

则称 $\boldsymbol{G}$ 为 $\boldsymbol{A}$ 的 **Moore-Penrose 广义逆**，有时也称为**伪逆**或**加号逆**，记作 $\boldsymbol{A}^{+}$。

容易验证，若 $\boldsymbol{A}$ 为 n 阶可逆矩阵，则 $\boldsymbol{A}^{-1}$ 满足 Penrose 方程，即 $\boldsymbol{A}^{+}=\boldsymbol{A}^{-1}$，因此 $\boldsymbol{A}$ 的 Moore-Penrose 广义逆是矩阵逆的一种推广。

定理 6.1.1　任意矩阵的 Moore-Penrose 广义逆存在且唯一。

证明　设矩阵 $\boldsymbol{A}\in\mathbf{C}^{m\times n}$，且 $r(\boldsymbol{A})=r$。若 $r=0$，则 $\boldsymbol{A}=\boldsymbol{0}$，容易验证 $\boldsymbol{G}=\boldsymbol{0}$ 满足 Penrose 方程。现假定 $r>0$，且 $\boldsymbol{A}$ 的奇异值分解为

$$\boldsymbol{A}=\boldsymbol{U}\begin{bmatrix}\boldsymbol{\Sigma} & \boldsymbol{0}\\ \boldsymbol{0} & \boldsymbol{0}\end{bmatrix}\boldsymbol{V}^{\mathrm{H}},$$

式中，$\boldsymbol{U}\in\boldsymbol{U}^{m\times m}$，$\boldsymbol{V}\in\boldsymbol{U}^{n\times n}$，且 $\boldsymbol{\Sigma}=\mathrm{diag}[\sigma_1, \sigma_2, \cdots, \sigma_r]$，$\sigma_i>0(i=1, \cdots, r)$为 $\boldsymbol{A}$ 的奇异值，从而 $\boldsymbol{\Sigma}^{-1}=\mathrm{diag}[\sigma_1^{-1}, \sigma_2^{-1}, \cdots, \sigma_r^{-1}]$。

令

$$\boldsymbol{G}=\boldsymbol{V}\begin{bmatrix}\boldsymbol{\Sigma}^{-1} & \boldsymbol{0}\\ \boldsymbol{0} & \boldsymbol{0}\end{bmatrix}\boldsymbol{U}^{\mathrm{H}},$$

由关系式

$$\boldsymbol{AG}=\boldsymbol{U}\begin{bmatrix}\boldsymbol{E}_r & \boldsymbol{0}\\ \boldsymbol{0} & \boldsymbol{0}\end{bmatrix}\boldsymbol{U}^{\mathrm{H}},\ \boldsymbol{GA}=\boldsymbol{V}\begin{bmatrix}\boldsymbol{E}_r & \boldsymbol{0}\\ \boldsymbol{0} & \boldsymbol{0}\end{bmatrix}\boldsymbol{V}^{\mathrm{H}},$$

以及 $\boldsymbol{U}$ 和 $\boldsymbol{V}$ 均为酉矩阵，容易验证上面定义的矩阵 $\boldsymbol{G}$ 满足 Penrose 方程，因而 $\boldsymbol{G}$ 即为 $\boldsymbol{A}$ 的 Moore-Penrose 广义逆。

若矩阵 $\boldsymbol{G}$ 和 $\boldsymbol{X}$ 都为 $\boldsymbol{A}$ 的 Moore-Penrose 广义逆，即均满足 Penrose 方程，则

$$\begin{aligned}\boldsymbol{X}&=\boldsymbol{XAX}=\boldsymbol{XAGAX}=\boldsymbol{X}(\boldsymbol{AG})^{\mathrm{H}}(\boldsymbol{AX})^{\mathrm{H}}=\boldsymbol{X}(\boldsymbol{AXAG})^{\mathrm{H}}\\&=\boldsymbol{X}(\boldsymbol{AG})^{\mathrm{H}}=\boldsymbol{XAG}=\boldsymbol{XAGAG}=(\boldsymbol{XA})^{\mathrm{H}}(\boldsymbol{GA})^{\mathrm{H}}\boldsymbol{G}\\&=(\boldsymbol{GAXA})^{\mathrm{H}}\boldsymbol{G}=(\boldsymbol{GA})^{\mathrm{H}}\boldsymbol{G}=\boldsymbol{GAG}=\boldsymbol{G},\end{aligned}$$

因此唯一性成立。

在实际应用中，经常考虑满足定义 6.1.1 中部分 Penrose 方程的弱广义逆。

定义 6.1.2 设矩阵 $\boldsymbol{A}\in\mathbf{C}^{m\times n}$，称矩阵 $\boldsymbol{G}\in\mathbf{C}^{n\times m}$ 为 $\boldsymbol{A}$ 的$\{i, j, k\}$-逆，若 $\boldsymbol{G}$ 满足 Penrose 方程(i)，(j)，(k)，记作 $\boldsymbol{A}^{(i,j,k)}$，则 $\boldsymbol{A}$ 的$\{i, j, k\}$-逆的全体记作 $\boldsymbol{A}\{i, j, k\}$。

满足 Penrose 方程的弱广义逆总共有 15 种，除了 Moore-Penrose 广义逆，其余均不唯一。在实际应用中使用较多的矩阵广义逆包括 $\boldsymbol{A}^{+}$、$\boldsymbol{A}\{1\}$、$\boldsymbol{A}\{1, 2\}$、$\boldsymbol{A}\{1, 3\}$、$\boldsymbol{A}\{1, 4\}$，特别是 $\boldsymbol{A}\{1\}$在线性模型理论中具有重要作用，$\boldsymbol{A}\{1\}$中确定的一个广义逆 $\boldsymbol{A}^{(1)}$ 通常称为减号逆，记作 $\boldsymbol{A}^{-}$。

二、广义逆的基本性质

下面我们给出常见广义逆的一些性质。我们首先介绍$\{1\}$-逆的基本性质。

定理 6.1.2 设矩阵 $\boldsymbol{A}\in\mathbf{C}^{m\times n}$，则有

(1) $(\boldsymbol{A}^{-})^{\mathrm{H}}\in\boldsymbol{A}^{\mathrm{H}}\{1\}$。

(2) 对任一 $\lambda\in\mathbf{C}$，$\lambda^{+}\boldsymbol{A}^{-}\in(\lambda\boldsymbol{A})\{1\}$，其中 $\lambda^{+}=\begin{cases}\lambda^{-1} & (\lambda\neq0)\\0 & (\lambda=0)\end{cases}$。

(3) 若 $\boldsymbol{P}\in\mathbf{C}^{m\times m}$，$\boldsymbol{Q}\in\mathbf{C}^{n\times n}$ 且均可逆，则 $\boldsymbol{Q}^{-1}\boldsymbol{A}^{-}\boldsymbol{P}^{-1}\in(\boldsymbol{PAQ})\{1\}$。

(4) $r(\boldsymbol{A}^{-})\geqslant r(\boldsymbol{A})$。

(5) $\boldsymbol{AA}^{-}$ 和 $\boldsymbol{A}^{-}\boldsymbol{A}$ 均为幂等矩阵，且满足

$$r(\boldsymbol{A})=r(\boldsymbol{AA}^{-})=r(\boldsymbol{A}^{-}\boldsymbol{A})。$$

(6) $\boldsymbol{A}^{-}\boldsymbol{A}=\boldsymbol{E}_n$ 当且仅当 $r(\boldsymbol{A})=n$，$\boldsymbol{AA}^{-}=\boldsymbol{E}_m$ 当且仅当 $r(\boldsymbol{A})=m$。

(7) $R(\boldsymbol{AA}^{-})=R(\boldsymbol{A})$，$N(\boldsymbol{A}^{-}\boldsymbol{A})=N(\boldsymbol{A})$，$R((\boldsymbol{AA}^{-})^{\mathrm{H}})=R(\boldsymbol{A}^{\mathrm{H}})$。

(8) 对任意 $\boldsymbol{B}\in\mathbf{C}^{n\times l}$，有

$$\boldsymbol{AB}(\boldsymbol{AB})^{-}\boldsymbol{A}=\boldsymbol{A}\text{ 当且仅当 }r(\boldsymbol{AB})=r(\boldsymbol{A}),$$
$$\boldsymbol{B}(\boldsymbol{AB})^{-}\boldsymbol{AB}=\boldsymbol{B}\text{ 当且仅当 }r(\boldsymbol{AB})=r(\boldsymbol{B})。$$

证明 性质(1)～(3)可由 $\boldsymbol{A}\{1\}$逆的定义直接验证。

(4) 因 $\boldsymbol{A}^{-}$为 $\boldsymbol{A}\{1\}$逆，故 $\boldsymbol{AA}^{-}\boldsymbol{A}=\boldsymbol{A}$ 成立，则由$(\boldsymbol{AA}^{-})\boldsymbol{A}=\boldsymbol{A}$ 知

$$r(\boldsymbol{AA}^{-})\geqslant r(\boldsymbol{A}),$$

又因为 $r(\boldsymbol{A}^{-})\geqslant r(\boldsymbol{AA}^{-})$，从而

$$r(\boldsymbol{A}^{-})\geqslant r(\boldsymbol{AA}^{-})\geqslant r(\boldsymbol{A})。$$

(5) 由 $\boldsymbol{A}\{1\}$逆的定义有

$$(\boldsymbol{AA}^{-})^2=(\boldsymbol{AA}^{-}\boldsymbol{A})\boldsymbol{A}^{-}=\boldsymbol{AA}^{-},\ (\boldsymbol{A}^{-}\boldsymbol{A})^2=\boldsymbol{A}^{-}(\boldsymbol{AA}^{-}\boldsymbol{A})=\boldsymbol{A}^{-}\boldsymbol{A},$$

另由于

$$r(\boldsymbol{A})=r(\boldsymbol{A}\boldsymbol{A}^{-}\boldsymbol{A})\leqslant r(\boldsymbol{A}\boldsymbol{A}^{-})\leqslant r(\boldsymbol{A}),\ r(\boldsymbol{A})=r(\boldsymbol{A}\boldsymbol{A}^{-}\boldsymbol{A})\leqslant r(\boldsymbol{A}^{-}\boldsymbol{A})\leqslant r(\boldsymbol{A}),$$

从而

$$r(\boldsymbol{A})=r(\boldsymbol{A}\boldsymbol{A}^{-})=r(\boldsymbol{A}^{-}\boldsymbol{A})。$$

(6) 必要性可由性质(5)得证，下面验证充分性。若 $r(\boldsymbol{A})=n$，则由性质(5)知，$\boldsymbol{A}^{-}\boldsymbol{A}$ 为幂等矩阵且 $r(\boldsymbol{A}^{-}\boldsymbol{A})=r(\boldsymbol{A})=n$，从而 $\boldsymbol{A}^{-}\boldsymbol{A}$ 可逆，进而由 $(\boldsymbol{A}^{-}\boldsymbol{A})^2=\boldsymbol{A}^{-}\boldsymbol{A}$ 可得，$\boldsymbol{A}^{-}\boldsymbol{A}=\boldsymbol{E}_n$。第二个结论的充分性类似可证。

(7) 由于

$$R(\boldsymbol{A})=R(\boldsymbol{A}\boldsymbol{A}^{-}\boldsymbol{A})\subseteq R(\boldsymbol{A}\boldsymbol{A}^{-})\subseteq R(\boldsymbol{A}),$$

从而第一式成立。又因为

$$N(\boldsymbol{A})\subseteq N(\boldsymbol{A}^{-}\boldsymbol{A})\subseteq N(\boldsymbol{A}\boldsymbol{A}^{-}\boldsymbol{A})=N(\boldsymbol{A}),$$

所以第二式成立。再由

$$R(\boldsymbol{A}^{\mathrm{H}})=R(\boldsymbol{A}^{\mathrm{H}}(\boldsymbol{A}^{-})^{\mathrm{H}}\boldsymbol{A}^{\mathrm{H}})\subseteq R(\boldsymbol{A}^{\mathrm{H}}(\boldsymbol{A}^{-})^{\mathrm{H}})\subseteq R(\boldsymbol{A}^{\mathrm{H}})$$

可知第三式成立。

(8) 必要性易证，下面验证充分性。由性质(5)知，$\boldsymbol{AB}(\boldsymbol{AB})^{-}$ 为幂等矩阵，从而由定理 3.3.4 知，$\boldsymbol{AB}(\boldsymbol{AB})^{-}$ 定义了一投影变换。由性质(7)及假设条件 $r(\boldsymbol{AB})=r(\boldsymbol{A})$ 有

$$R(\boldsymbol{AB}(\boldsymbol{AB})^{-})=R(\boldsymbol{AB})=R(\boldsymbol{A}),$$

所以 $\boldsymbol{AB}(\boldsymbol{AB})^{-}\boldsymbol{A}=\boldsymbol{A}$ 成立。另一个结论可类似得证。

定理 6.1.3 对任意矩阵 $\boldsymbol{A}\in\mathbf{C}^{m\times n}$，$\boldsymbol{A}^{\mathrm{H}}(\boldsymbol{A}\boldsymbol{A}^{\mathrm{H}})^{-}\boldsymbol{A}$ 不依赖于{1}-逆的选取，且

$$\boldsymbol{A}\boldsymbol{A}^{\mathrm{H}}(\boldsymbol{A}\boldsymbol{A}^{\mathrm{H}})^{-}\boldsymbol{A}=\boldsymbol{A},\ \boldsymbol{A}^{\mathrm{H}}(\boldsymbol{A}\boldsymbol{A}^{\mathrm{H}})^{-}\boldsymbol{A}\boldsymbol{A}^{\mathrm{H}}=\boldsymbol{A}^{\mathrm{H}}。$$

证明 由引理 4.1.1 有 $R(\boldsymbol{A}\boldsymbol{A}^{\mathrm{H}})=R(\boldsymbol{A})$，从而存在矩阵 $\boldsymbol{B}$ 使得 $\boldsymbol{A}=\boldsymbol{A}\boldsymbol{A}^{\mathrm{H}}\boldsymbol{B}$，因而有

$$\boldsymbol{A}\boldsymbol{A}^{\mathrm{H}}(\boldsymbol{A}\boldsymbol{A}^{\mathrm{H}})^{-}\boldsymbol{A}=\boldsymbol{B}^{\mathrm{H}}\boldsymbol{A}\boldsymbol{A}^{\mathrm{H}}(\boldsymbol{A}\boldsymbol{A}^{\mathrm{H}})^{-}\boldsymbol{A}\boldsymbol{A}^{\mathrm{H}}\boldsymbol{B}=\boldsymbol{B}^{\mathrm{H}}\boldsymbol{A}\boldsymbol{A}^{\mathrm{H}}\boldsymbol{B}=\boldsymbol{B}^{\mathrm{H}}\boldsymbol{A},$$

这与 $\boldsymbol{A}\boldsymbol{A}^{\mathrm{H}}$ 的{1}-逆选取无关。再利用定理 6.1.2 中的性质(8)可得两等式成立。

由矩阵的{1}-逆可以构造出其他形式的广义逆。

定理 6.1.4 设矩阵 $\boldsymbol{A}\in\mathbf{C}^{m\times n}$，则有

(1) 若 $\boldsymbol{G}_1,\ \boldsymbol{G}_2\in\boldsymbol{A}\{1\}$，则 $\boldsymbol{G}_1\boldsymbol{A}\boldsymbol{G}_2\in\boldsymbol{A}\{1,\ 2\}$。

(2) $(\boldsymbol{A}^{\mathrm{H}}\boldsymbol{A})^{-}\boldsymbol{A}^{\mathrm{H}}\in\boldsymbol{A}\{1,\ 2,\ 3\}$。

(3) $\boldsymbol{A}^{\mathrm{H}}(\boldsymbol{A}\boldsymbol{A}^{\mathrm{H}})^{-}\in\boldsymbol{A}\{1,\ 2,\ 4\}$。

(4) $\boldsymbol{A}^{+}=\boldsymbol{A}^{(1,4)}\boldsymbol{A}\boldsymbol{A}^{(1,3)}$。

证明 (1) 由定义可直接验证。

(2) 记 $\boldsymbol{G}=(\boldsymbol{A}^{\mathrm{H}}\boldsymbol{A})^{-}\boldsymbol{A}^{\mathrm{H}}$。由 $R(\boldsymbol{A}^{\mathrm{H}})=R(\boldsymbol{A}^{\mathrm{H}}\boldsymbol{A})$ 知，存在矩阵 $\boldsymbol{B}\in\mathbf{C}^{n\times m}$ 使得 $\boldsymbol{A}^{\mathrm{H}}=\boldsymbol{A}^{\mathrm{H}}\boldsymbol{A}\boldsymbol{B}$，即 $\boldsymbol{A}=\boldsymbol{B}^{\mathrm{H}}\boldsymbol{A}^{\mathrm{H}}\boldsymbol{A}$，于是有

$$\boldsymbol{AGA}=\boldsymbol{B}^{\mathrm{H}}\boldsymbol{A}^{\mathrm{H}}\boldsymbol{A}(\boldsymbol{A}^{\mathrm{H}}\boldsymbol{A})^{-}\boldsymbol{A}^{\mathrm{H}}\boldsymbol{A}=\boldsymbol{B}^{\mathrm{H}}\boldsymbol{A}^{\mathrm{H}}\boldsymbol{A}=\boldsymbol{A},$$

即表明 $\boldsymbol{G}\in\boldsymbol{A}\{1\}$。类似可证 $\boldsymbol{G}\in\boldsymbol{A}\{2\}$。又由于

$$\boldsymbol{AG}=\boldsymbol{B}^{\mathrm{H}}\boldsymbol{A}^{\mathrm{H}}\boldsymbol{A}(\boldsymbol{A}^{\mathrm{H}}\boldsymbol{A})^{-}\boldsymbol{A}^{\mathrm{H}}=\boldsymbol{B}^{\mathrm{H}}\boldsymbol{A}^{\mathrm{H}}\boldsymbol{A}(\boldsymbol{A}^{\mathrm{H}}\boldsymbol{A})^{-}\boldsymbol{A}^{\mathrm{H}}\boldsymbol{A}\boldsymbol{B}=\boldsymbol{B}^{\mathrm{H}}\boldsymbol{A}^{\mathrm{H}}\boldsymbol{A}\boldsymbol{B}=(\boldsymbol{AB})^{\mathrm{H}}\boldsymbol{AB}$$

为 Hermite 矩阵，因而 $\boldsymbol{G}\in\boldsymbol{A}\{1,\ 2,\ 3\}$。

(3) 类似(2)可证。

(4) 记 $\boldsymbol{G}=\boldsymbol{A}^{(1,4)}\boldsymbol{A}\boldsymbol{A}^{(1,3)}$。由性质(1)知 $\boldsymbol{G}\in\boldsymbol{A}\{1,\ 2\}$。由于

$$\boldsymbol{AG}=\boldsymbol{A}\boldsymbol{A}^{(1,4)}\boldsymbol{A}\boldsymbol{A}^{(1,3)}=\boldsymbol{A}\boldsymbol{A}^{(1,3)},\ \boldsymbol{GA}=\boldsymbol{A}^{(1,4)}\boldsymbol{A}\boldsymbol{A}^{(1,3)}\boldsymbol{A}=\boldsymbol{A}^{(1,4)}\boldsymbol{A},$$

所以由定理 6.1.2(5)知，$\boldsymbol{AG}$ 和 $\boldsymbol{GA}$ 均为 Hermite 矩阵，进而 $\boldsymbol{G}=\boldsymbol{A}^{+}$。

定理 6.1.5 设矩阵 $\boldsymbol{A}\in\mathbf{C}^{m\times n}$，$\boldsymbol{G}\in\boldsymbol{A}\{1\}$，则 $\boldsymbol{G}\in\boldsymbol{A}\{1, 2\}$当且仅当 $r(\boldsymbol{G})=r(\boldsymbol{A})$。

证明 **必要性** 设 $\boldsymbol{G}\in\boldsymbol{A}\{1, 2\}$，则由$\{1, 2\}$-逆的定义及矩阵乘积秩的性质有

$$r(\boldsymbol{G})=r(\boldsymbol{GAG})\leqslant r(\boldsymbol{A})=r(\boldsymbol{AGA})\leqslant r(\boldsymbol{G}),$$

即 $r(\boldsymbol{G})=r(\boldsymbol{A})$。

充分性 因 $\boldsymbol{G}\in\boldsymbol{A}\{1\}$且 $r(\boldsymbol{G})=r(\boldsymbol{A})$，由定理 6.1.2(5)知

$$r(\boldsymbol{GA})=r(\boldsymbol{A})=r(\boldsymbol{G}),$$

从而有

$$R(\boldsymbol{G})=R(\boldsymbol{GA})=N(\boldsymbol{E}-\boldsymbol{GA}),$$

进而可得

$$(\boldsymbol{E}-\boldsymbol{GA})\boldsymbol{G}=\boldsymbol{0},$$

即 $\boldsymbol{GAG}=\boldsymbol{G}$，因而 $\boldsymbol{G}\in\boldsymbol{A}\{1, 2\}$。

定理 6.1.6 设矩阵 $\boldsymbol{A}\in\mathbf{C}^{m\times n}$，$\boldsymbol{G}\in\mathbf{C}^{n\times m}$，则 $\boldsymbol{G}\in\boldsymbol{A}\{1, 3\}$当且仅当 $\boldsymbol{A}^{\mathrm{H}}\boldsymbol{AG}=\boldsymbol{A}^{\mathrm{H}}$。

证明 **充分性** 若 $\boldsymbol{A}^{\mathrm{H}}\boldsymbol{AG}=\boldsymbol{A}^{\mathrm{H}}$，则下式成立：

$$\boldsymbol{G}^{\mathrm{H}}\boldsymbol{A}^{\mathrm{H}}\boldsymbol{AG}=\boldsymbol{G}^{\mathrm{H}}\boldsymbol{A}^{\mathrm{H}},$$

即

$$(\boldsymbol{AG})^{\mathrm{H}}\boldsymbol{AG}=(\boldsymbol{AG})^{\mathrm{H}}, \tag{6.1.1}$$

对式(6.1.1)等式两边取共轭转置，可得

$$(\boldsymbol{AG})^{\mathrm{H}}\boldsymbol{AG}=\boldsymbol{AG}, \tag{6.1.2}$$

由式(6.1.1)及式(6.1.2)有

$$(\boldsymbol{AG})^{\mathrm{H}}=\boldsymbol{AG}, \tag{6.1.3}$$

这表明 $\boldsymbol{G}\in\boldsymbol{A}\{3\}$。

另将式(6.1.3)代入 $\boldsymbol{A}^{\mathrm{H}}\boldsymbol{AG}=\boldsymbol{A}^{\mathrm{H}}$，可得

$$\boldsymbol{A}^{\mathrm{H}}(\boldsymbol{AG})^{\mathrm{H}}=\boldsymbol{A}^{\mathrm{H}},$$

这表明 $\boldsymbol{G}\in\boldsymbol{A}\{1, 3\}$。

必要性 因 $\boldsymbol{G}\in\boldsymbol{A}\{1, 3\}$，故 $\boldsymbol{AGA}=\boldsymbol{A}$，$(\boldsymbol{AG})^{\mathrm{H}}=\boldsymbol{AG}$，从而

$$\boldsymbol{A}=\boldsymbol{AGA}=(\boldsymbol{AG})^{\mathrm{H}}\boldsymbol{A},$$

两边取共轭转置即得，$\boldsymbol{A}^{\mathrm{H}}=\boldsymbol{A}^{\mathrm{H}}\boldsymbol{AG}$。

定理 6.1.7 设矩阵 $\boldsymbol{A}\in\mathbf{C}^{m\times n}$，$\boldsymbol{G}\in\mathbf{C}^{n\times m}$，则 $\boldsymbol{G}\in\boldsymbol{A}\{1, 4\}$当且仅当 $\boldsymbol{GAA}^{\mathrm{H}}=\boldsymbol{A}^{\mathrm{H}}$。

证明 类似定理 6.1.6 可证。(留作习题)

注 6.1.1 通常把满足定义 6.1.1 中(1)和(2)方程的 $\boldsymbol{A}\{1, 2\}$中任一确定的广义逆称为**自反减号逆**，把满足定义 6.1.1 中(1)和(3)方程的 $\boldsymbol{A}\{1, 3\}$中任一确定的广义逆称为**最小二乘广义逆**，而把满足定义 6.1.1 中(1)和(4)方程的 $\boldsymbol{A}\{1, 4\}$中任一确定的广义逆称为**最小范数广义逆**。

下面我们接着给出 Moore-Penrose 广义逆的基本性质。

定理 6.1.8 设矩阵 $\boldsymbol{A}\in\mathbf{C}^{m\times n}$，则有

(1) $(\boldsymbol{A}^{+})^{+}=\boldsymbol{A}$。

(2) 任给 $\lambda\in\mathbf{C}$，有$(\lambda\boldsymbol{A})^{+}=\lambda^{+}\boldsymbol{A}^{+}$。

(3) 若 $\boldsymbol{U}\in\boldsymbol{U}^{m\times m}$，$\boldsymbol{V}\in\boldsymbol{U}^{n\times n}$，则$(\boldsymbol{UAV})^{+}=\boldsymbol{V}^{\mathrm{H}}\boldsymbol{A}^{+}\boldsymbol{U}^{\mathrm{H}}$。

(4) $(\boldsymbol{A}^{\mathrm{H}})^{+}=(\boldsymbol{A}^{+})^{\mathrm{H}}$。

(5) $(\boldsymbol{A}^{\mathrm{H}}\boldsymbol{A})^{+}=\boldsymbol{A}^{+}(\boldsymbol{A}^{\mathrm{H}})^{+}=\boldsymbol{A}^{+}(\boldsymbol{A}^{+})^{\mathrm{H}}$；$(\boldsymbol{A}\boldsymbol{A}^{\mathrm{H}})^{+}=(\boldsymbol{A}^{\mathrm{H}})^{+}\boldsymbol{A}^{+}=(\boldsymbol{A}^{+})^{\mathrm{H}}\boldsymbol{A}^{+}$。

(6) $\boldsymbol{A}^{+}=\boldsymbol{A}^{\mathrm{H}}(\boldsymbol{A}\boldsymbol{A}^{\mathrm{H}})^{+}=(\boldsymbol{A}^{\mathrm{H}}\boldsymbol{A})^{+}\boldsymbol{A}^{\mathrm{H}}$。

(7) $r(\boldsymbol{A})=r(\boldsymbol{A}^{+})=r(\boldsymbol{A}\boldsymbol{A}^{+})=r(\boldsymbol{A}^{+}\boldsymbol{A})$。

(8) $R(\boldsymbol{A})=R(\boldsymbol{A}\boldsymbol{A}^{+})$，$R(\boldsymbol{A}^{+})=R(\boldsymbol{A}^{+}\boldsymbol{A})$。

(9) $R(\boldsymbol{A}^{+})=R(\boldsymbol{A}^{\mathrm{H}})$，$N(\boldsymbol{A}^{+})=N(\boldsymbol{A}^{\mathrm{H}})$。

证明　性质(1)～(5)可由定义 6.1.1 直接验证。

(6) 由定义 6.1.1 及性质(5)，可得

$$\boldsymbol{A}^{+}=\boldsymbol{A}^{+}\boldsymbol{A}\boldsymbol{A}^{+}=(\boldsymbol{A}^{+}\boldsymbol{A})^{\mathrm{H}}\boldsymbol{A}^{+}=\boldsymbol{A}^{\mathrm{H}}(\boldsymbol{A}^{+})^{\mathrm{H}}\boldsymbol{A}^{+}=\boldsymbol{A}^{\mathrm{H}}(\boldsymbol{A}\boldsymbol{A}^{\mathrm{H}})^{+},$$

$$\boldsymbol{A}^{+}=\boldsymbol{A}^{+}\boldsymbol{A}\boldsymbol{A}^{+}=\boldsymbol{A}^{+}(\boldsymbol{A}\boldsymbol{A}^{+})^{\mathrm{H}}=\boldsymbol{A}^{+}(\boldsymbol{A}^{+})^{\mathrm{H}}\boldsymbol{A}^{\mathrm{H}}=(\boldsymbol{A}^{\mathrm{H}}\boldsymbol{A})^{+}\boldsymbol{A}^{\mathrm{H}}。$$

(7) 由关系式

$$r(\boldsymbol{A})=r(\boldsymbol{A}\boldsymbol{A}^{+}\boldsymbol{A})\leqslant r(\boldsymbol{A}\boldsymbol{A}^{+})\leqslant r(\boldsymbol{A}^{+})=r(\boldsymbol{A}^{+}\boldsymbol{A}\boldsymbol{A}^{+})\leqslant r(\boldsymbol{A}^{+}\boldsymbol{A})\leqslant r(\boldsymbol{A})$$

即可得证。

(8) 由性质(7)及关系式

$$R(\boldsymbol{A}\boldsymbol{A}^{+})\subseteq R(\boldsymbol{A}),\ R(\boldsymbol{A}^{+}\boldsymbol{A})\subseteq R(\boldsymbol{A}^{+})$$

即可得证。

(9) 由性质(7)有

$$r(\boldsymbol{A})=r(\boldsymbol{A}^{+})=r(\boldsymbol{A}^{\mathrm{H}}),$$

又由性质(6)有

$$R(\boldsymbol{A}^{+})=R(\boldsymbol{A}^{\mathrm{H}}(\boldsymbol{A}\boldsymbol{A}^{\mathrm{H}})^{+})\subseteq R(\boldsymbol{A}^{\mathrm{H}}),$$

因而第一式可证。

另由定理 3.3.6 及性质(4)有

$$N(\boldsymbol{A}^{+})=\boldsymbol{R}((\boldsymbol{A}^{+})^{\mathrm{H}})^{\perp}=\boldsymbol{R}((\boldsymbol{A}^{\mathrm{H}})^{+})^{\perp}=\boldsymbol{R}(\boldsymbol{A})^{\perp}=N(\boldsymbol{A}^{\mathrm{H}}),$$

从而第二式可证。

推论 6.1.1　设矩阵 $\boldsymbol{A}\in\mathbf{C}^{m\times n}$，则有

(1) 若 $r(\boldsymbol{A})=n$(即列满秩)，则 $\boldsymbol{A}^{+}=(\boldsymbol{A}^{\mathrm{H}}\boldsymbol{A})^{-1}\boldsymbol{A}^{\mathrm{H}}$。特别地，当 $\boldsymbol{a}$ 为非零列向量时，$\boldsymbol{a}^{+}=\dfrac{1}{\boldsymbol{a}^{\mathrm{H}}\boldsymbol{a}}\boldsymbol{a}^{\mathrm{H}}$。

(2) 若 $r(\boldsymbol{A})=m$(即行满秩)，则 $\boldsymbol{A}^{+}=\boldsymbol{A}^{\mathrm{H}}(\boldsymbol{A}\boldsymbol{A}^{\mathrm{H}})^{-1}$。特别地，当 $\boldsymbol{a}$ 为非零行向量时，$\boldsymbol{a}^{+}=\dfrac{1}{\boldsymbol{a}\boldsymbol{a}^{\mathrm{H}}}\boldsymbol{a}^{\mathrm{H}}$。

证明　(1) 由 $r(\boldsymbol{A})=n$ 知，$\boldsymbol{A}^{\mathrm{H}}\boldsymbol{A}$ 为可逆矩阵，再由定理 6.1.8(6)即可得证。

(2) 的验证类似于(1)。

三、广义逆的等价形式

下面给出广义逆之间的一些等价性描述。

定理 6.1.9　设矩阵 $\boldsymbol{A}\in\mathbf{C}^{m\times n}$，$\boldsymbol{G}\in\mathbf{C}^{n\times m}$，则下列命题等价：

(1) $\boldsymbol{G}\in\boldsymbol{A}\{1\}$。

(2) $\boldsymbol{G}\boldsymbol{A}$ 为幂等矩阵，且 $r(\boldsymbol{G}\boldsymbol{A})=r(\boldsymbol{A})$。

(3) $\boldsymbol{A}\boldsymbol{G}$ 为幂等矩阵，且 $r(\boldsymbol{A}\boldsymbol{G})=r(\boldsymbol{A})$。

证明 (1)⇒(2)，由定理 6.1.2(5)得证。

(2) ⇒(1)，若命题(2)成立，则由 $N(\boldsymbol{A})\subseteq N(\boldsymbol{GA})$及定理 3.3.2(3)有

$$N(\boldsymbol{A})=N(\boldsymbol{GA})=R(\boldsymbol{E}-\boldsymbol{GA}),$$

于是有

$$\boldsymbol{A}(\boldsymbol{E}-\boldsymbol{GA})=\boldsymbol{0},$$

从而 $\boldsymbol{A}=\boldsymbol{AGA}$，此即表明 $\boldsymbol{G}\in\boldsymbol{A}\{1\}$。

命题(1)与命题(3)的等价性类似可证。

下面给出 Moore 利用正交投影定义的 Moore 广义逆。

定义 6.1.3 *设矩阵 $\boldsymbol{A}\in\mathbf{C}^{m\times n}$，若存在矩阵 $\boldsymbol{G}\in\mathbf{C}^{n\times m}$ 满足*

$$\boldsymbol{AG}=\boldsymbol{P}_{R(\boldsymbol{A})},\ \boldsymbol{GA}=\boldsymbol{P}_{R(\boldsymbol{G})},\tag{6.1.4}$$

*则称 $\boldsymbol{G}$ 为 $\boldsymbol{A}$ 的 Moore 广义逆，式中 $\boldsymbol{P}_{R(\boldsymbol{A})}$表示到子空间 $R(\boldsymbol{A})$的***正交投影矩阵**，*即为***一幂等的 Hermite 矩阵**。

注 6.1.2 关于正交投影矩阵为幂等 Hermite 矩阵，可参考定理 3.3.9 及注 3.3.2。

定理 6.1.10 定义 6.1.3 中的 Moore 广义逆与定义 6.1.1 中的 Moore-Penrose 广义逆等价。

证明 必要性 设矩阵 $\boldsymbol{A}\in\mathbf{C}^{m\times n}$，若矩阵 $\boldsymbol{G}\in\mathbf{C}^{n\times m}$ 满足式(6.1.4)，则有

$$\boldsymbol{AGA}=\boldsymbol{P}_{R(\boldsymbol{A})}\boldsymbol{A}=\boldsymbol{A},\ \boldsymbol{GAG}=\boldsymbol{P}_{R(\boldsymbol{G})}\boldsymbol{G}=\boldsymbol{G};$$

$$(\boldsymbol{AG})^{\mathrm{H}}=\boldsymbol{P}_{R(\boldsymbol{A})}^{\mathrm{H}}=\boldsymbol{P}_{R(\boldsymbol{A})}=\boldsymbol{AG},\ (\boldsymbol{GA})^{\mathrm{H}}=\boldsymbol{P}_{R(\boldsymbol{G})}^{\mathrm{H}}=\boldsymbol{P}_{R(\boldsymbol{G})}=\boldsymbol{GA},$$

这时表明矩阵 $\boldsymbol{G}\in\mathbf{C}^{n\times m}$ 满足定义 6.1.1 中的 Penrose 方程。

充分性 若矩阵 $\boldsymbol{G}\in\mathbf{C}^{n\times m}$ 满足定义 6.1.1 中的 Penrose 方程，则

$$(\boldsymbol{AG})^{\mathrm{H}}=\boldsymbol{AG},\ (\boldsymbol{AG})^2=\boldsymbol{AGAG}=\boldsymbol{AG};$$

$$(\boldsymbol{GA})^{\mathrm{H}}=\boldsymbol{GA},\ (\boldsymbol{GA})^2=\boldsymbol{GAGA}=\boldsymbol{GA},$$

即 $\boldsymbol{AG}$ 与 $\boldsymbol{GA}$ 均为正交投影矩阵，且

$$\boldsymbol{AG}=\boldsymbol{P}_{R(\boldsymbol{AG})},\ \boldsymbol{GA}=\boldsymbol{P}_{R(\boldsymbol{GA})},$$

再由定理 6.1.8(8)可得，式(6.1.4)成立。

由上述定理可见，正交投影矩阵 $\boldsymbol{P}_{R(\boldsymbol{A})}$可简记为 $\boldsymbol{P}_{\boldsymbol{A}}=\boldsymbol{AA}^{+}$。

由定理 6.1.2(7)及定理 6.1.10 的证明过程，我们易得如下结论。

推论 6.1.2 设矩阵 $\boldsymbol{A}\in\mathbf{C}^{m\times n}$，若矩阵 $\boldsymbol{G}\in\boldsymbol{A}\{1, 3\}$当且仅当 $\boldsymbol{AG}=\boldsymbol{P}_{R(\boldsymbol{A})}$。

推论 6.1.3 设矩阵 $\boldsymbol{A}\in\mathbf{C}^{m\times n}$，若矩阵 $\boldsymbol{G}\in\boldsymbol{A}\{1, 4\}$当且仅当 $\boldsymbol{GA}=\boldsymbol{P}_{R(\boldsymbol{A}^{\mathrm{H}})}$。

定理 6.1.11 设矩阵 $\boldsymbol{A}\in\mathbf{C}^{m\times n}$，若存在矩阵 $\boldsymbol{G}\in\mathbf{C}^{n\times m}$，$\boldsymbol{U}\in\mathbf{C}^{m\times m}$，$\boldsymbol{V}\in\mathbf{C}^{n\times n}$ 使得

$$\boldsymbol{AGA}=\boldsymbol{A},\ \boldsymbol{G}=\boldsymbol{A}^{\mathrm{H}}\boldsymbol{U},\ \boldsymbol{G}=\boldsymbol{VA}^{\mathrm{H}},\tag{6.1.5}$$

则 $\boldsymbol{G}\in\mathbf{C}^{n\times m}$ 唯一地确定且 $\boldsymbol{G}=\boldsymbol{A}^{+}$。

证明 令 $\boldsymbol{G}=\boldsymbol{A}^{+}$，$\boldsymbol{U}=(\boldsymbol{A}^{+})^{\mathrm{H}}\boldsymbol{A}^{+}$，$\boldsymbol{V}=\boldsymbol{A}^{+}(\boldsymbol{A}^{+})^{\mathrm{H}}$，则可验证这样选取的 $\boldsymbol{G}$，$\boldsymbol{U}$，$\boldsymbol{V}$ 满足式(6.1.5)。下面验证 $\boldsymbol{G}$ 的唯一性。

若存在 $\boldsymbol{G}_1$，$\boldsymbol{U}_1$ 及 $\boldsymbol{V}_1$ 同样满足式(6.1.5)，令

$$\boldsymbol{G}_2=\boldsymbol{G}-\boldsymbol{G}_1,\ \boldsymbol{U}_2=\boldsymbol{U}-\boldsymbol{U}_1,\ \boldsymbol{V}_2=\boldsymbol{V}-\boldsymbol{V}_1,$$

则 $\boldsymbol{G}_2$ 满足

$$\boldsymbol{AG}_2\boldsymbol{A}=\boldsymbol{0},\ \boldsymbol{G}_2=\boldsymbol{A}^{\mathrm{H}}\boldsymbol{U}_2,\ \boldsymbol{G}_2=\boldsymbol{V}_2\boldsymbol{A}^{\mathrm{H}}。$$

由于

$$(\boldsymbol{G}_2\boldsymbol{A})^{\mathrm{H}}(\boldsymbol{G}_2\boldsymbol{A})=\boldsymbol{A}^{\mathrm{H}}\boldsymbol{G}_2^{\mathrm{H}}\boldsymbol{G}_2\boldsymbol{A}=\boldsymbol{A}^{\mathrm{H}}(\boldsymbol{A}^{\mathrm{H}}\boldsymbol{U}_2)^{\mathrm{H}}\boldsymbol{G}_2\boldsymbol{A}=\boldsymbol{A}^{\mathrm{H}}\boldsymbol{U}_2^{\mathrm{H}}(\boldsymbol{A}\boldsymbol{G}_2\boldsymbol{A})=\boldsymbol{0},$$

从而 $\boldsymbol{G}_2\boldsymbol{A}=\boldsymbol{0}$，进而

$$\boldsymbol{G}_2\boldsymbol{G}_2^{\mathrm{H}}=\boldsymbol{G}_2(\boldsymbol{V}_2\boldsymbol{A}^{\mathrm{H}})^{\mathrm{H}}=(\boldsymbol{G}_2\boldsymbol{A})\boldsymbol{V}_2^{\mathrm{H}}=\boldsymbol{0},$$

于是 $\boldsymbol{G}_2=\boldsymbol{0}$，因此 $\boldsymbol{G}=\boldsymbol{G}_1$。

四、广义逆的反序法则

对同阶可逆矩阵 $\boldsymbol{A}$，$\boldsymbol{B}$ 总有反序性，即 $(\boldsymbol{AB})^{-1}=\boldsymbol{B}^{-1}\boldsymbol{A}^{-1}$，且定理 6.1.8(5)表明 $\boldsymbol{A}^{+}$，$(\boldsymbol{A}^{\mathrm{H}})^{+}$ 与 $(\boldsymbol{A}^{\mathrm{H}}\boldsymbol{A})^{+}$ 及 $(\boldsymbol{A}\boldsymbol{A}^{\mathrm{H}})^{+}$ 也有类似的反序性。但一般而言，反序性对加号逆并不成立，即 $(\boldsymbol{AB})^{+}\neq\boldsymbol{B}^{+}\boldsymbol{A}^{+}$。

【例 6.1.1】 设有矩阵

$$\boldsymbol{A}=\begin{bmatrix}1&0\\0&0\end{bmatrix},\ \boldsymbol{B}=\begin{bmatrix}1&1\\0&1\end{bmatrix},$$

可验证 $(\boldsymbol{AB})^{+}\neq\boldsymbol{B}^{+}\boldsymbol{A}^{+}$。

解 不难得到

$$\boldsymbol{A}^{+}=\begin{bmatrix}1&0\\0&0\end{bmatrix},\ \boldsymbol{B}^{+}=\boldsymbol{B}^{-1}=\begin{bmatrix}1&-1\\0&1\end{bmatrix},\ (\boldsymbol{AB})^{+}=\frac{1}{2}\begin{bmatrix}1&0\\1&0\end{bmatrix},\ \boldsymbol{B}^{+}\boldsymbol{A}^{+}=\begin{bmatrix}1&0\\0&0\end{bmatrix},$$

显然 $(\boldsymbol{AB})^{+}\neq\boldsymbol{B}^{+}\boldsymbol{A}^{+}$。

定理 6.1.12 设矩阵 $\boldsymbol{A}\in\mathbf{C}^{m\times n}$，$\boldsymbol{B}\in\mathbf{C}^{n\times l}$，则 $(\boldsymbol{AB})^{+}=\boldsymbol{B}^{+}\boldsymbol{A}^{+}$ 当且仅当 $R(\boldsymbol{B})$ 和 $R(\boldsymbol{A}^{\mathrm{H}})$ 分别为 $\boldsymbol{A}^{\mathrm{H}}\boldsymbol{A}$ 和 $\boldsymbol{B}\boldsymbol{B}^{\mathrm{H}}$ 的不变子空间，即

$$R(\boldsymbol{A}^{\mathrm{H}}\boldsymbol{AB})\subseteq R(\boldsymbol{B})$$

且

$$R(\boldsymbol{B}\boldsymbol{B}^{\mathrm{H}}\boldsymbol{A}^{\mathrm{H}})\subseteq R(\boldsymbol{A}^{\mathrm{H}})。$$

证明　必要性 假定 $(\boldsymbol{AB})^{+}=\boldsymbol{B}^{+}\boldsymbol{A}^{+}$，由定理 6.1.7 有

$$\boldsymbol{B}^{+}\boldsymbol{A}^{+}\boldsymbol{AB}\boldsymbol{B}^{\mathrm{H}}\boldsymbol{A}^{\mathrm{H}}=(\boldsymbol{AB})^{+}(\boldsymbol{AB})\boldsymbol{B}^{\mathrm{H}}\boldsymbol{A}^{\mathrm{H}}=\boldsymbol{B}^{\mathrm{H}}\boldsymbol{A}^{\mathrm{H}}=(\boldsymbol{B}^{+}\boldsymbol{B}\boldsymbol{B}^{\mathrm{H}})\boldsymbol{A}^{\mathrm{H}},$$

从而可得

$$\boldsymbol{B}^{+}(\boldsymbol{E}-\boldsymbol{A}^{+}\boldsymbol{A})\boldsymbol{B}\boldsymbol{B}^{\mathrm{H}}\boldsymbol{A}^{\mathrm{H}}=\boldsymbol{0},$$

上式两边左乘 $\boldsymbol{AB}\boldsymbol{B}^{\mathrm{H}}\boldsymbol{B}$，并由定理 6.1.6 及 $\boldsymbol{E}-\boldsymbol{A}^{+}\boldsymbol{A}$ 为幂等 Hermite 矩阵可得

$$\boldsymbol{AB}\boldsymbol{B}^{\mathrm{H}}(\boldsymbol{E}-\boldsymbol{A}^{+}\boldsymbol{A})(\boldsymbol{E}-\boldsymbol{A}^{+}\boldsymbol{A})\boldsymbol{B}\boldsymbol{B}^{\mathrm{H}}\boldsymbol{A}^{\mathrm{H}}=\boldsymbol{0},$$

于是有

$$(\boldsymbol{E}-\boldsymbol{A}^{+}\boldsymbol{A})\boldsymbol{B}\boldsymbol{B}^{\mathrm{H}}\boldsymbol{A}^{\mathrm{H}}=\boldsymbol{0},$$

因而由定理 3.3.2 及定理 6.1.8 知

$$R(\boldsymbol{B}\boldsymbol{B}^{\mathrm{H}}\boldsymbol{A}^{\mathrm{H}})\subseteq N(\boldsymbol{E}-\boldsymbol{A}^{+}\boldsymbol{A})=R(\boldsymbol{A}^{\mathrm{H}})。$$

同理可证 $R(\boldsymbol{A}^{\mathrm{H}}\boldsymbol{AB})\subseteq R(\boldsymbol{B})$。

充分性 由 $R(\boldsymbol{B}\boldsymbol{B}^{\mathrm{H}}\boldsymbol{A}^{\mathrm{H}})\subseteq R(\boldsymbol{A}^{\mathrm{H}})$ 及定理 6.1.8 可得

$$R(\boldsymbol{B}\boldsymbol{B}^{\mathrm{H}}\boldsymbol{A}^{\mathrm{H}})\subseteq R(\boldsymbol{A}^{\mathrm{H}})=R(\boldsymbol{A}^{+})=R(\boldsymbol{A}^{+}\boldsymbol{A}),$$

从而有

$$\boldsymbol{A}^{+}\boldsymbol{AB}\boldsymbol{B}^{\mathrm{H}}\boldsymbol{A}^{\mathrm{H}}=\boldsymbol{B}\boldsymbol{B}^{\mathrm{H}}\boldsymbol{A}^{\mathrm{H}},$$

上式两边左乘 $\boldsymbol{B}^{+}$ 并注意到定理 6.1.7 的必要性，有

$$B^+A^+ABB^HA^H=(B^+BB^H)A^H=B^HA^H,$$

因而 $r(B^+A^+)\geqslant r(AB)$，且由定理 6.1.7 的充分性得 $B^+A^+\in A\{1,4\}$。类似地，由条件 $R(A^HAB)\subseteq R(B)$ 可得 $B^+A^+\in A\{1,3\}$。

另由 Penrose 方程(3)及(4)，有

$$B^+A^+=B^+BB^+A^+AA^+=B^+(B^+)^HB^HA^H(A^+)^HA^+,$$

从而 $r(B^+A^+)\leqslant r(AB)$，进而有 $r(B^+A^+)=r(AB)$。由定理 6.1.5 知，$B^+A^+\in(AB)\{2\}$。综合以上结论得 $(AB)^+=B^+A^+$。

下面我们不加证明地给出 Moore-Penrose 广义逆反序法则的其他等价条件。

定理 6.1.13 设矩阵 $A\in\mathbf{C}^{m\times n}$，$B\in\mathbf{C}^{n\times l}$，则 $(AB)^+=B^+A^+$ 当且仅当下列条件之一成立：

(1) $A^+ABB^HA^H=BB^HA^H$，$BB^+A^HAB=A^HAB$；

(2) A^+ABB^H 和 AA^HBB^+ 均为 Hermite 矩阵；

(3) $A^+ABB^HA^HABB^+=BB^HA^HA$；

(4) $A^+AB=B(AB)^+AB$，$BB^+A^H=A^HAB(AB)^+$。

6.2 矩阵分解与广义逆

本节我们主要介绍利用矩阵分解来求解矩阵 A 的 Moore-Penrose 广义逆。

一、奇异值分解

在定理 6.1.1 的证明中，我们给出了计算矩阵 Moore-Penrose 广义逆的奇异值分解方法。不妨设矩阵 $A\in\mathbf{C}^{m\times n}$ 且 $r(A)=r$，对 A 进行奇异值分解可得

$$A=U\begin{bmatrix}\Sigma & 0\\ 0 & 0\end{bmatrix}V^H,$$

式中，$U\in U^{m\times m}$，$V\in U^{n\times n}$，且 $\Sigma=\operatorname{diag}[\sigma_1,\sigma_2,\cdots,\sigma_r]$，$\sigma_i>0(i=1,\cdots,r)$ 为 A 的奇异值，从而

$$G=V\begin{bmatrix}\Sigma^{-1} & 0\\ 0 & 0\end{bmatrix}U^H$$

为 A 的 Moore-Penrose 广义逆。

二、满秩分解

设矩阵 $A\in\mathbf{C}^{m\times n}$，若 A 为行(或列)满秩矩阵，即 $r(A)=m\leqslant n$(或 $r(A)=n\leqslant m$)，此时 AA^H(或 A^HA)可逆，则由定理 6.1.4 知

$$A^H(AA^H)^{-1}\in A\{1,2,4\},\text{ 或 }(A^HA)^{-1}A^H\in A\{1,2,3\},$$

此时可得到{1, 2}-逆等，同时由推论 6.1.1 也可得到 Moore-Penrose 的广义逆。

现假定 $r(A)=r<\min\{m,n\}$，即 A 既不是行满秩矩阵也不是列满秩矩阵，此时由定理 4.1.1 知，A 存在满秩分解 $A=BC$，其中 $B\in\mathbf{C}_r^{m\times r}$，$C\in\mathbf{C}_r^{r\times n}$，且由不同的满秩分解所作

出的乘积形式

$$\boldsymbol{C}^{\mathrm{H}}(\boldsymbol{C}\boldsymbol{C}^{\mathrm{H}})^{-1}(\boldsymbol{B}^{\mathrm{H}}\boldsymbol{B})^{-1}\boldsymbol{B}^{\mathrm{H}}$$

是相同的。

定理 6.2.1　设矩阵 $\boldsymbol{A}\in\mathbf{C}^{m\times n}$，且 $\boldsymbol{A}$ 存在满秩分解 $\boldsymbol{A}=\boldsymbol{B}\boldsymbol{C}$，则 $\boldsymbol{A}$ 的 Moore-Penrose 广义逆为

$$\boldsymbol{G}=\boldsymbol{C}^{\mathrm{H}}(\boldsymbol{C}\boldsymbol{C}^{\mathrm{H}})^{-1}(\boldsymbol{B}^{\mathrm{H}}\boldsymbol{B})^{-1}\boldsymbol{B}^{\mathrm{H}}。\tag{6.2.1}$$

证明　只需将定理中定义的矩阵 $\boldsymbol{G}$ 代入定义 6.1.1 中的 Penrose 方程验证即可。

定理 6.2.2　设矩阵 $\boldsymbol{A}\in\mathbf{C}^{m\times n}$ 且 $r(\boldsymbol{A})=r$，则存在 $\boldsymbol{U}\in\boldsymbol{U}^{n\times n}$，使得

$$\boldsymbol{U}^{\mathrm{H}}\boldsymbol{A}^{\mathrm{H}}\boldsymbol{A}\boldsymbol{U}=\mathrm{diag}[\lambda_1,\cdots,\lambda_n]=\boldsymbol{\Lambda},$$

且有

$$\boldsymbol{A}^{+}=\boldsymbol{U}\boldsymbol{\Lambda}^{+}\boldsymbol{U}^{\mathrm{H}}\boldsymbol{A}^{\mathrm{H}},\tag{6.2.2}$$

式中，$\lambda_1,\cdots,\lambda_n$ 为 $\boldsymbol{A}^{\mathrm{H}}\boldsymbol{A}$ 的 n 个非负实特征值，$\boldsymbol{\Lambda}^{+}=\mathrm{diag}[\lambda_1^{+},\lambda_2^{+},\cdots,\lambda_n^{+}]$。

证明　因 $\boldsymbol{A}^{\mathrm{H}}\boldsymbol{A}$ 为 Hermite 半正定矩阵，故其全部特征值非负，不妨设前 r 个特征值 $\lambda_1,\cdots,\lambda_r>0$，后 $n-r$ 个特征值 $\lambda_{r+1}=\cdots=\lambda_n=0$，则由定理 3.4.3 有

$$\boldsymbol{A}^{\mathrm{H}}\boldsymbol{A}=\boldsymbol{U}\begin{bmatrix}\lambda_1 &&&&&\\ &\ddots&&&&\\ &&\lambda_r&&&\\ &&&0&&\\ &&&&\ddots&\\ &&&&&0\end{bmatrix}\boldsymbol{U}^{\mathrm{H}},$$

将其进一步分解有

$$\begin{aligned}\boldsymbol{A}^{\mathrm{H}}\boldsymbol{A}&=\boldsymbol{U}\begin{bmatrix}\sqrt{\lambda_1}&0&\cdots&0\\0&\sqrt{\lambda_2}&\cdots&0\\ \vdots&\vdots&\ddots&\vdots\\0&0&\cdots&\sqrt{\lambda_r}\\0&0&\cdots&0\\ \vdots&\vdots&&\vdots\\0&0&\cdots&0\end{bmatrix}_{n\times r}\begin{bmatrix}\sqrt{\lambda_1}&0&\cdots&0&0&\cdots&0\\0&\sqrt{\lambda_2}&\cdots&0&0&\cdots&0\\ \vdots&\vdots&\ddots&\vdots&\vdots&&\vdots\\0&0&&\sqrt{\lambda_r}&0&\cdots&0\end{bmatrix}_{r\times n}\boldsymbol{U}^{\mathrm{H}}\\&=\boldsymbol{U}\boldsymbol{\Lambda}_1\boldsymbol{\Lambda}_1^{\mathrm{H}}\boldsymbol{U}^{\mathrm{H}}=\boldsymbol{B}\boldsymbol{C},\end{aligned}$$

式中，$\boldsymbol{B}=\boldsymbol{U}\boldsymbol{\Lambda}_1\in\mathbf{C}_r^{n\times r}$，$\boldsymbol{C}=\boldsymbol{\Lambda}_1^{\mathrm{H}}\boldsymbol{U}^{\mathrm{H}}\in\mathbf{C}_r^{r\times n}$，

$$\boldsymbol{\Lambda}_1=\begin{bmatrix}\sqrt{\lambda_1}&0&\cdots&0\\0&\sqrt{\lambda_2}&\cdots&0\\ \vdots&\vdots&\ddots&\vdots\\0&0&\cdots&\sqrt{\lambda_r}\\0&0&\cdots&0\\ \vdots&\vdots&&\vdots\\0&0&\cdots&0\end{bmatrix}_{n\times r},$$

且有

$$\boldsymbol{\Lambda}_1^{\mathrm{H}}\boldsymbol{\Lambda}_1=\begin{bmatrix}\lambda_1 & & & \\ & \lambda_2 & & \\ & & \ddots & \\ & & & \lambda_r\end{bmatrix}_{r\times r}=\boldsymbol{\Lambda}_r\in\mathbf{C}_r^{r\times r},\ \boldsymbol{\Lambda}_1\boldsymbol{\Lambda}_1^{\mathrm{H}}=\boldsymbol{\Lambda}\in\mathbf{C}_r^{n\times n},$$

根据定理 6.2.1 有

$$\begin{aligned}(\boldsymbol{A}^{\mathrm{H}}\boldsymbol{A})^{+}&=\boldsymbol{U}\boldsymbol{\Lambda}_1(\boldsymbol{\Lambda}_1^{\mathrm{H}}\boldsymbol{U}^{\mathrm{H}}\boldsymbol{U}\boldsymbol{\Lambda}_1)^{-1}(\boldsymbol{\Lambda}_1^{\mathrm{H}}\boldsymbol{U}^{\mathrm{H}}\boldsymbol{U}\boldsymbol{\Lambda}_1)^{-1}\boldsymbol{\Lambda}_1^{\mathrm{H}}\boldsymbol{U}^{\mathrm{H}}\\&=\boldsymbol{U}\boldsymbol{\Lambda}_1(\boldsymbol{\Lambda}_1^{\mathrm{H}}\boldsymbol{\Lambda}_1)^{-1}(\boldsymbol{\Lambda}_1^{\mathrm{H}}\boldsymbol{\Lambda}_1)^{-1}\boldsymbol{\Lambda}_1^{\mathrm{H}}\boldsymbol{U}^{\mathrm{H}}\\&=\boldsymbol{U}\boldsymbol{\Lambda}_1\boldsymbol{\Lambda}_r^{-1}\boldsymbol{\Lambda}_r^{-1}\boldsymbol{\Lambda}_1^{\mathrm{H}}\boldsymbol{U}^{\mathrm{H}}\\&=\boldsymbol{U}\boldsymbol{\Lambda}^{+}\boldsymbol{U}^{\mathrm{H}},\end{aligned}$$

于是由定理 6.1.8(6)得

$$\boldsymbol{A}^{+}=(\boldsymbol{A}^{\mathrm{H}}\boldsymbol{A})^{+}\boldsymbol{A}^{\mathrm{H}}=\boldsymbol{U}\boldsymbol{\Lambda}^{+}\boldsymbol{U}^{\mathrm{H}}\boldsymbol{A}^{\mathrm{H}}。$$

【例 6.2.1】 设有矩阵

$$\boldsymbol{A}=\begin{bmatrix}1 & 2\\ 2 & 1\\ 1 & 1\end{bmatrix},$$

求 $\boldsymbol{A}$ 的广义逆 $\boldsymbol{A}^{(1,2)}$。

解 因 $r(\boldsymbol{A})=2$，故 $\boldsymbol{A}$ 为列满秩矩阵，因此

$$\begin{aligned}\boldsymbol{A}^{(1,2)}&=(\boldsymbol{A}^{\mathrm{H}}\boldsymbol{A})^{-1}\boldsymbol{A}^{\mathrm{H}}\\&=\left(\begin{bmatrix}1 & 2 & 1\\ 2 & 1 & 1\end{bmatrix}\begin{bmatrix}1 & 2\\ 2 & 1\\ 1 & 1\end{bmatrix}\right)^{-1}\begin{bmatrix}1 & 2 & 1\\ 2 & 1 & 1\end{bmatrix}\\&=\frac{1}{11}\begin{bmatrix}-4 & 7 & 1\\ 7 & -4 & 1\end{bmatrix}。\end{aligned}$$

【例 6.2.2】 设有矩阵

$$\boldsymbol{A}=\begin{bmatrix}-1 & 0 & 1\\ 2 & 0 & -2\end{bmatrix},$$

求 $\boldsymbol{A}$ 的 Moore-Penrose 广义逆 $\boldsymbol{A}^{+}$。

解 因 $r(\boldsymbol{A})=1$，故先求出矩阵 $\boldsymbol{A}$ 的满秩分解：

$$\boldsymbol{A}=\begin{bmatrix}-1\\ 2\end{bmatrix}\begin{bmatrix}1 & 0 & -1\end{bmatrix}=\boldsymbol{B}\boldsymbol{C},$$

从而

$$\boldsymbol{C}\boldsymbol{C}^{\mathrm{H}}=2,\ \boldsymbol{B}^{\mathrm{H}}\boldsymbol{B}=5,\ (\boldsymbol{C}\boldsymbol{C}^{\mathrm{H}})^{-1}=\frac{1}{2},\ (\boldsymbol{B}^{\mathrm{H}}\boldsymbol{B})^{-1}=\frac{1}{5},$$

因此，由式(6.2.1)有

$$\boldsymbol{A}^{+}=\boldsymbol{C}^{\mathrm{H}}(\boldsymbol{C}\boldsymbol{C}^{\mathrm{H}})^{-1}(\boldsymbol{B}^{\mathrm{H}}\boldsymbol{B})^{-1}\boldsymbol{B}^{\mathrm{H}}=\frac{1}{10}\begin{bmatrix}-1 & 2\\ 0 & 0\\ 1 & -2\end{bmatrix}。$$

另也可求得矩阵 $\boldsymbol{A}^{\mathrm{H}}\boldsymbol{A}$ 的特征值 $\lambda_1=10$，$\lambda_2=\lambda_3=0$。当 $\lambda_1=10$ 时，$\boldsymbol{A}^{\mathrm{H}}\boldsymbol{A}$ 的单位特征向

量为

$$x_1=\left[\frac{1}{\sqrt{2}},\ 0,\ \frac{-1}{\sqrt{2}}\right]^{\mathrm{T}},$$

当 $\lambda_2=\lambda_3=0$ 时，$\boldsymbol{A}^{\mathrm{H}}\boldsymbol{A}$ 的单位正交特征向量为

$$x_2=\left[\frac{1}{\sqrt{2}},\ 0,\ \frac{1}{\sqrt{2}}\right]^{\mathrm{T}},\ x_1=[0,\ 1,\ 0]^{\mathrm{T}},$$

从而

$$\boldsymbol{U}=[\boldsymbol{x}_1\quad \boldsymbol{x}_2\quad \boldsymbol{x}_3]=\begin{bmatrix}\frac{1}{\sqrt{2}} & \frac{1}{\sqrt{2}} & 0\\ 0 & 0 & 1\\ \frac{-1}{\sqrt{2}} & \frac{1}{\sqrt{2}} & 0\end{bmatrix},\ \boldsymbol{\Lambda}=\begin{bmatrix}10 & 0 & 0\\ 0 & 0 & 0\\ 0 & 0 & 0\end{bmatrix},\ \boldsymbol{\Lambda}^{+}=\begin{bmatrix}\frac{1}{10} & 0 & 0\\ 0 & 0 & 0\\ 0 & 0 & 0\end{bmatrix},$$

将其代入式(6.2.2)，有

$$\boldsymbol{A}^{+}=\boldsymbol{U}\boldsymbol{\Lambda}^{+}\boldsymbol{U}^{\mathrm{H}}\boldsymbol{A}^{\mathrm{H}}=\begin{bmatrix}\frac{-1}{10} & \frac{1}{5}\\ 0 & 0\\ \frac{1}{10} & \frac{-1}{5}\end{bmatrix}。$$

6.3　广义逆与线性方程组的解

本节我们主要介绍广义逆在求解矩阵方程及线性方程组中的应用。

一、相容矩阵方程

定理 6.3.1　设矩阵 $\boldsymbol{A}\in\mathbf{C}^{m\times n}$，$\boldsymbol{B}\in\mathbf{C}^{p\times q}$，$\boldsymbol{D}\in\mathbf{C}^{m\times q}$，矩阵方程

$$\boldsymbol{AXB}=\boldsymbol{D}\tag{6.3.1}$$

有解，当且仅当存在 $\boldsymbol{A}$ 与 $\boldsymbol{B}$ 的广义逆 $\boldsymbol{A}^{-}$ 与 $\boldsymbol{B}^{-}$ 使得

$$\boldsymbol{AA}^{-}\boldsymbol{DB}^{-}\boldsymbol{B}=\boldsymbol{D},\tag{6.3.2}$$

且在有解的情形下，其通解为

$$\boldsymbol{X}=\boldsymbol{A}^{-}\boldsymbol{DB}^{-}+\boldsymbol{Y}-\boldsymbol{A}^{-}\boldsymbol{AYBB}^{-},\tag{6.3.3}$$

式中，$\boldsymbol{Y}\in\mathbf{C}^{n\times p}$ 为任意矩阵。

证明　若 $\boldsymbol{X}$ 为矩阵方程(6.3.1)的任一解，则

$$\boldsymbol{AA}^{-}\boldsymbol{DB}^{-}\boldsymbol{B}=\boldsymbol{AA}^{-}\boldsymbol{AXBB}^{-}\boldsymbol{B}=\boldsymbol{AXB}=\boldsymbol{D},$$

即表明式(6.3.2)成立。

反之，若式(6.3.2)成立，显然 $\boldsymbol{X}=\boldsymbol{A}^{-}\boldsymbol{DB}^{-}$ 为矩阵方程(6.3.1)的一个解。

容易验证，任意具有式(6.3.3)形式的矩阵 $\boldsymbol{X}$ 一定满足矩阵方程(6.3.1)。此外，矩阵方程(6.3.1)的任一解 $\boldsymbol{X}$ 都可表示为

$$\boldsymbol{X}=\boldsymbol{A}^{-}\boldsymbol{DB}^{-}+\boldsymbol{X}-\boldsymbol{A}^{-}\boldsymbol{AXBB}^{-},$$

即表明矩阵方程(6.3.1)的任一解 $\boldsymbol{X}$ 具有式(6.3.3)的形式。

推论 6.3.1 设矩阵 $\boldsymbol{A}\in\mathbf{C}^{m\times n}$，向量 $\boldsymbol{b}\in\mathbf{C}^{m}$，则线性方程组

$$\boldsymbol{Ax}=\boldsymbol{b}$$

有解，当且仅当存在 $\boldsymbol{A}$ 的广义逆 $\boldsymbol{A}^{-}$ 使得

$$\boldsymbol{AA}^{-}\boldsymbol{b}=\boldsymbol{b},$$

且在有解的情形下，其通解为

$$\boldsymbol{x}=\boldsymbol{A}^{-}\boldsymbol{b}+(\boldsymbol{E}_n-\boldsymbol{A}^{-}\boldsymbol{A})\boldsymbol{y},$$

式中，$\boldsymbol{y}\in\mathbf{C}^{n}$ 为任意向量。

证明 在矩阵方程(6.3.1)中，令 $\boldsymbol{B}=\boldsymbol{E}$，$\boldsymbol{D}=\boldsymbol{b}\in\mathbf{C}^{m\times 1}$，即由定理 6.3.1 得证。

特别地，当 $\boldsymbol{b}=\boldsymbol{0}$ 时，齐次线性方程组 $\boldsymbol{Ax}=\boldsymbol{0}$ 总存在解，且通解为

$$\boldsymbol{x}=(\boldsymbol{E}_n-\boldsymbol{A}^{-}\boldsymbol{A})\boldsymbol{y},$$

这恰好体现出相容方程组解的结构，即线性非齐次方程组的通解可以表示为它的一个特解加上对应的齐次线性方程组的通解。

推论 6.3.2 设矩阵 $\boldsymbol{A}\in\mathbf{C}^{m\times n}$，$\boldsymbol{D}\in\mathbf{C}^{m\times p}$，则矩阵方程

$$\boldsymbol{AX}=\boldsymbol{D}$$

有解，当且仅当存在 $\boldsymbol{A}$ 的广义逆 $\boldsymbol{A}^{-}$ 使得

$$\boldsymbol{AA}^{-}\boldsymbol{D}=\boldsymbol{D},$$

且在有解的情形下，其通解为

$$\boldsymbol{X}=\boldsymbol{A}^{-}\boldsymbol{D}+\boldsymbol{Y}-\boldsymbol{A}^{-}\boldsymbol{A}Y,$$

式中，$\boldsymbol{Y}\in\mathbf{C}^{n\times p}$ 为任意矩阵。

二、相容线性方程组

设矩阵 $\boldsymbol{A}\in\mathbf{C}^{m\times n}$，线性方程组 $\boldsymbol{Ax}=\boldsymbol{b}$ 有解当且仅当 $r([\boldsymbol{A},\ \boldsymbol{b}])=r(\boldsymbol{A})$，即等价于 $\boldsymbol{b}\in R(\boldsymbol{A})$。在一般情形下，方程组的解并不唯一，利用矩阵广义逆可以写出相容方程组的通解。

定理 6.3.2 设矩阵 $\boldsymbol{A}\in\mathbf{C}^{m\times n}$，$\boldsymbol{G}\in\mathbf{C}^{n\times m}$。对于使得线性方程组 $\boldsymbol{Ax}=\boldsymbol{b}$ 相容的任意 $\boldsymbol{b}\in\mathbf{C}^{m}$，$\boldsymbol{x}=\boldsymbol{Gb}$ 为 $\boldsymbol{Ax}=\boldsymbol{b}$ 的解，当且仅当 $\boldsymbol{G}\in\boldsymbol{A}\{1\}$。

证明 若 $\boldsymbol{AGb}=\boldsymbol{b}$ 对一切 $\boldsymbol{b}\in R(\boldsymbol{A})$成立，则显然有 $\boldsymbol{AGA}=\boldsymbol{A}$。反之，设 $\boldsymbol{G}\in\mathbf{C}^{n\times m}$ 满足 $\boldsymbol{AGA}=\boldsymbol{A}$，由于对任一 $\boldsymbol{b}\in R(\boldsymbol{A})$，存在 $\boldsymbol{x}_0$ 使得 $\boldsymbol{Ax}_0=\boldsymbol{b}$，故

$$\boldsymbol{AGb}=\boldsymbol{AGAx}_0=\boldsymbol{Ax}_0=\boldsymbol{b}。$$

此定理表明，矩阵的{1}-逆可以表达相容线性方程组的解，同时由推论 6.3.1 可以得到相容线性方程组的通解。

在实际应用中，不仅要求用广义逆 $\boldsymbol{G}$ 表示相容方程组 $\boldsymbol{Ax}=\boldsymbol{b}$ 的解，还要求能够表示为具有极小范数的解，为此引入如下定义。

定义 6.3.1 在相容线性方程组 $\boldsymbol{Ax}=\boldsymbol{b}$ 的一切解中，若存在与 $\boldsymbol{b}$ 无关的 $\boldsymbol{A}$ 的某些特殊{1}-逆 $\boldsymbol{G}$，使得 $\boldsymbol{Gb}$ 与其他的解相比较具有极小范数，即

$$\|\boldsymbol{Gb}\|_2\leqslant\|\boldsymbol{x}\|_2,$$

式中，$\boldsymbol{x}$ 为 $\boldsymbol{Ax}=\boldsymbol{b}$ 的解，$\|\boldsymbol{x}\|_2=\sqrt{(\boldsymbol{x},\ \boldsymbol{x})}$，则称 $\boldsymbol{x}=\boldsymbol{Gb}$ 为**极小范数解**。

一些自然的问题是：相容线性方程组 $\boldsymbol{Ax}=\boldsymbol{b}$ 的极小范数解可以用何种广义逆来表示，极小范数解是否唯一。

引理 6.3.1　相容线性方程组 $\boldsymbol{Ax}=\boldsymbol{b}$ 的极小范数解唯一，且此唯一解在子空间 $R(\boldsymbol{A}^{\mathrm{H}})$ 中。

证明　设 $\boldsymbol{x}_*$ 为相容线性方程组 $\boldsymbol{Ax}=\boldsymbol{b}$ 的极小范数解，若 $\boldsymbol{x}_*\notin R(\boldsymbol{A}^{\mathrm{H}})$，则由定理 3.3.6(1)有 $\boldsymbol{C}^n=R(\boldsymbol{A}^{\mathrm{H}})\dotplus N(\boldsymbol{A})$，因而存在 $\boldsymbol{y}_0\in R(\boldsymbol{A}^{\mathrm{H}})$ 及非零向量 $\boldsymbol{y}_1\in N(\boldsymbol{A})$ 使得 $\boldsymbol{x}_*=\boldsymbol{y}_0+\boldsymbol{y}_1$，进而有

$$\boldsymbol{b}=\boldsymbol{Ax}_*=\boldsymbol{Ay}_0+\boldsymbol{Ay}_1=\boldsymbol{Ay}_0,$$

且

$$\|\boldsymbol{x}_*\|_2^2=\|\boldsymbol{y}_0\|_2^2+\|\boldsymbol{y}_1\|_2^2>\|\boldsymbol{y}_0\|_2^2,$$

这与 $\boldsymbol{x}_*$ 为极小范数解矛盾。

假设存在 $\boldsymbol{x}_0\in R(\boldsymbol{A}^{\mathrm{H}})$ 也满足 $\boldsymbol{Ax}=\boldsymbol{b}$，则

$$\boldsymbol{A}(\boldsymbol{x}_*-\boldsymbol{x}_0)=\boldsymbol{0},$$

这表明

$$\boldsymbol{x}_*-\boldsymbol{x}_0\in N(\boldsymbol{A})\cap R(\boldsymbol{A}^{\mathrm{H}}),$$

因此 $\boldsymbol{x}_*=\boldsymbol{x}_0$。

定理 6.3.3　设矩阵 $\boldsymbol{A}\in\mathbf{C}^{m\times n}$，$\boldsymbol{G}\in\mathbf{C}^{n\times m}$。对于使得线性方程组 $\boldsymbol{Ax}=\boldsymbol{b}$ 相容的任意 $\boldsymbol{b}\in\mathbf{C}^m$，$\boldsymbol{x}=\boldsymbol{Gb}$ 为 $\boldsymbol{Ax}=\boldsymbol{b}$ 的极小范数解，当且仅当 $\boldsymbol{G}\in\boldsymbol{A}\{1,4\}$。

证明　因为线性方程组 $\boldsymbol{Ax}=\boldsymbol{b}$ 相容，故由推论 6.3.1 知，$\boldsymbol{x}_0=\boldsymbol{A}^{(1,4)}\boldsymbol{b}$ 为 $\boldsymbol{Ax}=\boldsymbol{b}$ 的一个特解，从而由 Penrose 方程(4)有

$$\boldsymbol{x}_0=\boldsymbol{A}^{(1,4)}(\boldsymbol{Ax}_0)=\boldsymbol{A}^{\mathrm{H}}(\boldsymbol{A}^{(1,4)})^{\mathrm{H}}\boldsymbol{x}_0\in R(\boldsymbol{A}^{\mathrm{H}}),$$

进而由引理 6.3.1 知，此 $\boldsymbol{x}_0$ 为唯一的极小范数解。

反之，若对任意 $\boldsymbol{b}\in R(\boldsymbol{A})$，$\boldsymbol{x}=\boldsymbol{Gb}$ 都为线性方程组 $\boldsymbol{Ax}=\boldsymbol{b}$ 的极小范数解，则由 $\boldsymbol{A}^{(1,4)}\boldsymbol{b}$ 也为一个极小范数解知，$\boldsymbol{Gb}=\boldsymbol{A}^{(1,4)}\boldsymbol{b}$，从而 $\boldsymbol{GA}=\boldsymbol{A}^{(1,4)}\boldsymbol{A}$，即表明 $\boldsymbol{G}\in\boldsymbol{A}\{1,4\}$。

三、不相容线性方程组

设矩阵 $\boldsymbol{A}\in\mathbf{C}^{m\times n}$，对线性方程组 $\boldsymbol{Ax}=\boldsymbol{b}$，若 $r([\boldsymbol{A},\boldsymbol{b}])\neq r(\boldsymbol{A})$，即 $\boldsymbol{b}\notin R(\boldsymbol{A})$，则线性方程组无解，此时称线性方程组 $\boldsymbol{Ax}=\boldsymbol{b}$ 为**不相容的**。对于不相容的线性方程组，在实际应用中也希望线性方程组有“解”，并要求所得到的“解”是线性方程组的最小二乘解。

定义 6.3.2　对不相容的线性方程组 $\boldsymbol{Ax}=\boldsymbol{b}$，若存在向量 $\boldsymbol{x}_*$，使下面的绝对误差达到最小，即

$$\|\boldsymbol{Ax}_*-\boldsymbol{b}\|=\min_{\boldsymbol{x}\in\mathbf{C}^n}\|\boldsymbol{Ax}-\boldsymbol{b}\|,$$

则称 $\boldsymbol{x}_*$ 为线性方程组 $\boldsymbol{Ax}=\boldsymbol{b}$ 的**最小二乘解**。

之所以称为最小二乘解，是因为与其他任一近似解 $\boldsymbol{x}$ 相比(特别在 2 -范数意义下)，$\boldsymbol{x}_*$ 所引起的绝对误差满足

$$\|\boldsymbol{Ax}_*-\boldsymbol{b}\|^2\leqslant\|\boldsymbol{Ax}-\boldsymbol{b}\|^2。$$

定理 6.3.4　设矩阵 $\boldsymbol{A}\in\mathbf{C}^{m\times n}$，$\boldsymbol{G}\in\mathbf{C}^{n\times m}$。对任意 $\boldsymbol{b}\in\mathbf{C}^m$，$\boldsymbol{x}=\boldsymbol{Gb}$ 为 $\boldsymbol{Ax}=\boldsymbol{b}$ 的最小二乘解当且仅当 $\boldsymbol{G}\in\boldsymbol{A}\{1,3\}$。

证明　对任意 $\boldsymbol{b}\in\mathbf{C}^m$，由定理 3.6.3(2)知，存在 $\boldsymbol{b}_1\in R(\boldsymbol{A})$，$\boldsymbol{b}_2\in N(\boldsymbol{A}^{\mathrm{H}})=R(\boldsymbol{A})^{\perp}$，

使得 $\boldsymbol{b}=\boldsymbol{b}_1+\boldsymbol{b}_2$。因为

$$\boldsymbol{A}\boldsymbol{A}^{(1,3)}\boldsymbol{b}_1=\boldsymbol{b}_1,\ \boldsymbol{A}\boldsymbol{A}^{(1,3)}\boldsymbol{b}_2=\boldsymbol{0},$$

所以 $\boldsymbol{A}\boldsymbol{A}^{(1,3)}\boldsymbol{b}=\boldsymbol{b}_1$。另注意到

$$\boldsymbol{AGb}-\boldsymbol{b}_1\in R(\boldsymbol{A}),\ \boldsymbol{b}_1-\boldsymbol{b}=-\boldsymbol{b}_2\in \boldsymbol{R}(\boldsymbol{A})^{\perp},$$

因而

$$\|\boldsymbol{AGb}-\boldsymbol{b}\|^2=\|\boldsymbol{AGb}-\boldsymbol{b}_1\|^2+\|\boldsymbol{b}_1-\boldsymbol{b}\|^2,$$

于是 $\boldsymbol{Gb}$ 为最小二乘解当且仅当

$$\boldsymbol{AGb}=\boldsymbol{b}_1=\boldsymbol{A}\boldsymbol{A}^{(1,3)}\boldsymbol{b},$$

即 $\boldsymbol{G}$ 满足 $\boldsymbol{AG}=\boldsymbol{A}\boldsymbol{A}^{(1,3)}$，这表明 $\boldsymbol{G}\in\boldsymbol{A}\{1,3\}$。

一般情形下，线性方程组 $\boldsymbol{Ax}=\boldsymbol{b}$ 的最小二乘解不唯一，因为若 $\boldsymbol{x}$ 为一个最小二乘解，则对任一 $\boldsymbol{y}\in N(\boldsymbol{A})$，$\boldsymbol{x}+\boldsymbol{y}$ 也为最小二乘解，因此下面结论成立。

推论 6.3.3 不相容线性方程组 $\boldsymbol{Ax}=\boldsymbol{b}$ 的最小二乘解为

$$\boldsymbol{x}=\boldsymbol{A}^{(1,3)}\boldsymbol{b}+(\boldsymbol{E}_m-\boldsymbol{A}^{(1,3)}\boldsymbol{A})\boldsymbol{y},$$

式中，$\boldsymbol{y}\in\mathbf{C}^n$ 为任意向量。

显然，仅当 $\boldsymbol{A}$ 为列满秩时，最小二乘解是唯一的。在实际应用中，常常选取具有极小范数的最小二乘解。

定理 6.3.5 设矩阵 $\boldsymbol{A}\in\mathbf{C}^{m\times n}$，$\boldsymbol{G}\in\mathbf{C}^{n\times m}$。对任意 $\boldsymbol{b}\in\mathbf{C}^m$，$\boldsymbol{x}=\boldsymbol{Gb}$ 均为 $\boldsymbol{Ax}=\boldsymbol{b}$ 的唯一极小范数最小二乘解，当且仅当 $\boldsymbol{G}=\boldsymbol{A}^+$。

证明 由定理 6.3.4 知，方程组 $\boldsymbol{Ax}=\boldsymbol{b}$ 的最小二乘解满足方程

$$\boldsymbol{Ax}=\boldsymbol{A}\boldsymbol{A}^{(1,3)}\boldsymbol{b}。$$

另由定理 6.3.3 及定理 6.1.4(4)知，上述方程组的极小范数解为

$$\boldsymbol{x}=\boldsymbol{A}^{(1,4)}\boldsymbol{A}\boldsymbol{A}^{(1,3)}\boldsymbol{b}=\boldsymbol{A}^+\boldsymbol{b}。$$

反之，若对任一 $\boldsymbol{b}\in\mathbf{C}^m$，$\boldsymbol{x}=\boldsymbol{Gb}$ 均为 $\boldsymbol{Ax}=\boldsymbol{b}$ 的唯一极小范数最小二乘解，则由 $\boldsymbol{A}^+\boldsymbol{b}$ 也为极小范数最小二乘解知 $\boldsymbol{Gb}=\boldsymbol{A}^+\boldsymbol{b}$，从而 $\boldsymbol{G}=\boldsymbol{A}^+$。

由本节知识可知，如果能方便地求出系数矩阵 $\boldsymbol{A}$ 的加号逆 $\boldsymbol{A}^+$，则可用 $\boldsymbol{A}^+$ 来表示相容或不相容线性方程组 $\boldsymbol{Ax}=\boldsymbol{b}$ 的解。

习 题 六

1. 证明定理 6.1.7。

2. 证明：非齐次线性方程 $\boldsymbol{Ax}=\boldsymbol{b}$ 有解当且仅当 $\boldsymbol{b}=\boldsymbol{A}\boldsymbol{A}^-\boldsymbol{b}$。

3. 求下列矩阵的 Moore-Penrose 广义逆：

(1) $\boldsymbol{A}=\begin{bmatrix}1&1\\2&2\end{bmatrix}$；(2) $\boldsymbol{A}=\begin{bmatrix}1&1&0&1&0\\0&1&1&1&1\\1&0&1&1&0\end{bmatrix}$；(3) $\boldsymbol{A}=\begin{bmatrix}0&1&0&1\\0&1&0&1\\2&0&1&1\end{bmatrix}$。

4. 设有线性方程组 $\boldsymbol{Ax}=\boldsymbol{b}$，其中

$$\boldsymbol{A}=\begin{bmatrix}1&2\\2&1\\1&1\end{bmatrix},\ \boldsymbol{x}=[x_1,\ x_2]^{\mathrm{T}},\ \boldsymbol{b}=[1,\ 0,\ 0]^{\mathrm{T}}。$$

(1) 证明此方程组无解；

(2) 求此方程组的极小范数最小二乘解 $\boldsymbol{x}^*$ 及 $\|\boldsymbol{x}^*\|_2$；

(3) 求向量 $\boldsymbol{b}$ 到 $R(\boldsymbol{A})$ 的最短距离。

5. 设有线性方程组 $\boldsymbol{Ax}=\boldsymbol{b}$，其中

$$\boldsymbol{A}=\begin{bmatrix}1 & 2 & 3\\1 & 0 & 1\\2 & 0 & 2\\2 & 4 & 6\end{bmatrix},\ \boldsymbol{x}=[x_1,\ x_2,\ x_3]^{\mathrm{T}},\ \boldsymbol{b}=[1,\ 0,\ 1,\ 3]^{\mathrm{T}}。$$

(1) 证明此方程组无解；

(2) 求此方程组的极小范数最小二乘解 $\boldsymbol{x}^*$ 及 $\|\boldsymbol{x}^*\|_2$；

(3) 求向量 $\boldsymbol{b}$ 到 $R(\boldsymbol{A})$ 的最短距离。

6. 设矩阵 $\boldsymbol{A}$ 为一正规矩阵，证明：$\boldsymbol{AA}^+=\boldsymbol{A}^+\boldsymbol{A}$。

第 7 章 矩阵的特殊积

对于在线性代数中定义的两个矩阵 $\boldsymbol{A}$ 与 $\boldsymbol{B}$ 的乘积 $\boldsymbol{AB}$，一个基本要求为矩阵 $\boldsymbol{A}$ 的列数必须等于矩阵 $\boldsymbol{B}$ 的行数，否则乘积 $\boldsymbol{AB}$ 没有意义，因此矩阵的这种乘积会给某些实际问题的处理带来不便，比如，这样的乘积就不能处理非方阵的同形矩阵的相乘问题，这种乘积在表达矩阵代数方程解时也往往受限。本章引入矩阵的两种特殊积，它们会给某些实际问题的数学表达和处理带来方便。

7.1 Hadamard 积

定义 7.1.1 设矩阵 $\boldsymbol{A}=[a_{ij}]\in\mathbf{C}^{m\times n}$，$\boldsymbol{B}=[b_{ij}]\in\mathbf{C}^{m\times n}$，称 $\boldsymbol{A}$ 和 $\boldsymbol{B}$ 的对应元素相乘所得到的 $m\times n$ 阶矩阵

$$\begin{bmatrix} a_{11}b_{11} & a_{12}b_{12} & \cdots & a_{1n}b_{1n} \\ a_{21}b_{21} & a_{22}b_{22} & \cdots & a_{2n}b_{2n} \\ \vdots & \vdots & & \vdots \\ a_{m1}b_{m1} & a_{m2}b_{m2} & \cdots & a_{mn}b_{mn} \end{bmatrix}$$

为 $\boldsymbol{A}$ 和 $\boldsymbol{B}$ 的 **Hadamard(阿达马)积**，记作 $\boldsymbol{A}\odot\boldsymbol{B}$。

由此定义可见，两矩阵 Hadamard 积存在只需两个矩阵具有相同的行数和相同的列数。

利用矩阵 Hadamard 积的定义，不难得到如下基本性质。

定理 7.1.1 设 $\boldsymbol{A}, \boldsymbol{B}, \boldsymbol{C}, \boldsymbol{D}\in\mathbf{C}^{m\times n}$，则

(1) 若 c 为常数，则 $c(\boldsymbol{A}\odot\boldsymbol{B})=(c\boldsymbol{A})\odot\boldsymbol{B}=\boldsymbol{A}\odot(c\boldsymbol{B})$。

(2) $\boldsymbol{A}\odot\boldsymbol{B}=\boldsymbol{B}\odot\boldsymbol{A}$，$(\boldsymbol{A}\odot\boldsymbol{B})^{\mathrm{H}}=\boldsymbol{A}^{\mathrm{H}}\odot\boldsymbol{B}^{\mathrm{H}}$，$(\boldsymbol{A}\odot\boldsymbol{B})^{\mathrm{T}}=\boldsymbol{A}^{\mathrm{T}}\odot\boldsymbol{B}^{\mathrm{T}}$。

(3) $\boldsymbol{A}\odot(\boldsymbol{B}\odot\boldsymbol{C})=(\boldsymbol{A}\odot\boldsymbol{B})\odot\boldsymbol{C}=\boldsymbol{A}\odot\boldsymbol{B}\odot\boldsymbol{C}$。

(4) $(\boldsymbol{A}+\boldsymbol{B})\odot\boldsymbol{C}=(\boldsymbol{A}\odot\boldsymbol{C})+(\boldsymbol{B}\odot\boldsymbol{C})$。

(5) $(\boldsymbol{A}+\boldsymbol{B})\odot(\boldsymbol{C}+\boldsymbol{D})=\boldsymbol{A}\odot\boldsymbol{C}+\boldsymbol{A}\odot\boldsymbol{D}+\boldsymbol{B}\odot\boldsymbol{C}+\boldsymbol{B}\odot\boldsymbol{D}$。

(6) $r(\boldsymbol{A}\odot\boldsymbol{B})\leqslant r(\boldsymbol{A})r(\boldsymbol{B})$。

(7) 若 $\boldsymbol{A}$ 和 $\boldsymbol{B}$ 为 Hermite 矩阵，则 $\boldsymbol{A}\odot\boldsymbol{B}$ 为 Hermite 矩阵。

(8) 若 $\boldsymbol{A}$ 和 $\boldsymbol{B}$ 为反 Hermite 矩阵，则 $\boldsymbol{A}\odot\boldsymbol{B}$ 为 Hermite 矩阵。

关于矩阵 Hadamard 积，我们有如下迹关系式。

定理 7.1.2 设 $\boldsymbol{A}=[a_{ij}]$，$\boldsymbol{B}=[b_{ij}]$，$\boldsymbol{C}=[c_{ij}]\in\mathbf{C}^{m\times n}$，且 $\mathbf{1}=[1, \cdots, 1]^{\mathrm{T}}$ 为 n 维列向量，$\boldsymbol{D}=\mathrm{diag}[d_1, \cdots, d_m]$，其中 $d_i=\sum_{j=1}^{n}a_{ij}$，则有

$$\mathrm{tr}(\boldsymbol{A}^{\mathrm{T}}(\boldsymbol{B}\odot\boldsymbol{C}))=\mathrm{tr}((\boldsymbol{A}^{\mathrm{T}}\odot\boldsymbol{B}^{\mathrm{T}})\boldsymbol{C}),$$
$$\boldsymbol{1}^{\mathrm{T}}\boldsymbol{A}^{\mathrm{T}}(\boldsymbol{B}\odot\boldsymbol{C})\boldsymbol{1}=\mathrm{tr}(\boldsymbol{B}^{\mathrm{T}}\boldsymbol{DC})。$$

证明　因为

$$(\boldsymbol{A}^{\mathrm{T}}(\boldsymbol{B}\odot\boldsymbol{C}))_{ii}=\sum_{k=1}^{m}a_{ki}b_{ki}c_{ki}=((\boldsymbol{A}^{\mathrm{T}}\odot\boldsymbol{B}^{\mathrm{T}})\boldsymbol{C})_{ii},$$

从而矩阵 $\boldsymbol{A}^{\mathrm{T}}(\boldsymbol{B}\odot\boldsymbol{C})$ 与 $(\boldsymbol{A}^{\mathrm{T}}\odot\boldsymbol{B}^{\mathrm{T}})\boldsymbol{C}$ 具有相同的对角元素，进而第一个等式成立。

另由于

$$\begin{aligned}\boldsymbol{1}^{\mathrm{T}}\boldsymbol{A}^{\mathrm{T}}(\boldsymbol{B}\odot\boldsymbol{C})\boldsymbol{1}&=\sum_{i=1}^{n}\sum_{j=1}^{n}\sum_{k=1}^{m}a_{kj}b_{ki}c_{ki}\\&=\sum_{i=1}^{n}\sum_{k=1}^{m}d_{k}b_{ki}c_{ki}=\mathrm{tr}(\boldsymbol{B}^{\mathrm{T}}\boldsymbol{DC}),\end{aligned}$$

因此第二个等式成立。

定理 7.1.3　设 $\boldsymbol{A}=[a_{ij}]$，$\boldsymbol{B}=[b_{ij}]\in\mathbf{C}^{n\times n}$，$\boldsymbol{x}=[x_1,\cdots,x_n]^{\mathrm{T}}$，$\boldsymbol{y}=[y_1,\cdots,y_n]^{\mathrm{T}}$，则有

$$\boldsymbol{x}^{\mathrm{H}}(\boldsymbol{A}\odot\boldsymbol{B})\boldsymbol{y}=\mathrm{tr}((\mathrm{diag}\boldsymbol{x})^{\mathrm{H}}\boldsymbol{A}(\mathrm{diag}\boldsymbol{y})\boldsymbol{B}^{\mathrm{T}}),$$

式中，$\mathrm{diag}\boldsymbol{x}=\mathrm{diag}[x_1,\cdots,x_n]$，$\mathrm{diag}\boldsymbol{y}=\mathrm{diag}[y_1,\cdots,y_n]$。

证明　因为

$$((\mathrm{diag}\boldsymbol{x})^{\mathrm{H}}\boldsymbol{A}(\mathrm{diag}\boldsymbol{y})\boldsymbol{B}^{\mathrm{T}})_{ii}=\sum_{j=1}^{n}\bar{x}_i a_{ij}y_j b_{ij},$$

所以

$$\mathrm{tr}((\mathrm{diag}\boldsymbol{x})^{\mathrm{H}}\boldsymbol{A}(\mathrm{diag}\boldsymbol{y})\boldsymbol{B}^{\mathrm{T}})=\sum_{i,j=1}^{n}\bar{x}_i a_{ij}y_j b_{ij}=\boldsymbol{x}^{\mathrm{H}}(\boldsymbol{A}\odot\boldsymbol{B})\boldsymbol{y}。$$

矩阵 Hadamard 积能够保持矩阵(半)正定性。

定理 7.1.4　若矩阵 $\boldsymbol{A}$ 和 $\boldsymbol{B}$ 为 Hermite(半)正定矩阵，则 $\boldsymbol{A}\odot\boldsymbol{B}$ 为 Hermite(半)正定矩阵。

证明　根据定理 3.5.7(5)知，Hermite 半正定矩阵 $\boldsymbol{A}$ 和 $\boldsymbol{B}$ 可分别表示为 $\boldsymbol{A}=\boldsymbol{Q}^{\mathrm{H}}\boldsymbol{Q}$，$\boldsymbol{B}=\boldsymbol{D}^{\mathrm{H}}\boldsymbol{D}$，从而对任意 $\boldsymbol{x}\in\mathbf{C}$，由定理 7.1.3 可得

$$\begin{aligned}\boldsymbol{x}^{\mathrm{H}}(\boldsymbol{A}\odot\boldsymbol{B})\boldsymbol{x}&=\mathrm{tr}((\mathrm{diag}\boldsymbol{x})^{\mathrm{H}}\boldsymbol{A}(\mathrm{diag}\boldsymbol{x})\boldsymbol{B}^{\mathrm{T}})\\&=\mathrm{tr}((\mathrm{diag}\boldsymbol{x})^{\mathrm{H}}\boldsymbol{Q}^{\mathrm{H}}\boldsymbol{Q}(\mathrm{diag}\boldsymbol{x})(\boldsymbol{D}^{\mathrm{H}}\boldsymbol{D})^{\mathrm{T}})\\&=\mathrm{tr}(((\boldsymbol{D}^{\mathrm{T}})^{\mathrm{H}}(\mathrm{diag}\boldsymbol{x})^{\mathrm{H}}\boldsymbol{Q}^{\mathrm{H}})(\boldsymbol{Q}(\mathrm{diag}\boldsymbol{x})\boldsymbol{D}^{\mathrm{T}}))\\&=\mathrm{tr}((\boldsymbol{Q}(\mathrm{diag}\boldsymbol{x})\boldsymbol{D}^{\mathrm{T}})^{\mathrm{H}}(\boldsymbol{Q}(\mathrm{diag}\boldsymbol{x})\boldsymbol{D}^{\mathrm{T}}))\\&\geqslant 0,\end{aligned}$$

所以 $\boldsymbol{A}\odot\boldsymbol{B}$ 为 Hermite 半正定矩阵。

若 $\boldsymbol{A}$ 和 $\boldsymbol{B}$ 均为 Hermite 正定矩阵，则根据定理 3.5.3(5)，可取 $\boldsymbol{Q}$ 和 $\boldsymbol{D}$ 为可逆矩阵，于是对任意向量 $\boldsymbol{x}\neq\boldsymbol{0}$，矩阵 $\boldsymbol{F}=\boldsymbol{Q}(\mathrm{diag}\boldsymbol{x})\boldsymbol{D}^{\mathrm{T}}\neq\boldsymbol{0}$，从而

$$\boldsymbol{x}^{\mathrm{H}}(\boldsymbol{A}\odot\boldsymbol{B})\boldsymbol{x}=\mathrm{tr}(\boldsymbol{F}^{\mathrm{H}}\boldsymbol{F})>0,$$

所以 $\boldsymbol{A}\odot\boldsymbol{B}$ 为 Hermite 正定矩阵。

7.2 Kronecker 积

一、矩阵 Kronecker 积的定义及性质

定义 7.2.1 设矩阵 $\boldsymbol{A}=[a_{ij}]\in\mathbf{C}^{m\times n}$，$\boldsymbol{B}=[b_{ij}]\in\mathbf{C}^{p\times q}$，称如下的分块矩阵

$$\boldsymbol{A}\otimes\boldsymbol{B}=\begin{bmatrix}a_{11}\boldsymbol{B} & a_{12}\boldsymbol{B} & \cdots & a_{1n}\boldsymbol{B}\\ a_{21}\boldsymbol{B} & a_{22}\boldsymbol{B} & \cdots & a_{2n}\boldsymbol{B}\\ \vdots & \vdots & & \vdots\\ a_{m1}\boldsymbol{B} & a_{m2}\boldsymbol{B} & \cdots & a_{mn}\boldsymbol{B}\end{bmatrix}\in\mathbf{C}^{mp\times nq}$$

为 $\boldsymbol{A}$ 和 $\boldsymbol{B}$ 的 **Kronecker(克罗内克)积**，或 $\boldsymbol{A}$ 和 $\boldsymbol{B}$ 的**直积**或**张量积**，记作 $\boldsymbol{A}\otimes\boldsymbol{B}=[a_{ij}\boldsymbol{B}]_{mp\times nq}$。

由此定义可以看出，$\boldsymbol{A}\otimes\boldsymbol{B}$ 为一个 $m\times n$ 的分块矩阵，最后为一个 $mp\times nq$ 阶矩阵。$\boldsymbol{A}\otimes\boldsymbol{B}$ 对矩阵 $\boldsymbol{A}$ 和 $\boldsymbol{B}$ 的行数和列数没有任何要求。

【例 7.2.1】 选取如下矩阵

$$\boldsymbol{A}=\begin{bmatrix}a & b\\ c & d\end{bmatrix},\ \boldsymbol{B}=\begin{bmatrix}x\\ y\end{bmatrix},$$

则有

$$\boldsymbol{A}\otimes\boldsymbol{B}=\begin{bmatrix}a\boldsymbol{B} & b\boldsymbol{B}\\ c\boldsymbol{B} & d\boldsymbol{B}\end{bmatrix}=\begin{bmatrix}ax & bx\\ ay & by\\ cx & \mathrm{d}x\\ cy & \mathrm{d}y\end{bmatrix},$$

$$\boldsymbol{B}\otimes\boldsymbol{A}=\begin{bmatrix}x\boldsymbol{A}\\ y\boldsymbol{A}\end{bmatrix}=\begin{bmatrix}xa & xb\\ xc & xd\\ ya & yb\\ yc & yd\end{bmatrix},$$

由此可见，$\boldsymbol{A}\otimes\boldsymbol{B}\neq\boldsymbol{B}\otimes\boldsymbol{A}$。

因此 Kronecker 积一般不满足交换律，但它们最终所得矩阵的阶数相同。

【例 7.2.2】 设 $\boldsymbol{A}$ 和 $\boldsymbol{B}$ 均为对角矩阵，$\boldsymbol{A}=\mathrm{diag}[a_1,\cdots,a_m]$，$\boldsymbol{B}=\mathrm{diag}[b_1,\cdots,b_n]$，则显然

$$\begin{aligned}\boldsymbol{A}\otimes\boldsymbol{B}&=\mathrm{diag}[a_1\boldsymbol{B},\cdots,a_m\boldsymbol{B}]\\ &=\mathrm{diag}[a_1b_1,\cdots,a_1b_n,a_2b_1,\cdots,a_2b_n,\cdots,a_mb_1,\cdots,a_mb_n],\end{aligned}$$

因此 $\boldsymbol{A}\otimes\boldsymbol{B}$ 也为 $mn\times mn$ 阶对角矩阵；特别地，当 $\boldsymbol{A}$ 和 $\boldsymbol{B}$ 为单位矩阵时，有

$$\boldsymbol{E}_n\otimes\boldsymbol{E}_m=\boldsymbol{E}_m\otimes\boldsymbol{E}_n=\boldsymbol{E}_{mn}。$$

不难验证，若 $\boldsymbol{A}$ 和 $\boldsymbol{B}$ 均为上(下)三角矩阵，则 $\boldsymbol{A}\otimes\boldsymbol{B}$ 也为上(下)三角矩阵。

利用定义 7.2.1，不难验证 Kronecker 积有下列基本性质。

定理 7.2.1 假定以下矩阵之间的运算可以进行，则有

(1) 对任意常数 a、b，$(a\boldsymbol{A})\otimes(b\boldsymbol{B})=ab(\boldsymbol{A}\otimes\boldsymbol{B})$。

(2) $A\otimes(B+C)=A\otimes B+A\otimes C$，$(B+C)\otimes A=B\otimes A+C\otimes A$。

(3) $(A+B)\otimes(C+D)=A\otimes C+A\otimes D+B\otimes C+B\otimes D$。

(4) $(A\otimes B)(C\otimes D)=(AC)\otimes(BD)$，$(AC)\otimes(BD)=(A\otimes B)(C\otimes D)$。

(5) $(A\otimes B)\otimes(C\otimes D)=A\otimes B\otimes C\otimes D$。

(6) $(A\otimes B)^{\mathrm{H}}=A^{\mathrm{H}}\otimes B^{\mathrm{H}}$，$(A\otimes B)^{\mathrm{T}}=A^{\mathrm{T}}\otimes B^{\mathrm{T}}$。

(7) 若 A 和 B 为 Hermite(或酉)矩阵，则 $A\otimes B$ 为 Hermite(或酉)矩阵。

由定理 7.2.1，我们有如下推论。

推论 7.2.1　设矩阵 $A\in\mathbf{C}^{m\times m}$，$B\in\mathbf{C}^{n\times n}$，则有

$$A\otimes B=(A\otimes E_n)(E_m\otimes B)=(E_m\otimes B)(A\otimes E_n)。$$

Kronecker 积还具有如下一些重要性质。

定理 7.2.2　设矩阵 A 和 B 均为可逆矩阵，则 $A\otimes B$ 也为可逆矩阵，且有

$$(A\otimes B)^{-1}=A^{-1}\otimes B^{-1}。$$

证明　因

$$(A\otimes B)(A^{-1}\otimes B^{-1})=(AA^{-1})\otimes(BB^{-1})=E_m\otimes E_n=E_{mn},$$

故结论得证。

定理 7.2.3　设矩阵 $A\in\mathbf{C}^{m\times m}$ 的特征值为 λ_1，…，λ_m，矩阵 $B\in\mathbf{C}^{n\times n}$ 的特征值为 μ_1，…，μ_n，则 $A\otimes B$ 的 mn 个特征值为 $\lambda_i\mu_j$($i=1$，…，m；$j=1$，…，n)。

证明　由定理 3.4.1 知，存在 $U\in U^{m\times m}$，$V\in U^{n\times n}$ 使得

$$A=U\Delta_1U^{\mathrm{H}},\ B=V\Delta_2V^{\mathrm{H}},$$

式中，Δ_1 与 Δ_2 为上三角矩阵，其主对角元素分别为 A 和 B 的特征值。因为

$$A\otimes B=(U\Delta_1U^{\mathrm{H}})\otimes(V\Delta_2V^{\mathrm{H}})=(U\otimes V)(\Delta_1\otimes\Delta_2)(U^{\mathrm{H}}\otimes V^{\mathrm{H}}),$$

$$(U\otimes V)^{-1}=U^{-1}\otimes V^{-1}=U^{\mathrm{H}}\otimes V^{\mathrm{H}},$$

所以 $A\otimes B$ 相似于 $\Delta_1\otimes\Delta_2$。由于 $\Delta_1\otimes\Delta_2$ 仍为上三角矩阵，且对角元素为 $\lambda_i\mu_j$，因而 $A\otimes B$ 的特征值为 $\lambda_i\mu_j$($i=1$，…，m；$j=1$，…，n)。

由定理 7.2.3，我们不难得到如下结论。

推论 7.2.2　设矩阵 $A\in\mathbf{C}^{m\times m}$，$B\in\mathbf{C}^{n\times n}$，则有

$$\det(A\otimes B)=(\det A)^n(\det B)^m,$$

$$\mathrm{tr}(A\otimes B)=\mathrm{tr}(A)\mathrm{tr}(B),$$

$$r(A\otimes B)=r(A)r(B)。$$

推论 7.2.3　若矩阵 A 与 B 为 Hermite(半)正定矩阵，则 $A\otimes B$ 为 Hermite(半)正定矩阵。

关于 Kronecker 积的特征值，我们进一步有如下结论。

定理 7.2.4　设 $f(x, y)=\sum\limits_{i,j=0}^{p}c_{ij}x^iy^j$ 为变量 x，y 的复系数多项式，对于矩阵$A\in\mathbf{C}^{m\times m}$，$B\in\mathbf{C}^{n\times n}$，考虑如下定义的 mn 阶矩阵

$$f(A, B)=\sum_{i,j=0}^{p}c_{ij}A^i\otimes B^j,$$

若 λ_1，…，λ_m 为 A 的特征值，α_1，…，α_m 为 A 的属于特征值 λ_1，…，λ_m 的特征向量，μ_1，…，μ_n 为 B 的特征值，β_1，…，β_n 为 B 的属于特征值 μ_1，…，μ_n 的特征向量，则矩阵

$f(\boldsymbol{A},\boldsymbol{B})$的特征值为 $f(\lambda_r,\mu_s)$，而对应 $f(\lambda_r,\mu_s)$的特征向量为 $\boldsymbol{\alpha}_r\otimes\boldsymbol{\beta}_s(r=1,\cdots,m;s=1,\cdots,n)$。

证明 由假设条件有

$$\boldsymbol{A}\boldsymbol{\alpha}_r=\lambda_r\boldsymbol{\alpha}_r,\ \boldsymbol{B}\boldsymbol{\beta}_s=\mu_s\boldsymbol{\beta}_s,$$

从而有

$$\boldsymbol{A}^i\boldsymbol{\alpha}_r=\lambda_r^i\boldsymbol{\alpha}_r,\ \boldsymbol{B}^j\boldsymbol{\beta}_s=\mu_s^j\boldsymbol{\beta}_s,$$

于是

$$\begin{aligned}f(\boldsymbol{A},\boldsymbol{B})\boldsymbol{\alpha}_r\otimes\boldsymbol{\beta}_s&=\Big(\sum_{i,j=0}^{p}c_{ij}\boldsymbol{A}^i\otimes\boldsymbol{B}^j\Big)(\boldsymbol{\alpha}_r\otimes\boldsymbol{\beta}_s)=\sum_{i,j=0}^{p}(c_{ij}\boldsymbol{A}^i\otimes\boldsymbol{B}^j)(\boldsymbol{\alpha}_r\otimes\boldsymbol{\beta}_s)\\&=\sum_{i,j=0}^{p}c_{ij}(\boldsymbol{A}^i\boldsymbol{\alpha}_r\otimes\boldsymbol{B}^j\boldsymbol{\beta}_s)=\sum_{i,j=0}^{p}c_{ij}\lambda_r^i\mu_s^j\boldsymbol{\alpha}_r\otimes\boldsymbol{\beta}_s\\&=f(\lambda_r,\mu_s)\boldsymbol{\alpha}_r\otimes\boldsymbol{\beta}_s,\end{aligned}$$

即定理得证。

若取 $f(x,y)=xy$，则 $f(\boldsymbol{A},\boldsymbol{B})=\boldsymbol{A}\otimes\boldsymbol{B}$，由定理 7.2.4，我们有如下推论。

推论 7.2.4 设矩阵 $\boldsymbol{A}\in\mathbf{C}^{m\times m}$，$\boldsymbol{B}\in\mathbf{C}^{n\times n}$，则 $\boldsymbol{A}\otimes\boldsymbol{B}$ 的特征值为$\lambda_i\mu_j$，且对应于$\lambda_i\mu_j$ 的特征向量为 $\boldsymbol{\alpha}_i\otimes\boldsymbol{\beta}_j(i=1,\cdots,m;j=1,\cdots,n)$。

若取 $f(x,y)=x+y=xy^0+x^0y$，则 $f(\boldsymbol{A},\boldsymbol{B})=\boldsymbol{A}\otimes\boldsymbol{E}_n+\boldsymbol{E}_m\otimes\boldsymbol{B}$，于是由定理 7.2.4，我们有下面的推论。

推论 7.2.5 设矩阵 $\boldsymbol{A}\in\mathbf{C}^{m\times m}$，$\boldsymbol{B}\in\mathbf{C}^{n\times n}$，则矩阵 $\boldsymbol{A}\otimes\boldsymbol{E}_n+\boldsymbol{E}_m\otimes\boldsymbol{B}$ 的特征值为$\lambda_i+\mu_j$，且对应于 $\lambda_i+\mu_j$ 的特征向量为 $\boldsymbol{\alpha}_i\otimes\boldsymbol{\beta}_j(i=1,\cdots,m;j=1,\cdots,n)$。

注 7.2.1 矩阵 $\boldsymbol{A}\otimes\boldsymbol{E}_n+\boldsymbol{E}_m\otimes\boldsymbol{B}$ 通常称为矩阵 $\boldsymbol{A}\in\mathbf{C}^{m\times m}$ 与矩阵 $\boldsymbol{B}\in\mathbf{C}^{n\times n}$ 的 **Kronecker 和**。

定理 7.2.5 设 $\boldsymbol{x}_1,\cdots,\boldsymbol{x}_n$ 为 n 个线性无关的 m 维列向量，$\boldsymbol{y}_1,\cdots,\boldsymbol{y}_q$ 为 q 个线性无关的 p 维列向量，则 nq 个 mp 维列向量 $\boldsymbol{x}_i\otimes\boldsymbol{y}_j(i=1,\cdots,m;j=1,\cdots,n)$也线性无关，反之结论也成立。

证明 不妨设

$$\boldsymbol{A}=[\boldsymbol{x}_1,\cdots,\boldsymbol{x}_n]\in\mathbf{C}^{m\times n},\ \boldsymbol{B}=[\boldsymbol{y}_1,\cdots,\boldsymbol{y}_q]\in\mathbf{C}^{p\times q},$$

则显然有 $r(\boldsymbol{A})=n$，$r(\boldsymbol{B})=q$。由于

$$\boldsymbol{A}\otimes\boldsymbol{B}=[\boldsymbol{x}_1\otimes\boldsymbol{y}_1,\boldsymbol{x}_1\otimes\boldsymbol{y}_2,\cdots,\boldsymbol{x}_n\otimes\boldsymbol{y}_q,\cdots,\boldsymbol{x}_n\otimes\boldsymbol{y}_1,\boldsymbol{x}_n\otimes\boldsymbol{y}_2,\cdots,\boldsymbol{x}_n\otimes\boldsymbol{y}_q],$$

且 $r(\boldsymbol{A}\otimes\boldsymbol{B})=r(\boldsymbol{A})r(\boldsymbol{B})=nq$，故 $mp\times nq$ 矩阵 $\boldsymbol{A}\otimes\boldsymbol{B}$ 的 nq 个 mp 维列向量组 $\boldsymbol{x}_i\otimes\boldsymbol{y}_j(i=1,\cdots,m;j=1,\cdots,n)$线性无关。

反之，若列向量组 $\boldsymbol{x}_i\otimes\boldsymbol{y}_j(i=1,\cdots,m;j=1,\cdots,n)$线性无关，则 $\boldsymbol{A}\otimes\boldsymbol{B}$ 的列向量线性无关，$r(\boldsymbol{A}\otimes\boldsymbol{B})=nq$，即

$$nq=r(\boldsymbol{A}\otimes\boldsymbol{B})=r(\boldsymbol{A})r(\boldsymbol{B}),$$

此时必有 $r(\boldsymbol{A})=n$，$r(\boldsymbol{B})=q$。否则，$r(\boldsymbol{A})<n$，则有 $r(\boldsymbol{B})>q$，这与 $\boldsymbol{B}$ 的列数为 q 矛盾。这表明 $\boldsymbol{A}$ 与 $\boldsymbol{B}$ 都列满秩，因此 $\boldsymbol{x}_1,\cdots,\boldsymbol{x}_n$ 与 $\boldsymbol{y}_1,\cdots,\boldsymbol{y}_q$ 均线性无关。

矩阵的 Hadamard 积与 Kronecker 积有如下关系。

定理 7.2.6 设矩阵 $\boldsymbol{A},\boldsymbol{B}\in\mathbf{C}^{n\times n}$，则有

$$\boldsymbol{A}\odot\boldsymbol{B}=\boldsymbol{\Xi}_m^{\mathrm{T}}(\boldsymbol{A}\otimes\boldsymbol{B})\boldsymbol{\Xi}_n,$$

式中，$\boldsymbol{\Xi}_k=[\boldsymbol{e}_1\otimes\boldsymbol{e}_1,\boldsymbol{e}_2\otimes\boldsymbol{e}_2,\cdots,\boldsymbol{e}_k\otimes\boldsymbol{e}_k]$，且 $\boldsymbol{e}_i\in\mathbf{R}^k(i=1,\cdots,k;k=m,n)$为标准单位

向量。

证明　对任意 $i=1, \cdots, m, j=1, \cdots, n$，我们有

$$
\begin{aligned}
(\boldsymbol{\Xi}_m^{\mathrm{T}}(\boldsymbol{A}\otimes\boldsymbol{B})\boldsymbol{\Xi}_n)_{ij} &= (\boldsymbol{e}_i^{\mathrm{T}}\otimes\boldsymbol{e}_i^{\mathrm{T}})(\boldsymbol{A}\otimes\boldsymbol{B})(\boldsymbol{e}_j\otimes\boldsymbol{e}_j)\\
&= (\boldsymbol{e}_i^{\mathrm{T}}\boldsymbol{A}\boldsymbol{e}_j)\otimes(\boldsymbol{e}_i^{\mathrm{T}}\boldsymbol{B}\boldsymbol{e}_j)\\
&= a_{ij}\otimes b_{ij} = a_{ij}b_{ij}\\
&= (\boldsymbol{A}\odot\boldsymbol{B})_{ij},
\end{aligned}
$$

即定理得证。

下面简单介绍一类特殊矩阵的 Kronecker 积，这类矩阵在纠错码、信号处理及数理统计等领域有着广泛应用。

定义 7.2.2　每个元素为 1 或 −1 的 n 阶方阵 $\boldsymbol{H}_n$ 若满足

$$\boldsymbol{H}_n\boldsymbol{H}_n^{\mathrm{T}} = n\boldsymbol{E}_n,$$

则称 $\boldsymbol{H}_n$ 为 n 阶 **Hadamard 矩阵**。

定理 7.2.7　设 $\boldsymbol{H}_m$ 与 $\boldsymbol{H}_n$ 分别为 m 阶和 n 阶 Hadamard 矩阵，则矩阵 $\boldsymbol{H}_m\otimes\boldsymbol{H}_n$ 为 mn 阶 Hadamard 矩阵。

证明　由于

$$
\begin{aligned}
(\boldsymbol{H}_m\otimes\boldsymbol{H}_n)(\boldsymbol{H}_m\otimes\boldsymbol{H}_n)^{\mathrm{T}} &= (\boldsymbol{H}_m\otimes\boldsymbol{H}_n)(\boldsymbol{H}_m^{\mathrm{T}}\otimes\boldsymbol{H}_n^{\mathrm{T}}) = (\boldsymbol{H}_m\boldsymbol{H}_m^{\mathrm{T}})\otimes(\boldsymbol{H}_n\boldsymbol{H}_n^{\mathrm{T}})\\
&= (m\boldsymbol{E}_m)\otimes(n\boldsymbol{E}_n) = mn\boldsymbol{E}_{mn},
\end{aligned}
$$

因而结论得证。

二、矩阵向量化及性质

定义 7.2.3　设矩阵 $\boldsymbol{A}=[a_{ij}]\in\mathbf{C}^{m\times n}$，将矩阵 $\boldsymbol{A}$ 的各列依次纵排而成的 mn 维列向量

$$\operatorname{vec}(\boldsymbol{A}) = [a_{11}, a_{21}, \cdots, a_{m1}, a_{12}, a_{22}, \cdots, a_{m2}, \cdots, a_{1n}, a_{2n}, \cdots, a_{mn}]^{\mathrm{T}}$$

称为矩阵 $\boldsymbol{A}$ 的**向量化**。

下面我们给出矩阵向量化的一些重要性质。

定理 7.2.8　矩阵的向量化具有下列性质：

(1) 若 $\boldsymbol{x}\in\mathbf{C}^m$，$\boldsymbol{y}\in\mathbf{C}^n$，则 $\operatorname{vec}(\boldsymbol{x}\boldsymbol{y}^{\mathrm{T}})=\boldsymbol{y}\otimes\boldsymbol{x}$。

(2) 若 $\boldsymbol{A}, \boldsymbol{B}\in\mathbf{C}^{n\times n}$，则 $\operatorname{tr}(\boldsymbol{B}^{\mathrm{T}}\boldsymbol{A})=\operatorname{vec}(\boldsymbol{B})^{\mathrm{T}}\operatorname{vec}(\boldsymbol{A})$。

(3) 若 $\boldsymbol{A}, \boldsymbol{B}\in\mathbf{C}^{n\times n}$，则 $\operatorname{vec}(\boldsymbol{A}\odot\boldsymbol{B})=\operatorname{vec}(\boldsymbol{A})\odot\operatorname{vec}(\boldsymbol{B})$。

(4) 若 $\boldsymbol{A}\in\mathbf{C}^{m\times p}$，$\boldsymbol{X}\in\mathbf{C}^{p\times q}$，$\boldsymbol{B}\in\mathbf{C}^{q\times n}$，则

$$\operatorname{vec}(\boldsymbol{A}\boldsymbol{X}\boldsymbol{B}) = (\boldsymbol{B}^{\mathrm{T}}\otimes\boldsymbol{A})\operatorname{vec}(\boldsymbol{X})。$$

(5) 若 $\boldsymbol{A}\in\mathbf{C}^{m\times n}$，则存在不依赖于 $\boldsymbol{A}$ 的 mn 阶置换矩阵 $\boldsymbol{P}$，使得

$$\boldsymbol{P}\operatorname{vec}(\boldsymbol{A}^{\mathrm{T}}) = \operatorname{vec}(\boldsymbol{A})。$$

注 7.2.2　置换矩阵的每行和每列都有且仅有一个 1，其余均为 0，它为单位矩阵的某些行或列交换后得到的矩阵，因而一个置换矩阵为正交矩阵。

证明　性质(1)～(3)可通过定义来直接验证得到。

(4) 设 $\boldsymbol{B}=[b_{ij}]$，$\boldsymbol{X}=[\boldsymbol{x}_1, \cdots, \boldsymbol{x}_q]$，且 $\boldsymbol{e}_1, \cdots, \boldsymbol{e}_q\in\mathbf{R}^q$ 为标准单位向量，则

$$\boldsymbol{X} = \sum_{i=1}^{q}\boldsymbol{x}_i\boldsymbol{e}_i^{\mathrm{T}},$$

从而有

$$\begin{aligned}\mathrm{vec}(\boldsymbol{AXB})&=\mathrm{vec}\Big(\sum_{i=1}^{q}\boldsymbol{Ax}_i\boldsymbol{e}_i^{\mathrm{T}}\boldsymbol{B}\Big)=\sum_{i=1}^{q}\mathrm{vec}((\boldsymbol{Ax}_i)(\boldsymbol{B}^{\mathrm{T}}\boldsymbol{e}_i)^{\mathrm{T}})\\&=\sum_{i=1}^{q}((\boldsymbol{B}^{\mathrm{T}}\boldsymbol{e}_i)\otimes(\boldsymbol{Ax}_i))=(\boldsymbol{B}^{\mathrm{T}}\otimes\boldsymbol{A})\sum_{i=1}^{q}(\boldsymbol{e}_i\otimes\boldsymbol{x}_i)\\&=(\boldsymbol{B}^{\mathrm{T}}\otimes\boldsymbol{A})\sum_{i=1}^{q}\mathrm{vec}(\boldsymbol{x}_i\boldsymbol{e}_i^{\mathrm{T}})=(\boldsymbol{B}^{\mathrm{T}}\otimes\boldsymbol{A})\mathrm{vec}(\boldsymbol{X}),\end{aligned}$$

即性质(4)得证。

(5) 因为 $\mathrm{vec}(\boldsymbol{A}^{\mathrm{T}})$与 $\mathrm{vec}(\boldsymbol{A})$含有相同的元素，只是元素的排列次序不同而已，所以存在唯一的一个不依赖于矩阵 $\boldsymbol{A}$ 的 mn 阶置换矩阵 $\boldsymbol{P}$，可以将 $\mathrm{vec}(\boldsymbol{A}^{\mathrm{T}})$变换为 $\mathrm{vec}(\boldsymbol{A})$。

由定理 7.2.8(4)，我们有下面的推论。

推论 7.2.6 设矩阵 $\boldsymbol{A}\in\mathbf{C}^{m\times m}$，$\boldsymbol{B}\in\mathbf{C}^{n\times n}$，$\boldsymbol{X}\in\mathbf{C}^{m\times n}$，则有

(1) $\mathrm{vec}(\boldsymbol{AX})=(\boldsymbol{E}_n\otimes\boldsymbol{A})\mathrm{vec}(\boldsymbol{X})$。

(2) $\mathrm{vec}(\boldsymbol{XB})=(\boldsymbol{B}^{\mathrm{T}}\otimes\boldsymbol{E}_n)\mathrm{vec}(\boldsymbol{X})$。

(3) $\mathrm{vec}(\boldsymbol{AX}+\boldsymbol{XB})=(\boldsymbol{E}_n\otimes\boldsymbol{A}+\boldsymbol{B}^{\mathrm{T}}\otimes\boldsymbol{E}_m)\mathrm{vec}(\boldsymbol{X})$。

证明 (1) $\mathrm{vec}(\boldsymbol{AX})=\mathrm{vec}(\boldsymbol{AXE}_n)=(\boldsymbol{E}_n\otimes\boldsymbol{A})\mathrm{vec}(\boldsymbol{X})$。

(2) $\mathrm{vec}(\boldsymbol{XB})=\mathrm{vec}(\boldsymbol{E}_m\boldsymbol{XB})=(\boldsymbol{B}^{\mathrm{T}}\otimes\boldsymbol{E}_n)\mathrm{vec}(\boldsymbol{X})$。

(3)
$$\begin{aligned}\mathrm{vec}(\boldsymbol{AX}+\boldsymbol{XB})&=\mathrm{vec}(\boldsymbol{AX})+\mathrm{vec}(\boldsymbol{XB})\\&=(\boldsymbol{E}_n\otimes\boldsymbol{A}+\boldsymbol{B}^{\mathrm{T}}\otimes\boldsymbol{E}_m)\mathrm{vec}(\boldsymbol{X})。\end{aligned}$$

三、线性矩阵方程的定解

矩阵向量化为线性矩阵方程的定解带来了方便，它可以使得线性矩阵方程的定解转化为相应线性方程组的定解。接下来我们考查如下 Sylvester 线性矩阵方程

$$\boldsymbol{A}_1\boldsymbol{XB}_1+\boldsymbol{A}_2\boldsymbol{XB}_2+\cdots+\boldsymbol{A}_p\boldsymbol{XB}_p=\boldsymbol{D},\tag{7.2.1}$$

式中，$\boldsymbol{A}_i\in\mathbf{C}^{m\times m}$，$\boldsymbol{B}_i\in\mathbf{C}^{n\times n}(i=1,\cdots,p)$，$\boldsymbol{X}$，$\boldsymbol{D}\in\mathbf{C}^{m\times n}$。

根据定理 7.2.8(4)，对矩阵方程(7.2.1)可以构造如下对应的线性方程组

$$\boldsymbol{Gx}=\boldsymbol{d},\tag{7.2.2}$$

式中

$$\boldsymbol{x}=\mathrm{vec}(\boldsymbol{X}),\ \boldsymbol{d}=\mathrm{vec}(\boldsymbol{D}),\ \boldsymbol{G}=\sum_{i=1}^{p}(\boldsymbol{B}_i^{\mathrm{T}}\otimes\boldsymbol{A}_i)。$$

定理 7.2.9 矩阵 $\boldsymbol{X}\in\mathbf{C}^{m\times n}$ 为矩阵方程(7.2.1)的解当且仅当 $\boldsymbol{x}=\mathrm{vec}(\boldsymbol{X})$为线性方程组(7.2.2)的解。

证明 对矩阵方程(7.2.1)两边进行向量化，有

$$\begin{aligned}\mathrm{vec}(\boldsymbol{D})&=\mathrm{vec}\Big(\sum_{j=1}^{p}(\boldsymbol{A}_j\boldsymbol{XB}_j)\Big)=\sum_{j=1}^{p}\mathrm{vec}(\boldsymbol{A}_j\boldsymbol{XB}_j)\\&=\sum_{j=1}^{p}(\boldsymbol{B}_j^{\mathrm{T}}\otimes\boldsymbol{A}_j)\mathrm{vec}(\boldsymbol{X})\\&=\boldsymbol{G}\mathrm{vec}(\boldsymbol{X}),\end{aligned}$$

即

$$\boldsymbol{Gx}=\boldsymbol{d},$$

因而矩阵方程(7.2.1)的解与线性方程组(7.2.2)的解相同。

推论 7.2.7　矩阵方程(7.2.1)有解当且仅当 $r(\boldsymbol{G})=r(\boldsymbol{G}, \boldsymbol{d})$。

推论 7.2.8　矩阵方程(7.2.1)有唯一解当且仅当 $\boldsymbol{G}$ 可逆。

下面我们给出矩阵方程(7.2.1)的两类特殊形式的定解条件。

设 $\boldsymbol{A}\in\mathbf{C}^{m\times m}$，$\boldsymbol{B}\in\mathbf{C}^{n\times n}$，$\boldsymbol{D}\in\mathbf{C}^{m\times n}$，且 $\boldsymbol{X}\in\mathbf{C}^{m\times n}$ 为未知矩阵，考查方程

$$\boldsymbol{AX}+\boldsymbol{XB}=\boldsymbol{D}。\tag{7.2.3}$$

定理 7.2.10　矩阵方程(7.2.3)有唯一解当且仅当 $\boldsymbol{A}$ 与 $-\boldsymbol{B}$ 没有相同的特征值，即

$$\lambda_i+\mu_j\neq 0\quad(\forall i=1, \cdots, m;\ \forall j=1, \cdots, n),$$

式中，λ_i 表示 $\boldsymbol{A}$ 的第 i 个特征值，μ_j 表示 $\boldsymbol{B}$ 的第 j 个特征值。

证明　利用推论 7.2.6(3)，将矩阵方程(7.2.3)进行向量化有

$$(\boldsymbol{E}_n\otimes\boldsymbol{A}+\boldsymbol{B}^{\mathrm{T}}\otimes\boldsymbol{E}_m)\mathrm{vec}(\boldsymbol{X})=\mathrm{vec}(\boldsymbol{D})。$$

由推论 7.2.8 知，矩阵方程(7.2.3)有唯一解当且仅当矩阵 $\boldsymbol{E}_n\otimes\boldsymbol{A}+\boldsymbol{B}^{\mathrm{T}}\otimes\boldsymbol{E}_m$ 可逆，即 $\boldsymbol{E}_n\otimes\boldsymbol{A}+\boldsymbol{B}^{\mathrm{T}}\otimes\boldsymbol{E}_m$ 没有零特征值，而由推论 7.2.5 知，$\boldsymbol{E}_n\otimes\boldsymbol{A}+\boldsymbol{B}^{\mathrm{T}}\otimes\boldsymbol{E}_m$ 的特征值为 $\lambda_i+\mu_j$，因此矩阵方程(7.2.3)有唯一解当且仅当 $\lambda_i+\mu_j\neq 0(i=1, \cdots, m;\ j=1, \cdots, n)$。

推论 7.2.9　设 $\boldsymbol{A}\in\mathbf{C}^{m\times m}$，$\boldsymbol{B}\in\mathbf{C}^{n\times n}$，则矩阵方程

$$\boldsymbol{AX}+\boldsymbol{XB}=\boldsymbol{0}$$

有非零解 $\boldsymbol{X}\in\mathbf{C}^{m\times n}$ 当且仅当存在某个 $i\in\{1, \cdots, m\}$ 与某个 $j\in\{1, \cdots, n\}$，使得

$$\lambda_i+\mu_j=0,$$

式中，λ_i 表示 $\boldsymbol{A}$ 的第 i 个特征值，μ_j 表示 $\boldsymbol{B}$ 的第 j 个特征值。特别地，矩阵方程 $\boldsymbol{AX}-\boldsymbol{XA}=\boldsymbol{0}$ 一定存在非零解 $\boldsymbol{X}\in\mathbf{C}^{m\times m}$。

设 $\boldsymbol{A}\in\mathbf{C}^{m\times m}$，$\boldsymbol{B}\in\mathbf{C}^{n\times n}$，$\boldsymbol{D}\in\mathbf{C}^{m\times n}$，且 $\boldsymbol{X}\in\mathbf{C}^{m\times n}$ 为未知矩阵，考查方程

$$\boldsymbol{X}+\boldsymbol{AXB}=\boldsymbol{D}。\tag{7.2.4}$$

定理 7.2.11　矩阵方程(7.2.4)有唯一解当且仅当

$$\lambda_i\mu_j\neq -1\quad(\forall i=1, \cdots, m;\ \forall j=1, \cdots, n),$$

式中，λ_i 表示 $\boldsymbol{A}$ 的第 i 个特征值，μ_j 表示 $\boldsymbol{B}$ 的第 j 个特征值。

证明　将矩阵方程(7.2.4)两边进行向量化得

$$\mathrm{vec}(\boldsymbol{E}_m\boldsymbol{X}\boldsymbol{E}_n+\boldsymbol{AXB})=(\boldsymbol{E}_n\otimes\boldsymbol{E}_m+\boldsymbol{B}^{\mathrm{T}}\otimes\boldsymbol{A})\mathrm{vec}(\boldsymbol{X})=\mathrm{vec}(\boldsymbol{D}),$$

从而矩阵方程(7.2.4)有唯一解当且仅当矩阵 $\boldsymbol{E}_n\otimes\boldsymbol{E}_m+\boldsymbol{B}^{\mathrm{T}}\otimes\boldsymbol{A}$ 可逆，即 $\boldsymbol{E}_n\otimes\boldsymbol{E}_m+\boldsymbol{B}^{\mathrm{T}}\otimes\boldsymbol{A}$ 没有零特征值，而由推论 7.2.4 知

$$1+\lambda_i\mu_j\neq 0\quad(\forall i=1, \cdots, m;\ \forall j=1, \cdots, n),$$

从而定理得证。

在第 6 章中，我们曾给出了相容矩阵方程(6.3.1)，即设 $\boldsymbol{A}\in\mathbf{C}^{m\times n}$，$\boldsymbol{B}\in\mathbf{C}^{p\times q}$，$\boldsymbol{D}\in\mathbf{C}^{m\times q}$，求 $\boldsymbol{X}\in\mathbf{C}^{n\times p}$ 时

$$\boldsymbol{AXB}=\boldsymbol{D}$$

的定解条件及通解表达式。下面接着考查矩阵方程(6.3.1)**不相容**情形下的最小二乘解，即求满足

$$\|\boldsymbol{AX}_*\boldsymbol{B}-\boldsymbol{D}\|=\min_{\boldsymbol{X}\in\mathbf{C}^{n\times p}}\|\boldsymbol{AXB}-\boldsymbol{D}\|$$

的矩阵 $\boldsymbol{X}_*$。

由于矩阵的 Frobenius 范数与其向量化后的向量 2 -范数一致，因此为简单起见，我们这里考虑 Frobenius 范数意义的极小范数最小二乘解。

定理 7.2.12 若线性矩阵方程(6.3.1)不相容，则其唯一的极小范数最小二乘解为

$$\boldsymbol{X}=\boldsymbol{A}^{+}\boldsymbol{D}\boldsymbol{B}^{+}。$$

证明 根据定理 7.2.8(4)知，矩阵方程(6.3.1)可以转化为下列线性方程组

$$(\boldsymbol{B}^{\mathrm{T}}\otimes\boldsymbol{A})\mathrm{vec}(\boldsymbol{X})=\mathrm{vec}(\boldsymbol{D}),$$

由定理 6.3.5 知，上面线性方程组唯一的极小范数最小二乘解为

$$\mathrm{vec}(\boldsymbol{X})=(\boldsymbol{B}^{\mathrm{T}}\otimes\boldsymbol{A})^{+}\mathrm{vec}(\boldsymbol{D}),$$

由 Moore-Penrose 广义逆的定义及 Kronecker 积的性质，不难验证有

$$(\boldsymbol{A}\otimes\boldsymbol{B})^{+}=\boldsymbol{A}^{+}\otimes\boldsymbol{B}^{+},$$

因而有

$$\mathrm{vec}(\boldsymbol{X})=((\boldsymbol{B}^{+})^{\mathrm{T}}\otimes\boldsymbol{A}^{+})\mathrm{vec}(\boldsymbol{D}),$$

显然由定理 7.2.8(4)知，上式为 $\boldsymbol{X}=\boldsymbol{A}^{+}\boldsymbol{D}\boldsymbol{B}^{+}$ 的向量化。又因为矩阵的 Frobenius 范数与其向量化后的向量 2 -范数一致，所以矩阵方程(6.3.1)的极小范数最小二乘解为 $\boldsymbol{X}=\boldsymbol{A}^{+}\boldsymbol{D}\boldsymbol{B}^{+}$。

习 题 七

1. 设有矩阵

$$\boldsymbol{A}=\begin{bmatrix}2 & 0 & 2\\1 & 1 & 1\\0 & 0 & 3\end{bmatrix},\ \boldsymbol{B}=\begin{bmatrix}1 & 0\\1 & 2\end{bmatrix},$$

求矩阵 $\boldsymbol{C}=\boldsymbol{A}\otimes\boldsymbol{B}$，并求矩阵 $\boldsymbol{C}$ 的特征值与特征向量。

2. 设矩阵 $\boldsymbol{A}\in\boldsymbol{U}^{m\times m}$，$\boldsymbol{B}\in\boldsymbol{U}^{n\times n}$，计算 $(\boldsymbol{A}^{\mathrm{H}}\otimes\boldsymbol{B})(\boldsymbol{A}\otimes\boldsymbol{B}^{\mathrm{H}})$。

3. 设矩阵 $\boldsymbol{A}^2=\boldsymbol{A}$，$\boldsymbol{B}^2=\boldsymbol{B}$，证明：$(\boldsymbol{A}\otimes\boldsymbol{B})^2=(\boldsymbol{A}\otimes\boldsymbol{B})$。

4. 设 $\boldsymbol{x}\in\mathbf{R}^m$，$\boldsymbol{y}\in\mathbf{R}^n$，且 $\|\boldsymbol{x}\|_2=\|\boldsymbol{y}\|_2=1$，求 $\|\boldsymbol{x}\otimes\boldsymbol{y}\|_2$。

5. 设 $\boldsymbol{x}\in\mathbf{R}^n$ 为单位列向量，$\boldsymbol{A}\in\mathbf{R}^{n\times n}$ 为正交矩阵，求 $\|\boldsymbol{A}\otimes\boldsymbol{x}\|_F$。

6. 设矩阵 $\boldsymbol{A}\in\boldsymbol{U}^{m\times m}$，$\boldsymbol{B}\in\boldsymbol{U}^{n\times n}$，计算 $\|\boldsymbol{A}\otimes\boldsymbol{B}\|_2$。

7. 设矩阵 $\boldsymbol{A}=\mathrm{diag}[1, 2, \cdots, n]$，$m$ 阶矩阵 $\boldsymbol{B}$ 的特征值为 $\lambda_1, \cdots, \lambda_m(m>1)$，求 $\boldsymbol{A}\otimes\boldsymbol{B}$ 的特征值。

8. 设 $\boldsymbol{\xi}$ 为矩阵 $\boldsymbol{A}\in\mathbf{C}^{m\times m}$ 的任一特征向量，$\boldsymbol{\eta}$ 为矩阵 $\boldsymbol{B}\in\mathbf{C}^{n\times n}$ 的任一特征向量，证明：$\boldsymbol{\xi}\otimes\boldsymbol{\eta}$ 为矩阵 $\boldsymbol{A}\otimes\boldsymbol{B}$ 的一特征向量。

第 8 章　矩阵函数与矩阵微积分

本章首先从收敛的矩阵幂级数出发引入矩阵函数的定义，然后给出矩阵函数值的常见计算方法，最后简单介绍矩阵微积分及应用。

8.1　矩阵函数

一、矩阵函数的定义及性质

定义 8.1.1　设一元函数 $f(z)$ 可以展开成 z 的幂级数

$$f(z)=\sum_{k=0}^{\infty}c_k z^k,\ |z|<r,$$

式中 $r>0$ 为收敛半径。当矩阵 $\boldsymbol{A}\in\mathbf{C}^{n\times n}$ 的谱半径 $\rho(\boldsymbol{A})<r$ 时，矩阵幂级数 $\sum\limits_{k=0}^{\infty}c_k\boldsymbol{A}^k$ 收敛，称其为**矩阵函数**，记为

$$f(\boldsymbol{A})=\sum_{k=0}^{\infty}c_k\boldsymbol{A}^k。$$

【例 8.1.1】　设有函数

$$f(z)=\frac{1}{1-z}=\sum_{k=0}^{\infty}z^k,\ |z|<1。$$

若矩阵 $\boldsymbol{A}\in\mathbf{C}^{n\times n}$ 且满足 $\rho(\boldsymbol{A})<1$，则由定理 5.3.4 知

$$f(\boldsymbol{A})=\sum_{k=0}^{\infty}\boldsymbol{A}^k=(\boldsymbol{E}-\boldsymbol{A})^{-1}。$$

【例 8.1.2】　由于函数

$$\mathrm{e}^z=1+\frac{1}{1!}z+\frac{1}{2!}z^2+\cdots+\frac{1}{k!}z^k+\cdots,$$

$$\sin z=z-\frac{1}{3!}z^3+\frac{1}{5!}z^5-\cdots+(-1)^k\frac{1}{(2k+1)!}z^{2k+1}+\cdots,$$

$$\cos z=1-\frac{1}{2!}z^2+\frac{1}{4!}z^4-\cdots+(-1)^k\frac{1}{(2k)!}z^{2k}+\cdots$$

在整个复平面上都收敛，由推论 5.3.3 知，对任一 $\boldsymbol{A}\in\mathbf{C}^{n\times n}$，矩阵幂级数

$$\boldsymbol{E}+\frac{1}{1!}\boldsymbol{A}+\frac{1}{2!}\boldsymbol{A}^2+\cdots+\frac{1}{k!}\boldsymbol{A}^k+\cdots,$$

$$\boldsymbol{A}-\frac{1}{3!}\boldsymbol{A}^3+\frac{1}{5!}\boldsymbol{A}^5-\cdots+(-1)^k\frac{1}{(2k+1)!}\boldsymbol{A}^{2k+1}+\cdots,$$

$$E-\frac{1}{2!}A^2+\frac{1}{4!}A^4-\cdots+(-1)^k\frac{1}{(2k)!}A^{2k}+\cdots$$

都绝对收敛，从而都有和，且由定义 8.1.1 有 $e^A=\sum_{k=0}^{\infty}\frac{A^k}{k!}$，称为**矩阵指数函数**，$\sin A=\sum_{k=0}^{\infty}(-1)^k\frac{1}{(2k+1)!}A^{2k+1}$，称为**矩阵正弦函数**，$\cos A=\sum_{k=0}^{\infty}(-1)^k\frac{1}{(2k)!}A^{2k}$，称为**矩阵余弦函数**。

【例 8.1.3】 设有矩阵

$$A=\begin{bmatrix}1&1\\0&0\end{bmatrix},\ B=\begin{bmatrix}1&-1\\0&0\end{bmatrix},$$

计算 e^Ae^B，e^Be^A，e^{A+B}。

解 对例中给定的矩阵 A、B，容易验证可得

$$A=A^2=A^3=\cdots,\ B=B^2=B^3=\cdots,$$
$$(A+B)^k=2^{k-1}(A+B),\ k=1,2,\cdots,$$

于是由例 8.1.2 中矩阵指数函数的公式有

$$e^A=E+\left(1+\frac{1}{2!}+\frac{1}{3!}+\cdots\right)A=E+(e-1)A=\begin{bmatrix}e&e-1\\0&1\end{bmatrix},$$
$$e^B=E+(e-1)B=\begin{bmatrix}e&1-e\\0&1\end{bmatrix},$$

因此有

$$e^Ae^B=\begin{bmatrix}e^2&-(e-1)^2\\0&1\end{bmatrix},\ e^Be^A=\begin{bmatrix}e^2&(e-1)^2\\0&1\end{bmatrix},$$
$$e^{A+B}=E+\frac{1}{2}(e^2-1)(A+B)=\begin{bmatrix}e^2&0\\0&1\end{bmatrix}。$$

由此可以看出，e^Ae^B，e^Be^A，e^{A+B} 两两互不相等。

定理 8.1.1 若 $AB=BA$，则

$$e^Ae^B=e^Be^A=e^{A+B}。$$

证明 因为 $A+B=B+A$，所以只需验证 $e^{A+B}=e^Ae^B$。由推论 5.3.2 可得

$$\begin{aligned}e^Ae^B&=\left(E+\frac{1}{1!}A+\frac{1}{2!}A^2+\cdots\right)\left(E+\frac{1}{1!}B+\frac{1}{2!}B^2+\cdots\right)\\&=E+(A+B)+\frac{1}{2!}(A^2+AB+BA+B^2)+\\&\quad\frac{1}{3!}(A^3+3A^2B+3AB^2+B^3)+\cdots\\&=E+(A+B)+\frac{1}{2!}(A+B)^2+\frac{1}{3!}(A+B)^3+\cdots\\&=e^{A+B},\end{aligned}$$

因而定理得证。

由定理 8.1.1，我们不难得到下面的结论。

推论 8.1.1 设矩阵 $A\in C^{n\times n}$，则

(1) $e^{A}e^{-A}=e^{-A}e^{A}=E$;

(2) $(e^{A})^{-1}=e^{-A}$;

(3) $(e^{A})^{k}=e^{kA}$，k 为任意整数。

进一步，利用例 8.1.2 中矩阵指数函数、矩阵三角函数的定义及定理 8.1.1，我们还可得到如下结论。

推论 8.1.2　设矩阵 A，$B\in C^{n\times n}$，$i^2=-1$，则

(1) $e^{iA}=\cos A+i\sin A$。

(2) $\cos A=\frac{1}{2}(e^{iA}+e^{-iA})$，$\sin A=\frac{1}{2i}(e^{iA}-e^{-iA})$。

(3) $\cos^2 A+\sin^2 A=E$，$\cos(-A)=\cos(A)$，$\sin(-A)=-\sin(A)$。

(4) 若 $AB=BA$，则有

$$\cos(A+B)=\cos A\cos B-\sin A\sin B,$$
$$\sin(A+B)=\sin A\cos B+\cos A\sin B,$$
$$\cos(A-B)=\cos A\cos B+\sin A\sin B,$$
$$\sin(A-B)=\sin A\cos B-\cos A\sin B。$$

二、矩阵函数值的计算

设矩阵 $A\in C^{n\times n}$，我们来考查由矩阵幂级数所定义矩阵函数

$$f(A)=\sum_{k=0}^{\infty}c_kA^k$$

的函数值计算问题。

1. 待定系数法

假定矩阵 A 的特征多项式为 $p(\lambda)=\det(\lambda E-A)$。若首项系数为 1 的多项式

$$\phi(\lambda)=\lambda^m+b_1\lambda^{m-1}+\cdots+b_{m-1}\lambda+b_m,\ 1\leqslant m\leqslant n \tag{8.1.1}$$

能整除 $p(\lambda)$ 且满足 $\phi(A)=0$，则 $\phi(\lambda)=0$ 的根均为 A 的特征值。记 $\phi(\lambda)=0$ 的互异根为 λ_1，…，λ_s，其对应的重数分别为 n_1，…，n_s，从而多项式 $\phi(\lambda)$ 的 l 阶导数满足

$$\phi^{(l)}(\lambda_i)=0\quad(l=0,1,\cdots,n_i-1;\ i=1,\cdots,s)。$$

设

$$f(z)=\sum_{k=0}^{\infty}c_kz^k=p(z)g(z)+r(z),$$

式中，$r(z)$ 为阶数小于 m 的多项式，通过求解方程组

$$f^{(l)}(\lambda_i)=r^{(l)}(\lambda_i)\quad(l=0,1,\cdots,n_i-1;\ i=1,\cdots,s), \tag{8.1.2}$$

可以得到 $r(z)$。由定理 1.5.9 知，$p(A)=0$，从而有

$$f(A)=r(A)。\tag{8.1.3}$$

【例 8.1.4】　设矩阵

$$A=\begin{bmatrix}2&0&0\\1&1&1\\1&-1&3\end{bmatrix},$$

求 $e^{tA}(t\in R)$。

解 首先求得矩阵 $\boldsymbol{A}$ 的特征多项式为

$$p(\lambda)=(\lambda-2)^3,$$

取首项系数为 1 的多项式为

$$\phi(\lambda)=(\lambda-2)^2。$$

对函数 $f(z)=\mathrm{e}^{tz}(t\in\mathbf{R})$，设

$$f(z)=p(z)g(z)+(a+bz),$$

则式(8.1.2)为

$$a+2b=\mathrm{e}^{2t},\ b=t\mathrm{e}^{2t},$$

可求得

$$a=(1-2t)\mathrm{e}^{2t},\ b=t\mathrm{e}^{2t},$$

从而

$$r(z)=(tz+(1-2t))\mathrm{e}^{2t},$$

进而由式(8.1.3)有

$$\begin{aligned}\mathrm{e}^{t\boldsymbol{A}}&=r(\boldsymbol{A})=\mathrm{e}^{2t}(t\boldsymbol{A}+(1-2t)\boldsymbol{E})\\&=\mathrm{e}^{2t}\begin{bmatrix}1&0&0\\t&1-t&t\\t&-t&1+t\end{bmatrix}。\end{aligned}$$

2. 数项级数求和法

对式(8.1.1)给出的化零多项式，我们有

$$\boldsymbol{A}^m+b_1\boldsymbol{A}^{m-1}+\cdots+b_{m-1}\boldsymbol{A}+b_m\boldsymbol{E}=\boldsymbol{0},$$

令

$$k_i=-b_{m-i},\ i=0,1,\cdots,m-1,$$

则有

$$\boldsymbol{A}^m=k_0\boldsymbol{E}+k_1\boldsymbol{A}+\cdots+k_{m-1}\boldsymbol{A}^{m-1},\tag{8.1.4}$$

进而可以求得

$$\begin{aligned}\boldsymbol{A}^{m+1}&=k_0^{(1)}\boldsymbol{E}+k_1^{(1)}\boldsymbol{A}+\cdots+k_{m-1}^{(1)}\boldsymbol{A}^{m-1},\\&\vdots\\\boldsymbol{A}^{m+l}&=k_0^{(l)}\boldsymbol{E}+k_1^{(l)}\boldsymbol{A}+\cdots+k_{m-1}^{(l)}\boldsymbol{A}^{m-1},\\&\vdots\end{aligned}$$

于是有

$$\begin{aligned}f(\boldsymbol{A})=&(c_0\boldsymbol{E}+c_1\boldsymbol{A}+\cdots+c_{m-1}\boldsymbol{A}^{m-1})+\\&c_m(k_0\boldsymbol{E}+k_1\boldsymbol{A}+\cdots+k_{m-1}\boldsymbol{A}^{m-1})+\cdots+\\&c_{m+l}(k_0^{(l)}\boldsymbol{E}+k_1^{(l)}\boldsymbol{A}+\cdots+k_{m-1}^{(l)}\boldsymbol{A}^{m-1})+\cdots\\=&\left(c_0+\sum_{l=0}^{\infty}c_{m+l}k_0^{(l)}\right)\boldsymbol{E}+\left(c_1+\sum_{l=0}^{\infty}c_{m+l}k_1^{(l)}\right)\boldsymbol{A}+\cdots+\\&\left(c_{m-1}+\sum_{l=0}^{\infty}c_{m+l}k_{m-1}^{(l)}\right)\boldsymbol{A}^{m-1}。\end{aligned}\tag{8.1.5}$$

式(8.1.5)表明：矩阵幂级数的求和问题可以转化为 m 个数项级数的求和问题，特别是当式(8.1.4)只有少数系数非零时，式(8.1.5)需要计算的数项级数也只有少数几个。

【例 8.1.5】 设 4 阶方阵 $\boldsymbol{A}$ 的特征值为 0，0，π，−π，求 $\sin\boldsymbol{A}$、$\cos\boldsymbol{A}$ 及 $e^{\boldsymbol{A}}$。

解　首先求得矩阵 $\boldsymbol{A}$ 的特征多项式为

$$p(\lambda)=\lambda^4-\pi^2\lambda^2,$$

由定理 1.5.9 知 $p(\boldsymbol{A})=0$，从而得

$$\boldsymbol{A}^4=\pi^2\boldsymbol{A}^2,$$

于是有

$$\begin{aligned}
\sin\boldsymbol{A}&=\boldsymbol{A}-\frac{1}{3!}\boldsymbol{A}^3+\frac{1}{5!}\boldsymbol{A}^5-\frac{1}{7!}\boldsymbol{A}^7+\frac{1}{9!}\boldsymbol{A}^9-\cdots\\
&=\boldsymbol{A}-\frac{1}{3!}\boldsymbol{A}^3+\frac{1}{5!}\pi^2\boldsymbol{A}^3-\frac{1}{7!}\pi^4\boldsymbol{A}^3+\frac{1}{9!}\pi^6\boldsymbol{A}^3-\cdots\\
&=\boldsymbol{A}+\left(-\frac{1}{3!}+\frac{1}{5!}\pi^2-\frac{1}{7!}\pi^4+\frac{1}{9!}\pi^6-\cdots\right)\boldsymbol{A}^3\\
&=\boldsymbol{A}+\frac{\sin\pi-\pi}{\pi^3}\boldsymbol{A}^3=\boldsymbol{A}-\pi^{-2}\boldsymbol{A}^3;
\end{aligned}$$

$$\begin{aligned}
\cos\boldsymbol{A}&=\boldsymbol{E}-\frac{1}{2!}\boldsymbol{A}^2+\frac{1}{4!}\boldsymbol{A}^4-\frac{1}{6!}\boldsymbol{A}^6+\frac{1}{8!}\boldsymbol{A}^8-\cdots\\
&=\boldsymbol{E}-\frac{1}{2!}\boldsymbol{A}^2+\frac{1}{4!}\pi^2\boldsymbol{A}^2-\frac{1}{6!}\pi^4\boldsymbol{A}^2+\frac{1}{8!}\pi^6\boldsymbol{A}^2-\cdots\\
&=\boldsymbol{E}+\left(-\frac{1}{2!}+\frac{1}{4!}\pi^2-\frac{1}{6!}\pi^4+\frac{1}{8!}\pi^6-\cdots\right)\boldsymbol{A}^2\\
&=\boldsymbol{E}+\frac{\cos\pi-1}{\pi^2}\boldsymbol{A}^2=\boldsymbol{E}-2\pi^{-2}\boldsymbol{A}^2;
\end{aligned}$$

$$\begin{aligned}
e^{\boldsymbol{A}}&=\boldsymbol{E}+\boldsymbol{A}+\frac{1}{2!}\boldsymbol{A}^2+\frac{1}{3!}\boldsymbol{A}^3+\frac{1}{4!}\boldsymbol{A}^4+\frac{1}{5!}\boldsymbol{A}^5+\frac{1}{6!}\boldsymbol{A}^6+\frac{1}{7!}\boldsymbol{A}^7+\cdots\\
&=\boldsymbol{E}+\boldsymbol{A}+\frac{1}{2!}\boldsymbol{A}^2+\frac{1}{3!}\boldsymbol{A}^3+\frac{1}{4!}\pi^2\boldsymbol{A}^2+\frac{1}{5!}\pi^2\boldsymbol{A}^3+\frac{1}{6!}\pi^4\boldsymbol{A}^2+\frac{1}{7!}\pi^4\boldsymbol{A}^3+\cdots\\
&=\boldsymbol{E}+\boldsymbol{A}+\left(\frac{1}{2!}+\frac{1}{4!}\pi^2+\frac{1}{6!}\pi^4+\cdots\right)\boldsymbol{A}^2+\left(\frac{1}{3!}+\frac{1}{5!}\pi^2+\frac{1}{7!}\pi^4+\cdots\right)\boldsymbol{A}^3\\
&=\boldsymbol{E}+\boldsymbol{A}+\frac{p}{\pi^2}\boldsymbol{A}^2+\frac{e^{\pi}-\pi-1-p}{\pi^3}\boldsymbol{A}^3,
\end{aligned}$$

式中

$$p=\frac{1}{2!}\pi^2+\frac{1}{4!}\pi^4+\frac{1}{6!}\pi^6+\cdots=\frac{e^{\pi}+e^{-\pi}}{2}-1=\cosh\pi-1。$$

3. 对角形法

若矩阵 $\boldsymbol{A}\in\mathbf{C}^{n\times n}$ 相似于一对角矩阵 $\boldsymbol{\Lambda}$，即存在可逆矩阵 $\boldsymbol{P}$ 使得

$$\boldsymbol{P}^{-1}\boldsymbol{A}\boldsymbol{P}=\boldsymbol{\Lambda}=\operatorname{diag}[\lambda_1,\ \cdots,\ \lambda_n],$$

则有

$$\sum_{k=0}^{N}c_k\boldsymbol{A}^k=\boldsymbol{P}\cdot\sum_{k=0}^{N}c_k\boldsymbol{\Lambda}^k\cdot\boldsymbol{P}^{-1}=\boldsymbol{P}\cdot\operatorname{diag}\left[\sum_{k=0}^{N}c_k\lambda_1^k,\ \cdots,\ \sum_{k=0}^{N}c_k\lambda_n^k\right]\cdot\boldsymbol{P}^{-1},$$

从而

$$f(\boldsymbol{A})=\boldsymbol{P}\cdot \mathrm{diag}\left[\sum_{k=0}^{\infty}c_k\lambda_1^k,\ \cdots,\ \sum_{k=0}^{\infty}c_k\lambda_n^k\right]\cdot \boldsymbol{P}^{-1}$$

$$=\boldsymbol{P}\cdot \mathrm{diag}[f(\lambda_1),\ \cdots,\ f(\lambda_n)]\cdot \boldsymbol{P}^{-1}。\tag{8.1.6}$$

式(8.1.6)表明：当方阵 $\boldsymbol{A}$ 相似于一对角矩阵时，矩阵幂级数的求和问题可以转化为变换矩阵的求解问题。

【例 8.1.6】 设矩阵

$$\boldsymbol{A}=\begin{bmatrix}8 & -6 & 0\\ 9 & -7 & 0\\ 9 & -6 & -1\end{bmatrix},$$

求 $\mathrm{e}^{t\boldsymbol{A}}(t\in\mathbf{R})$。

解 首先求得矩阵 $\boldsymbol{A}$ 的特征多项式为

$$p(\lambda)=(\lambda-2)(\lambda+1)^2。$$

特征值 $\lambda_1=2$ 对应的特征向量为 $\boldsymbol{p}_1=[1,\ 1,\ 1]^{\mathrm{T}}$，特征值 $\lambda_{2,3}=-1$ 存在两个线性无关的特征向量 $\boldsymbol{p}_2=[2,\ 3,\ -1]^{\mathrm{T}}$ 和 $\boldsymbol{p}_3=[0,\ 0,\ 1]^{\mathrm{T}}$。令

$$\boldsymbol{P}=[\boldsymbol{p}_1,\ \boldsymbol{p}_2,\ \boldsymbol{p}_3]=\begin{bmatrix}1 & 2 & 0\\ 1 & 3 & 0\\ 1 & -1 & 1\end{bmatrix},$$

则有

$$\boldsymbol{P}^{-1}\boldsymbol{A}\boldsymbol{P}=\mathrm{diag}[2,\ -1,\ -1],$$

从而

$$\mathrm{e}^{t\boldsymbol{A}}=\boldsymbol{P}\cdot \mathrm{diag}[\mathrm{e}^{2t},\ \mathrm{e}^{-t},\ \mathrm{e}^{-t}]\cdot \boldsymbol{P}^{-1}$$

$$=\begin{bmatrix}3\mathrm{e}^{2t}-2\mathrm{e}^{-t} & -2\mathrm{e}^{2t}+2\mathrm{e}^{-t} & 0\\ 3\mathrm{e}^{2t}-3\mathrm{e}^{-t} & -2\mathrm{e}^{2t}+3\mathrm{e}^{-t} & 0\\ 3\mathrm{e}^{2t}-3\mathrm{e}^{-t} & -2\mathrm{e}^{2t}+2\mathrm{e}^{-t} & \mathrm{e}^{-t}\end{bmatrix}。$$

4. Jordan 标准形法

定义 8.1.1 要求函数 $f(z)$ 能够展开成收敛的幂级数，这一条件有时难以满足，如函数 $f(z)=\dfrac{1}{z}$，因此限制了矩阵函数的应用。下面我们介绍矩阵函数的 Jordan 标准形表示法，进而将一些矩阵函数值的求解转化为求矩阵的 Jordan 标准形及变换矩阵的问题。

我们首先来介绍矩阵多项式的 Jordan 表示。设有矩阵 $\boldsymbol{A}\in\mathbf{C}^{n\times n}$ 及变量 λ 的多项式

$$q(\lambda)=a_m\lambda^m+a_{m-1}\lambda^{m-1}+\cdots+a_1\lambda+a_0,$$

则 $\boldsymbol{A}$ 的矩阵多项式为

$$q(\boldsymbol{A})=a_m\boldsymbol{A}^m+a_{m-1}\boldsymbol{A}^{m-1}+\cdots+a_1\boldsymbol{A}+a_0\boldsymbol{E},$$

它和 $\boldsymbol{A}$ 同为 n 阶方阵。

若 $\boldsymbol{J}_i(\lambda_i)$ 为 n_i 阶 Jordan 块矩阵，则关于 $\boldsymbol{J}_i(\lambda_i)$ 的矩阵多项式 $q(\boldsymbol{J}_i)$ 在引入多项式 $q(\lambda)$ 的各阶导数后可写成

$$q(\boldsymbol{J}_i)=\sum_{k=0}^{m}a_k\boldsymbol{J}_i^k(\lambda_i)=\sum_{k=0}^{m}a_k\begin{bmatrix}\lambda_i^k & \mathrm{C}_k^1\lambda_i^{k-1} & \cdots & \mathrm{C}_k^{n_i-1}\lambda_i^{k-n_i+1}\\ & \lambda_i^k & \ddots & \vdots\\ & & \ddots & \mathrm{C}_k^1\lambda_i^{k-1}\\ & & & \lambda_i^k\end{bmatrix}$$

$$=\begin{bmatrix}q(\lambda_i) & q'(\lambda_i) & \cdots & \dfrac{q^{(n_i-1)}(\lambda_i)}{(n_i-1)!}\\ & q(\lambda_i) & \ddots & \vdots\\ & & \ddots & q'(\lambda_i)\\ & & & q(\lambda_i)\end{bmatrix}。\tag{8.1.7}$$

设 $\boldsymbol{J}=\mathrm{diag}[\boldsymbol{J}_1, \boldsymbol{J}_2, \cdots, \boldsymbol{J}_s]$为 Jordan 标准形，则

$$q(\boldsymbol{J})=\mathrm{diag}[q(\boldsymbol{J}_1), q(\boldsymbol{J}_2), \cdots, q(\boldsymbol{J}_s)]。$$

若 n 阶矩阵 $\boldsymbol{A}$ 的 Jordan 标准形为 $\boldsymbol{J}$，则存在可逆矩阵 $\boldsymbol{P}$，使得

$$\boldsymbol{A}=\boldsymbol{PJP}^{-1}=\boldsymbol{P}\mathrm{diag}[\boldsymbol{J}_1, \boldsymbol{J}_2, \cdots, \boldsymbol{J}_s]\boldsymbol{P}^{-1},\tag{8.1.8}$$

因而

$$q(\boldsymbol{A})=\boldsymbol{P}\mathrm{diag}[q(\boldsymbol{J}_1), q(\boldsymbol{J}_2), \cdots, q(\boldsymbol{J}_s)]\boldsymbol{P}^{-1},\tag{8.1.9}$$

式(8.1.9)称作矩阵多项式 $q(\boldsymbol{A})$的 **Jordan 表示**，它可以用于计算 $q(\boldsymbol{A})$。

【例 8.1.7】 设多项式 $q(\lambda)=\lambda^4-2\lambda^3+\lambda-1$，矩阵

$$\boldsymbol{A}=\begin{bmatrix}2 & 0 & 0\\ 1 & 1 & 1\\ 1 & -1 & 3\end{bmatrix},$$

求矩阵多项式 $q(\boldsymbol{A})$的值。

解 首先可求得矩阵 $\boldsymbol{A}$ 的 Jordan 表示

$$\boldsymbol{A}=\boldsymbol{PJP}^{-1}=\begin{bmatrix}0 & 1 & 1\\ 1 & 0 & 0\\ 1 & 0 & -1\end{bmatrix}\begin{bmatrix}2 & 1 & 0\\ 0 & 2 & 0\\ 0 & 0 & 2\end{bmatrix}\begin{bmatrix}0 & 1 & 0\\ 1 & -1 & 1\\ 0 & 1 & -1\end{bmatrix},$$

再利用式(8.1.7)与式(8.1.9)有

$$\begin{aligned}q(\boldsymbol{A})&=\boldsymbol{P}q(\boldsymbol{J})\boldsymbol{P}^{-1}\\ &=\begin{bmatrix}0 & 1 & 1\\ 1 & 0 & 0\\ 1 & 0 & -1\end{bmatrix}\begin{bmatrix}q(2) & q'(2) & 0\\ 0 & q(2) & 0\\ 0 & 0 & q(2)\end{bmatrix}\begin{bmatrix}0 & 1 & 0\\ 1 & -1 & 1\\ 0 & 1 & -1\end{bmatrix}\\ &=\begin{bmatrix}q(2) & 0 & 0\\ q'(2) & q(2)-q'(2) & q'(2)\\ q'(2) & -q'(2) & q'(2)+q(2)\end{bmatrix}\\ &=\begin{bmatrix}1 & 0 & 0\\ 9 & -8 & 9\\ 9 & -9 & 10\end{bmatrix}。\end{aligned}$$

利用矩阵多项式的 Jordan 表示，可以得到矩阵多项式的如下基本性质。

定理 8.1.2 若λ为n阶矩阵$\boldsymbol{A}$的特征值，$\boldsymbol{\alpha}$为其对应的特征向量，则$q(\lambda)$为矩阵多项式$q(\boldsymbol{A})$的特征值，$\boldsymbol{\alpha}$为$q(\boldsymbol{A})$对应特征值$q(\boldsymbol{\lambda})$的特征向量。

下面利用矩阵多项式的 Jordan 表示给出矩阵函数的推广定义。

定义 8.1.2 设矩阵$\boldsymbol{A}\in\mathbf{C}^{n\times n}$的 Jordan 标准形为$\boldsymbol{J}$，即存在可逆矩阵$\boldsymbol{P}$满足式(8.1.8)，且函数$f(z)$在$\lambda_i$处具有$n_i-1$阶导数($n_i$为初等因子的指数，$i=1, 2, \cdots, s$)，若$q(\lambda)$为一多项式，且满足

$$f^{(k)}(\lambda_i)=q^{(k)}(\lambda_i) \quad (i=1, 2, \cdots, s;\ k=0, 1, \cdots, n_i-1),$$

则矩阵函数$f(\boldsymbol{A})$定义为$f(\boldsymbol{A})=q(\boldsymbol{A})$。

由定义 8.1.2，我们可以得到矩阵函数$f(\boldsymbol{A})$的 Jordan 表示式：

$$f(\boldsymbol{A})=\boldsymbol{P}f(\boldsymbol{J})\boldsymbol{P}^{-1}=\boldsymbol{P}\mathrm{diag}[f(\boldsymbol{J}_1), f(\boldsymbol{J}_2), \cdots, f(\boldsymbol{J}_s)]\boldsymbol{P}^{-1}, \tag{8.1.10}$$

式中

$$f(\boldsymbol{J}_i)=\begin{bmatrix} f(\lambda_i) & f'(\lambda_i) & \cdots & \dfrac{f^{(n_i-1)}(\lambda_i)}{(n_i-1)!} \\ & f(\lambda_i) & \ddots & \vdots \\ & & \ddots & f'(\lambda_i) \\ & & & f(\lambda_i) \end{bmatrix}。 \tag{8.1.11}$$

定义 8.1.2 所确定的矩阵函数具有如下基本性质。

定理 8.1.3 设$f(z)$，$f_1(z)$，$f_2(z)$均为一元函数，$f(\boldsymbol{A})$，$f_1(\boldsymbol{A})$，$f_2(\boldsymbol{A})$为式(8.1.10)给出的矩阵函数，则

(1) $f(\boldsymbol{A})$与矩阵$\boldsymbol{A}$的 Jordan 标准形$\boldsymbol{J}$中 Jordan 块$\boldsymbol{J}_i$的排列次序无关，与变换矩阵$\boldsymbol{P}$的选取也无关。

(2) 若$f(z)=f_1(z)+f_2(z)$，则$f(\boldsymbol{A})=f_1(\boldsymbol{A})+f_2(\boldsymbol{A})$。

(3) 若$f(z)=f_1(z)f_2(z)$，则$f(\boldsymbol{A})=f_1(\boldsymbol{A})f_2(\boldsymbol{A})$。

【例 8.1.8】 设矩阵

$$\boldsymbol{A}=\begin{bmatrix} 3 & 1 & 0 & 0 \\ 0 & 3 & 1 & 0 \\ 0 & 0 & 3 & 1 \\ 0 & 0 & 0 & 3 \end{bmatrix},$$

函数$f(z)=\dfrac{1}{z}$，求$f(\boldsymbol{A})$。

解 矩阵$\boldsymbol{A}$为一 Jordan 块，由函数$f(z)=\dfrac{1}{z}$易得

$$f(3)=\frac{1}{3},\ f'(3)=-\frac{1}{9},$$

$$f^{(2)}(3)=\frac{2}{27},\ f^{(3)}(3)=-\frac{2}{27},$$

从而由式(8.1.11)可得

$$f(\boldsymbol{A})=\frac{1}{\boldsymbol{A}}=\begin{bmatrix}\frac{1}{3} & -\frac{1}{9} & \frac{1}{27} & -\frac{1}{81}\\ 0 & \frac{1}{3} & -\frac{1}{9} & \frac{1}{27}\\ 0 & 0 & \frac{1}{3} & -\frac{1}{9}\\ 0 & 0 & 0 & \frac{1}{3}\end{bmatrix}。$$

【例 8.1.9】 设矩阵

$$\boldsymbol{A}=\begin{bmatrix}17 & 0 & -25\\ 0 & 3 & 0\\ 9 & 0 & -13\end{bmatrix},$$

计算 $e^{\boldsymbol{A}}$，$e^{\boldsymbol{A}t}$。

解　首先求得矩阵 $\boldsymbol{A}$ 的 Jordan 标准形为

$$\boldsymbol{J}=\begin{bmatrix}1 & 0 & 0\\ 0 & 2 & 1\\ 0 & 0 & 2\end{bmatrix},$$

变换矩阵 $\boldsymbol{P}$ 及 $\boldsymbol{P}^{-1}$ 分别为

$$\boldsymbol{P}=\begin{bmatrix}0 & 5 & 2\\ 1 & 0 & 0\\ 0 & 3 & 1\end{bmatrix},\ \boldsymbol{P}^{-1}=\begin{bmatrix}0 & 1 & 0\\ -1 & 0 & 2\\ 3 & 0 & -5\end{bmatrix},$$

由式(8.1.11)可得

$$f(\boldsymbol{J})=\begin{bmatrix}f(1) & 0 & 0\\ 0 & f(2) & f'(2)\\ 0 & 0 & f(2)\end{bmatrix},$$

由式(8.1.10)可得矩阵函数 $f(\boldsymbol{A})$的 Jordan 表示为

$$\begin{aligned}f(\boldsymbol{A})&=\boldsymbol{P}f(\boldsymbol{J})\boldsymbol{P}^{-1}\\ &=\begin{bmatrix}0 & 5 & 2\\ 1 & 0 & 0\\ 0 & 3 & 1\end{bmatrix}\begin{bmatrix}f(1) & 0 & 0\\ 0 & f(2) & f'(2)\\ 0 & 0 & f(2)\end{bmatrix}\begin{bmatrix}0 & 1 & 0\\ -1 & 0 & 2\\ 3 & 0 & -5\end{bmatrix}\\ &=\begin{bmatrix}f(2)+15f'(2) & 0 & -25f'(2)\\ 0 & f(1) & 0\\ 9f'(2) & 0 & f(2)-15f'(2)\end{bmatrix},\end{aligned}$$

当 $f(z)=e^{z}$ 时，$f(1)=e$，$f(2)=f'(2)=e^{2}$，因而

$$e^{\boldsymbol{A}}=\begin{bmatrix}16e^{2} & 0 & -25e^{2}\\ 0 & e & 0\\ 9e^{2} & 0 & -14e^{2}\end{bmatrix};$$

当 $f(z)=e^{tz}$ 时，$f(1)=e^{t}$，$f(2)=e^{2t}$，$f'(2)=te^{2t}$，因而

$$e^{\boldsymbol{A}t}=\begin{bmatrix}(1+15t)e^{2t} & 0 & -25te^{2t}\\ 0 & e^{t} & 0\\ 9te^{2t} & 0 & (1-15t)e^{2t}\end{bmatrix}。$$

在此例中，函数 $f(z)$带有参变量 t，对变量 z 求导时 t 视作参数。

8.2 矩阵微积分

当矩阵的元素为函数时，对矩阵可以引入微积分运算，其实质就是将普通的纯量函数微积分的一些结果用矩阵重新描述。

一、以一元函数为元素的矩阵的导数与积分

考虑如下以变量 t 的函数为元素的矩阵

$$\boldsymbol{A}(t)=\begin{bmatrix}a_{11}(t) & \cdots & a_{1n}(t)\\ \vdots & & \vdots\\ a_{m1}(t) & \cdots & a_{mn}(t)\end{bmatrix},$$

式中 $a_{ij}(t)$为 t 的函数。

定义 8.2.1 设 $\boldsymbol{A}(t)=[a_{ij}(t)]_{m\times n}$，称矩阵 $\boldsymbol{A}(t)$**可导**，若 $\boldsymbol{A}(t)$的每一个元素 $a_{ij}(t)$都为变量 t 的可导函数，则导数为

$$\boldsymbol{A}'(t)=\frac{\mathrm{d}}{\mathrm{d}t}\boldsymbol{A}(t)=\left[\frac{\mathrm{d}}{\mathrm{d}t}a_{ij}(t)\right]_{m\times n}。$$

矩阵的导数也可采用与纯量函数一样的形式来定义。纯量函数 $f(t)$的导数 $f'(t)$满足：

$$\left|\frac{f(t+h)-f(t)}{h}-f'(t)\right|\to 0，h\to 0，$$

将上式应用于矩阵，则可得如下定义。

定义 8.2.2 矩阵 $\boldsymbol{A}(t)=[a_{ij}(t)]_{m\times n}$ 对 t 的**导数**定义为满足

$$\left\|\frac{\boldsymbol{A}(t+h)-\boldsymbol{A}(t)}{h}-\boldsymbol{A}'(t)\right\|\to 0，h\to 0 \tag{8.2.1}$$

的矩阵 $\boldsymbol{A}'(t)$，其中 $\|\cdot\|$ 为 $\mathbf{C}^{m\times n}$ 上的任一矩阵范数。

由定理 5.2.1 知，式(8.2.1)等价于矩阵 $\dfrac{\boldsymbol{A}(t+h)-\boldsymbol{A}(t)}{h}$ 中元素 $\dfrac{a_{ij}(t+h)-a_{ij}(t)}{h}$ $(i=1, \cdots, m; j=1, \cdots, n)$收敛于矩阵 $\boldsymbol{A}'(t)$中的对应元素，因此定义 8.2.1 与定义 8.2.2 等价。

矩阵导数满足如下运算法则。

定理 8.2.1 设矩阵 $\boldsymbol{A}(t)$和 $\boldsymbol{B}(t)$均为可导矩阵。

(1) 若 $\boldsymbol{A}(t)$和 $\boldsymbol{B}(t)$为同形矩阵，则

$$\frac{\mathrm{d}}{\mathrm{d}t}(\boldsymbol{A}(t)+\boldsymbol{B}(t))=\frac{\mathrm{d}}{\mathrm{d}t}\boldsymbol{A}(t)+\frac{\mathrm{d}}{\mathrm{d}t}\boldsymbol{B}(t)。$$

(2) 若 $a(t)$ 为 t 的纯量函数且对 t 可导，则

$$\frac{\mathrm{d}}{\mathrm{d}t}(a(t)\boldsymbol{A}(t))=\frac{\mathrm{d}}{\mathrm{d}t}a(t)\cdot\boldsymbol{A}(t)+a(t)\cdot\frac{\mathrm{d}}{\mathrm{d}t}\boldsymbol{A}(t)。$$

(3) 若 $\boldsymbol{A}(t)$ 和 $\boldsymbol{B}(t)$ 可相乘，则

$$\frac{\mathrm{d}}{\mathrm{d}t}(\boldsymbol{A}(t)\boldsymbol{B}(t))=\frac{\mathrm{d}}{\mathrm{d}t}\boldsymbol{A}(t)\cdot\boldsymbol{B}(t)+\boldsymbol{A}(t)\cdot\frac{\mathrm{d}}{\mathrm{d}t}\boldsymbol{B}(t)。$$

(4) 对于 Kronecker 积，有

$$\frac{\mathrm{d}}{\mathrm{d}t}(\boldsymbol{A}(t)\otimes\boldsymbol{B}(t))=\frac{\mathrm{d}}{\mathrm{d}t}\boldsymbol{A}(t)\otimes\boldsymbol{B}(t)+\boldsymbol{A}(t)\otimes\frac{\mathrm{d}}{\mathrm{d}t}\boldsymbol{B}(t)。$$

(5) 若 $\boldsymbol{A}(t)$ 为可逆矩阵，则其逆 $\boldsymbol{A}^{-1}(t)$ 也可导，且有

$$\frac{\mathrm{d}}{\mathrm{d}t}\boldsymbol{A}^{-1}(t)=-\boldsymbol{A}^{-1}(t)\cdot\frac{\mathrm{d}}{\mathrm{d}t}\boldsymbol{A}(t)\cdot\boldsymbol{A}^{-1}(t)。$$

证明　性质(1)～(3)可由定义直接验证；性质(4)可由 Kronecker 积的定义和性质(3)验证；由

$$\frac{\mathrm{d}}{\mathrm{d}t}\boldsymbol{A}^{-1}(t)\cdot\boldsymbol{A}(t)+\boldsymbol{A}^{-1}(t)\cdot\frac{\mathrm{d}}{\mathrm{d}t}\boldsymbol{A}(t)=\frac{\mathrm{d}}{\mathrm{d}t}(\boldsymbol{A}^{-1}(t)\boldsymbol{A}(t))=\frac{\mathrm{d}}{\mathrm{d}t}\boldsymbol{E}=\boldsymbol{0}$$

可知性质(5)成立。

若矩阵 $\boldsymbol{A}(t)$ 的元素 $a_{ij}(t)$ 二次可导，则可定义矩阵 $\boldsymbol{A}(t)$ 的二阶导数 $\frac{\mathrm{d}^2}{\mathrm{d}t^2}\boldsymbol{A}(t)$，同样可定义更高阶的矩阵导数。

定义 8.2.3　设 $\boldsymbol{A}(t)=[a_{ij}(t)]_{m\times n}$，若 $\boldsymbol{A}(t)$ 的每一元素 $a_{ij}(t)(i=1,\cdots,m;j=1,\cdots,n)$ 都为区间 $[t_0, t_1]$ 上的连续函数，则称矩阵 $\boldsymbol{A}(t)$ 在 $[t_0, t_1]$ 上连续。

定义 8.2.4　设 $\boldsymbol{A}(t)=[a_{ij}(t)]_{m\times n}$，若 $\boldsymbol{A}(t)$ 的每一元素 $a_{ij}(t)(i=1,\cdots,m;j=1,\cdots,n)$ 都为区间 $[t_0, t_1]$ 上的可积函数，则称矩阵 $\boldsymbol{A}(t)$ 在 $[t_0, t_1]$ 上可积，且积分为

$$\int_{t_0}^{t_1}\boldsymbol{A}(t)\mathrm{d}t=\left(\int_{t_0}^{t_1}a_{ij}(t)\mathrm{d}t\right)_{i=1,\cdots,m;\,j=1,\cdots,n}。$$

可由定义 8.2.3 和 8.2.4 验证，矩阵 $\boldsymbol{A}(t)$ 的积分满足如下运算规则。

定理 8.2.2　设矩阵 $\boldsymbol{A}(t)$ 和 $\boldsymbol{B}(t)$ 在 $[a, b]$ 上可积。

(1) 若 $\boldsymbol{A}(t)$ 和 $\boldsymbol{B}(t)$ 为同形矩阵，则

$$\int_a^b(\boldsymbol{A}(t)+\boldsymbol{B}(t))\mathrm{d}t=\int_a^b\boldsymbol{A}(t)\mathrm{d}t+\int_a^b\boldsymbol{B}(t)\mathrm{d}t。$$

(2) 若 $\boldsymbol{A}(t)$ 和 $\boldsymbol{B}$ 可相乘，且 $\boldsymbol{B}$ 与 t 无关，则

$$\int_a^b\boldsymbol{A}(t)\boldsymbol{B}\mathrm{d}t=\int_a^b\boldsymbol{A}(t)\mathrm{d}t\cdot\boldsymbol{B}。$$

(3) 若 $\boldsymbol{A}$ 和 $\boldsymbol{B}(t)$ 可相乘，且 $\boldsymbol{A}$ 与 t 无关，则

$$\int_a^b\boldsymbol{A}\boldsymbol{B}(t)\mathrm{d}t=\boldsymbol{A}\cdot\int_a^b\boldsymbol{B}(t)\mathrm{d}t。$$

(4) 若 $\boldsymbol{A}(t)$ 在 $[a, b]$ 上连续，则

$$\frac{\mathrm{d}}{\mathrm{d}t}\int_a^t\boldsymbol{A}(s)\mathrm{d}s=\boldsymbol{A}(t)。$$

(5) 若 $\boldsymbol{A}'(t)$ 在 $[a, b]$ 上连续，则

$$\int_a^b \boldsymbol{A}'(t)\mathrm{d}t = \boldsymbol{A}(b) - \boldsymbol{A}(a)。$$

【例 8.2.1】 设 $\boldsymbol{A}$ 为任一常值矩阵，则

(1) $\dfrac{\mathrm{d}}{\mathrm{d}t}\mathrm{e}^{\boldsymbol{A}t} = \boldsymbol{A}\mathrm{e}^{\boldsymbol{A}t} = \mathrm{e}^{\boldsymbol{A}t}\boldsymbol{A}$；

(2) $\dfrac{\mathrm{d}}{\mathrm{d}t}\sin\boldsymbol{A}t = \boldsymbol{A}\cos\boldsymbol{A}t = (\cos\boldsymbol{A}t)\boldsymbol{A}$；

(3) $\dfrac{\mathrm{d}}{\mathrm{d}t}\cos\boldsymbol{A}t = -\boldsymbol{A}\sin\boldsymbol{A}t = -(\sin\boldsymbol{A}t)\boldsymbol{A}$。

证明 (1) 因为

$$[\mathrm{e}^{\boldsymbol{A}t}]_{ij} = \sum_{k=0}^{\infty} \frac{t^k}{k!}[\boldsymbol{A}^k]_{ij},$$

注意到上式右边为 t 的幂级数，无论 t 如何取值，它总是一致收敛的，从而逐项求导有

$$\frac{\mathrm{d}}{\mathrm{d}t}([\mathrm{e}^{\boldsymbol{A}t}]_{ij}) = \sum_{k=1}^{\infty} \frac{t^{k-1}}{(k-1)!}[\boldsymbol{A}^k]_{ij},$$

从而可得

$$\frac{\mathrm{d}}{\mathrm{d}t}\mathrm{e}^{\boldsymbol{A}t} = \sum_{k=1}^{\infty} \frac{t^{k-1}}{(k-1)!}\boldsymbol{A}^k = \begin{cases} \boldsymbol{A}\displaystyle\sum_{k=1}^{\infty} \frac{t^{k-1}}{(k-1)!}\boldsymbol{A}^{k-1} = \boldsymbol{A}\mathrm{e}^{\boldsymbol{A}t} \\ \left(\displaystyle\sum_{k=1}^{\infty} \frac{t^{k-1}}{(k-1)!}\boldsymbol{A}^{k-1}\right)\boldsymbol{A} = \mathrm{e}^{\boldsymbol{A}t}\boldsymbol{A}。\end{cases}。$$

(2) 由推论 8.1.2 有

$$\begin{aligned}\frac{\mathrm{d}}{\mathrm{d}t}\sin\boldsymbol{A}t &= \frac{1}{2\mathrm{i}}\frac{\mathrm{d}}{\mathrm{d}t}(\mathrm{e}^{\mathrm{i}\boldsymbol{A}t} - \mathrm{e}^{-\mathrm{i}\boldsymbol{A}t}) \\ &= \frac{1}{2\mathrm{i}}(\mathrm{i}\boldsymbol{A}\mathrm{e}^{\mathrm{i}\boldsymbol{A}t} + \mathrm{i}\boldsymbol{A}\mathrm{e}^{-\mathrm{i}\boldsymbol{A}t}) \\ &= \begin{cases} \boldsymbol{A}\cdot\dfrac{1}{2}(\mathrm{e}^{\mathrm{i}\boldsymbol{A}t} + \mathrm{e}^{-\mathrm{i}\boldsymbol{A}t}) = \boldsymbol{A}\cos\boldsymbol{A}t \\ \dfrac{1}{2}(\mathrm{e}^{\mathrm{i}\boldsymbol{A}t} + \mathrm{e}^{-\mathrm{i}\boldsymbol{A}t})\cdot\boldsymbol{A} = (\cos\boldsymbol{A}t)\boldsymbol{A} \end{cases}。\end{aligned}$$

类似可证(3)成立。

【例 8.2.2】 设矩阵 $\boldsymbol{A}(t) = [a_{ij}(t)]_{n\times n}$，则

$$\frac{\mathrm{d}}{\mathrm{d}t}\det\boldsymbol{A}(t) = \det\boldsymbol{D}_1(t) + \det\boldsymbol{D}_2(t) + \cdots + \det\boldsymbol{D}_n(t),$$

式中，$\boldsymbol{D}_i(t)(i=1, 2, \cdots, n)$满足

$$[\boldsymbol{D}_i(t)]_{kl} = \begin{cases} a_{kl}(t) & (i \neq k) \\ \dfrac{\mathrm{d}}{\mathrm{d}t}a_{kl}(t) & (i = k) \end{cases}。$$

证明　由行列式的定义有

$$\begin{aligned}\frac{\mathrm{d}}{\mathrm{d}t}\det\boldsymbol{A}(t)&=\frac{\mathrm{d}}{\mathrm{d}t}\sum_{(i_1,\cdots,i_n)}(-1)^{\tau(i_1,\cdots,i_n)}a_{1i_1}(t)\cdots a_{ni_n}(t)\\&=\sum_{(i_1,\cdots,i_n)}(-1)^{\tau(i_1,\cdots,i_n)}\frac{\mathrm{d}}{\mathrm{d}t}(a_{1i_1}(t)\cdots a_{ni_n}(t))\\&=\sum_{(i_1,\cdots,i_n)}(-1)^{\tau(i_1,\cdots,i_n)}\frac{\mathrm{d}}{\mathrm{d}t}(a_{1i_1}(t))a_{2i_2}(t)\cdots a_{ni_n}(t)\\&\quad+\cdots+\sum_{(i_1,\cdots,i_n)}(-1)^{\tau(i_1,\cdots,i_n)}a_{1i_1}(t)a_{2i_2}(t)\cdots\frac{\mathrm{d}}{\mathrm{d}t}(a_{ni_n}(t))\\&=\det\boldsymbol{D}_1(t)+\cdots+\det\boldsymbol{D}_n(t)。\end{aligned}$$

【例 8.2.3】　设矩阵 $\boldsymbol{A}(t)=[a_{ij}(t)]_{n\times n}$，则

$$\frac{\mathrm{d}}{\mathrm{d}t}\mathrm{tr}(\boldsymbol{A}(t))=\mathrm{tr}\left(\frac{\mathrm{d}}{\mathrm{d}t}\boldsymbol{A}(t)\right)。$$

证明　因为

$$\mathrm{tr}(\boldsymbol{A}(t))=a_{11}(t)+a_{22}(t)+\cdots+a_{nn}(t),$$

所以

$$\frac{\mathrm{d}}{\mathrm{d}t}\mathrm{tr}(\boldsymbol{A}(t))=\frac{\mathrm{d}}{\mathrm{d}t}a_{11}(t)+\frac{\mathrm{d}}{\mathrm{d}t}a_{22}(t)+\cdots+\frac{\mathrm{d}}{\mathrm{d}t}a_{nn}(t),$$

又因为

$$\frac{\mathrm{d}}{\mathrm{d}t}\boldsymbol{A}(t)=\left[\frac{\mathrm{d}}{\mathrm{d}t}a_{ij}(t)\right]_{n\times n},$$

所以

$$\mathrm{tr}\left(\frac{\mathrm{d}}{\mathrm{d}t}\boldsymbol{A}(t)\right)=\frac{\mathrm{d}}{\mathrm{d}t}a_{11}(t)+\cdots+\frac{\mathrm{d}}{\mathrm{d}t}a_{nn}(t)=\frac{\mathrm{d}}{\mathrm{d}t}\mathrm{tr}(\boldsymbol{A}(t))。$$

二、纯量函数对向量的导数

定义 8.2.5　设 $f(\boldsymbol{x})$为纯量函数，其中 $\boldsymbol{x}=[x_1,\cdots,x_n]^{\mathrm{T}}\in\mathbf{C}^n$，函数 $f(\boldsymbol{x})$关于向量 $\boldsymbol{x}$ 的导数定义为

$$\frac{\partial f(\boldsymbol{x})}{\partial\boldsymbol{x}}=\left[\frac{\partial f(\boldsymbol{x})}{\partial x_1},\cdots,\frac{\partial f(\boldsymbol{x})}{\partial x_n}\right]^{\mathrm{T}}。$$

定义 8.2.5 给出了纯量函数 $f(\boldsymbol{x})$关于向量 $\boldsymbol{x}$ 的梯度向量。

【例 8.2.4】　设 $\boldsymbol{A}=[a_{ij}]_{n\times n}$，$\boldsymbol{x}=[x_1,\cdots,x_n]^{\mathrm{T}}$，求函数

$$f(\boldsymbol{x})=\boldsymbol{x}^{\mathrm{T}}\boldsymbol{A}\boldsymbol{x}=\sum_{i=1}^{n}\sum_{j=1}^{n}a_{ij}x_ix_j$$

关于向量 $\boldsymbol{x}$ 的导数$\dfrac{\partial\boldsymbol{x}^{\mathrm{T}}\boldsymbol{A}\boldsymbol{x}}{\partial\boldsymbol{x}}$。

解　由定义 8.2.5 有

$$\begin{aligned}\frac{\partial \boldsymbol{x}^{\mathrm{T}}\boldsymbol{A}\boldsymbol{x}}{\partial \boldsymbol{x}} &= \left[\frac{\partial}{\partial x_1}\sum_{i=1}^{n}\sum_{j=1}^{n}a_{ij}x_ix_j,\ \cdots,\ \frac{\partial}{\partial x_n}\sum_{i=1}^{n}\sum_{j=1}^{n}a_{ij}x_ix_j\right]^{\mathrm{T}}\\ &= \begin{bmatrix} 2a_{11}x_1+(a_{12}+a_{21})x_2+\cdots+(a_{1n}+a_{n1})x_n \\ \vdots \\ (a_{1n}+a_{n1})x_1+(a_{2n}+a_{n2})x_2+\cdots+2a_{nn}x_n \end{bmatrix}\\ &= \begin{bmatrix} a_{11}x_1+a_{12}x_2+\cdots+a_{1n}x_n \\ \vdots \\ a_{n1}x_1+a_{n2}x_2+\cdots+a_{nn}x_n \end{bmatrix} + \begin{bmatrix} a_{11}x_1+a_{21}x_2+\cdots+a_{n1}x_n \\ \vdots \\ a_{1n}x_1+a_{2n}x_2+\cdots+a_{nn}x_n \end{bmatrix}\\ &= \boldsymbol{A}\boldsymbol{x}+\boldsymbol{A}^{\mathrm{T}}\boldsymbol{x}=(\boldsymbol{A}+\boldsymbol{A}^{\mathrm{T}})\boldsymbol{x}。\end{aligned}$$

由此例知，当 $\boldsymbol{A}$ 为实对称矩阵时，$\dfrac{\partial \boldsymbol{x}^{\mathrm{T}}\boldsymbol{A}\boldsymbol{x}}{\partial \boldsymbol{x}}=2\boldsymbol{A}\boldsymbol{x}$，当 $\boldsymbol{A}=\boldsymbol{E}$ 时，$\dfrac{\partial \boldsymbol{x}^{\mathrm{T}}\boldsymbol{x}}{\partial \boldsymbol{x}}=2\boldsymbol{x}$。

定义 8.2.6 设 $\boldsymbol{x}=[x_1, \cdots, x_n]^{\mathrm{T}}\in\mathbf{C}^n$，且 $\boldsymbol{f}(\boldsymbol{x})=[f_1(\boldsymbol{x}), \cdots, f_m(\boldsymbol{x})]$ 为 m 维行向量，其中 $f_i(\boldsymbol{x})$ 为纯量函数($i=1, \cdots, m$)。向量值函数 $f(\boldsymbol{x})$ 关于向量 $\boldsymbol{x}$ 的导数定义为如下 $n\times m$ 阶矩阵：

$$\frac{\partial \boldsymbol{f}(\boldsymbol{x})}{\partial \boldsymbol{x}}=\begin{bmatrix} \dfrac{\partial f_1(\boldsymbol{x})}{\partial x_1} & \cdots & \dfrac{\partial f_m(\boldsymbol{x})}{\partial x_1} \\ \vdots & & \vdots \\ \dfrac{\partial f_1(\boldsymbol{x})}{\partial x_n} & \cdots & \dfrac{\partial f_m(\boldsymbol{x})}{\partial x_n} \end{bmatrix}。$$

【例 8.2.5】 设 $\boldsymbol{x}=[x_1, \cdots, x_n]^{\mathrm{T}}\in\mathbf{C}^n$，且 $\boldsymbol{f}(\boldsymbol{x})=[f_1(\boldsymbol{x}), \cdots, f_m(\boldsymbol{x})]^{\mathrm{T}}$ 为 m 维列向量，其中 $f_i(\boldsymbol{x})$ 为纯量函数($i=1, \cdots, m$)，则

$$\frac{\partial \boldsymbol{f}(\boldsymbol{x})}{\partial \boldsymbol{x}^{\mathrm{T}}}=\begin{bmatrix} \dfrac{\partial f_1(\boldsymbol{x})}{\partial x_1} & \cdots & \dfrac{\partial f_1(\boldsymbol{x})}{\partial x_n} \\ \vdots & & \vdots \\ \dfrac{\partial f_m(\boldsymbol{x})}{\partial x_1} & \cdots & \dfrac{\partial f_m(\boldsymbol{x})}{\partial x_n} \end{bmatrix}$$

称为向量值函数 $\boldsymbol{f}(\boldsymbol{x})$ 的 Jacobi 矩阵。

根据定义可验证纯量函数关于向量的导数具有如下的基本性质。

定理 8.2.3 纯量函数关于向量的导数具有下述性质：

(1) 线性法则：若 $f(\boldsymbol{x})$ 和 $g(\boldsymbol{x})$ 均为向量 $\boldsymbol{x}$ 的纯量函数，c_1，c_2 为常数，则

$$\frac{\partial(c_1f(\boldsymbol{x})+c_2g(\boldsymbol{x}))}{\partial \boldsymbol{x}}=c_1\frac{\partial f(\boldsymbol{x})}{\partial \boldsymbol{x}}+c_2\frac{\partial g(\boldsymbol{x})}{\partial \boldsymbol{x}}。$$

(2) 乘积法则：若 $f(\boldsymbol{x})$ 和 $g(\boldsymbol{x})$ 均为向量 $\boldsymbol{x}$ 的纯量函数，则

$$\frac{\partial(f(\boldsymbol{x})g(\boldsymbol{x}))}{\partial \boldsymbol{x}}=g(\boldsymbol{x})\frac{\partial f(\boldsymbol{x})}{\partial \boldsymbol{x}}+f(\boldsymbol{x})\frac{\partial g(\boldsymbol{x})}{\partial \boldsymbol{x}}。$$

(3) 链式法则：若 $\boldsymbol{y}(\boldsymbol{x})\in\mathbf{C}^m$ 为向量 $\boldsymbol{x}\in\mathbf{C}^n$ 的向量值函数，则

$$\frac{\partial f(\boldsymbol{y}(\boldsymbol{x}))}{\partial \boldsymbol{x}}=\frac{\partial(\boldsymbol{y}(\boldsymbol{x}))^{\mathrm{T}}}{\partial \boldsymbol{x}}\frac{\partial f(\boldsymbol{y})}{\partial \boldsymbol{y}},$$

式中 $\dfrac{\partial(\boldsymbol{y}(\boldsymbol{x}))^{\mathrm{T}}}{\partial \boldsymbol{x}}$ 为定义 8.2.6 确定的 $n\times m$ 阶矩阵。

【例 8.2.6】 设 $\boldsymbol{x}=[x_1,\cdots,x_n]^{\mathrm{T}}\in\mathbf{C}^n$，纯量函数 $f(\boldsymbol{x})$关于向量 $\boldsymbol{x}$ 的二阶导数为 n^2 个二阶偏导数构成的 $n\times n$ 阶矩阵

$$\frac{\partial^2 f(\boldsymbol{x})}{\partial\boldsymbol{x}\partial\boldsymbol{x}^{\mathrm{T}}}=\frac{\partial}{\partial\boldsymbol{x}^{\mathrm{T}}}\left(\frac{\partial f(\boldsymbol{x})}{\partial\boldsymbol{x}}\right),$$

上式称为 **Hessian 矩阵**。由定义 8.2.5 和定义 8.2.6 知

$$\frac{\partial^2 f(\boldsymbol{x})}{\partial\boldsymbol{x}\partial\boldsymbol{x}^{\mathrm{T}}}=\begin{bmatrix}\dfrac{\partial^2 f(\boldsymbol{x})}{\partial x_1\partial x_1} & \cdots & \dfrac{\partial^2 f(\boldsymbol{x})}{\partial x_1\partial x_n}\\ \vdots & & \vdots\\ \dfrac{\partial^2 f(\boldsymbol{x})}{\partial x_n\partial x_1} & \cdots & \dfrac{\partial^2 f(\boldsymbol{x})}{\partial x_n\partial x_n}\end{bmatrix}。$$

特别地，对例 8.2.4 中定义的函数 $f(\boldsymbol{x})=\boldsymbol{x}^{\mathrm{T}}\boldsymbol{A}\boldsymbol{x}$ 有

$$\frac{\partial^2(\boldsymbol{x}^{\mathrm{T}}\boldsymbol{A}\boldsymbol{x})}{\partial\boldsymbol{x}\partial\boldsymbol{x}^{\mathrm{T}}}=\boldsymbol{A}+\boldsymbol{A}^{\mathrm{T}}。$$

三、纯量函数对矩阵的导数

定义 8.2.7 设矩阵 $\boldsymbol{A}=[a_{ij}]_{m\times n}$，$f(\boldsymbol{A})$为纯量函数，则 $f(\boldsymbol{A})$关于矩阵 $\boldsymbol{A}$ 的导数定义为

$$\frac{\partial f(\boldsymbol{A})}{\partial\boldsymbol{A}}=\begin{bmatrix}\dfrac{\partial f(\boldsymbol{A})}{\partial a_{11}} & \cdots & \dfrac{\partial f(\boldsymbol{A})}{\partial a_{1n}}\\ \vdots & & \vdots\\ \dfrac{\partial f(\boldsymbol{A})}{\partial a_{m1}} & \cdots & \dfrac{\partial f(\boldsymbol{A})}{\partial a_{mn}}\end{bmatrix}。$$

若记 $\boldsymbol{E}_{ij}$ 为第 i 行第 j 列元素为 1，其余元素均为零的矩阵，则对矩阵 $\boldsymbol{A}=[a_{ij}]_{m\times n}$ 的纯量函数 $f(\boldsymbol{A})$，我们有

$$\frac{\partial f(\boldsymbol{A})}{\partial\boldsymbol{A}}=\left[\frac{\partial f(\boldsymbol{A})}{\partial a_{ij}}\right]=\sum_{i=1}^{m}\sum_{j=1}^{n}\frac{\partial f(\boldsymbol{A})}{\partial a_{ij}}\boldsymbol{E}_{ij}。$$

由于向量为特殊的矩阵，与函数关于向量的导数类似，因此函数关于矩阵的导数也具有如下的类似性质。

定理 8.2.4 纯量函数关于矩阵变量的导数具有下述性质：

(1) 线性法则：若 $f(\boldsymbol{A})$和 $g(\boldsymbol{A})$均为矩阵 $\boldsymbol{A}$ 的纯量函数，c_1，c_2 为常数，则

$$\frac{\partial(c_1 f(\boldsymbol{A})+c_2 g(\boldsymbol{A}))}{\partial\boldsymbol{A}}=c_1\frac{\partial f(\boldsymbol{A})}{\partial\boldsymbol{A}}+c_2\frac{\partial g(\boldsymbol{A})}{\partial\boldsymbol{A}}。$$

(2) 乘积法则：若 $f(\boldsymbol{A})$和 $g(\boldsymbol{A})$均为矩阵 $\boldsymbol{A}$ 的纯量函数，则

$$\frac{\partial(f(\boldsymbol{A})g(\boldsymbol{A}))}{\partial\boldsymbol{A}}=g(\boldsymbol{A})\frac{\partial f(\boldsymbol{A})}{\partial\boldsymbol{A}}+f(\boldsymbol{A})\frac{\partial g(\boldsymbol{A})}{\partial\boldsymbol{A}}。$$

(3) 链式法则：若 $\boldsymbol{y}=f(\boldsymbol{A})$和 $g(y)$分别为以矩阵 $\boldsymbol{A}$ 和纯量 y 为变量的纯量函数，则

$$\frac{\partial g(f(\boldsymbol{A}))}{\partial\boldsymbol{A}}=\frac{\partial g(y)}{\partial y}\frac{\partial f(\boldsymbol{A})}{\partial\boldsymbol{A}}。$$

【例 8.2.7】 设矩阵

$$\boldsymbol{A}=\begin{bmatrix} x & y & z \\ u & v & w \end{bmatrix},$$

纯量函数 $f(\boldsymbol{A})=x^2+y^2+z^2+u^2-2v+3w$，求$\dfrac{\partial f(\boldsymbol{A})}{\partial \boldsymbol{A}}$。

解 由定义 8.2.7 有

$$\frac{\partial f(\boldsymbol{A})}{\partial \boldsymbol{A}}=\begin{bmatrix} \dfrac{\partial f(\boldsymbol{A})}{\partial x} & \dfrac{\partial f(\boldsymbol{A})}{\partial y} & \dfrac{\partial f(\boldsymbol{A})}{\partial z} \\ \dfrac{\partial f(\boldsymbol{A})}{\partial u} & \dfrac{\partial f(\boldsymbol{A})}{\partial v} & \dfrac{\partial f(\boldsymbol{A})}{\partial w} \end{bmatrix}=\begin{bmatrix} 2x & 2y & 2z \\ 2u & -2 & 3 \end{bmatrix}。$$

【例 8.2.8】 设 $\boldsymbol{A}$ 为 n 阶实对称矩阵，求$\dfrac{\partial \boldsymbol{x}^{\mathrm{T}}\boldsymbol{A}\boldsymbol{x}}{\partial \boldsymbol{A}}$。

解 由定义 8.2.7 知

$$\frac{\partial \boldsymbol{x}^{\mathrm{T}}\boldsymbol{A}\boldsymbol{x}}{\partial \boldsymbol{A}}=\left[\frac{\partial}{\partial a_{ij}}\sum_{i=1}^{n}\sum_{j=1}^{n}a_{ij}x_i x_j\right]_{n\times n}=[x_i x_j]_{n\times n}=\boldsymbol{x}\boldsymbol{x}^{\mathrm{T}}。$$

【例 8.2.9】 设矩阵 $\boldsymbol{A}=[a_{ij}]_{n\times n}$，求$\dfrac{\partial \mathrm{tr}(\boldsymbol{A})}{\partial \boldsymbol{A}}$，$\dfrac{\partial \mathrm{tr}(\boldsymbol{A}\boldsymbol{A}^{\mathrm{T}})}{\partial \boldsymbol{A}}$及$\dfrac{\partial \mathrm{tr}(\boldsymbol{A}^2)}{\partial \boldsymbol{A}}$。

解 由于

$$\frac{\partial}{\partial a_{ij}}\left(\sum_{k=1}^{n}a_{kk}\right)=\delta_{ij},$$

从而

$$\frac{\partial \mathrm{tr}(\boldsymbol{A})}{\partial \boldsymbol{A}}=\sum_{i=1}^{n}\sum_{j=1}^{n}\left(\frac{\partial}{\partial a_{ij}}\left(\sum_{k=1}^{n}a_{kk}\right)\right)\boldsymbol{E}_{ij}=\sum_{i=1}^{n}\boldsymbol{E}_{ii}=\boldsymbol{E}。$$

因为

$$\frac{\partial}{\partial a_{ij}}\mathrm{tr}(\boldsymbol{A}\boldsymbol{A}^{\mathrm{T}})=\frac{\partial}{\partial a_{ij}}\left(\sum_{i=1}^{n}\sum_{j=1}^{n}a_{ij}^2\right)=2a_{ij},$$

所以

$$\frac{\partial \mathrm{tr}(\boldsymbol{A}\boldsymbol{A}^{\mathrm{T}})}{\partial \boldsymbol{A}}=[2a_{ij}]_{n\times n}=2\boldsymbol{A}。$$

又因为

$$\frac{\partial}{\partial a_{ij}}\mathrm{tr}(\boldsymbol{A}^2)=\mathrm{tr}\left(\frac{\partial \boldsymbol{A}^2}{\partial a_{ij}}\right)=\mathrm{tr}\left(2\boldsymbol{A}\,\frac{\partial \boldsymbol{A}}{\partial a_{ij}}\right)=2\mathrm{tr}(\boldsymbol{A}\boldsymbol{E}_{ij})=2a_{ji},$$

从而

$$\frac{\partial \mathrm{tr}(\boldsymbol{A}^2)}{\partial \boldsymbol{A}}=[2a_{ji}]_{n\times n}=2\boldsymbol{A}^{\mathrm{T}}。$$

【例 8.2.10】 (1) 设矩阵 $\boldsymbol{A}=[a_{ij}]_{m\times n}$，$\boldsymbol{X}=[x_{ij}]_{n\times m}$，求$\dfrac{\partial \mathrm{tr}(\boldsymbol{A}\boldsymbol{X})}{\partial \boldsymbol{X}}$；

(2) 设矩阵 $\boldsymbol{A}=[a_{ij}]_{n\times n}$，$\boldsymbol{X}=[x_{ij}]_{n\times n}$ 为对称矩阵，求$\dfrac{\partial \mathrm{tr}(\boldsymbol{A}\boldsymbol{X})}{\partial \boldsymbol{X}}$。

解 (1) 由于

$$\mathrm{tr}(\boldsymbol{A}\boldsymbol{X})=\sum_{i=1}^{m}\sum_{j=1}^{n}a_{ij}x_{ji},$$

从而有

$$\frac{\partial \operatorname{tr}(\boldsymbol{AX})}{\partial \boldsymbol{X}}=\sum_{i=1}^{m}\sum_{j=1}^{n}\frac{\partial \operatorname{tr}(\boldsymbol{AX})}{\partial x_{ij}}\boldsymbol{E}_{ij}=\sum_{i=1}^{m}\sum_{j=1}^{n}a_{ji}\boldsymbol{E}_{ij}=\boldsymbol{A}^{\mathrm{T}}。$$

(2) 因为

$$\frac{\partial \operatorname{tr}(\boldsymbol{AX})}{\partial x_{ij}}=\begin{cases}a_{ii} & (j=i)\\ a_{ij}+a_{ji} & (j\neq i)\end{cases},$$

所以

$$\begin{aligned}\frac{\partial \operatorname{tr}(\boldsymbol{AX})}{\partial \boldsymbol{X}}&=\sum_{i=1}^{m}\sum_{j=1}^{n}\frac{\partial \operatorname{tr}(\boldsymbol{AX})}{\partial x_{ij}}\boldsymbol{E}_{ij}\\&=\sum_{i=1}^{m}\sum_{\substack{j=1\\ j\neq i}}^{n}a_{ij}\boldsymbol{E}_{ij}+\sum_{i=1}^{m}\sum_{\substack{j=1\\ j\neq i}}^{n}a_{ji}\boldsymbol{E}_{ij}+\sum_{i=1}^{n}a_{ii}\boldsymbol{E}_{ii}\\&=\sum_{i=1}^{m}\sum_{j=1}^{n}a_{ij}\boldsymbol{E}_{ij}+\sum_{i=1}^{m}\sum_{j=1}^{n}a_{ji}\boldsymbol{E}_{ij}-\sum_{i=1}^{n}a_{ii}\boldsymbol{E}_{ii}\\&=\boldsymbol{A}+\boldsymbol{A}^{\mathrm{T}}-\operatorname{diag}(\boldsymbol{A}),\end{aligned}$$

其中 $\operatorname{diag}(\boldsymbol{A})=\operatorname{diag}[a_{11},\cdots,a_{nn}]$。

四、矩阵对矩阵的导数

本节主要介绍函数矩阵对矩阵的导数，由于向量属于特殊形式的矩阵，因此向量对向量、矩阵对向量的导数都可视作矩阵对矩阵导数的特殊情形对待。

定义 8.2.8　设矩阵 $\boldsymbol{X}=[x_{ij}]_{m\times n}$，且 $f_{ij}(\boldsymbol{X})$ 为 mn 元纯量函数($i=1,\cdots,p$；$j=1,\cdots,q$)，记函数矩阵 $\boldsymbol{F}(\boldsymbol{X})=[f_{ij}(\boldsymbol{X})]$，则矩阵 $\boldsymbol{F}(\boldsymbol{X})$ 关于矩阵 $\boldsymbol{X}$ 的导数定义为

$$\frac{\partial \boldsymbol{F}(\boldsymbol{X})}{\partial \boldsymbol{X}}=\begin{bmatrix}\dfrac{\partial f_{11}}{\partial x_{11}} & \dfrac{\partial f_{12}}{\partial x_{11}} & \cdots & \dfrac{\partial f_{pq}}{\partial x_{11}}\\ \dfrac{\partial f_{11}}{\partial x_{12}} & \dfrac{\partial f_{12}}{\partial x_{12}} & \cdots & \dfrac{\partial f_{pq}}{\partial x_{12}}\\ \vdots & \vdots & & \vdots\\ \dfrac{\partial f_{11}}{\partial x_{mn}} & \dfrac{\partial f_{12}}{\partial x_{mn}} & \cdots & \dfrac{\partial f_{pq}}{\partial x_{mn}}\end{bmatrix}_{mn\times pq}。$$

由定义 8.2.8 可以发现

$$\frac{\partial \boldsymbol{F}(\boldsymbol{X})}{\partial \boldsymbol{X}}=\left[\operatorname{vec}\left(\frac{\partial f_{11}}{\partial \boldsymbol{X}}\right),\ \operatorname{vec}\left(\frac{\partial f_{12}}{\partial \boldsymbol{X}}\right),\ \cdots,\ \operatorname{vec}\left(\frac{\partial f_{pq}}{\partial \boldsymbol{X}}\right)\right]。$$

矩阵对矩阵的导数具有下面的性质。

定理 8.2.5　设矩阵 $\boldsymbol{X}=[x_{ij}]_{m\times n}$。

(1) $\dfrac{\partial \boldsymbol{X}}{\partial \boldsymbol{X}}=\boldsymbol{E}_{mn}$。

(2) 若 $\boldsymbol{F}_1(\boldsymbol{X})$，$\boldsymbol{F}_2(\boldsymbol{X})$ 为同形矩阵，c_1，c_2 为常数，则

$$\frac{\partial}{\partial \boldsymbol{X}}(c_1\boldsymbol{F}_1(\boldsymbol{X})+c_2\boldsymbol{F}_2(\boldsymbol{X}))=c_1\frac{\partial \boldsymbol{F}_1(\boldsymbol{X})}{\partial \boldsymbol{X}}+c_2\frac{\partial \boldsymbol{F}_2(\boldsymbol{X})}{\partial \boldsymbol{X}}。$$

(3) 若 $\boldsymbol{F}(\boldsymbol{X})\in\mathbf{C}^{p\times q}$，$\boldsymbol{G}(\boldsymbol{X})\in\mathbf{C}^{q\times r}$，则

$$\frac{\partial}{\partial \boldsymbol{X}}(\boldsymbol{F}(\boldsymbol{X})\boldsymbol{G}(\boldsymbol{X}))=\frac{\partial \boldsymbol{F}(\boldsymbol{X})}{\partial \boldsymbol{X}}(\boldsymbol{E}_p\otimes \boldsymbol{G}(\boldsymbol{X}))+\frac{\partial \boldsymbol{G}(\boldsymbol{X})}{\partial \boldsymbol{X}}(\boldsymbol{F}(\boldsymbol{X})^{\mathrm{T}}\otimes \boldsymbol{E}_r)。$$

(4) 若 $\boldsymbol{F}(\boldsymbol{X})\in \mathbf{C}^{p\times q}$ 为 st 元函数矩阵，且 $\boldsymbol{G}(\boldsymbol{X})\in \mathbf{C}^{s\times t}$ 为函数矩阵，则

$$\frac{\partial \boldsymbol{F}(\boldsymbol{G}(\boldsymbol{X}))}{\partial \boldsymbol{X}}=\frac{\partial \boldsymbol{G}(\boldsymbol{X})}{\partial \boldsymbol{X}}\frac{\partial \boldsymbol{F}(\boldsymbol{G}(\boldsymbol{X}))}{\partial \boldsymbol{G}(\boldsymbol{X})}。$$

证明 性质(1)和(2)由定义 8.2.8 可直接验证；性质(3)左右两边利用定义 8.2.8 结合 Kronecker 积可验证；性质(4)可由定义 8.2.8 结合多元函数的复合求导法则来验证，这里不作详细推导。

【例 8.2.11】 设矩阵 $\boldsymbol{A}$，$\boldsymbol{B}$ 为常数矩阵，求函数矩阵 $\boldsymbol{AXB}$ 关于矩阵 $\boldsymbol{X}$ 的导数 $\dfrac{\partial(\boldsymbol{AXB})}{\partial \boldsymbol{X}}$。

解 由定理 8.2.5 有

$$\begin{aligned}\frac{\partial(\boldsymbol{AXB})}{\partial \boldsymbol{X}}&=\frac{\partial(\boldsymbol{AX})}{\partial \boldsymbol{X}}(\boldsymbol{E}\otimes \boldsymbol{B})+\frac{\partial \boldsymbol{B}}{\partial \boldsymbol{X}}(\boldsymbol{X}^{\mathrm{T}}\boldsymbol{A}^{\mathrm{T}}\otimes \boldsymbol{E})\\&=\left(\frac{\partial \boldsymbol{A}}{\partial \boldsymbol{X}}(\boldsymbol{E}\otimes \boldsymbol{X})+\frac{\partial \boldsymbol{X}}{\partial \boldsymbol{X}}(\boldsymbol{A}^{\mathrm{T}}\otimes \boldsymbol{E})\right)(\boldsymbol{E}\otimes \boldsymbol{B})+\boldsymbol{0}\\&=(\boldsymbol{A}^{\mathrm{T}}\otimes \boldsymbol{E})(\boldsymbol{E}\otimes \boldsymbol{B})\\&=\boldsymbol{A}^{\mathrm{T}}\otimes \boldsymbol{B}。\end{aligned}$$

【例 8.2.12】 设 $\boldsymbol{X}$ 为可逆矩阵，求 $\dfrac{\partial \boldsymbol{X}^{-1}}{\partial \boldsymbol{X}}$。

解 由 $\boldsymbol{XX}^{-1}=\boldsymbol{E}$ 及定理 8.2.5 有

$$\boldsymbol{0}=\frac{\partial \boldsymbol{E}}{\partial \boldsymbol{X}}=\frac{\partial(\boldsymbol{XX}^{-1})}{\partial \boldsymbol{X}}=\frac{\partial \boldsymbol{X}}{\partial \boldsymbol{X}}(\boldsymbol{E}\otimes \boldsymbol{X}^{-1})+\frac{\partial \boldsymbol{X}^{-1}}{\partial \boldsymbol{X}}(\boldsymbol{X}^{\mathrm{T}}\otimes \boldsymbol{E}),$$

又因为

$$(\boldsymbol{X}^{\mathrm{T}}\otimes \boldsymbol{E})^{-1}=(\boldsymbol{X}^{\mathrm{T}})^{-1}\otimes \boldsymbol{E},$$

从而

$$\frac{\partial \boldsymbol{X}^{-1}}{\partial \boldsymbol{X}}=-(\boldsymbol{E}\otimes \boldsymbol{X}^{-1})((\boldsymbol{X}^{\mathrm{T}})^{-1}\otimes \boldsymbol{E})=-(\boldsymbol{X}^{-1})^{\mathrm{T}}\otimes \boldsymbol{X}^{-1}。$$

作为本节矩阵微积分的应用，下面介绍线性微分方程组的求解。

【例 8.2.13】 **一阶线性常系数微分方程组的解。**先考虑如下形式的一阶线性常系数齐次常微分方程组

$$\begin{cases}\dfrac{\mathrm{d}x_1}{\mathrm{d}t}=a_{11}x_1(t)+a_{12}x_2(t)+\cdots+a_{1n}x_n(t)\\ \qquad\vdots\\ \dfrac{\mathrm{d}x_n}{\mathrm{d}t}=a_{n1}x_1(t)+a_{n2}x_2(t)+\cdots+a_{nn}x_n(t)\end{cases},\tag{8.2.2}$$

式中，$x_i=x_i(t)$ 为自变量 t 的函数，$a_{ij}\in \mathbf{C}$ 为已知常数，i，$j=1$，$\cdots$，n。

令 $\boldsymbol{x}(t)=[x_1(t),\cdots,x_n(t)]^{\mathrm{T}}$，$\boldsymbol{A}=[a_{ij}]_{n\times n}$，则方程组(8.2.2)可以写为

$$\frac{\mathrm{d}\boldsymbol{x}(t)}{\mathrm{d}t}=\boldsymbol{Ax}(t)。\tag{8.2.3}$$

设方程组(8.2.3)满足初值条件 $\boldsymbol{x}(0)=\boldsymbol{c}$，则方程组(8.2.3)的定解为

$$\boldsymbol{x}(t)=\mathrm{e}^{t\boldsymbol{A}}\boldsymbol{c}。\tag{8.2.4}$$

首先式(8.2.4)确为方程组(8.2.3)的解，这是因为

$$\frac{\mathrm{d}\boldsymbol{x}(t)}{\mathrm{d}t}=\frac{\mathrm{d}}{\mathrm{d}t}(\mathrm{e}^{t\boldsymbol{A}}\boldsymbol{c})=\frac{\mathrm{d}}{\mathrm{d}t}(\mathrm{e}^{t\boldsymbol{A}})\boldsymbol{c}=\boldsymbol{A}\mathrm{e}^{t\boldsymbol{A}}\boldsymbol{c}=\boldsymbol{A}\boldsymbol{x}(t)。$$

另由方程组(8.2.3)有

$$\frac{\mathrm{d}^2\boldsymbol{x}(t)}{\mathrm{d}t^2}=\boldsymbol{A}\ \frac{\mathrm{d}\boldsymbol{x}(t)}{\mathrm{d}t}=\boldsymbol{A}^2\boldsymbol{x}(t),\ \frac{\mathrm{d}^3\boldsymbol{x}(t)}{\mathrm{d}t^3}=\boldsymbol{A}^2\ \frac{\mathrm{d}\boldsymbol{x}(t)}{\mathrm{d}t}=\boldsymbol{A}^3\boldsymbol{x}(t),\ \cdots$$

从而

$$\boldsymbol{x}'(0)=\boldsymbol{A}\boldsymbol{c},\ \boldsymbol{x}^{(2)}(0)=\boldsymbol{A}^2\boldsymbol{c},\ \boldsymbol{x}^{(3)}(0)=\boldsymbol{A}^3\boldsymbol{c},\ \cdots$$

记 $\boldsymbol{c}=[x_1(0),\ \cdots,\ x_n(0)]^{\mathrm{T}}$。对 $i=1,\ \cdots,\ n$，将 $x_i(t)$在 $t=0$ 处展开有

$$x_i(t)=x_i(0)+x_i'(0)t+\frac{1}{2!}x_i^{(2)}(0)t^2+\cdots$$

从而

$$\begin{aligned}\boldsymbol{x}(t)&=\boldsymbol{x}(0)+\boldsymbol{x}'(0)t+\frac{1}{2!}\boldsymbol{x}^{(2)}(0)t^2+\cdots\\&=\boldsymbol{c}+t\boldsymbol{A}\boldsymbol{c}+\frac{1}{2!}t^2\boldsymbol{A}^2\boldsymbol{c}+\cdots\\&=\mathrm{e}^{t\boldsymbol{A}}\boldsymbol{c}。\end{aligned}$$

设 $\boldsymbol{f}(t)\in\mathbf{C}^n$ 为已知向量，接着考虑如下一阶线性常系数非齐常微分方程组

$$\begin{cases}\dfrac{\mathrm{d}\boldsymbol{x}(t)}{\mathrm{d}t}=\boldsymbol{A}\boldsymbol{x}(t)+\boldsymbol{f}(t)\\ \boldsymbol{x}(t_0)=\boldsymbol{c}\end{cases}\tag{8.2.5}$$

的定解问题。

事实上，用 $\mathrm{e}^{-t\boldsymbol{A}}$ 左乘方程组(8.2.5)中第一式有

$$\mathrm{e}^{-t\boldsymbol{A}}\left(\frac{\mathrm{d}\boldsymbol{x}(t)}{\mathrm{d}t}-\boldsymbol{A}\boldsymbol{x}(t)\right)=\mathrm{e}^{-t\boldsymbol{A}}f(t),$$

即

$$\frac{\mathrm{d}}{\mathrm{d}t}\mathrm{e}^{-t\boldsymbol{A}}\boldsymbol{x}(t)=\mathrm{e}^{-t\boldsymbol{A}}\boldsymbol{f}(t),$$

将上式在$[t_0,\ t]$上进行积分，有

$$\mathrm{e}^{-t\boldsymbol{A}}\boldsymbol{x}(t)-\mathrm{e}^{-t_0\boldsymbol{A}}\boldsymbol{c}=\int_{t_0}^{t}\mathrm{e}^{-s\boldsymbol{A}}\boldsymbol{f}(s)\mathrm{d}s,$$

从而可得方程组(8.2.5)的定解为

$$\boldsymbol{x}(t)=\mathrm{e}^{(t-t_0)\boldsymbol{A}}\boldsymbol{c}+\int_{t_0}^{t}\mathrm{e}^{(t-s)\boldsymbol{A}}\boldsymbol{f}(s)\mathrm{d}s。$$

【例 8.2.14】　高阶线性常系数微分方程的解。首先考虑如下形式的高阶线性常系数齐次常微分方程定解问题

$$\begin{cases}y^{(n)}+a_1y^{(n-1)}+a_2y^{(n-2)}+\cdots+a_ny=0\\ y^{(i)}(t)\mid_{t=0}=y_0^{(i)}\quad(i=0,\ 1,\ \cdots,\ n-1)\end{cases},\tag{8.2.6}$$

式中，a_1，…，a_n 为常数。

若令

$$\begin{cases} x_1 = y \\ x_2 = y' = x_1' \\ \quad\vdots \\ x_n = y^{(n-1)} = x_{n-1}' \end{cases},$$

则有

$$\begin{cases} x_1' = x_2 \\ x_2' = x_3 \\ \quad\vdots \\ x_{n-1}' = x_n \\ x_n' = -a_n x_1 - a_{n-1} x_2 - \cdots - a_1 x_n \end{cases},$$

再令

$$\boldsymbol{x}(t) = [x_1(t), x_2(t), \cdots, x_n(t)]^{\mathrm{T}} = [y, y', \cdots, y^{(n-1)}]^{\mathrm{T}},$$

$$\boldsymbol{x}(0) = [x_1(0), x_2(0), \cdots, x_n(0)]^{\mathrm{T}} = [y_0, y_0', \cdots, y_0^{(n-1)}]^{\mathrm{T}},$$

则定解问题(8.2.6)可表示为

$$\begin{cases} \dfrac{\mathrm{d}\boldsymbol{x}(t)}{\mathrm{d}t} = \boldsymbol{A}\boldsymbol{x}(t) \\ \boldsymbol{x}(t)\big|_{t=0} = \boldsymbol{x}(0) \end{cases}, \tag{8.2.7}$$

式中

$$\boldsymbol{A} = \begin{bmatrix} 0 & 1 & 0 & \cdots & 0 \\ 0 & 0 & 1 & \cdots & 0 \\ \vdots & \vdots & \vdots & & \vdots \\ 0 & 0 & 0 & \cdots & 1 \\ -a_n & -a_{n-1} & -a_{n-2} & \cdots & -a_1 \end{bmatrix}。$$

由例 8.2.13 知，定解问题(8.2.7)的解为 $\boldsymbol{x}(t) = \mathrm{e}^{t\boldsymbol{A}}\boldsymbol{x}(0)$。由前述推导过程知，定解问题(8.2.6)的解为定解问题(8.2.7)的一个分量，因而定解问题(8.2.6)的解为

$$\begin{aligned} \boldsymbol{y} &= [1, 0, \cdots, 0]\boldsymbol{x}(t) = [1, 0, \cdots, 0]\mathrm{e}^{t\boldsymbol{A}}\boldsymbol{x}(0) \\ &= [1, 0, \cdots, 0]\mathrm{e}^{t\boldsymbol{A}}[y_0, y_0', \cdots, y_0^{n-1}]^{\mathrm{T}}。\end{aligned}$$

下面接着考虑如下形式的高阶线性常系数非齐次常微分方程定解问题

$$\begin{cases} y^{(n)} + a_1 y^{(n-1)} + a_2 y^{(n-2)} + \cdots + a_n y = f(t) \\ y^{(i)}(t)\big|_{t=0} = y_0^{(i)} \quad (i = 0, 1, \cdots, n-1) \end{cases}, \tag{8.2.8}$$

类似于前面讨论，定解问题(8.2.8)的解为如下方程组

$$\begin{cases} \dfrac{\mathrm{d}\boldsymbol{x}(t)}{\mathrm{d}t} = \boldsymbol{A}\boldsymbol{x}(t) + \boldsymbol{b}f(t) \\ \boldsymbol{x}(t)\big|_{t=0} = \boldsymbol{x}(0) \end{cases} \tag{8.2.9}$$

解的第一个分量，其中 $\boldsymbol{x}(t)$，$\boldsymbol{x}(0)$，$\boldsymbol{A}$ 如前所定义，且

$$\boldsymbol{b} = [0, \cdots, 0, 1]^{\mathrm{T}},$$

因而由例 8.2.13 知，方程组(8.2.9)的定解为

$$\boldsymbol{x}(t)=\mathrm{e}^{t\boldsymbol{A}}\boldsymbol{x}(0)+\int_{t_0}^{t}\mathrm{e}^{(t-s)\boldsymbol{A}}\boldsymbol{b}f(s)\mathrm{d}s,$$

进而定解问题(8.2.8)的解为

$$\boldsymbol{y}(t)=[1,0,\cdots,0]\left(\mathrm{e}^{t\boldsymbol{A}}\boldsymbol{x}(0)+\int_{t_0}^{t}\mathrm{e}^{(t-s)\boldsymbol{A}}\boldsymbol{b}f(s)\mathrm{d}s\right)。$$

由例 8.2.13 及例 8.2.14 可知，一阶线性常系数常微分方程组和高阶线性常系数常微分方程组初值定解的关键在于矩阵函数 $\mathrm{e}^{t\boldsymbol{A}}$ 的计算，关于 $\mathrm{e}^{t\boldsymbol{A}}$ 的计算可借鉴 8.1 节的方法来实现。

习　题　八

1. 设矩阵 $\boldsymbol{A}$ 满足 $\boldsymbol{A}^2=\boldsymbol{E}$，求矩阵函数 $\sin\boldsymbol{A}$。

2. 设矩阵 $\boldsymbol{A}$ 满足 $\boldsymbol{A}^2=\boldsymbol{A}$，求矩阵函数 $\mathrm{e}^{\boldsymbol{A}}$。

3. 设有矩阵

$$\boldsymbol{A}=\begin{bmatrix}1&0&0\\-1&2&-1\\0&0&2\end{bmatrix},$$

求矩阵函数 $f(\boldsymbol{A})$的 Jordan 表示，并计算 $\mathrm{e}^{\boldsymbol{A}}$，$\mathrm{e}^{t\boldsymbol{A}}$，$\sin\frac{\pi}{2}\boldsymbol{A}$，$\cos\pi\boldsymbol{A}$。

4. 设有矩阵

$$\boldsymbol{A}=\begin{bmatrix}1&1&1\\0&1&1\\0&0&1\end{bmatrix},$$

求矩阵函数 $f(\boldsymbol{A})$的 Jordan 表示，并计算 $\mathrm{e}^{t\boldsymbol{A}}$，$\sin\pi\boldsymbol{A}$，$\cos\pi\boldsymbol{A}$。

5. 设有函数矩阵

$$\boldsymbol{A}(t)=\begin{bmatrix}\sin t&\cos t\\0&2+t\end{bmatrix},$$

(1) 求 $\frac{\mathrm{d}}{\mathrm{d}t}\boldsymbol{A}(t)$；　(2) 求 $\int_0^{\pi}\boldsymbol{A}(t)\mathrm{d}t$。

6. 设有函数矩阵

$$\boldsymbol{A}(t)=\begin{bmatrix}\sin t&\cos t&t\\\frac{\sin t}{t}&\mathrm{e}^t&t^2\\1&0&t^3\end{bmatrix}(t\neq0),$$

求 $\lim\limits_{t\to0}\boldsymbol{A}(t)$，$\frac{\mathrm{d}}{\mathrm{d}t}\boldsymbol{A}(t)$，$\frac{\mathrm{d}^2}{\mathrm{d}t^2}\boldsymbol{A}(t)$。

7. 设矩阵 $\boldsymbol{X}=[x_{ij}]_{n\times n}$，求$\dfrac{\partial}{\partial \boldsymbol{X}}\mathrm{tr}(\boldsymbol{X})$，$\dfrac{\partial}{\partial \boldsymbol{X}}\det(\boldsymbol{X})$。

8. 设向量 $\boldsymbol{x}=[x_1, \cdots, x_n]^{\mathrm{T}}\in \mathbf{R}^n$，求向量 $\boldsymbol{x}^{\mathrm{T}}$ 对向量 $\boldsymbol{x}$ 的导数$\dfrac{\partial \boldsymbol{x}^{\mathrm{T}}}{\partial \boldsymbol{x}}$。

9. 求解下列线性齐次常微分方程的定解问题：

$$\begin{cases}\dfrac{\mathrm{d}\boldsymbol{x}(t)}{\mathrm{d}t}=\boldsymbol{A}x(t)\\ \boldsymbol{x}(0)=\boldsymbol{x}_0\end{cases},$$

其中 $\boldsymbol{A}=\begin{bmatrix}3 & -1 & 1\\ 2 & 0 & -1\\ 1 & -1 & 2\end{bmatrix}$，$\boldsymbol{x}(t)=[x_1(t), x_2(t), x_3(t)]^{\mathrm{T}}$，$\boldsymbol{x}_0=[1, 1, 0]^{\mathrm{T}}$。

10. 求解下列线性非齐次常微分方程的定解问题：

$$\begin{cases}\dfrac{\mathrm{d}\boldsymbol{x}(t)}{\mathrm{d}t}=\boldsymbol{A}\boldsymbol{x}(t)+\boldsymbol{f}(t)\\ \boldsymbol{x}(0)=\boldsymbol{x}_0\end{cases},$$

其中 $\boldsymbol{A}=\begin{bmatrix}3 & -1 & 1\\ 2 & 0 & -1\\ 1 & -1 & 2\end{bmatrix}$，$\boldsymbol{x}(t)=[x_1(t), x_2(t), x_3(t)]^{\mathrm{T}}$，$\boldsymbol{x}_0=[1, 1, 0]^{\mathrm{T}}$，$\boldsymbol{f}(t)=[0, 0, \mathrm{e}^{2t}]^{\mathrm{T}}$。

参 考 文 献

[1] 北京大学数学系前代数小组，王萼芳，石生明．高等代数[M]．5 版．北京：高等教育出版社，2019．
[2] 方保镕．矩阵论[M]．3 版．北京：清华大学出版社，2021．
[3] 史荣昌，魏丰．矩阵分析[M]．3 版．北京：北京理工大学出版社，2010．
[4] 周杰．矩阵分析及应用[M]．成都：四川大学出版社，2008．
[5] 李庆扬，王能超，易大义．数值分析[M]．5 版．北京：清华大学出版社，2008．
[6] 刘三阳，马建荣，杨国平．线性代数[M]．2 版．北京：高等教育出版社，2009．
[7] 张禾瑞，郝炳新．高等代数[M]．5 版．北京：高等教育出版社，2007．
[8] 丘维声．高等代数：上册[M]．2 版．北京：清华大学出版社，2019．
[9] 丘维声．高等代数：下册[M]．2 版．北京：清华大学出版社，2019．
[10] 谢启鸿，姚慕声，吴泉水．高等代数学[M]．4 版．上海：复旦大学出版社，2022．
[11] 张贤达．矩阵分析及应用[M]．2 版．北京：清华大学出版社，2014．
[12] 姜志侠，孟品超，李延忠．矩阵分析[M]．北京：清华大学出版社，2015．
[13] 詹兴致．矩阵论[M]．北京：高等教育出版社，2008．
[14] 张跃辉．矩阵理论及应用[M]．北京：科学出版社，2011．
[15] 许以超．线性代数与矩阵论[M]．2 版．北京：高等教育出版社，2008．
[16] 蓝以中．高等代数简明教程：上册[M]．2 版．北京：北京大学出版社，2007．
[17] 蓝以中．高等代数简明教程：下册[M]．2 版．北京：北京大学出版社，2007．
[18] SZIDAROVSZKY F，MOLNAR S，MOLNAR M. Introduction to Matrix Theory with Applications in Economics and Engineering[M]. 2nd ed. Singapore：World Scientific，2023.
[19] 方保镕．矩阵论千题习题详解[M]．北京：清华大学出版社，2015．
[20] 魏丰，史荣昌，闫晓霞．矩阵分析学习指导[M]．北京：北京理工大学出版社，2009．
[21] 马建荣，刘三阳．线性代数选讲[M]．北京：电子工业出版社，2011．
[22] 蓝以中．高等代数学习指南[M]．北京：北京大学出版社，2008．
[23] 孟品超，姜志侠．矩阵分析学习指导[M]．北京：清华大学出版社，2015．